Die Reichsgerichtspraxis im deutschen Rechtsleben

Festgabe der juristischen Fakultäten zum 50jährigen Bestehen des Reichsgerichts

(1. Oktober 1929)

in 6 Bänden

unter Mitwirkung der Professoren

Gerhard Anschütz, Heidelberg / Ernst Heymann, Berlin
Theodor Kipp, Berlin / Wilhelm Kisch, München / Alfred Schultze, Leipzig / Heinrich Siber, Leipzig

herausgegeben von

Otto Schreiber
weiland Professor in Königsberg i. Pr.

Erster Band

Öffentliches Recht

Berlin und Leipzig 1929

Walter de Gruyter & Co.

vormals G. J. Göschen'sche Verlagshandlung — J. Guttentag, Verlagsbuchhandlung — Georg Reimer — Karl J. Trübner — Veit & Comp.

Nachdruck 1983

Roßberg'sche Buchdruckerei
in Leipzig

Vorwort

Viele Jahrhunderte hat den Deutschen ein wirksames oberstes Gericht gefehlt. Das Königsgericht verfiel im Mittelalter mehr und mehr; dann haben Reichskammergericht und Reichshofrat trotz ihrer Bedeutung keine ausreichende Stoßkraft üben können, und mit dem Zusammenbruch des Römischen Reichs Deutscher Nation sanken sie dahin. Ungleich glücklicher entwickelte sich in Frankreich durch Jahrhunderte die Judikatur seiner Parlamente, an die sich im 19. Jahrhundert die große Praxis des Kassationshofes anschließen konnte, und ebenso in England die Entscheidungskette des Königsgerichts, fortlaufend seit der normannischen Eroberung bis auf den heutigen Tag. In Deutschland dagegen wurde erst durch die Gründung des Reichsoberhandelsgerichts 1870, und mit vollem Akkorde erst durch die Entstehung des Reichsgerichts vor nunmehr einem halben Jahrhundert die alte nationale Sehnsucht nach Vereinheitlichung der höchsten Gerichtsbarkeit erfüllt. Seither aber hat sich eine großartige Rechtsprechung überraschend schnell immer voller und weiter entfaltet, und sie gibt der Judikatur der anderen Völker gewiß nichts nach.

Die deutsche Rechtswissenschaft blickt mit hoher Freude und mit tiefer Dankbarkeit auf die leuchtende Wirksamkeit des Reichsgerichts und seines handelsrechtlichen Vorgängers. Ist doch diese Judikatur, auch wo sie den Widerspruch herausfordert, ein sprudelnder Lebensquell geworden, aus dem die Rechtslehre immer aufs neue zu schöpfen vermochte. Der uralte Reichtum deutschen Rechtslebens gedeiht hier in ungetrübter Jugendfrische, und aus der inneren Kraft der Tatbestände wie aus ihrer sachkundigen Beurteilung wuchern in üppiger Fülle die Rechtsgedanken hervor.

Aber die deutsche Rechtswissenschaft hat an der Reichsgerichtspraxis auch ihren eigenen Anteil. Jahrhundertelang war die Lehre des römischen und deutschen Rechts das einzige feste Band, welches die Rechtseinheit Deutschlands einigermaßen sicherte. Seit den Anfängen der deutschen Universitäten haben ihre Rechtslehrer in ununterbrochener Arbeit die juristischen Grundlagen für die Tätigkeit der Territorialgerichte und für die allmählich anwachsende Landesgesetzgebung geboten. Auf ihrer eindringenden wissenschaftlichen Gedankenwelt konnte auch das neugegründete Reichsgericht vor fünfzig Jahren sein Werk aufbauen. Die deutsche Rechtswissenschaft hat seither emsig fortgearbeitet, in inniger Wechselwirkung mit den deutschen Gerichten: Rechtsprechung und Wissenschaft müssen eine Einheit bleiben, einen inneren Gegensatz zwischen brauchbarer Theorie und brauchbarer Praxis kann es nicht geben. An den wissenschaftlichen Bestrebungen haben in steigendem Maße die weitesten Kreise der Juristenschaft, wie Richter, Staatsanwälte, Rechtsanwälte, Verwaltungsbeamte, und vor allem die Mitglieder des Reichsgerichts selbst teilgenommen. Aber wie keine Wissenschaft ohne tiefgehenden Unterricht und ohne streng methodische Erziehung der jungen Juristen möglich ist, so haben die deutschen Rechtsfakultäten dauernd im Mittelpunkte der Forschung gestanden, und sie dürfen deshalb dem Reichsgericht ihre herzlichen und bewundernden Glückwünsche als Wortführer der gesamten deutschen Rechtswissenschaft darbringen.

Der Gedanke dieser Festschrift, zuerst gefaßt von dem am 24. Januar 1929 allzufrüh heimgegangenen Professor Dr. Otto Schreiber, Königsberg i. Pr., und von ihm mit opferfreudiger Unterstützung der Verlagsbuchhandlung durch mehrere Jahre kraftvoll gefördert, hat in den Kreisen der deutschen Rechtslehrer bereitwillige Aufnahme gefunden. Nach dem Tode Otto Schreibers hat Herr Dr. Alexander Elster die schwierige Schriftleitung zu Ende geführt. Wir bringen die Gabe in der festen Hoffnung dar, daß das deutsche Reichsgericht noch in langer Folgezeit seine Rechtsprechung schöpferisch fortsetzen möge: als unabhängiger Hüter der Heiligkeit des Rechts, als verständnisvoller Förderer deutscher Geisteskultur und deutscher Wirtschaft, als untrennbarer Freund der deutschen Rechtswissenschaft, als Fels in gärender Zeit, zu Ehre und Ruhm des deutschen Vaterlandes.

Gerhard Anschütz, Ernst Heymann, Theodor Kipp,

Wilhelm Kisch, Alfred Schultze, Heinrich Siber.

Erster Band

Öffentliches Recht

Inhaltsverzeichnis

Inhaltsverzeichnis der übrigen Bände

Ein Namen- und Sachregister
für alle sechs Bände befindet sich am Schlusse
jedes Bandes.

Grundrechte und Rechtsprechung

von Professor Dr. Albert Hensel, Bonn

Parallelentwicklung zwischen Rechtsprechung und Wissenschaft in Grundrechtsfragen

Mehr noch als für jeden anderen Komplex von Rechtssätzen bedeutet für die Grundrechte eine aktualisierende Rechtsprechung Lebensnotwendigkeit. Gewiß beschränkt sich ihre Bedeutung keineswegs auf die Hilfeleistung bei der Fallentscheidung durch die Rechtsprechung. Rechtswirklichkeit im traditionell-prägnanten Sinne kommt ihnen aber hauptsächlich insoweit zu, als die Judikatur ihnen diese Qualität beilegt. Allerdings bedarf gerade bei der Anwendung der Grundrechte in der Rechtsprechung der Begriff der Rechtswirklichkeit, der „Aktualität", nicht unerheblicher Erweiterung. Nicht nur das Grundrecht ist rechtswirklich, d. h. wirksam im Gesamtorganismus des Rechtes, das die Qualifikation als „unmittelbar geltende Rechtsnorm" für sich in Anspruch nehmen kann; auch den als „bloße Programmsätze, Richtlinien, Auslegungsgrundsätze" gekennzeichneten Grundrechten kann Rechtswirklichkeit insoweit zugesprochen werden, als die Rechtsprechung ihren immanenten Rechtsgehalt zu erfassen und zu verwenden versteht[1]). Unsere Untersuchung wird ergeben, daß die Bedeutung der im engeren Sinne als aktuell angesprochenen Grundrechtssätze durch mannigfache Momente (Gesetzesvorbehalt; einschränkende Begriffsdifferenzierung) abgeschwächt ist, während den bisher als Programmsätzen oder gar Proklamationen disqualifizierten Grundrechten zum Teil wenigstens eine erhebliche Kraft der Rechtswirksamkeit zugesprochen worden ist.

Gegenstand der Untersuchung ist vor allem die Rechtsprechung des Reichsgerichtes[2]). Nicht etwa aus dem äußeren Anlaß, dem dieser Beitrag zur Festschrift sein Entstehen verdankt. Ein wissenschaftlich-kritischer Rechenschaftsbericht hätte allen Grund, Vergleiche und Parallelen zwischen dem Reichsgericht und der Gesamtheit deutscher Gerichte und oberster Gerichtshöfe zu ziehen[3]). Wohl aber dürfte das Reichsgericht (und insbesondere dessen Zivilsenate) den größten und vornehmsten Anteil an jenem Aktualisierungsprozeß des zweiten Teiles der Weimarer Verfassung für sich in Anspruch nehmen. Auf den ersten Blick ist es freilich auffallend, daß gerade in der bürgerlichen Gerichtsbarkeit Grundrechtsprobleme häufiger auftauchen sollen, als etwa in Verwaltungsstreitsachen. Zieht man aber in Betracht, welch weiter Bereich allein durch die drei „Rechtswegartikel"[4]) der Reichsverfassung gedeckt wird,

---

[1]) Der Begriff der Aktualisierung und seine Wertung für die Verfassung eines Staates wird hier und im folgenden etwa in dem Sinne verstanden, den Smend ihm im Bereiche seiner Integrationslehre beilegt. Vgl. „Verfassung und Verfassungsrecht"; besonders deutlich etwa S. 13 Anm. 5 und 6.

[2]) Die Rechtsprechung der Zivilsenate ist bis zum 117. Bande, die der Strafsenate bis zum 60. Bande berücksichtigt.

[3]) Eine solche Untersuchung, die namentlich die wichtige Rechtsprechung des Preußischen Oberverwaltungsgerichtes zu dem zweiten Teil der Weimarer Verfassung berücksichtigen soll, bleibt einer späteren Bearbeitung in größerem Rahmen vorbehalten.

[4]) Art. 129 Abs. I S. 3: „Für die vermögensrechtlichen Ansprüche der Beamten steht der Rechtsweg offen"; Art. 131 Abs. I S. 3: „Der ordentliche Rechtsweg darf (für die Ansprüche aus Amtspflichtverletzung) nicht ausgeschlossen werden"; Art. 153 Abs. II S. 3: „Wegen der Höhe der (Ent-

wie stark ferner das im Privatrecht wurzelnde Wirtschafts- und Verkehrsrecht in einzelnen Abschnitten der Grundrechte grundsätzlich geregelt ist, so wird die Schwergewichtsverschiebung der Grundrechtsjudikatur in den Bereich der Zivilsenate des Reichsgerichtes verständlicher. Es muß aber auch folgendes hervorgehoben werden: In der großen Krise des Rechtsstaates, die weniger durch die Revolution als durch die Inflation und ihre Folgeerscheinungen hervorgerufen wurde, war es Aufgabe der Rechtsprechung, an Rechtsbewußtsein zu retten, was zu retten war. Die einfachen Reichs- und Landesgesetze boten dabei oft keinen genügenden Halt; ja ihre (wörtlich ausgelegten) Bestimmungen waren vielfach Anlaß, den rechtsstaatlichen Boden als erschüttert anzusehen. In diesen Krisenjahren konnten die Grundrechte in ihrem älteren, einfacheren und festeren Gefüge mehr als je zuvor Rettung bringen. So ist es kein Zufall, daß gerade in den Jahren 1922—1925 die Masse der Grundrechtsjudikatur anschwillt, um in den letzten Jahren wieder abzuklingen. Die Rechtsstaatskrise bedeutete nicht nur für das Reichsgericht, sondern auch für die Grundrechte eine Feuerprobe; rückblickend darf man behaupten, daß beide diese Probe bestanden haben.

Ebensowenig ist es Zufall, daß gerade in dieser Krisenzeit rechtsstaatlichen Bewußtseins auch in der Wissenschaft die Grundrechte in den Vordergrund des Interesses rückten. Die seit 1922 alljährlich abgehaltenen Tagungen der deutschen Staatsrechtslehrer beschäftigten sich zuerst indirekt, dann direkt in steigendem Maße mit dem zweiten Hauptteil der Weimarer Verfassung; die Ausstrahlungen dieser grundlegenden Auseinandersetzungen sind in der neuesten staatsrechtlichen Literatur Deutschlands bereits deutlich zu erkennen[5]).

---

eignungs-)Entschädigung ist im Streitfalle der Rechtsweg bei den ordentlichen Gerichten offenzuhalten, soweit Reichsgesetze nichts anderes bestimmen." Es ist von vornherein selbstverständlich, daß die Hauptmasse der reichsgerichtlichen Grundrechtsjudikatur an diese drei Artikel anknüpft, zumal das Reichsgericht sie sämtlich in die Gruppe der unmittelbar geltenden Rechtsnormen eingereiht hat. Die Untersuchungen dieses Aufsatzes werden sich mit den zahlreichen Einzelstreitfragen dieser Artikel nicht zu befassen haben; die in die Rechtswegmasse fallenden Entscheidungen sollen nur insoweit herangezogen werden, als sie für das Grundproblem „Rechtsprechung und Grundrechte" bedeutsam sind.

[5]) Vgl. etwa das auf der Gründungstagung in Berlin (1922) erstattete Referat von Thoma über das richterliche Prüfungsrecht, abgedruckt im ArchÖffR. N.F. 4, 267ff., ferner in den Veröffentlichungen der Vereinigung der Deutschen Staatsrechtslehrer Heft 1—4 die Referate von C. Schmitt und Jacobi über die „Diktatur des Reichspräsidenten" (wichtig wegen der Frage der Grundrechtssuspension) (Heft 1 S. 63—139); die Berichte von W. Jellinek und Lassar über den „Schutz des öffentlichen Rechts" (Heft 2 S. 8—121); die scharfe Antithese zwischen Kaufmann und Nawiasky über die Bedeutung der „Gleichheit vor dem Gesetz" (Heft 3 S. 2—62); schließlich die Ausführungen von Smend und Rothenbücher über „Das Recht der freien Meinungsäußerung" (Heft 4 S. 6—97). Auch das für den 6. Staatsrechtstag in Wien (April 1928) vorgesehene Thema „Die Überprüfung von Verwaltungsakten durch die ordentlichen Gerichte" (Berichterstatter Layer und v. Hippel) dürfte stark grundrechtlichen Einschlag aufweisen. Zusammenfassende Berichte über diese Tagungen und die Stellungnahme zu den dort behandelten grundsätzlichen Fragen finden sich im ArchÖffR. N. F. 11, 1 (Holstein, Von Aufgaben und Zielen deutscher Staatsrechtswissenschaft) und 13, 93 (Hensel, Die 5. Tagung der Vereinigung der Deutschen Staatsrechtslehrer). — Zuzugeben ist allerdings, daß das Grundrechtsproblem in seiner Gesamtheit bisher keine umfassende und befriedigende Darstellung in der deutschen Wissenschaft gefunden hat. Immerhin rücken die beiden neuesten verfassungstheoretischen Schriften deutscher Staatsrechtslehrer, Smend, Verfassung und Verfassungsrecht, 1928 (vor allem im 3. Teil S. 128—176) und C. Schmitt, Verfassungslehre, 1928 (dieser insbesondere bei Behandlung des bürgerlichen Rechtsstaates im 2. Teil) die Grundrechte wesentlich stärker nach vorn, als es bisher üblich war; ja man kann sagen, daß die Verfassungstheorie von Schmitt sowohl wie von Smend zu wesentlichen Teilen eine Grundrechtstheorie modern-rechtsstaatlicher Prägung ist. Der mehr temperamentvollen als tiefdringenden Studie von Wilhelm Hofacker, Grundrechte und Grundpflichten der Deutschen, 1926, kann ich in ihrer einseitigen Betonung der Rechtslogizität, die am Kernproblem vorbeikonstruiert, keine allzu große Bedeutung zuerkennen. Wohl aber bedarf der als Ausgangspunkt wichtige Aufsatz von Thoma, Grundrechte und Polizeigewalt, Festgabe für das preuß. OVG. 1925 S. 183—223 besonderer Hervorhebung. Vgl.

In der Rechtsprechung wie in der Wissenschaft ist also eine übereinstimmende Tendenz zur Aktualisierung der Grundrechte festzustellen. Nur handelt es sich dabei um Parallelentwicklungen. Eine gegenseitige Befruchtung der wissenschaftlichen Grundrechtslehre und der oberstgerichtlichen Judikatur hat bisher in nennenswertem Umfange nicht stattgefunden. In der Rechtsprechung des Reichsgerichtes finden sich zwar einige Entscheidungen mit ausführlicheren Literaturangaben[6]) und Literaturauseinandersetzungen. Weit zahlreicher sind aber doch die Urteile, in welchen der in dem Schrifttum bewanderte Leser die (belegende oder bekämpfende) Bezugnahme auf wissenschaftliche Literatur vermißt[7]). Aber ebensowenig scheint es völlig gerechtfertigt zu sein, wenn etwa Smend in seinem 1927 erstatteten Referat über Art. 118 ganz allgemein von einer „sehr geringen wirklichen Bedeutung" der Grundrechte spricht[8]); lagen doch damals weit mehr als ein Hundert oberstgerichtlicher Urteile vor, in deren Rechtsbereich die Grundrechtssätze eine die Entscheidung oft tragende Rolle spielten. Und zwar beschränkt sich die tatsächliche Anwendung durch die Gerichte keineswegs auf einige wenige Sätze des Grundrechtsteils der Weimarer Verfassung; gerade das, was Smend und andere erstreben, die Durchsetzung des gesamtrechtlichen Denkens mit den in den Grundrechten getroffenen rechtspolitischen Entscheidungen und die Anwendung dieser Grundanschauung im praktischen Rechtsleben, ist — glaube ich — in der Judikatur des Reichsgerichtes im wesentlichen schon erreicht.

Dies an Einzelpunkten nachzuweisen und so die Brücke zwischen Rechtslehre und Rechtsprechung schlagen zu helfen, soll Aufgabe der folgenden Untersuchungen sein. Der tatbestandsmäßige Fall wird dabei weniger interessieren als seine Begründung und auch diese nur soweit, als sie für das zu behandelnde Grundproblem von Bedeutung ist. Dort aber wird es erforderlich sein, auch auf die einzelne, „juristisch" vielleicht wenig bedeutsame Sprachwendung entscheidendes Gewicht zu legen. Denn die Grundanschauung eines zur Fallentscheidung bestellten Gerichtes erschließt sich erst aus dem Mosaik scheinbar unwichtiger Einzelheiten.

---

ferner Hensel, Art. 150 der Weimarer Verfassung und seine Auswirkung im preußischen Recht, ArchÖffR. N. F. 14, 321 ff.

Grundsätzliche Bedeutung für den ganzen zweiten Hauptteil der Weimarer Verfassung beanspruchen die seit 1924 erschienenen Abhandlungen „Zur Gleichheit vor dem Gesetz". Ausgangspunkt ist hier Triepels Gutachten: Goldbilanzenverordnung und Vorzugsaktien (1924), dem Leibholz und Aldag in zwei größeren Monographien (1925) im wesentlichen Gefolgschaft leisteten. Zusammenfassend Leibholz, ArchÖffR. N. F. 12, 1. Vgl. auch Hensel, Die Abänderung des Steuertatbestandes durch freies Ermessen und der Grundsatz der Gleichheit vor dem Gesetz, Vierteljahresschrift f. Steuer- und Finanzrecht 1927 S. 39—130.

Die Gegenschriften und Gegenströmungen in der neueren Staatsrechtswissenschaft, welche durch eine Reihe der genannten Schriften hervorgerufen wurden, bedürfen in diesem Zusammenhange keiner besonderen Kennzeichnung. Neben den Diskussionsreden auf den verschiedenen Staatsrechtstagungen unterrichtet am besten Anschütz, Kommentar zur RV. in Anm. 1 und 2 zu Art. 109 RV. und Einleitung zum 2. Hauptteil. Daselbst weitere Literaturangaben.

[6]) Vgl. etwa die große Aufwertungsentscheidung RGZ. 111, 320—335, und auch die Goldbilanzentscheidung 113, 6—17 (die zahlreichen Urteile, welche zu Einzelfragen sorgfältige Literaturangaben machen, wie etwa 109, 244 zum Namensrecht, sind hier selbstverständlich nicht von Bedeutung).

[7]) So bejaht der 5. Senat (111, 322) das richterliche Prüfungsrecht, ohne zu der Bibliotheken füllenden Literatur auch nur Stellung zu nehmen. In den zahlreichen Diktaturentscheidungen der Strafsenate (vgl. etwa 59, 29—31 und 42—49) finden die grundlegenden Ausführungen von Schmitt und Jacobi keinerlei Erwähnung. Dies nur als auffälligste Belege für das schon fast methodisch zu nennende Übergehen der Literatur durch das Reichsgericht. In den Anmerkungen zu den in der Juristischen Wochenschrift abgedruckten Urteilen ist das vom Reichsgericht Versäumte zum Teil nachgeholt; so etwa mustergültig Lammers in seiner Bemerkung zu RGSt. 59, 42 JW. 1, 984 ff. (1925).

[8]) Vgl. Smend, Staatsrechtslehrervereinigung Heft 4 S. 44.

Grundrechtswertung in der Rechtsprechung des Reichsgerichts

Die Aktualisierung des Grundrechtssystems durch die Rechtsprechung ist nicht ausschließlich „reine Rechtsfrage“. Das Problem reicht in den Bezirk der Wertung hinein. Die Reichsverfassung als Ganzes ist zwar ohne Zweifel auch im Sinne der Rechtsordnung, des Rechtssystems, das höchstgültige Gesetz; höchste Gültigkeit und höchste Wertigkeit ist aber nicht absolut dasselbe. Die Grundrechte sind demnach innerhalb der Normenordnung als Bestandteile des Reichsverfassungsrechtes von allen anderen Normen überlegener Gültigkeit; ob und wieweit sich aber diese Gültigkeit im Einzelfalle auswirken kann, hängt von der Wertung ab, die das erkennende Gericht den Grundrechten, sei es im ganzen oder in ihren Einzelsätzen, zuspricht. Eine solche Wertung vermag zwar nicht Recht aus Nichtrecht zu schaffen. Wohl aber vermag sie zweierlei: Die Rechtsprechung kann den den Grundrechten innewohnenden Höchstwert zum Anlaß nehmen, im Zweifelsfalle für die aktuelle Geltung zu entscheiden. Ferner kann das höchste Gericht auch dort, wo eine aktuelle Geltung nach begründeter Auslegungsmethode für den einzelnen Grundrechtssatz nicht zu ermitteln ist, den dem Grundrecht innewohnenden Rechtsgehalt als maßgeblich für die Entscheidung des Einzeltatbestandes verwenden; es gründet dann die Entscheidung nicht auf die Grundrechtsnorm, es fällt sie aber im Sinne des Grundrechtsgedankens. Unter der später zu beweisenden Voraussetzung, daß das Reichsgericht seine Rechtsprechung stark nach dieser doppelten Grundrechtsgeltung hin orientiert hat, interessiert die Frage, welchen Rechtswert es den Grundrechten im allgemeinen zuerkennt.

Auf allzu zahlreiche Äußerungen grundsätzlicher Art zu diesem Thema wird man freilich nicht rechnen dürfen. Wenn die zutreffende Entscheidung des Einzelfalles als oberste richterliche Aufgabe anzusehen ist, so wird man den Gerichten eine gewisse Begründungsökonomie eher zum Lobe anrechnen dürfen. Staatstheorie zu treiben, lehnt gerade das Reichsgericht ab. Immerhin finden sich in der grundrechtlichen Rechtsprechung einige Werturteile, die merkwürdig von der sonst vom Reichsgericht geübten kühlen Zurückhaltung abstechen. Dem 117, 420 verzeichneten Satze: „Art. 165 I RV. ist sicherlich eine Rechtsquelle von besonderem Gewicht“ — möchte ich zwar keine allzu große Bedeutung beilegen; er grenzt an eine dem Räteartikel erwiesene Ehrenbezeigung, mehr dazu bestimmt, das Gericht gegen den Vorwurf zu verteidigen, es halte gerade die sozialpolitischen und sozialorganisatorischen Teile der Grundrechte für im Rechtssinne wertlos; immerhin darf man aber nicht übersehen, daß das Reichsgericht den Artikel 165 selbst dann als besonders gewichtige Rechtsquelle ansieht, wenn es seine aktuelle Gültigkeit dahingestellt sein läßt. Also auch eine „bloße Richtlinie“ kann wertvolle Rechtsquelle sein! Offensichtlicher wird der grundsätzliche Wertungsgedanke in einer der ersten Grundrechtsentscheidungen des 6. Senates (102, 165): „... die Bedeutung der Verfassungsbestimmungen, insbesondere der Grundrechte, die doch als Heiligtum des deutschen Volkes gedacht sind[9]), weist auf die Notwendigkeit hin, daß die Rechtsnorm, die eine Ausnahme davon schafft, sich deutlich dazu bekenne.“ Hier ist mit seltener Klarheit ersichtlich, welch enger Zusammenhang zwischen Rechtswertung und Rechtsfolgerung besteht: Die Ausnahme von der „heiligsten“ Norm muß unzweifelhaft sein; ist nicht deutlich ersichtlich, daß die Ausnahme vom Gesetzgeber gewollt ist, so muß der Fall entschieden werden, als ob das fragliche Gesetz in Übereinstimmung mit dem Grundrecht ergangen sei[10]).

---

[9]) Sperrungen hier, wie auch sonst in den wörtlichen Zitaten, vom Verfasser.

[10]) Schon hier sei allerdings darauf hingewiesen, daß das Reichsgericht diese m. E. sehr beachtliche

Richterliches Prüfungsrecht und Grundrechte

Dieser den Grundrechten also auch vom Reichsgericht zugesprochene Höchstwert kann freilich nur dann zur vollen Geltung kommen, wenn gewisse staatsrechtlich-prozessuale Grundvoraussetzungen gegeben sind. Die wichtigste ist die Bejahung der richterlichen Prüfungszuständigkeit. Prozeßtechnisch werden die einzelnen Grundrechtssätze vor allem zum Beweis herangezogen werden, daß eine auf den Tatbestand anwendbare Norm deshalb nicht zum Zuge kommen darf, weil sie einem grundrechtlichen Verfassungssatz widerspricht. Nur wenn das Gericht sich daher in weitem Umfang für zuständig erklärt, die geforderte Prüfung vorzunehmen, kann der Grundrechtsteil der Verfassung in der Rechtsprechung eine erheblichere Rolle spielen.

Die Stellung des Reichsgerichtes zum richterlichen Prüfungsrechte soll hier nicht fundite behandelt werden[11]). Die Bejahung steht entgültig fest[12]). Wohl aber erscheint es lohnend, gerade die grundrechtliche Rechtsprechung dahin zu durchforschen, ob sich Differenzierungen der Prüfungszuständigkeit ergeben, die wissenschaftlich auswertbar sind. Ferner könnte gerade diese Judikatur ein Prüfstein dafür sein, ob sich aus der Bejahung der Prüfungszuständigkeit die von Opportunisten gefürchteten Mißstände ergeben haben; wenn überhaupt, so müßten sie bei den grundrechtlichen Entscheidungen zutage getreten sein. Aus diesen Gründen sei der Behandlung der Vorfrage einiger Raum verstattet.

Die Grundrechte umfassen das gesamte deutsche Rechtssystem, dessen Ausbau trotz der weitgehenden Sachkompetenzen des Reiches zu einem nicht unerheblichen Teile den Landesgesetzen überlassen ist. Da die meisten Anwendungsfälle der Grundrechte in der Rechtsprechung des Reichsgerichtes sich auf Enteignungsmaßnahmen und beamtenrechtliche Fragen beziehen (Art. 153 und 129, 131; Rechtsweg!), so überrascht es nicht, daß das richterliche Prüfungsrecht vor allem landesrechtlichen Gesetzen, Verordnungen und Maßnahmen gegenüber gehandhabt wird. Die Entscheidung 104, 58 begründet die Prüfungspflicht den Landesgesetzen gegenüber ausdrücklich unter Berufung auf Art. 13 RV. und Art. 61 Abs. 1 Satz 3 der preußischen Verfassung. Im Zusammenhang mit dem angezogenen Art. 13 ist die Entscheidung 109, 310 wichtig. Hier stellt das Reichsgericht unter Berufung auf die Entscheidung des Reichsfinanzhofes 7, 266 ausdrücklich fest: Auch der Einzelne kann die Ungültigkeit einer landesrechtlichen Norm geltend machen, selbst wenn daneben ein Verfahren auf Ungültigkeitserklärung gemäß Art. 13 II RV. in Verbindung mit § 6 Abs. 1 des Finanzausgleichsgesetzes gegeben ist. An sich ist das eine Selbstverständlich-

---

Auslegungsnorm nicht durchweg angewandt hat. Gerade bei den Entscheidungen über den grundrechtlichen „Gesetzesvorbehalt" ist eine gewisse Zurückhaltung festzustellen. Vgl. unten S. 30ff.

[11]) Überhaupt ist es nicht Aufgabe dieses Beitrages, die Stellung des Reichsgerichtes im Verfassungsorganismus des Deutschen Reiches und im System seiner Geamtsrechtsordnung zu untersuchen. Ich verweise auf andere Beiträge in dieser Festschrift (Sauer; Jacobi; Neuwiem; Carl Schmitt; Stier-Somlo), deren Themata mehr oder weniger enge Berührungspunkte mit dem Untersuchungsgebiet dieses Aufsatzes aufweisen. Die einzelnen Beiträge waren mir bei Abschluß des Manuskriptes nicht bekannt; ich habe mich bemüht, sachliche Überschneidungen — soweit sie aus den Themen erschlossen werden konnten — nach Möglichkeit zu vermeiden.

[12]) Vgl. statt vieler anderer Entscheidungen 102, 161 (164); 107, 377 (379) und vor allem 111, 320 (322/23); letztere Entscheidung deshalb grundsätzlich bedeutsam, weil hier die weitestgehende Prüfung: Materielle Übereinstimmung von Reichsgesetz und Reichsverfassung, ausdrücklich für zulässig erklärt und vorgenommen wird. Damit entfallen die Bedenken, die etwa Jellinek, JW. 1925 S. 454, Anschütz, RV. Anm. 3 zu Art. 70 u. a. äußern. Das Reichsgericht kommt allerdings in der letztgenannten Entscheidung zu dem Ergebnis, das zu prüfende Gesetz (AufwGes.) weise keinerlei Mängel hinsichtlich seiner Verfassungsmäßigkeit auf; daran aber, daß das Gericht hier ex professo et expressis verbis das materielle Prüfungsrecht in weitestem Umfange bejaht, kann ein Zweifel nicht bestehen.

keit, die ausdrücklich zu betonen vielleicht nur um deswillen besonderer Anlaß bestand, weil das Reichsgericht mit der Nachprüfung landesrechtlicher Besteuerungsgesetze in der Regel nicht befaßt ist. Grundsätzliche Ausführungen über das richterliche Prüfungsrecht dem Landesgesetz gegenüber enthält auch die Entscheidung RGSt. 56, 177.

Wie weit erstreckt sich der Prüfungsbereich dem Landesrechte gegenüber? Die Frage ist wichtig, weil sich gerade an dieser Stelle zeigen kann, ob das Reichsgericht bei Anwendung des Prüfungsrechtes die ihm gesetzten Grenzen nicht überschritten hat. Mit Recht sagt Erich Kaufmann[13]): Aus dem Wesen der richterlichen Stellung ergäben sich derartige Grenzen zwischen Gesetzgeber und Richter. Voraussetzung sei, daß der Richter sich im Rahmen seiner spezifischen richterlichen Aufgabe hält und nicht spezifisch gesetzgeberische Aufgaben an sich reißt; so dürfe der Richter nur die Verletzung gewisser äußerster Grenzen rügen. Taktvolle Zurückhaltung sei geboten. — Man kann wohl im ganzen behaupten, daß das Reichsgericht die angedeuteten Grenzen gerade bei seinen grundrechtlichen Entscheidungen im allgemeinen eingehalten hat, und selbst einige scheinbare Überschreitungen erweisen sich bei näherem Zusehen nicht als Ausnahmen. So hat der 7. Senat in einer der ersten Grundrechtsentscheidungen (103, 200) ausdrücklich festgestellt: „Die Ansicht, dem Gerichte stehe die Nachprüfung darüber, ob die Enteignung durch das Wohl der Allgemeinheit gerechtfertigt wurde, nicht zu, ist insoweit, als es sich um die Frage der Beobachtung und Wahrung der bezeichneten verfassungsrechtlichen Grundsätze (Art. 153) handelt, abzulehnen. Die Prüfung dieser Frage hält sich in den Grenzen der dem Richter obliegenden Aufgabe zutreffender Gesetzesanwendung" (S. 202). Hier scheint es auf den ersten Blick, als ob das Reichsgericht die grundlegende gesetzgeberische Entscheidung, ob eine bestimmte Maßnahme dem Wohle der Allgemeinheit dienlich sei, durch Nachprüfung an sich gerissen habe; nähere Prüfung ergibt aber, daß es sich in Wahrheit um die Auslegung des Rechtsbegriffes „Wohl der Allgemeinheit" handelt. Denn das Reichsgericht rügt einzig und allein eine vom Landesgesetzgeber vorgenommene falsche Auslegung des allerdings unbestimmten und Spielraum offenlassenden Begriffes „Nutzen für die Allgemeinheit", der, wie der Senat zutreffend ausführt, niemals dadurch erfüllt werden könne, daß die Rechtsentziehung an sich und ohne weiteres einen Geldvorteil für den Staat mit sich bringt. Der Nutzen für die Allgemeinheit muß vielmehr außerhalb dieses Vorteils bestehen. — Sehr weitgehend ist ferner der Schluß einer an sich ausgezeichnet begründeten Entscheidung des 5. Zivilsenates (109, 310). Es handelt sich hier um den Begriff der angemessenen Entschädigung im Sinne des Art. 153. Der Senat findet einen Verstoß gegen die Verfassung darin, daß der Landesgesetzgeber (Anhalt) zwar selbst einen leitenden Gesichtspunkt für die Angemessenheit der Entschädigung aufstellt, jedoch eine solche gesetzliche Regelung trifft, daß die Gesetzgebung jenes Maß, welches sie selbst für angemessen erachtete, objektiv nicht erreicht hat. Auch hier handelt es sich aber im Grunde nicht um die Ersetzung eines gesetzgeberischen Ermessens durch den nachprüfenden Gerichtshof, sondern um die Feststellung, daß das objektive Landesrecht mit dem grundlegenden, aber unbestimmten Verfassungsbegriff „angemessene Entschädigung" nicht übereinstimmt. Ob sich der hier ausgesprochene Prüfungsgrundsatz auch in Zeiten stabiler Währung aufrechterhalten läßt (es handelt sich in dem anhaltischen Kohlenbergwerksstreit ausgesprochen um Inflationsprobleme), bleibe dahingestellt.

Den Übergang vom gesetzlichen zum verwaltungsrechtlichen Ermessen bilden

---

[13]) Staatsrechtslehrervereinigung Heft 3 S. 19.

Diktaturmaßnahmen nach Art. 48 RV. und auf Grund der Ermächtigungsgesetze von 1923 getroffene Anordnungen. Gerade auf diesem Gebiete ist eine ausgesprochene Zurückhaltung des prüfenden Gerichtshofes festzustellen. So 113, 6: Dem Ermessen der Reichsregierung war es überlassen, wie sie die Maßnahmen, zu denen sie das Ermächtigungsgesetz ermächtigte, gestalten wollte. Eine Nachprüfung, ob die getroffenen Maßnahmen zweckentsprechend waren, steht den Gerichten nicht zu (S. 9). Vgl. auch 107, 374/75 und RGSt. 55, 88. Etwas weitergehend faßt der 1. Strafsenat (RGSt. 59, 185) das Prüfungsrecht gegenüber den von Landesregierungen getroffenen Diktaturmaßnahmen: Der Richter hat nachzuprüfen, ob die Voraussetzungen zur Ausübung einer Diktatur durch die Landesregierung tatsächlich vorliegen. Trotz der in den folgenden Sätzen gebrachten Einschränkung (die Zweckmäßigkeit und Notwendigkeit der Maßnahmen sind nicht nachzuprüfen, ebensowenig, ob Gefahr im Verzuge vorlag), erscheint mir diese Ausdehnung nicht bedenkenfrei zu sein, zum mindesten dann nicht, wenn man der Landesregierung durch die Ausübung dieses ausgedehnten Prüfungsrechtes ihren Diktaturmaßregeln gegenüber das Recht zum schuldlosen Irrtum versagen will.

Für die Überprüfung des rein verwaltungsmäßigen Ermessens stellt der 3. Zivilsenat 108, 170 (173) folgende vorsichtig gefaßte Grundregel auf: Eine Maßregel pflichtgemäßen Ermessens ist der richterlichen Nachprüfung entzogen, jedenfalls solange nicht eine rein willkürliche oder böswillige Handlungsweise der Behörde in Frage steht. Ob das Reichsgericht selbst stets diese Grundregel eingehalten hat, mag angesichts einiger Fälle zweifelhaft erscheinen. Auszuscheiden hat allerdings das auf den ersten Blick bedenklich erscheinende Urteil 110, 286—293; in Frage steht hier, ob Amtshaftung nach Art. 131 Abs. 1 bei einem Zwangsverbot auf Grund des Republikschutzgesetzes § 21 gegeben war. Mit Recht betont der Senat, bei dem Verbote einer Druckschrift auf Grund dieser Bestimmung handelt es sich nicht um eine lediglich in das Ermessen der zuständigen Verwaltungsbehörde gestellte Maßnahme; die zunächst erforderliche Ermittelung der Strafbarkeit des Inhaltes der Druckschrift gehört zur Subsumtion unter den Rechtsbegriff. Wenn der das Verbot aussprechende Oberpräsident es bei dieser Feststellung an der nötigen Sorgfalt fehlen ließ[14]), so ist ihm eine fahrlässige Rechtsverletzung vorzuwerfen, welche die Amtshaftung aus Art. 131 begründet. — An der (von Kitzinger, JW. 2, 2472 (1925) mit Recht als bedenklich und der sonstigen Logik des Reichsgerichtes nicht entsprechend charakterisierten) Entscheidung des 1. Strafsenates 59, 158 ist wenigstens so viel wichtig, daß das Reichsgericht hier ausdrücklich eine Einschränkung des freien Ermessens durch den Inhalt der Grundrechte als gegeben annimmt. Somit ist es keine Ermessensüberprüfung, wenn das Gericht

---

[14]) Der Gesichtspunkt, unter dem der 3. Senat diese Fahrlässigkeit feststellen zu können glaubt, ist von solch eigenartiger Eleganz, daß er der Erwähnung wert erscheint: das Landgericht hat durch Beschluß die Beschlagnahme der Nummer einer Tageszeitung, an welcher der Oberpräsident Anstoß nahm, für ungerechtfertigt erklärt. Der Oberpräsident konnte also gegen die Verbreitung dieser Nummer nichts mehr unternehmen. Wenn er in Kenntnis des landgerichtlichen Beschlusses, ohne aber die Begründung bereits gesehen zu haben, nach aufgehobener Beschlagnahme ein Verbot auf Grund des § 21 Republikschutzgesetz erließ, so widersprach dies einem ordnungsmäßigen Verhalten insofern, als es seine Amtspflicht gewesen wäre, sich über den Inhalt des landgerichtlichen Beschlusses zu vergewissern. „Diese Auffassung entspricht dem gegenseitigen Verhältnisse der Gerichte und Verwaltungsbehörden. Da sie beide Organe desselben Staatswesens sind, müssen sie bei aller Selbständigkeit ihrer Entschließungen doch soweit Hand in Hand gehen, daß sie, falls irgend angängig, die Gründe prüfen, die die mit der gleichen Frage befaßte andere Dienststelle zu einer von der beabsichtigten eigenen Entscheidung abweichenden Stellungnahme geführt haben.“ Hier kommen endlich einmal grundlegende Gesichtspunkte über die Bedeutung der Staatsorganisation zu Wort, die in der Rechtsprechung und namentlich in der der Zivilgerichte nur selten hervortreten.

einen Verwaltungsakt als mit dem immanenten Inhalt der Grundrechtsnormen nicht vereinbar aufhebt. Es ist deutlich, daß, je weiter die Rechtsprechung den Inhalt der Grundrechte aktualisiert, auch um so mehr Anlaß sein wird, eine auf den zweiten Hauptteil der Reichsverfassung gestützte Rechtsüberprüfung des freien Ermessens vorzunehmen. Interessant ist in diesem Zusammenhange schließlich die Entscheidung 107, 287: In Frage steht die Vereinbarkeit des sächsischen Altersgrenzengesetzes vom 29. Mai 1923 mit der Reichsverfassung, und zwar speziell mit Art. 137 III Satz 2, da die das Gesetz anwendende Behörde dieses auch auf die Mitglieder des Landeskonsistoriums ausdehnte. Das Reichsgericht spricht sich für die Vereinbarkeit des Gesetzes mit der Reichsverfassung aus, aber nur unter dem Gesichtspunkte, daß die richtige Auslegung der fraglichen Bestimmung ergäbe, die Mitglieder des Landeskonsistoriums würden von dem Gesetze nicht betroffen. Hier wird also nicht etwa nur der materielle Inhalt eines Landesgesetzes auf seine Verfassungsvereinbarkeit geprüft, sondern (wesentlich darüber hinausgehend) wird festgestellt, daß auch eine bestimmte Handhabung des Gesetzes durch die ausführende Behörde verfassungswidrig, gleichzeitig aber auch gesetzeswidrig sei. Auch soweit es sich um die Überprüfung von Ortsstatuten handelt, legt sich das Reichsgericht (110, 96) Beschränkungen auf unter dem Gesichtspunkte, daß es dadurch unter Umständen in den der Landesverwaltung vorbehaltenen aufsichtsrechtlichen Rechtskreis eingreifen könnte.

Ja, sogar dann versagt das Reichsgericht einen Prüfungseingriff in die landesrechtliche Gesetzgebungshoheit, wenn eine Verfassungsvereitelung in Frage steht. Der Freistaat Sachsen hatte kurz vor Inkrafttreten der Reichsverfassung ein Gesetz erlassen, welches für den Fall, daß es nach dem Inkrafttreten der Reichsverfassung erlassen worden wäre, wohl ohne Zweifel mit Art 129 I Satz 2 nicht vereinbar gewesen wäre, weil es ein wohlerworbenes Recht der sächsischen Schuldirektoren verletzt hätte. „Selbst die im Einzelfalle schwer erweisliche positive Absicht, einem kommenden Reichsgesetz entgegenzuarbeiten, dessen Wirkungen durch eiligst erlassene Landesgesetze zu vereiteln, gibt dem Richter nicht die Macht, diese Landesgesetze für unwirksam zu erklären" (105, 26). Mir erscheint diese Abstinenz doch schon eine so wesentliche Einschränkung der freien Handhabung des reichsgerichtlichen Prüfungsrechts zu sein, daß ich bezweifle, ob sie mit anderen Entscheidungen in Einklang steht; wird doch dadurch ein der Reichsverfassung zweifellos widersprechender Rechtszustand für eine längere Dauer sanktioniert, und gerade dies hat das Reichsgericht in mehrfachen Entscheidungen (vgl. z. B. RG. 103, 91) mit Erfolg zu verhindern versucht.

Noch weiter geht ein die Entscheidung allerdings nicht tragender Satz 114, 21: Bei Erörterung der Frage, ob dem Art. 143 II („die Lehrerbildung ist nach den Grundsätzen, die für die höhere Bildung allgemein gelten, für das Reich einheitlich zu regeln") aktuelle Bedeutung zukommt, prüft das Reichsgericht, wie dieser Grundsatz von den einzelnen Ländern gehandhabt wird: „Wenn eine einhellige Auslegung des Grundrechtes durch die Länder bestünde, so würde einer solchen für die Entscheidung des gegenwärtigen Streites allerdings die erheblichste Bedeutung zukommen." Der — freilich einheitlich für alle Länder festzustellenden — Handhabung des Grundrechtes durch die Landesbehörden wird also hier gleichsam die Bedeutung einer reichsrechtlichen Rechtsquelle zuerkannt.

Sehr nachdrücklich betont schließlich das Reichsgericht mehrfach die Verschiedenheit zwischen richterlichen Aufgaben einerseits und Verwaltungs- oder Gesetzgebungsaufgaben andererseits. So 107, 326: Dem Richter kann auch nicht auf Umwegen die Aufgabe zugemutet werden, für einen Beamten die fehlende Einreihung in eine bestimmte Gruppe einer neuen Besoldungsordnung vorzunehmen. Der Rechtsweg ist daher in einem Falle verschlossen, wo die Entscheidung nicht ohne die Vornahme einer solchen Einstufung erfolgen könnte. Und gerade in den drei wichtigsten Fällen, in denen das Reichsgericht über die Rechtsgültigkeit gesetzlicher Normen zu entscheiden hatte, weil ein Verstoß mit den Grundsätzen der Reichsverfassung von den Klägern behauptet wurde, verweist das Gericht auf seine Gebundenheit an die „Entscheidung über die Auswahl der maßgeblichen Gerechtigkeitsprinzipien für die zu regelnden Lebensgebiete[15])". Das preußische Altersgrenzengesetz vom 15. Dez. 1920 wird auf seine Vereinbarkeit mit Art. 129 I Satz 3 geprüft. Das Reichsgericht sagt: „Ob die Interessen der Allgemeinheit unter den zur Zeit des Erlasses des Altersgrenzengesetzes gegebenen Verhältnissen so erheblich waren, um die Einführung von Altersgrenzen trotz der daraus für einzelne Beamte entspringenden Härten zu rechtfertigen, ist nicht von den Gerichten, sondern von den gesetzgebenden Gewalten zu prüfen. Ihrer Erfahrung, Weisheit und Loyalität muß die Festsetzung der Grenzen anvertraut bleiben" (104, 63[16]). Von ganz ähnlichen Erwägungen geht die Entscheidung 107, 370 über die Vereinbarkeit der 3. Steuernotverordnung mit der Reichsverfassung aus. „Ob die getroffene Regelung zweckentsprechend und zur Erreichung des erstrebten Zieles (die die Allgemeinheit gefährdende Unsicherheit über die Aufwertung im Einzelfalle auszuschließen) tatsächlich geeignet ist, kann vom Gericht bei der Prüfung ihrer Rechtsgültigkeit nicht untersucht werden (S. 375[17]). Ähnliche Erwägungen finden sich in der großen Entscheidung des 5. Senates (111, 320—335), welche die Verfassungsmäßigkeit des Aufwertungsgesetzes überprüft. Der Senat geht hier in sehr eingehenden Betrachtungen den Gründen und Erwägungen nach, welche den Gesetzgeber veranlaßt haben, anstatt der Individualaufwertung die feste Prozentaufwertung zu wählen. Es wird anerkannt, daß die Aufwertungsmethode „vielfach große Härten und beklagenswerte Unbilligkeiten" für die Beteiligten mit sich bringt. Darüber war sich aber auch der Gesetzgeber klar. „Gerade die umstrittenen Vorschriften sind bei den Beratungen im Reichstagsausschuß Gegenstand eingehender Prüfung und Erörterung gewesen und schließlich zur Annahme gelangt, weil eine anderweite Regelung mit dem erstrebten Zwecke des Gesetzes nicht verträglich erschien." Das Reichsgericht gesteht zu, daß man über die Zweckmäßigkeit oder Notwendigkeit einzelner Bestimmungen des Gesetzes streiten kann, es lehnt es aber ab, die vom Gesetzgeber getroffene Wahl als eine willkürliche Regelung anzusehen und dement sprechend das Aufwertungsgesetz wegen Verstoßes gegen Art. 109, 1 zu Fall zu bringen. Obwohl sehr wahrscheinlich ist, daß das Reichsgericht selbst (entsprechend der vor der 3. Steuernotverordnung liegenden Aufwertungsjudikatur) die Individualaufwertung als das Bessere angesehen hätte, beugt es sich

[15]) So Erich Kaufmann a. a. O. S. 21.

[16]) Beachte aber die Einschränkung S. 62: „Wird z. B. gesetzlich bestimmt, daß die Beamten mit Vollendung ihres 50. Lebensjahres in den Ruhestand treten, so ist darin nicht die Bestimmung einer Altersgrenze zu finden, und ein solches Gesetz, das nur den Namen eines Altersgrenzengesetzes führt, in Wahrheit aber einen anderen Charakter trägt, ist verfassungswidrig." Ein Beweis, daß das Reichsgericht im Ernstfalle Willkürlichkeiten des Gesetzgebers nicht zu dulden gewillt ist.

[17]) Auch hier aber gleich auf der folgenden Seite ein bedeutsamer Hinweis auf etwaige Grenzfälle: „Es bedarf keiner Erörterung der streitigen Frage, ob und wieweit überhaupt Fälle denkbar sind, in denen ein Gesetz wegen eines solchen Verstoßes (gegen Treu und Glauben, das Anstandsgefühl aller billig und gerecht Denkenden) einer den Richter bindenden Kraft entbehren könnte." Wenn das Reichsgericht eine solche strittige Frage überhaupt in den Kreis seiner Erwägungen einbezieht, so mag dies als ein Hinweis gewertet werden, daß es im Ernstfalle vor einer solchen Prüfung nicht zurückschrecken würde und auch gewillt wäre, die Folgerungen aus dem Prüfungsergebnisse zu ziehen.

doch der grundsätzlichen Entscheidung des Gesetzgebers bei Auswahl der obersten Gerechtigkeitsprinzipien.

Man wird, wenn man die vorstehend angeführten Beispiele der Reichsgerichtsjudikatur überblickt, im ganzen eine vorsichtige und sachgemäße Handhabung der richterlichen Prüfungszuständigkeit feststellen dürfen. Diese Feststellung ist wichtig: Sie läßt der Vermutung Raum, daß auch bei der eigentlichen Grundrechtsauslegung das Reichsgericht diejenige Vorsicht und denjenigen Takt zur Anwendung gebracht hat, ohne die eine sachgemäße Handhabung des zweiten Teiles der Reichsverfassung in der Judikatur undenkbar ist.

Folgerungen aus dem Prüfungsrecht

Nimmt das Gericht eine Prüfung dahingehend vor, ob ein (Reichs- oder Landes-) Gesetz mit der Reichsverfassung vereinbar sei, und stellt es auf Grund dieser Prüfung fest, daß die Vereinbarkeit zu verneinen sei, so erhebt sich die Frage: Welche Folgerungen sind aus einem solchen Widerspruche zu ziehen? Hält sich der Richter an seine eigentliche richterliche Aufgabe, vermeidet er es insbesondere, seine Anschauungen an die Stelle der vom Gesetzgeber zu treffenden Entscheidungen zu setzen, so wird das Nächstliegende sein, dem widersprechenden Gesetz die Anwendung zu versagen. Das hat das Reichsgericht auch mehrfach ausgesprochen. So 103, 201: „Findet der Prozeßrichter, daß landesrechtliche Vorschriften, deren Anwendbarkeit in Frage kommt, mit reichsrechtlichen Vorschriften in Widerspruch stehen, so hat er gemäß Art. 13, 1 und 102 RV. das Recht und auch die Pflicht, das betreffende Landesgesetz für nicht geltend zu erklären." — Mit diesem einfachen und im Grunde selbstverständlichen Satze ist die Frage jedoch nicht erschöpft. Nicht selten wird es vorkommen, daß nur ein Teil des Gesetzes, ja vielleicht nur eine einzige Vorschrift der Reichsverfassung widerspricht. Soll in einem solchen Falle wegen der Unzulänglichkeit eines vielleicht untergeordneten Gesetzesteiles das ganze Gesetz nichtig sein? Das Reichsgericht lehnt dies ab. Es sagt in der Entscheidung RGSt. 59, 42 (44): „Enthält ein Gesetz eine Mehrzahl von Vorschriften, die sich sachlich voneinander sondern lassen, so ist auch die Verfassungsmäßigkeit jeder einzelnen von ihnen selbständig zu prüfen und wird, wenn sie gegeben ist, durch die Verfassungswidrigkeit anderer nicht beeinträchtigt." So hat das Reichsgericht in einigen wichtigen Entscheidungen Landesgesetze nur insoweit für nichtig erklärt, als der Widerspruch zur Reichsverfassung reicht[18]). Wenn aber eine solche Nichtigkeit als vorhanden einmal konstatiert ist, so läßt sich dieser Mangel in der Regel nicht heilen. So 111, 123: Es wird festgestellt, daß ein gothaisches Gesetz deshalb mit der Reichsverfassung in Widerspruch steht, weil es entschädigungslose Enteignung darstellt. Das Reichsgericht stellt fest, daß der Gesetzgeber die Entschädigung versagen wollte und dies durch Schweigen über die Entschädigungsfrage zum Ausdrucke gebracht hat. Der hier vorliegende Verstoß gegen das Reichsverfassungsrecht ist unheilbar. Nicht etwa ist das Gesetz dadurch gültig zu machen, daß das Reichsgericht die fehlende Entschädigung zuspricht. — Scheinbar im Widerspruche mit dieser Entscheidung steht das Urteil 105, 253. Auch hier wird die Entziehung von Wohnungen auf Grund eines hamburgischen Gesetzes als Enteignung im Sinne

---

[18]) Vgl. etwa 107, 1: Das preußische Schuldirektorengesetz vom 9. Oktober 1919 ist nur insoweit nichtig, als es sich auf die im Amte befindlichen Direktoren bezieht; oder 112, 67: nur der § 16 des thüringischen Gesetzes über den Verkehr mit Grundstücken vom 16. Mai 1923 ist wegen Widerspruches zu Art. 153 II RV. nicht anwendbar. — In diesen und ähnlichen Fällen verwirklicht das Reichsgericht auf dem Gebiete des Staatsrechtes einen ähnlichen Rechtsgedanken, wie er im § 139 BGB. für das Gebiet des bürgerlichen Rechtsgeschäftes ausgesprochen ist.

der Reichsverfassung angesehen. Eine Entschädigung ist im Gesetze nicht ausdrücklich zugebilligt. Das Reichsgericht spricht aber dem klagenden Mieter die Entschädigung zu, ergänzt also in dieser Richtung das Gesetz einfach aus dem in der Verfassung liegenden Gedanken heraus. Ähnlich 111, 224; in diesem Falle kann sich das Reichsgericht freilich darauf berufen, daß das in Frage stehende Gesetz, wenn auch für andere Fälle, einen Entschädigungsanspruch für durch den Staatseingriff geschädigte Personen zugesprochen hat. — In diesem Zusammenhange sei auch die Entscheidung Bd. 110, 344 erwähnt. Auf Grund einer (allerdings sehr weitgehenden) Unterstellung der Devisenablieferung gemäß der Verordnung vom 25. August 1923 unter den Begriff der Enteignung läßt das Reichsgericht den Rechtsweg wegen Schadensersatzansprüchen zu. Der Rechtsweg war in der Verordnung nicht ausdrücklich ausgeschlossen, er muß also nach Art. 153 II offenstehen. Hier wird also wiederum einfach eine Gesetzesergänzung aus den Grundsätzen des Verfassungsrechtes vorgenommen, das Schweigen des Gesetzes über eine verfassungsrechtlich geregelte Frage wird nicht als Widerspruch zu der Reichsverfassung, sondern als Lücke im Gesetz aufgefaßt, die unmittelbar und ohne Schaden für die Rechtsgültigkeit des Gesetzes aus der Verfassung selbst zu ergänzen ist.

Freilich setzt das Reichsgericht auch gelegentlich dieser Ergänzung Schranken. So lehnt es in der bereits erwähnten Entscheidung 112, 67 es als unzulässig ab, wenn die Verwaltung sich bereit erklärt, die im Gesetze selbst nicht vorgesehene ausreichende Entschädigung im Einzelfalle zu leisten. Durch ein solches Erbieten kann das der gesetzlichen Grundlage entbehrende thüringische Vorkaufsrecht nicht wirksam gemacht werden (S. 71).

Auch in dem hier behandelten Punkte dürfte also festzustellen sein, daß das Reichsgericht in einer den praktischen Bedürfnissen gerecht werdenden Weise zwar die Folgerungen der verfassungsrechtlichen Grundsätze zieht, aber doch vorsichtig genug ist, nicht durch Überspannung dieser Konsequenzen unnötige Unsicherheit in das formell gültige Landesrecht hineinzutragen.

Geltungsbereich der Grundrechte in zeitlicher und persönlicher Hinsicht

1. Die zeitliche Geltung

Die Weimarer Verfassung hat auf vielen Gebieten einen vom früheren Recht abweichenden Rechtszustand geschaffen. Das gilt nicht nur in ihrem Gegensatze zur Bismarckschen Verfassung von 1871, sondern (was bisher wenig beachtet worden ist) auch für die Übergangszeit vom 9. November 1918 bis zum 14. August 1919. Der in dem zweiten Teile der Reichsverfassung gewährte Grundrechtsschutz greift also, was als Grundregel aufzustellen ist, in den bisher bestehenden Rechtszustand erst vom 14. August 1919 ab ein. Das erscheint einfach, tatsächlich führt aber die Umgestaltung des Rechtszustandes gerade in zeitlicher Hinsicht zu einer Reihe schwieriger Rechtsfragen. Durch Vergleich mehrerer Urteile des Reichsgerichtes glaube ich gewisse Widersprüche in der Judikatur zu diesem Punkte feststellen zu können.

Eine Anzahl von Entscheidungen dehnt den Grundrechtsschutz zeitlich sehr weit aus. So der Beschluß des 7. Zivilsenates 103, 91, der zunächst feststellt, daß Art. 137 III Satz 1 (Selbstverwaltungsrecht der Religionsgemeinschaften) unmittelbar geltendes Recht sei. Das Land Braunschweig hat ein Gesetz erlassen, welches mit den Grundsätzen dieses Verfassungsartikels nicht in Einklang steht. Der Senat stellt fest: wäre dieses Gesetz nach dem Inkrafttreten der Reichsverfassung ergangen, so würde es von dem entgegenstehenden Reichsrechte beseitigt sein; er fährt dann fort (S. 94): „aber die

Kraft des Art. 137 III Satz 1 reicht noch weiter; ihm widerspricht auch ein Landesgesetz, welches vor dem Inkrafttreten der Reichsverfassung geschaffen ist, wenn dieses Landesgesetz einen staatlichen Eingriff in die Verwaltung einer Religionsgesellschaft enthält und wenn es erst unter der Herrschaft der Reichsverfassung ausgeführt werden soll. Es ist dann durch die vor der Reichsverfassung liegende Landesgesetzgebung ein Zustand geschaffen worden, der unter der Herrschaft der Reichsverfassung nicht hätte geschaffen werden dürfen und der deshalb unter ihrer Herrschaft auch nicht fortdauern darf." Kurz gesagt, wird hier also ein in den Verfassungsbereich eingreifendes Landesgesetz selbst dann für unwirksam erklärt, wenn nur seine Auswirkungen mit der Verfassung nicht vereinbar sind. — Wie steht es mit der Anwendung dieser Grundregel in anderen Entscheidungen? Sie ist im wesentlichen zur Anwendung gekommen in 109, 284: Der Anspruch des Klägers auf Ruhegehalt mit einer Funktionszulage war schon tatbestandsmäßig vor Inkrafttreten der Reichsverfassung begründet. Das Reichsgericht läßt den Rechtsweg über diesen Anspruch zu, obwohl er früher nicht hätte beschritten werden können (so in ständiger Rechtsprechung; vgl. etwa noch 102, 391, wo als Leitsatz aufgestellt wird, daß die prozeßrechtlichen Vorschriften, die in der Reichsverfassung vorhanden sind, unmittelbare Geltung erlangen; oder 101, 287, wo ausdrücklich ausgesprochen wird, daß auch die früheren Militärpersonen (Unteroffiziere der Kaiserlichen Marine des Friedensstandes) den Schutz des Art. 129 IV genießen, wenn ihre Ansprüche nach dem Inkrafttreten der Verfassung geltend gemacht werden[19]).

Hat das Reichsgericht in diesen Entscheidungen den Grundrechtsschutz in zeitlicher Beziehung weit ausgedehnt, so muß es überraschen, daß in einigen wichtigen Fällen das Gericht, gestützt auf streng juristische, zum Teil aber etwas nach Formalismus schmeckende Erwägungen den Grundrechtsschutz versagt hat. Mit 112, 337 wird man sich noch einverstanden erklären können: Das Reichsgericht lehnt es hier ab, Art. 131 bei einer angeblich schädigenden Handlung eines Beamten anzuwenden, die vor dem Erlaß der Reichsverfassung vorgenommen worden ist. (Soll aber etwa hier der Ausschluß des gesamten Art. 131 ausgesprochen werden, insbesondere auch die sofortige Aktualisierung seiner prozeßrechtlichen Vorschriften?) Ähnlich 108, 15. Bedenklich erscheint aber die schon in anderem Zusammenhang erwähnte Entscheidung des 3. Senates 105, 24ff.: Das Land Sachsen hatte durch das Übergangsschulgesetz vom 22. Juli 1919 (!) in Rechte der Schuldirektoren eingegriffen, und zwar in einer Weise, daß dieser Eingriff wohl zweifellos nach Inkrafttreten der Reichsverfassung nicht mehr hätte vorkommen dürfen. Selbst wenn man annimmt, daß eine fraus constitutioni facta des sächsischen Gesetzgebers nicht nachweisbar sei, so wurde doch durch dieses Gesetz ein Rechtszustand geschaffen, dessen Auswirkungen sich zeitlich in den Geltungsbereich der Weimarer Verfassung hineinerstreckten und der mit den Grundsätzen des neuen Verfassungsrechtes in Widerspruch stand. Das Reichsgericht lehnt aber den erbetenen Grundrechtsschutz rundweg ab: „Bis zu dem Inkrafttreten der Reichsverfassung konnten die Länder die Rechtsverhältnisse ihrer Beamten . . . selbständig regeln, auch wenn dadurch wohlerworbene Rechte beeinträchtigt wurden. Art. 129 I schützt deshalb nur diejenigen Rechte der Beamten, die zur Zeit des Inkraft-

[19]) Die gleiche Ausdehnung des Grundrechtsschutzes findet sich in anderer Ausprägung in dem Urteil 104, 58: Art. 129 I, Satz 3 schützt die wohlerworbenen Rechte der Beamten; das Reichsgericht entscheidet sich dafür, daß nicht nur die bei Inkrafttreten der Verfassung bestehenden wohlerworbenen Rechte den Schutz genießen, sondern daß der Schutz auch den erst nach Inkrafttreten der Reichsverfassung angestellten Beamten zugute kommt.

tretens der Verfassung noch bestanden." Ähnlich lag das Problem in der Entscheidung 117, 27: Das Land Braunschweig hatte durch ein vor der Reichsverfassung erlassenes Gesetz gewisse Staatsleistungen an die Landeskirche aufgehoben. Das angerufene Reichsgericht findet darin keinen Verstoß gegen Art. 138 I RV., denn die Übergangsbestimmung des Art. 173 verstehe unter dem Begriffe „bisherige Staatsleistungen" nur die bei Inkrafttreten der Reichsverfassung noch rechtsgültig bestehenden Leistungen. Dem Landesgesetzgeber habe es in der Zwischenzeit (Revolution — Weimarer Verfassung) freigestanden, Staatsleistungen aufzuheben, und die Übergangsbestimmung des Art. 173 habe ein solches Geschehen nicht nachträglich wieder rückgängig gemacht. Wie Giese in der Anmerkung zu diesem Urteil (JW. 3, 2207 Nr. 24 [1927]) gleichfalls betont, befriedigt diese Entscheidung das Rechtsgefühl keineswegs; man könne ihr aber die formell-rechtliche Anerkennung nicht versagen. Es ist wohl richtig, daß der Fehler beim Gesetzgeber lag, wenngleich mir aus der in der Entscheidung mitgeteilten parlamentarischen Entstehungsgeschichte ein Ausschluß der Rückwirkung der Übergangsbestimmung nicht herzuleiten zu sein scheint[20]).

2. Geltungsbereich der Grundrechte in persönlicher Beziehung

Die Frage, auf welchen Personenkreis die Grundrechte, insbesondere der Grundrechtsschutz auszudehnen sei, ist in der Judikatur des Reichsgerichtes verhältnismäßig selten aufgetaucht. Allerdings ist in einigen wenigen Entscheidungen auch auf die Grundfrage dieses Problemkreises eingegangen, ob die Grundrechte Menschenrechte oder Bürgerrechte sind, ob sich also nur der Deutsche oder auch der Ausländer auf sie berufen kann. Eine kurze Bemerkung in der Entscheidung 111, 295 scheint darauf hinzudeuten, daß das Reichsgericht den in diesem Zusammenhange wichtigen Art. 131 nur den Deutschen zugute kommen lassen will. Indessen erkennt der 6. Senat in dem für diese Frage wichtigeren Urteile 111, 375 in längeren Erwägungen, der Schutz der Staatshaftung für Amtspflichtverletzungen des Beamten in Art. 131 könne jedenfalls dann auch Ausländern nicht versagt werden, wenn der Tatbestand, aus dem die Haftung des Reiches hergeleitet wird, sich innerhalb der Reichsgrenzen ereignet hat. Obwohl das Reichsgericht im übrigen den § 1 des Reichshaftungsgesetzes von 1910 durch Art. 131 als ersetzt ansieht, zögert es doch nicht, die in diesem Punkte weitergehenden Bestimmungen des früheren Gesetzes als auch nach Erlaß der Reichsverfassung eventuell in Geltung befindlich zu bezeichnen. — Daß das Reichsgericht nicht daran denkt, den Grundrechtsschutz übermäßig weit auszudehnen, beweist die Entscheidung 117, 376. Hier handelt es sich um die Frage, ob Fürsorgeerziehung nach den Bestimmungen des § 63 des Jugendwohlfahrtsgesetzes auch gegenüber minderjährigen Ausländern zulässig sei. Sachlich einwandfrei erkennt das Reichsgericht, daß der Art. 120 RV. nicht auf ausländische Minderjährige erstreckt werden dürfe. Zweifelhaft ist die Begründung, welche sich darauf beruft, daß der Programmsatz des Art. 120 sich im zweiten Teile der Reichsverfassung unter den Grundrechten und Grundpflichten der Deutschen befinde. Auch an dieser Stelle vermißt man ein Eingehen auf die Literatur (vgl. etwa An-

---

[20]) Vgl. in diesem Zusammenhang etwa noch RGZ. 102, 161. Eine Bremer Verordnung gegen den Wohnungsmangel wäre an sich wegen Widerspruches mit der Reichsverfassung als ungültig anzusehen, wenn ihr nicht durch das wesentlich später in Kraft tretende Reichsgesetz über Maßnahmen gegen den Wohnungsmangel eine ausreichende Rechtfertigung mit rückwirkender Kraft (!) gegeben worden sei. Auch das ist formalrechtlich unangreifbar konstruiert, besonders wenn man den Gesetzesvorbehalt so weit reichen läßt, wie es die Rechtsprechung des Reichsgerichtes tut.

schütz, Kommentar Vorbem. zum 2. Hauptteile, Ziff. 5), vermißt man aber auch ferner eine sachlich einwandfreie Differenzierung des an sich richtigen Begründungsergebnisses. Für den einzelnen entscheidenden Fall mag es gewiß nur darauf ankommen, daß er sachlich richtig entschieden werde; die oberstgerichtliche Rechtsprechung kann sich aber nicht nur mit der Aufgabe der Einzelfallentscheidung zufrieden geben, wenn anders sie Anspruch darauf erhebt, von der Fallentscheidung ausgehend die gesamte Rechtslehre zu beeinflussen.

Art. 111 verbietet Differenzierungen zwischen Einheimischen und Landesfremden. Ein Gesetz (es handelt sich um die Rechtsgültigkeit des preußischen Gesetzes über den Verkehr mit Grundstücken v. 10. Febr. 1923), welches auf Einheimische in gleichem Maße Anwendung findet wie auf Ortsfremde, verstößt nicht gegen Art. 111 RV. Die Frage, ob die in dem Gesetze vorgesehene nicht verfassungswidrige Differenzierungsmöglichkeit sich nicht in der aktuellen Verwaltungspraxis zu einer verfassungswidrigen Handhabung des Gesetzes steigern kann, brauchte das Gericht nicht zu untersuchen. Ausführlicher nimmt die Entscheidung 107, 261 (264) zu Art. 111 Stellung. Die Ausführungen sind um deswillen bedeutsam, weil sie eine in weiterem Bereiche verwendbare Differenzierung der Grundrechte in persönliche Freiheitsrechte und sachliche Eigentumsrechte bringen. Eine Beschränkung der sachlichen Eigentumserwerbsfreiheit läßt Art. 111 zu, ohne das durch ihn garantierte persönliche Freiheitsrecht irgendwie anzutasten.

Die persönliche Ausdehnung des Grundrechtsschutzes ist natürlich nicht allein von der Formel „Deutscher oder Nichtdeutscher" abhängig. Man kann sagen, jedes Grundrecht trägt in dem Subjekt des Grundrechtssatzes den persönlichen Anwendungsbereich implicite in sich, und richterliche Aufgabe ist es, den hier schlummernden Personenkreisbegriff durch Auslegung zu aktualisieren. Ein typisches Beispiel ist dafür Art. 129, welcher den „Beamten" bestimmte Rechte verleiht bzw. verbürgt. Wer ist Beamter im Sinne dieses Grundrechtsschutzsatzes? Ist die Frage allein nach landesrechtlichem Beamtenrechte zu entscheiden, muß die Entscheidung den gleichen Umkreis von beamteten Personen abgrenzen, wie er etwa die Pflichtverletzung des Beamten im Sinne des Art. 131 umfaßt? Oder läßt sich nicht vielmehr mit gutem Grunde behaupten, Beamter im Sinne des Art. 129 sei derjenige, welcher seiner Rechtsstellung nach des Grundrechtsschutzes des Art. 129 würdig sei, welchem also der Schutz zukommen müsse, gleichgültig, ob er im Sinne einer anderen auf das Grundrecht nicht direkt abgestimmten Norm als Beamter anzusehen sei oder nicht? Es scheint, daß das Reichsgericht, ohne allerdings zu dieser wichtigen Auslegungsfrage ausdrücklich Stellung zu nehmen, sie doch etwa im zuletzt angegebenen Sinne entscheidet. Wichtig ist in diesem Zusammenhange das Urteil 114, 220. Im Kernpunkte handelt es sich hier um die Frage, ob auch einem evangelischen Pfarrer, dem Inhaber einer Pfründenstelle, der Schutz seiner wohlerworbenen Rechte des Art. 129 zugute käme. Das Reichsgericht bejaht dies: Alle öffentlichen deutschen Beamten, nicht etwa bloß die Staatsbeamten, welche im Dienste einer öffentlichen Körperschaft stehen, fallen unter Art. 129. Es kann also völlig dahingestellt bleiben, ob die Rechtsstellung des evangelischen Pfarrers in einem anderen Zusammenhange als die eines Beamten zu kennzeichnen sei. Für das Grundrecht ist er Beamter und genießt den Grundrechtsschutz.

Die genannte Entscheidung ist aber noch in anderem Zusammenhange wichtig. Sie ist ein typisches Beispiel für die vom Reichsgericht in zahlreichen Grundrechtsentscheidungen angewandte Methode, den Sinngehalt des in Frage stehenden Grundrechtssatzes aus dem Zusammenhange mit anderen Grundrechtssätzen zu erschließen. Dies führt zu folgendem wichtigen Problem:

Die Bedeutung des Grundrechtssystems für die Auslegung des einzelnen Grundrechtssatzes

Jede Rechtsnorm besitzt einen nur ihr eigentümlichen Sinngehalt, der im wesentlichen auch nur aus dem zur Anwendung in Frage stehenden Rechtssatz zu erschließen ist. Die Norm deckt einen bestimmten Bereich tatbestandsmäßiger Einzelfälle. Meist wird es nicht zweifelhaft sein, ob eine bestimmte Norm auf einen bestimmten Fall Anwendung finden soll. Nur der zweifelhafte Fall gelangt zur gerichtlichen Entscheidung. Es ist nun eine feststehende Binsenwahrheit, daß bei der Entscheidung solcher Zweifelsfragen über den Deckungsbereich der einzelnen Norm ihr Zusammenhang mit anderen Normen, ihre Eingliederung in das Gesamtnormensystem zu prüfen ist. Wollten die folgenden Ausführungen für die Normenanwendung der Grundrechte nicht mehr besagen und beweisen, so wären sie überflüssig.

Bei den Grundrechten und insbesondere bei den normativen Rechtssätzen, die im 2. Teile der Weimarer Verfassung enthalten sind, liegt das Problem des Deckungsbereiches etwas anders. Die Grundrechte sind Bestandteil der Reichsverfassung, Verfassungsrecht. Es hängt naturgemäß davon ab, was der Einzelne als wesentlich im Verfassungsbegriff ansieht, wenn mehr oder weniger weitgehende Folgerungen aus der Verfassungsqualität eines bestimmten Rechtssatzes zu ziehen sind. Sieht man (unrichtig und abwegig) das Wesen des Verfassungsrechtssatzes nur in dem erhöhten Schutz vor Abänderungen gemäß Art. 76 der Weimarer Verfassung[21]), so sinkt die Bedeutung der Verfassungsqualität eines Rechtssatzes auf Null und bleibt auch so lange auf dem Nullpunkt, als eine Verfassungsänderung nicht in Frage steht. — Näher kommt man dem Problem der Verfassungsqualität eines Rechtssatzes schon dann, wenn man den in der Verfassung kodifizierten Normen die höchste Rechtsbeständigkeit gegenüber Rechtsnormen niederer Ordnung zuerkennt. Für Normen mit Verfassungsqualität gilt dann im Sinne einer solchen Rechtsstufenordnung der Satz: Lex maxima derogat omnibus legibus minoribus. Mit diesem Satze kann offenbar schon ein weiter Bereich von Normengeltungsfragen zutreffend entschieden werden, vorausgesetzt allerdings, daß sowohl der Geltungsbereich der grundrechtlichen Verfassungsnorm, wie auch der Geltungsbereich der zur Prüfung stehenden lex minor eindeutig feststeht: Überschneiden sich die Geltungskreise und ist innerhalb des Überschneidungsbereiches ein Widerspruch zwischen Grundrecht und Rechtsnorm geringerer Qualität festzustellen, so ist die Folgerung die bereits oben behandelte Unwirksamkeit der widersprechenden Norm.

Wie aber, wenn über den Geltungsbereich der Verfassungsnorm selbst Zweifel entstehen, wenn also die normative Eindeutigkeit, d. h. die Voraussetzung jedweder Rechtssystemkonstruktion auf normlogischer Grundlage selbst in Frage steht? Ich behaupte, daß jedenfalls für einen verhältnismäßig großen Kreis der grundrechtlichen Verfassungsnormen diese Geltungsbereichfrage nur unter Zuhilfenahme von Wertungsgesichtspunkten zutreffend gelöst werden kann. Ich behaupte ferner, daß die Grundrechtsjudikatur des Reichsgerichtes diesem Wertgeltungsgedanken in weitem Umfange bereits Rechnung getragen hat.

Nun ist allerdings von vornherein zu betonen: Nicht dem einzelnen Verfassungsrechtssatze als solchem kommt diese höhere Wertigkeit ohne weiteres zu, jedenfalls ist das nicht der beachtlichste Gesichtspunkt für die Grundrechts-

[21]) Vgl. gegen diese formale Verfassungskennzeichnung die Ausführungen von Carl Schmitt, Verfassungslehre, an vielen Stellen, insb. S. 99ff.

auslegung. Wesentlicher ist, daß die Grundrechte als Einheit ein Normensystem bilden (jedenfalls nach der Absicht des Verfassungsgesetzgebers bilden sollen), das vor allem eben auch als Einheit höheren Wert gegenüber anderen Normensystemen beanspruchen darf. Erst in und aus der Einheit des Grundrechtssystems erschließt sich jener immanente Sinngehalt der einzelnen Grundrechtsnorm, erst in diesem Zusammenhange offenbart sich also auch ihr Wertgehalt, und diesem Wertgehalt kommt durchaus die Qualifikation als Rechtswertgehalt zu[22]).

Das praktische Ergebnis dieser allgemeinen Ausführungen läßt sich etwa folgendermaßen charakterisieren: Zunächst ist es Aufgabe des Richters, bei Prüfung des Geltungsbereiches der Grundrechtsnorm im Einzelfalle darauf bedacht zu sein, daß der der einzelnen Norm innewohnende Wertgedanke praktisch verwirklicht wird. Mit anderen Worten: Die Grundrechtsaktualität im weiteren Sinne läßt sich nicht allein auf dem Wege normlogischer Konstruktion erschließen. Hilfsmittel bei dieser Wertungsauslegung ist die Erschließung des Systemzusammenhanges, die allein auch den Geltungsbereich der einzelnen Grundrechtsnorm zu offenbaren imstande ist. Ich möchte versuchen, die Beachtung dieser Grundsätze durch Besprechung einiger Entscheidungen des Reichsgerichtes deutlich zu machen.

Zunächst ist nicht zu verkennen, daß das Reichsgericht gelegentlich aus einer gewissen Vorsicht heraus das Gegenteil dessen betont, was hier vertreten wird. So etwa 114, 16 (20): „Die Vorschriften über die Grundrechte haben ganz verschiedene rechtliche Tragweite; aus der einen können daher keine Schlüsse auf die andere gezogen werden.“ Das ist gewiß in begrenztem Maße richtig, war vor allem richtig für den zur Entscheidung stehenden Einzelfall. Trotzdem hat das Reichsgericht aber an anderer Stelle, wenn auch ohne allgemeine theoretische Begründung häufig genug die gegenteilige Auslegungsmethode eingeschlagen. Vielleicht das beste Beispiel findet sich in der Entscheidung des Staatsgerichtshofes 116 Anhang S. 18—45. Es handelt sich um den bekannten Fall der sog. „Donauversinkung“. Die Länder Württemberg und Preußen hatten gegen Baden Klage vor dem Staatsgerichtshof erhoben, Württemberg sei zu gewissen Vorkehrungen im Bereiche seiner Strombauverwaltung verpflichtet. Also eine rein technische Frage, bei deren Entscheidung man auch die Anwendung technischen Rechtes erwarten sollte. Mit vollem Recht entnimmt aber der Staatsgerichtshof die Grundlage seiner Entscheidung allgemeinen Gesichtspunkten über das Verhältnis der Länder zueinander. Nach völkerrechtlichen Erörterungen fährt er S. 30 fort: „Noch enger als diese allgemeine Völkergemeinschaft ist die Gemeinschaft, in welcher die deutschen Länder als Glieder des Deutschen Reiches zueinander stehen. Die Verfassung vom 11. August 1919 beruht nach ihrem Vorspruch auf der Einigkeit des deutschen Volkes in seinen Stämmen und will seinem inneren Frieden dienen. Sie gibt in Art. 110 II jedem Deutschen in jedem Lande des Reiches die gleichen Rechte und Pflichten wie Angehörigen des Landes selbst. Die Einheit des deutschen Volkes und die Gleichberechtigung sämtlicher Reichsgenossen ohne Rücksicht auf ihre Staatsangehörigkeit muß sich aber auch auswirken, wenn es sich nicht um Rechte, sondern um bloße Interessen von Angehörigen des anderen Landes handelt. Man kann von jedem deutschen Lande verlangen, daß

---

[22]) Vgl. zum Vorstehenden namentlich Smend, Verfassung und Verfassungsrecht, S. 128—136; insbes. S. 126: „Eine Folgerung aus der Einordnung der einzelnen staatsrechtlichen Normen in das Sinnsystem des staatlichen Integrationszusammenhanges ist die ihres sich daraus ergebenden verschiedenen Wertes für dies System, ihrer Rangverschiedenheit. Diese Rangfrage ist eine Rechtsfrage.“

es sie, wenn auch vielleicht nicht ganz im gleichen Maße wie die Interessen der eigenen Landesangehörigen, so doch stärker berücksichtigt als die anderer, nichtdeutscher Staaten." Es ist offensichtlich, daß hier ein in den Bereich des Art. 110 II fallender Tatbestand gar nicht vorlag. Dem Grundrechte wird aber der leitende Gesichtspunkt entnommen, um den auf einem ganz anderen Rechtsgebiete spielenden Fall zur Entscheidung zu bringen. Hier gibt also der Staatsgerichtshof deutlich zu erkennen, daß er die aus dem Grundrechtssystem zu erschließende Einheit des gesamtdeutschen Rechtes als denjenigen höchsten Rechtswert erkennt, der sich auch in der Entscheidung des Einzelfalles durchsetzen muß.

Auch in einer anderen Entscheidung des Staatsgerichtshofes (112 Anhang S. 21ff.) tritt der Grundrechtssystemgedanke, wenn auch weniger stark, so doch deutlich hervor. Bremen hatte sich bei dem Verlangen auf Aufhebung bestimmter Industrie- und Fischereiklauseln in den mit Preußen 1904 und 1905 abgeschlossenen Staatsverträgen unter anderem auch auf Art. 151 III (Freiheit von Handel und Gewerbe) berufen. Im Ergebnis lehnt der Staatsgerichtshof die Begründetheit dieser Berufung (mit vollem Rechte) ab. Er gibt allerdings zu, daß dem Sinne des Art. 151 in Beihalt des Art. 114 Beschränkungen erheblicher Art, die innerlich ungerechtfertigt sind, widersprechen würden. Interessant ist, daß auch Bremen sich in seinem Schriftsatze auf den in den Artt. 151, 111 und 18 verkörperten gemeinsamen Rechtsgedanken möglichst unbeschränkter Handels- und Gewerbefreiheit zur Erzielung kultureller Höchstleistungen berufen hatte.

112, 104: Eine Beamtenwitwe verlangt Aufwertung eines Pensionsbetrages, zu dessen Zahlung das Reich rechtskräftig verurteilt war. Das Reich behauptet, die Aufwertung sei ausgeschlossen durch Art. 7 der Ergänzung zum Besoldungsgesetz v. 12. Dez. 1923. Das Reichsgericht erkennt dies nicht an. Um die Entscheidung fällen zu können, fragt es nach dem Geltungsbereiche des Art. 129 RV. und erkennt, daß die Ablehnung der Aufwertung ein Eingreifen in den Gehaltsanspruch des Beamten selbst darstellen würde; das widerspricht Art. 129, der sich also gegenüber dem Aufwertungsverbot als von größerer Durchschlagskraft, von höherem Werte erweist. — 107, 244 führt eine ausführliche Würdigung des Wert- und Geltungsbereiches von Art. 165 zu einer guten Charakteristik der öffentlich-rechtlichen Rechtsstellung der Betriebsräte. Die Folgerung des Reichsgerichtes lautet: die ordentlichen Gerichte seien nicht berufen, in diesen öffentlich-rechtlichen Rechtsbereich einzugreifen und gegenüber der Verweigerung der Vornahme von Wahlen Rechtsschutz zu gewähren. Mag auch die Entscheidung das Phrasenhafte zuweilen bedenklich streifen, der systematische Grundgedanke ist richtig und tritt gut hervor. — Nicht das gleiche läßt sich von einer besonders interessanten, aber auch problematischen Entscheidung des 3. Senates 117, 138 behaupten. Zur Entscheidung stand die Schadensersatzforderung einer Zeitung, die vom Polizeipräsidenten auf Anweisung des Oberpräsidenten beschlagnahmt worden war, weil sie zu Gewalttätigkeiten aufgefordert habe. Das Reichsgericht weist die Klage ab, und zwar unter dem Gesichtspunkte, der Staat habe in Notwehr gehandelt, um einen gegen seinen Bestand gerichteten gegenwärtigen und rechtswidrigen Eingriff abzuwehren; sei aber ein solcher Fall von Notwehr gegeben, so könne sich die Zeitung nicht auf die Bindungen des Staates durch das Preßgesetz berufen, vielmehr stünden dem Staate dann die Rechte des § 227 BGB. uneingeschränkt zu. Es braucht hier nicht auf die zahlreichen Bedenken eingegangen zu werden, zu der diese Entscheidung Anlaß gibt. Sie finden sich in der grundsätzlich billigenswerten Kritik von Haentzschel in der Anmerkung zu dieser Entscheidung (JW. 3, 1991f. [1927]). Der für uns interessante Kernpunkt ist die Inhaltswertung von Art. 118 einerseits (Recht der freien Meinungsäußerung, Verbot der Zensur) und § 227 BGB. andererseits. Mag man auch zugeben, daß der dem Notwehrparagraphen innewohnende allgemeine Rechtsgedanke der Anwendung im Gebiete des öffentlichen Rechtes durchaus fähig ist (in diesem Punkte halte ich die Kritik von Haentzschel für etwas einseitig), so muß man doch betonen, daß der Rechtsgehalt des Art. 118 auch gegenüber dem Gedanken der Notwehr als der stärkere und höhere Wert anzusehen ist, dies um so mehr, als Art. 118 zu den nach Art. 48 suspendierbaren Grundrechten gehört, seine Einschränkung also für die Zeiten der Staatsnot durchaus im Bereiche des Möglichen und rechtlich Geordneten liegt. Die Entscheidung krankt also im Grunde daran, daß dem Geltungswert des Verfassungsrechtssatzes innerhalb der Gesamtrechtsordnung nicht Genüge geschehen ist. — In einer anderen Entscheidung zu Art. 118 (115, 74 [81]) tritt die höhere Wertung des Grundrechtes dagegen deutlich hervor: „Grundsätzlich ist der Verleger wie der Schriftsteller an die Grenzen gebunden, die das Gesetz zum Schutze fremder Ehre dem allgemeinen Rechte der freien Meinungsäußerung zieht. Auch er kann sich also nicht auf den Schutz des § 193 StGB. berufen, wenn ein von ihm verlegtes Schriftwerk die Ehre eines Dritten durch Behauptung nicht erweislich wahrer Tatsachen angreift, da die Sache, um die es sich handelt, ihn nicht näher als jeden anderen Staatsbürger angeht." Das berührt sich eng mit den Wertungsgesichtspunkten, die etwa Smend in seinem Referate über Art. 118 bei der Auslegung des Begriffes „allgemeine Gesetze" gibt[23]).

Die zuletzt besprochene Entscheidung weist schon darauf hin, daß die für die richtige Auslegung geforderte Inhaltswertung der Grundrechte durchaus nicht immer dazu führen muß, den Grundrechten den höheren Wert zuzuerkennen. So wird es z. B. 117, 415 vom Reichsgericht abgelehnt, aus Art. 165 I einen Eingriff in das Genehmigungsrecht der Aufsichtsbehörde gegenüber der Krankenkasse herzuleiten. Das Reichsgericht sagt ausdrücklich, der Art. 165 ist für die Lösung solcher Fragen ein Auslegungsbehelf neben anderen, nicht aber entscheidend. — In gleicher Weise verwendet auch die Entscheidung 111, 199 den Gedanken der Wertung; der grundsätzliche Kernpunkt dieses wichtigen Urteiles liegt meines Erachtens darin, daß zwischen Individual- und Koalitionsrecht abgewertet wird, ein Widerspruch zwischen Art. 159 einerseits, Art. 165 andererseits also durch Abwägung der in den beiden Artikeln verkörperten Wertgedanken entschieden wird.

Dies leitet zu einer Reihe von anderen Entscheidungen über, die den Gedanken der Auslegung und der Inhaltskraftwertung innerhalb des Grundrechtssystems selbst verwenden[24]). Das Reichsgericht kommt ganz von selbst dazu,

---

[23]) Vgl. Veröffentlichungen der Vereinigung deutscher Staatsrechtslehrer Heft 4 S. 51f., insbes. S. 52. „Allgemeine Gesetze im Sinne des Art. 118 sind also Gesetze, die deshalb den Vorrang vor Art. 118 haben, weil das von ihnen geschützte gesellschaftliche Gut wichtiger ist als die Meinungsfreiheit." Allerdings ist in der angezogenen Entscheidung des Reichsgerichtes nicht gesagt, nach welchen Gesichtspunkten hier die Wertung vorgenommen wird. Das ist für die hier zutage getretene Auslegungstechnik immerhin nicht unbedenklich.

[24]) Daß der 2. Teil der Weimarer Verfassung ein in sich geschlossenes Ganzes bildet, wird 107, 315 (322) ausdrücklich anerkannt. Ob die Entscheidung, unter Grundrechten seien nur die in Art. 109—165 verzeichneten Rechtssätze zu verstehen, sich auch für andere Fälle halten läßt, mag dahingestellt bleiben. Richtig ist jedenfalls m. E., daß § 1 Abs. 1 Satz 2 des Ermächtigungsgesetzes nur von Grundrechten im äußerlich rechtstechnischen Sinne spricht. Zu weit geht die Folgerung, den außerhalb des 2. Teiles befindlichen (materiellen Grund-) Rechtssätzen fehle die „subjektive Betonung". Das bedürfte doch eingehenderer Untersuchung, als die Vereinigten Zivilsenate sie in ihrem Beschluß anstellen.

die einzelnen Normen in Verbindung miteinander zu bringen und aus ihren Werten Gesichtspunkte für die Auslegung herzuleiten. Grundsätzliche Bedeutung hat in diesem Zusammenhange das Urteil 102, 166, und zwar nicht nur wegen der Ausführungen, auf die gleich einzugehen sein wird, sondern weil das Reichsgericht in dieser Entscheidung tatsächlich jedenfalls für den in Frage stehenden Art. 131 von der bisherigen Auffassung abweichende Bahnen einschlägt. In einem solchen Urteil gehen entscheidende Sätze der Begründung über die Zufälligkeiten anderer Zitate hinaus. Das Reichsgericht sagt: „Die Bedeutung und Tragweite des Art. 131 kann nur aus dem Wortlaut und aus dem Zusammenhang mit den anderweiten Bestimmungen der Reichsverfassung und mit den gesamten Vorschriften unseres Rechtssystems geschöpft werden. Die Zufälligkeiten der Entstehung des Art. 131 und die Äußerungen der dafür oder dagegen eintretenden Abgeordneten in der Nationalversammlung darf von keinem ausschlaggebenden Belange sein. Das Gesetz selbst ist davon losgelöst und muß seine Erklärung lediglich in sich selbst — als individuelle Vorschrift und zugleich als Teil eines Gesamtrechtskörpers — finden" (S. 168). Deutlicher konnte das Gericht seine Stellungnahme zugunsten der Auslegung einer einzelnen Grundrechtsnorm aus ihrer Stellung im Gesamtrechtssystem heraus nicht zum Ausdruck bringen. Dem gegenüber verschlägt es nichts, wenn sich in derselben Entscheidung ein Hinweis darauf findet, daß ein bestimmtes Wort („grundsätzlich") in zwei verschiedenen Artikeln der Verfassung eine aus dem Zusammenhange heraus zu erschließende verschiedene Bedeutung haben kann. Es ist an dieser Stelle nicht zu untersuchen, ob das Reichsgericht in der Auslegung des Wortes „grundsätzlich" nicht doch beachtliche Momente übersehen hat. Die Meinungen darüber, ob Art. 131 tatsächlich aktuell geltendes Recht sei, sind auch heute noch geteilt, obwohl (wie Anschütz, Anm. 1 zu Art. 131 mit Recht ausführt) es zwecklos ist, an der früheren Meinung festzuhalten (ja über diese überhaupt noch zu diskutieren), nachdem das Reichsgericht einmal gesprochen hat. Nicht das Ergebnis ist also das Wesentliche, mag auch dieses bedeutsam genug sein; denn abgesehen von der außerordentlich starken Erweiterung des Rechtsweges und damit des Rechtsschutzes, die das Reichsgericht für die in den Bereich des Art. 131 einschlagenden Fälle durch das Urteil vorgenommen hat, gibt es in dieser Entscheidung auch deutlich zu verstehen, daß es gewillt sei, den Grundrechtsschutz selbst dann zur Anwendung zu bringen, wenn formal-konstruktive Auslegung die Aktualisierung des Schutzes normativ als zweifelhaft erscheinen läßt. Wichtig ist vielmehr, daß das Reichsgericht hier Wortlaut und Entstehungsgeschichte als Auslegungsmittel hintansetzt zugunsten der systematischen Einheit des Grundrechtssystems. An dieser Auslegungsmethode hat der Gerichtshof auch in späteren Grundrechtsurteilen festgehalten, wenngleich er nicht wieder Veranlassung genommen hat, seine Auslegungsregel in ähnlich eindeutiger Weise formuliert kundzugeben.

Eine verhältnismäßig große Rolle in der Grundrechtsrechtsprechung spielt die Ausdehnung des in Art. 159 gewährleisteten Koalitionsrechtes. Im Ergebnis ist die Rechtsprechung des Reichsgerichtes zu Art. 159 zu einer nicht unwesentlichen Einschränkung des Geltungsbereiches dieses Artikels gelangt, und zwar charakteristischerweise wiederum unter Einbeziehung der systematischen Zusammenhänge des streitigen Artikels mit anderen Grundrechten. So 113, 33ff.: die behauptete Erweiterung des Art. 159 durch Art. 165 I Satz 2 wird abgelehnt; sie vermag nicht der klagenden Gewerkschaft die notwendige Aktivlegitimation zur Berufung auf die Grundrechte zu geben, die Geltungskraft von 159 Satz 2 ist stärker als die von 165; der erstere Satz enthält objektives Gesetzesrecht, nicht bloßen Richtsatz; Art. 165 hat dagegen nur programmatische Bedeutung. — In einigen Entscheidungen der Strafsenate zur Frage des Streikrechtes der Beamten wird der systematische Zusammenhang zwischen Art. 159 (Koalitionsfreiheit) und Art. 130 (Stellung des Beamten zum Staate) untersucht. Zugegeben selbst, daß die Koalitionsfreiheit des Art. 159 den Beamten grundsätzlich zugute kommen müsse, so läßt sich hieraus doch nicht ein Streikrecht der Beamten herleiten. „Als Diener der Gesamtheit hat der Beamte seine ganze Kraft, solange er dazu fähig ist, in den Dienst des Staates zur Förderung und Durchführung der staatlichen Aufgaben zu stellen, in den Grenzen der Verfassung und der Gesetze das ihm übertragene Amt gewissenhaft wahrzunehmen und darf deshalb die Erfüllung gesetzesmäßiger Dienstbefehle der vorgesetzten Behörde nicht verweigern" (56, 412, 414). Eleganter noch die folgende Entscheidung des 4. Senates (56, 419—427): Wollten die Beamten dem Willen der verfassungsmäßigen Organe zuwiderhandeln, so würde dadurch die Staatsgewalt in völlige Abhängigkeit von den Beamtenvereinigungen geraten. Das widerspricht aber dem Grundsatz von Art. 130 I: Die Beamten sind Diener der Gesamtheit, nicht einer Partei. „Die Stellung des Reichsbeamten ist nach der auf republikanisch-demokratischer Grundlage beruhenden Reichsverfassung keine andere geworden als in dem früheren Staat" (S. 423). Das Interessante an dieser Entscheidung ist, daß ein wohl zweifellos aktuelles Grundrecht wie Art. 159 allein durch den höheren Rechtswert eines bloßen Grundsatzes (Artikel 130 I) aus dem Felde geschlagen wird. Für das Gebiet des Beamtenrechtes ist eben der Abs. I des Art. 130 die höchstwertige Norm; sie ist daher auch in der Lage, den inhaltlichen Geltungsbereich anderer grundrechtlicher Normen zurückzudrängen. — Noch eine dritte Entscheidung aus dem 56. Bande (S. 380 bis 385) läßt den Rechtswert der Richtliniengrundrechte hervortreten: Ein Schriftleiter hat in einer Zeitung das Verhalten eines Polizeiobersten in beleidigender Weise gegeißelt. Das Gericht versagte den Schutz von § 193 StGB., auf den sich der Angeklagte berufen hat. Auch nach der Staatsumwälzung gibt es kein Recht, öffentliche Angelegenheiten in einer den Betroffenen beleidigenden Weise zu besprechen. Zum Nachweise des Gegenteiles könne man sich nicht auf das demokratische Prinzip berufen, auf dem die Weimarer Verfassung aufgebaut sei. Der einzelne Staatsbürger wird durch diese neue Grundlage des Verfassungsrechtes nicht etwa zum Arbeitgeber der Beamten, ja er stehe in seiner Eigenschaft als Staatsbürger zu dem einzelnen Beamten durchaus in keinem anderen Verhältnis als vor der Staatsumwälzung, denn die Beamten sind Diener der Gesamtheit; der einzelne aber übt nur insoweit als Teil des Volkes Staatsgewalt aus, als die Verfassung ihm Wahl- oder Abstimmungsbefugnisse verleiht. Offenbar treffen sich hier zwei Verfassungsgrundsätze auf strittigem Gebiete. Das Reichsgericht wertet ab und erkennt für den Einzelfall dem Art. 130 den höheren Geltungswert zu. Sehr elegant ist die darauf folgende Verweisung des Klägers auf das Petitionsrecht des Art. 126: hier ist seinem demokratischen Tatendrang ein verfassungsmäßiger Ausweg eröffnet, der ihn nicht in Konflikt mit Art. 130 bringt. Mit der Geltendmachung seines Petitionsrechtes leitet der einzelne seine Angelegenheiten in den Bereich der „Gesamtheit" über; innerhalb dieses Bereiches kann aber eine Kollision nicht mehr bestehen. Will man dies auf eine allgemeinere Formel bringen, so kann man sagen: Der Beamte muß es sich gefallen lassen, daß er auf dem Umwege über das Petitionsrecht von den der Gesamtheit verantwortlichen Organen, seinen Vorgesetzten, in seinem Verhalten kritisiert wird. Er kann es aber ablehnen, von einer Einzelpersönlichkeit, welche nur scheinbar die „Rechte der Gesamtheit" zu führen vorgibt, sich wegen seiner amtlichen Tätigkeit beleidigen zu lassen. Die sachliche Rüge des Vorgesetzten kann also niemals eine „Beleidigung" sein, weil sie im Namen der Gesamtheit ergeht[25]).

In der Entscheidung RGSt. 58, 277 wird das Petitionsrecht (Art. 126) wiederum in einen anderen systematischen Zusammenhang gestellt: Art. 133 II Satz 2 überläßt es dem Reichswehrgesetze, zu bestimmen, wie weit für Angehörige der Wehrmacht einzelne Grundrechte einzuschränken sind. § 36 des Reichswehrgesetzes bringt die Aktualisierung dieser Ermächtigung. Abs. I Satz 1 schließt ganz allgemein die politische Betätigung der Soldaten aus. Das Reichswehrgesetz ist ein einfaches Reichsgesetz. Sein § 36 ist zwar zur Ausführung einer Verfassungsnorm ergangen, ist aber damit keineswegs selbst zum Verfassungsrecht im formellen Sinne geworden. So würde es naheliegen, diesem einfachen Rechtssatz gegenüber den durch andere Verfassungsbestimmungen gewährleisteten Grundrechtsschutz soweit wie nur irgend möglich auszudehnen. Darauf beruft sich auch der Angeklagte in dem besprochenen Fall. Er nimmt das Petitionsrecht des Art. 126 als die stärkere Norm für sich in Anspruch gegenüber dem Ausschluß der politischen Betätigung durch einfaches Reichsgesetz. Mit Recht tritt das Reichsgericht dem entgegen. Der Ausschluß der politischen Betätigung gehört zum Geltungsbereiche des Art. 133 II Satz 2. Dieser Ausschluß ist wertstärker als das formale Recht der Petitionsfreiheit. Dabei braucht das Reichsgericht gar nicht zu bestreiten, daß das Petitionsrecht den Angehörigen des Soldatenstandes an sich ungehindert zusteht; sobald aber die Form der Petition zu einer für den Soldaten nicht geduldeten politischen Betätigung benutzt wird, endet dieser Widerstreit mit der Durchsetzung des Geltungsbereiches der stärkeren (weil hier spezielleren) Norm.

Auf andere in diesem Zusammenhang interessante Entscheidungen sei nur durch Zitat verwiesen. So 106, 34: Verhältnis von Art. 131 und Art. 107; 102, 145 und 106, 154: Gemeinsamer Rechtsgedanke (Gleichstellung von Mann und Frau) in Art. 109 II und 128 II; dieser Zusammenhang wird als wesentliches Moment zur Aktualisierung des Art. 128 verwendet. Staatsgerichtshof 114 Anhang S. 7: Untersuchung der Beziehungen zwischen Art. 143 II, 146 II und 174. — Wichtig sind ferner in diesem Zusammenhang einige auf die Rechtsstellung der Religionsgesellschaften sich beziehende Entscheidungen: 107, 287: „Endlich lassen die Art. 138 und 173 RV. auch deutlich erkennen, daß die Verwirklichung des Art. 137 III (Selbständigkeit der Religionsgesellschaften) nicht an die vorherige Ablösung der für kirchliche Amtszwecke zu gewährenden staatlichen Leistungen gebunden sein soll" (S. 290). 113, 349—403: Aus dem eine selbständige wissenschaftliche Abhandlung darstellenden Schiedsspruch, der im übrigen für grundrechtliche Fragen nicht übermäßig bedeutsam ist, sei folgendes hervorgehoben: In Frage steht, ob die weltliche Koinspektion der Staatskirche eine im Sinne des Art. 138 I ablösungspflichtige Staatsleistung ist. Es wird festgestellt, daß die Koinspektion in der Hauptsache eine für die Kirchen lästige Auflage sei. Trotzdem aber bleibt sie eine Staatsleistung, deren Beseitigung den Staat auch zur Zahlung der Ablösung nach Art. 138 verpflichtet. Das Übergewicht der Artt. 138 und 173 hat zur Folge, daß diese dem Art. 137 III vorgehen.

Über die große Entscheidung des 5. Senates, betreffend die Privatbergregale (116, 34—60), möchte ich mich um deswillen hier zurückhaltend aussprechen, weil der Senat den Ausführungen eines von mir erstatteten Gutachtens nicht gefolgt ist. Unter dem Gesichtspunkte des systematischen Zusammenhanges

[25]) Es mag dabei dahingestellt bleiben, ob die Deutung des Art. 118 begründet ist. Wie bei früherer Gelegenheit schon erwähnt, befriedigt gerade die Rechtsprechung der Strafsenate des Reichsgerichtes zu dem Grundrechte der freien Meinungsäußerung nicht vollständig.

der Grundrechte ist die Entscheidung sicherlich interessant und bedeutsam. Allerdings sind gerade die in ihrer systematischen Wertgeltung immer noch streitigen Art. 109 I und Art. 134 RV. nicht in den Kreis der Begründungsbetrachtung hineinbezogen, wozu m. E. Veranlassung gewesen wäre.

Etwas ausführlicher muß indessen auf die grundlegende Entscheidung 116, 268 eingegangen werden, die merkwürdigerweise in der Literatur bisher nicht diejenige Beachtung gefunden hat, die sie in mehrfacher Hinsicht verdient. Das Reichsgericht nimmt hier zu der Frage Stellung, ob die Beschränkungen, welche dem Eigentümer durch Denkmal- und Naturschutzgesetze der einzelnen Länder auferlegt werden, als Enteignung und demgemäß als zur Entschädigung verpflichtend anzusehen sind. Nach der sehr starken Ausdehnung, die der Enteignungsbegriff durch die vorhergehende Rechtsprechung des Reichsgerichtes erfahren hat, überrascht es kaum, daß hier die letzte Konsequenz gezogen wird: „Die Eintragung des Grundstückes in die Denkmalliste ist rechtlich als Enteignung anzusehen. Es wird hierdurch dem Kläger nicht die Vornahme einer bestimmten Handlung untersagt, es wird ihm vielmehr allgemein und für die Dauer verboten, auf seinem Grundstücke Veränderungen irgendwelcher Art ohne Zustimmung der Behörden vorzunehmen." Nachdem diese Folgerung ausgesprochen ist, erscheint es fast selbstverständlich, daß die Berufung der Revision auf Art. 150 I („die Denkmäler der Kunst, der Geschichte und der Natur sowie die Landschaft genießen den Schutz und die Pflege des Staates") und auf Art. 155 I Satz 1 (Programm der Bodenreformer) abgelehnt wird. Das letztere mag als berechtigt anerkannt werden, nicht etwa, weil der Artikel als bloßer „Programmsatz" nicht imstande sei, unmittelbar Rechte und Pflichten für den einzelnen zu erzeugen — das würde m. E. kein entscheidendes Argument gegen die Ausdehnung seines Geltungsbereiches sein — wohl aber, weil er, wie das RG. (S. 274) hervorhebt, dem Kunst- und Denkmalschutz artfremd ist, demnach auch nicht unmittelbar herangezogen werden kann, um die Geltungsbereiche der sich überschneidenden Artt. 150 I und 153 II zu entwirren. Wohl aber erscheint es in Anbetracht der kaum übersehbaren Folgen dieser Entscheidung etwas mager, wenn der Geltungsbereich von Art. 150 mit folgenden kurzen Sätzen abgetan wird (S. 273): „Es ist anzuerkennen, daß das hamburgische Denkmal- und Naturschutzgesetz in Art. 150 I der Reichsverfassung eine reichsgesetzliche Unterlage findet. Nicht gesagt ist hier aber, daß der Schutz auf Kosten Dritter ausgeübt werden dürfe. Wenn der Beklagte (der hamburgische Staat) beim Denkmalschutz die Rechte Dritter beeinträchtigt oder verletzt, so muß er die gesetzlichen Folgen tragen." Auf den hier m. E. wirklich entscheidenden Gesichtspunkt ist mehrfach hingewiesen worden, am eindringlichsten und überzeugendsten wohl von Martin Wolff, Eigentum und Reichsverfassung, S. 28f. (1923). Abgesehen davon, daß bei der Denkmalschutzbeschränkung eine „Überführung" des Eigentumes (dieses Wort in dem von Martin Wolff a. a. O. S. 24f. präzisierten Sinne verstanden) nicht vorgenommen ist und demgemäß es schon als höchst zweifelhaft erscheinen mag, den selbst im Sinne der Reichsverfassung erweiterten Enteignungsbegriff hier zum Zuge kommen zu lassen, spricht namentlich auch das dagegen, was Martin Wolff als die „Forderungen der Rechtsfortbildung" bezeichnet. Würden dem Lande für jedweden Eingriff in die wirtschaftliche Privatsphäre die Entschädigungslasten auferlegt werden, so wäre es tatsächlich unmöglich, daß das Land seine Aufgaben auf dem Gebiete der öffentlichen Bau-, Denkmal- und Naturpflege hinreichend erfüllt. Diese Aufgaben sind ihm aber — das ist das Wesentliche — durch den Grundsatz des Art. 150 ausdrücklich zugewiesen worden. Es bedarf also zum mindesten einer eingehenden und wertabwägenden Untersuchung, welcher Grundrechtsbereich im Gesamtsystem als der stärkere und höherwertige anzusehen ist. Der fast ironisch klingende kurze Hinweis des Reichsgerichtes auf die Höherwertigkeit der Entschädigungsnormen zeigt m. E., daß das Reichsgericht sich an dieser entscheidenden Stelle der von ihm sonst in so schöner Weise herausgearbeiteten Systemzusammenhänge nicht bewußt geworden ist; das mag vielleicht auch darauf zurückzuführen sein, daß das Gericht sich nicht hinreichend klargemacht hat, wie stark diese Entscheidung des Einzelfalles auch ein Endurteil für einen weiten Bereich sozialpolitischer Bestrebungen erster Ordnung der Länder und der Gemeinden bedeutet. Das Urteil dürfte aber noch weitergehende Folgen haben. Es ist kaum anzunehmen, daß die zuständigen Verwaltungsbehörden der Länder und Gemeinden die Stellungnahme des Reichsgerichtes zugunsten der Entschädigung endgültig hinnehmen werden. Ausweg bietet der Gesetzesvorbehalt in Art. 153 II Satz 1. Dieser Vorbehalt verweist aber auf ein Reichsgesetz. Nur der Reichsgesetzgeber ist also in der Lage, eine Korrektur des Rechtsprechungsergebnisses vorzunehmen. Mit anderen Worten: Die für den gesamten Denkmal- und Naturschutz wie auch für andere Gebiete landesrechtlicher Betätigung grundlegende Entschädigungsfrage ist durch dieses Urteil in die Kompetenz des Reichsgesetzgebers überführt worden. Es bleibt abzuwarten, wie dieser sich im Laufe der Zeit zu dem Entschädigungsproblem stellen wird. Vielleicht gelingt es ihm, die unendlichen Kämpfe namentlich des preußischen Parlamentes über das Städtebaugesetz und das Denkmalschutzgesetz abzukürzen und einem befriedigenden Ende entgegenzuführen. Daß aber die Länder den vom Reichsgericht verursachten Eingriff in ihre Kompetenzen früher oder später als eine denkbar schwere Belastung empfinden werden, bedarf für den, der sich mit dem hier angeführten Fragenkomplex nicht nur vom Rechtsstandpunkte aus beschäftigt hat, kaum eines Beweises[25a]).

Diese Bemerkungen dürften ferner mit aller Deutlichkeit zeigen, welche Tragweite der grundrechtlichen Judikatur praktisch zukommt. So ist jetzt Gelegenheit, die Frage nach der „Aktualität" der einzelnen Grundrechtssätze an Hand der Rechtsprechung des Reichsgerichtes zu beantworten.

Die Aktualität der einzelnen Grundrechtsnormen

Wir berühren damit die Grundfrage nicht nur des Geltungsbereiches jedes einzelnen Grundrechtssatzes, sondern auch des gesamten Grundrechtssystems, und als wichtiges Ergebnis sei vorweggenommen, daß das Reichsgericht sich im Zweifel für die Aktualität der einzelnen Grundrechtsnormen und damit auch des Grundrechtssystems als solchem ausgesprochen hat. Dies gilt mit einer Einschränkung: Die Frage, ob der Grundsatz der Gleichheit vor dem Gesetz (Art. 109 I) und der Grundsatz der Gleichmäßigkeit der Steuerlasten (Art. 134) aktuelles Recht sei, ist vorläufig noch nicht entschieden. Dieser wichtige Teil des Grundrechtssystems verharrt also einstweilen hinsichtlich seiner Aktualität noch in einem Schwebezustande. Es seien jetzt zunächst diejenigen Grundrechtssätze angeführt, die das Reichsgericht entweder ausdrücklich und mit ausführlicher Begründung für aktuell geltende Normen erklärt hat, oder bei denen es stillschweigend eine solche Aktualität vorausgesetzt und sie bei der Entscheidung von Einzelfällen berücksichtigt hat[26]): Art. 109 II (grundsätzliche

[25a]) Weitere Ausführungen zu dem Denkmalschutzurteil finden sich in meinem Aufsatz: Art. 150 der Weimarer Verfassung und seine Auswirkung im preußischen Recht, ArchÖffR. N. F. 14, insbes. S. 402 ff.

[26]) Dabei seien der Einfachheit halber zu jedem Grundrechtssatze nicht sämtliche Entscheidungen mitgeteilt, weil die folgende Aufstellung sonst die Übersicht verlieren würde. Selbstverständlich ist durch die Nichtaufführung eines in der Judikatur des Reichsgerichtes noch nicht verwendeten

staatsbürgerliche Gleichheit von Mann und Frau) ist u. a. in dem Urteile 102, 166 (170) derart angezogen, daß auf seine grundsätzliche Aktualität geschlossen werden kann; freilich trägt das in Art. 109 II verbürgte Grundrecht die Entscheidung nicht, sondern bildet nur eine allerdings wichtige Parallele für die verwandte Norm Art. 128 II. — Art. 109 III 2: „Adelsbezeichnungen gelten nur als Teil des Namens" ist in zahlreichen Fällen als aktuell geltendes Recht behandelt worden, ausdrücklich und in Gegenüberstellung zu dem nur eine Richtlinie für zukünftige Gesetzgebung bildenden Satz 1 in den Urteilen 103, 190 und 109, 244. — Art. 110 Satz 10 (Reichsindigenat) wird in der mehrfach erwähnten Entscheidung des Staatsgerichtshofes über die Donauversinkung 116 Anh. 18 als geltendes Recht behandelt; auch hier trägt das Grundrecht die Entscheidung nicht, sondern es wird, wie oben erwähnt, der in ihm ruhende Rechtsgedanke als Richtlinie für die eigentliche Entscheidung verwendet. — Art. 111 (Freizügigkeit, Aufenthalts- und Niederlassungsrecht) vgl. 107, 261 (264) und 108, 356 (360).

Für die Grundrechtsartikel 112—115, die zum allergrößten Teil geltendes Recht enthalten, habe ich Aktualisierungsbelege in der bisherigen Grundrechtsjudikatur nicht gefunden. — Art. 116 (nulla poena sine lege) wird RGSt. 56, 318 gegenüber § 2 I StGB. als sedes materiae behandelt unter ausdrücklicher Klarstellung des Unterschiedes in der Wortfassung („Strafbarkeit" und „Strafe"); es kann also jetzt bestraft werden, wenn das Strafgesetz lediglich die Strafbarkeit eines Tatbestandes feststellt, die normative Straffestsetzung dagegen bei Begehung der Tat noch nicht vorgenommen worden ist. — Art. 118 wird in zahlreichen Entscheidungen als selbstverständlich geltendes Recht behandelt, so u. a. RGSt. 56, 380; 59, 158; RGZ. 117, 138 usw.

Die Entscheidung 117, 376 wurde in anderem Zusammenhang erwähnt. Sie bezeichnet Art. 120 zwar als Programmsatz, behandelt diesen aber insoweit als geltendes Recht, als sie die für die Fallentscheidung bedeutsamen Grundsätze der Reichsverfassung entnimmt.

Art. 123 wird RGSt. 56, 177 ausdrücklich als geltendes Recht bezeichnet und behandelt; ebenso Art. 126 (Petitionsrecht), der in zwei Entscheidungen (56, 380 und 58, 274) als die Entscheidung zum Teil tragender Grundsatz herangezogen wird. Wichtig für die Geltungsfrage ist die Rechtsprechung zu Art. 128 („alle Ausnahmebestimmungen gegen weibliche Beamte werden beseitigt"). Auch hier nimmt das Reichsgericht in mehreren Entscheidungen (102, 145 und 106, 154) dahingehend Stellung, daß es sich um ein sofortiges und mit unmittelbarer Wirkung ausgerüstetes Verbot gegenüber der Landesgesetzgebung handelt. Wie Kaisenberg in seiner ausführlichen Würdigung dieses Urteiles (ArchÖffR. 41, 216) mit Recht betont, erschien nach Wortfassung und Sinn eine so weitgehende Aktualisierung des Verfassungssatzes kaum geboten. Hier liegt also einer jener Fälle vor, wo die Rechtsprechung des Reichsgerichtes sich bei erheblichen Zweifelsfragen bewußt auf die Seite der Auffassung des Grundrechtes als unmittelbar geltender Norm geschlagen hat. Immerhin mag an dieser Stelle der Hinweis darauf verstattet sein, daß das Reichsgericht selbst Differenzierungen zwischen Mann und Frau, männlichen und weiblichen Beamten doch noch in erheblichem Umfange als rechtsmöglich anerkennt. Auch das ist typisch: die grundsätzliche Aktualität wird anerkannt, aber der Geltungsbereich des aktuellen bzw. aktualisierten Grundrechtes wird eingeschränkt.

Grundrechtssatzes nicht notwendig ein Schluß darauf zu ziehen, daß der betreffende Satz nicht aktuelles Recht sei. Die Zufälligkeiten der Judikatur bringen es mit sich, daß eine ganze Reihe von Grundrechten zweifellos aktuellen Inhaltes in den Entscheidungen des Reichsgerichtes noch nicht verwendet worden ist.

Zu den Beamtenartikeln 129—131 liegen besonders zahlreiche Entscheidungen vor. Das Reichsgericht hat durch seine Rechtsprechung sämtliche überhaupt nur in Frage kommenden Einzelsätze dieser Artikel aktualisiert, insbesondere den Rechtsschutz der wohlerworbenen Rechte der Beamten (129 I 3) und die Staatshaftung nach Art. 131 I 1. Ebenso ist in beiden Fällen der Schutz durch Offenhaltung des Rechtsweges zum Teil weitgehend ausgedehnt worden. Es sei auf folgende grundlegende Entscheidungen verwiesen: 104, 58 (wohlerworbene Rechte); 99, 261 (Art. 129 IV); 103, 429; 102, 166 (grundlegende Entscheidung über die Aktualität von Art. 131, die das Reichsgericht hier im Gegensatze zur bisher herrschenden Meinung und in sehr freier Auslegung[27]) bejaht); an diese anschließend zahlreiche andere Urteile. — Mit Art. 133 II 2 (Einschränkung der Grundrechte für Angehörige der Wehrmacht) beschäftigt sich, wie erwähnt, RGSt. 58, 274 in einem die Aktualität zweifellos bejahenden Sinne.

Auch zu dem dritten Abschnitte des Grundrechtsteils der Weimarer Verfassung („Religion und Religionsgesellschaften") liegt eine ausgedehnte Judikatur vor. Als aktuell wird insbesondere behandelt Art. 137 III (Selbstordnungs- und Selbstverwaltungsrecht der Religionsgesellschaften) in 103, 91. Der Beschluß zeigt deutlich das Bestreben, trotz Verweisung auf zur Durchführung erforderliche Landesgesetze in Abs. VIII, das grundsätzliche Verbot gegenüber Staatseingriffen aufrechtzuerhalten. Vgl. ferner 107, 287 und die für die Theorie vom Gesetzesvorbehalt wichtige Entscheidung 114, 220, die gleichzeitig auch die Besteuerungsrechte der Religionsgesellschaften nach Art. 137 VI als aktuell geltende Norm behandelt. Zur Staatsleistungsablösungspflicht nach Art. 138 I vgl. u. a. 111, 134 und 113, 349.

Spärlicher wird die Judikatur zum vierten und fünften Abschnitte der Grundrechte. Der Satz des Art. 143 III „die Lehrer an öffentlichen Schulen haben die Rechte und Pflichten der Staatsbeamten" wird 102, 145 (148) und 105, 24 als geltendes Recht vorausgesetzt. Daraus folgt dann, daß den öffentlichen Schullehrern auch die Beamtengrundrechte insbesondere des Art. 129 I zugute kommen. — Der kurze Hinweis auf den Denkmalschutzartikel 150 I in 116, 273 wurde bei anderer Gelegenheit erwähnt. Das Reichsgericht deutet diesen Satz zum mindesten als aktuell geltende Kompetenzzuweisung der Reichsverfassung an die Landesgesetzgebung aus.

Zu Artt. 151 und 152 vgl. etwa RGSt. 57, 384; 58, 270 und die Entscheidung des Staatsgerichtshofes 112 Anh. 21. Der in den genannten Artikeln weit ausgedehnte Gesetzesvorbehalt läßt es für das Reichsgericht nicht erforderlich erscheinen, die Aktualität ausführlich zu behandeln; immerhin hält das RG. beide Artikel zur Gewinnung von Richtlinien für die Entscheidungen geeignet. Sehr umfangreich ist dagegen wieder die Rechtsprechung zum Eigentums- und Enteignungsartikel 153. Erwähnt sei lediglich das grundlegende Urteil 103, 200, das der späteren Rechtsprechung in sehr erheblichem Maße die Bahn gewiesen hat.

Zu Art. 159 (Koalitionsfreiheit): Das Reichsgericht läßt die Bedeutsamkeit des Art. 159 in 104, 327 noch dahingestellt. In den Entscheidungen 111, 199 und ebenso 113, 33 wird die Aktualität (objektives Gesetzesrecht, nicht bloßer Richtsatz) ausdrücklich in Anspruch genommen. Vgl. ferner 113, 169.

Sehr viel weniger zahlreich sind die Fälle, in denen das Reichsgericht Einzelsätzen des Grundrechtsteils die Aktualität ausdrücklich abspricht. Art. 109, III 1 („öffentlich-rechtliche Vorrechte oder Nachteile der Geburt oder des Standes sind aufzuheben") enthält nach RGZ. 103, 190 und 109, 243 nur Richtlinien für die zukünftige Gesetzgebung. Ebenso erkennt RGZ. 114, 16—22 den

[27]) Smend, Verfassung und Verfassungsrecht S. 162, bezeichnet die Aktualisierungsrechtsprechung des Reichsgerichtes geradezu als „Machtsprüche".

Satz: „Die Lehrerbildung ist nach den Grundsätzen, die für die höhere Bildung allgemein gelten, für das Reich einheitlich zu regeln" (Art. 143 II) dem eindeutigen Wortlaute des Gesetzes entsprechend nur als ein „Blankettgesetz" an, welches die Länder nicht zwingt, die außerordentlich unbestimmten Grundsätze der Reichsverfassung in ihrer Gesetzgebung zu verwirklichen. Die Denkmalschutzentscheidung 116, 268 bezeichnet Art. 155 I 1 als „Programmsatz der Bodenreformer", der hier zu einer Richtlinie für den Gesetzgeber erhoben wurde, aber deshalb nicht unmittelbar Rechte und Pflichten für den einzelnen erzeugt. Wichtiger ist die Judikatur zu Art. 165. Der 3. Senat charakterisiert ihn 107, 244 folgendermaßen: „Art. 165 enthält die Richtlinien einer neuen Wirtschaftsverfassung, die gewissermaßen die Grundrechte der Volksgenossen in ihrer Eigenschaft als Arbeitgeber und Arbeitnehmer enthält." Hieraus und aus anderen, sich gleichfalls auf Art. 165 stützenden Erwägungen werden für die Charakteristik der Betriebsräte in öffentlich-rechtlicher Beziehung wichtige Folgerungen gezogen. Dagegen erklärt der 4. Senat 113, 33 den Art. 165 für einen bloßen Richtsatz mit lediglich programmatischer Bedeutung. In dem Urteile des 3. Senates 117, 415 wird im wesentlichen auf die früheren Entscheidungen verwiesen. Auch hier läßt es der Senat dahingestellt, ob Art. 165 unmittelbar anwendbares Recht oder bloße Richtlinien enthält. Immerhin bezeichnet er den Abs. I als eine „Rechtsquelle von besonderem Gewicht".

Dieser Abschnitt kann nicht abgeschlossen werden, ohne die spärliche Rechtsprechung des Reichsgerichtes zu Art. 109 I und Art. 134 zu streifen. Bekanntlich sind gerade über die Aktualität des in dem erstgenannten Satze formulierten Grundsatzes der Gleichheit vor dem Gesetz in der Wissenschaft lebhafte Kämpfe entbrannt[28]). Das Reichsgericht hat bisher weder im bejahenden noch verneinenden Sinne zu dieser wissenschaftlichen Streitfrage Stellung genommen, obwohl Anlaß dazu geboten gewesen wäre. In Frage kommen vor allem drei grundlegende Entscheidungen: 107, 370 (Rechtsgültigkeit der 3. Steuernotverordnung), 111, 320 (Rechtsgültigkeit des Aufwertungsgesetzes) und 113, 6 (Rechtsgültigkeit der 2. Durchführungsverordnung zur Goldbilanzverordnung). Bei der Prüfung der Rechtsgültigkeit der 3. Steuernotverordnung wird auf den Grundsatz der Gleichheit vor dem Gesetze gar nicht eingegangen, Art. 134 spielt dagegen eine allerdings bescheidene Rolle. Das Reichsgericht stellt m. E. mit Recht fest, daß die Regelung der Hypthekenaufwertung nicht unter den Begriff der Besteuerung und damit auch nicht unter den Begriff der (durch Art. 134 ausgeschlossenen) unzulässigen Sonderbesteuerung gebracht werden könne. Es unterstellt dann aber als Hypothese, daß es sich bei der Begrenzung der Aufwertung im Ergebnis teilweise doch um eine Heranziehung der Hypothekengläubiger zur Tragung der öffentlichen Lasten handeln könne. Selbst unter dieser Annahme wird aber ein Verstoß gegen die Reichsverfassung abgelehnt. Die Worte „ohne Unterschied" bedeuten in Art. 134 RV. nur, daß die bisherige Ausnahme von der Beitragspflicht zu den allgemeinen Lasten (z. B. die Steuerprivilegien der fürstlichen Häuser) beseitigt ist und neue Unterschiede dieser Art nicht eingeführt werden dürfen; keinesfalls folgt daraus, daß alle Staatsbürger notwendig im gleichen Maße zu allen Steuern heranzuziehen sind. Ihre Beitragspflicht bestimmt sich vielmehr „im Verhältnis ihrer Mittel" und „nach Maßgabe der Gesetze". Der Gesetzgeber ist somit befugt (wie er es auch schon vorher getan hat), „bestimmte Vermögensteile mit besonderen Abgaben zu belegen". Soweit das Reichsgericht. Ich muß es einer Sonderuntersuchung vorbehalten, die rechtliche Tragweite des Art. 134 in seinem Zusammenhange mit Art. 109 I zu umgrenzen.

---

[28]) Vgl. die in Anm. 5 angegebene Literatur.

Soviel scheint mir indessen schon heute sicher zu sein, daß sich die Bedeutung des Art. 134 nicht in einem Verbote der landesfürstlichen Steuerprivilegien und ähnlicher Sonderfälle erschöpfen darf. Die Fassung „alle Staatsbürger" wäre sonst zu auffällig. Im wesentlichen stimme ich mit den Ergebnissen von Aldag, Der Grundsatz der Gleichheit vor dem Gesetz, S. 83—98 und S. 116—124, überein, daß Art. 134 ein Anwendungsfall von Art. 109 I ist. Begrifflicher Klärung bedürfen die Worte „öffentliche Lasten", „im Verhältnis ihrer Mittel" und „beitragen". Indessen mag zugegeben werden, daß auch unter schärferer Prüfung, als das Reichsgericht sie a. a. O. vornimmt, ein Verstoß der 3. Steuernotverordnung gegen Art. 134 nicht festzustellen ist. — Die Aufwertungsentscheidung 111, 320 verweist auf S. 330 kurz auf die hier wörtlich wiedergegebenen Ausführungen 107, 377. — Zur Ergänzung der Rechtsprechung zu Art. 134 sei auf das Urteil des hamburgischen Oberverwaltungsgerichtes vom 18. März 1925, mitgeteilt in Steuer und Wirtschaft IV, Sp. 1469 ff., verwiesen. Das hamburgische Oberverwaltungsgericht erkennt dem Art. 134 jedenfalls im Verhältnisse von Landesrecht zu Reichsrecht den Charakter einer die Landesfinanzhoheit materiell einschränkenden Bestimmung zu. Da dasselbe Normenwertverhältnis wie zwischen Landes- und Reichsrecht, auch zwischen Reichsrecht und Verfassungsrecht besteht, ist kein Grund vorhanden, wenn man sich den Ausführungen des hamburgischen Oberverwaltungsgerichtes anschließt, in der Verfassungsbestimmung nicht auch eine materielle Schranke des Reichsrechtes zu erkennen.

Dagegen nimmt die Entscheidung im 111. Bande wenigstens einigermaßen ausführlich zu der Streitfrage über den Grundsatz der Gleichheit vor dem Gesetz Stellung (vgl. S. 328—330). Zunächst wird hier unter verhältnismäßig ausgiebiger Anführung der damals vorhandenen Literatur die Streitfrage selbst klargestellt (Anwendung der Gesetze ohne Unterschied des Standes — Schranken für die Gesetzgebung; wenn letzteres, bezieht sich Art. 109 I nur auf reine Persönlichkeitsrechte oder auch auf Vermögensrechte?). Das Reichsgericht lehnt es dann ausdrücklich ab, zu diesen Fragen Stellung zu nehmen, „weil auch eine Prüfung unter dem Gesichtspunkte des Art. 109 nicht zur Verneinung der Verfassungsmäßigkeit des Aufwertungsgesetzes führt". Also auch hier wird wiederum hypothetisch die weitergehende Auslegung als die richtige unterstellt und nachgewiesen, daß selbst unter ihrer Benutzung der gerügte Verstoß gegen die Verfassung nicht anzunehmen sei. Die Beweisführung dieses hypothetischen Teiles der Untersuchung schließt sich eng an die Formulierungen von Triepel, Leibholz und Aldag an. Die Ablehnung erfolgt m. E. zu Recht, wenn man die Prüfungszuständigkeit im Sinne der früher wiedergegebenen Ausführungen von Erich Kaufmann wesentlich als durch die richterliche Aufgabe beschränkt ansieht. So wird man sich mit der Behandlung des streitigen Artikels 109 I durch den 5. Zivilsenat einverstanden erklären können.

Unzureichend und zum Teil bedenklich erscheint mir dagegen die Stellungnahme des 2. Zivilsenates in dem Goldbilanzenurteil 113, 6 (S. 13). Auch hier läßt es der Senat zwar ausdrücklich dahingestellt, ob Art. 109 eine Schranke für die Gesetzgebung und nicht nur lediglich eine Richtschnur für den das Gesetz handhabenden Richter und Verwaltungsbeamten bildet. Er beruft sich zur Begründung der letzteren Meinung auf die Entscheidung des Reichswirtschaftsgerichtes 1, 290; auch hier wird dann die weitergehende Auslegung hypothetisch als richtig unterstellt, es wird aber abgelehnt, selbst unter dieser Annahme einen Verstoß gegen die Reichsverfassung zu finden. Wenn der Senat dann aber fortfährt: „Jedenfalls ist der Gesetzgeber durch jenen Grundsatz (der Gleichheit vor dem Gesetze) nicht gehindert, für besondere Verhältnisse von einer allgemeinen Rechtsregel Ausnahmen festzusetzen, die dann für alle Personen gelten, bei denen die

Ausnahme zutrifft", — so gleitet damit die Begründung unvermerkt in den Begriff der formalen Gesetzesgleichheit zurück: alles, was der Gesetzgeber allgemein anordnet, ist ohne weiteres und unbedingt als „gleich" zu erachten. Gerade das ist aber die Kernfrage des ganzen Streites, an der der Senat hier einfach vorbeisieht, obwohl ihn die eingehenden Ausführungen von Triepel, Goldbilanzenverordnung und Vorzugsaktien, auf die wesentlichen Punkte hätten aufmerksam machen müssen. Auch die wenige Zeilen später erfolgende Ablehnung der Willkür scheint mehr auf einer bloßen Behauptung, nicht aber auf einer eingehenden und an dieser Stelle unbedingt notwendigen Begründung zu beruhen.

Es mangelt also immer noch an der grundlegenden Entscheidung zu Art. 109 I. Vielleicht darf aber nach den Urteilen des 3. Senates im 111. Bande wenigstens erwartet werden, daß das Reichsgericht diese wichtigste Streitfrage der nachrevolutionären Staatsrechtswissenschaft in ihrer Tragweite erkannt hat und sie daher nicht ohne grundsätzliche Stellungnahme zu dem Für und Wider zur Entscheidung bringen wird. Zum mindesten muß sich das Reichsgericht darüber klar sein, daß es sich in dem Streite um Art. 109 um die wesentlichste Ergänzung der richterlichen Prüfungszuständigkeit handelt, die unser Verfassungsrecht aufweist. Nachdem das oberste deutsche Gericht das Prüfungsrecht 111, 322f. uneingeschränkt bejaht hat, liegt es m. E. in der Linie der weiteren Rechtsprechung, auch den Art. 109 im Rahmen und im Sinne einer erweiterten richterlichen Zuständigkeit in Anspruch zu nehmen.

Zur Frage der rechtlichen Begriffsabgrenzung

Die Feststellung, ein bestimmter Grundsatz sei aktuell geltendes Recht, erschöpft die mit dem Geltungsbereiche der Grundrechtsnormen und namentlich der Ausdehnung des Grundrechtsschutzes zusammenhängenden Fragen noch nicht. Das einzelne Grundrecht ist nur dann auf einen bestimmten Tatbestand anwendbar, wenn die Tatbestandsmerkmale mit den einzelnen Begriffen, welche die grundrechtliche Norm verwendet, übereinstimmen; so hat es nichts Überraschendes, wenn der weitaus größere Teil der grundrechtlichen Judikatur des Reichsgerichtes Untersuchungen gewidmet ist, wie ein bestimmter Einzelbegriff tatbestandsmäßig auszulegen sei. Im Rahmen dieses Aufsatzes kann den Einzelfragen grundrechtlicher Begriffsklärung nicht nachgegangen werden. Die Kommentarliteratur zur Reichsverfassung verweist auf die einschlägigen Urteile.

Wohl aber erscheint es geboten, ein der gesamten Judikatur innewohnendes allgemeines Problem kurz zu streifen.

Die Grundrechtsordnung preßt in verhältnismäßig wenige Sätze den Kern der gesamten deutschen Rechtsordnung zusammen. Das hat eine ganz bestimmte Gesetzestechnik zur Folge: Der einzelne in den Grundrechten verwandte Begriff muß so weit gefaßt sein, daß er den Gesamtbereich der unter das Grundrecht fallenden Tatbestände zu decken vermag. Er ist also allgemein, und in seiner Allgemeinheit unbestimmt. Der unbestimmte Begriff bedarf aber zur Anwendung auf den konkreten Einzelfall der Aktualisierung durch Auslegung. So kann man sagen, ein großer Teil der in den Grundrechten verwandten Einzelbegriffe trägt den Charakter einer Generalklausel.

Läßt sich Allgemeingültiges über die Auslegungsmethode sagen, welche den begrifflichen Generalklauseln zum Rechtsleben verhelfen soll? Mehrere für die Grundrechte wesentliche Feststellungen glaube ich in dieser Hinsicht treffen zu können. Zahlreiche Grundrechte verwenden Rechtsbegriffe, die in einem bestimmten Bereiche der Gesamtrechtsordnung ihre Spezialisierung erfahren haben. Es liegt nahe, die durch diese Spezialisierung ausgeprägte Begriffsabgrenzung auch für die Grundrechtsauslegung als maßgeblich anzusehen. Das klassische Beispiel ist der Eigentums- und Enteignungsbegriff in Art. 153 RV. Das Reichsgericht sagt in mehreren Urteilen[29]), der Begriff des Eigentums in der Reichsverfassung sei ebenso wie der der Enteignung dem bürgerlichen Rechte bzw. dem für den größeren Teil des Reiches geltenden preußischen Enteignungsgesetze von 1874 entnommen. Gegen letzteres hat sich schon Martin Wolff in seiner Schrift „Reichsverfassung und Eigentum" S. 20f. gewandt. Da seine Ausführungen den Kernpunkt des Problems offenlegen, seien sie hier wörtlich angeführt: „In der Literatur besteht über den Begriff der Enteignung manche Verwirrung. Erstens wird die Frage, was Enteignung sei, oft mit der Frage, wann sie zulässig sei, verwechselt. So, wenn die Zwangsentziehung von Eigentum ohne Entschädigung ‚nicht unter den Begriff der Enteignung' gebracht wird, während man gerade den Begriff der Enteignung kennen muß, ehe man die Frage beantworten kann, welche Eigentumsentziehungen ohne Entschädigung und welche (weil sie Enteignungen sind) nur gegen Entschädigung gestattet werden! Zweitens wird übersehen, daß die Frage, was Eigentum im Sinne der Verfassung sei (d. h. welche Rechtsakte sind nur unter den verfassungsmäßigen Voraussetzungen zulässig?), nicht mit der Frage zusammenfällt, was Eigentum im Sinne eines bestimmten Eigentumsgesetzes ... sei, d. h. auf welche unter jenen Rechtsakten finden die Vorschriften dieses Gesetzes Anwendung?

... Was Theorie und Praxis des älteren Rechtes entwickelt haben, ist für die Erkenntnis des neuen Rechtes nur mit großer Vorsicht aufzunehmen, denn während in den älteren Verfassungen ... die für die Enteignung gegebenen Voraussetzungen, die ja jenen der Reichsverfassung zum Vorbild dienten, nur den Schutz des Privaten gegen ‚administrative Willkür' bezweckten, will die Reichsverfassung (außer diesem Schutze) auch gegen den konfiskationslüsternen Landesgesetzgeber schützen." Das Wesentliche ist hier die Erkenntnis, daß der Enteignungsbegriff der Reichsverfassung als Funktionsbegriff innerhalb des Verfassungs- und Grundrechtsystems einen besonderen, nur in diesem Sinne überhaupt erkennbaren Rechtszweck in sich trägt. Dieser Rechtszweck allein kann den immanenten Sinngehalt des Begriffes tragen, den zu erschließen Aufgabe der Auslegung ist. Man wird der Rechtsprechung des Reichsgerichtes zum Enteignungsbegriffe — man mag ihre Ergebnisse billigen oder nicht — das eine jedenfalls nicht absprechen können, daß sie sich von den anfänglichen Auslegungsschranken frei gemacht hat und die Eigengesetzlichkeit der grundrechtlichen Enteignung aus Zweck und Funktion der Grundrechtsnorm heraus selbständig entwickelt hat[30]).

---

[29]) Vgl. für den Eigentumsbegriff z. B. 105, 251; 111, 224; auch wohl 111, 320; vgl. ferner 113, 306. Die Enteignung ist noch 107, 261 in deutlichster Anlehnung an das preußische Enteignungsgesetz umschrieben; eine gewisse Trennung in 108, 252 und 109, 310; deutlichste Absetzung des Verfassungsbegriffes von dem Enteignungsbegriffe des Landesrechtes 112, 67.

[30]) Der sehr zahlreichen Judikatur des Reichsgerichtes zum Enteignungsbegriffe nach Art. 153 II müßte eine besondere Abhandlung gewidmet sein. Einstweilen sei auf folgende Entscheidungen in chronologischer Reihenfolge verwiesen: 103, 200 (sorgfältige Prüfung der einzelnen Voraussetzungen in Art. 153); 105, 251 (Eingriff in das Mietrecht ist eine Enteignung — ähnlich 111, 221); 107, 261 (Einführung eines gesetzlichen Vorkaufsrechtes ist keine Enteignung — Abgrenzung von Enteignung und Eigentumsbeschränkung); 107, 315 (die Abgeltung gemäß der Verordnung v. 24. Okt. 1923 ist eine Maßregel, die einen „der Enteignung ähnlichen Charakter" trägt; — vgl. dazu 110, 344 der Enteignung „im wesentlichen gleichzuachten"). — Eine Reihe weiterer Enteignungsurteile läßt es dahingestellt, ob in bestimmten Gesetzes- oder Verwaltungsmaßnahmen eine Enteignung zu erblicken sei; es wird aber festgestellt, daß, selbst wenn man das Vorliegen einer Enteignung hypothetisch annähme, diese nicht gegen die Grundsätze des Art. 153 verstoße. Vgl. in diesem Zusammenhange 107, 370 (Hypothekenaufwertung gemäß der 3. Steuernotverordnung — dazu 111, 320 Hypothekenaufwertung gemäß dem Aufwertungsgesetze); 107, 377 (Aufhebung der sog. privilegierten Abdeckereiberechtigungen); 108, 194 (Einführung des Branntweinmonopols); 113, 6 (§ 28 der 2. Durchführungsverordnung zur Goldbilanzverordnung; auch hier wird dahingestellt gelassen, ob Enteig-

Die Enteignung kann, wie erwähnt, als das klassische Beispiel derartiger Zweckauslegung gelten. Andere in der Judikatur zu spezifischer Eigenbedeutung entwickelte Einzelbegriffe sind etwa: „Beamter"[31]); „wohlerworbene Rechte"[32]); „vermögensrechtliche Ansprüche"[33]) im Sinne von Art. 129 I; der Beamtenbegriff von Art. 131 I[34]); der Begriff des Namens im Rahmen von Art. 109 III 2[35]); die Abgrenzung der nach Art. 128 möglichen „Ausnahmebestimmungen gegen weibliche Beamte"[36]); das Selbstverwaltungsrecht der Religionsgesellschaften nach Art. 137 III[37]); der Begriff der „Staatsleistung" nach Art. 138 I[38]); der Umfang des Koalitionsrechtes im Rahmen von Art. 159 und seine Beeinflussung durch Art. 165[39]). Diese Aufzählung ist nur beispielsweise zur Heraushebung der wichtigsten durch die Rechtsprechung des Reichsgerichtes entwickelten Einzelbegriffe des Grundrechtsystems erfolgt. Sie erhebt keinen Anspruch auf Vollständigkeit, man wird indessen beim Durchlesen der angeführten und anderer hierher gehöriger Urteile, namentlich in den letzten Bänden, bestätigt finden, daß das Reichsgericht fast überall den eingangs dieses Abschnittes entwickelten Grundforderungen gefolgt ist.

Zur Frage des Gesetzesvorbehaltes

Für den unbefangenen Leser des zweiten Abschnittes der Weimarer Verfassung ist die außerordentlich starke Ausdehnung des Gesetzesvorbehaltes in den Grundrechtsnormen sofort auffällig. Es ist kaum zuviel behauptet, daß

---

nung vorliegt; selbst wenn eine solche anzunehmen wäre, würde sie nicht gegen die Reichsverfassung verstoßen). — Mit dem 109. Bande beginnt die starke Erweiterung des Enteignungsbegriffes. Grundlegend in dieser Richtung 109, 310 (Entziehung einer landesrechtlichen Kohlenrente zugunsten des Fiskus: Enteignung ist nicht auf Eigentum oder auf Rechtsverhältnisse an Grundstücken überhaupt beschränkt; sie umfaßt alle objektiven Privatrechte einschließlich der Forderungsrechte. Es sei kein innerer Grund vorhanden, den Rechtsschutz auf erstere zu beschränken, auch andere subjektive Rechte sind ihrem Werte [!] und der Art des Eingriffes nach des gleichen Schutzes bedürftig. — Derjenige, zu dessen Gunsten das Recht entzogen bzw. aufgehoben wird, braucht nicht notwendig auch einen wirtschaftlichen Vorteil davon zu haben; auch im entgegengesetzten Falle liegt Enteignung vor). 112, 67 (es handelt sich um einen ähnlichen Fall wie in dem Urteil 107, 261 [gesetzliches Vorkaufsrecht und Enteignung]), hier nimmt das Reichsgericht Enteignung an: „Durch das Festhalten des Veräußerers an einem seinem Willen nicht entsprechenden Vertrage zugunsten des Vorkaufsberechtigten findet eine Abnötigung des Eigentumes und damit eine Enteignung statt." Ähnlich weitgehend schließlich die Denkmalschutzentscheidung 116, 268: Die Eintragung eines Grundstückes in die Denkmalliste ist rechtlich als Enteignung anzusehen; „es wird hierdurch dem Kläger nicht die Vornahme einer bestimmten Handlung untersagt, es wird ihm vielmehr allgemein und für die Dauer verboten, auf seinem Grundstücke Veränderungen irgendwelcher Art ohne Zustimmung der Behörden vorzunehmen". Wie erwähnt, fehlt es hier an der früher stark betonten Scheidung zwischen Enteignung und öffentlich-rechtlicher Eigentumsbeschränkung.— Daß schließlich das Reichsgericht gelegentlich auch die Anziehung des Art. 153 ohne nähere Prüfung ablehnt, beweist das Urteil 114, 27: Der Anspruch gegen die Reichsbank auf Aufwertung der Vorkriegs-Tausendmarkscheine wird abgewiesen. „Der Aufruf außer Kurs zu setzender Geldscheine und ihre Einziehung gegen Vergütung des ihnen innewohnenden Wertes ist eine häufig sich wiederholende Erscheinung, die noch von niemand als Enteignung angesehen worden ist." Ein näheres Eingehen auf das Vorbringen der Revision, soweit es Art. 153 betrifft, wird abgelehnt.

Die vorstehende Stichwortcharakterisierung der einzelnen Urteile erlaubt natürlich keinen Überblick über die zum Teil sehr weitgehenden Differenzierungen, welche das Reichsgericht in diesen und anderen Entscheidungen zu Art. 153 dem Enteignungsbegriffe gegeben hat.

[31]) 114, 220.

[32]) 101, 256; 104, 58 (grundlegend); 104, 251; 105, 24; 107, 1; 108, 314; 108, 404; 110, 96.

[33]) 101, 287; 107, 1; 107, 326; 107, 328; 108, 117; 108, 144; 109, 284; 112, 104.

[34]) 102, 166; 105, 334 (!); 107, 41; 110, 286; 114, 197.

[35]) 101, 173; 103, 190; 109, 243; 113, 107.

[36]) 102, 145; 106, 154.

[37]) 103, 91; 107, 287.

[38]) 111, 134; 113, 349; 117, 27.

[39]) 104, 327; 111, 199; 113, 33; 113, 169; St. 56, 412; 56, 419.

der Aktualität des Grundrechtsystems dadurch erheblicher Abbruch geschehen ist; denn fast alle praktisch wichtigen Grundrechte sind durch Gesetzesvorbehalte (die freilich im einzelnen differenziert sind[40]) zum mindesten der einfachen Majorität innerhalb der gesetzgebenden Organe des Reiches ausgeliefert. Es wäre vielleicht eine dankenswerte Aufgabe, für das Grundrechtsystem ganz allgemein zu untersuchen, was der Gesetzesvorbehalt bezweckt und wie er nach seinem Zwecke im einzelnen ausgelegt werden muß. Man kann ihn natürlich formallogisch oder, wenn man will, „streng juristisch" behandeln: dem (Reichs- oder Landes-) Gesetzgeber ist die Abweichung verstattet, ihm allein ist es also überlassen, in welchem Falle er abweichen und wie weit er die Abweichung ausdehnen will. Vielleicht könnte aber doch vertiefte Einsicht aus dem Charakter der „Ausnahmen", die der Gesetzesvorbehalt zuläßt, zum mindesten eine Schranke für den Gesetzgeber selbst gewonnen werden, denn in der Rechtsstaatsordnung ist „Ausnahme" und namentlich Gesetzesausnahme nicht ein Formalbegriff, sondern ein Begriff mit ganz bestimmten normlogischen Inhalten. Man wird aber zugeben müssen, daß die Rechtsprechung im allgemeinen keinen Anlaß haben wird, sich mit diesem Problem der Rechtsstaatstheorie zu befassen. Lehnt sie es (mit Recht) ab, zu prüfen, ob die Voraussetzungen des Ausnahmezustandes nach Art. 48 gegeben sind, so wird sie um so weniger Anlaß haben, eine Kontrolle des gesetzgeberischen Willens dahin vorzunehmen, ob zur Ausnahme auf Grund des Gesetzesvorbehaltes im einzelnen Falle Anlaß gegeben war. Derartiges würde aus dem Rahmen der „richterlichen Aufgabe" fallen, und es wurde mehrfach betont, daß nur bei Anerkennung eines solchen Rahmens die richterliche Prüfungszuständigkeit erträglich erscheint.

Ohne Bedeutung ist darum die Frage des Gesetzesvorbehaltes für die Rechtsprechung nicht. Es läßt sich, wenn man den Begriffen „Vorbehalt" und „Ausnahme" einen materiellen Sinngehalt zuerkennt, wohl behaupten, daß Zweifelsfragen, ob eine bestimmte Norm noch als zulässige Ausnahme von der Grundrechtsregel gelten kann, dahin entschieden werden müssen, dem allzu weitgehend ausgedehnten Gesetzesvorbehalt die Anwendung zu versagen.

Die Rechtsprechung des Reichsgerichtes bewegt sich in entgegengesetzter Richtung. Anstatt an das Vorbehaltsgesetz besonders strenge Anforderungen zu stellen, läßt das Reichsgericht in einer ganzen Reihe von Entscheidungen Rechtsnormen mannigfachster Art noch als Vorbehaltsgesetze gelten und verwischt damit die Bedeutung der vom Verfassungsgesetzgeber sehr wohl überlegten Abstufung der Gesetzesvorbehalte. Einige besonders hervorstechende Beispiele seien angeführt:

Man wird es billigen können, wenn das Reichsgericht (104, 66) als Gesetz im Sinne von Art. 104 nicht nur ein Reichsgesetz, sondern auch ein Landesgesetz gelten läßt. Bedenklicher scheint mir schon die Gleichstellung von Reichsgesetzen und reichsrechtlicher Verordnung, wie sie durchgängig in der Judikatur anzutreffen ist (vgl. RGZ. 102, 161, RGSt. 55, 88, RGZ. 107, 377 u. a.) Noch bedenklicher erscheint es, wenn in 112, 50 (52) sogar das Ausführungsgesetz eines Landes als hinreichend angesehen wird, den Anforde-

[40]) Ich verweise für die Frage dieser Differenzierung auf das bei Thoma, Grundrechte und Polizeigewalt (Festgabe für das OVG. S. 182—223), entwickelte Stufensystem, insbesondere auf die Einteilung: reichsverfassungskräftige Grundrechte ersten Grades (kein Gesetzesvorbehalt, auch nicht durch Art. 48 suspendierbar), reichsverfassungskräftige Grundrechte zweiten Grades (kein Gesetzesvorbehalt, aber auch kein Hindernis für Diktaturmaßnahmen nach Art. 48), reichsgesetzeskräftige Grundrechte (abänderlich durch einfaches Reichsgesetz), landesgesetzeskräftige Grundrechte (Gesetzesvorbehalt für jedwede, insbesondere auch die Landesgesetzgebung). Vgl. dazu die Ausführungen a. a. O. S. 191—197.

rungen eines Vorbehaltes zugunsten des Reichsgesetzgebers zu genügen. Ähnlich 108, 170; sogar ein Ortsstatut vermag den Anforderungen des Gesetzesvorbehaltes (in Art. 129 II) zu genügen, falls das Landesgesetz auf ein solches verweist. In der Entscheidung 102, 161 (für das Vorbehaltsproblem vielleicht die wichtigste, jedenfalls die weitestgehende) ist unter Gesetz im Sinne der Vorbehalte von Art. 115 und 153 jede Rechtsnorm verstanden. Hier wird sogar eine ursprünglich kaum rechtsgültige Landesverordnung nachträglich durch ein Reichsgesetz legalisiert, das sich selbst rückwirkende Kraft beilegte. Es bleibt abzuwarten, ob das Reichsgericht in Zeiten ruhiger Gesetzesentwicklung auch weiterhin derartige Ausdehnungen für zulässig erachten wird.

In Art. 138 I bedeutet die Verwendung des Wortes „Gesetz" zwar keinen Vorbehalt, immerhin ist es für die Ausdehnung des Gesetzesbegriffs wesentlich, wenn das Reichsgericht in 113, 349ff. auch das Gewohnheitsrecht als ausreichende Norm für den Gesetzesbegriff des Art. 138 I ansieht.

In diesen Entscheidungen ist wohl schwerlich zu verkennen, daß das Reichsgericht eine strenge Scheidung der Staatsfunktion im Sinne der traditionellen Gewaltenteilungslehre nicht aufrechterhalten will. Damit stimmt überein, daß das Reichsgericht auf der anderen Seite in ständiger Rechtsprechung diejenigen Maßnahmen, welche die überkommene Rechtsstaatstheorie allein der vollziehenden Gewalt vorbehalten hat, nunmehr als durch den Gesetzgeber vorzunehmen für zulässig erklärt. Auch hier ist der klassische Fall die Enteignung. Das Reichsgericht hat in ständiger Rechtsprechung entschieden[41]), daß eine Enteignung im Sinne von Art. 153 ohne Verstoß gegen Rechtsgrundsätze auch unmittelbar durch den Gesetzgeber vorgenommen werden könnte[42]). Noch überraschender ist es aber, wenn das Reichsgericht sogar unter den in Art. 159 erwähnten „Maßnahmen" auch gesetzliche Maßnahmen verstehen will (vgl. die Entscheidung 111, 199). Schwerlich wird man sich dem Eindruck verschließen können, daß die für den Gesetzesvorbehaltsbegriff einschlägigen Entscheidungen die Tragweite des rechtsstaatlichen Problems, um das es sich handelt, noch nicht erfaßt haben. Die Rechtsprechung zum Gesetzesvorbehalte weicht m. E. von der sonst vom Reichsgericht eingehaltenen Linie bewußter Aktualitätsbetonung der Grundrechte nicht unerheblich ab.

Abgeschlossen: 1. April 1928.

---

[41]) 103, 200; 107, 269, 375, 381; 109, 310; 111, 123; 111, 320.

[42]) So übrigens auch die herrschende Meinung; vgl. dagegen vor allem mit beachtlichen Gründen Carl Schmitt, Verfassungslehre S. 151 ff.

Begriff und Wesen der Sonderrechte des einzelnen Landes im neuen Reichsstaatsrecht

von Privatdozent Dr. Hans Liermann, Freiburg i. B.

I.

Die deutschen Länder stehen, so wie sich die Entwicklung seit der Staatsumwälzung von 1918 gestaltet hat, in einem fortwährenden politischen und juristischen Kampfe um ihre Existenz als Staat. Jeder Fußbreit des ihnen noch verbliebenen Rechtsbodens wird gegenüber der zentralen Gewalt des Reiches zähe verteidigt. Wenn man diesen Kampf in seinen verschiedenen Phasen verfolgt, so fällt auf, daß sich das Reich dabei verhältnismäßig selten allen Ländern in ihrer Gesamtheit gegenüber sieht, daß vielmehr häufig ein einzelnes Land um ein einzelnes Recht ringt. Das mag seinen Grund zum großen Teil in der jeweiligen politischen Lage finden. Die größere politische Aktivität eines Landes und seiner Regierung, die parteipolitisch verschiedene Zusammensetzung von Reichsregierung und Landesregierung fallen da entscheidend ins Gewicht. Aber nicht immer ist das allein maßgebend. Häufig genug macht auch ein einzelnes Land ein besonderes, nur ihm zustehendes Recht dem Reiche gegenüber geltend. Das zeigt, daß die rechtliche Sonderbehandlung eines einzelnen Landes, die für das Deutsche Reich der Verfassung von 1871 charakteristisch war, auch heute noch nicht völlig aus unserem Staatsrechte verschwunden ist. Wenn diese Sonderrechte auch nicht mehr so hervortreten wie unter dem früheren Rechte, so sind sie doch keineswegs bedeutungslos. Vor allem ist ihre Betrachtung von Wert für die Erkenntnis des deutschen Staates in seinem Gesamtbau. Grundfragen unseres Staatsrechtes wie das Problem der Demokratie, des Unitarismus und Föderalismus sind von der Tatsache der Existenz von Sonderrechten keineswegs unberührt. Wie so oft führt auch hier die Spezialfrage zu den Fundamenten.

Die deutschen Länder scheinen also ungleich, nicht nur an Bevölkerungszahl, Größe des Gebietes, finanzieller Leistungsfähigkeit und dementsprechend an politischer Bedeutung, sondern auch in ihrer Rechtslage. Der Satz, den Anschütz in Auslegung des Art. 109 I RV.: „Alle Deutschen sind vor dem Gesetze gleich" mit den Worten geprägt hat: „Gleichheit vor dem Gesetze, nicht Gleichheit des Gesetzes[1])" beansprucht demnach auch für die deutschen Länder im deutschen Staatsrechte seine Gültigkeit. Alles weist darauf hin, daß ihnen nicht nur die absolute Gleichheit, sondern ebenso auch die relative Gleichheit in ihrem Verhältnis untereinander fehlt.

Daß die deutschen Länder nicht absolut gleich sein können, daß jeder Versuch, sie absolut gleichzustellen, der gesunden Logik widersprechen muß, zeigt ohne weiteres ein Blick auf die politische Karte Deutschlands. Preußen und Schaumburg-Lippe können nicht absolut gleichgestellt sein. Nicht so leicht ist

---

[1]) Die Verfassung des Deutschen Reiches, 3. u. 4. Aufl., 1926 Anm. 1 zu Art. 109 S. 305.

es, nachzuweisen, daß den Ländern auch dann, wenn man ihre „natürliche“ (vielleicht sagt man besser „geschichtlich gewordene“) Ungleichheit verhältnismäßig berücksichtigt, in hohem Maße Verschiedenheit in der Rechtsstellung eigen ist. Denn häufig wird der Satz von der Gleichheit der Einzelstaaten geradezu als ein Fundamentalsatz des Staatsrechtes im Bundesstaate angesehen. Diese These ist sogar für das Bundesstaatsrecht der Reichsverfassung von 1871 aufgestellt worden[2]), obwohl doch gerade dort kein Grund gegeben war, bei der Hegemonialstellung Preußens, bei den nicht nur verfassungsmäßig verankerten — wie man heute sagen würde —, sondern auch durch besonderes Einzelveto des berechtigten Staates geschützten Reservatrechten Bayerns, Württembergs, Badens und anderer Staaten von der Gleichheit der Bundesstaaten zu sprechen. Es war aber eine Art „Bundesnaturrecht[3])“, das hier zum Ausdrucke kam. Man hielt es für eine wesentliche Eigenschaft des Bundesstaates, daß er die Einzelstaaten grundsätzlich gleichstellte, Sonderstellungen einzelner Bundesglieder wurden als Durchbrechungen des Prinzips, ja geradezu als Störungen der bundesstaatlichen Symmetrie betrachtet. Mit dieser Lehre von der natürlichen Gleichheit der Staaten kommt man aber nicht weiter. Denn es läßt sich mit einer gewissen Berechtigung gerade so gut der umgekehrte Satz vertreten: Es liegt im Wesen des Bundesstaates, zum mindesten des deutschen Bundesstaates, daß seine einzelnen Glieder ungleichen Rechtes sind. Betrachtet man nämlich unter diesem Gesichtspunkte die Entwicklung in Deutschland seit dem Jahre 1871 und besonders seit dem Jahre 1919, so kann man sich des Eindruckes nicht erwehren, daß der Weg vom Bundesstaate zum Einheitsstaate über die rechtliche Gleichstellung der Gliedstaaten führt. Nicht umsonst kämpfen die Föderalisten, insbesondere die bayerischen Föderalisten, um die Erhaltung der alten Sonderstellung ihres Landes und um Sonderbehandlung bei vielen neueren gesetzgeberischen Aktionen des Reiches. Man ist sich im föderalistischen Lager vollkommen klar darüber, daß die Sonderstellung, je reicher und vielgestaltiger sie ist, desto mehr auch eine wirksame Unterstreichung der Eigenstaatlichkeit eines Landes bedeutet. „Höchstpotenzierte Selbstverwaltungskörper“, Reichsprovinzen, pflegt man über einen Kamm zu scheren. Das Vorhandensein von Sonderrechten aber ist geradezu ein Gradmesser für die Staatlichkeit der Länder. Sie zeigen nach außen hin, daß das Land eigene Individualität besitzt, daß es nicht mit anderen Ländern zusammen eine dem Reich in der gleichen Weise untergeordnete Masse bildet, mit einem Worte, daß es nicht nur Teil des Reiches, sondern zugleich für sich ein eigenartiges Ganzes ist. Man sieht also, daß sich aus dem Wesen des Bundesstaates heraus sowohl die Gleichheit als die Ungleichheit der Gliedstaaten als angeblicher „Grundsatz“ herleiten läßt. Daraus folgt, daß beides eben nicht für den Bundesstaat wesentlich ist, daß es vielmehr rein theoretisch sowohl Bundesstaaten mit rechtlich gleichgestellten als auch Bundesstaaten mit Gliedstaaten ungleichen Rechtes geben kann. Allein das positive Recht entscheidet, ob ein Bundesstaat der einen oder der anderen Kategorie zuzuzählen ist.

In der Tat lassen sich beide Arten als historische Erscheinung nachweisen. Ein Bundesstaat, der sich aus Einzelstaaten ganz verschiedenen Rechtes zusammensetzte, war beispielsweise das Deutsche Reich der Reichsverfassung von 1871. In ihm gab es einen Herrscherstaat, Preußen, eine Staatenaristo-

---

[2]) Vgl. Otto Nirrnheim, Der Begriff des Reservatrechtes im Sinne der Verfassung des Deutschen Reiches; ArchÖffR. 25, 579ff., insbes. S. 589. Für das neue Recht vgl. Kurt Behnke, Die Gleichheit der Länder im deutschen Bundesstaat, Greifswalder Diss. 1926.

[3]) Der Ausdruck ist, allerdings in etwas anderer Bedeutung, von Wittmayer geprägt worden. Vgl. Leo Wittmayer, Die Weimarer Reichsverfassung S. 262 (1922).

kratie, die verschiedenen, mit Sonderrechten ausgestatteten Staaten, und endlich die Masse der gleichberechtigten Bundesglieder. Im Gegensatze dazu bilden die Vereinigten Staaten von Amerika eine reine Staatendemokratie. Hier wird ängstlich darüber gewacht, daß kein Staat dem anderen gegenüber bevorrechtigt ist, und dieses Ziel auf eine sehr einfache, übrigens wohl die praktisch einzig mögliche Weise erreicht. Das amerikanische Bundesstaatsrecht kennt nämlich eine Art „Meistbegünstigungsklausel", die der Bund jedem einzelnen Staate zugesteht. Es wird regelmäßig im Aufnahmegesetze dem neu in den Bund aufgenommenen Staate Gleichheit mit den ursprünglichen Staaten zugesagt, so daß hieraus das Oberbundesgericht mit Recht diese Gleichheit als ein wesentliches Merkmal eines Staates im Sinne der Bundesverfassung ableiten konnte[4]).

Somit ist als Grundfrage bei der Betrachtung von Sonderrechten zunächst zu prüfen, ob das positive Recht der Verfassung überhaupt Sonderrechte zuläßt. Denn nur, wenn diese Frage bejaht werden kann, hat es Zweck, ihnen im einzelnen nachzugehen. Verfassungswidrige Sonderrechte sind ebenso unmöglich wie verfassungswidrige Rechte anderer Art, es sei denn, daß es gelänge, den schwierigen Nachweis zu führen, daß eine Änderung der Verfassung ohne Änderung ihres Wortlautes, etwa im Wege des Gewohnheitsrechtes, eingetreten ist. Aber das wird im Einzelfalle große Schwierigkeiten verursachen, wird insbesondere bei einem so jungen, noch nicht zehn Jahre alten Staatsgrundgesetze wie der Weimarer Verfassung so gut wie unmöglich sein. Es gilt also bezüglich der Sonderrechte der deutschen Länder aus der Verfassung selbst und nur aus ihr herauszulesen, ob sie Gleichheit oder Ungleichheit der Bundesglieder fordert.

Es erscheint zunächst nicht schwer, sich für die Gleichheit der Länder — gemeint ist natürlich immer nur die relative, nicht die absolute Gleichheit — zu entscheiden. Wenn man diesen Grundsatz schon aus der Reichsverfassung von 1871 trotz ihres aristokratischen Gepräges herauslesen konnte[5]), wieviel mehr muß er erst der neuen demokratischen Verfassung des Reiches entsprechen. Denn es ist ja offensichtlich, daß der demokratische Gedanke vor der Ungleichheit der Einzelstaaten nicht haltmachen kann und nicht haltmachen darf, wenn die Demokratie wirklich folgerichtig durchgeführt werden soll. Privilegierung eines der Staaten im Bunde vor dem anderen bedeutet ja letzten Endes soviel als die Schaffung einer besonderen Rechtsstellung auch für die einzelnen Bürger des betreffenden Staates vor denjenigen anderer Staaten, weil sich Recht des Staates und Recht der Staatsbürger niemals ganz trennen läßt.

Man kommt übrigens bei der Betrachtung der Sonderstellung eines Staates vom einzelnen Staatsbürger aus gesehen zu den eigenartigsten Ergebnissen, die sich je nach dem Standpunkte, von dem aus man der Frage nahetritt, relativ verschieben. Unterstellt man einmal, worüber später noch zu sprechen sein wird, daß die Stimmenzahl eines Landes im Reichsrate ein besonderes Recht des Landes ist, so läßt ein Vergleich zwischen einem preußischen, einem bayerischen und einem schaumburg-lippischen Staatsangehörigen einen doppelten Schluß zu. Man kann nämlich entweder sagen, daß der Staatsangehörige des kleinsten Staates vor denen der größten Staaten in unerhörter Weise bevorzugt sei. Denn in Schaumburg-Lippe kommt bereits auf 48000 Einwohner eine Stimme im Reichsrate, während Preußen erst auf 1411000 Einwohner eine Stimme hat. Ebenso hat Bayern, das nicht wie Preußen durch Art. 61 I 4 RV. ein-

---

[4]) Vgl. Ernst Freund, Das öffentliche Recht der Vereinigten Staaten von Amerika S. 11 (1911).
[5]) Nirrnheim a. a. O. S. 589.

geschränkt ist, erst auf 671000 Einwohner eine Reichsratsstimme[6]). Geradesogut läßt sich aber auch eine undemokratische Bevorzugung des einzelnen Preußen oder Bayern vor dem Angehörigen eines Kleinstaates konstruieren, denn Preußen kann mit zwei Fünfteln aller Stimmen, Bayern mit elf Stimmen die Willensbildung im Reichsrat entscheidend beeinflussen, während das für Schaumburg-Lippe mit seiner einen Stimme so gut wie unmöglich ist.

Wie sich schon aus diesem einen Beispiel ersehen läßt, hat also die Demokratie im Verhältnisse der Länder untereinander nicht völlige Gleichheit herstellen können. Trotzdem läßt sich eine Hinneigung zur Gleichheit der Verfassung nicht absprechen. Man kann sagen, daß sie zwar nicht alles gleichgemacht hat, dazu waren die größeren Einzelstaaten auch in der Zeit der Revolution viel zu widerstandsfähig, daß sie aber einer späteren Gleichheit den Weg zu bereiten sucht. Das tritt nirgends stärker hervor als dort, wo sie die Länder bewußt ungleich behandelt, in der clausula antiborussica des Art. 61 I 4 und des Art. 63 I 2 RV. Preußen ist ihr zu groß, um es jetzt schon den anderen Ländern gleichstellen zu können. Deshalb soll es zunächst „klein gemacht", wenn möglich in seine Provinzen aufgelöst werden. Es ist offenbar, daß das „ideale" Land, wie es den Schöpfern der Reichsverfassung vorschwebte, der Mittelstaat war, etwa von der Größe einer oder mehrerer preußischer Provinzen. Diesem Idealtyp sollte die Neugliederung des Reiches in Länder im Wege des Art. 18 RV. durch Zusammenlegung der Kleinstaaten und durch Zerschlagung der Großstaaten allmählich die deutschen Länder nähern. Das alles war aber nur durch eine staatsrechtliche Schlechterstellung des Großstaates Preußen möglich.

Insofern läßt sich also aus der Weimarer Verfassung wohl ein grundsätzliches Streben nach Gleichheit der einzelnen Länder herauslesen, sogar nach absoluter Gleichheit als letztem Ziele, keineswegs aber ein prinzipielles Verbot jeder Ungleichheit in der Rechtsstellung der Länder. Ein solches Verbot ist weder expressis verbis in der Verfassung zu finden, noch läßt es sich als allgemeine Norm aus ihr ableiten. Im Gegenteile, die Verfassung selbst ist inkonsequent. Ihr heiligt der Zweck gleichsam die Mittel. Bei ihrem Streben nach Gleichheit nimmt sie Ungleichheiten in Kauf. Es ist somit möglich, daß auf ihrem Rechtsboden Sonderrechte entstehen können.

II.

Was sind nun Sonderrechte im Sinne des neuen Reichsstaatsrechtes? Es ist offensichtlich, daß zunächst versucht werden muß, darüber Klarheit zu schaffen. Der Ausdruck „Sonderrecht" ist so vieldeutig und er ist, im alten und neuen Staatsrechte, so verschieden verwendet worden, daß hier die weitere Betrachtung einzusetzen hat, nachdem ganz allgemein Verschiedenheit der Rechtsstellung der Länder nicht als unbedingt verfassungswidrig erkannt worden ist.

Die Reichsverfassung von 1871 befaßte sich in dem Art. 78 II ausdrücklich mit „Vorschriften der Reichsverfassung, durch welche bestimmte Rechte einzelner Bundesstaaten in deren Verhältnis zur Gesamtheit festgestellt sind". Sie sah also verfassungsmäßige Sonderrechte einzelner Bundesstaaten vor, die dann auch in der Tat da und dort in der Verfassung verstreut zu finden waren. Die neue Reichsverfassung kennt im Gegensatze dazu, abgesehen von der Übergangsbestimmung des Art. 170 RV., der gerade dem Abbau von Sonderrechten dienen sollte, keinen ausdrücklichen Hinweis auf Sonderrechte. Der Versuch,

---

[6]) Siehe hierzu die interessante Tabelle, die dem Vortrage des preußischen Ministerpräsidenten Braun „Deutscher Einheitsstaat oder Föderalismus", 2. Aufl. (1927), beigegeben ist.

den Begriff auch in die neue Verfassung hineinzubringen, ist gescheitert[7]). Man kann sagen, daß durch die Nichterwähnung der Sonderrechte in der Verfassung ihre begriffliche Festlegung nur erleichtert worden ist. Der Art. 78 der alten Reichsverfassung war weit davon entfernt, irgendwelche Klarheit zu schaffen. Im Gegenteile, er brachte in die ganze Frage nur Verwirrung hinein, so daß mehrere Schulen einen heute im allgemeinen nur noch historisches Interresse beanspruchenden Streit um die Auslegung dieser Gesetzesstelle führten, der niemals authentisch entschieden worden ist[8]). Es ist daher richtig, den ganzen Meinungsstreit von damals nicht in das neue Staatsrecht hinüberzuschleppen. Das ist um so eher möglich, als die Sonderrechte von damals den Sonderrechten von heute keineswegs gleichzusetzen sind. Sie ragen zwar in das neue Recht hinein, sie sind insbesondere auch teilweise der Grund dafür gewesen, daß im neuen Rechte wieder Sonderrechte auftauchten, aber jene sind nicht die alten Sonderrechte.

Die Frage, ob die Sonderrechte der einzelnen Länder, insbesondere die auf vertragsmäßiger Grundlage bei der Reichsgründung zugesagten und durch Vetorecht des einzelnen Staates nach Art. 78 II der alten Reichsverfassung besonders geschützten sog. Reservatrechte, die Revolution überdauert haben, ist lange Zeit offen gewesen. Vor allem haben bei den Beratungen der Weimarer Verfassung die bayerischen Vertreter einen harten Kampf um ihre Weitergeltung geführt[9]). Heute wird kaum jemand noch ernstlich bestreiten, daß sie erloschen sind. Die Tatsachen gingen über sie hinweg. Die neue Reichsverfassung hat sie nicht berücksichtigt. Die Staatsumwälzung von 1918 war eben nicht nur eine Revolution gegen die Fürsten, sondern ebenso auch gegen die deutschen Einzelstaaten. Wenn das souveräne Volk an die Stelle des souveränen Bundesrates trat, so wurde dabei, ob man es wollte oder nicht, nicht nur Fürstenrecht zerbrochen, sondern auch Staatenrecht. Daß dieses alte Recht, nachdem die revolutionären Ereignisse es hinweggefegt hatten, und nachdem ihm die Grundlage der alten Reichsverfassung, in der es trotz aller vertragsmäßigen Elemente allein wurzelte, entzogen war, nicht mehr ohne weiteres aufleben konnte, ist eigentlich selbstverständlich[10]). Selbst ein Schriftsteller wie Nawiasky, der in der Konstruktion einzelstaatlicher Rechte sehr weit geht, gibt unumwunden zu, daß die alten Rechte durch den Umsturz, ebenso wie die Reichsverfassung von 1871 selbst, beseitigt worden sind. „Art. 178 I RV. drückte nur das Siegel auf dies Geschehnis[11]).“ Soweit die Sonderrechte bis zur anderweiten Regelung durch das neue Reichsrecht noch ausgeübt wurden, bestanden sie zwar formell zunächst weiter[12]), aber „die rechtliche Grundlage . . . war ihnen entzogen; die Maschine lief noch eine Weile, aber sie lief leer. Wie in allen revolutionären Zeiten zeigt sich auch hier eine starke Diskrepanz zwischen rechtlicher Form und tatsächlicher Lage[13]).“

---

[7]) Art. 5 IV 1 des Entwurfes III des Staatenausschusses vom 17. Febr. 1919 (Drucksachen des Staatenausschusses, Tagung 1919 Nr. 4, vgl. Triepel, Quellensammlung zum Reichsstaatsrecht. 4. Aufl. S. 18) lautete in der ursprünglichen Fassung: „Soweit nach den bisherigen Verfassungsgrundlagen selbständige Landesmilitärverwaltungen bestanden haben, dürfen die betreffenden Staaten in ihren hieraus sich ergebenden Sonderrechten ohne ihre Zustimmung nicht beschränkt werden.“

[8]) Vgl. z. B. die ausführlichen Darlegungen über den Stand der Frage im Jahre 1917 bei Meyer-Anschütz, Lehrbuch des deutschen Staatsrechtes, 7. Aufl., 2. Teil, S. 698—700 (1917).

[9]) Vgl. Protokolle des Verfassungsausschusses S. 24, 25, 29, 45, 107, 138.

[10]) Die ganze Frage nach dem Fortbestehen der alten Sonderrechte ist sehr eingehend und klar behandelt bei Hans Ficker, Vertragliche Beziehungen zwischen Gesamtstaat und Einzelstaat im Deutschen Reiche, S. 158 — 161 (1926). Auf diese Ausführungen kann hier verwiesen werden.

[11]) Nawiasky, Weg und Ziele einer föderalistischen Ausgestaltung der Reichsverfassung, DJZ. 1923 S. 706.

[12]) Vgl. hierzu auch Art. 170 RV.

[13]) Ficker a. a. O. S. 160.

Es ist also möglich, bei der Frage nach den Sonderrechten im neuen Reichsrechte die alten Sonderrechte auszuschalten. Sie können, weil sie erloschen sind, etwaige neu entstandene Sonderrechte in ihrer Rechtsnatur nicht beeinflußt haben. Sie können höchstens durch ihr Vorhandensein bis zur Revolution und die dadurch bedingte besondere Rechtsstellung einiger Länder für die Entstehung einer neuen besonderen Rechtsstellung als Ursache in Betracht kommen.

Dabei ist das Wort „Rechtsstellung" zu betonen. Denn nicht jede besondere Rechtsstellung schließt ein Sonderrecht in sich. Es ist hier bei den Ländern im Reichsstaatsrechte derselbe Maßstab anzulegen wie bei der Betrachtung der rechtlichen Lage einer Einzelperson in irgendeinem beliebigen Rechtssystem. Der Unterschied zwischen der objektiven Rechtsstellung und der subjektiven Berechtigung, die aus dem objektiven Recht entstehen kann, aber keineswegs immer entstehen muß, kann gar nicht scharf genug herausgestellt werden. Hebt man auf diesen Unterschied ab, so läßt sich zwar eine große Zahl von Beispielen für rechtliche Sonderstellungen einzelner Länder finden, die Zahl der Sonderrechte im eigentlichen Sinne schmilzt aber erheblich zusammen.

Vor allem können unter diesem Gesichtspunkte diejenigen besonderen Funktionen, die einzelnen Ländern im Aufbau des Reiches und bei der Organisation der Reichsgewalt zugewiesen sind, in keiner Weise als Sonderrechte gewertet werden. Das tritt besonders klar zutage, wenn man die verfassungsrechtliche Stellung Preußens im Reichsrate einerseits, die der deutschen Länder andererseits miteinander vergleicht. Preußen trägt die „privilegia odiosa"[14]) des Art. 61 I 4 RV. und vor allem des sogar namentlich auf Preußen zugeschnittenen Art. 63 I 2 RV. an sich. Es darf trotz seiner Größe mit nicht mehr als zwei Fünfteln aller Stimmen im Reichsrate vertreten sein und muß sich die Geschlossenheit seiner Abstimmung dadurch gefährden lassen, daß die Hälfte der preußischen Stimmen von den Provinzen gestellt wird. Alle anderen Länder dagegen erfreuen sich der Möglichkeit einer geschlossenen Stimmführung durch nach Instruktionen ihrer Regierungen abstimmende Regierungsvertreter. Trotzdem wäre es gänzlich abwegig, wenn man behaupten wollte, daß dadurch allen anderen Ländern vor Preußen ein Sonderrecht auf geschlossene Stimmführung zusteht. Und ebenso wäre es unrichtig, die elf Stimmen Bayerns, die drei Stimmen Badens oder auch die eine Stimme von Schaumburg-Lippe, hinter der nur eine Einwohnerzahl von 48000 steht, als Sonderrecht zu bezeichnen. Denn es handelt sich hier gar nicht um Rechte, die die einzelnen Länder im Reichsrate ausüben, sondern lediglich um eine Organtätigkeit, bei der ihnen eine Rechtsstellung eingeräumt ist.

Solange die Reichsverfassung von 1871 in Geltung war, konnte man allerdings zweifeln, ob nicht die Stimmenzahl im Bundesrate als Sonderrecht zu betrachten sei, und sie ist in der Tat vielfach als ein solches betrachtet worden[15]). Für die damaligen Verhältnisse läßt sich dieser Auffassung eine gewisse Berechtigung nicht absprechen. Denn die Stimmenverteilung entsprach nicht der Größe und Bedeutung der einzelnen Staaten, beruhte auch nicht auf einem bestimmten Verteilungsschlüssel, sondern sie erfolgte aus historischen Gründen in Anlehnung an den Gesandtenkongreß des früheren Deutschen Bundes.

Man kann sagen, daß diese Anlehnung an den ehemaligen Gesandtenkongreß auch heute noch nicht völlig geschwunden ist. Vor allem ist der Art. 61 I 1 RV.: „Im Reichsrate hat jedes Land mindestens eine Stimme", der auch dem an Gebiet und Bevölkerungszahl unbedeutendsten Kleinstaate seine eigene Ver-

---

[14]) Vgl. Leo Wittmayer, Die Weimarer Reichsverfassung S. 285 (1922).

[15]) Vgl. z. B. Dambitsch, Die Verfassung des Deutschen Reiches S. 267 (1910) und die dort angeführte Literatur.

tretung im Reichsrate sichert, eine geschichtliche Erinnerung an die ehemalige Souveränität der Bundesglieder. Er ist aber auch zugleich eine Durchbrechung des Grundsatzes, auf je 700000 Einwohner eine Stimme zu gewähren, ebenso wie die clausula antiborussica eine solche Durchbrechung in anderer Richtung bedeutet. So betrachtet ließen sich also auch heute noch die Reichsratsstimmen schließlich unter den Begriff Sonderrechte bringen.

Aber eine andere grundsätzliche Erwägung läßt diese für den ehemaligen Bundesrat vertretbare Auffassung für den Reichsrat der neuen Reichsverfassung unhaltbar erscheinen. Die Verhältnisse, die der Reichsverfassung von 1871 zugrunde lagen, haben sich heute gerade umgekehrt. Damals konnte man sagen: die Einzelstaaten haben das Reich gegründet, indem sie ihre Willen vereinigten und dabei sich selbst ihre Rechtsstellung schufen. Sie übertrugen dem Reiche gewisse Rechte, andere behielten sie für sich zurück, darunter auch den maßgebenden Einfluß auf die Willensbildung des Reiches im Bundesrate. Kurz, die Einzelstaaten spielten eine aktive Rolle, ihre Rechtsstellung im Bundesrate hatte die subjektive Tönung der Ausübung eines Mitgliedschaftsrechtes. In der Weimarer Verfassung dagegen weist umgekehrt das Reich den Ländern ihre Rechtsstellung zu und überträgt ihnen gewisse Befugnisse als Organen. Das Reich ist der gewährende, die Länder sind der empfangende Teil. Die Mitgliedschaft kraft eigenen Rechtes ist zur Organschaft in der Rechtsordnung des Reiches geworden. Die subjektive Berechtigung ist verschwunden, geblieben ist eine vielleicht nicht gerade zudiktierte, aber immerhin bloß zugestandene objektive Rechtsstellung. Das Sonderrecht ist zur Sonderstellung geworden.

Natürlich ist es durchaus möglich, daß in der politischen Praxis die Sonderstellung so gebraucht wird, als wäre sie ein Sonderrecht. Dabei mag einesteils die geschichtliche Erinnerung an die Rechtslage vor 1919 mitwirken, andererseits ist es klar, daß jede Rechtsstellung, besonders dann, wenn sie einem Machtträger eingeräumt ist, leicht und gern wie ein eigenes Recht behandelt wird. Sie ist wie jenes ein Sphäre, innerhalb deren freie Gestaltung des eigenen Willens möglich ist. Daß das eine Mal dieser Wille Organwille, das andere Mal eigener Wille sein soll, wird nicht immer empfunden. Die rechtliche Bedeutung der Scheidung zwischen Sonderstellung und Sonderrecht kann aber dadurch in keiner Weise berührt werden[16]).

Damit scheiden also alle Besonderheiten, die sich aus der Zuweisung einer einzigartigen Funktion an ein einzelnes Land im verfassungsmäßigen Aufbau des Reiches ergeben, aus dem Kreise der Sonderrechte aus. Sie können nicht als solche gewertet werden. Das gleiche muß selbstverständlich überall dort gelten, wo außerhalb der Verfassung einem Lande eine rechtliche Sonderbehandlung zugestanden ist, ohne daß ihm direkt eine subjektive Berechtigung eingeräumt werden soll. In den meisten Fällen geht eine derartige Rechtslage aus der entsprechend vorsichtigen Fassung der betreffenden Rechtsnorm ohne weiteres hervor. Als Beispiel kann Ziff. 2 der Vereinbarungen des Schlußprotokolls zum Staatsvertrage über den Übergang der Staatseisenbahnen auf das Reich vom 31. März 1920 zu § 37 des Vertrages dienen. Sie lautet:

„Die vertragschließenden Teile sind darüber einig, daß Art. 16 Satz 1 der Reichsverfassung auf alle Beamten Anwendung finden soll. Demgemäß ist der landsmannschaftliche Charakter auch in den einzelnen Gruppen der Beamten zu wahren. Die Mitglieder der Direktionen müssen in der Regel Landesangehörige

---

[16]) Dieselbe Konstruktion müßte Platz greifen, wenn etwa Preußen, wie es verschiedentlich im Anschluß an eine durchgreifende Reichsreform geplant wird, die Stellung eines „Reichslandes" zugewiesen würde. Auch das wäre, ganz gleich, ob diese Regelung in der Hauptsache Preußen eine Vorzugsstellung oder Nachteile bringen würde, eine Sonderstellung, kein Sonderrecht.

sein. Ihr Vorstand soll ein Landesangehöriger sein. Die Vorstände der höheren Reichseisenbahnbehörden sollen im Einvernehmen mit der Landesregierung oder der von ihr bestimmten Stelle ernannt werden."

Hier besagen die Wendungen „müssen in der Regel", „sollen" usw., daß den ehemaligen Eisenbahnländern zwar eine staatsrechtliche Sonderstellung insofern eingeräumt ist, als sie auf die Besetzung der genannten Stellen einen gewissen Einfluß ausüben können. Es ist aber durch die abschwächende Fassung offenbar bewußt vermieden worden, daß sich die Sonderstellung zu einem Sonderrecht auswächst. Derartige Vorschriften müssen also gleichfalls aus dem Kreise der Sonderrechte ausgeschieden werden.

Noch eine letzte Einschränkung ist zu machen. Sie betrifft die finanzielle Sonderbehandlung eines Landes bei Gelegenheit des Überganges von Landesvermögen auf das Reich. Auch hier kann streng genommen nicht von Sonderrechten gesprochen werden. So erhielten z. B. auf Grund des Reichsgesetzes zur Ausführung des Art. 170 RV. vom 27. April 1920 (RGBl. S. 643) und auf Grund der als Anlage zu dem Gesetze veröffentlichten Staatsverträge vom 29./31. März 1920 Bayern und Württemberg für die Überlassung ihres Eigentumes an Posten und Telegraphen erhebliche Geldforderungen an das Reich, Bayern im Betrage von 620 Millionen Mark, Württemberg von 250 Millionen Mark (jeweils § 2 der Staatsverträge). Es liegt zunächst nahe, diese Geldforderungen der betreffenden Länder an das Reich, die doch zweifellos wirkliche Ansprüche, subjektive Berechtigungen, nicht nur objektives Recht darstellen, als finanzielle Sonderrechte anzusprechen. Sie sind ja einzigartige Rechte, welche diese Länder vor anderen Ländern voraushaben. Sie sind auch nicht, obwohl sie auf den Austausch von Vermögenswerten zwischen Reichsfiskus und Landesfiskus gerichtet sind, privatrechtlicher Natur. Denn die zugrunde liegenden Staatsverträge sind nicht nur auf den Austausch von Vermögenswerten gerichtet, sondern sie übertragen gleichzeitig Hoheitsrechte von den Ländern auf das Reich. Die Vermögensübertragung bildet nur eine Seite des gesamten Übertragungsaktes der Posten und Telegraphen von den Ländern auf das Reich. Aber auch, wenn man die Geldforderungen losgelöst von diesem Zusammenhange für sich betrachtet, sind sie öffentlich-rechtlicher, nicht privatrechtlicher Natur, weil sie eben aus Staatsverträgen entspringen[17]). Trotzdem sind sie keine Sonderrechte, weil durch sie in keiner Weise eine wirkliche staatsrechtliche Sonderstellung Bayerns oder Württembergs geschaffen worden ist. Es ist einfach im Anschluß an die Tatsache, daß diese Länder Vermögen auf das Reich übertragen haben, die im Rechtsstaat eigentlich selbstverständliche Folge eingetreten, daß sie dafür nun auch eine Entschädigung zu erhalten haben. Eine ähnliche Lage kann jeden Tag bei einem anderen Lande geschaffen werden. Man nehme etwa an, daß ein Land die ihm noch verbliebene Verwaltung seiner Landessteuern im Wege des Vertrages auf das Reich überträgt und in diesem Vertrage gleichzeitig eine Reihe von Dienstgebäuden dem Reiche zu Eigentum gegen Entschädigung überlassen werden. Dann ist diese Entschädigung zwar kein „Kaufpreis" im zivilrechtlichen Sinne, sondern ein öffentlich-rechtlicher Anspruch. Sie ist aber auch andererseits kein Sonderrecht, obwohl vielleicht keinem anderen Lande der gleiche oder ein ähnlicher Anspruch gegen das Reich zusteht. Denn es fehlt hier zwar nicht an einer einzigartigen subjektiven

---

[17]) Bezeichnend ist, daß Bismarck einmal für derartige Verträge, die der Staat in seiner Eigenschaft als vermögensrechtliche Persönlichkeit abschließt, den Charakter von Staatsverträgen in Anspruch genommen hat, weil er „nicht die Gewohnheit habe, seine Unterschrift unter die Privatverträge seines Allergnädigsten Herrn zu setzen." Vgl. Ernst Meier, Über den Abschluß von Staatsverträgen S. 51/52 (1874).

Berechtigung, wohl aber fehlt es daran, daß auch durch das objektive Recht eine besondere Rechtsstellung geschaffen worden ist. Es ist offensichtlich, daß beides zusammentreffen muß, um ein wirkliches Sonderrecht hervorzubringen. Während bei den bisher besprochenen vermeintlichen Sonderrechten der aus der besonderen Rechtslage entspringende Anspruch mangelte, ist es hier gerade umgekehrt. Es ist zwar ein besonderer einzigartiger Anspruch gegeben, er beruht aber nicht auf einer gleichfalls einzigartigen Rechtslage zwischen dem Reich und dem betreffenden einzelnen Lande, sondern auf objektivem Rechte, das in gleicher Weise für das Verhältnis des Reiches zu allen Ländern zu gelten hat. Im Gegenteile, die entschädigungslose Überführung von Landesvermögen in Reichsvermögen würde erst eine besondere rechtliche Regelung im Einzelfalle beanspruchen.

So ist durch systematisches Ausscheiden von vermeintlichen Sonderrechten der Sonderrechtsbegriff im neuen Reichsstaatsrecht, im großen und ganzen wenigstens, festgestellt. Danach sind Sonderrechte solche Rechte der Länder gegen das Reich, die auf Grund einer besonderen, nicht allen Ländern zugestandenen Stellung im objektiven Recht einem oder mehreren Ländern einen besonderen subjektiven Anspruch gegen das Reich gewähren. Mit anderen Worten: Aus besonderer rechtlicher Regelung muß ein besonderer Rechtsanspruch entspringen. Das Sonderrecht muß objektiv- und subjektiv-rechtlich begründet sein. Alle weiteren Ausführungen haben nun nur noch dem Ausbau der so gefundenen Begriffsbestimmung zu dienen, insbesondere auch, soweit möglich, eine systematische Einteilung der neuen Sonderrechte nach Wesensart und Rechtsquellen zu versuchen.

III.

Vor allem ist hier die Frage zu beantworten, ob eine Reservatklausel für das Sonderrecht im neuen Reichsstaatsrechte wesentlich ist. In der alten Reichsverfassung gab es bekanntlich durch Art. 78 II einen besonderen Schutz der verfassungsmäßig festgelegten Sonderrechte in der Weise, daß das Veto des berechtigten Staates genügte, um eine Aufhebung oder Abänderung seines in der Reichsverfassung festgestellten Sonderrechtes gegen seinen Willen zu verhindern. Das hat dazu geführt, daß vielfach im Schrifttum zwischen Sonderrecht und Reservatrecht nicht klar geschieden wurde, insbesondere beide Ausdrücke abwechselnd in derselben Bedeutung gebraucht wurden. Jedoch war das schon für das Recht der Reichsverfassung von 1871 nicht richtig. Denn es gab neben den in der Reichsverfassung festgestellten Sonderrechten auch damals schon Sonderrechte, die auf anderer Rechtsquelle beruhten[18]). Demnach ist auch im Reichsstaatsrecht vor 1919 Sonderrecht der weitere, Reservatrecht der engere Begriff. Nicht jedes Sonderrecht, sondern nur das in der Verfassung festgelegte war durch Reservatklausel geschützt. Daneben konnte man auch die durch Staatsvertrag zwischen Reich und Einzelstaat vereinbarten Sonderrechte schließlich als Reservatrechte bezeichnen, denn es war zum mindesten fraglich, inwieweit das Reich berechtigt war, bei den dem damaligen Reichsstaatsrechte zugrunde liegenden vertragsmäßigen Elementen, solche Sonderrechte im Wege der Reichsgesetzgebung gegen den Willen des berechtigten Staates einseitig zu ändern oder untergehen zu lassen.

[18]) Vgl. hierzu z. B. die Rostocker Dissertation von Arnold Cremer (1903), Die juristische Natur der Sonderrechte im neuen Reichsstaatsrecht. Cremer nennt als Rechtsquelle für Sonderrechte neben der Verfassung Staatsvertrag, Gewohnheitsrecht, Gesetz und sogar Verordnung und bringt auch ein — allerdings recht anfechtbares — Beispiel für ein auf Verordnung beruhendes Sonderrecht (S. 42).

Es scheint zunächst, als habe diese Unterscheidung zwischen einfachen und besonders geschützten Sonderrechten im neuen Staatsrechte keine Bedeutung mehr. Eine dem Art. 78 II der RV. von 1871 entsprechende Vorschrift ist der neuen Reichsverfassung unbekannt. Ebenso ist so gut wie allgemein anerkannt, daß die Weimarer Verfassung nicht den Charakter einer Vereinbarung hat, sondern daß sie reines Gesetz ist[19]). Vor allem besteht heute auch kein Zweifel mehr darüber, daß das souveräne Reich mit seiner Kompetenz-Kompetenz über jedes Sonderrecht hinweggehen kann. Wenn es sogar die Möglichkeit hat, gemäß Art. 18 RV. über die Existenz der Länder zu verfügen, so muß ihm auch die minder eingreifende Befugnis zustehen, Sonderrechte einzelner Länder zu beseitigen.

Trotzdem ist bei näherer Prüfung die Rechtslage heute, bei gewissen Sonderrechten wenigstens, von der im alten Recht nicht gar zu verschieden. Denn es lassen sich auch in unserem geltenden Rechte besonders geschützte Sonderrechte feststellen, die der Reichsgesetzgeber nicht ohne weiteres aufheben kann. Dadurch, daß der Rechtsstaatsgedanke durch die neue Verfassung auch in das Verhältnis zwischen Reich und Ländern hineingetragen worden ist, erfreuen sich die Länder eines gewissen Schutzes, auch hinsichtlich ihrer Sonderrechte, der dem des Art. 78 II der alten RV. in mancher Beziehung gleichwertig erachtet werden kann. Die neuen Sonderrechte finden sich nämlich zum Teil in sog. „Staatsverträgen"[20]). Es ist zuzugeben, daß diese Staatsverträge nicht nur Verträge, sondern zugleich Gesetz sind. Sie sind nicht ohne Grund, eben um ihnen den reinen Vertragscharakter zu nehmen, zugleich als Gesetz beschlossen und verkündet worden, was soviel heißt, als daß sie rein formal gesehen durch den Reichsgesetzgeber einseitig geändert werden können. Aber auch die im Gesetze beibehaltene Vertragsform ist nicht völlig ohne jede Bedeutung. Sie bedeutet eine Selbstbeschränkung des Reichsgesetzgebers, die im Rechtsstaate durchaus möglich und mit der unbestreitbaren Souveränität und Kompetenz-Kompetenz des Reiches vollkommen verträglich ist. Man braucht nur daran zu erinnern, daß eine solche freiwillige Selbstbeschränkung eines Staates auf den Gebieten der Verwaltung und sogar der Gesetzgebung auch anderen Gebilden als Staaten gegenüber möglich ist, z. B. bei Konkordaten den Kirchen gegenüber. Auch Konkordate — z. B. die sog. bayerischen Protestantenverträge — werden in Gesetzesform verkündet und enthalten doch gleichzeitig anerkanntermaßen eine Bindung des Staates[21]). Eine ähnliche Rechtslage ist auch bei den in Gesetzesform verkündeten Staatsverträgen zwischen Reich und Ländern anzunehmen. Sie sind Gesetz, unterstehen also formell der einseitigen Abänderung oder Aufhebung durch den Reichsgesetzgeber. Materiell hat sich jedoch der

---

[19]) Vgl. hierzu die ausführliche Darstellung von Ficker, Vertragliche Beziehungen zwischen Gesamtstaat und Einzelstaat im Deutschen Reiche, S. 165/166 (1926).

[20]) Als Beispiel seien genannt: 1. § 4 des Staatsvertrages zwischen dem Reich und Bayern über den Übergang der Post- und Telegraphenverwaltung Bayerns an das Reich vom 29./31. März 1920 (RGBl. S. 643 als Anlage und zugleich wesentlicher Bestandteil des Reichsgesetzes zur Ausführung des Art. 170 RV. vom 27. April 1920 veröffentlicht). Danach soll in München eine Abteilung des Reichspostministeriums errichtet werden, die mit besonderen Befugnissen für den inneren bayrischen Verkehr ausgestaltet wird. Die Aufhebung der Abteilung unterliegt der vorherigen Verständigung zwischen den vertragschließenden Regierungen. 2. Nach Ziff. a 3, 4 u. 5 des Schlußprotokolls zu § 24 des Staatsvertrages über den Übergang der Staatseisenbahnen auf das Reich (Reichsgesetz vom 30. April 1920, RGBl. S. 773) ist die Verlegung des jedem früheren Eisenbahnlande garantierten dauernden Sitzes einer höheren, direkt dem Reichsverkehrsministerium unterstellten Eisenbahnbehörde außer Landes nur mit Zustimmung des betreffenden Landes möglich. Für Bayern ist sogar die Verlegung aus München von der Zustimmung Bayerns abhängig.

[21]) Vgl. hierzu meinen Aufsatz „Das evangelische Konkordat" im ArchÖffR. N. F. 13, 393—395 (1927).

Reichsgesetzgeber durch Vertrag selbst gebunden, so daß er die Abänderung oder Aufhebung nicht willkürlich einseitig vornehmen darf. Dabei ist zugleich zu betonen, daß diese Rechtsform, die zunächst eigenartig und wenig klar erscheint, als durchaus verfassungsmäßig bezeichnet werden muß. Die Reichsverfassung selbst sieht in den Artikeln 170 und 171 derartige Verträge vor, beschränkt also das Reich hinsichtlich seiner ihm an sich zustehenden unbeschränkten Gesetzgebungsbefugnis. Man kann somit das unter der alten Reichsverfassung geprägte Wort von den „vertragsmäßigen Grundlagen der Reichsverfassung" gerade umkehren und von „verfassungsmäßigen Grundlagen der Staatsverträge" sprechen.

Wie weit geht nun die Bindung des Reichsgesetzgebers an diese Verträge und damit die Rücksichtnahme auf etwaige darin festgestellte Sonderrechte? Man wird, wenn man überhaupt eine Bindung annehmen will, die viele rundweg leugnen[22]), nur sagen können, daß sie so weit geht wie andere vertragliche Bindungen, deren Durchführung nicht erzwingbar ist, die aber andererseits doch ihre Wirkung im Rechtsleben zeitigen, z. B. die völkerrechtlichen Verträge. Man wird den Staatsverträgen zwischen Reich und Ländern, die nach heutigem Rechte keine völkerrechtlichen Verträge sind, irgendeine besondere Rechtsfolge zuschreiben müssen. Denn wozu wäre sonst die Vertragsform überhaupt gewählt worden, wenn einfache Gesetzform dasselbe bedeuten würde? Die Rechtsfolge kann aber nur die sein, daß einerseits der Satz „Pacta sunt servanda" nach Treu und Glauben beide Teile bindet, daß aber andererseits das Reich wegen veränderter Verhältnisse einseitig, nicht in der Form der „Kündigung" des Vertrages, sondern in der Form der Gesetzgebung jederzeit in der Lage ist, eine Änderung herbeizuführen. Das Reich ist hier der freiwillig sich selbst in Rechtsformen beschränkende Rechtsstaat, der sich aber doch letzten Endes Handlungsfreiheit vorbehalten hat und, wenn er nicht auf Souveränität und Kompetenz-Kompetenz verzichten will, auch vorbehalten muß. Es darf eben nie vergessen werden, daß das Reich Herr über die Existenz der Länder ist, folglich also auch über ihre Sonderrechte Herr sein muß.

Und doch ist bei diesen neuen Sonderrechten auf vertraglicher Grundlage die Rechtslage von der bei den Reservatrechten der alten Reichsverfassung keine allzu verschiedene, wenn man ihre letzten Auswirkungen berücksichtigt. Auch die früheren Reservatrechte waren trotz der Klausel des Art. 78 II der alten Reichsverfassung nicht vollkommen gesichert. Schon damals wurde das Recht des Reiches, über die Existenz eines Bundesstaates zu verfügen, insbesondere bei Abschluß eines Friedensvertrages, wenn es also um die Existenz des Reiches selbst ging, vielfach anerkannt[23]). Es fehlte auch nicht an Stimmen, die ein Hinweggehen über die Sonderrechte der Einzelstaaten, nötigenfalls auch gegen deren Willen, im Interesse des Reichsganzen zwar als Rechtsbruch, aber als einen durch die Verhältnisse gerechtfertigten Rechtsbruch ansahen[24]).

In einer Beziehung sind sogar die neuen vertraglichen Sonderrechte mehr ge-

---

22) Vgl. z. B. Triepel, Föderalismus und Revision der Weimarer Reichsverfassung, ZPolit. 1925 S. 213/214.

23) Vgl. Lukas, Die organisatorischen Grundlagen der neuen Reichsverfassung, S. 8 (1920) und die dort angeführte Literatur.

24) So sieht Laband schon im Jahre 1874 den Fall vor, daß die „Wohlfahrt des deutschen Volkes" es gebieterisch verlangt, über Sonderrechte einzelner Staaten auch gegen deren Willen hinwegzugehen. (Vgl. Laband, Der Begriff der Sonderrechte nach deutschem Reichsrechte, in Annalen des Deutschen Reiches 1874 S. 1516.) Ebenso sagt Triepel, Unitarismus und Föderalismus, S. 79 (1907) gewiß nicht leichtfertig: „Die Verhältnisse im deutschen Eisenbahnwesen schreien geradezu nach einer Vereinheitlichung . . . Und sie wird sich durchsetzen, ungeachtet aller partikularistischen Ängste, selbst wenn dabei einige sorgfältig gehütete Reservatrechte in die Brüche gehen müßten!"

schützt als die alten Reservatrechte. Früher war das Reich in diesen Fragen Richter in eigener Sache. Besonders war bei der Vorfrage, ob es sich im Einzelfall um ein dem Schutze des Art. 78 II der alten Reichsverfassung unterstehendes Sonderrecht handelte, der berechtigte Staat der Majorisierung im Bundesrat ausgesetzt[25]). Heute dagegen haben die Länder die Möglichkeit, im Wege des Art. 19 RV. die Frage vor ein unparteiisches Gericht, den Staatsgerichtshof, zu bringen. Also im Grunde ist die Lage nicht viel anders geworden. Das souveräne Reich hat formell die Macht, über Reservatrechte hinwegzugehen, es ist jedoch materiell-rechtlich gebunden, diese Macht nicht willkürlich auszuüben. So betrachtet, kann man die vertragsmäßig geschützten Sonderrechte des neuen Staatsrechtes vielleicht nicht gerade als Reservatrechte bezeichnen, aber immerhin doch als Sonderrechte, die eine Sicherung genießen, welche derjenigen der früheren Reservatrechte in ihren materiellen Wirkungen ähnlich ist. Allein die formelle Beseitigung der Sonderrechte durch den Reichsgesetzgeber ist erleichtert.

Dagegen ist für Sonderrechte, die nur auf Reichsgesetz beruhen, selbst dann, wenn dem Reichsgesetz eine besondere Vereinbarung zwischen Reich und Land vorausgegangen ist, ein erhöhter, neben dem Gesetz einhergehender vertraglicher Schutz nicht zubilligen. Derartige Vereinbarungen mögen als Material für das Gesetz und seine Auslegung große Bedeutung haben, sie mögen insbesondere auch den Sonderrechtscharakter der betreffenden gesetzlichen Bestimmung unterstreichen, aber sie sind nicht in der Lage, den Reichsgesetzgeber zu binden, weder formell noch materiell. Denn es fehlt im Gesetze selbst der Hinweis auf die vertragliche Bindung des Reiches, der für die in Gesetzesform veröffentlichten Staatsverträge (man könnte ebensogut sagen: „die in Vertragsform verkündeten Reichsgesetze") von ausschlaggebender Bedeutung war. In diesem Falle sind die Verträge nicht Gesetz geworden. Vielmehr sind die Verträge durch das Gesetz konsumiert. Sie sind nicht in das Gesetz aufgenommen, sondern das Gesetz ist an ihre Stelle getreten. Etwaige Sonderrechte in ihnen sind daher auch nicht durch einen besonderen vertragsmäßigen Schutz garantiert.

Gerade Sonderrechte dieser Art, die auf Grund vorangegangener Vereinbarung zwischen Reich und Land in einem Reichsgesetz Aufnahme gefunden haben, sind verhältnismäßig häufig anzutreffen. Denn sie sind das typische Produkt der heutigen Kräfteverteilung zwischen Reich und Ländern. Das Reich ist trotz des bedeutenden Zuwachses an formaler Rechtsmacht, die ihm die Weimarer Verfassung gebracht hat, politisch nicht in der Lage, den größeren Ländern einfach zu diktieren. Andererseits sind jene trotz aller Schwächung ihrer Rechtsstellung noch immer politische Machtfaktoren, die gelegentlich dem Reich auch einmal fordernd, nicht nur hinnehmend gegenübertreten können. Diese Situation zieht sich wie ein roter Faden durch unser Staatsrecht seit dem Jahre 1919. Schon die Nationalversammlung und die damalige Reichsregierung standen auf dem Standpunkte, daß sie das Verfassungsrecht an sich den Ländern diktieren könne. Sie zog es aber trotzdem vor, den Weg der Verhandlung mit ihnen zu beschreiten[26]). Auf diese Weise kam bereits die Weimarer Verfassung in vielen Teilen auf Grund von Vereinbarungen mit den Ländern zustande, die allerdings im Gesetze selbst nicht zum Ausdrucke gekommen sind. Und ebenso sind spätere Reichsgesetze Ergebnis solcher Verhandlungen, die oft nicht nur hinter den Kulissen von Regierung zu Regierung gepflogen worden sind, sondern vielfach als hochpolitische Fragen die Allgemeinheit erregt haben. Das,

[25]) So die herrschende Meinung. Vgl. die bei Dambitsch, Die Verfassung des Deutschen Reiches S. 235 (1910) angegebene Literatur.

[26]) Vgl. Die Äußerungen von Preuß im Verfassungsausschuß, Protokolle S. 30/31.

was dabei herauskommt, ist immer ein Kompromiß, und der Preis, den das Reich dafür bezahlt, daß es seine Gesetzgebungskompetenz ausüben darf, ist häufig ein Sonderrecht. So sind z. B. die Reichsgesetze vom 27. März 1919 (RGBl. S. 345) und vom 24. Juni 1919 (RGBl. S. 599), durch welche der Eintritt Württembergs, Bayerns und Badens in die Biersteuergemeinschaft erfolgte, auf Grund vorangegangener Verständigung mit den Ländern erlassen worden, wobei Sonderrechte finanzieller Natur für jene heraussprangen (jeweils § 3 der Gesetze[27]). Ebenso ist in § 12 II, § 14 I des Wehrgesetzes vom 31. März 1921 ein auf Vereinbarungen mit Bayern beruhendes Sonderrecht zu erblicken. Danach ist der Landeskommandant in Bayern zugleich Befehlshaber eines besonderen bayerischen Verbandes der Reichswehr. Ausnahmen sind nur im Einvernehmen mit der bayerischen Regierung zulässig[28]). Aber alle diese Rechte können, daran kann nicht gezweifelt werden, im Wege der Änderung des Gesetzes selbst jederzeit wieder beseitigt werden. Die Vereinbarungen binden das Reich höchstens politisch-moralisch, niemals rechtlich[29]).

Doch auch unter diesen, durch Reichsgesetz jederzeit abänderbaren oder auch gänzlich vernichtbaren Sonderrechten sind zwei Gruppen zu unterscheiden, von denen die eine sich eines größeren Schutzes erfreut als die andere. Es gibt Sonderrechte, die nur durch verfassungsänderndes Reichsgesetz zu beseitigen sind, und wiederum Sonderrechte, deren Abänderung bzw. Vernichtung bereits ein einfaches Reichsgesetz bewirken kann.

Verfassungsmäßig besonders geschützte Sonderrechte sind vor allem diejenigen, welche in die Verfassung selbst aufgenommen worden sind. Es sind das die Rechte Hamburgs und Bremens auf Freihäfen. Sie können nur durch verfassungsänderndes Gesetz aufgehoben werden (Art. 82 IV II RV.). Man kann allerdings darüber streiten, ob diese Freihäfen heute noch ein Sonderrecht darstellen oder nur noch eine Sonderstellung Hamburgs und Bremens bedeuten. Nicht mit Unrecht weist Ficker darauf hin, daß sie im Grunde ihrer wirtschaftlichen Bedeutung nach kaum als Sonderrechte empfunden werden, sondern im gesamtdeutschen Interesse liegen[30]). Aber diese wirtschaftliche Bedeutung kann auf die rechtliche Konstruktion keinen Einfluß haben. Sie sind die einzigen alten Reservatrechte, die glatt, allerdings ohne Reservatklausel, in die neue Reichsverfassung hinübergenommen sind. So darf man bei ihnen vielleicht als einzigen Sonderrechten auf die alte Reichverfassung zurückgehen. Sie sind, eben weil sie im gesamtdeutschen Interesse lagen, durch die Revolution nicht berührt worden. Außerdem werden sie, wie die Rechtsentwicklung nach dem

[27]) Diese Sonderrechte sind echte Sonderrechte, obwohl sie finanzieller Natur sind. Denn sie bedeuten nicht die Entschädigung für eine Vermögensübertragung der Länder auf das Reich. Vielmehr ist seitens der Länder auf ein Hoheitsrecht verzichtet worden, wogegen ihnen eine besondere Rechtsstellung eingeräumt wurde, aus welcher der Anspruch gegen das Reich auf prozentuale Beteiligung an den Reineinnahmen der Biersteuer entspringt. Die Gesetze sind übrigens durch Ges. v. 9. Juli 1923 (RGBl. I S. 563), Ges. v. 10. Aug. 1925 (RGBl. I S. 245) und Ges. vom 9. April 1927 (RGBl. I S. 94) geändert worden. Die Rechtsgültigkeit dieser Abänderungen ist allerdings sehr zweifelhaft. Vgl. hierzu die Ausführungen von Loewenstein, Die Rechtsgültigkeit der gesetzlichen Neuregelung der Biersteuerentschädigung, ArchÖffR. N. F. 13, 234ff. und unten S. 46.

[28]) Vgl. die bei Triepel, Quellensammlung zum Reichsstaatsrecht, 4. Aufl. 1926 S. 36, abgedruckte „Weimarer Vereinbarung über die Organisation der deutschen Wehrmacht". Auch andere, im II. Abschnitte des Wehrgesetzes getroffene Bestimmungen außer § 12 II und § 14 I als Sonderrechte zu bezeichnen, wie es hin und wieder geschieht, erscheint nicht angängig. Sie kommen zwar tatsächlich nur den größeren Ländern zugute, sind aber formell so gefaßt, daß jedes Land sich darauf berufen kann.

[29]) Ebenso Walter Jellinek, Revolution und Reichsverfassung, Jahrbuch des öffentlichen Rechtes 9, 71 (1920).

[30]) Ficker, Vertragliche Beziehungen zwischen Gesamtstaat und Einzelstaat im Deutschen Reiche S. 160/161 (1926).

Inkrafttreten der Verfassung zeigt, noch stark als Sonderrechte empfunden, so daß sogar in einigen Gesetzen, z. B. in § 9 des Opiumgesetzes, Bestimmungen entstanden sind, die einer Reservatklausel sehr nahe kommen[31]). Selbstverständlich können diese Reservatklauseln spezieller Art nicht verhindern, daß das ganze Sonderrecht durch verfassungsänderndes Gesetz aufgehoben wird.

Neben diesen in der Verfassung festgelegten und durch verfassungsänderndes Gesetz aufhebbaren Sonderrechten kennt unser geltendes Staatsrecht aber auch noch Sonderrechte, die, ohne aus der Verfassung selbst hervorzugehen, zur Aufhebung oder Abänderung eines verfassungsändernden Gesetzes bedürfen. So schreiben § 6 des Gesetzes vom 27. März 1919 über den Eintritt des Freistaates Württemberg in die Biersteuergemeinschaft (RGBl. S. 345) und § 8 des Gesetzes vom 24. Juni 1919 über den Eintritt der Freistaaten Bayern und Baden in die Biersteuergemeinschaft (RGBl. S. 599) im Wortlaut übereinstimmend vor: „Änderungen dieses Gesetzes können nur unter den Voraussetzungen erfolgen, die nach der Reichsverfassung für Verfassungsänderungen vorgesehen sind."

Dabei ist interessant, daß die spätere staatsrechtliche Praxis bei Abänderung der genannten Gesetze nicht nach dieser Vorschrift gehandelt hat, vielmehr Abänderungen durch einfaches Reichsgesetz vornahm, und daß doch gerade dadurch der Sonderrechtscharakter der prozentualen Beteiligung der süddeutschen Länder an den Reineinnahmen aus der Biersteuer besonders hervorgehoben ist. Man betrachtete nämlich die §§ 6 bzw. 8 der Gesetze als reine Schutzklauseln zugunsten der unmittelbar beteiligten Länder und trug deswegen keine Bedenken, Änderungen der Gesetze, die durch Gesetz vom 9. Juli 1923 (RGBl. I S. 563), vom 10. August 1925 (RGBl. IV S. 245) und vom 9. April 1927 (RGBl. I S. 94) erfolgten, in den Formen der einfachen Reichsgesetzgebung vorzunehmen, nachdem die unmittelbar beteiligten Länder Bayern, Württemberg und Baden dieser Form der Gesetzesänderung ausdrücklich zugestimmt hatten. Die preußische Regierung dagegen widersprach dieser Art und Weise der Behandlung und berief sich bei der Beratung des Gesetzes vom 9. April 1927 im Reichstage darauf, daß die §§ 6 und 8 der Gesetze nicht nur den Schutz der süddeutschen Länder bezweckten, sondern ebenso auch den Schutz der anderen nicht unmittelbar beteiligten Länder gegen eine willkürliche Heraufsetzung der Anteile Bayerns, Württembergs und Badens, die sich in der gesamten Finanzlage des Reiches zuungunsten der nicht bevorrechtigten Länder, wie z. B. Preußens, auswirken müsse[32]).

Für die Sonderrechtsfrage ist es an sich gleichgültig, welche Stellungnahme man in dieser Kontroverse einnimmt. Denn selbst wenn man sich auf den Standpunkt stellt, daß trotz der Zustimmung der süddeutschen Länder bei den Abänderungsgesetzen die Formen der Verfassungsänderung nicht zu entbehren waren, so sagt man damit nur so viel, daß neben den zweifellos bestehenden Sonderrechten Bayerns, Württembergs und Badens aus ihrer ihnen durch das Gesetz eingeräumten besonderen Rechtsstellung auch noch für die anderen deut-

---

[31]) § 9 des Opiumgesetzes in der Fassung des Gesetzes vom 21. März 1924 (RGBl. I S. 290) lautet: „Die zur Ausführung dieses Gesetzes erforderlichen Bestimmungen erläßt die Reichsregierung mit Zustimmung des Reichsrates, soweit es sich um den Verkehr in den Zollausschüssen und Freibezirken handelt, mit Zustimmung der zuständigen Landesregierung". Vgl. hierzu Ficker a. a. O. S. 161 Anm. 1 und die dort zitierten weiteren Gesetzesstellen: Verordnung vom 1. März 1924 (RGBl. II S. 93) und § 1 des Gesetzes über die Änderung des Gebietes der Zollausschlüsse in Seehäfen vom 27. Jan. 1925 (RGBl. I S. 9).

[32]) Sten. Berichte des Reichstages, 304. Sitzung vom 2. April 1927, S. 10359 D f. Vgl. zu der gesamten obigen Darstellung Karl Loewenstein, Die Rechtsgültigkeit der gesetzlichen Neuregelung der Biersteuerentschädigung, im ArchÖffR. N. F. 13, 234 ff., hier besonders S. 239/240.

schen Länder Ansprüche auf Wahrung der verfassungsändernden Formen entspringen. Dadurch wird aber die Tatsache, daß auf Grund der Reichsgesetze vom 17. März 1919 und vom 24. Juni 1919 den süddeutschen Ländern Sonderrechte eingeräumt sind, welche sich des besonderen Schutzes der verfassungsändernden Form bei ihrer Abänderung oder Aufhebung erfreuen, in keiner Weise berührt. Die bisherige staatsrechtliche Praxis weist sogar darauf hin, daß man bis jetzt wenigstens[33]) die §§ 6 bzw. 8 der Gesetze nur als Schutzklauseln für die Sonderrechte auffaßte.

Immerhin bedeuten aber die verfassungsmäßig geschützten Sonderrechte einzelner Länder eine Ausnahme. Es ist ja klar, daß die Zentralgewalt des Reiches, die sich sowieso die Sonderrechte von den Ländern immer erst abringen läßt, nach Möglichkeit vermeidet, diese Sonderrechte noch besonders durch erschwerte Form der Abänderung zu befestigen. Deswegen findet sich auch die Mehrzahl der Sonderrechte in einfachen Reichsgesetzen, wie z. B. im Wehrgesetze vom 23. März 1921 (besonderer bayerischer Verband der Reichswehr §§ 12, 14), oder dem Gesetze vom 10. Jan. 1922 über das Verfahren in Versorgungssachen (besonderes bayerisches Landesversorgungsgericht neben dem Reichsversorgungsgericht § 154[34]).

Es ist nunmehr im Anschluß an die Betrachtung der auf Gesetz beruhenden Sonderrechte noch die Frage aufzuwerfen, ob nicht auch Sonderrechte auf anderer Rechtsgrundlage als der des Gesetzes entstehen können. Diese Möglichkeit ist, da ja die Verfassung selbst, wie oben festgestellt, weder absolute noch noch relative Gleichheit der Länder fordert, ohne weiteres gegeben. Es steht z. B. nichts im Wege, daß auch durch eine Verordnung, die ihrerseits selbstverständlich wiederum auf ordnungsmäßiger gesetzlicher Delegation beruhen muß, ein Sonderrecht geschaffen werden kann. Nur darf dabei selbstverständlich nicht jede Sonderstellung eines Landes als Sonderrecht gewertet werden, soweit nicht aus der Sonderstellung ein eigener Anspruch des Landes auf rechtliche Sonderbehandlung entspringt. So wäre z. B. durch eine Verordnung des Reichspräsidenten gemäß Art. 48 RV., die das bayerische Gebiet ausnimmt und die Regelung der Angelegenheit in Bayern auf Grund des Art. 48 IV der bayerischen Landesregierung überläßt, noch kein Sonderrecht, sondern nur eine Sonderstellung Bayerns geschaffen[35]). Immerhin ist durchaus denkbar, und auch politisch keineswegs unmöglich, daß Ausführungsbestimmungen zu einem Gesetz in Verordnungsform wirkliche Sonderrechte einzelner Länder bringen, indem sie z. B. die Aufhebung der diesbezüglichen Bestimmungen der Verordnung von der Zustimmung des betreffenden Landes abhängig machen. Selbstverständlich wird aber auch dann die Abänderung oder Aufhebung der Sonderrechte durch den dem delegierten Verordnungsgeber übergeordneten Reichsgesetzgeber jederzeit ohne weiteres möglich sein.

Gibt es nun aber auch Sonderrechte einzelner Länder, die weder auf Gesetz noch auf Verordnung beruhen, sondern lediglich in der Form des Vertrages oder,

---

[33]) Anfang des Jahres 1928.

[34]) Mannigfach geändert. Vgl. Triepel, Quellensammlung zum deutschen Reichsstaatsrecht, 4. Aufl. S. 175 Anm. 1 (1926).

[35]) Dieser Fall ist noch nicht praktisch geworden. Bei der Krise zwischen dem Reich und Bayern im Jahre 1921, die zum Rücktritte des Ministerpräsidenten von Kahr führte, war die Lage zwar ähnlich, wurde jedoch auf andere Weise gelöst. Der Reichspräsident mußte seine ursprünglichen Verordnungen vom 29. und 30. Aug. 1921 zurücknehmen und durch eine mit Bayern vereinbarte Verordnung vom 28. Sept. 1921 ersetzen. (Vgl. Beyerle, Föderalistische Reichspolitik S. 58/59 [1924].) Rein theoretisch wäre damals auch die andere Lösung in der Form der Zurücknahme der beiden ersten Verordnungen für das bayerische Gebiet möglich gewesen. Sie hätte jedoch die Schlappe der Reichsregierung noch offenkundiger gemacht und wurde daher aus politischen Gründen vermieden.

vorsichtiger gesagt, der Vereinbarung zwischen dem Reich und einem Lande geschaffen worden sind? Diese Frage muß verneint werden. Es ist zwar praktisch vorgekommen, daß sonderrechtsähnliche Rechtserscheinungen aus solchen Vereinbarungen erwachsen sind. So brachte die Berliner Vereinbarung zwischen dem Reich und Bayern vom 21. Aug. 1922, die den Konflikt, der anläßlich der Republikschutzgesetzgebung mit Bayern entstanden war, endgültig beilegte, das rein vereinbarungsmäßige Zugeständnis des Reiches, daß ein süddeutscher Senat beim Staatsgerichtshofe zum Schutze der Republik eingerichtet werde, den man mit Recht eigentlich als einen bayerischen Senat bezeichnet hat[36]). Vor allem ist in diesem Zusammenhang auch das Homburger Abkommen zwischen dem Reiche und Bayern vom 18. Febr. 1924 zu nennen, das man spöttisch sogar den „Homburger Frieden" genannt hat. Hier machte das Reich wichtige Zugeständnisse an Bayern hinsichtlich der Abberufung des bayerischen Landeskommandanten und der Verwendung bayerischer Truppen außerhalb Bayerns[37]). Aber von einer Rechtswirkung dieser Vereinbarungen kann wohl nicht gesprochen werden. Denn wen sollten sie binden? Das Reich selbst wohl kaum, da dieses doch bei Materien, die seiner Gesetzgebung unterliegen, nicht durch Erklärung von Regierung zu Regierung gebunden werden kann. Es kann sich also höchstens um eine Ermessensbeschränkung für Reichsbehörden handeln[38]). Jedoch diese Ermessensbeschränkung kann allein politisch-moralische Wirkungen zeitigen, weil sie einer rechtlich wirksamen Form entbehrt. „An die verfassungsmäßigen Rechte der Reichsgewalt kann niemals durch Vertrag, sondern nur durch Verfassungsänderung gerührt, und reichsgesetzliche Bestimmungen, wie etwa die des Wehrgesetzes, können nur durch Reichsgesetz beseitigt oder abgeändert werden[39])." Es ist also von vornherein abzulehnen, daß aus Vereinbarungen zwischen Reich und Land, die als bloße Vereinbarungen stehenbleiben und weder in Gesetzesform gegossen werden, noch den Anlaß zu einer auf sie Rücksicht nehmenden Gesetzgebung bilden, Sonderrechte entstehen können. Denn eine Vereinbarung, die selbst nicht Rechtscharakter trägt, kann nicht die Quelle von Rechten sein.

Hier ist allerdings eine Einschränkung zu machen, die eigentlich selbstverständlich ist. Wenn auch derartige Vereinbarungen nie Recht sind, so können sie doch Recht werden, wenn nämlich aus ihnen ein Satz des Gewohnheitsrechtes wird. Das ist natürlich möglich und kann durch keine Verfassung verhindert werden. Sind sie aber erst wirkliche Rechtssätze geworden, dann lassen sich auch auf sie Sonderrechte gründen. Bei der Jugend unseres staatsrechtlichen Systems wird sich allerdings kaum heute schon ein so entstandenes Sonderrecht aufweisen lassen.

Faßt man die so gewonnenen Ergebnisse nochmals kurz zusammen, so ergibt sich für die im neuen Reichsstaatsrecht vorhandenen bzw. möglichen Sonderrechte folgendes System:

---

36) Vgl. Beyerle, Föderalistische Reichspolitik S. 84 (1924). Vgl. auch die eingehende Darstellung bei Kern, Der gesetzliche Richter S. 313/314 (1927).

37) Vgl. Triepel, Föderalismus und Revision der Weimarer Reichsverfassung, ZPolit. 1925 S. 213/214.

38) Als solche faßt Ficker a. a. O. S. 184/185 das Homburger Abkommen auf.

39) Triepel a. a. O. S. 214. Anderer Ansicht ist Ficker a. a. O. S. 184/185, welcher der Homburger Vereinbarung, „soweit sie das freie Ermessen der Reichsbehörden im Rahmen des Wehrgesetzes einschränkt", auch rechtliche Bindung zuerkennen will. Dem ist jedoch entgegenzuhalten, daß jede Vereinbarung, die im Wehrgesetz geregelte Materien behandelt, über den Rahmen des Wehrgesetzes hinausgehen muß. Denn sie sucht neben das Wehrgesetz, das ihr nicht genügt, eine weitere Regelung zu setzen. Folglich ändert sie, wenn man ihr Rechtscharakter zuerkennt, Reichsrecht ab, und zwar auf einem von der Verfassung nicht anerkannten Wege. Es ist also Triepel hier unbedingt zuzustimmen.

I. Sonderrechte, die auf Vertrag und Gesetz beruhen; sie sind in ihrer Wirkung den früheren Reservatrechten sehr ähnlich.

II. Sonderrechte, die auf Gesetz beruhen,
  1. mit Verfassungskraft,
    a) auf Grund der Reichsverfassung selbst,
    b) auf Grund einer besonderen Klausel, die ihre Aufhebung oder Abänderung von einem in den Formen der Verfassungsänderung ergehenden Gesetz abhängig machen,
  2. Sonderrechte, die auf einfachem Reichsrechte beruhen.

III. Sonderrechte, die auf Verordnung beruhen.

IV. Sonderrechte, die auf Gewohnheitsrecht beruhen.

Dagegen ist die reine Vereinbarung zwischen Reich und Land nicht geeignet, unmittelbar Sonderrechte zu erzeugen.

Auf diese Weise kommt eine Untersuchung der Sonderrechte im neuen Reichsstaatsrechte zu dem überraschenden Ergebnisse, daß sie eigentlich viel häufiger und mannigfaltiger sind, als das früher der Fall war. Es muß zunächst tatsächlich eigenartig erscheinen, daß im neuen Reiche, dem manche heute schon den Charakter eines Einheitsstaates zusprechen wollen, diese „föderalistischen" Rechte so zahlreich auftauchen. Aber es ist im Grunde ganz natürlich. Denn Sonderrechte sind zwar Zeichen des Föderalismus, aber nicht eines vorwärtsstrebenden, sondern eines zurückweichenden, in der Defensive befindlichen Föderalismus. Sie treten immer dann auf, wenn die Zentralgewalt eine neue Materie in Gesetzgebung oder Verwaltung an sich zieht und dabei nicht gleich restlos die Zentralisierung durchführen kann, weil ein Land oder mehrere Länder stark genug sind, einige Kompetenzen für sich zu retten. Wenn die Flut des Unitarismus steigt, pflegen zunächst die Sonderrechte als Inseln der Flut eine Zeitlang zu trotzen und die Stelle zu bezeichnen, wo ehemals ein zusammenhängendes Gebiet föderalistisch war. So betrachtet, sind sie keine Ausnahmeerscheinungen, sondern geradezu typisch für das Staatsrecht der Weimarer Verfassung, das man als ein System des aggressiven Unitarismus bezeichnen kann.

Abgeschlossen: 1. März 1928.

Das Küstenmeer im Völkerrecht der Gegenwart und Zukunft

von Professor Dr. Karl Strupp, Frankfurt a. M., Associé de l'Institut de Droit International, Membre de l'Academie Diplomatique Internationale, Membre de l'Union Juridique Internationale, Korr. Mitglied des amerikanischen Völkerrechtsinstituts.

I.

Die Vollversammlung des Völkerbundes hat am 27. Sept. 1927 einstimmig beschlossen, aus der Zahl der von dem sog. Expertencomité[1]) nach einer Rundfrage bei den Völkerbundsmitgliedern als kodifikationsreif bezeichneten Materien neben Staatsangehörigkeit und völkerrechtlichem Delikt das Küstengewässerproblem der Prüfung durch eine — möglichst 1929 — nach dem Haag einzuberufende „première conference de codification" unterziehen zu lassen[2]). Von besonderer Bedeutung ist es, daß zwei weitere Beschlüsse lauten:

> „(5c) de confier an Conseil le soin de nommer, aussi promptement que faire se pourra, un Comité préparatoire composé de cinq personnes réunissant des connaissances étendues sur la pratique internationale, les précédents judiciaires et les données scientifiques[3]) des questions rentrant dans le programme de la première Conférence de codification et chargé de préparer sur chacune de ces questions, suivant les précisions fournies, dans le rapport de la première commission, un rapport accompagné de l'indication de bases de discussion assez détaillées."

Über den „esprit de codification" bestimmte weiter Nr. 6d):

> „. . . ne se bornera pas à la simple constatation des régles existantes, mais visera à les adapter, dans la mesure du possible, aux conditions actuelles de la vie internationale."

Der Beschluß, der die Küstengewässer als kodifikationsreif bezeichnet hat, setzt sich in — wohl nicht zum Bewußtsein gekommenen, jedenfalls aber nicht beabsichtigten — Gegensatz zu den Beschlüssen des amerikanischen sog. Juristenkomitees, das, von den 21 amerikanischen Republiken schon 1906 eingesetzt, im April und Mai 1927 dreißig von dem amerikanischen Völkerrechtsinstitut ausgearbeitete und ihm vorgelegte Kodifikationsentwürfe durchgeprüft und gerade die die Küstengewässer mit behandelnden Entwürfe 10 (domaine national) und 12 (juridiction) gestrichen hatte[4]) [5]). Das besagt wohl, daß diese Materie auch nicht Gegenstand der unter anderem mit der Abfassung eines für die amerikanischen Staaten gültigen Konventionskomplexes betrauten, zur

---

[1]) Dieses comité d'experts pour la codification progressive du droit international war 1924 eingesetzt worden. Über seine Tätigkeit siehe Strupp, Kodifikation des Völkerrechts in ZÖffR. 7, 153ff. (1928).

[2]) A 133. 1927 V. 26. Dazu noch C 548. M 196. 1927. V. 28.

[3]) Hier unterstrichen.

[4]) Vgl. dazu Revue de droit international von Lapradelle-Politis 1, 586ff. (1927); Quintana, El sistema internacional americano, 1927 S. 238ff.; Strupp, Kodifikation a. a. O.

[5]) In diesem Zusammenhange gewinnt es höchstes Interesse, daß der amerikanische Staatssekretär Jefferson schon im Jahre 1793 in einer Note erklärt hat: „The President of the United States thinking that, before it shall be finally decided to what distance from our seashores the territorial protection of the US. shall be exercised, it will be proper to enter into friendly conferences and explanations with the powers chiefly interested in the navigation of the seas on our coasts . . ."

Zeit (Jan. 1928) in Habana tagenden VI. panamerikanischen (Staaten-) Konferenz bilden wird[5a]). Und doch ist diese Materie kodifikationsbedürftig und kodifikationsreif wie keine andere.

Sie ist kodifikationsbedürftig, weil trotz der besonderen Wichtigkeit der in Frage kommenden Materie auf wenig Gebieten — von Zweiparteien- und einigen wenigen Mehrparteienverträgen abgesehen — ein solches völkerrechtliches Vakuum und ein solches landesrechtliches Chaos festgestellt werden muß, aber kodifikationsreif, weil — nur ein scheinbarer Widerspruch! — auch nirgendwo die Praxis wie die Theorie, insbesondere gelehrte Gesellschaften, so vorgearbeitet haben wie bei den Problemen, die hier in Frage stehen. Greifbar hängen hier die Lösungen für diese Staatenkonferenz in der Luft (s. sub. VI).

II.

Wenn im vorstehenden von einem völkerrechtlichen Vakuum und einem landesrechtlichen Chaos gesprochen wurde, so gilt das zunächst schon für den Begriff Küstengewässer.

a) Zwar steht es fest, daß kraft einer von der opinio juris gentium erfüllten Gewohnheit die Staaten gewisse, noch näher zu betrachtende Rechte in einem vor ihrer Küste befindlichen, von der Niedrigstwassergrenze bei Ebbe aus zu berechnenden Meeresstreifen ausüben. Aber hier hört die Einigkeit auch auf. Zwei Haupttheorien sind es, die sich vor allem aus dem Vielerlei der Meinungen herauskristallisieren lassen: die eine, die das Küstenmeer von der Herrschaft des Uferstaates in toto mit erfaßt wissen will, derart, daß gewisse, auch von den Anhängern dieser Meinung — man darf sie unbedingt als die heute herrschende bezeichnen — nicht hinwegzuleugnende Einschränkungen der angeblichen Gebietshoheit in den Küstengewässern als Ausnahmen erscheinen (ich nenne diese Lehre „Hoheitstheorie"), eine andere, die umgekehrt von der Unteilbarkeit und der Einheit des Meeres ausgeht und aus ihr die prinzipielle, nur durch besonders herausgebildete Ausnahmen durchbrochene Freiheit auch des Küstenmeeres behauptet (ich nenne diese, u. a. von Bar, Bonfils, Bluntschli, Fauchille, Stoerk, Raestad, de Lapradelle, Twiss, mir vertretene Lehre „Freiheitstheorie"[6]). Zum erstenmal ist der Gegensatz beider wohl in aller Schärfe, nachdem er vorher nur in Lehrbüchern in die Erscheinung getreten war, im Jahre 1892 in den Verhandlungen des Institut de droit international bei der Diskussion über einen Bericht einer besonderen Kommission zum Austrage gekommen. Ihr war die klare Frage zur Beantwortung gestellt gewesen: „Quelle est la nature du droit de l'etat riverain? Est-ce un droit analogue à celui qui existe sur le territoire? Est-ce un droit sui generis?" Konnte der englische Völkerrechtslehrer Holland später[7]) erklären, es habe in der Kommission eine grande dissidence geherrscht, so zeichnet sich diese in den Plenarverhandlungen mit nicht geringerer Deutlichkeit ab[8]). Nachdem die Anhänger beider Lehren zu Worte gekommen, fand nicht der Antrag des Berichterstatters Barclay „L'etat est souverain sur une zone de la mer qui baigne la côte. Cette zone porte le nom de mer territoriale" Annahme,

---

[5]a) (bei Korrektur 21. VI. 28 eingefügt: siehe nunmehr die Verhandlungen in Diario de la VI Conferencia Internacional Americana, 16. I.—18. II. 1928, 550 Seiten, Imprenta Ramblo, Bouza y Co., Habana; Alvarez, La VIe reférence panaméricaine, 1928.)

[6]) Vgl. dazu und überhaupt: Jessup, The law of territorial waters and maritime jurisdiction, 1927 S. 117ff.; Strupp, Elements du droit international public universel, européen et américain, 1927 S. 107ff. (mit weiterer Literatur).

[7]) Vgl. Annuaire de l'Institut 12, 153.

[8]) Vgl. Annuaire 13.

sondern — mit 25 gegen 8 Stimmen — ein Amendement Lyon-Caens (dem der Berichterstatter entgegengetreten war), und das die milde Fassung hatte: „L'etat a un droit de souveraineté". Dafür hatte der Antragsteller die charakteristische Begründung gegeben: „Qu'il ne faut pas qualifier d'une manière trop absolue le droit reconnu à l'etat riverain sur la mer territoriale" — damit die Kompromißnatur, also auch die darin liegende gewollte Unschärfe der Formulierung selber zugestanden, mochte auch ein gewisses Bekenntnis zur Hoheitstheorie herausgelesen werden können. Zeigt dieses Beispiel[10]) — mehr soll mit der Schilderung an dieser Stelle nicht bezweckt werden — wie von der wohl berufensten wissenschaftlichen, mit der Pflege und Fortbildung des Völkerrechts befaßten Stelle in dieser Frage nur eine Scheinlösung getroffen wurde, die den Streit der Meinungen weitergehen ließ, so fehlt es an staatlichen, amtlichen Äußerungen der hierfür berufenen Stellen, die mit Unzweideutigkeit eine Völkerrechtsüberzeugung der Staaten im Sinne einer Gebietshoheit über das Küstenmeer ergeben. Als solche Äußerungen können zunächst nicht — unscharfe — Formulierungen von Landesgesetzen[11]), die noch dazu ohne Mitwirkung der mit den auswärtigen Angelegenheiten betrauten Behörde abgefaßt sein können, in Betracht kommen. Sie haben zudem regelmäßig einen konkreten Tatbestand im Auge (z. B. Spionage, Prisenrecht), der, sieht man näher zu, einem Fragenkomplex angehört, hinsichtlich dessen auch die Freiheitstheorie dem Uferstaate Rechte verleiht, die einen Ausschnitt aus der Summe von Rechten darstellt, die man als Gebietshoheit bezeichnet. Hier einem Staate einen Vorwurf daraus zu machen, daß er eine unscharfe Ausdrucksweise gewählt, also etwa von Hoheitsgewässern, eaux belges usw.[12]) gesprochen hat, obwohl er schärfer von Eigengewässern und Küstengewässern hätte sprechen müssen, wenn er eine rechtliche Unterscheidung beider im Auge habe, heißt dem Staate mehr zumuten, als von ihm im allgemeinen verlangt wird.

Nicht mehr Bedeutung hätte es, wenn nationale Gerichte sich über diese Frage in dem einen oder anderen Sinne ausgesprochen haben. Wir betonen das mit besonderem Nachdrucke, möchten aber doch feststellen, daß verschiedene höchstrichterliche Instanzen Urteile abgegeben haben, die, nebeneinandergestellt, den Widerstreit der Meinungen beleuchten. So sagt mit der gleichen apodiktischen Sicherheit der Supreme Court of the United States[13]): „It now is settled in the United States and recognized elsewhere that the territory subject to its jurisdiction includes the land areas under its dominion and control, the ports, harbors, bays and other enclosed arms of the sea along its coast and a marginal belt of the sea extending from the coast line outward a marine league or three geographical miles" wie der französische Kassationshof[14]) erklärt: „Si les eaux territoriales sont soumises aux pouvoir de police et de sûreté de l'etat, elles ne forment pas une partie du territoire français[15]." Vorsichtig erklärt der englische Privy Council[16]): „Until the Powers have adequately discussed and agreed on the meaning of the doctrine at a conference, it is not desirable that any municipal tribunal should pronounce on it. Until then the conflict of judicial opinions which arose in Reg. v. Keyn is not likely to be reachad on this question

---

[10]) Im einzelnen s. die wertvolle Schrift Niemeyers „Allgemeines Völkerrecht des Küstenmeeres", 1926, bes. S. 22ff.

[11]) So aber zu Unrecht Mercker, Die Küstengewässer im Völkerrecht, 1927 S. 25.

[12]) S. Mercker a. a. O.

[13]) American Journal of International Law 1925 S. 565.

[14]) 20. Nov. 1918, Fall Proux ctra Courcoux, Fauchille, Traité de droit international public 1,2 S. 1096 (1925).

[15]) Hier unterstrichen.

[16]) Jessup 118.

whether the shore below low water to within three miles of the coast forms part of the territory of the Crown or is merely subject to special powers necessary for protection and police purposes."[16])

Und ebenso hat es das deutsche Reichsgericht (RGSt. 56, 135) offengelassen, ob die Küstengewässer „in staats- und völkerrechtlichem Sinne Reichsgebiet" sind.

Maßgebend kann nur sein, ob die Regierung eines Staates oder doch seine Außenministerien sich für die eine oder andere Lehre ausgesprochen haben. Das konnte — und zwar zugunsten der Hoheitstheorie — beispielsweise unbedenklich schon längst für die Vereinigten Staaten festgestellt werden. Denn schon 1855 hat Staatssekretär Marcey[17]) erklärt: „Harbors and littoral waters are as clearly a part (sc. of our territories) as the land." Sicherlich könnten, wenn andere Staaten in der Lage wären, ähnliche Sammlungen von amtlichen Äußerungen völkerrechtlicher Natur zu besitzen, wie das für die Vereinigten Staaten und die unvergleichliche Sammlung John Bassett Moores zutrifft, auch für eine Anzahl von ihnen Feststellungen im Sinne der einen oder anderen Lehre getroffen werden. Eine derartige Feststellung scheint für die Staaten möglich, die auf den Vertragsentwurf näher eingegangen sind, der ihnen vom Völkerbund als Ergebnis der Arbeiten des Kodifikationskomitees zugesandt worden war[18]). Denn Artikel 1 des Entwurfes, der noch später behandelt werden wird, trägt die Überschrift: „Le caractère et le contenu des droits[19]) de l'état côtier." Und Art. 1 beginnt mit den Worten des Institutsentwurfes von 1894: „L'état a un droit de souveraineté[19]) sur une zone qui baigne sa côte tant que selon le droit international général, les droits d'usage commun de la communanté internationale ou des droits particuliers d'un etat ne s'opposent pas à ce droit de souveraineté." Dabei ist es allerdings nicht wahrscheinlich, daß die Worte „L'etat a un droit de souveraineté" von ihrem Verfasser in Hinblick auf das Lyon-Caensche Amendement hinzugesetzt worden sind. Denn wenn der ursprüngliche, von Schücking vorgeschlagene Entwurf[20]) sehr scharf von einem „droit illimité" sprach, so beruht die jetzige Fassung auf einem Amendement Barbosa de Magalhaes, der sich aus — beachtlichen[21]) — Gründen gegen das Wort „illimité" gewandt und die Formel „L'état a un droit de domination" vorgeschlagen hatte, an dessen Stelle dann Schücking bewußt[22]) die Institutsformulierung gesetzt hat. 29 Staaten haben nun im Prinzip dem Kodifikationsentwurf zugestimmt, von ihnen haben Deutschland, Kuba, Norwegen, Rumänien, Schweden den Art. 1 expressis verbis akzeptiert[23]). Bedeutet das mindestens für diese Bekenntnis zur Hoheitstheorie? Die Frage ist nicht ganz leicht zu beantworten. Für ihre Bejahung spricht, daß die Staaten, entspräche jene Lehre nicht ihrer Rechtsauffassung, das wohl in irgendeiner Weise zum Ausdruck bringen würden. Andererseits mag es ihnen nicht unwillkommen sein, Zukunftsrecht zu schaffen, das ihren — letzten Endes doch mehr oder weniger bei allen Staaten auch heute noch vorhandenen — Ausdehnungstendenzen

---

[16]) Jessup 118.

[17]) Moore, Digest of international law 2, 275 (1906).

[18]) Vgl. Rapport an conseil de la Société des Nations sur les questions qui paraissent avoir obtenu le degré de maturité suffisant pour un règlement international C 196 M. 70. 5, 1927; dazu Strupp, Kodifikation 171.

[19]) Hier unterstrichen.

[20]) Rapport 32.

[21]) A. a. O. S. 61.

[22]) A. a. O. S. 68.

[23]) Nachweise: Strupp, Kodifikation 171.

durch Statuierung ihres Gebietshoheitsrechtes entgegenkommt, zumal da eventuelle Konsequenzen, die sich für sie aus dem Befahren usw. fremder Küstengewässer ergeben, durch die später noch zu betrachtenden Ausnahmen ungefährlich erscheinen. Liegt also gewiß ein Indiz dafür vor, daß mindestens die Staaten, die von der „Souveränität" in ihren Antworten gesprochen haben auch in praxi der Hoheitstheorie anhängen, so bleibt es für sie doch nicht mehr als Indiz. Theoretisch ist die Lehre m. E. ebenso unhistorisch und falsch, wie sie rechtspolitisch nicht mehr in unsere Zeit hineinpaßt. Sie übersieht den Entwicklungsgang der Meeresfreiheit. Seit zwei Jahrhunderten, seit Bynkerboeks flammender Schrift, gilt es als eine der größten Errungenschaften des Völkerrechts, daß das Meer frei, d. h. der Herrschaft keines Staates unterworfen noch unterwerfbar ist, aber im Gemeingebrauch aller steht. Zum Meer gehört aber auch das Küstenmeer, so daß es eine durchaus künstliche Erweichung des Meerbegriffes bedeutet, wenn man ihn in die Unterbegriffe „hohes Meer" und „Küstengewässer" in dem Sinne zerspalten hat, daß das, was dort Regel ist, nämlich das Fehlen einer Staatsgewalt und der — moderner Staatensolidarität, einer Interessengemeinschaft der Staaten allein entsprechende — Gemeingebrauch aller (soweit nicht, ausnahmsweise, vertragliche oder gewohnheitsrechtliche Sondervereinbarungen bestehen), hier Ausnahme bilden soll.

Man hat sehr zu Unrecht versucht, den Widerstreit der Meinungen als harmlos, als bloßen Schulstreit hinzustellen. Gerade, weil, wie eben betont wurde, es sich bei den beiden Lehren um die Frage handelt: „Regel oder Ausnahme", ist die Differenz auch praktisch von großer Bedeutung. Denn es ist ein alter Rechtssatz, daß Ausnahmen restriktiv auszulegen sind. Besteht Gebietshoheit im Küstenmeer, so muß jeder Staat, der Ausnahmen behauptet, sie beweisen, während im Falle der Teilnahme jenes an der allgemeinen Meeresfreiheit jede Einschränkung dieses Prinzips von dem Uferstaate dargetan werden muß. Das bedeutet gewiß keine probatio diabolica. Denn wie sofort gezeigt werden wird, bestehen notwendigerweise eine Reihe, auch von Anhängern der Freiheitslehre anerkannter und unbedingt anzuerkennender Schranken der Meeresfreiheit in den Küstengewässern, weil diese im Interesse des Uferstaates einfach nicht entbehrt werden können. Sie werden ersichtlich, wenn ich Küstengewässer definiere als Teile des offenen Meeres, die die Küsten eines Staates bespülen, und die aus Sicherheitsgründen polizeilicher, insbesondere sicherheits- und gesundheitspolizeilicher, militärischer, steuerlicher und wirtschaftlicher Natur Sonderregelungen überwiegend landesrechtlicher Art unterworfen sind.

In der Tat könnte es keinem Staate gleichgültig sein, wenn — ich exemplifiziere — in unmittelbarer Nähe seiner Küste militärische Übungen abgehalten werden, oder gar kriegerische Unternehmungen stattfinden; er muß sich gegen Schmuggel schützen können, er muß in der Lage sein, gesundheitspolizeiliche Maßnahmen gegen verseuchte Schiffe zu treffen u. dgl. mehr. Daß er all dies aber nur können sollte, wenn er Gebietsherr des Küstenmeeres ist, das ist ein durch nichts bewiesener Satz. Es besteht hinsichtlich der eben exemplificandi gratia erwähnten und ähnlicher Maßnahmen eine Uniformität der Anschauungen der Staaten, die, soweit nicht überhaupt insoweit Zwei- und Mehrparteienverträge bestehen, nicht nur als (völkerrechtlich irrelevantes, hier: geduldetes) Parallel- (Landes-) Recht, sondern geradezu als Ausdruck von Völkergewohnheitsrecht bewertet werden müssen. Umgekehrt aber lassen sich eine Reihe von unzweifelhaft gültigen Völkerrechtssätzen, die Einzelfragen aus dem Küstenmeerrechte zum Gegenstande haben, zwanglos nur durch die Freiheitstheorie erklären. Das gilt zunächst von dem ius passagii innoxii. In seiner heutigen Gestalt besagt es, daß Handels- und Kriegsschiffe in Friedens- (erstere auch in Kriegs-) Zeiten ohne besondere Erlaubnis das Küstenmeer durchfahren dürfen. Wenn das in Kriegszeiten für Kriegsschiffe nicht ohne weiteres gilt, wenn besondere Vorschriften für den Aufenthalt von Kriegsschiffen gelten, so wird die Konsequenz der Meeresfreiheit hier zugunsten der Sicherheit des Küstenstaates modifiziert. Aber in Zweifelsfragen gilt die Freiheit vor der Norm. Man kann über die Auffassung, daß diese Durchfahrtsbefugnis eine Folge der Küstenmeerfreiheit ist, nicht damit hinwegzukommen suchen, daß man an das ius passagii zu Lande erinnert, das durch die Barcelonaer Verkehrskonferenz 1923 geschaffen worden ist. Denn das ist ein Ergebnis allerneuester, völkerrechtspolitischer Interessengemeinschaftstendenz, während das droit de passage inoffensif längst im Völkerrecht verankert ist und es schon in einer Zeit war, da staatlicher Egoismus, der ja auch heute nur recht langsam zwischenstaatlichem Altruismus weicht, seine Orgien feierte. Aber noch in anderer Richtung zeigt sich die ganze Bedeutung der Freiheitstheorie. Wenn — nicht unangefochten freilich, wie alles auf diesem dornenreichen Gebiete, aber doch überwiegend — die Auffassung vertreten wird, daß Handlungen an Bord eines in den Küstengewässern ankernden Schiffes grundsätzlich nach dem Rechte des Staates beurteilt werden, dem es nach seiner Flagge angehört, wenn nicht der ordre public des Uferstaates gestört wird (also ein sicherheitspolizeiliches Motiv!). Ist dies die französische Auffassung, so geht die englische, so wie sie in der Territorial Waters Jurisdiction Act von 1878 niedergelegt ist, dahin, daß der englische Admirality Court zur Aburteilung aller strafbaren Handlungen auf fremden Handelsschiffen berechtigt sei, sofern ein Staatssekretär die Verfolgung genehmige. Spricht die prinzipielle Strafbefugnis für die Annahme eines Rechtes, so ist die Zustimmung eines Staatssekretärs wohl in der Tat nur eine aus Opportunitätserwägungen, nämlich dem politischen Gedanken, eventuelle internationale Verwicklungen zu verhüten, erklärte formelle Voraussetzung[24]) — wobei der Schluß nicht genügend ist, daß hier der Staat eben von seiner potentiell bestehenden Hoheit Gebrauch mache, während er nach dem französischen System nur davon „absähe" (also jederzeit seine latente Erstreckungsbefugnis zur Auswirkung kommen lassen könne). Daß die englische Einstellung übrigens keineswegs ein nacktes Bekenntnis zur Hoheitstheorie bedeutet, wird klar durch die Feststellung, daß England die Gerichtsbarkeit über englische Schiffe in fremden Küstengewässern für sich in Anspruch nimmt (sofern nicht der ordre public des Küstenstaates verletzt wird). Wenn es dabei dem Uferstaat eine konkurrierende Gerichtsbarkeit zugesteht, so ist das nur eine politische Konsequenz aus seiner eigenen Bestimmung in der Territorial Waters Jurisdiction Act, die notwendig ist, will es nicht Angriffen auf sie durch fremde Staaten Tür und Tor öffnen.

Für das Recht des Deutschen Reiches wird — so wohl auch das Reichsgericht (RGSt. 23, 266) — von der überwiegenden Meinung eine Lehre vertreten, die deutsche Schiffe in fremden Küstengewässern deutschem Rechte unterwirft. Nicht ohne Interesse ist, daß der Entwurf zum neuen deutschen Strafgesetzbuch von 1925 in § 5 II bestimmt: „Deutsche Schiffe . . . gelten als Inland, gleichviel, wo sie sich befinden." Das geht zwar zu weit (man denke an fremde Häfen, die sicher Ausland sind), bedeutet aber jedenfalls eine gewisse Stützung der oben getroffenen Feststellung, die ihrerseits nur durch die Freiheitstheorie ihre Erklärung zu finden vermag.

---

[24]) Man denke nur an das Recht und die Pflicht des deutschen Reichsaußenministers zur Konfliktsbehebung etwa bei Klagen gegen einen fremden Staat.

III.

Wie um den Begriff Küstengewässer, so tobt ein — fast ebenso — heftiger Streit um die Frage der Ausdehnung desselben. Hatte man im Anschluß an Bynkershoeks berühmtes Buch, in dem sich der bekannte Satz findet „ibi finitur dominium terrae, ubi finitur vis armorum", in der Staatenpraxis der Kanonenschußweite vielfach zugeneigt, ohne daß deshalb gesagt werden könnte, daß jene Distanz als völkergewohnheitsrechtlich irgendwie verankert angesehen werden muß, so hat der Satz in dem Maße an Bedeutung verloren, in dem die Kanonenschußweite einer Entfernung gleichkam, die, in praxi als Küstenmeerzone nach dem offenen Meere zu angewandt, beträchtliche Teile desselben seiner Zweckbestimmung entzogen hätte und ausschweifenden Wünschen von Staaten entgegengekommen wäre, die ganze Meeresteile als ihr Dominium für sich beansprucht hatten, bis ihnen dann vor mehr als drei Jahrhunderten erst Grotius und dann 100 Jahre später Bynkershoek entgegengetreten sind. Aber, von Staatsverträgen abgesehen, die keine über das konkrete Abkommen hinausreichende Bedeutung haben, ist auch keine andere Zone, weder die Dreimeilenzone noch eine sonstige als gewohnheitsrechtlich anerkannt anzusehen. Es gibt vielmehr — und neuestens hat das Th. Niemeyer, ein so guter Kenner des internationalen Seerechts, mit besonderem Nachdruck festgestellt — in dieser Materie kein Völkerrecht. Das führt aber zu der zwingenden Folgerung, daß die Staaten, eben weil hier ein völkerrechtsleerer Raum in dem Sinne besteht, daß es an einem Völkerrechtssatz fehlt, der ihnen sagte, wo ihrem individuellen Bedürfnis nach Hinausschiebung der Küstenmeerlinie Schranken errichtet sind, nicht gehindert sind, von sich aus für ihre Küstengewässer die Grenzen zu bestimmen. Wobei diese unter Umständen — und das ist keineswegs selten[25]) — nach der Materie für denselben Staat verschieden sind. So berechnet Italien seine Zone z. B. für Zollfragen auf 12 Seemeilen, für seine Sicherheit auf Kanonenschußweite. Einhelligkeit scheint nur in negativer Hinsicht zu bestehen, insofern nämlich, als jedenfalls 3 Seemeilen als Minimum und Kanonenschußweite als Maximum der beanspruchten Zone gelten können.

IV.

Die — aus Raummangel und, weil es sich nur um Herausstellung eines Prinzips und Feststellung der Kodifikationswürdigkeit handelte — knappe Erörterung der Rechtslage im großen in den zur Behandlung stehenden Fragen führt zur zweiten an die Spitze gestellten These: Kodifikationsreife der Küstenmeerprobleme. Prima facie erscheinen diese unslösbar. Aber auch nur bei oberflächlichem Zusehen. Denn gerade die Kodifikationswürdigkeit in dem doppelten Sinne der Wichtigkeit des zu kodifizierenden Stoffes wie der Notwendigkeit im Hinblick auf das bestehende Chaos (hinsichtlich dessen man sich nur wundern muß, daß es nicht einen höheren Prozentsatz von Staatenstreitigkeiten zur Folge hat, als dies tatsächlich der Fall ist) hat, wie schon oben betont wurde, die Vorarbeiten unendlich gefördert.

V.

a) Schon oben ist von dem Entwurfe des Völkerbundskomitees gesprochen worden. Er ist Walter Schücking zu verdanken, einem der besten Kenner der Materie, der er schon 1897 eine noch heute größten Wert besitzende

[25]) Vgl. die sehr instruktive Zusammenstellung in Schückings Memorandum an das Expertencomité, Rapport S. 57.

(preisgekrönte) Schrift gewidmet hatte. Sein Entwurf, an dem der bekannte Genfer Privatdozent Dr. Paul Guggenheim mitgearbeitet hat, ist, begleitet von einem Konventionsentwurf in ursprünglicher und auf Grund von Observationen der beiden anderen Unterkommissionsmitglieder, des Portugiesen Magalhaes und des (Nord)-Amerikaners Wickersham, dem Komiteeplenum vorgelegt und von diesem, kaum abgeändert, angenommen worden. Den Völkerbundsstaaten vorgelegt[26]), hat er von 21 bedingungslose oder prinzipielle Zustimmung erfahren, von 3 (Italien, Frankreich, Polen) Ablehnung erfahren, während 5 sich ziemlich unklar ausgesprochen haben[27]).

b) Wenn — wie schon oben hervorgehoben — nicht ein einziger dieser Staaten sich dem Hoheitsprinzip widersetzt hat (wobei allerdings der Hinweis am Platze ist, daß nur etwas mehr als die Hälfte der Mitglieder des Völkerbundes sich überhaupt geäußert haben), so ist das jedenfalls de futuro als ein klares Bekenntnis zu jener Lehre anzusehen. Denn es geht nicht wohl an, in der neuen Formel: „L'état a un droit de souveraineté sur une zone qui baigne sa côte, tant que, selon le droit international général, les droits d'usage commun de la communauté internationale ou des droits particuliers d'un état ne s'opposent pas à ce droit de souveraineté" eine Akzeptierung der Lyon-Caenschen Kompromißformel zu erblicken, nachdem in der Definition selber Ausnahmen erwähnt werden, die auf Einschränkung hinweisen. Damit scheinen die Ausführungen unter II als starres, doktrinäres Eintreten für ein zum mindesten — vom Standpunkte der Hoheitstheorie aus — de futuro verworfenes Prinzip qualifiziert werden zu müssen, etwa im Sinne des „victrix causa deis placuit, sed victa Catoni". Das sind sie nicht, wollen sie nicht sein. Aber sie wollen, in einer Zeit der IG. der Staaten, in der der Souveränitätsbegriff täglich zugunsten jener an Boden verliert, die im Völkerbunde als prägnantestem Ausdruck jener Staatensolidarität verbundene Staatenwelt auf das Parodoxe hinweisen, daß man sich anschickt, auf einer unter der Ägide der Société des Nations stehenden Staatenkonferenz ein Prinzip offiziell anzuerkennen, das dem Wesen derselben so wenig entspricht[28]). Freilich — mit nahezu gleichem Wortlaut erklärt Ziff. 1 der am 15. Okt. 1926 vom Rate der Deutschen Gesellschaft für Völkerrecht[29]) beschlossenen Regeln: „Die Souveränität (sic!) des Uferstaates erstreckt sich auf die Küstengewässer, vorbehaltlich der auf allgemein anerkanntem Völkerrecht oder auf Staatsvertrag beruhenden Ausnahmen." Und das von den hervorragenden Kennern der Materie, Barclay (England) und Alexandro Alvarez (Chile) ausgearbeitete „Projet de règlement relatif à la Mer Territoriale, élaboré par la Ve Commission de l'Institut[30])", das allerdings das Instituts plenum erst auf seiner diesjährigen Stockholmer Tagung beschäftigen wird, bestimmt in Art. 1: „Les états ont la (sic!) souveraineté sur une zone de la Mer qui baigne leurs côtes, dans l'étendue et sous les conditions déterminées ci-après.

Cette zone porte le nom de Mer Territoriale."

---

[26]) Wir erinnern uns, daß der Völkerbund 55 Mitglieder hat.

[27]) Vgl. im einzelnen Strupp, Kodifikation 171.

[28]) Es ist unrichtig, wenn Griechenland (Rapport S. 166) erklärt: „La question de savoir si la mer territoriale fait partie ou non du territoire de l'état semble purement doctrinale et par conséquence, l'accord pourrait difficilement se faire, vu les grandes controverses qui divisent les jurisconsultes." Vom Standpunkte des Textes mit einem nassen Auge, von dem — unbedingt noch wichtigeren — Gedanken aus, daß überhaupt und endlich eine Weltkonvention über die Küstengewässer zustande kommt, mit Befriedigung muß man die Unanimité hinsichtlich des Hoheitsprinzips **de futuro** bei den antwortenden Staaten feststellen.

[29]) Anlage zu Mitteilungen 8, 116 (1927).

[30]) Annuaire 33, tome premier (1927) S. 99. Dieser Kommissionsentwurf ist im folgenden zitiert: IK. (Institutskommission).

Der — vom amerikanischen Juristenkomitee samt dem ganzen Projekt verworfene — Art. 8 des Projekts 10 (domaine national) war nicht ganz so kategorisch, meint aber dasselbe[31]). Er erklärte in Abs. 1 und 2:

„Les Républiques américaines exercent le droit de souveraineté tant sur les eaux que sur le fond et le soussol de leurs mers territoriales. En vertu de ce droit, chacune des dites Républiques peut exploiter seule ou concéder l'exploitation de toutes les richesses contenues dans cette zone."

Abs. 3 fügte — m. E. exemplificandi causa — hinzu:

„Les Républiques américaines peuvent également promulguer toutes lois et règlements qu'elles jugeront nécessaires pour assurer l'observation des mesures d'hygiène, de sécurité, de police et de douane"

(nach dem Wortlaute könnte das limilativ gemeint sein, nach dem Abs. 1 kann es nur exemplifikativ aufgefaßt werden)

en tant qu'elles sont d'accord avec les conventions internationales conclues par elles."

Auch wenn man Anhänger der Freiheitstheorie ist, muß man zugeben, daß die Fassung der vom Völkerbundskomitee und der deutschen Gesellschaft für Völkerrecht festgestellten Ausnahme, d. h. die Berücksichtigung des Viel- und Zweiparteienrechtes (in erster Hinsicht ist sofort an das droit de passage inoffensif zu denken), der Regel viel von ihrer Schärfe nimmt. Freilich macht das eine um so präzisere Formulierung des Inhalts, namentlich des ius passagii und der — nach der Formel unbeschränkten — Gesetzgebungs- und Gerichtsgewalt, nötig. Im Hinblick auf die bekanntlich erst seit dem Weltkriege[32]) im wesentlichen entschiedene Frage der staatlichen Gewalt über die Atmosphäre erscheint es begrüßenswert, daß Art. II des VB.-Entwurfes, wie Art. 8 I des amerikanischen, bestimmt: „Le droit de souveraineté comporte les droits sur les airs au-dessus de la dite mer, le sol et le sous-sol au-dessous."

c) Von dem ius passagii handeln Art. 7[33]), 9—10[34]), 12, 13. Zunächst Art. 7: „Tous les navires sans distinction, ont le droit de passage inoffensif par la mer territoriale. Pour les navires sousmaires, ce droit dépend de l'obligation de passage à la surface. Le droit de passage comporte le droit de séjour dans la mesure où il paraît nécessaire pour la navigation de ce qui concerne le séjour des navires, voir l'art 12.

Le droit de libre passage comporte le droit de passage de personnes et des marchandises, indépendamment de l'accès de territoire étranger fermé." Und der — besser hier als Absatz 3 anzufügende — Art. 12 lautet:

„L'exercice du droit de libre passage des navires de guerre peut être assujettie à des règles spéciales par les états souverains[35]). Les navires de guerre étrangers admis dans les mers territoriales étrangères, doivent respecter les lois et règlements locaux, notamment ceux qui concernent la navigation, le stationnement et la police sanitaire. En cas de contravention grave et persistante, le commandant, après avis officieux et courtois resté sans effet, pourrait être invité et, au besoin, contraint à reprendre la mer. Il en serait de même, si les autorités locales jugeraient que la présence du navire est une cause de danger

[31]) Codification du droit international américain 1925 S. 45 (im folgenden zitiert: Codification).

[32]) Vgl. Strupp, éléments 136.

[33]) Art. 8, der von der Küstenfrachtfahrt handelt, ist gestrichen. Rapport 72.

[34]) Art. 9 handelt von dem ausschließlichen Aneignungsrecht hinsichtlich der Meeresschätze. Er wäre — wie im amerikanischen Entwurf — hinter Art. 1 am Platze.

[35]) Warum so? Sollte ein abhängiger (Unter-) Staat nicht auch solche Vorschriften erlassen können? Besser also Etat côtier.

pour la sûreté de l'etat, mais à moins d'extrême urgence, ces mesures rigoureuses ne doivent être employées que sur l'ordre du gouvernement central du pays. En cas de contravention simple, on doit recourir à la voie diplomatique." Die Idee des Art. 7, 12 ist also: Jus passagii innoxii, für Handelsschiffe ohne Schranken, für Kriegsschiffe in den Grenzen des Art. 12, der insbesondere auch die Möglichkeit offen läßt, in Kriegszeiten Kriegsschiffen die Durchfahrt überhaupt zu versagen oder doch von Bedingungen abhängig zu machen. Die in Art. 1 fixierte Gebietshoheit ließe an sich so wie es dieser Entwurf tut, für Handelsschiffe einen besonderen Hinweis auf die Unterwerfung des Schiffes unter die inländische Staatsgewalt als pleonastisch, also als überflüssig erscheinen, während ein solcher Hinweis für exterritoriale Kriegsschiffe jedenfalls geboten war.

Wenn daher Art. 8 des amerikanischen Entwurfes Nr. 12 lautet:

> „Les navires marchands dans les eaux territoriales d'un état sont soumis aux lois administratives et criminelles et à la procédure du dit état", und Art. 9: „Les navires de commerce de tous les pays peuvent transiter librement par les eaux territoriales, mais ils sont soumis aux lois et règlements de la République à laquelle appartiennent les dites eaux territoriales."

so ist das — abgesehen von der Unklarheit, daß Art. 9 Unterwerfung unter das gesamte Recht, Art. 8 nur unter das öffentliche im Auge hat[36]) — ebenso überflüssig wie Art. 10 Abs. 1 des Völkerbundsentwurfes, der, besser vor Art. 9 zu stellen, der von den Ausnahmen handelt, bestimmt: „A l'intérieur de la mer territoriale, l'état riverain fera sa législation et exercera son administration sur tous les domaines de l'activité publique sauf les restrictions établies par la présente et il pourra employer les moyens de contrainte nécessaires pour faire respecter sa juridiction, à fin de lui permettre de réagir contre les infractions." Sieht man von dem Pleonasmus, der in seiner Existenz im Hinblick auf Art. 1 liegt, ab, wie auch davon, daß neben Ausnahmen aus diesem Abkommen doch wohl auch solche nützlich sein dürften, die sich etwa aus einem Zweiparteienvertrage ergeben, so ist jedenfalls Art. 10 I folgerichtiger im Hinblick auf Art. 1, als dessen Konsequenz er sich darstellt, als der hochinteressante Art. 6 JK.[37]). Hochinteressant besonders für einen Gegner der Hoheitstheorie um dessentwillen, weil er mit erfreulicher Klarheit erklärt:

„Les navires de commerce ont le droit de passage inoffensif par la Mer Territoriale. Ils sont toutefois soumis aux lois de police et de navigation (sic!) édictées par l'etat côtier[38]).

Les navires marchands qui enfreignent ces lois et règlements sont justiciables de la juridiction de cet état."

Und in unübertrefflicher Präzision fahren Art. 7 und 8 fort:

---

[36]) Aufenthalt kann in Art. 8 nicht gemeint sein, denn dieser ist in Art. 10 (s. später) geregelt.

[37]) A. a. O. S. 100.

[38]) Übrigens war die Enumerationsmethode in dem Entwurf Schückings für den Völkerbund (vgl. Rapport 59) noch viel stärker ausgeprägt. In dessen Art. 10 hieß es: „A l'intérieur de sa mer territoriale, l'etat riverain exercera la législation et l'administration dans les buts suivants: Règlement de la navigation, conservation des signaux maritimes et des phares, mesures préventives contre les naufrages, règlement du pilotage, protection des câbles sous-marins, règlement du contrôle de douane, y compris le contrôle de marchandises dont l'entrée et la sortie sont prohibées, contrôle sur l'exercice de la pêche, l'hygiène, l'assistance maritime, l'abordage: L'etat riverain a le droit d'étendre sa législation et son administration sur d'autres domaines, quand il s'agit d'intérêts dignes à protéger dans la mer territoriale. Pour autant que le droit de l'etat riverain en ce qui concerne la legislation et l'administration, s'étend, on doit lui accorder aussi les moyens de contrainte nécessaire pour faire respecter la puissance de sa juridiction . . ." Ein Anhänger der Freiheitstheorie kann diesen Artikel nur begrüßen. Er könnte mit den Worten beginnen: Nonobstant la liberté de la mer, la mer côtière y compris, un état a, à l'intérieur de celle-ci . . . und dann genau wie hier fortfahren.

„Les crimes et délits commis à bord des navires de commerce de passage dans la Mer Territoriale, par des personnes qui se trouvent à bord de ces navires, envers des personnes ou choses à bord de ces mêmes navires, ne tombent pas comme tels sous la juridiction de l'état riverain.

Les crimes et délits dont les conséquences dépassent le bord du navire sont soumis à la juridiction pénale de l'état riverain, en tant qu'ils constituent des faits punissables selon ses lois et que ses tribunaux sont compétents pour en connaître. Les crimes et délits qui troublent la tranquillité publique de l'endroit où ils ont été commis doivent être considérés comme des actes dont les conséquences dépassent le bord du navire."

Art. 8: „Les actes juridiques accomplis à bord d'un navire de commerce de passage dans la Mer territoriale, tant au point de vue civil qu'au point de vue commercial, ne sont pas, par là même, soumis à la compétence judiciaire et législative de l'état riverain." Ich habe in Abweichung des bisher geübten Verfahrens — von dem Völkerbundsentwurf auszugehen, weil allein dieser eine gewisse amtliche Bedeutung hat — geglaubt, für die Ausnahmen von der Gebietshoheit die Alvarez-Barclayschen Vorschläge an erster Stelle wiedergeben zu sollen, weil sie in richtigem Aufbau mit besonderer Schärfe das geltende Recht widerspiegeln. Im übrigen decken sich Art. 7 und 8 inhaltlich (Art. 7 beinahe wörtlich) mit Art. 9 des Völkerbundsentwurfes. Knapp und gut Art. 11 des amerikanischen Entwurfes 12: „Les délits (besser — das gilt auch gegenüber den anderen Entwürfen —: actes punissables) commis à bord d'un navire marchand pendant la traversée de la mer territoriale . . . sont soumis à la juridiction du pays auquel appartient le navire à moins qu'ils ne compromettent l'ordre ou la tranquillité publique de la région où ils ont été commis. Dans ce cas, les délits rélèvent de l'autorité de la République où l'acte incriminé a été commis." Aus Art. 10 des Völkerbundsentwurfes verdient noch Abs. III in Art. 6 des Institutsentwurfes zwischen Abs. I und II eingefügt zu werden, der bestimmt: „Sur le parcours de la mer territoriale, il ne pourra être perçu de redevances d'aucune espèce autres que des redevances affecteés à couvrir les dépenses de surveillance et d'administration. Les droits ou taxes seront appliquées dans des conditions d'égalité. Sont exceptés de ces redevances les navires qui ne sont entrés dans la mer territoriale que par des circonstances de force majeure ou de malheur."

Während der Völkerbundsentwurf das droit de séjour anscheinend als in dem droit de passage enthalten betrachtet — daß es nicht selbstverständlich ist, beweist der verunglückte Art. 9 II des amerikanischen Entwurfes 12[39]) —, behandelt ihn Art. 10 IK. — wenngleich in starker Einschränkung jenes Rechtes: „Le droit de passage comporte le droit de séjour dans la mesure strictement nécessaire pour la navigation. En cas de séjour forcé, le navire est soumis au même régime de compétence judiciaire et législative que s'il était simplement de passage" (und wie sonst? ? Das bleibt unausgesprochen. Meines Erachtens ist doch das droit de séjour als Teil des droit de passage zu behandeln!).

Si le navire prolongeait son séjour au delà des conditions strictement nécessaires, l'état côtier pourrait réclamer compétence judiciaire et législative comme si le navire se trouvait dans l'un des ports de cet état[40]."

Alle Entwürfe gewähren dem Uferstaate ein Recht der Nacheile gegenüber delinquierenden Schiffen: Der Völkerbundsentwurf — Art. 10 III — erlaubt

[39]) Ni les navires de guerre ni ceux de commerce ne peuvent séjourner dans les eaux territoriales, ni s'y livrer à la pêche ni y accomplir aucun acte contraire à ses lois et règlements, sans l'autorisation desdites Républiques.

[40]) Kodifikation S. 50.

die Verfolgung (mit Anhaltungs- und Aburteilungsbefugnis) aus dem Küstenmeer bis ins offene, aber nicht in das Küstenmeer fremder Staaten, insbesondere nicht des Flaggenstaates des Schiffes. Ähnlich Art. 13 des Institutsentwurfes; während Art. 10 II des amerikanischen Entwurfes 12 eine Verfolgung nur in der — alsbald zu besprechenden — „zone contiguë" zulassen will[40]).

d) Wie weit reicht das Küstenmeer nach den Entwürfen? Es ist richtig, daß — während der amerikanische Entwurf 10 überall da, wo die Zahl anzugeben wäre, einen (auszufüllenden) Strich (—) macht, also zu keinem Entschlusse gekommen ist[41]) — der Völkerbundsentwurf und derjenige der Deutschen Gesellschaft für Völkerrecht drei, der Institutsentwurf sechs Seemeilen vorschlagen. Artikel 2 des Völkerbundsentwurfes („étendue des droits de l'état souverain") lautet: „La zone de la mer côtière s'étend à trois milles marins (60 au degré de latitude) de la laisse de basse marée sur toute l'étendue des côtes. Au-delà de la zone de souveraineté, les états peuvent exercer des droits administratifs, en se basant, ou sur des usages ou sur un besoin essentiel. Sont inclus les droits de juridiction nécessaires à leur protection. Au-delà de la zone de souveraineté, les droits de jouissance économique exclusive ne peuvent pas être exercés.

Les droits exclusifs de pêche demeurent soumis aux pratiques et conventions existantes."

Der erste Entwurf hatte eine Sechs-Meilen-Zone vorgesehen[42]), er hatte weiter gelautet:

„Seront maintenus les droits des autres états qui ont été exercés comme résultant de l'usage commun de la haute mer ou des traités particuliers. Les états peuvent appliquer leurs droits de domination en se basant sur les usages et dans les limites de leur étendue au-delà de la zone de domination dans les domaines suivants: police de sûreté contre la possibilité des exercices militaires des autres états, la police douanière et sanitaire. Les autres droits au-delà de la zone de domination ne peuvent être, par l'organe mentionné à l'article 3 (nämlich das noch zu besprechende internationale Wasseramt) adjugés à l'état souverain que sur la base d'un besoin urgent démontré. Une telle adjudication ne peut jamais s'étendre à des droits de jouissance économique exclusive en dehors de la mer territoriale." Einerseits hatte also der erste Entwurf bestehende Rechte von Dritten (z. B. Fischereirechte), die, soweit es sich um Vertragsstaaten der zu schaffenden Konvention handelte, mangels Vorbehalts weggefallen wären, aufrechterhalten, weiter eine zweite Zone geschaffen, in der die Uferstaaten nicht die volle Hoheit, sondern nur gewisse, abschließend aufgezählte Rechte „dans des buts purement administratifs" sollten ausüben dürfen. Als solche waren, aber nur nach Maßgabe einer bestehenden Übung, genannt: militär-, sicherheits-, zoll- und gesundheitspolizeiliche. Darüber hinaus sollte bei Nachweis dringenden Bedürfnisses die Zuweisung durch das „internationale Wasseramt", aber unter generellem Ausschluß ausschließlicher wirtschaftlicher Rechte in der Zone, zulässig sein. Kritische Ausstellungen von Wickersham[43]), der insbesondere auf die von der Union mit Großbritannien, Deutschland, Holland 1924 abgeschlossenen Verträge hinwies, in denen sich regelmäßig die Wendung findet:

---

40) Kodifikation S. 50.

41) Das ist gewiß nicht nackte Hilflosigkeit, sondern nur Bestätigung des Fehlens eines Völkerrechtssatzes und des oben skizzierten landesrechtlichen Chaos — de jure condito. De jure condendo aber muß Stellung genommen werden, sonst fällt das ganze Werk — ins Wasser.

42) Rapport S. 37.

43) Rapport S. 70 ff.

„Les hautes parties contractantes déclarent que leur ferme intention est, de maintenir le principe que la limite convenable des eaux territoriales est constituée par une distance de trois mille marins . . .“

hatten Schücking mit Recht veranlaßt, die sechs durch die drei Meilen zu ersetzen. Magalhaes hatte jene verteidigt, sich aber nachdrücklich gegen die zweite Zone als solche und Zuweisung von Rechten durch ein Wasseramt (wie leider gegen dessen Schaffung überhaupt) gewandt[44]). Dafür wollte er, anknüpfend an Ideen, die Alvarez auf der Stockholmer Tagung der International Law Association 1924[45]) vorgetragen hatte, und die sich in Art. 12—14 des amerikanischen Projektes 12[46]) wiederfinden, dem Staate auf hoher See ein Okkupationsrecht zugestehen, um dort im Allgemeininteresse mehr oder weniger auf Dauer berechnete, zu befriedende Einrichtungen herzustellen.

Es erscheint nicht unangebracht, die maßgeblichen Bestimmungen des Alvarezschen Entwurfes und die von ihm maßgeblich beeinflußten des amerikanischen Entwurfes sowie des ebenfalls von ihm ausgearbeiteten Entwurfes 1927 für das Institut nebeneinanderzustellen.

I. Entwurf Alvarez[47])

Art. 13.

Les états peuvent étendre leur droit de juridiction au delà de leur mer territoriale, tout le long de celle-ci, sur une distance supplémentaire de six milles marins, en vue de la surveillance des mesures sanitaires, de sécurité et douanières.

Ils peuvent aussi faire les installations auxquelles se réfèrent les articles 17, 18, 19, 20, à l'exclusion de tout autre état, mais s'ils ne le font pas, elles peuvent alors être faites par d'autres états, conformément aux dits articles . . .

Art. 17.

Les états riverains de la mer et possédant une marine de guerre ou de

II. Amerikanisches Projekt[48])

Art. 12.

Les Républiques américaines peuvent étendre leur droit de juridiction au-delà de la mer territoriale, tout le long de celle-ci, sur une distance supplémentaire de . . . mille marins, pour des motifs de sécurité et afin d'assurer la surveillance des mesures sanitaires et douanières.

Art. 13.

Les Républiques américaines dont les côtes sont baigneés par la mer et qui possèdent une marine de guerre ou de commerce, ont le droit d'occuper l'étendue de haute mer limitrophe de leurs eaux territoriales respectives, nécessaire à l'établissement d'installations plus ou moins

III. Entwurf Institut 1927[49])

Art. 12.

Dans une zone supplémentaire contiguë à la Mer Territoriale, l'état côtier peut prendre les mesures nécessaires à l'application des lois et règlements relatifs à sa sécurité, au respect de sa neutralité et à la police sanitaire et douanière. Il est compétent pour connaître des infractions à ces lois et règlements.

L'étendue de la zone supplémentaire ne peut dépasser six milles marins.

---

[44]) Rapport S. 62ff.

[45]) Report of the 33 conference, 1925 S. 269.

[46]) Codification S. 51.

[47]) Report a. a. O. S. 269.

[48]) Projekt 12, Codification S. 51.

[49]) Annuaire S. 101.

commerce, ont le droit d'occuper l'étendue de haute mer nécessaire à l'établissement d'installations plus ou moins durables, à condition que ce soit dans un des buts et intérêts général suivant: 1⁰. Pour servir de base à des aéroplanes ou à des dirigeables non militaires. 2⁰. Pour établir des stations de T. S. F. 3⁰. Pour établir des stations de câbles sousmarins. 4⁰. Pour installer des phares. 5⁰. Pour procéder à des explorations scientifiques. 6⁰. Pour établir des postes de services aux naufragés, les installations peuvent être aussi faites par de grands syndicats. Elles peuvent surtout être faites par la Commission internationale de préférence aux états ou aux syndicats.	durables, à condition que ce soit dans un but d'intérêt général, notamment: (Folgen 1—6 wie nebenstehend.)

Art. 18 des Entwurfes Alvarez hatte ein Befestigungsverbot für die erwähnten Anlagen und ein Verbot ihrer Benutzung als Verpflegungsbasen für Kriegs- (auch Luft-) Schiffe und U-Boote enthalten, Art. 19 hatte sie einer zu schaffenden internationalen Kommission unterstellt, Art. 20 die zeitweilige oder dauernde Schaffung von Einrichtungen auf hoher See zwecks Hebung von Schiffsleichen und Schätzen (man denke an den berühmten der Armada!) vorgesehen.

Vergleicht man die drei Entwürfe untereinander und mit dem des Völkerbundes, so wird evident, daß letzterer wegen seiner geringeren Präzision weniger akzeptabel erscheint als der ausgezeichnete Artikel 13 des Entwurfes Alvarez[50]). Dessen Absatz 2 empfiehlt sich besonders[51]), nachdem die zahlreichen mißglückten Ozeanflüge des Jahres 1927 die Notwendigkeit der Errichtung von schwimmenden Anlagen, die seitdem von der Lufttechnik eindringlichst gefordert worden sind, erwiesen haben. Interessant ist übrigens das Prioritäts-, aber Ersatzrecht, das Alvarez hinsichtlich jener Anlagen in der zweiten Zone empfiehlt. In einem weiteren Absatz schlägt Alvarez die Regelung der Fischerei durch die „internationale Kommission" vor. Die Formel Schückings (Art. 2 II), die übrigens mit Ziffer 3 der Ratsbeschlüsse der Deutschen Gesellschaft für Völkerrecht in wörtlicher Übersetzung überein-

50) Vgl. auch Strupp, Kodifikation 175.

51) Man muß staunen, wie sein geistiger Vater 1924 eine Entwicklung gleichsam vorausgeahnt hat, der wir heute gegenüberstehen!

stimmt, würde durch die Schaffüng dieser Institution nicht überflüssig werden, sondern ihr verbindliche Richtschnur sein[52]).

Trotz der Nichtaufnahme in den Völkerbundsentwurf und der Ablehnung der von Alvarez gewünschten internationalen Kommission durch die Mehrheit der Institut-Kommission[53]), muß an dieser überaus bedeutsamen Idee festgehalten werden[54]). Von ihr handeln Artikel 28—33 des Entwurfes Alvarez[55]), der allerdings darunter, daß die Kommission je nach der örtlichen Lage der in Betracht kommenden Uferstaaten verschieden zusammengesetzt sein soll, leidet — wobei allerdings ein zweiter Vorschlag — Alvarez mag wohl selber hinsichtlich der Durchführbarkeit einer variablen Kommission Bedenken bekommen haben — einfach dahin lautet: „La Commission sera unique. Elle comprendra 15 membres, dont 9 ressortissants des états de l'Europe et de l'Asie et 6 du continent américain, ces derniers nommés par l'Union Panamericaine." Die Kommission sollte vor allem eine Weltseekarte anfertigen, in die die erste und zweite Zone eingetragen werden sollten, sie sollte weiter über die Durchführung der Schiffahrtsfreiheit wachen und ein darauf bezügliches Reglement ausarbeiten. Besonders wichtig war, daß sie auch als Vermittlungs- und Schiedsgerichtsinstanz gedacht war.

Art. 3 des Schückingschen Vorentwurfes hatte ein „office international des eaux" vorgesehen (m. E. besser „office international aquatique)". „La tâche de cet office" hatte der Rapport (S. 38) Art. 3 erläuternd erklärt, „est la constatation des droits que les états particuliers croient posséder dans la zone stable des états riverains étrangers ou que ces états riverains croient posséder euxmémes en dehors de leur zone stable". Und die folgenden Absätze hatten bestimmt: „L'enregistrement d'un droit dans le registre international des eaux (beim Wasseramt) au profit d'un état dans une mer territoriale étrangère, est au profit de tous les états, si ce droit est fondé sur un usage commun. Pour la présentation de ces droits comme de ceux qui sont prétendus par un état riverain en dehors de sa zone stable se basant sur l'usage, un délai d'exclusion de . . . est fixé par l'office des eaux.

Les titres de droit doivent être présentés et enregistrés, la charge de la preuve est de celui qui demande un enregistrement à son profit. Les demandes doivent être communiqués à tous les états parties de la Convention. Dans un délai à fixer, opposition peut être invoquée. Sur l'opposition, décide en première instance une commission mixte d'experts et de juristes. Contre sa décision, appel est admis à la Cour permanente de Justice Internationale. L'enregistrement accompli est communiqué à tous les états. Le registre devra être publié. La même procédure aura lieu, dans le cas où un état prétendra avoir un besoin urgent et nouveau en dehors de son domaine de domination dans la mer territoriale. Il est tenu à faire une demande auprès de l'office des eaux qui ne peut adjuger le droit qu'après publication de sa demande, si elle ne donne lieu à aucune opposition. L'opposition a pour conséquence une procedure auprès de la commission mixte dans laquelle l'état prétendant doit prouver qu'il ne peut satisfaire autrement aux intérêts exigeant une protection. Aussi pour ce cas, l'appel à la Cour permanente de Justice Internationale est possible."

Man sieht: Die Unklarheiten zu beseitigen, die sich aus den — nicht zu entbehrenden — Vorbehalten zugunsten der Rechte von Staaten in fremden

---

[52]) Die — z. T. sehr interessanten — Regierungsäußerungen s. Strupp, Kodifikation S. 176[a]. Wichtig ist, daß auch für die zweite Zone eine Drei-Meilen-Zone von vielen empfohlen wird.

[53]) Annuaire 33, 1 S. 67, 68.

[54]) Dafür auch Griechenland, Portugal, Rumänien, Schweden. S. Strupp, Kodifikation S. 178.

[55]) Report a. a. O. S. 273.

Küstengewässern oder in der zweiten Zone ergeben, will man das Wasseramt. Aber der Entwurf geht noch weiter. Er sieht den Fall vor, daß ein dringendes Bedürfnis für einen Staat sich herausstellt, gewisse Befugnisse zu erhalten, die in dem Zeitpunkte noch nicht bestanden, als das — ich möchte es nennen — **Küstengewässergrundbuch,** soweit es ihn betraf, hergestellt wurde. Für solche Fälle wird zutreffend die Möglichkeit einer Berücksichtigung seiner Wünsche ins Auge gefaßt. Aber auch hier gilt das Prinzip, daß das Recht erst zur Entstehung gelangt, wenn die Eintragung ins Grundbuch erfolgt ist: ,,Quod non est in actis, non est in mundo."

e) Gehören Probleme, wie das der Meerengen, nicht in eine Küstenmeerkonvention, so muß eine solche im Hinblick auf die Ausgangszone für die Berechnung der Küstengewässer von Baien und Inseln handeln.

Nahezu wörtlich mit dem amerikanischen Entwurf[56]) und inhaltlich mit dem der Institutkommission[57]) übereinstimmend, bestimmt Art. 4 des VB.-Entwurfs konform dem geltenden Rechte:

,,Pour les baies qui sont environnées des côtes d'un seul état, la mer territoriale suit les sinuosités de la côte sauf qu'elle est mesurée à partir d'une ligne droite tirée en travers de la baie, dans la partie la plus rapprochée de l'ouverture vers la mer où l'écart entre les deux côtes de la baie est de dix mille marins de largeur à moins qu'un usage continu et séculaire n'ait consacré une largeur plus grande. Les eaux de ces baies sont à assimiler à des eaux intérieures. Pour les baies qui sont environnées de deux on plusieurs états, la mer territoriale suit les sinuosités de la côte[58])." Art. 5 des Völkerbundsentwurfes handelt von dem Fall, daß eine Insel oder eine Gruppe solcher der Küste vorgelagert ist, und bestimmt: ,,Si des îles naturelles, non constamment submergées, sont situées en face d'une côte, la zone intérieure de la mer sera mesurée à partir de ces îles, excepté le cas où des îles seraient éloignées du continent de telle manière qu'elles ne se trouveraient plus dans la zone de la mer territoriale, si celle-ci était mesurée à partir du continent. Dans ce cas, l'île a une mer territoriale à elle. S'il s'agit d'un archipel, les îles qui le constituent seront considérées comme formant un ensemble et l'étendue de la mer territoriale sera comptée à partir des îles les plus é'loignées du centre de l'archipel." Wegen ihrer prägnanten Kürze und wohl auch besser einigen Sonderheiten Skandinaviens Rechnung tragend[59]), erscheint mir die Regelung des Institutskommissionsentwurfes als die bessere. Dessen Art. 4 bestimmt: ,,Les îles situées soit en dehors, soit dans les limites de la mer territoriale, ont chacune une zone de mer territoriale." Und Art. 5 fügt hinzu: ,,S'il s'agit d'un groupe d'îles appartenant à un même état, dont la distance de proche en proche à la périphérie du groupe ne dépasse pas la double mesure de la mer territoriale, ce groupe sera considéré comme un ensemble et l'étendue de la mer territoriale sera comptée à partir de la ligne qui joint les extrémités extérieures des îles."

VI.

Die vorliegende Arbeit wäre unvollständig, würde sie nach Darstellung der Entwürfe von Gelehrten und gelehrten Gesellschaften nicht in einen eigenen Entwurf ausmünden wollen. Dabei lag es für mich nahe, einen Entwurf vorzulegen, der von dem positivrechtlich angenommenen Standpunkte ausginge, daß der Uferstaat in dem Küstenmeere nicht die Staatshoheit in toto, sondern

[56]) Art. 6 Entwurf 10. Codification S. 44.
[57]) Art. 3 Annuaire 33, 1 S. 99.
[58]) Kritik einiger Staaten s. Strupp, Kodifikation S. 178, 10.
[59]) Vgl. Strupp, Kodifikation S. 179.

nur ein Bündel von Herrschaftsrechten verschiedenster Art ausübe. In einem solchen Entwurfe müßten limitativ die Rechte des Uferstaates aufgezählt werden, es wäre der geniale Schückingsche Gedanke von der Begründung neuer, auf die Zukunft projizierter Rechte des Uferstaates (s. S. 59) noch stärker für die erste Zone auszubauen — aber im wesentlichen würde die Konvention unkomplizierter und vor allem — man denke nur an die schlecht verkappte Exterritorialität fremder Handelsschiffe in dem Küstenmeere — folgerichtiger sein. Wenn ich einen solchen Entwurf nicht aufstelle, so ist für mich der Gedanke maßgebend, daß ich positive Arbeit leisten will. Eine solche würde aber mit einem Vorschlage nicht geleistet werden, der nach Lage der Dinge kaum Aussicht auf Berücksichtigung durch die Staaten hätte. Psychologisch sind diese durch die Gesamtheit der vorliegenden Entwürfe schon so auf der Idee der Staatsgewalt in den Küstengewässern in ihrer Mehrzahl heute festgelegt, daß ein Entwurf, der an die Spitze etwa den Satz stellte: „L'état a, dans la mer côtière, les droits ci-après" kaum auf Beachtung zu rechnen haben würde.

Ein Entwurf für eine Küstenmeerkonvention sieht für mich so aus[60]):

Article Ier.

Les états ont la puissance étatique sur une zone de la mer qui baigne leurs côtes (mer territoriale), dans l'étendue définie à l'art. 2 et sauf les restrictions ci-après.

Art. 2.

L'étendue de la mer territoriale est de trois milles marins, à moins qu'un usage internationalement reconnu ou des conventions internationales ne justifient pas, de la part de l'état côtier, la réclamation d'une zone plus grande.

Au-delà de la zone définie au Ier alinéa, les états peuvent prendre, dans un but de pure police, notamment en ce qui concerne sa sécurité et le respect de sa neutralité, des mesures indispensables; ils peuvent connaître des infractions contre les dispositions émanées à cet effet.

La zone supplémentaire ne peut pas dépasser trois mille marins.

Art. 3.

Dans la zone supplémentaire, les états côtiers peuvent établir dans un but purement pacifique,

1) des bases pour des aéroplanes et des dirigeables non militaires,
2) des stations de T. S. F.,
3) des stations de câbles sous-marins,
4) des phares,
5) des bases pour des explorations scientifiques,
6) des postes de secours aux naufragés.

Art. 4.

Les modifications, à l'étendue normale (de trois milles marins) ainsi que les droits mentionnés à l'alinéa 2 de l'article 2 et à l'article 3 ainsi que des droits nouveaux, découlant d'un besoin nouveau et urgent de l'état demandeur, et reconnus par les autres états, doivent être enregistrés dans le livre foncier aquatique, à instituer par l'office international aquatique (art. 17) et ne sont valables, pour les états qui ont ratifié cette convention, qu'après l'enregistrement.

---

[60]) Im Interesse der Verwertung auch im Auslande bringe ich ihn ab initio in französischer Sprache.

L'office internationale aquatique ne peut enregistrer une demande respective, sans en avoir donné connaissance à tous les états membres de la convention. Si ceux-ci ne se sont pas opposés à la demande d'enregistrement, 6 mois après l'acceptation de la communication officielle s'étant écoulés, l'enregistrement devra être fait et communiqué à tous les états membres de la convention. En cas d'opposition, le litige sera tranché conformément à l'article 18 et l'enregistrement ne pourra être fait qu'avant la sentence rendue.

Une sentence rendue, conformément à l'art. 18, est obligatoire pour tous les états membres de cette convention en tant que ceux-ci ont été informés, par l'office, de l'opposition de l'état adversaire de l'enregistrement et des mesures prises par lui et qu'ils se sont joints à cet état.

Si l'un des etats refuse, d'aller au-devant d'un tribunal d'arbitrage on de la cour de justice internationale de la Haye, l'office peut, sur demande de l'autre partie, enregistrer ou refuser l'enregistrement.

Art. 5.

L'art. 4 trouve application analogue en tant qu'il s'agit d'autres droits prétendus par des états membres de la convention, en tant qu'ils ne sont pas la conséquence de dispositions de celle-ci.

Art. 6.

L'étendue de la mer territoriale se compte à partir de la laisse de bassemarée, pour les ports, à partir de l'extrémité de ceux-ci; pour les baies et golfes appartenant au même état, à partir d'une ligne droite tirée à travers de la partie la plus rapprochée de l'ouverture vers la mer où l'écart entre les deux côtes n'excède pas 6 mille marins, à moins qu'un usage incontesté n'ait consacré une largeur plus grande.

Pour les baies qui sont environnées de territoires appartenant à deux ou plusieurs états, la mer territoriale suit les sinuosités des côtes.

Art. 7.

Les îles situées soit en dehors, soit dans les limites de la mer territoriale, ont chacune une zone de mer territoriale propre.

S'il s'agit d'un archipel appartenant à un même état, dont la distance de proche en proche à la périphérie du groupe ne dépasse pas la double mesure de la mer territoriale, ce groupe sera constitué comme un ensemble et l'étendue de la mer territoriale sera comptée à partir de la ligne qui joint les points extrêmes des îles.

Art. 8.

Les navires de commerce de tous les états ont le droit de passage inoffensif par la mer territoriale en temps de paix et en temps de guerre. Ils sont toutefois soumis aux lois et règlements de police et de navigation édictés par l'état côtier et sont, en les violant, justiciables de la juridiction de celui-ci.

Sur le parcours de la mer territoriale, il ne pourra être perçu de redevances d'aucune espèce autres que des redevances affectés à couvrir les dépenses de surveillance et d'administration. Même ce droit cesse, si les navires ne sont entrés dans la mer territoriale qu'à cause d'un danger évident du navire.

Art. 9.

Les actes juridiques commis à bord d'un navire de commerce traversant la mer territoriale, au point de vue civil et commercial, ne sont pas, par là même, soumis à la compétence législative et judiciaire de l'état côtier.

Art. 10.

Les faits punissables commis à bord des navires de commerce traversant la mer territoriale, par des personnes qui se trouvent à bord, envers des personnes se trouvant là-même, ne tombent pas, comme tels, sous la juridiction de l'état côtier à moins que les conséquences ne dépassent pas le bord du navire. En ce cas, notamment, s'ils troublent la tranquillité ou l'ordre public de l'état côtier, ils sont soumis à la juridiction de celui-ci.

Art. 11.

Le droit de passage comporte le droit de séjour dans la mesure nécessaire à la navigation. Si le navire prolonge son séjour, sans motif raisonnable, l'état côtier pourra réclamer compétence législative et judiciaire illimitées.

Art. 12.

L'exercice du droit de passage de navires de guerre, peut, de tout temps, être assujetti à des règles spéciales par l'état côtier. Les submersibles ne peuvent traverser qu'en surface.

Art. 13.

La poursuite commencée par l'état riverain pour infraction à ses lois et règlements, conformément aux dispositions précédentes, dans la mer territoriale ou la zone supplémentaire, peut être continuée sur la haute mer et l'état côtier aura la faculté d'arrêter et de juger un navire coupable.

La poursuite est interrompue dès que le navire entre dans la mer territoriale proprement dite de son pays on d'une tierce puissance en cas de capture, conformément à l'alinéa Ier, notification en devra être faite à l'état dont le navire bat le pavillon.

Art. 14.

Le régime des détroits contenu dans des conventions spéciales est maintenu.

Dans les détroits dont les côtes appartiennent au même état, la mer est considérée comme territoriale bien que l'écartement des côtes dépasse 6 milles, si à chaque entrée du détroit cette distance n'est pas dépassée.

Si l'est, on applique les articles précédents.

Les détroits dont l'écart n'excède pas 12 milles et dont les côtes appartiennent à des états différents, font partie de la mer territoriale jusqu'à la ligne médiane.

Art. 15.

Est institué, à Rotterdam, un office international aquatique.

Celui-ci se compose-outre le personnel inférieur nécessaire — de 15 membres, élus, sans égard à leur nationalité, sur proposition de tous les états membres de la convention, par la Société des Nations dans une procédure analogue à celle de l'élection des juges de la cour permanente de justice internationale. Les articles 3, 7, 8, 10 à 14 du Statut de celle-ci trouvent application analogue avec les modifications ci-après.

Art. 16.

Tout au moins la moitié des membres de l'office doivent être des connaisseurs réputés du droit international public.

Art. 17.

L'office a les compétences suivantes:

a) Il dresse une carte maritime mondiale, dans laquelle sont inscrites les mers territoriales et les zones supplémentaires, conformément au contenu du livre foncier aquatique (v. b);

b) il dresse un livre foncier aquatique dans lequel il fait des enregistrements, conformément aux articles ci-dessus et notamment à l'article 4;

c) il édicte un règlement qui doit, avant son entrée en vigueur, être soumis à l'approbation des états membres de la convention;

d) il sert, sur la demande des parties en litige, membres de la convention, comme organe de conciliation ou d'arbitrage dans toutes les questions en connexité avec celles contenues dans cette convention;

e) il enregistre et publique toutes les lois et règlements édictés par les états et se rapportant à la mer territoriale.

Art. 18.

En tant que l'office ne sert pas comme organe d'arbitrage, conformément au No. d) de l'article précédent, tous les litiges se rapportant à l'interprétation de cette convention, sont soumises à la cour permanente de justice internationale à la Haye. L'article 27 du statut de la cour trouve application.

Begründung:

Der vorliegende Entwurf schließt sich, soweit möglich, aber mit starken formellen Änderungen, an den Entwurf der Institutskommission 1927 an. Das Wasseramt ist den Entwürfen Alvarez und Schücking entnommen. Ein Vergleich mit all diesen Entwürfen dürfte aber zahlreiche Abweichungen ergeben. Sie sind erfüllt von den grundlegenden Ideen, die in so guter Formulierung die oben abgedruckten Völkerbundsbeschlüsse wiedergeben.

Zu Art. 1: Es ist Konsequenz der von mir vertretenen, heute in wachsendem Maße in der Wissenschaft Boden gewinnenden Auffassung, daß der Souveränitätsbegriff im Völkerrecht überlebt ist[61]), wenn ich den Ausdruck (der bald identisch mit Handlungsfähigkeit, bald mit Staatsgewalt ist, also ganz Verschiedenes bezeichnet) durch „Staatsgewalt" (der Ausdruck „puissance étatique" gehört der heutigen französischen Rechtssprache an) ersetzt habe

Zu Art. 2: Die Drei-Meilen-Zone, als das Minimum, das alle Staaten anerkennen, aber auch als das von sehr vielen Staaten als genügend anerkannte Maß, ist meines Erachtens anzustreben. So mit Recht auch die deutsche Regierung. Weitergehenden Forderungen, die sich auf dauernde Übung stützen können, wird durch den zweiten Halbsatz Rechnung getragen. Solche Übung muß international anerkannt, d. h. von anderen Staaten unwidersprochen geblieben sein oder aus Konventionen unmittelbar sich ergeben. Durch Art. 4 in Verbindung mit Art. 17, 18 wird das Verfahren geregelt, das zu internationaler Anerkennung oder zur Zurückweisung der erhobenen Ansprüche führen kann.

Es erscheint zweckmäßig, von der zone supplémentaire (der Ausdruck scheint der zone contiguë oder gar administrative vorzuziehen zu sein) gleich an dieser Stelle zu sprechen (anders z. B. die Institutskommission: Art. 2 und 12). Sachlich handelt es sich durchgehends um Fragen der Polizei, so daß es angebracht sein wird, das auch durch die Formulierung zu klarem Ausdruck zu bringen.

Der Umfang scheint durch die Erwägung geboten, daß im ganzen sechs Seemeilen als — in diesem Sinne! — staatliche Einfluß- und Interessenzone genügen werden.

Zu Art. 3: Er enthält die bekannten Alvarez- (amerikanischen) Forderungen, unterläßt es aber, statt einer Aufzählung über Nichtbefestigung usw. von dem but purement (darauf ist der Ton zu legen!) pacifique zu sprechen.

[61]) Vgl. Strupp, Éléments S. 24; Annuaire 33, 1 S. 69.

Zu Art. 4: Die Anerkennung neuer Rechte entspricht der oben (S. 59) erwähnten trefflichen Idee Schückings. Jene muß aber, ihrer Bedeutung entsprechend, nicht vom Wasseramt, sondern von den anderen Staaten erfolgen, die Gründe haben können, sich dagegen zu erklären. Über ihre Berechtigung ist wie sonst zu entscheiden. Die Schaffung eines vom Publizitätsprinzip und der Idee des öffentlichen Glaubens getragenen internationalen „Wassergrundbuches" scheint mir der wichtigste Kern des Alvarezschen Projektes zu sein, der nur herausgeschält werden muß. Die Eintragung kann — was ausgesprochen werden muß, da der Rechtsvorgang für nicht an der Konvention beteiligte Staaten res inter alios ist — (ich bezeichne die ratifizierenden Staaten der Kürze halber als États membres de la convention), nur erfolgen, wenn Einsprüche Dritter nicht vorliegen. Erfolgen solche, so kann auf dem in Art. 18 verzeichneten Wege die Einigung (auch der Entscheid eines Schiedsgerichts oder der Cour de justice gilt als solche, da er auf Vertragsgrundlage ruht) herbeigeführt und die entsprechende Eintragung bewirkt werden. Weigert sich ein Staat, die Sache dem Office als tribunal d'arbitrage oder der Haager Cour vorzulegen, so liegt echtes völkerrechtliches Delikt vor, dessen Konsequenzen für den konkreten Fall darin bestehen sollen, daß die gegnerischen Behauptungen als richtig vom Office angesehen werden können. Das besagt: Weigert sich der Staat, dessen Recht bestritten wird, so gilt dieses prinzipiell als nicht bestehend und es kann keine Eintragung erfolgen. Weigert sich der Staat, der die Eintragung verhindern will, so gilt, daß der Antragsteller im Rechte ist, diesen zu stellen, und auf Grund eines entsprechenden Antrages kann (nicht muß) das Office die Eintragung vornehmen oder ablehnen.

Es erscheint wichtig, da ja alle Staaten von dem Tatbestande Kenntnis erhalten, um Verzögerungen und Wiederholungen zu vermeiden, ein ergehendes Urteil auch gegen sie wirksam sein zu lassen, soweit sie sich dem Verfahren angeschlossen haben. Tun sie das nicht, so können sie ein anderes wählen (z. B. anstatt der Schiedsgerichtsbarkeit die Gerichtsbarkeit der Cour oder direkte Verhandlungen), jedenfalls aber soll das auf möglichste Beschleunigung der Herstellung eines „richtigen" Grundbuches abzielende Verfahren möglichst beschleunigt werden.

Art. 6 = Institutkommission Art. 3, 4.

Zu Art. 8 erschien es geboten, eine bekannte Streitfrage durch die Feststellung zu klären, daß diese Bestimmung in Friedens- und Kriegszeiten zu gelten haben. Hinsichtlich der Kriegsschiffe ergibt sich das Erforderliche aus Art. 12, dessen Fassung noch schärfere Bestimmungen, insbesondere Verbote, im Kriege ohne weiteres zuläßt.

Art. 9 ist eine Zusammenfassung der Art. 6 und 8 der Institutkommission.

Art. 10 verändert Art. 7 der Institutkommission durch Zusammenfassung; er wählt den farblosen Ausdruck „actes punissables" an Stelle der bestimmte strafrechtliche Termini darstellenden „crimes et délits" und fügt zu tranquillité, entsprechend der Praxis, den ordre public.

Art. 14 beschäftigt sich — im Einklang mit der Institutkommission — mit den Meerengen, soweit sie für das Küstenmeer von Interesse sind. Über die Vorschrift selber vgl. Annuaire a. a. O. S. 96ff.

Art. 15 schließt sich an die bekannten Ideen Alvarez' und Schückings an, kombiniert und erweitert sie.

a) Als Sitz des Wasseramtes erscheint Rotterdam angemessen. Nicht nur, weil Holland bisher, im Gegensatze zu anderen Staaten, noch kein internationales Verwaltungsamt besitzt, sondern auch, weil eine große Seestadt eines nicht zu den Großmächten gehörenden Staates sich besonders empfiehlt.

Mit Alvarez' Selbstamendierung bin ich für 15 Mitglieder, wobei die Art der Berufung sich durch die guten Erfahrungen rechtfertigt, die man mit den Vorschriften für die Cour de justice gemacht hat. Das Vorschlagsrecht soll allen Konventionsteilnehmern zustehen; die Wahl durch die SdN. rechtfertigt sich nicht nur dadurch, daß sie Einberuferin der Konferenz sein wird, die das Küstengewässerrecht kodifizieren will, und daß ihr nach Artikel 24 der Völkerbundspakte alle internationalen Ämter de futuro unterstehen sollen[62]), sondern vor allem dadurch, daß ihr 55 Staaten, also beinahe alle Kulturstaaten angehören, und daß auf diese Weise auch eine Berücksichtigung anderer Kontinente gewährleistet ist, auch wenn die Staatsangehörigkeit keine Rolle bei der Wahl spielen darf, hier vor allem, um eine Präponderanz der Großmächte und Gefühle von Zurücksetzung bei anderen Staaten zu verhüten. Es darf freilich nicht übersehen werden, daß im Falle der Teilnahme der Union an der Haager Konferenz ein Modus gefunden werden muß, um diese — die ja dem Völkerbund ohne Sympathie gegenübersteht — mit dem Vorschlage, falls er sonst akzeptabel erscheint, auszusöhnen oder in anderer Weise zufriedenzustellen. Wegen der Art. 3, 7, 8, 10—14 des Cour-Statuts siehe Strupp, Cour de justice, Wörterbuch des Völkerrechts, Bd. III S. 773—817 sowie Strupp, Die Gerichts-, Schiedsgerichts- und Vergleichsverträge des Deutschen Reiches 1929, Nr. 16.

Nach Art. 16 muß — zum mindesten wegen Art. 17d — wenigstens die Hälfte der Mitglieder Völkerrechtskenntnisse besitzen.

Art. 18 enthält eine Schiedsgerichts- oder Gerichtsbarkeitsklausel. Im Falle der Entscheidung vor der Cour können die Parteien das Spezialverfahren vor der „Verkehrskammer" wählen[63]).

Abgeschlossen: Januar 1928.

Nachtrag:

Das Institut de Droit International hat in seiner Tagung vom August 1928 ein „Projet de règlement relatif à la mer territoriale en temps de paix" angenommen, das sich im wesentlichen an den Entwurf Alvarez-Barclay anschließt. Hauptgrundsätze: Souveränität des Uferstaates über Küstengewässer, Ausdehnung dieser 3 Seemeilen (deutsche Auffassung!), zone supplémentaire von 6 Seemeilen. S. Text Zschr. f. Völkerrecht 1928 Bd. XV Heft 1. Auf Antrag Strupp wurde eine besondere Kommission („Création d'un office international des eaux") unter Strupp als Rapporteur zur Prüfung der hier in Art. 4, 15—18 enthaltenen Ideen und Ausarbeitung eines Entwurfes eingesetzt.

November 1928.

---

[62]) Vgl. Schücking-Wehberg, Satzung des Völkerbundes, 2. Aufl., 1924, S. 756.

[63]) Schücking-Wehberg S. 540.

Die Frage der Kündigung des belgisch-chinesischen Handelsvertrages von 1865

Gutachten, erstattet von Walther Schücking, Professor des Internationalen Rechtes a. d. Universität Kiel, Vizepräsident des Institut de Droit international, Mitglied des Haager Ständigen Schiedshofes[1])

A. Tatbestand

Am 2. Nov. 1865 schlossen Belgien und China einen Freundschafts-, Handels- und Schiffahrtsvertrag miteinander, der nach dem Muster der anderen zu jener Zeit von China mit europäischen Mächten geschlossenen Verträge abgefaßt war, insbesondere also die chinesische Zollautonomie zugunsten der belgischen Ein- und Ausfuhr beschränkte, sowie die belgischen Staatsangehörigen, unter Befreiung von der chinesischen Gesetzgebung und Gerichtsbarkeit, der belgischen Konsulargerichtsbarkeit unterstellte.

Dieser Vertrag enthielt in Art. 46 folgende Bestimmung, wodurch lediglich Belgien ein Kündigungsrecht zugebilligt war:

> „Si dorénavant le Gouvernement de Sa Majesté le roi des Belges jugeait utile d'apporter des modifications à quelques-unes des clauses du présent Traité, il sera libre à cet effet d'ouvrir des négociations après un intervalle de dix années révolues à partir du jour de l'échange des ratifications, mais il faut que, six mois avant l'expiration des dix années, il fasse connaître officiellement au Gouvernement de Sa Majesté l'empereur de Chine son intention d'apporter des modifications et en quoi elles consisteront. A défaut de cette annonce officielle, le Traité restera en vigueur sans changement pour un nouveau terme de dix années et ainsi de suite de dix en dix années."

Der Vertrag trat am 27. Okt. 1866 durch Austausch der Ratifikationsurkunden in Kraft.

Durch Note vom 16. April 1926[1a]) teilte die chinesische Regierung der belgischen mit, daß sie am 27. Okt. 1926 den Vertrag nicht mehr als bestehend betrachten werde. Sie sprach gleichzeitig den Wunsch nach Abschluß eines neuen Vertrages auf der Grundlage der Gleichheit und Gegenseitigkeit aus. Sie begründete ihren Entschluß durch den Hinweis, daß in den 60 Jahren seit dem Abschlusse des Vertrages „so many momentous political, social and commercial

---

[1]) Das Gutachten ist der chinesischen Regierung in Peking auf ihren Wunsch unter dem 27. März 1927 abgegeben worden. Der damals vor dem Weltgerichtshof im Haag anhängig gemachte belgisch-chinesische Rechtsstreit schwebt heute noch. Wegen der unter den Parteien eingeleiteten Vertragsverhandlungen hat der Gerichtshof die Fristen für den Austausch der Prozeßschriften wiederholt verlängert, zuletzt durch seine Ordonnance vom 13. Aug. 1928. Auch wenn ein außergerichtlicher Vertrag dem fraglichen Konflikt ein Ende setzen und deshalb seine Verhandlung vor dem Weltgerichtshof überhaupt nicht stattfinden sollte, wird die in dem Gutachten enthaltene Erörterung einer Kardinalfrage des Völkerrechtes eine gewisse Bedeutung erhalten.

[1a]) Statement of the Chinese Government and other Official Documents relating to the negotiation for the termination of the Sino-Belgian Treaty of Amity, Commerce and Navigation of November 2nd, 1865. Published by the Wai Chiao Pu, Peking, November 6th, 1926, S. 7, 6.

changes" Platz gegriffen hätten, daß die Revision des Vertrages nicht nur wünschenswert, sondern auch notwendig geworden sei.

Die belgische Regierung antwortete am 27. April 1926[2]), daß zwar der Vertrag lediglich Belgien ein Kündigungsrecht einräume, daß aber Belgien bereit sei, in Verhandlungen über eine Revision des Vertrages mit China einzutreten, sobald die politische Situation in China dies gestatte und sobald die Ergebnisse der auf Grund der Washingtoner Beschlüsse von 1922 eingesetzten Zollkonferenz und der Exterritorialitätskommission vorlägen. Die gleiche Erklärung gab die belgische Regierung nochmals in einem Aide-Mémoire vom 31. Mai 1926[3]) ab, als der chinesische Gesandte in Brüssel am 22. Mai 1926[4]) mündlich nochmals betont hatte, daß China ohne Rücksicht auf die Ergebnisse der Zollkonferenz und der Exterritorialitätskommission den Vertrag ab 27. Oktober als nicht mehr in Geltung befindlich betrachte.

Durch Aide-Mémoire vom 1. Juni 1926 und durch Note vom 24. Juli 1926 schlug die chinesische Regierung der belgischen den Abschluß eines modus vivendi provisoire für den Fall vor, daß bis zum Außerkrafttreten des Vertrages von 1865 ein neuer Vertrag noch nicht geschlossen worden wäre[5]).

Belgien erklärte am 4. Aug. 1926[6]) erneut, seiner Auffassung nach gebe der Art. 46 des Vertrages von 1865 nur Belgien das Recht der Kündigung, und es beabsichtige daher, die Auslegung dieses Artikels dem Ständigen Internationalen Gerichtshofe, dessen obligatorische Zuständigkeit von Belgien wie von China durch Ratifikation der Fakultativen Klausel anerkannt sei, zu unterbreiten. Bevor es jedoch diesen Schritt unternähme, wolle es noch einen Monat warten, damit ihm die chinesische Regierung die Grundlagen des vorgeschlagenen modus vivendi mitteilen könne. In der Folgezeit erklärte es sich grundsätzlich bereit, den Vertrag vom 2. Nov. 1865 als aufgelöst zu betrachten, wenn eine Einigung zwischen Belgien und China über den modus vivendi provisoire erzielt würde[7]). Es betonte ausdrücklich, daß es „ne fait pas du maintien par lui des clauses de l'ancien traité une question de principe ou de doctrine"[8]).

Die darauf einsetzenden Verhandlungen Chinas und Belgiens erstreckten sich einerseits auf die formelle Dauer, andererseits auf den materiellen Inhalt des abzuschließenden modus vivendi. Über die letztere Frage einigte man sich dahin, daß nach einem von Belgien in dem Aide-Mémoire vom 26. Okt. 1926[9]) gemachten Vorschlage „les agents diplomatiques et consulaires, les ressortissants, la personne juridique, les produits et les navires de chacune des Hautes Parties Contractantes jouiront à tous égards sur le territoire de l'autre Partie du traitement de la nation la plus favorisée".

Was dagegen die Dauer des modus vivendi betrifft, so konnte hierüber eine Einigung nicht erzielt werden. Während Belgien in seinen Aide-Mémoires vom 29. Sept., 23. Okt. und 26. Okt. 1926[10]) den Standpunkt vertrat, daß der modus vivendi bis zum Inkrafttreten des neuen Vertrages gültig bleiben sollte, regte China in den Denkschriften vom 2. Sept., 16., 23. und 26. Okt.

[2]) A. a. O. S. 9.
[3]) A. a. O. S. 11.
[4]) A. a. O. S. 10.
[5]) A. a. O. S. 12, 13.
[6]) A. a. O. S. 14.
[7]) Vgl. besonders die belgischen Aide-Mémoires vom 26. Okt. und 5. Nov. 1926, a. a. O. S. 22ff., 30ff.
[8]) Aide-Mémoire vom 5. Nov. 1926, a. a. O. S. 30.
[9]) A. a. O. S. 22.
[10]) A. a. O. S. 16ff., 19ff., 22ff.

1926[11]) an, zu vereinbaren, daß die Verhandlungen über einen neuen Vertrag binnen sechs Monaten, vom 27. Okt. 1926 an gerechnet, beendet sein müßten, und daß, falls bis dahin der neue Vertrag nicht zustande gekommen sei, jede Partei frei sein sollte, die Frage der Fortdauer des modus vivendi aufs neue in Erwägung zu ziehen. Darauf machte Belgien in dem Aide-Mémoire vom 27. Okt. 1926[12]) den Gegenvorschlag, daß nach dem Ende der sechs Monate, falls bis dahin der endgültige Vertrag nicht zustande gekommen sei, der modus vivendi auf den drei Monate vorher zu stellenden Antrag einer Partei um sechs Monate verlängert werden sollte, und so weiter immer wieder um sechs Monate, bis der neue Vertrag in Kraft getreten sei.

China ging jedoch hierauf nicht ein, sondern erklärte sich in dem Aide-Mémoire vom 28. Okt. 1926[13]) lediglich damit einverstanden, daß nach dem Ablaufe von sechs Monaten der modus vivendi durch gegenseitige Vereinbarung erneuert und mit einer Frist von drei Monaten durch eine der Vertragsparteien gekündigt werden könnte. Darauf antwortete die belgische Regierung[14]), sie sei bereit, dem Könige von Belgien zu empfehlen, daß die Möglichkeit der Erneuerung des modus vivendi nicht mehr in Betracht kommen sollte, wenn eine der anderen in China wirtschaftlich interessierten Mächte, die Vereinigten Staaten von Amerika, Großbritannien, Frankreich oder Japan, einen neuen Vertrag mit China schließen würde, und daß die belgische Regierung sich für diesen Fall zum Abschluß eines gleichen Vertrages mit China verpflichte. Dieses Anerbieten lehnte China in der Note vom 6. Nov. 1926[15]) ab. Zur Begründung betonte die chinesische Regierung: Wenn sich jede der Vertragsmächte auf diesen Standpunkt stellen würde, so entstände ein gefährlicher circulus vitiosus, der China wenig Aussicht auf das Zustandekommen neuer Verträge lassen würde.

Damit waren die Verhandlungen über einen modus vivendi endgültig gescheitert, da die Fragen der Dauer wie des materiellen Inhaltes des modus vivendi als ein einheitliches Ganzes betrachtet wurden. Infolgedessen bezeichnete eine chinesische „Presidential Order" vom 6. Nov. 1926[16]) den Vertrag mit Belgien als außer Kraft getreten und forderte das chinesische Ministerium auf, Verhandlungen mit Belgien zwecks Abschluß eines neuen Vertrages auf der Basis der Gleichheit und der gegenseitigen Achtung der territorialen Souveränität zu beginnen. Der belgischen Gesandtschaft, den belgischen Konsuln, den belgischen Staatsangehörigen, Waren und Schiffen in China sollten die lokalen Behörden vollen Schutz gemäß den Grundsätzen des Völkerrechtes angedeihen lassen.

Bald darauf erteilte die chinesische Regierung dem Vorsitzenden des Gemischten Gerichts in Schanghai den Befehl, einem belgischen Beisitzer nicht mehr zu gestatten, bei Prozessen zwischen Belgiern und Chinesen mitzuwirken. Sie verweigerte ferner einem Belgier die Teilnahme an einer Versammlung der Vertragsmächte, die sich mit der Frage der Verhinderung der Einfuhr bestimmter Erzeugnisse befassen sollte.

II.

Bereits in ihrer Note vom 4. Aug. 1926[17]) an die chinesische Regierung hatte die belgische Regierung ihre Absicht erklärt, die Frage der Auslegung des

[11]) A. a. O. S. 15, 18, 21, 24.
[12]) A. a. O. S. 25 ff.
[13]) A. a. O. S. 28 ff.
[14]) A. a. O. S. 30 ff.
[15]) A. a. O. S. 32 ff.
[16]) A. a. O. S. 34 ff.
[17]) A. a. O. S. 14.

Art. 46 des Vertrages von 1865 dem Ständigen Internationalen Gerichtshofe zu unterbreiten, dessen obligatorische Zuständigkeit von Belgien sowohl wie von China durch die Unterzeichnung und Ratifikation der Fakultativen Klausel anerkannt sei. In dem Aide-Mémoire vom 5. Nov. 1926[18]) wiederholte die belgische Regierung nach dem Scheitern der Verhandlungen über einen modus vivendi diese Erklärung und lud China ein, gemeinsam mit Belgien einen Kompromiß abzuschließen, auf Grund dessen der Gerichtshof gemäß Art. 40 des Statuts in Tätigkeit treten könne. Die belgische Regierung betonte, daß sie auch im Falle einer für sie günstigen Entscheidung des Ständigen Internationalen Gerichtshofes weiter bereit sein werde, eine entgegenkommende Lösung des Streites in demselben Geiste wie bisher zu suchen. In der Note vom 6. Nov. 1926[19]) ging China auf diesen Vorschlag Belgiens mit keinem Worte ein. Darauf erklärte die belgische Regierung in ihrer Note vom 10. Nov. 1926, sie sähe sich gezwungen, den Ständigen Internationalen Gerichtshof durch einseitige Klageerhebung anzurufen, wenn China auf den Vorschlag betr. die gemeinsame Errichtung eines Kompromisses nicht antworte.

Die chinesische Regierung antwortete durch Note vom 16. Nov. 1926. Sie lehnte den Abschluß eines Kompromisses ab und erklärte weiter: Der Streit betreffe nicht die Frage der technischen Auslegung des Art. 46 des Handelsvertrages, sondern die Anwendung des Prinzips der Gleichheit unter den Völkern; dieses Problem habe einen politischen Charakter, und keine Nation könne zustimmen, daß darüber eine richterliche Instanz entscheide. Als China den Vertrag gekündigt habe, hätte es nur eine Entscheidung getroffen, die mit dem Geiste des Art. 19 der Völkerbundsatzung übereinstimme; wenn eine internationale Instanz angerufen werden müsse, so könne dies nur der Völkerbund sein.

Darauf hat Belgien am 26. Nov. 1926 beim Ständigen Internationalen Gerichtshofe gegen China auf Feststellung geklagt, daß China nicht zur einseitigen Kündigung des Vertrages vom 2. Nov. 1865 berechtigt sei. Es hat ferner beantragt, alle vorläufigen Maßnahmen zur Wahrung der Rechte, die eventuell Belgien oder seinen Staatsangehörigen zuerkannt werden würden, anzuordnen.

Gemäß Art. 35 des revidierten Reglements des Weltgerichtshofes hat die belgische Regierung sodann als ihre Agenten die Herren J. de Ruelle und Henri Rolin, Rechtsberater im belgischen Ministerium des Äußeren, bezeichnet.

Der Präsident des Weltgerichtshofes hat gemäß Art. 33 des Reglements die Fristen für die Einreichung der Prozeßschriften folgendermaßen festgesetzt:

Für das Mémoire der Klägerin den 5. Jan. 1927
Für das Contre-Mémoire der beklagten Partei den 16. März 1927
Für die Réplique der Klägerin den 6. April 1927
Für die Duplique der beklagten Partei den 8. Juni 1927.

Was die provisorischen Maßnahmen betrifft, so hat der Präsident des Weltgerichtshofes den Parteien am 20. Dez. 1926 mitgeteilt, daß die bisher dem Gerichtshofe durch die belgische Regierung überreichten Dokumente die Anordnung solcher Maßnahmen nicht hinreichend rechtfertigten. Nachdem er jedoch am 3. Jan. 1927 den belgischen Schriftsatz erhalten hatte, dem in der Anlage der Bericht der durch die Washingtoner Konferenz eingesetzten Exterritorialitätskommission beigefügt war, hat er am 8. Jan. 1927 gemäß Art. 41 und 48 des Statuts sowie gemäß Art. 57 des revidierten Reglements des Weltgerichtshofes folgende provisorische Maßnahmen angeordnet: Der in dem Dekrete des chinesischen Präsidenten vom 6. Nov. 1926 vorgesehene Schutz der Belgier und des belgischen Eigentumes sollte in sich schließen:

---

18) A. a. O. S. 31.

19) A. a. O. S. 32ff.

„I. — En ce qui concerne les ressortissants:

1. Le droit, pour tout Belge qui aurait perdu son passeport ou qui aurait commis quelque attentat contre les lois, d'être reconduit avec toute sécurité au consulat belge le plus voisin (cf. traité du 2 novembre 1865, art. 10);

2. la protection efficace des missionnaires belges qui se seront rendus pacifiquement dans l'intérieur du pays; et, en général, la protection des Belges contre toute insulte ou violence (cf. traité du 2 novembre 1865, art. 15, art. 17);

3. le droit, pour tout Belge qui commettrait un crime contre un Chinois ou tout autre attentat contre les lois, de n'être arrêté qu'à la diligence du consul, ni livré qu'à l'action régulière des lois belges, en ce qui concerne l'exécution d'une peine éventuelle comportant la violence ou la contrainte à la personne (cf. traité du 2 novembre 1865, art. 19).

II. — En ce qui concerne la propriété et les navires:

La protection, contre tout sequestre ou mainmise non conforme aux principes généralement reconnus du droit international, et contre toute destruction non accidentelle (cf. traité du 2 novembre 1865, art. 14).

III. — En ce qui concerne les garanties judiciaires:

Le droit, pour les personnes physiques et morales belges, de voir juger les procès auxquels elles pourraient se trouver être parties en cause devant les juridictions chinoises, par les Cours modernes, d'après les codes modernes (Cours et codes visés par le délégué de Chine dans sa déclaration du 25 novembre 1921 devant la Commission du Pacifique et de l'Extrême-Orient de la Conférence du désarmement de Washington et indiqués dans le Rapport susmentionné de la Commission de l'exterritorialité en Chine) avec le droit d'appel, d'accord avec la procédure légale régulière et avec l'assistance d'avocats et interprètes de leur choix, dûment agrés par lesdites Cours."

Anfang Januar 1927 kamen die belgische und die chinesische Regierung überein, von neuem Verhandlungen über den Abschluß eines Vertrages, der denjenigen von 1865 ersetzen sollte, zu beginnen. Zwecks Erleichterung dieser Verhandlungen und entsprechend einem Wunsche der chinesischen Regierung schlug die belgische Regierung dem Gerichtshofe vor, in Anwendung des Art. 33 Abs. 2 des revidierten Reglements die der chinesischen Regierung auferlegte Frist betr. die Einreichung des Contre-Mémoire zu verlängern. Dem entsprach der Präsident, indem er die Frist, die ursprünglich am 16. März 1927 ablaufen sollte, bis zum 25. Mai 1927 verlängerte. Dadurch wurden die anderen Fristen gleichfalls um je zehn Wochen hinausgeschoben.

Die inzwischen zwischen der belgischen und chinesischen Regierung eingeleiteten Verhandlungen führten kurz darauf zu einem provisorischen Übereinkommen. Darin erklärte sich China bereit, folgende Verpflichtungen einzugehen:

„1. — Protection adéquate sera accordée aux sujets belges, les missions incluses, et à leurs biens et bateaux, selon les règles du droit international;

2. — Le tarif douanier actuellement appliqué aux autres pays le sera également aux marchandises importées en Chine de Belgique ou exportées de Chine en Belgique;

3. — les procès civils et pénals dans lesquels des ressortissants belges sont en cause, seront jugés seulement par les Cours modernes, avec droit d'appel, les sujets belges étant autorisés à se faire assister d'avocats et interprètes de nationalité belge ou autre, dûment reconnus par les Cours."

Deshalb beantragte die belgische Regierung bei dem Präsidenten des Weltgerichtshofes die Aufhebung der Anordnung vom 8. Jan. 1927, indem sie hervorhob, daß eine solche Entscheidung auch dem Wunsche der chinesischen Regierung entsprechen würde. Infolgedessen hat der Präsident durch Entscheidung vom 15. Febr. 1927 angeordnet, daß die Ordonnanz vom 8. Jan. 1927 „cessera de produire ses effets".

B. Prozessuale Fragen

I. Die Zuständigkeit des Ständigen Internationalen Gerichtshofes

§ 1. Die Verpflichtung Chinas auf Grund der Fakultativen Klausel

Was zunächst die Frage der Zuständigkeit anlangt, so haben sowohl Belgien wie China den Ständigen Internationalen Gerichtshof durch Unterzeichnung der sogenannten „Disposition Facultative" vom 16. Dez. 1920 als bindende Instanz für die in Art. 36 Abs. 2 des Statuts des Ständigen Internationalen Gerichtshofes vorgesehenen Streitigkeiten anerkannt.

Art. 36 Abs. 2 des Statuts des Ständigen Internationalen Gerichtshofes sieht vor, daß die Mitglieder des Völkerbundes und die im Anhange zur Völkerbundsatzung genannten Staaten eine besondere Erklärung abgeben können, worin sie von Rechts wegen und ohne besonderes Abkommen gegenüber jeden im gleicher Weise sich verpflichtenden Mitgliede oder Staate die Gerichtsbarkeit des Gerichtshofes in allen oder in einzelnen der nachfolgenden Arten von „différends d'ordre juridique" als obligatorisch anerkennen:

„a) L'interprétation d'un traité;
b) tout point de droit international;
c) la réalité de tout fait qui, s'il était établi, constituerait la violation d'un engagement international;
d) la nature ou l'étendue de la réparation due pour la rupture d'un engagement international."

Durch Unterzeichnung der sogenannten „Disposition Facultative" ist am 13. Mai 1922 diese Erklärung von China auf die Dauer von fünf Jahren unter dem Vorbehalte der Gegenseitigkeit abgegeben worden. Belgien hat die „Disposition Facultative" am 25. Sept. 1925 gleichfalls auf die Dauer von fünfzehn Jahren unterzeichnet und dabei eine Reihe von Vorbehalten gemacht: a) Die Bindung sollte erst in dem Augenblicke der Ratifikation, die grundsätzlich für die Fakultative Klausel nicht gefordert wird, eintreten; b) sie sollte nur unter dem Vorbehalte der Gegenseitigkeit erfolgen; c) sie sollte sich auf alle Streitigkeiten erstrecken, die nach der Ratifikation aus Situationen oder Tatsachen entstehen würden, die zeitlich der Ratifikation nachfolgten; d) es sollten ausgenommen sein diejenigen Fälle, in denen die Parteien übereingekommen wären oder übereinkommen würden, eine andere Art der friedlichen Streiterledigung anzuwenden. Auf Grund dieser Erklärung hat Belgien am 10. März 1926 die Ratifikationsurkunde im Völkerbundsekretariat hinterlegt[20]).

Die Erklärungen Belgiens und Chinas waren in dem Augenblicke, als Belgien am 26. Nov. 1926 die Klage erhob, rechtsverbindlich. Weder war der fünfjährige Zeitraum, für den die chinesische Erklärung erfolgt war, noch der fünfzehnjährige Zeitraum, für den sich Belgien verpflichtet hatte, abgelaufen. Da China die Kündigung des Handelsvertrages mit Belgien am 16. April 1926 ausgesprochen hatte, so war ferner der Streit aus einer Tatsache entstanden, die zeitlich später lag als die Ratifikation der Fakultativen Klausel durch Belgien. Schließlich war ein Einigung der Parteien über eine andere Art der friedlichen Erledigung nicht zustande gekommen, da China die Aufforderung zum Abschlusse eines speziellen Schiedsvertrages mit Belgien im November 1926 abgelehnt hatte.

Unter diesen Umständen sind alle Bedingungen, unter denen sich Belgien und China verpflichtet hatten, den Ständigen Internationalen Gerichtshof als bindende Instanz anzuerkennen, erfüllt.

[20]) Publications de la Cour Permanente de Justice Internationale, Série E No. 2: Second Rapport annuel de la Cour Permanente de Justice Internationale S. 79ff.

§ 2. Die Zulässigkeit einseitiger Klageerhebung

Belgien war nicht verpflichtet, vor Anrufung des Ständigen Internationalen Gerichtshofes einen Schiedsvertrag mit China abzuschließen, sondern durfte den Gerichtshof einseitig angehen, da die Unterzeichnung der Fakultativen Klausel nach Art. 36 Abs. 2 des Statuts des Ständigen Internationalen Gerichtshofes zur Anrufung des Gerichtes „sans convention spéciale" berechtigt, falls nur der Streitfall zu den in der Fakultativen Klausel vorgesehenen Streitfällen zählt. Andererseits ist die Tatsache, daß sich China geweigert hat, einen speziellen Kompromiß mit Belgien abzuschließen, nicht als Völkerrechtswidrigkeit zu betrachten. China war befugt, den Vorschlag Belgiens zurückzuweisen. Ein spezieller Kompromiß hätte jedoch, worauf noch später hingewiesen wird, mindestens insoweit für China vorteilhaft sein können, als die Parteien darin vereinbart hätten, dem Gerichtshofe die Befugnis zuzuerkennen, gemäß Art. 38 Abs. 2 des Statuts des Ständigen Internationalen Gerichtshofes „ex aequo et bono" zu entscheiden.

§ 3. Das Vorliegen eines différend d'ordre juridique

Es kommt nun weiter darauf an, festzustellen, ob der vorliegende Konflikt unter die in Art. 36 Abs. 2 des Statuts des Ständigen Internationalen Gerichtshofes vorgesehenen „différends d'ordre juridique" fällt.

Ein Streit rechtlicher Natur liegt dann vor, wenn der Konflikt so, wie er dem Gerichtshofe unterbreitet wird, unter Anwendung von Grundsätzen des internationalen Rechtes entschieden werden kann[21]). Die Tatsache allein, daß durch den Streitfall wichtige politische Interessen einer oder beider Parteien berührt werden, genügt nicht, um dem Konflikte den rechtlichen Charakter zu nehmen. Im einzelnen kann die Unterscheidung zwischen rechtlichen und politischen Konflikten große Schwierigkeiten bereiten. Aber wenn es sich wie im vorliegenden Falle um eine so scharf umrissene Frage wie diejenige nach der Rechtsgültigkeit der Kündigung eines internationalen Vertrages handelt, ist ein Bedenken dagegen, daß der Streit rechtlichen Charakter trägt, nicht wohl möglich. Es liegt hier ein Streit über die Auslegung eines Vertrages vor, der in Art. 36 Abs. 2 des Statutes des Ständigen Internationalen Gerichtshofes gewissermaßen als Schulbeispiel eines „différend d'ordre juridique" besonders erwähnt ist.

§ 4. Die Unzulässigkeit des Einwandes der Ehre oder der Lebensinteressen

Der Einwand, daß durch den Streit die Ehre oder die Lebensinteressen einer Partei berührt werden, kann gegenüber der durch Unterzeichnung der Fakultativen Klausel eingegangenen Verpflichtung nicht erhoben werden. Die obligatorische Zuständigkeit des Ständigen Internationalen Gerichtshofes ist für die betreffenden Rechtsfragen ohne jeden Vorbehalt vereinbart worden. Überall

---

[21]) Vgl. besonders den Avis consultatif der Cour Permanente de Justice Internationale in der Mossul-Frage. Publications de la Cour Permanente de Justice Internationale, Série B No. 12; ferner Bustamante, La Cour Permanente de Justice Internationale S. 200ff. (Paris 1925); Castberg, La compétence des tribunaux internationaux, Revue de Droit international et de Législation comparée S. 156ff. (1925); Lammasch, Die Lehre von der Schiedsgerichtsbarkeit in ihrem ganzen Umfange S. 105 (1914); Marshall-Brown et Politis, La classification des conflits comportant un règlement judiciaire, Annuaire de l'Institut de droit international, 29, S. 23ff.; Verzijl, La classification des différends internationaux et la nature du litige Anglo-Turc relatif au vilayet de Mossoul, Revue de Droit international et de Législation comparée S. 732ff. (1925).

dort, wo in Schiedsverträgen ein Vorbehalt dieser Art nicht ausdrücklich aufgenommen ist, liegt ein bindender Verzicht der Parteien vor, die Klausel der Ehre oder der Lebensinteressen geltend zu machen. Strupp hat einmal[22]) sehr richtig ausgeführt, daß „die Staaten, die die Geschichte der Klausel sehr wohl kennen und gleichwohl einen unbedingten Schiedsgerichtsvertrag abschließen, damit trotz der ‚logischen Grenze' ihre Absicht zu erkennen geben, sich beim Vorliegen eines Streitfalles auf ein (so hinsichtlich des Schutzobjektes umschriebenes) Notrecht nicht berufen zu wollen". In den beiden Schiedsverträgen, die China am 8. Okt. 1908 und am 3. Aug. 1909 mit den Vereinigten Staaten von Amerika bzw. Brasilien abgeschlossen hat, war ausdrücklich der Schiedsvertrag auf Fragen, die die Lebensinteressen, die Unabhängigkeit, die Ehre oder die Interessen dritter Staaten berühren, nicht für anwendbar erklärt worden. Wenn China nunmehr eine Schiedsverpflichtung ohne einen solchen Vorbehalt eingegangen ist, so hat es damit auf die Geltendmachung jedes Einwandes verzichtet.

Diese Auslegung der Fakultativen Klausel ist unbestritten. Von ihr ging insbesondere die fünfte Bundesversammlung aus, als sie anläßlich des Genfer Protokolls in ihrem Wunsche vom 2. Okt. 1924 sämtliche Vorbehalte ausdrücklicher Natur zu der Fakultativen Klausel für zulässig erklärte. Ganz mit Recht hat auch die Denkschrift der deutschen Regierung zum deutsch-schweizerischen Schiedsgerichts- und Vergleichsvertrage hervorgehoben, daß die Rechtsstreitigkeiten, wie sie in Art. 36 Abs. 2 des Statutes des Ständigen Internationalen Gerichtshofes aufgezählt sind, ohne Einschränkung durch eine Ehren- und Interessenklausel der Schiedsgerichtsbarkeit unterworfen werden[23]).

Deshalb muß der Ständige Internationale Gerichtshof als zuständig angesehen werden, über den Antrag Belgiens betr. die Zulässigkeit der Kündigung des belgisch-chinesischen Vertrages von 1865 zu entscheiden.

§ 5. Der Zeitpunkt der evtl. Geltendmachung des Einwandes der Unzuständigkeit

Will die chinesische Regierung trotzdem den Einwand der mangelnden Zuständigkeit erheben, so ist zu beachten, daß gemäß Art. 38 Abs. 1 des revidierten Reglements des Ständigen Internationalen Gerichtshofes vom 31. Juli 1926 die Einrede der Unzuständigkeit nach der Einreichung des „Mémoire" der Klägerin und in dem für die Einreichung des „Contre-Mémoire" festgesetzten Zeitraum erhoben werden muß. Nach Art. 33 Abs. 2 des revidierten Reglementes kann die dafür angeordnete Frist verlängert werden, und der Gerichtshof kann ferner unter besonderen Umständen entscheiden, daß auch eine nach dem Ende der Frist vorgenommene Prozeßhandlung als rechtsgültig betrachtet wird.

§ 6. Die Kompetenz-Kompetenz des Ständigen Internationalen Gerichtshofes

Nach Art. 36 Abs. 4 des Statutes des Ständigen Internationalen Gerichtshofes entscheidet im Streite der Gerichtshof selbst über seine Kompetenz. Er soll übrigens gemäß Art. 53 Abs. 2 des Statutes selbst dann, wenn eine Einrede der Unzuständigkeit nicht eingebracht ist, von Amts wegen prüfen, ob seine Zuständigkeit begründet ist.

---

[22]) Das völkerrechtliche Delikt S. 133 (Stuttgart 1920).

[23]) Vgl. Niemeyers Zeitschrift für Internationales Recht 30, 179.

II. Fragen des Verfahrens

§ 7. Die Frage der Beteiligung Chinas an dem Verfahren

Es fragt sich weiter, welche Rechtsfolgen für China eine eventuelle Nicht beteiligung an dem Verfahren hat. Art. 53 des Statutes des Ständigen Internationalen Gerichtshofes bestimmt: Erscheint eine der Parteien nicht oder verzichtet sie darauf, ihre Rechtsmittel geltend zu machen, so kann die andere Partei von dem Gerichtshofe verlangen, daß er im Sinne ihrer Schlußanträge entscheidet. Freilich muß sich der Gerichtshof, bevor er diesem Begehren entspricht, nicht nur vergewissern, daß er gemäß Art. 36 seines Statutes zuständig ist, sondern auch, daß die Schlußanträge in tatsächlicher und in rechtlicher Hinsicht begründet sind. Es wird also durch eine Weigerung, sich auf das Verfahren vor dem Ständigen Internationalen Gerichtshof einzulassen, letzten Endes nichts anderes erreicht als eine Verschlechterung der prozessualen Lage des Beklagten. Er verzichtet auf die Geltendmachung von Tatsachen und Rechtsausführungen, die einen Einfluß auf die Entscheidung des Gerichtshofes haben können. Aber dem Urteile des Gerichtshofes vermag er sich nicht zu entziehen.

Bisher hat noch kein Mitglied des Völkerbundes erklärt, sich an einem Verfahren vor dem Ständigen Internationalen Gerichtshofe nicht beteiligen zu wollen. Es unterliegt keinem Zweifel, daß das Eingehen auf das Prozeßverfahren vor dem Gerichtshofe eine moralische Pflicht für die Unterzeichner der Fakultativen Klausel ist. Denn es bedeutet sicherlich eine Kompromittierung des Weltgerichtshofes, wenn ein Staat sich weigert, vor ihm zu erscheinen, obwohl er vorher ausdrücklich dem Gerichtshof die Zuständigkeit zuerkannt hat, seine eigene Kompetenz festzusetzen.

Das hat um so mehr Gewicht, als ja die Bundesmitglieder nach Art. 13 Abs. 4 der Völkerbundsatzung verpflichtet sind, einen Schiedsspruch nach Treu und Glauben auszuführen, ohne Rücksicht darauf, ob sie sich an dem Verfahren beteiligt haben oder nicht.

§ 8. Die Zulässigkeit vorläufiger Anordnungen

Nach Art. 41 Abs. 1 des Statutes ist der Gerichtshof befugt, dem Antrage Belgiens entsprechend, falls nach seiner Meinung die Umstände dies erfordern, diejenigen vorsorglichen Maßnahmen zu bezeichnen, die zum Schutze der Rechte Belgiens vorläufig getroffen werden müssen. Soweit China die belgische Ein- und Ausfuhr nicht mehr nach den Zollbestimmungen des Vertrages von 1865 behandelt und den belgischen Staatsangehörigen keine Exterritorialität mehr zubilligt, ist es rechtlich zulässig, daß der Gerichtshof bis zum Erlasse des Urteiles China mitteilt, es müßten die Bestimmungen des Handelsvertrages vom 2. Nov. 1865, mindestens zu einem Teile, als vorläufig noch in Kraft befindlich behandelt und die auf Grund des chinesischen Dekretes vom 6. Nov. 1926 getroffenen Maßnahmen ganz oder teilweise bis zum Erlasse des Urteiles rückgängig gemacht werden.

Tagt der Gerichtshof nicht, so hat die Bezeichnung der vorläufigen Maßnahmen gemäß Art. 57 Abs. 1 des Reglements des Gerichtshofes durch den Präsidenten zu erfolgen.

Von den vorgesehenen Maßnahmen werden gemäß Art. 41 Abs. 2 des Statutes sowohl die Parteien wie der Völkerbundsrat in Kenntnis gesetzt.

China wäre verpflichtet, die vom Gerichtshofe vorgeschlagenen Anordnungen zu treffen. Im Falle der Weigerung wird gemäß Art. 57 Abs. 2 des Reglements des Gerichtshofes lediglich davon Kenntnis genommen. Zwangsmaßnahmen stehen dem Gerichte nicht zur Verfügung.

§ 9. Die Frage nationaler Richter

Belgien hat ebenso wie China gemäß Art. 31 des Statutes des Ständigen Internationalen Gerichtshofes das Recht, einen Richter seiner Staatsangehörigkeit in den Gerichtshof zu wählen. Chinesischerseits müßte zu diesem Zwecke der dem Gerichtshofe bereits angehörende Ersatzrichter, Wang, bezeichnet werden. Belgien hätte vorzugsweise den Ersatzrichter aus der Zahl derjenigen Personen zu ernennen, die gemäß den Bestimmungen von Art. 4 u. 5 des Statutes des Ständigen Internationalen Gerichtshofes als Richter vorgeschlagen worden sind, nämlich Baron Descamps, Arthur Goddyn und Paul Hymans. Der zuletzt genannte Jurist ist interessanterweise gerade von China auf die Präsentationsliste gesetzt worden.

Diese Bestimmungen gelten in gleicher Weise, ob sich nun China an dem Verfahren vor dem Weltgerichtshofe beteiligen will oder nicht.

§ 10. Die Vereinbarung über eine Entscheidung nach Billigkeit

Nach Art. 38 Abs. 2 des Statutes kann der Gerichtshof mit Zustimmung der Parteien „ex aequo et bono" entscheiden. Bei der Natur des vorliegenden Streites würde sicherlich die Chance Chinas auf einen günstigen Ausgang des Prozesses steigen, wenn es ihm gelänge, sich mit Belgien darüber zu einigen, daß der Gerichtshof einen solchen Auftrag erhielte. Auch aus diesem Grunde würde es sich für China empfehlen, dem Verfahren nicht fernzubleiben.

C. Chinas Anspruch auf Revision des Vertrages von 1865

I. Der Inhalt des Art. 46 des Vertrages von 1865

Prüfen wir nunmehr die Frage, ob China ein Recht besitzt, den Vertrag mit Belgien vom 2. Nov. 1865 einseitig zu kündigen, so ist festzustellen, daß der Art. 46 lediglich Belgien, nicht aber China ein vertragsmäßiges Kündigungsrecht einräumt. Der Inhalt des Art. 46 ist so eindeutig, daß irgendein Zweifel an dieser Auslegung nicht bestehen kann.

II. Die Möglichkeit der Berufung auf die clausula rebus sic stantibus

Es fragt sich jedoch, ob nicht China ein Recht zur außervertragsmäßigen Kündigung auf Grund der clausula rebus sic stantibus zusteht. Bei Erörterung dieses Problems erscheint es angebracht, sich zunächst auf die Untersuchung der allgemeinen Fragen zu beschränken, ob die Klausel überhaupt Anspruch auf Anerkennung im geltenden Völkerrechte erheben kann und welche Rechtsfolgen die Berufung auf sie mit sich bringt. Erst wenn dies klargestellt ist, wird in die Prüfung der Frage einzutreten sein, ob in dem konkreten Streitfalle die tatsächlichen Voraussetzungen für die Geltendmachung der Klausel gegeben sind.

§ 1. Übersicht über die Entwicklung der Klausellehre

Die Frage, ob der Grundsatz „pacta sunt servanda" eine Durchbrechung erfährt, wenn die Umstände, unter denen ein Vertrag geschlossen wurde, sich völlig geändert haben, ist nicht speziell ein Problem des Völkerrechtes, sondern des Rechtes überhaupt. Die clausula rebus sic stantibus findet sich schon bei den Glossatoren, die sie nicht nur bei Verträgen, sondern auch bei anderen privatrechtlichen Geschäften unterstellt haben.

Als der erste Gegner der Klausel wird in der Literatur allgemein Hugo Grotius hingestellt. Er sagt an einer Stelle[24]: „Solet et hoc disputari, an promissa

[24]) De jure belli ac pacis, II cap. 16 § 25 No. 2.

in se habeant tacitam condicionem, si res maneant quo sunt loco: quod negandum est, nisi apertissime pateat statum rerum praesentem in unica illa quam diximus ratione inclusam esse." Dabei darf man jedoch nicht außer acht lassen, zu erwähnen, daß Grotius an einer späteren Stelle[25]) seine These wieder erheblich einschränkt[26]). Er weist nämlich gelegentlich des Gesichtspunktes billiger Auslegung darauf hin, man brauche sich nicht an die Worte des Geschäftes zu halten, wenn ihre Befolgung nach billiger Auffassung zu schwer und unerträglich wäre. Als besonders wertvolle Beispiele führt er dabei an: Die den Genossen versprochene Hilfe brauche nicht geleistet zu werden, wenn einem selbst zu Hause Gefahr drohe, insbesondere wenn einen schwere Krankheit in der eigenen Familie zurückhalte; die Zusicherung von Steuer- und Zollfreiheit beziehe sich auf die regelmäßigen, nicht auf die außerordentlichen Abgaben, die der Staat in höchster Not erhebe; wenn man eine Reise zugesagt habe, so sei man zur Erfüllung des Versprechens nicht verpflichtet, wenn inzwischen die Straße durch Räuber unsicher gemacht worden sei. Allerdings können diese Beispiele nicht unmittelbar für die Klausellehre in Anspruch genommen werden. Denn in dem ersten und dritten Falle handelt es sich um den Eintritt nachträglicher Unmöglichkeit der Leistung und in dem zweiten Falle um die bloße Interpretation eines Vertrages, die Grotius in dem Sinne vornimmt, daß nicht anzunehmen sei, der Staat habe sich auch für Fälle eines besonderen Notstandes binden wollen. Sie zeigen aber, daß auch bei Grotius der Satz „pacta sunt servanda" nicht ohne Ausnahme gilt.

Da seinerzeit fast nur die erste Stelle beachtet wurde, in der sich Grotius grundsätzlich gegen die Klausel aussprach, so wirkte die Autorität des Grotius in der Hauptsache gegen die Verbreitung der Klausellehre. Trotzdem beharrte die Mehrzahl der Juristen in dem Glauben an die Richtigkeit der Klausel. Ein Teil von ihnen berief sich dabei auch auf den richtig verstandenen Grotius.

Seit dem Ende des 18. Jahrhunderts wurde jedoch die Geltung der Klausel im Privatrechte zurückgedrängt, und zwar vor allem unter dem Einflusse des weitverbreiteten Buches von A. D. Weber: „Systematische Entwicklung der Lehre von der natürlichen Verbindlichkeit und deren gerichtlicher Wirkung" (1774). Dagegen gelangte seit dieser Zeit die Klausel in der völkerrechtlichen Literatur zu immer größerer Anerkennung. Die Zahl derer, die ihr unter den Völkerrechtlern ablehnend gegenüberstanden, wurde im Laufe des 19. und Anfang des 20. Jahrhunderts immer geringer. Man kann aus der Vorkriegsliteratur vor allem auf Olivi[27]), Schmidt[28]), Triepel[29]) und Zorn[30]) als Gegner der Klausel hinweisen. Lammasch, selbst ein Gegner der Klausel, hob 1917 hervor: „Die Geltung der Klausel ist zur communis opinio in der Theorie des Völkerrechtes geworden[31])." Ein Jahr später sagte B. Pouritch[32]) in seiner Pariser Doktordissertation „De la clause rebus sic stantibus en Droit international public": „La clause rebus sic stantibus, plus au moins limitée, a

---

[25]) A. a. O., II cap. 16 § 27 No. 1—3.

[26]) Vgl. dazu L. Pfaff, Die Klausel: rebus sic stantibus in der Doktrin und der österreichischen Gesetzgebung, Festschrift für Joseph Unger S. 231ff. (Stuttgart 1898); siehe ferner Lammasch, Das Völkerrecht nach dem Kriege S. 142ff. (Christiania 1917).

[27]) Diritto internazionale publico e privato, 2 ed., 1911 S. 411ff.

[28]) Über die völkerrechtliche clausula rebus sic stantibus (Leipzig 1907).

[29]) Völkerrecht und Landesrecht S. 90 (Leipzig 1899).

[30]) Staatsrecht (2. Aufl.) 1, 514 (Berlin 1895).

[31]) A. a. O. S. 145.

[32]) Paris 1918, S. 169. Kurz vorher hatte freilich eine andere französische Doktordissertation von O. J. Otétéléchano, De la valeur obligatoire des Traités internationaux S. 107ff. (Paris 1916) die Klausel abgelehnt.

été acceptée à l'unanimité par la doctrine." Besonders hervorgehoben sei schließlich noch, daß bei den zahlreichen Hinweisen der „Revue Générale de Droit international public" auf die Klausel diese regelmäßig als geltendes Recht unterstellt wurde[33]).

Unter dem Einflusse der Kriegsereignisse von 1914—1918 hat dann die Klausel sowohl im Privat- wie im öffentlichen Rechte ganz erheblich an Bedeutung gewonnen. Sehr natürlich. Denn die Klausel, die die Veränderung außerordentlicher Umstände berücksichtigen will, wird in außerordentlichen Zeiten, wie sie dem Weltkriege folgten, viel häufiger Verhältnisse vorfinden, deren Regelung ohne ihre Anwendung zu größter Unbilligkeit führen muß.

Unter den Autoren, die in der Nachkriegszeit für die Klausel eingetreten sind, seien genannt: Abi-Chala[34]), Baker[35]), Brierly[36]), Chronz[37]), Cobbett-Bellot[38]), John W. Davis[39]), Dupuis[40]), Fauchille[41]), Lord Finlay[42]), Gemma[43]), Goellner[44]), Hall-Higgins[45]), Hatschek[46]), Hoijer[47]), Idenburg[48]), Isay[49]), de Lapradelle-Politis[50]), v. Liszt-Fleischmann[51]), N. Niemeyer[52]), Sarolea[53]), Scelle[54]), Schmitt[55]), v. Waldkirch[56]) und Woolsey[57]). Unter den Gegnern der Klausel sind aus der neueren Literatur wohl nur Kunz[58]) und Strupp[59]) hervorzuheben.

Sehr bemerkenswert erscheint, daß sich ein Mitglied des Weltgerichtshofes, D. Anzilotti, in seinem „Corso di diritto internazionale"[60]) mit folgenden Worten auf den Standpunkt der Klausellehre stellt:

„Cosi posta, la questione ora discussa non è molto diversa dall'altra se i trattati internazionali si intendano conclusi con la tacita clausola rebus sic stantibus, in guisa che cessino di aver vigore per un mutamento sopravvenuto nelle condizioni di fatto in vista delle quali furono stipulati. La pratica internazionale ci presenta vari casi in cui uno Stato ha preteso di liberarsi dagli obblighi nas-

---

[33]) Vgl. die Hinweise auf die betr. Stellen der französischen Völkerrechtsrevue in § 4.

[34]) L'extinction des capitulations en Turquie et dans les régions Arabes S. 102ff. (Paris 1924).

[35]) The Geneva Protocol S. 75 (London 1925).

[36]) Transactions of the Grotius Society XI S. 11ff.

[37]) Die Aufhebung der Staatsverträge, Erlanger Doktordissertation S. 29ff. (1920).

[38]) Leading Cases on International Law (4. Aufl.), 1, 340 (London 1922).

[39]) Délégation du Chili à la Société des Nations. De la non revision des traités de paix. Opinions des jurisconsultes S. 68 (1921).

[40]) A. a. O. S. 81; Académie de Droit international, Recueil des Cours 2, 348ff.

[41]) Traité de droit international public, I 3, 393 (Paris 1926).

[42]) Délégation du Chili, a. a. O. S. 102.

[43]) Appunti di Diritto internazionale S. 216 (Bologna 1924); Académie de Droit international. Recueil des Cours 4 350.

[44]) La revision des traités sous le régime de la Société des Nations S. 24ff. (Paris 1925).

[45]) A treatise on International Law, eighth ed. S. 407ff. (Oxford 1924).

[46]) Völkerrecht S. 238ff. (Leipzig 1923).

[47]) Le Pacte de la Société des Nations S. 334ff. (Paris 1926).

[48]) Over de grondgedachte van de clausula rebus sic stantibus in het volkenrecht (Leiden 1923).

[49]) Völkerrecht S. 69 (Breslau 1924).

[50]) Recueil des Arbitrages internationaux II, 439 (Paris 1924).

[51]) Das Völkerrecht, systematisch dargestellt (12. Aufl.) S. 264ff. (Berlin 1925).

[52]) Völkerrecht S. 133, 134 (Berlin 1923).

[53]) Versailles und der Völkerbund S. 22. (Bonn 1920).

[54]) Le Pacte des Nations et sa liaison avec le Traité de Paix S. 54, 158, 169 (Paris 1919).

[55]) Die Kernfrage des Völkerbundes S. 48ff. (Berlin 1926).

[56]) Das Völkerrecht S. 222ff. (Basel 1926).

[57]) American Journal of International Law 1926 S. 346ff.

[58]) Das Problem von der Verletzung der belgischen Neutralität S. 24 (Wien 1920).

[59]) A. a. O. S. 122ff.; derselbe, Theorie und Praxis des Völkerrechtes S. 71, 78, 122 (Berlin 1925).

[60]) 1, 237ff. (1914).

centi da un trattato, invocando appunto il mutamento delle condizioni di fatto o di diritto in vista delle quali il trattato era stato concluso; tale pretesa ha sollevato spesso vivaci opposizioni da parte di chi aveva interesse a mantenere in vigore il trattato, ma non si può dire che la efficacia della clausola rebus sic stantibus sia stata veramente negata in termini generali.

Secondo me, la questione è tutta e soltanto d'interpretazione della volontà. Lo Stato à è obbligato perchè ed in quanto vuole essere obbligato; non è concepibile un'obbligazione dello Stato senza o contro la sua volontà. Ora, la volontà di obbligarsi mediante un trattato può benissimo essere subordinata all'esistenza di certe determinate condizioni di fatto o di diritto, di guisa che il venir meno di quelle condizioni implichi il venir meno della volontà di essere obbligato e quindi dell'obbligazione, che ne è la conseguenza. Determinare se ciò si verifichi in un dato caso è questione di fatto; ma se risulti che la volontà di obbligarsi era collegata con l'esistenza e la persistenza di determinate condizioni, è certo che il venir meno di queste estingue l'obbligazione. La divergenza fra le parti circa l'esistenza e l'entità del cambiamento in rapporto con la volontà espressa nel trattato non differisce da qualsiasi altra questione d'interpretazione del trattato stesso, e va quindi risoluta con gli stessi mezzi.

Come si vede, la tanto discussa questione della clausola rebus sic stantibus non differisce molto da quella concernente gli effetti della guerra sui trattati: la guerra estingue i trattati perchè implica un mutamento sostanziale nelle condizioni in vista delle quali vennero stipulati; ma naturalmente vi possono essere, indipendentemente dalla guerra, altri mutamenti che impongono la stessa conclusione. La sola differenza sta in ciò, che la guerra è un mutamento di circostanze ben determinato nella sua entità e nelle sue conseguenze, e che quindi ha permesso la formazione di una regola generale, applicabile ogni qualvolta non risulti un diverso volere; gli altri mutamenti devono invece essere valutati caso per caso. Ma il concetto fondamentale è il medesimo; l'estinzione del trattato deriva dalla mancata volontà di obbligarsi.

Per evitare le difficoltà gravi cui dà luogo, sia la permanenza indefinita dei trattati, sia l'applicazione della clausola rebus sic stantibus, si suole stipulare spesso la facoltà degli Stati contraenti di recedere unilateralmente dal trattato."

Auch der Präsident des Weltgerichtshofes, Max Huber, scheint ein Anhänger der Klausel zu sein. Hat er sich doch einmal folgendermaßen geäußert[61]:

„Ähnlich wie im Landesrechte gewisse Rechtspflichten zessieren, wenn sie für den Verpflichteten eine nicht zuzumutende Beschränkung nach sich zögen (Notwehr, Notstand, Ungültigkeit übermäßiger privatrechtlicher Vertragspflichten), so muß auch im Völkerrecht, und zwar wegen der besonderen Natur des Staates, mit erhöhter Berechtigung angenommen werden, daß, wenn die Erfüllung einer Pflicht mit der Existenz, Unabhängigkeit, wesentlichen Lebensbedingungen und der moralischen Integrität eines Staates unvereinbar ist, dann diese Pflicht dahinfällt, weil eine derartige Bindung nie als im rechtserzeugenden Willen des Staates gelegen vermutet werden kann."

§ 2. Der Grundgedanke der Klausellehre

Der in den Hinweisen auf die Klausel immer wiederkehrende Grundgedanke ist, daß die Parteien bei dem Abschlusse von Verträgen von bestimmten tatsächlichen Voraussetzungen ausgegangen sind und daß sie an die Möglichkeit einer wesentlichen Änderung dieser tatsächlichen Voraussetzungen nicht gedacht haben. Soll nun, wenn infolge der völlig veränderten Umstände die Vertragserfüllung die Interessen des einen Teiles aufs schwerste verletzen würde, dennoch von ihm die Innehaltung der eingegangenen Verpflichtungen verlangt

---

[61]) Kriegsrechtliche Verträge und Kriegsraison, ZVölkR. 7, 363ff.

werden dürfen? Stellt nicht in diesem Falle das Festhalten des Gegenkontrahenten an dem Wortlaute des Vertrages eine große Unbilligkeit dar? Gewiß darf das Prinzip „pacta sunt servanda" niemals leichtfertig beiseite geschoben werden. Es ist die Grundlage jedes Verkehres im privaten wie im öffentlichen Rechte. Aber daneben gilt doch auch der das ganze Rechtleben beherrschende Satz, daß Treu und Glauben niemals verletzt werden dürfen. Wenn die eine Partei der anderen gegenüber auf der Erfüllung eines Vertrages besteht, bei dessen Abschluß die Parteien an das Eintreten völlig veränderter Umstände nicht gedacht haben, so stellt sie den Wortlaut über den eigentlichen Sinn des Vertrages und fordert etwas, was ihr in Wahrheit gar nicht zukommt. Denn der beiderseitige Wille der Parteien war, wenn auch unbewußt, von vornherein lediglich darauf gerichtet, daß jeder Teil zu seiner Leistung nur verpflichtet sein sollte, solange die wesentlichen tatsächlichen Voraussetzungen, die bei dem Abschlusse des Vertrages vorhanden waren, fortbestanden. Wenn auch im Rahmen dieses Gutachtens auf die verschiedenen und sehr umstrittenen Theorien, auf die die Klausel von den einzelnen Autoren gestützt wird, nicht eingegangen werden kann, so sei doch so viel vermerkt, daß wir uns derjenigen Auffassung anschließen, die die Klausel als stillschweigende „Voraussetzung" jedes Vertrages betrachtet[62]).

Selbst ein so leidenschaftlicher Gegner der Klausel wie Bruno Schmidt muß anerkennen, daß mit der Proklamierung der ausnahmslosen Herrschaft des Satzes „pacta sunt servanda" das letzte Wort nicht gesprochen sein kann. Er betont in seinem bekannten Werke „Über die völkerrechtliche clausula rebus sic stantibus[63])":

> „Die ehemaligen Verhältnisse können sich ... später von Grund aus ändern, dergestalt, daß, während früher das dringendste Staatsinteresse den Abschluß des Traktates gebot, es jetzt gerade umgekehrt seine Nichteinhaltung verlangt; in diesem Falle hat der Vertrag seine materielle Grundlage durchaus verloren. Bei der ausnahmslosen Proklamierung der Regel „pacta sunt servanda" wird aber das letztere außer acht gelassen: sobald jeder einmal abgeschlossene Vertrag auf die Dauer rechtliche Gültigkeit bewahren soll, erhebt die Vergangenheit die durch nichts begründete Prätension, auch Gegenwart und Zukunft unwandelbar zu binden; man sucht, indem der nur aus der früheren Interessenlage hervorgegangene und zu begreifende Traktat jetzt auch ohne sie aufrechterhalten wird, längst entschwundene Zustände künstlich zu petrifizieren, und tritt dadurch zu der lebendigen Wirklichkeit in allerschärfsten Widerspruch. Da das aber für ein wahrhaft gutes und brauchbares Recht sicherlich unzulässig ist, so bedarf eben die obengenannte Völkerrechtsnorm unbedingt einer entsprechenden Korrektur."

Gleich an dieser Stelle sei hervorgehoben, daß sich aus der Clausula, wenn man sie bejaht, nicht nur ein Anspruch auf Revisionsverhandlungen ergibt, sondern darüber hinaus im äußersten Falle den Parteien das Recht der einseitigen Kündigung gewährt werden muß. Der Anspruch auf Revisionsverhandlungen allein ist eine taube Nuß, solange der Gegner durch die Weigerung, sich auf die berechtigten Forderungen des anderen Teiles einzulassen, den Abschluß eines neuen Vertrages zum Scheitern bringen kann. Wir behalten uns vor, hierauf im weiteren Verlaufe der Darstellung zurückzukommen.

---

[62]) Darüber besonders Idenburg a. a. O. S. 33ff.; Erich Kaufmann, Das Wesen des Völkerrechtes und die clausula rebus sic stantibus S. 57ff. (Tübingen 1911); Lammasch a. a. O. S. 155; Pouritch a. a. O. S. 18ff.; Schmidt a. a. O. S. 26ff.

[63]) S. 95.

§ 3. Die Klausellehre im Privatrechte

Der soeben erörterte Grundgedanke der Klausellehre hat in dem privatrechtlichen System aller Kulturvölker seinen Niederschlag gefunden. Diese sind von dem Gedanken durchzogen, daß bei den auf die Dauer geschlossenen Verträgen dem einen Teile von der Rechtsordnung unter bestimmten Voraussetzungen ein einseitiges Kündigungsrecht gewährt werden muß. Bei der Durchbildung des Privatrechtes hat diese Anschauung zu einer Anzahl positivrechtlicher Normen geführt. So ist z. B. ein einseitiges Auflösungsrecht des Vertrages beim Vorliegen „wichtiger Gründe" gemäß den Bestimmungen des Mietsvertrages, des Dienstvertrages, des Auftrages anerkannt, ferner bei „Verschlechterung der Vermögensverhältnisse" nach Maßgabe der Bestimmungen über Rücktritt vom gegenseitigen bzw. zweiseitigen Vertrage, insbesondere beim Darlehen. Selbst im Familienrechte haben Gedanken, die zweifellos dem geistigen Gute der Klausellehre entnommen, ihren Niederschlag gefunden, so z. B. die Möglichkeit der Auflösung des Verlöbnisses bei wichtigem Grunde; ja, man kann sich sogar fragen, ob das den Gerichten zustehende Gestaltungsrecht, unter gewissen Umständen die Scheidung auf einseitiges Verlangen hin aussprechen zu können, nicht gleichfalls eng mit der Klausellehre zusammenhängt, um so mehr, da es sich hier in vielen Fällen um eine Würdigung von Umständen handelt, die nicht meßbar sind an positiven Rechtsinhalten, und da die Scheidung grundsätzlich auf einseitiges Verlangen des einen Teiles hin ausgesprochen werden kann. Immerhin wird hier die Auflösungsmöglichkeit nicht in das vollständig freie Ermessen des einen Teiles gestellt, sondern es wird die konstitutive Entscheidung über Auflösung oder Nichtauflösung des Eheverhältnisses einer unparteiischen Instanz, dem Gerichte, übertragen, weil wichtige öffentliche Interessen im Spiele sind.

Darüber hinaus ist die Clausula in den privatrechtlichen Systemen einzelner Länder ganz allgemein anerkannt, z. B. in der Praxis des schweizerischen Bundesgerichtes[64]).

Das deutsche Reichsgericht hat bis zum Weltkriege jegliche Ausdehnung der Klausel auf die im Gesetze nicht positiv enthaltenen Fälle abgelehnt[65]). In dieser Haltung des Reichsgerichtes ist jedoch nach dem Weltkriege ein völliger Wandel eingetreten, nachdem schon vorher die Literatur für eine Berücksichtigung der Veränderung wesentlicher Umstände eingetreten war[66]). In dem Urteile des 3. Zivilsenates vom 21. Sept. 1920[67]) wurde das Verlangen auf Erhöhung einer vor dem Kriege vereinbarten Vergütung betr. die Lieferung von Dampfkraft unter dem Gesichtspunkte der Klausel für berechtigt erklärt. Dabei wurde freilich der Einfluß veränderter Umstände auf Verträge nicht als das gesamte Bürgerliche Gesetzbuch beherrschend hingestellt, aber anerkannt, es müsse „wegen des durch den ungeahnten Verlauf und Ausgang des Krieges herbeigeführten Umsturzes und Umschwunges aller wirtschaftlichen Verhältnisse" eine Lossagung von bestehenden Verhältnissen „ausnahmsweise" dann als gerechtfertigt anerkannt werden, wenn einer Partei das Innehalten des Vertrages unter den neuen Verhältnissen nicht mehr zugemutet werden könne, weil die Vertragsleistung jetzt wirtschaftlich zu einer ganz anderen geworden

[64]) Vgl. neuestens u. a. Entscheidungen des schweizerischen Bundesgerichtes 50 II 21, 363ff., 488.

[65]) Vgl. zum folgenden besonders Michaelis, Clausula rebus sic stantibus in Stier-Somlo-Elster, Handwörterbuch der Rechtswissenschaft 1, 874ff. (Berlin 1926).

[66]) Zur Orientierung vgl. besonders P. Krückmann, Clausula rebus sic stantibus, Kriegsklausel, Streikklausel (Tübingen 1918); Lutz, Die clausula rebus sic stantibus (1919); Oertmann, Die Geschäftsgrundlage (1921).

[67]) RGZ. 100, 130ff.

sei, als sie ursprünglich von beiden Parteien gedacht und gewollt war; § 325 des Bürgerlichen Gesetzbuches habe nicht nur an tatsächliche, sondern auch an wirtschaftliche Unmöglichkeit gedacht.

Diese, lediglich auf die wirtschaftliche Unmöglichkeit abstellende Argumentation hat das Reichsgericht später durch eine viel weiter gehende ersetzt, indem die Urteile des 2. Zivilsenates vom 28. Nov. 1921 und vom 3. Febr. 1922[68]) und des 5. Zivilsenates vom 6. Jan. 1923[69]) davon ausgegangen sind, durch die Verschlechterung der Valuta sei die Geschäftsgrundlage, auf der die Vereinbarungen getroffen und die beiderseitigen Leistungen bestimmt worden seien, weggefallen; es könne dem Schuldner unter den veränderten Verhältnissen nicht mehr zugemutet werden, seine Vertragspflichten schlechthin zu erfüllen; es müsse ihm vielmehr das Recht zugestanden werden, vom Vertrage zurückzutreten oder den Vertrag zu kündigen. Würde der Gläubiger den Schuldner zum Abschlusse des für diesen durch die Veränderung der Umstände überaus ungünstig gewordenen Vertrages zwingen wollen, so wäre das ein Verstoß gegen Treu und Glauben. Allerdings müsse in jedem einzelnen Falle vorsichtig geprüft werden, ob die Voraussetzungen für eine Lossagung des Schuldners vom Vertrage gegeben seien.

Reichsgerichtsrat Michaelis[70]) faßt das Ergebnis der Entwicklung der Rechtsprechung des deutschen Reichsgerichtes dahin zusammen:

> „daß die clausula rebus sic stantibus zwar kein allgemeiner Rechtsbehelf für normale Verhältnisse ist, aber für Ausnahmeverhältnisse ... ein unentbehrliches Hilfsmittel, um zu verhüten, daß der Satz „pacta sunt servanda" zu einem unerträglichen Widerspruche des formalen Rechtes mit dem „richtigen Rechte" (summum jus, summa injuria) führe."

Es sei schließlich darauf hingewiesen, daß auch in dem ganz anders gearteten Rechtssystem Sowjetrußlands, das ja keinen statischen, sondern eine dynamischen Vorstellungsinhalt hat, die Klausel eine große Rolle spielt. Jede rechtliche Regelung muß nach Auffassung der russischen Juristen der Tatsache Rechnung tragen, daß die Situation, unter der sie getroffen worden ist, sich mehr oder minder verändern kann, so daß die einseitige Kündigung einer Verpflichtung zulässig wird. Die clausula rebus sic stantibus wird als Ventil betrachtet, das ermöglicht, das vorhandene Recht neuen Lebensverhältnissen anzupassen. Von diesem Gesichtspunkte aus wird der Klausel in dem Rechte Sowjetrußlands eher eine übertriebene als eine zu geringe Rolle beigemessen[71]).

§ 4. Die Geltung der Klausel im allgemeinen Völkerrechte

Bevor wir nun die Frage zu beantworten suchen, ob und inwieweit die Klausellehre auch im Völkerrechte Geltung beanspruchen kann, wollen wir auf die Ereignisse eingehen, in denen sich die Staaten seit dem berühmten Pontus-Fall auf die Klausel berufen haben. Wir werden aus ihnen ersehen, welch lebhaftes Bedürfnis sich in der Praxis immer wieder geltend machte, daß gewisse Verträge nicht ewig dauern können, sondern durch die Zeit überholt werden. Dies Bedürfnis schuf sich immer wieder ein Ventil. Da es oft nicht möglich war, auf andere Weise eine völkerrechtliche Vertragsauflösung zu ermöglichen, griffen die Staaten zu der ultima ratio der einseitigen Vertragsauflösung.

---

[68]) A. a. O. 103, 177ff. u. 329ff.
[69]) A. a. O. 106, 8ff.
[70]) A. a. O. S. 879.
[71]) Kunz, ZVölkR. 13, 585; Ladyjensky, Clause rebus sic stantibus dans le droit sovietique, „Le droit et la vie" Nr. 2/3 S. 12ff. (Moskau 1925); Mirkine-Guetzevitch, Revue Générale de Droit international public S. 326.

a) Staatenpraxis und Klausellehre

1. Der Pontus-Fall (1870)

Im Zusammenhange mit der Klausel besonders oft behandelt worden ist der Pontus-Fall[72]. Im Pariser Frieden von 1856 hatten die Uferstaaten des Schwarzen Meeres, darunter Rußland, die Verpflichtung auf sich nehmen müssen, in dem gleichzeitig neutralisierten Schwarzen Meere fortan nur eine beschränkte Anzahl von Kriegschiffen bestimmter Größe zu unterhalten. Rußland kündigte diese Bestimmung einseitig am 19./31. Okt. 1870, ohne vorher den Versuch gemacht zu haben, eine Revision auf dem Wege gegenseitiger Verhandlungen zu erlangen, und zwar begründete es sein Verhalten u. a. mit der Berufung auf die veränderten Verhältnisse und die Verletzung der wesentlichen Lebensbedingungen Rußlands durch den Vertrag. In diesem Falle war der Hinweis auf die Klausel zweifellos willkürlich. Rußland konnte keine Tatsachen anführen, auf die es bei Abschluß des Vertrages angekommen war und die sich seitdem wesentlich verändert hatten. Richtig war lediglich, daß die Gelegenheit für Rußland zum Rechtsbruche politisch günstiger geworden war. Unter diesen Umständen war die berühmte Erklärung der Londoner Konferenz von 1871: „Les Puissances reconnaissent que c'est un principe essentiel du droit des gens qu'aucune d'elles ne peut se délier des engagements d'un traité, ni en modifier les stipulations, qu'à la suite de l'assentiment des Parties Contractantes, au moyen d'une entente amicale" in der Hauptsache eine Reaktion gegen das Verhalten Rußlands. Sie kann nicht als Ablehnung des Grundgedankens der Klausel betrachtet werden, da in jenem Falle veränderte Umstände überhaupt nicht vorhanden waren und deswegen der berühmte Satz über das Problem schweigt. Bedeutsam ist weiterhin die Tatsache, daß jene Erklärung mit Zustimmung von Rußland gefaßt würde und daß in dem der Konferenz von London vorhergehenden Schriftwechsel von seiten Österreichs wie Italiens und bei den Konferenzverhandlungen selbst von der Türkei die der Klausellehre zugrunde liegenden Gedanken nicht bestritten wurden. So betonte der österreichische Minister Graf Beust in der Note vom 7. Dez. 1870: „Nous n'avons jamais prétendu que les transactions internationales fussent à l'abri des temps et qu'elles dussent être maintenues intactes à tout jamais."

2. Der Batum-Fall (1886)

Durch Art. 58 des Berliner Vertrages vom 13. Juli 1878 hatte die Türkei Batum an Rußland abtreten müssen. Rußland seinerseits hatte in Art. 59 „erklärt", daß es seine Absicht sei, Batum zu einem für den Handel bestimmten Freihafen zu machen. Durch Ukas vom 23. Juni 1886 beseitigte es jedoch einseitig diese Freihafenstellung Batums. Zur Rechtfertigung berief es sich einmal darauf, es habe sich nur um die Registrierung einer freien und einseitigen Erklärung, nicht um die Beurkundung einer vertragsmäßig eingegangenen Verpflichtung gehandelt; ferner hätten sich die Umstände wesentlich geändert. Der Vorteil für die anderen Signatarstaaten des Berliner Vertrages sei nicht der erwartete gewesen; denn mit der Unterdrückung des Transitverkehres mit dem Kaukasus habe Batum seinen Wert als Zwischenhafen für den Austausch zwischen Europa und Persien verloren und nur noch die Bedeutung eines Einfuhrhafens. Weiterhin würden durch die Freihafenstellung Batums wesentliche Interessen Rußlands verletzt. Ein Protest hiergegen erfolgte nur von seiten Englands. Die anderen Mächte brachten der Batum-Frage kein besonderes Inter-

---

[72]) Vgl. darüber u. a. Erich Kaufmann, Das Wesen des Völkerrechtes und die clausula rebus sic stantibus S. 12ff. (Tübingen 1911); Pouritch a. a. O. S. 91ff.

esse entgegen. Im Gegensatze zu E. Kaufmann[73]) und B. Pouritch[74]) und in Übereinstimmung mit Lammasch[75]) und Rolin-Jaequemyns[76]) sind wir der Meinung, daß die Berufung auf die Klausel damals ungerechtfertigt war. Bei den geltend gemachten Gründen handelte es sich lediglich um Nützlichkeitserwägungen. Umstände, die nach Auffassung der Kontrahenten wesentlich für den Abschluß des Vertrages gewesen waren, hatten sich nicht verändert, und noch weniger war durch die Veränderung der Umstände ein wesentliches Lebensinteresse Rußlands gefährdet worden. Immerhin muß vermerkt werden, daß auch hier die Klausel zur Rechtfertigung des russischen Verhaltens angeführt wurde und daß, obwohl an sich die Registrierungstheorie unhaltbar war und daher die Berufung auf die Klausel ernstlich in Betracht kam, die meisten Signatarstaaten des Berliner Vertrages keinen Einspruch gegen das russische Vorgehen erhoben.

3. Die Annexion von Bosnien und der Herzegowina (1908)

Als Österreich-Ungarn im Jahre 1908 die auf Grund des Art. 25 des Berliner Vertrages vom 13. Juli 1878 besetzten türkischen Provinzen Bosnien und Herzegowina annektierte, begründete es diesen Schritt ausschließlich mit dem Eintritte wesentlicher Veränderungen: Bisher habe die Aufrechterhaltung der türkischen Souveränität keine Gefahr für die „Stabilität der Situation" bedeutet; das sei aber anders geworden, seitdem die nationale Agitation in der Türkei stärker geworden sei. Wenn auch zunächst von England, Serbien, Montenegro und der Türkei gegen das österreichisch-ungarische Vorgehen protestiert und von Frankreich und Rußland mindestens die Einberufung einer Konferenz verlangt wurde, so wurde doch schließlich die durch das österreichisch-ungarische fait accompli geschaffene Lage in einem Protokoll vom 26. Febr. 1909 von der Türkei anerkannt und den übrigen Unterzeichnern des Pariser Friedens davon Kenntnis gegeben.

Offenbar erfolgte auch in diesem Falle die Berufung auf die Klausel zu Unrecht. Denn der Fortbestand des nudum jus der Türkei auf Bosnien und Herzegowina war für die österreichisch-ungarische Verwaltung und Besetzung der beiden Provinzen nicht deshalb unerträglicher geworden, weil die nationale Agitation in der Türkei stärker geworden war. Die Berufung auf diese Tatsache war nur ein Vorwand für die Erweiterung der politischen Macht Österreich-Ungarns auf dem Balkan[77]).

4. Der Fall des Gotthard-Bahn-Vertrages vom 13. Okt 1909

Als nach Unterzeichnung des auf unbegrenzte Zeit geschlossenen neuen Gotthard-Bahn-Vertrages vom 13. Okt. 1909, dessen Kontrahenten die schweizerische Eidgenossenschaft, Deutschland und Italien waren, sich ein großer Teil der öffentlichen Meinung der Schweiz gegen die Ratifikation des Vertrages wandte und besonders darauf hinwies, daß die in dem Vertrage enthaltene Meistbegünstigungsklausel mehr dem deutschen wie dem schweizerischen Interesse entspreche, erklärte die deutsche Regierung in einer Note vom 22. März 1913 an die Schweiz, „daß sie für den Fall, daß sich die Art. 7, 8 und 9 des neuen Gotthard-Vertrages später wider Erwarten als den schweizerischen Interessen zuwiderlaufend herausstellen sollten, bereit sei, alsdann in eine Revision dieser

---

[73]) A. a. O. S. 21.

[74]) A. a. O. S. 112ff.

[75]) A. a. O. S. 147.

[76]) Revue de Droit international et de Législation comparée 1887 S. 47ff.

[77]) Vgl. besonders Erich Kaufmann a. a. O. S. 31ff.; ferner Fauchille a. a. O. I 3, 386 und Pouritch a. a. O. S. 128ff.

Bestimmungen einzutreten.“ Diese schriftliche Erklärung war lediglich die Bestätigung einer bereits 1911 der Schweiz von deutscher Seite gemachten mündlichen Mitteilung und erfolgte vor allem in dem Bestreben, die schweizerische Bundesversammlung zu beruhigen. Wurde doch die Note erst wenige Tage vor der Abstimmung der schweizerischen Bundesversammlung dem schweizerischen Bundespräsidenten übergeben[78]).

Über die Bedeutung der schriftlichen Erklärung kann man verschiedener Meinung sein. Es läßt sich die Auffassung vertreten, die Tatsache, daß sich die Parteien zunächst zwei Jahre lang mit einer mündlichen Erklärung begnügt und von einer schriftlichen Fixierung abgesehen hätten, deute darauf hin, daß sie von der Geltung der Klausel als völkerrechtlichem Gewohnheitsrecht ausgegangen seien. Aber man könnte auch umgekehrt sagen, daß, weil die Erklärung nachträglich auch noch schriftlich abgegeben worden sei, die Staaten eine ausdrückliche Revisionsformel für erforderlich gehalten hätten. Welche der beiden Auffassungen die richtigere ist, soll hier nicht entschieden werden. Aber man wird auch aus diesem Falle entnehmen können, welches Bedürfnis nach weitgehenden Revisionsmöglichkeiten der abgeschlossenen Verträge die Staaten empfinden.

5. Das serbische Verlangen auf Revision des Bündnisvertrages mit Bulgarien (1912)

Am 29. Febr. 1912 hatten Serbien und Bulgarien einen gegen die Türkei gerichteten Bündnisvertrag[79]) miteinander abgeschlossen. Art. 2 eines geheimen Anhanges zu diesem Vertrage handelte von der Verteilung des gemeinsam eroberten türkischen Gebietes unter den Kontrahenten. Ein Teil wurde Bulgarien, ein anderer Teil Serbien zugewiesen. Ein dritter Teil blieb strittig. Als Schiedsrichter für die endgültige Grenzfestsetzung sowie für die Auslegung des Vertrages war in Art. 4 der Zar von Rußland vorgesehen. Nach der Niederwerfung der Türkei verlangte die serbische Regierung im Juni 1913 die Revision dieses Bündnisvertrages wegen „veränderter Umstände“[80]). Dabei führte sie aus: 1. Durch die Teilnahme Griechenlands und Montenegros an dem ersten Balkankriege seien diesen Staaten Gebiete zugefallen, auf die Serbien gerechnet habe. 2. Serbien habe auf einen Zugang zum Adriatischen Meere gehofft. Diese Erwartung habe sich aber infolge der Schaffung des Fürstentums Albanien nicht erfüllt. 3. Serbien habe Bulgarien über die Bestimmungen des Vertrages hinaus bei seinen militärischen Operationen unterstützt. 4. Bulgarien habe infolge dieser Hilfe ein größeres Gebiet erobert, als man ursprünglich vorgesehen hätte. Bulgarien lehnte die Revision des Bündnisvertrages ab, erklärte sich aber schließlich bereit, unter bestimmten Voraussetzungen den Zaren als Schiedsrichter anzuerkennen. Bevor der Streit auf diese Weise geregelt worden war, brach jedoch der zweite Balkankrieg aus.

Die Berechtigung des serbischen Verlangens erscheint zum mindesten diskutabel. Daß Serbien übrigens den Bündnisvertrag nicht kündigte, sondern nur seine Revision beantragte, ist leicht begreiflich, da durch eine Kündigung, falls sie rechtsgültig erfolgt wäre, auch die Vorteile hinfällig geworden wären, die Serbien auf Grund des Vertrages hätte beanspruchen können. Bulgarien lehnte das serbische Ansuchen ab, wobei nicht ersichtlich wurde, ob nur aus tatsächlichen oder auch aus rechtlichen Gründen.

78) Vgl. über diesen Fall Scelle, Revue Générale de Droit international public 1913 S. 494ff.; ferner Fauchille a. a. O. I 3, 494ff.; Pouritch a. a. O. S. 143ff.

79) Niemeyer-Strupp, Jahrbuch des Völkerrechts II S. 1ff.

80) Niemeyer-Strupp a. a. O. S. 70ff.; Strupp in ZVölkR. 13, 508ff.; Idenburg a. a. O. S. 28; Pouritch a. a. O. S. 147ff.

Fauchille[81]) hat darauf hingewiesen, daß auch die Nichtbeachtung der Bestimmungen des Friedensvertrages zu London vom 30. Mai 1913 durch die Türkei als Anwendungsfall der Klausellehre betrachtet werden könne; denn die Situation sei in dem Augenblicke, als die Türkei sich von dem Vertrage losmachte, nicht mehr die gleiche gewesen wie bei seinem Abschlusse. Die Balkanstaaten seien damals nicht mehr die Alliierten gewesen, als die sie gemeinsam in London aufgetreten seien. Darauf ist zu erwidern, daß sich die Türkei in ihrer Note vom 20. Juli 1913, worin sie die Wiederbesetzung Adrianopels rechtfertigte, nicht auf die Klausel bezogen hat[82]). Die Tatsache aber, daß unter Umständen ein Staat sich auf die Klausel hätte beziehen „können", rechtfertigt es nicht, aus den Ereignissen irgendwelchen Schluß auf die Geltung der Klausel zu ziehen.

Immerhin sind die Darlegungen von Fauchille ein interessanter Beleg dafür, wie sehr die Klausellehre zum Allgemeingut der französischen Völkerrechtswissenschaft geworden ist[83]).

6. Die Aufhebung der freien Zonen von Hoch-Savoyen durch Frankreich (1919)

Nach Beendigung des Weltkrieges teilte die französische Regierung der schweizerischen Eidgenossenschaft mit, daß sie die durch die Pariser Verträge von 1815 geschaffenen freien Zonen von Hoch-Savoyen als durch die Verhältnisse überholt ansehe; die Einrichtungen hätten sich überlebt und Frankreich habe das Recht, einseitig diejenige Ordnung innerhalb der freien Zonen zu schaffen, die sonst in Frankreich bestände. Die Schweiz stimmte prinzipiell einer Abänderung der Zonenabkommen zu, wenn sie auch ihren ausdrücklichen Vorbehalt dazu erklärte, daß die freien Zonen von Hoch-Savoyen durch die Verhältnisse überholt seien. Es wurde darauf in Art. 435 des Versailler Friedensvertrages eine Bestimmung aufgenommen, in der die freien Zonen von Hoch-Savoyen als „durch die Verhältnisse" überholt bezeichnet wurden. Der schweizerische Standpunkt, wie er in dem Notenwechsel zum Ausdrucke gelangt war, wurde aber dem Art. 435 des Versailler Friedensvertrages als Anlage beigefügt. Es kommt hier nicht darauf an, die Entwicklung dieser Frage im einzelnen darzulegen; wichtig ist jedenfalls, daß die Schweiz die Behauptung, jene freien Zonen hätten sich überholt, als wesentlich ansah und sie deswegen ausdrücklich bestritt. Beide Parteien waren sich letzten Endes darin einig, daß veraltete Zustände der Revision bedürften[84]).

Der Inhalt des Art. 435 des Versailler Friedensvertrages ist dann später auch in die Friedensverträge von St. Germain (Art. 375), von Trianon (Art. 358) und von Neuilly (Art. 291) aufgenommen worden.

7. Die Aufhebung der Neutralität Belgiens (1919)

Bei den Versailler Friedensverhandlungen von 1919 beantragte Belgien mit Erfolg die Revision der Verträge von 1839, da deren Bestimmungen den gegenwärtigen Umständen nicht mehr entsprächen. Gemäß dem belgischen Verlangen wurde Deutschland in Art. 31 des Versailler Friedensvertrages verpflich-

[81]) I 3, 386; siehe auch Pouritch a. a. O. S. 160ff.

[82]) Vgl. besonders Niemeyer-Strupp a. a. O. 2, 189ff. u. 821ff.

[83]) Über andere Fälle, bei denen eine Berufung auf die Klausel noch hätte in Betracht kommen können, vgl. Pouritch a. a. O. S. 117ff., 121ff., 138ff.

[84]) Vgl. Botschaften des Bundesrates an die Bundesversammlung vom 10. Okt. 1921 und 25. Nov. 1924; Fauchille a. a. O. I 3, 387; P. Köhler, Der Genfer Zonenstreit, Berlin 1926; J. Paulus, Revue de droit international et de législation comparée 1924 S. 58ff.; Rougier, Revue Générale de Droit international public 1920S. 40ff.; v. Waldkirch, Art. 435 des Versailler Friedensvertrages in seiner rechtlichen Bedeutung, Aarau 1924.

tet, der Aufhebung dieser Verträge zuzustimmen, da sie „ne correspondent plus aux circonstances actuelles". Die Einzelheiten der Verhandlungen sind nicht veröffentlicht worden. Es ergibt sich aber aus der Fassung des erwähnten Artikels des Friedensvertrages, wie auch Fauchille[85]) hervorhebt, daß bei dieser Gelegenheit die Vertragsparteien davon ausgingen, daß im Falle völliger Veränderung der Umstände die Rechtslage revidiert werden müsse.

Der Inhalt des Art. 31 des Versailler Friedensvertrages ist später auch in die Friedensverträge von St. Germain (Art. 83) und von Trianon (Art. 67) aufgenommen worden.

8. Die Aufhebung der Verträge betr. die äußere Mongolei durch China (1919)

Im Jahre 1912 machte sich die äußere Mongolei, die bisher China unterstanden hatte, nach Ausbruch der chinesischen Revolution selbständig. Rußland erkannte sogleich durch Abkommen vom 3. Nov. 1912 die Unabhängigkeit der Mongolei an. Später kam es infolge chinesischer Vorstellungen zu dem chinesisch-russischen Abkommen vom 5. Nov. 1913, worin Rußland die Souveränität Chinas über die äußere Mongolei und China die Autonomie der äußeren Mongolei anerkannte. Gleichzeitig verpflichtete sich China, das zukünftige Verhältnis der äußeren Mongolei zu China und Rußland durch besondere Verhandlungen, zu denen auch Vertreter der äußeren Mongolei zugezogen werden sollten, zu regeln. Ein chinesisch-russisch-mongolisches Abkommen vom 7. Juni 1915 unterstellte sodann die auswärtige Politik der äußeren Mongolei der gemeinsamen Leitung Chinas und Rußlands.

Nach dem Zusammenbruche Rußlands sprach die Regierung der äußeren Mongolei in einer Eingabe an die chinesische Regierung den Wunsch aus, auf die Autonomie verzichten und sich wieder China anschließen zu wollen. In dieser Petition hieß es u. a.[86]):

> „En ce qui concerne les relations extérieures nous devons déclarer que c'était en raison de la proclamation de notre autonomie que les traités sino-russo-mongols et russo-mongols avaient été conclus, et les Notes sino-russes échangées. Du moment où nous sommes disposés à renoncer à l'autonomie, ces instruments deviennent automatiquement nuls et de nul effet."

Daraufhin hat die chinesische Regierung durch ein Dekret des Präsidenten vom 22. Nov. 1919 die Verträge unter Berufung auf die Klausel für aufgehoben erklärt. Rußland hat dagegen Einspruch erhoben.

Es handelte sich bei dem chinesischen Vorgehen offenbar um die Ausnutzung einer Machtposition gegenüber dem durch Krieg und Revolution geschwächten Sowjetrußland. Auch ist in diesem Falle bestritten, ob der Vertragsgegner, Sowjetrußland, der Völkerrechtsgemeinschaft angehörte[87]). Immerhin bleibt die Tatsache bestehen, daß hier China, ein Mitglied der Völkerrechtsgemeinschaft, versuchte, einen Vertrag einseitig unter Berufung auf die Klausel zur Auflösung zu bringen.

9. Die Aufhebung der Kapitulationen in der Türkei (1914ff., 1923)

Als die Türkei 1914 die Kapitulationen einseitig für aufgehoben erklärte, hat sie sich gleichfalls auf die clausula rebus sic stantibus berufen. Wenn auch in der Note vom 9. Sept. 1914 an die in Konstantinopel akkreditierten Vertreter der

[85]) A. a. O. I 3, 387; vgl. A. Roussel Le Roy, L'abrogation de la neutralité de la Belgique. Les causes et ses effets S. 131 ff., 147ff. (Paris 1923).

[86]) Revue Générale de Droit international public 1920 S. 107; Fauchille a. a. O. I 3, 387.

[87]) Für Bejahung dieser Frage Verdroß, Die Einheit des rechtlichen Weltbildes auf Grundlage der Völkerrechtsverfassung S. 157ff. (Tübingen 1923).

verschiedenen Mächte eine ausdrückliche Bezugnahme auf die Klausel nicht enthalten war[88]), so hat sich doch jedenfalls der türkische Minister des Auswärtigen in seiner Note vom 5. Dez. 1914 an die holländische Regierung dieses Argumentes bedient, indem er ausführte:

„En effet, aucun Traité ne peut contenir des dispositions devant se perpétuer éternellement, lorsqu'elles portent sur des matières de commerce, d'organisation et de procédure judiciaire ou d'administration, lesquelles sont évidemment soumises à l'évolution du temps[89]).“

Nun wurde allerdings von allen in Betracht kommenden Mächten sogleich Protest gegen die türkische Erklärung erhoben. Dabei blieb freilich infolge der Tatsache, daß die Türkei sich in ihrer Note vom 9. Sept. 1914 nicht auf die Klausel, sondern darauf gestützt hatte, daß die Kapitulationen einseitige, jederzeit zurücknehmbare Gnadenbriefe seien, durchaus zweifelhaft, ob die Mächte die Klausel an sich oder nur ihre Anwendung im positiven Falle bestreiten wollten.

Bei den Erörterungen der Literatur über die damalige Berufung der Türkei auf die Klausel findet man allgemein die Ansicht vertreten, daß bei der Veränderung wesentlicher Voraussetzungen des Vertrages seine Revision verlangt werden könnte. Der anonyme Verfasser eines Aufsatzes „L'abolition des capitulations et ses conséquences“ in der „Revue Générale de Droit international public[90])“, der das türkische Verhalten als rechtswidrig bezeichnet, beschränkt sich darauf, das Nichtvorhandensein der Voraussetzungen der Klausel nachzuweisen, bestreitet aber nicht ihre Gültigkeit an sich[91]).

Später hat das Deutsche Reich in den deutsch-türkischen Rechtsverträgen vom 11. Jan. 1917 auf die deutsche Konsulargerichtsbarkeit in der Türkei ausdrücklich verzichtet. Dasselbe hat Österreich-Ungarn in einem Vertrage vom 12. März 1918 getan. Freilich sind diese Verträge durch die Art. 290 des Versailler Friedensvertrages, Art. 242 des Friedensvertrages von St. Germain und Art. 225 des Friedensvertrages von Trianon wieder aufgehoben worden. Aber auf jeden Fall liegt ein Verzicht seitens Deutschlands, Österreichs und Ungarns auf die Konsulargerichtsbarkeit in der Türkei vor. Sowjetrußland hat in dem Vertrage mit der Türkei vom 16. März 1921 auf die Kapitulationen verzichtet. Die alliierten Mächte haben in den Art. 136 und 261 des Friedensvertrages von Sèvres (1920) die Türkei zwingen wollen, die Kapitulationen wiederherzustellen. Aber die Türkei hat diesen Vertrag nicht ratifiziert. Ende 1922 kam dann eine neue Friedenskonferenz zu Lausanne zustande, bei der die Frage der Abschaffung der Kapitulationen wiederum eine große Rolle spielte.

Die Verhandlungen der Lausanner Friedenskonferenz über die Abschaffung der Kapitulationen fanden ausschließlich innerhalb der „Commission du Régime des Etrangers“ statt. In der ersten Sitzung der Kommission vom 2. Dez. 1922 stellte sich der Vorsitzende der Kommission, der Italiener Marquis Garroni, sogleich auf den Standpunkt[92]), daß die Kapitulationen nach heutiger Rechtsauffassung dem souveränen Rechte eines unabhängigen Staates widersprechen und daß es deshalb verständlich sei, wenn die Türkei ihre Abschaffung verlange. Die

---

[88]) Vgl. dazu Kunke, Die Aufhebung der Kapitulationen in der Türkei S. 136ff. (München 1918); W. Lehmann, Die Kapitulationen S. 63ff. (Weimar 1917).

[89]) Vgl. Strupp, Ausgewählte diplomatische Aktenstücke zur orientalischen Frage S. 315 (Gotha 1916).

[90]) 1914 S. 492.

[91]) In diesem Sinne auch Pouritch a. a. O. S. 161ff.

[92]) Conférence de Lausanne (Ministère des Affaires Etrangères Documents Diplomatiques) 1, 443 (Paris 1923).

Mächte seien grundsätzlich bereit, darauf einzugehen, wenn ihnen bestimmte Garantien gegeben würden. Später erklärte der erste britische Delegierte, Lord Curzon, bevor der türkische Vertreter zu Worte gekommen war[93]): „Le fait même que ces capitulations ne peuvent pas être abrogées par l'une des Parties contractantes sans le consentement de l'autre et sans qu'un nouveau régime leur soit substitué a été établi en plus d'une occasion.“ Dabei berief er sich u. a. auf die bekannte Erklärung der Londoner Konferenz vom Jahre 1871 anläßlich des Pontus-Falles. Im weiteren Verlaufe derselben Sitzung begründete der erste türkische Bevollmächtigte Ismet Pascha die Forderung auf Beseitigung der Kapitulationen mit den Worten[94]): „Les traités dont la durée n'est pas fixée impliquent la clause rebus sic stantibus, en vertu de laquelle la transformation dans les circonstances qui ont provoqué la conclusion d'un traité peuvent entraîner l'annulation par l'une des parties contractantes de ce traité, s'il n'est pas possible de l'annuler par consentement mutuel.“

Hierauf erwiderte sogleich der Kommissionspräsident, Marquis Garroni, gleichzeitig im Namen der englischen und französischen Delegation, „qu'il est naturel, puisque les capitulations sont fondées sur des Traités, que ce soit un nouvel acte international qui règle les questions qui, jusque-là, étaient régies par elle“[95]).

Aus der zweiten Sitzung der Kommission vom 28. Dez. 1922 ist noch die Erklärung des französischen Delegierten Barrère bemerkenswert. Er führte aus, die französische Delegation sei bereit, auf die Kapitulationen zu verzichten, weil verschiedene ihrer Bestimmungen veraltet seien[96]). In ähnlicher Richtung bewegten sich die Ausführungen des anderen französischen Vertreters, Bompard, in derselben Sitzung: „Il est certain que le régime des Capitulations est défectueux et, à bien des égards, surranné. Sa revision et même son abolition sont nécessaires[97]).“ Auch der Vertreter der Vereinigten Staaten von Amerika nahm in dieser Sitzung das Wort und hob hervor[98]): „Les Etats-Unis se trouvent dans une position indépendante, ainsi qui'l résulte de deux considérations d'une sérieuse importance. La première est le caractère sacré des traités: les Etats-Unis jouissent de certains droits contractuels qui constituent des obligations pour la Turquie. En 1914, la Turquie avait de telles obligations envers plusieurs nations; les Etats-Unis sont l'une de ces nations, et les droits qui découlent pour eux de ces obligations ne peuvent pas être supprimés par la Turquie seule, à moins qu'elle ne répudie ses engagements ... L'une de ces fins auxquelles devrait se consacrer naturellement la souveraineté de la Turquie serait la substitution de nouveaux traités, précisant ses droits et ses obligations, à d'anciens accords, qui pourraient ne pas être considérés comme conformes aux exigences du temps et de la justice, ou avec la nouvelle situation.“

Aus den Verhandlungen der dritten Kommissionssitzung vom 6. Jan. 1923 sei schließlich noch die Bemerkung des Kommissionspräsidenten Marquis Garroni hervorgehoben[99]): „Nous avons accepté, sans importantes réserves, la thèse turque.“

Bezüglich der Frage, welche Garantien den alliierten Mächten während einer Übergangszeit gewährt werden sollten, kam es in Lausanne zu erheblichen Mei-

---

93) A. a. O. S. 444.
94) A. a. O. S. 451.
95) A. a. O. S. 452.
96) A. a. O. S. 463.
97) A. a. O. S. 467, 468.
98) A. a. O. S. 463.
99) A. a. O. S. 474.

nungsverschiedenheiten, die die Unterbrechung der Konferenz am 5. Febr. 1923 mit zur Folge hatten. Die alliierten Mächte stellten, wie sie das bereits gelegentlich der Konferenz von Sèvres durchzusetzen versucht hatten, an die Türkei das Verlangen, darin einzuwilligen, juristische Ratgeber neutraler Nationalität, die aus einer vom Ständigen Internationalen Gerichtshof aufgestellten Liste ausgewählt werden sollten, in ihren Dienst zu stellen. Von ihnen sollte je einer stimmberechtigt an der Rechtsprechung der Gerichtshöfe von Konstantinopel, Smyrna, Samsun und Adana teilnehmen; ferner sollten sie in den Tribunalen letzter Instanz die Majorität besitzen. Die Türkei aber gestand diesen juristischen Ratgebern lediglich zu, daß sie an den gesetzgebenden Kommissionen teilnähmen und die Gerichtsverhandlungen verfolgten, ohne sich in die Ausübung der Gerichtsbarkeit selbst einzumischen. Die Alliierten mußten schließlich in dieser Frage nachgeben.

Eine zweite Meinungsverschiedenheit entstand darüber, ob die Aufhebung der Kapitulationen mit rückwirkender Kraft erfolgen solle. Hier siegte der Standpunkt der Alliierten. Es wurde zwar in Art. 28 der Vertrages von Lausanne vom 24. Juli 1923 vereinbart: „Les Hautes Parties contractantes déclarent accepter, chacune en ce qui la concerne, l'abolition complète des capitulations en Turquie à tous les points de vue." Aber in Art. 15 des „Abkommens über Niederlassung von Ausländern in der Türkei und über die Gerichtsverfassung" vom 24. Juli 1923 hieß es: „En toutes matières, sous réserve de l'article 16, les questions de compétence judiciaire seront, dans les rapports entre la Turquie et les autres Puissances contractantes, réglées conformément aux principes du Droit international[100])".

Wenn auch die Türkei bei den Lausanner Verhandlungen die Aufhebung der Kapitulationen ex tunc nicht durchsetzen konnte, ihr also das Recht der einseitigen Kündigung von den anderen Mächten bestritten wurde, so bleibt doch die Tatsache bestehen, daß bei diesen Verhandlungen alle Parteien darüber einig waren, daß veraltete Zustände revidiert werden müßten.

10. Die Würdigung der völkerrechtlichen Präzedenzfälle

Ziehen wir das Fazit aus der Stellungnahme der völkerrechtlichen Praxis zur clausula rebus sic stantibus, so muß zunächst die Tatsache hervorgehoben werden, daß die Mächte sich neuerdings in stärkerem Maße als bisher auf die Klausel berufen haben. Während für die Zeit bis 1900 nur auf zwei Streitfälle hingewiesen werden konnte, bei denen die Klausel eine Rolle spielte, weist die Geschichte der letzten zwanzig Jahre nicht weniger als sieben Konflikte auf, in denen direkt oder indirekt auf die Klausel Bezug genommen worden ist. Nicht nur gelegentlich, sondern immer häufiger taucht die Klausel in den Akten der neueren Völkerrechtsgeschichte auf. Eine ganze Reihe von Staaten haben sich ihrer bedient, um eine einseitige Auflösung eines Vertrages zu rechtfertigen.

Bei Prüfung der Frage, wieweit in den obenerwähnten Fällen die Klausel als geltendes Völkerrecht anerkannt worden ist, darf freilich nicht außer acht gelassen werden, daß in mehreren Fällen die Berufung auf die Klausel zu Unrecht erfolgte und daß auch in den anderen, diskutablen Fällen die Zulässigkeit der Berufung auf die Clausula noch niemals von einem unparteiischen Schiedsgerichte nachprüft worden ist. Es läßt sich daher der Beweis, daß sich in allen oder in einer Anzahl von Fällen die Staaten mit Recht auf die Klausel beriefen,

---

[100]) Vgl. Fauchille a. a. O. I 3, 166ff.; Salem, Journal du Droit international 52, 514; Tenekides, Journal du Droit international 51, 351.

um so weniger erbringen, als nicht ersichtlich ist, ob die Vertragskontrahenten, wenn sie dem Verlangen nach Vertragsrevision entsprachen, nicht viel mehr aus politischem Entgegenkommen, als in Anerkennung der rechtlichen Zulässigkeit der einseitigen Kündigung des Gegners gehandelt haben. Zudem ist in einzelnen der obenerwähnten Fälle eine einseitige Kündigung überhaupt nicht erfolgt, vielmehr wurde der Gegner in den Vertragsverhandlungen davon überzeugt, daß ein bestimmter Zustand nicht haltbar sei, und er willigte infolgedessen in die Auflösung des alten Vertrages und den Abschluß eines neuen Übereinkommens. In diesen Fällen kann man überhaupt von einer eigentlichen Anwendung der Klausel nicht sprechen, sondern nur davon, daß die Parteien den veränderten Umständen Rechnung getragen haben und infolgedessen zur Auflösung bestimmter Verträge geschritten sind. Es waren vornehmlich Beweggründe politischer Natur, die der Vertragsauflösung vorausgingen, nicht einseitige Erklärungen rechtlichen Inhaltes, die für die Klausel in Anspruch genommen werden können. Das gilt vor allem auch für den berühmten Fall der Aufhebung der Kapitulationen, die ja trotz der einseitigen türkischen Erklärung von 1914 im Vertrage von Lausanne nicht als rückwirkend anerkannt wurde.

Wenn aber auch durch die oben behandelte völkerrechtliche Praxis ein schlüssiger Beweis für die positivrechtliche Geltung der Klausel nicht als erbracht angesehen werden kann, so haben doch jene Fälle einwandfrei dargetan, wie stark das Verlangen der Staaten ist, bestimmte Verträge, die als überholt angesehen werden, zu revidieren. Immer wieder haben die Staaten bei regulärem Verlaufe der Dinge veränderten Umständen auch gegenüber zeitlich unbefristeten Verträgen Rechnung getragen. Wo der Vertragsgegner diesem Verlangen nicht entsprach, wurde in der Verzweiflung zur äußersten Hilfe der einseitigen Vertragsauflösung geschritten. Das geschah ganz offenbar nicht aus Zweckmäßigkeitsgründen, sondern auf Grund einer Anschauung vom natürlichen Rechte. Handelt es sich doch bei dem in der Clausula enthaltenen Rechtsgedanken um ein allgemeines Rechtsprinzip.

b) Die Klausel als allgemeines Rechtsprinzip

Wie wir gesehen haben, ist das Zivilrecht dank seiner ausgebildeten Technik und seiner Organisation wenigstens in normalen Zeiten in der Lage, aus seiner geschriebenen Rechtsordnung die Ansprüche auf einseitige Vertragsauflösung herzuleiten, während das Völkerrecht infolge seines rudimentären Charakters bisher weder eine allgemeine Kodifikation noch auf anderem Wege eine solche Ausprägung spezieller Rechtsnormen errungen hat wie das Zivilrecht. Deshalb ist das Völkerrecht auch, soweit nicht vertragliche Regelungen vorliegen, in viel stärkerem Maße mit naturrechtlichen Gedanken, mit allgemeinen Rechtsprinzipien durchsetzt, die noch nicht, wie im Zivilrecht, ihren Niederschlag in Gesetzbüchern gefunden haben, aber nichtsdestoweniger Geltung beanspruchen.

Max Huber, der Präsident des Weltgerichtshofes, hat einmal folgendes ausgeführt[101]:

> „Es liegt aber im Wesen des Rechtes, sich loszulösen von dem sozialen Stoffe, d. h. den gesellschaftlichen Tatsachen und Verhältnissen, deren äußere Form und Ordnung es darstellt . . . Die aus den sozialen Tatsachen herauswachsenden Rechtsinstitute kristallisieren in der juristischen Technik Rechtsbegriffe aus,

[101]) Beiträge zu den soziologischen Grundlagen des Völkerrechtes und der Staatengesellschaft, JahrbÖffR. 4, 61ff.

von welchen durch reine Begriffsoperationen neue Rechtssätze als Konsequenzen abgeleitet werden, sei es — und zwar vor allem — vom Richter und der juristischen Doktrin, sei es vom Gesetzgeber.

... Nicht jedes Rechtsgebiet weist diesen Dualismus von Recht und sozialem Rechtssubstrat in gleichem Maße auf; am stärksten das höchst ausgebildete, das Privatrecht ... Auch dem Völkerrecht ist die Tendenz nach Selbständigkeit gegenüber dem sozialen Substrat immanent ... Das Naturrecht hat auf die zwischenstaatlichen Beziehungen wesentlich durch die Suggestivkraft gewirkt, welche dieses System zu einer Zeit besessen hat[102]).

Das naturrechtliche Völkerrecht ist einer naturwissenschaftlichen Arbeitshypothese vergleichbar, die verwendet wird, bis die experimentellen Erfahrungen hinreichendes Material zur Ableitung eines Gesetzes erbracht haben. Ohne Zuhilfenahme des Naturrechtes wäre es vielleicht nicht möglich gewesen, von dem Wirrwarr einzelner Rechtsbeziehungen zu einem objektiven gemeinen Rechte aufzusteigen, eine rein positive Methode hätte wohl zu dürftige Resultate ergeben. In dem Maße, in dem durch die Entwicklung der internationalen Beziehungen positive Rechtssätze sich herausbildeten, konnte der Notbrückenbau des Naturrechtes abgebrochen werden, aber auch heute steht noch mancher Pfeiler des Baues[103])."

Zu diesen Pfeilern gehört zweifellos auch die Clausula, solange nicht ihre Inhalte in das geschriebene Recht in irgendeiner Form eingefügt sind. Daß dies durch Art. 19 der Völkerbundsatzung nicht geschehen ist, wird später nachzuweisen sein.

Nicht nur im Völkerrecht erweist sich übrigens die Notwendigkeit einer Anwendung der Clausula auch ohne gesetzliche Festlegung; in außerordentlichen Zeiten zeigt sich selbst in dem technisch sehr durchgebildeten Zivilrechte, daß man mit dem vollzogenen organisatorischen Einbau der Clausula in das Rechtssystem nicht auskommt. Die neueste Rechtsprechung des deutschen Reichsgerichtes ist dafür ein wertvoller Beleg. Es hat sich als Aufgabe und Pflicht der nationalen Gerichte herausgestellt, unter besonders schwierigen Verhältnissen die einseitige Vertragsauflösung zuzulassen, ohne auf einen geschriebenen Rechtssatz abstellen zu können. Man darf aber dem Völkerrecht nicht verweigern, was dem Zivilrecht ohne Opposition gestattet wird, nämlich im Interesse eines gesunden Zusammenlebens der Menschen unter ganz schwierigen Verhältnissen einem naturrechtlichen Gedanken zum Siege zu verhelfen, ohne daß er in der geschriebenen Rechtsordnung schon vorgesehen ist.

Wenn die Gegner der Klausel immer wieder auf die Gefahren der Anwendung der Clausula hingewiesen haben, so ist es letzten Endes die Eigenart fast jedes Rechtssatzes, daß seine mißbräuchliche Anwendung zur Rechtsverletzung führt. Zudem ist zu fragen, ob nicht die Verkümmerung des materiellen Rechtes gegenüber dem formalen Rechte durch ein Festhalten an der bedingungslosen Geltung von der Vertragstreue einen viel schwereren Schlag für das Recht bedeutet. Diesen Standpunkt kann man um so eher vertreten, als ja die Möglichkeit der Nachprüfung durch ein internationales Schiedsgericht, wie im vorliegenden Falle, eine sichere Gewähr gegen jede mißbräuchliche Anwendung der Klausel gibt. Mit Recht haben bereits eine ganze Reihe von Autoren darauf hingewiesen, wie groß die Vorteile eines internationalen Gerichtshofes für die Auslegung der Klausel sind[104]).

---

[102]) A. a. O. S. 64.

[103]) A. a. O. S. 82.

[104]) Abi-Chala a. a. O. S. 107; Goellner a. a. O. S. 31, 34; Hoijer a. a. O. S. 339f.; Lammasch a. a. O. S. 151; Schmidt a. a. O. S. 77f.

§ 5. Die Klausellehre und der Art. 19 der Völkerbundsatzung

Karl Strupp[105]) hat jedoch den Standpunkt vertreten, das ganze Problem der Klausel sei für die Völkerbundmitglieder abschließend in Art. 19 der Völkerbundsatzung geregelt und die Klausel, die nie geltendes Recht gewesen sei, sei durch die Vorschrift des Art. 19 endgültig abgelehnt. Ähnlich, wenn auch viel weniger bestimmt, haben sich bereits früher einmal Lammasch[106]), Larnaude[107]) und Weise[108]) ausgesprochen. Der hier gemachte Einwurf liegt nahe und bedarf daher einer eingehenden Prüfung.

a) Die Vorgeschichte des Art. 19 der Völkerbundsatzung

Art. 19 der Völkerbundsatzung lautet:

> „Die Bundesversammlung kann von Zeit zu Zeit die Bundesmitglieder zu einer Nachprüfung der unanwendbar gewordenen Verträge und solcher internationalen Verhältnisse auffordern, deren Aufrechterhaltung den Weltfrieden gefährden könnte."

Solange die Protokolle der Pariser Friedenskonferenz noch nicht veröffentlicht worden sind, wird es schwer sein, etwas Bestimmtes über die Vorgeschichte des Art. 19 zu sagen. Die Frage der Revision von Verträgen war in den amtlichen Vorentwürfen, die der Ausarbeitung der Völkerbundsatzung zugrunde gelegt wurden, überhaupt nicht angeschnitten worden. Von den privaten Entwürfen, die während und nach dem Weltkriege ausgearbeitet worden waren, hatte lediglich der Entwurf der Fabier (Art. 16a) in sehr radikaler Weise die Nichtigkeitserklärung eines Vertrages durch die Bundesversammlung vorgesehen, und zwar besonders dann, wenn eine Veränderung der Sachlage eingetreten wäre, so daß der Zweck des Abkommens nicht mehr erreicht werden könnte. Es ist aber kein Anhaltspunkt dafür vorhanden, daß der Entwurf der Fabier die Pariser Verhandlungen irgendwie beeinflußt hat. Unbekannt ist auch, von welcher Delegation die Anregung zu dem Art. 19 erging. Man könnte vermuten, daß Wilson der Urheber sei. Aber in den von Baker veröffentlichten Memoiren findet sich darüber kein bestimmter Anhaltspunkt.

Der Inhalt des Art. 19 der jetzigen Völkerbundsatzung tauchte vielmehr zuerst in dem Entwurfe der Pariser Friedenskonferenz vom 14. Febr. 1919 als Art. XXIV auf und ist dann in sachlich unveränderter Gestalt in die endgültige Fassung aufgenommen worden. Wie von mehreren Stellen hervorgehoben wird, war die Diskussion über die betreffende Bestimmung sehr kurz. „Il ne retint ni les discussions ni les controverses", sagt Goellner[109]), und Scelle[110]) hebt hervor: „Ces dispositions qui soulèvent des problèmes juridiques extrêmement délicats ne purent pas être étudiées comme elles l'auraient mérité et leur rédaction a engendré par la suite bien des difficultés."

b) Die Schwäche des Art. 19 der Völkerbundsatzung

Wenn die Mantelnote der alliierten und assoziierten Regierungen vom 19. Juni 1919[111]) ausgeführt hat, der Vertrag von Versailles schaffte den Apparat für eine friedliche Erledigung aller internationalen Streitigkeiten durch

---

105) Theorie und Praxis des Völkerrechtes S. 122 (Berlin 1925); vgl. auch derselbe, Eléments du Droit international public universel européen et américain S. 191 (Paris 1927).

106) Völkermord oder Völkerbund? S. 112 (Haag 1920).

107) La Société des Nations S. 40 (Paris 1920).

108) Délégation du Chili à la Société des Nations a. a. O. S. 113.

109) A. a. O. S. 42.

110) In Munchs „Les origines et l'oeuvre de la Société des Nations" 1, 123 (Copenhague 1923).

111) Kraus-Rödiger, Urkunden zum Friedensvertrage von Versailles vom 28. Juni 1919, S. 573 (Berlin 1920).

Aussprache und Übereinstimmung, wodurch die im Jahre 1919 erfolgte Regelung von Zeit zu Zeit abgeändert und neuen Ereignissen und neu entstehenden Verhältnissen angepaßt werden könne, so spielte sie auf den Art. 19 der Satzung an, dessen Grundgedanke also offenbar darin bestand, die Möglichkeit der Revision der Verträge von 1919, wenn auch in sehr vorsichtiger Form, günstiger zu gestalten.

Nun darf man aber zunächst nicht außer acht lassen, daß Art. 19 für die Gegenwart ein stumpfes Schwert ist. Denn die Bundesversammlung kann die Parteien lediglich einladen (inviter 'advise), die Prüfung unanwendbar gewordener Verträge vorzunehmen. Viele Autoren glauben sogar, wenn auch irrtümlich, daß diese Einladung einen einstimmigen Beschluß der Bundesversammlung erfordert. Aber selbst wenn die Mehrheit der Bundesversammlung berechtigt wäre, die Aufforderung zur Revision an zwei Parteien ergehen zu lassen, so besteht doch für diese keinerlei rechtliche Verpflichtung, einer solchen Aufforderung Folge zu leisten, so daß die praktische Bedeutung des Art. 19 vorläufig mehr als problematisch ist[112]).

Trifft dies aber zu, dann wäre es nicht verständlich, daß man in Art. 19 jede andere bisher im Völkerrechte vorgesehene Möglichkeit betr. die Revision von Verträgen hätte beseitigen und in Art. 19 das gesamte Problem der Revision von Verträgen hätte erschöpfend regeln wollen. Denn dann hätte man in Wahrheit die Revision von Verträgen erschwert, anstatt erleichtert.

Art. 19 kann schon deswegen nicht als Ersatz für die clausula rebus sic stantibus betrachtet werden, weil die Bundesversammlung die Revision internationaler Verträge in den erforderlichen Fällen gar nicht vornehmen muß, sondern lediglich vornehmen kann. (L'Assemblée peut; The Assembly may.) Das bisher vorhandene Recht auf Revision von Verträgen unter bestimmten Voraussetzungen wäre also, wenn die Klausel fortan als nicht mehr in Geltung befindlich betrachtet wird, durch die unsichere Hoffnung beseitigt worden, daß die Bundesversammlung der anderen Partei die Revision des Vertrages empfiehlt.

c) Die Vertragsrevision und die Völkerbundsatzung

1. Die Kompetenzen der Völkerbundorgane betr. die Revision von Verträgen

Stellte Art. 19 eine abschließende Regelung der Frage der Revision von Verträgen für die Mitglieder des Völkerbundes dar, dann müßte auch angenommen werden, daß die Bundesversammlung das einzige Organ wäre, das für diese Frage in Betracht käme. In Wahrheit unterliegt es aber keinem Zweifel, daß sich auch der Völkerbundrat nach Art. 4 Abs. 4 der Satzung mit jeder Frage befassen kann, die in den Tätigkeitsbereich des Völkerbundes gehört oder den Weltfrieden berührt. Ebenso ist es durchaus zulässig, Fragen betr. die Revision von Verträgen gemäß Art. 11 Abs. 2 vor den Rat zu bringen, vorausgesetzt allerdings, daß sie von Einfluß auf die internationalen Beziehungen sein können und den Frieden oder das gute Einvernehmen zwischen den Nationen, von dem der Friede abhängt, zu stören drohen. Bemerkenswert ist in dieser Hinsicht, daß der amtliche englische Kommentar ausdrücklich hervorhebt, Art. 19 müsse in Zusammenhange mit Art. 11 gelesen werden[113]). Dasselbe gilt

[112]) Vgl. in diesem Sinne besonders v. Freytagh-Loringhoven, Die Satzung des Völkerbundes S. 213 (Berlin 1926); Goellner a. a. O. S. 97; Hoijer a. a. O. S. 346; Sir Frederick Pollock, The League of Nations S. 172, sec. ed. (London 1922); Rappard, Die Politik der Schweiz im Völkerbunde 1920—1925 S. 76 (Chur und Leipzig 1925).

[113]) Vgl. den Wortlaut bei Kluyver, Documents on the League of Nations S. 105, 108 (Leiden 1920); siehe auch Schücking-Wehberg, Die Satzung des Völkerbundes S. 468, 662, 2. Aufl. (Berlin 1924).

gemäß Art. 12 Abs. 1 und Art. 15 bei Streitfragen über Vertragsrevision, die zu einem Bruche führen könnten. Eine chilenische Denkschrift anläßlich des Streites mit Bolivia vor der zweiten Bundesversammlung hat letzteres ausdrücklich zugegeben[114]).

In allen diesen Fällen kann der Rat mit der Sache befaßt werden, und die Bundesversammlung besitzt keinesfalls nach Art. 19 die alleinige Zuständigkeit für die Befassung mit Fragen, die die Revision von Verträgen betreffen. Ja, auch die Bundesversammlung kann nicht nur auf Grund des Art. 19, sondern ebenso gemäß Art. 3 Abs. 3, Art. 11 Abs. 2 und Art. 15 Abs. 9 in Bewegung gesetzt werden, um sich mit der Revision eines Vertrages zu befassen. Der Völkerbund hätte sich ja die Hände in einer den Weltfrieden schwer gefährdenden Weise gebunden, wenn er angesichts einer Kriegsgefahr, die infolge eines Streites über die Aufrechterhaltung eines unanwendbar gewordenen Vertrages entstanden ist, keine weitere Zuständigkeit hätte als die, durch die Bundesversammlung die Parteien einladen zu lassen, zu einer Vertragsrevision zu schreiten. Schon aus der gesamten Struktur des Völkerbundes ergibt sich, daß in solchen Fällen wirksamere Mittel zur Beseitigung einer Kriegsgefahr ergriffen werden können und müssen.

Es sei besonders darauf hingewiesen, daß anläßlich des vor die zweite Bundesversammlung gebrachten Streitfalles zwischen Bolivia und Chile eine Anzahl damals von Bolivia eingeholter Gutachten von Botella, Larnaude und Poincaré[115]) deutlich auf die Tatsache hingewiesen haben, daß Streitfragen betr. die Revision von Verträgen auch noch auf Grund anderer Bestimmungen der Satzung vor die Bundesversammlung oder den Rat gebracht werden können.

Nicht nur vor Rat und Bundesversammlung, sondern auch vor den Weltgerichtshof können Fragen, die die Revision von Verträgen berühren, gebracht werden, sobald ein Anspruch auf Vertragsrevision nach den materiellen Grundsätzen des Völkerrechtes berechtigt erscheint und die formale Zuständigkeit des Weltgerichtshofes gegeben ist. Das haben besonders Baker[116]) und Niemeyer[117]) hervorgehoben.

2. Der besondere Zweck des Art. 19

Man könnte nun die Frage aufwerfen, welchen Sinn Art. 19 überhaupt habe, wenn die Frage der Revision von Verträgen bereits auf Grund anderer Bestimmungen vor den Rat oder die Bundesversammlung gebracht werden kann. Darauf ist zu erwidern, daß von vornherein die Gefahr als gegeben erachtet wurde, daß die Behandlung einer Revisionsfrage vor dem Plenum der Bundesversammlung geradezu als unfreundlicher Akt gegenüber dem Staate, der sich gegen die Revision sträubt, betrachtet werde. Wie groß diese Gefahr ist, geht daraus hervor, daß Dupuis[118]) anläßlich des chilenisch-bolivianischen Streitfalles sogar die Auffassung vertrat, nach Art. 19 dürfe eine Diskussion der ganzen Streitfrage gar nicht im Plenum der Bundesversammlung erfolgen, sondern die Bundesversammlung müsse sich darauf beschränken, die Einladung

[114]) Délégation du Chili à la Société des Nations a. a. O. S. 26; vgl. auch Goellner a. a. O. S. 82.

[115]) Diese Gutachten sind auszugsweise enthalten in dem Werke von E. Diez de Medina, La question du Pacifique et la Politique internationale de la Bolivie S. 174—180 (Paris 1924). Daß Fragen, die die Revision von Verträgen betreffen, auch dem Völkerbundrat unterbreitet werden können, betont auch Wehberg, Académie de Droit international, Recueil des Cours 8, 85 f.

[116]) A. a. O. S. 75.

[117]) A. a. O. S. 134.

[118]) Délégation du Chili à la Société des Nations a. a. O. S. 79 f.

zur Revision an die Parteien auf diplomatischem Wege vor sich gehen zu lassen. Ohne in diesem Zusammenhange auf jene Behauptung näher eingehen zu wollen, sei jedenfalls bemerkt, daß aus ähnlichen Gedankengängen heraus die Gründer des Völkerbundes offenbar Wert darauf legten, der Beschäftigung der Bundesversammlung mit der Revision von Verträgen eine besondere Rechtfertigung durch den Art. 19 zu geben. Man wollte die Befürchtung ausräumen, daß jede Aufforderung zur Vertragsrevision als unfreundlicher Akt betrachtet werde. Art. 19 sagt juristisch gar nichts Neues, sondern ist in erster Linie politisch zu werten und als Anfang einer neuen Entwicklungsepoche zu betrachten. Er will nicht die Vergangenheit, soweit sie die Klausel anerkennt, beseitigen, sondern lediglich den Weg in eine bessere Zukunft bahnen[119]).

3. Das Verhältnis des Art. 19 zur Klausellehre

Wenn somit Art. 19 gar nicht die einzige Bestimmung der Satzung ist, auf Grund deren sich die Bundesversammlung mit der Revision von Verträgen befassen kann, wenn auch der Völkerbundrat und der Weltgerichtshof in dieser Frage als zuständig erachtet werden müssen, so ergibt sich ohne weiteres, daß Art. 19 die mit der Revision von Verträgen zusammenhängenden Fragen gar nicht abschließend hat regeln wollen, weder in formeller noch auch in materieller Hinsicht. Es ist daher anzunehmen, daß Art. 19 die Klausel in keiner Weise hat ablehnen, sondern lediglich den Parteien eine neue Handhabe hat bieten wollen, um leichter zur Revision eines Vertrages gelangen zu können. In diesem Sinne spricht sich auch die Mehrzahl der Autoren aus, die sich mit dieser Frage befaßt haben. So sagt vor allem Fauchille[120]), daß der Art. 19 „a voulu régulariser le jeu de la clause rebus sic stantibus". Diese Auffassung wird u. a. von Dupuis[121]) und Goellner[122]) geteilt.

Die weitaus größte Zahl der Autoren ist denn auch ausdrücklich oder stillschweigend der Meinung, daß die clausula rebus sic stantibus durch Art. 19 der Satzung nicht berührt werde. Den bereits oben erwähnten Autoren müssen noch Brierly[123]), Cavaglieri[124]), Gemma[125]), Hall-Higgins[126]), Hoijer[127]), v. Liszt-Fleischmann[128]) und Scelle[129]) hinzugefügt werden[130]).

Auch die Klageschrift der belgischen Regierung vom 4. Jan. 1927 in dem vorliegenden Streitfalle stellt sich auf den Standpunkt, daß Art. 19 die Frage der clausula rebus sic stantibus unberührt gelassen habe. Denn sie sagt mit Recht:

---

119) Vgl. die Erläuterungen des amtlichen englischen Kommentars über die Völkerbundsatzung Art. 19 bei Kluyver a. a. O. S. 165; sowie die Ausführungen von Lord Finlay, Délégation du Chili à la Société des Nations a. a. O. S. 102.

120) A. a. O. I 3, 393.

121) Académie de Droit international, Recueil des Cours 2, 348ff.

122) A. a. O. S. 95; übereinstimmend auch die chilenische Denkschrift anläßlich des Streites mit Bolivia vor der zweiten Bundesversammlung. Délégation du Chili à la Société des Nations S. 24.

123) Transactions of the Grotius Society 11, 13ff., (London 1926).

124) Corso di diritto internazionale 1, 346 (1925).

125) Appunti di diritto internazionale S. 216 (Bologna 1924); Académie de Droit international, Recueil de Cours 4, 350.

126) A. a. O. S. 407.

127) A. a. O. S. 340.

128) A. a. O. S. 264.

129) A. a. O. S. 54, 158, 169.

130) Vgl. auch Rapport du Comité d'experts chargé par le Gouvernement Suédois de l'examen du Protocole dit de Genève, relatif au règlement pacifique des différends internationaux S. 117 (Stockholm 1925); Schmitt a. a. O. S. 48ff.

„C'est à la Cour Permanente de Justice Internationale que doit être soumise, en dernier ressort, une contestation qui surgirait relativement à l'application du principe „rebus sic stantibus" entre deux Etats signataires tous deux de la clause facultative de compétence."

§ 6. Die Einzelheiten des Rechtsinstituts der Klausel

a) Das Moment der veränderten Umstände

Wollen wir nunmehr feststellen, welcher Art die Umstände sein müssen, deren Veränderung bewirkt, daß dem einen Teile das Festhalten an dem Vertrage nicht zugemutet werden kann, so hat die Praxis darüber keine bestimmten Grundsätze entwickelt. Man kann lediglich sagen, daß fast immer die Berufung auf die Klausel nur bei großen, grundsätzlichen Fragen erfolgte.

Was die Literatur[131]) angeht, so hat sie besonders betont, daß keinesfalls jede beliebige Veränderung von Umständen genügt. Vielmehr muß es sich um eine Veränderung wesentlicher, fundamentaler Art handeln. Mehrfach wird auch hinzugefügt, daß durch die Veränderung der Umstände nicht die Existenz des Staates gefährdet werden dürfe. Auch in dem letzteren Falle handelt es sich um eine dem Vertrage stillschweigend innewohnende Bedingung. Es kann nicht als Wille der Parteien unterstellt werden, daß sie damit einverstanden wären, der Vertrag solle auch dann gelten, wenn durch eine völlige Veränderung der Umstände die Lebensinteressen des einen Teiles in einer nicht voraussehbaren Weise verletzt werden würden.

Angesichts der Schwierigkeit, die Klausel auf eine weniger allgemeine, im Einzelfalle leicht anwendbare Formel zu bringen, ist natürlich, wie wir bereits bemerkten, an sich die Gefahr des Mißbrauches gegeben. Um so richtiger erscheint es daher de lege ferenda, daß nach Möglichkeit die Feststellung, ob die Voraussetzungen der Klausel im Einzelfalle zutreffen, dem Parteiwillen entzogen und einer internationalen unparteiischen Instanz übertragen wird. In Erkenntnis der Schwierigkeit, die Voraussetzungen der Klausel im einzelnen zu präzisieren, hat seinerzeit Lammasch[132]) „unter der Voraussetzung eines institutionellen Schiedsgerichtes" es für „praktikabel" erklärt, die Klausel einfach auf den Widerspruch mit neu auftauchenden wesentlichen Interessen oder auf eine Veränderung wesentlicher Umstände abzustellen. Aufgabe des Schiedsgerichtes müßte es dann sein, den „blankettartig vagen Begriff mit Leben und Inhalt auszufüllen".

In jedem Falle hat der Staat, der sich auf die Klausel beruft, den Beweis dafür zu erbringen, daß sich die Umstände seit dem Abschlusse des Vertrages wesentlich geändert haben.

Es wird erst im späteren Zusammenhange dieser Arbeit unsere Aufgabe sein, auf Grund dieser allgemeinen Prinzipien festzustellen, ob im vorliegenden Falle die Voraussetzungen für die Anwendung der Klausel gegeben sind.

b) Die Geltendmachung der veränderten Umstände

Von entscheidender Bedeutung ist weiter die Frage, welche Wirkung die Veränderung der Umstände auf den Vertrag, dessen Kündigung nicht oder noch nicht zulässig ist, ausübt. In der Literatur findet man darüber, nachdem der Standpunkt einer ipso jure eintretenden Nichtigkeit von keiner Seite mehr geteilt wird, vor allem drei Auffassungen.

---

[131]) Vgl. hierzu besonders Idenburg a. a. O. S. 156ff.; Lammasch a. a. O. S. 150ff.; Schmidt a. a. O. S. 20ff.

[132]) A. a. O. S. 152.

Die erste erkennt einer Vertragspartei, nachdem die Verhältnisse sich wesentlich geändert haben, ohne weiteres ein Recht zur Kündigung des Vertrages zu. Als Vertreter dieses Standpunktes sind z. B. Erich Kaufmann[133]) und Nippold[134]) zu nennen.

Viel stärker verbreitet ist eine zweite Theorie, die erklärt, es müsse zunächst mit dem Gegner verhandelt werden, und erst wenn der Versuch, auf diesem Wege zu einer Revision des Vertrages zu gelangen, gescheitert sei, dürfe zur Kündigung des Vertrages geschritten werden. Die Anhänger dieser zweiten Theorie unterscheiden sich aber dadurch, daß die einen stärker als die anderen besonderen Nachdruck darauf legen, daß vor einer Kündigung der allerernsteste Wille gezeigt werden muß, auf dem Wege der Verhandlungen den Vertrag zu revidieren. Ferner lassen die einen das Kündigungsrecht nach dem Scheitern der Verhandlungen unbedenklich zu, während die anderen gewisse Zweifel durchblicken lassen, ob die einseitige Auflösung des Vertrages nicht irgendwelchen, nicht näher bezeichneten Einschränkungen unterliege. Ein Vertreter der radikaleren Richtung innerhalb der Anhänger der zweiten Theorie ist besonders Scelle[135]), der sich folgendermaßen ausspricht:

> ,,Comme tout acte juridique, un traité cesse d'avoir sa valeur juridique lorsque le but en vue duquel il a été fait disparaît. Dès lors, l'État qui estime que ce but a effectivement disparu doit juridiquement pouvoir exiger la modification requise par le jeu de la clause rebus sic stantibus. Sans doute, il doit d'abord chercher à s'entendre avec les co-signataires; mais, s'il ne peut les convaincre, il n'est pas tenu de considérer comme obligatoire un traité, ou des stipulations qui juridiquement ne le sont plus, et son droit de les dénoncer est entier.''

Gelegentlich wird auch Rivier[136]) zu den Vertretern dieses Standpunktes gerechnet. Er hat sich folgendermaßen ausgesprochen:

> „Der Staat, welcher sich von einer lästig und schädlich gewordenen Vertragsverpflichtung zu befreien wünscht, wird mit Angabe der ihm gerecht scheinenden Gründe seinen Mitkontrahenten ersuchen, in die Aufhebung des Vertrages oder der betreffenden Vertragsklausel einzuwilligen . . . Wie nun, wenn der angegangene Staat sich weigert, den Mitkontrahenten zu entbinden? Da kein irdischer Richter über den Völkern steht, müssen notwendig Fälle vorkommen, wo eigenmächtige, einseitige Lösung nicht zu vermeiden ist. Das einseitige Vorgehen muß aber erklärt und gerechtfertigt werden durch Noten, Deduktionen, Memoranda. Es kann nachherige Gutheißung eintreten infolge der Erkenntnis, daß das Vorgehen berechtigt war.''

Sucht man den Sinn dieser Worte zu erfassen, so wird man nicht bestreiten können, daß sie höchst unklar gehalten sind. Rivier kann wohl in Wahrheit überhaupt nicht als Anhänger der Klausellehre bezeichnet werden. Denn er sagt, das einseitige Vorgehen müsse später gutgeheißen werden, ohne gleichzeitig festzustellen, durch wen denn die Gutheißung erfolgen soll. Es ist auch nicht ganz klar, ob er die eigenmächtige Lösung des Vertrages als eine tatsächliche oder rechtliche Handlung anerkennt, oder es offenläßt, daß die Handlung rechtlicher oder tatsächlicher Natur sein kann.

---

133) A. a. O. S. 221.

134) Der völkerrechtliche Vertrag S. 240 (Bern 1894); übereinstimmend, wenn auch nicht ganz klar, Ullmann, Völkerrecht S. 286, 2. Aufl. (Tübingen 1908).

135) Revue Générale de Droit international public 1913 S. 499.

136) Lehrbuch des Völkerrechtes S. 351 ff., 2. Aufl. (Stuttgart 1899); vgl. auch derselbe, Principes du Droit des gens 2, 130ff. (Paris 1896); siehe ferner Oppenheim, International Law 1, 574ff., sec. ed. (London 1912) und Pouritch a. a. O. S. 173. Auf denselben Standpunkt läuft letzten Endes auch der Vorschlag von Rolin-Jaequemyns, Revue de Droit international et de Législation comparée 1887 S. 47 hinaus.

Eine dritte Theorie bestreitet entschieden, daß dem Staate, der sich auf die veränderten Umstände beruft, ein einseitiges Kündigungsrecht zustehe. Einer der angesehensten Anhänger dieses Standpunktes ist Fauchille[137], der die Rechtslage folgendermaßen darstellt:

„L'État, lié par un traité qu'il juge n'être plus en harmonie avec les nécessités présentes, ne saurait se libérer de ses obligations par un acte unilatéral de volonté. Il doit provoquer de nouvelles négociations avec les autres Etats signataires de ce traité, établir à leur égards les changements opérés, prouver la survenue de circonstances ayant modifié les conditions implicites qui avaient causé le traité et justifié sa force obligatoire."

Für diese letztere Auffassung scheint auf den ersten Blick die Tatsache zu sprechen, daß in der Völkerrechtsgeschichte fast alle unter Berufung auf die Clausula erfolgten Kündigungen eines Vertrages den lebhaftesten Widerspruch der Gegenpartei gefunden haben. Aber in Wahrheit darf man aus dem Proteste der von der Kündigung betroffenen Staaten keine weitgehenden Folgerungen ziehen. Denn der Widerspruch war im allgemeinen unsubstantiiert und richtete sich offenbar weniger gegen die Klausel selbst als gegen die Anwendung der Klausel auf den einzelnen Fall. Zudem war, wie wir gesehen haben, in vielen Fällen die Berufung auf die Klausel durchaus willkürlich, und die Kündigung erfolgte, ohne daß vorher auch nur der Versuch zu Verhandlungen gemacht worden wäre.

Auch aus der berühmten Erklärung der Londoner Konferenz von 1871, wonach sich ein Staat nur auf Grund des Einverständnisses aller Beteiligten von den Verpflichtungen eines Vertrages befreien kann, darf eine Ablehnung der Zulässigkeit einseitiger Kündigung nicht gefolgert werden. Denn der Zweck jener Erklärung war lediglich, gegenüber dem rechtsbrüchigen Verhalten Rußlands das Prinzip der Vertragstreue zu verkünden und hervorzuheben, daß die regelmäßige Form der Vertragsrevision darin bestände, durch Verhandlungen mit dem Gegner zu einer Einigung über die strittigen Punkte zu gelangen. Eine Gesamtregelung des Problems von der verpflichtenden Kraft internationaler Verträge, insbesondere der Frage, in welcher Weise die Revision eines Vertrages gegenüber einem Staate verlangt werden könne, der jedes Entgegenkommen ablehnt, war seinerzeit gar nicht beabsichtigt.

Will man den Standpunkt von Fauchille zutreffend würdigen, wonach die Klausel nur ein Recht auf Revisionsverhandlungen, aber nicht auf einseitige Kündigung des Vertrages gewährt, so muß man die Frage aufwerfen, welche Rechtsmöglichkeiten denn das bloße Verlangen auf Revision eines Vertrages gegenüber einem Staate bedeutet, der zum Entgegenkommen nicht bereit ist. Das bloße Recht auf Verhandlungen ist in Wahrheit ohne jeden Wert. Wenn man keine weiteren Rechtsfolgen an das Bestehen der Klausel knüpft als die Möglichkeit der Geltendmachung eines Anspruches auf fortdauernde Vertragsverhandlungen, nicht aber ein Gestaltungsrecht auf Auflösung des Vertrages, dann ist man in Wahrheit ein Gegner der Klausel.

Gewiß darf das Kündigungsrecht nur als äußerster Notbehelf betrachtet werden. Zunächst muß einmal versucht werden, von dem Gegner die erforderlichen Zugeständnisse auf dem Wege der Verhandlungen zu erlangen. Diese Verhandlungen müssen mit aller Aufrichtigkeit und allem Entgegenkommen geführt werden. Auch wird im allgemeinen kein einmaliger Versuch als ge-

---

[137]) A. a. O. I 3, 384; übereinstimmend u. a. Bulmerincq in Marquardsens Handbuch I 2, 302; Idenburg a. a. O. S. 157; Waldkirch a. a. O. S. 222ff.

nügend betrachtet werden können. Der Gegenkontrahent muß wiederholt zu einer Änderung des Vertrages aufgefordert worden sein[138]).

Dabei taucht jedoch die Frage auf, was geschehen soll, wenn diese Verhandlungen an dem mangelnden Willen des Gegners oder an der Schwierigkeit der Probleme selbst scheitern. Diese Frage ist weder auf der Londoner Konferenz von 1871 noch 50 Jahre später auf der Lausanner Konferenz von 1922/23 angeschnitten worden, und doch handelt es sich gerade hier um ein Kernproblem.

Gibt man dem Staate, der sich mit Recht auf die Klausel beruft, nach dem Scheitern ernstlicher diplomatischer Verhandlungen keine weitere rechtliche Handhabe als den Hinweis auf die Möglichkeit neuer, sicherlich gleichfalls ergebnislos verlaufender Verhandlungen, so läßt man ihn im Grunde schutzlos und liefert ihn der Willkür des Gegners aus. Dieser braucht nur die Revisionsverhandlungen scheitern zu lassen, um seinen Kontrahenten an dem früheren, unbillig gewordenen Vertrage weiter festhalten zu dürfen. Mit vollem Rechte erklärt Abi-Chala: „Affirmer que la modification ne sera faite que par une ‚entente commune‘, c'est détruire les affirmations précédentes et revenir à la possibilité de l'obligation perpétuelle des traités."

Man kann auch nicht sagen, daß lediglich ein Schiedsgericht und nicht die Parteien berechtigt wären, die einseitige Kündigung auszusprechen. Denn für eine solche Annahme fehlt jeder Anhaltspunkt, zumal das Vorhandensein eines institutionellen Schiedsgerichtes zur Entscheidung solcher Streitfälle nach geltendem Völkerrechte nur eine Ausnahme darstellt. Allerdings könnte man sich für die Zukunft sehr wohl eine Entwickelung denken, die angesichts des öffentlichen Interesses an der Aufrechterhaltung völkerrechtlicher Verträge lediglich den Weltgerichtshof für zuständig erklärte, in solchen Fällen rechtsgestaltend einzugreifen, so daß die einzelne Partei nicht das Recht einseitiger Kündigung hätte, sondern jedesmal vor dem Weltgerichtshofe klagen müßte, damit dieser einen Vertrag für aufgehoben erklärt. So große Vorteile eine solche Regelung für die Zukunft bieten würde, so findet sie jedenfalls im geltenden Rechte keine Grundlage.

Man muß vielmehr, wenn man das Grundprinzip der Klausel überhaupt als berechtigt anerkennt, auch die Folgerungen daraus ziehen und dem sich auf die Klausel berufenden Staate selbst ein Kündigungsrecht zubilligen, wenn alle Versuche, zu einer Einigung zu gelangen, gescheitert sind.

Sicherlich darf das Kündigungsrecht niemals leichthin ausgeübt werden. Es darf immer nur als ultima ratio gegenüber einem die Revision eines Vertrages ablehnenden Gegner betrachtet werden. Aber richtig gehandhabt, ist die Klausel ein wertvolles Sicherheitsventil gegen eine willkürliche Auslegung des Prinzips von der Vertragstreue und entspricht, wie wir gesehen haben, einem allgemeinen Rechtsprinzip. Angesichts des ungeschriebenen Charakters des Völkerrechtes muß naturrechtlichen Erwägungen der ihnen gebührende Platz eingeräumt werden. Wenn schon bei dem geschriebenen bürgerlichen Rechte unter Ausnahmeverhältnissen auch ohne einen besonderen Rechtssatz einseitige Kündigung von Verträgen zugelassen wird, so muß dies noch viel mehr im Rahmen des Völkerrechtes der Fall sein, das wegen seines ungeschriebenen Charakters in ganz besonderem Maße der Billigkeit zum Siege zu verhelfen fähig ist.

c) Die Frage des Schadenersatzes

Hinsichtlich der Frage, ob derjenige Staat, der sich mit Recht auf die Klausel beruft, verpflichtet ist, dem Gegner den dadurch entstandenen Schaden zu ersetzen, liefert uns die völkerrechtliche Praxis keinerlei Anhaltspunkte, da es

---

[138]) Besonders zutreffend Abi-Chala a. a. O. S. 107.

niemals zu einem völkerrechtlichen Verfahren kam, bei dem die Klausel zur Anwendung gelangte. Auch die Literatur hat dieses Problem nur vereinzelt behandelt. Grundsätzlich wird man sagen müssen, daß ein Schadenersatzanspruch im allgemeinen nicht gerechtfertigt erscheint, da die Auflösung des Vertrages nicht auf die Schuld einer Partei, sondern auf die Umwandlung der Außenwelt zurückzuführen ist. Immerhin wird je nach Lage des Falles und bei besonderer Schädigung der einen Partei zu berücksichtigen sein, daß es unbillig wäre, der einen Seite allen Schaden aufzubürden, der letzten Endes dadurch entstanden ist, daß sich die bei Abschluß des Vertrages vorhanden gewesenen wesentlichen Voraussetzungen völlig verändert haben[139]).

§ 7. Die Anwendung der Klausellehre auf den belgisch-chinesischen Vertrag von 1865

Wenn wir nunmehr prüfen wollen, ob China ein Recht zusteht, sich gegenüber Belgien hinsichtlich des Vertrages von 1865 auf die Klausel zu berufen, so wird es zunächst erforderlich sein, auf die gesamte Vorgeschichte des Streitfalles näher einzugehen, festzustellen, unter welchen Voraussetzungen der Handelsvertrag geschlossen worden ist und ob diese sich seitdem wesentlich verändert haben. Erst wenn der Beweis erbracht ist, daß die Voraussetzungen der Geltendmachung der Klausel vorliegen, wird die Antwort darauf gegeben werden können, welche Rechte China zustehen.

a) Die tatsächlichen Voraussetzungen des Vertrages von 1865

Der chinesisch-belgische Vertrag vom 2. Nov. 1865 ist nur ein Glied in der Kette derjenigen Verträge, zu deren Abschluß sich China in der Mitte des vorigen Jahrhunderts genötigt sah, als es seinen eigenen Standpunkt in der Frage der Tarifzölle, der Gerichtsbarkeit über Fremde usw. vor der militärischen Überlegenheit europäischer Großmächte nicht hatte durchsetzen können. Nur ausnahmsweise hatte China zuvor anderen Mächten ein einseitiges Recht der Exterritorialität zugebilligt. Besonders hatte es den Arabern, die in Kanton wohnten, gestattet, nach ihren eigenen Gesetzen zu leben, und den Portugiesen in Makao erlaubt, die Zivilgerichtsbarkeit über ihre eigenen Landsleute auszuüben[140]). Vor allem waren die bekannten russisch-chinesischen Verträge zu Nertschinsk (1689) und Kiachta (1727), in denen sich bereits früher die Kontrahenten die Gerichtsbarkeit über eigene Staatsangehörige eingeräumt hatten, selbst wenn das Delikt in bestimmten Grenzgebieten des Gegenkontrahenten begangen war, auf dem Prinzip der Gegenseitigkeit aufgebaut gewesen. Noch im Jahre 1839, als britische Soldaten in Kaulun (gegenüber von Hongkong) einen Chinesen tödlich verletzt hatten und der britische Kommandant die Schuldigen selbst hatte aburteilen wollen, erkannte China die britische Gerichtsbarkeit nicht an und verlangte die Auslieferung der britischen Soldaten zwecks Aburteilung durch die chinesischen Gerichte. Das gab den unmittelbaren Anlaß zum Opiumkriege (1839—1841) und zum Abschlusse des britisch-chinesischen „Freundschafts-, Friedens- und Handelsvertrages" von Nanking vom 29. Aug. 1842 und dem Zusatzvertrage vom 8. Okt. 1843, welch letzterem unter anderen die Bestimmungen über die Exterritorialität in den Vertragshäfen und ein Zolltarif beigefügt waren. Es folgten unmittelbar darauf ähnliche Verträge mit den

---

139) Vgl. Erich Kaufmann a. a. O. S. 222ff.; Lammasch a. a. O. S. 154ff.

140) Vgl. Liu Shih-Shun, Extraterritoriality, its Rise and its Decline S. 49ff. (Neuyork 1925); Nord, Die Handelsverträge Chinas S. 1ff. (Leipzig 1920); Harold Scott Quigley, American Journal of International Law 1926 S. 48.

Vereinigten Staaten von Amerika (3. Juli 1844), mit Frankreich (24. Sept. 1844) und Schweden-Norwegen (20. März 1847).

Als sich sodann China im Jahre 1854 weigerte, den Vertrag mit Großbritannien und anderen Mächten zu revidieren, brach der sogenannte Lorcha-Krieg (1856—1858) aus, in dem Großbritannien und Frankreich mit diplomatischer Unterstützung Amerikas und Rußlands die Vertragsrevision gewaltsam erzwangen. Die darauf folgenden Verträge von Tientsin (1858) enthielten zum ersten Male eine eingehende Regelung der Gerichtsbarkeit über Fremde in China. Gleichzeitig wurde in dem Vertrage der Zolltarif, keineswegs zugunsten Chinas, revidiert. Als sich dann China weigerte, den Vertrag in Peking zu ratifizieren, kam es zu einem erneuten bewaffneten Vorgehen Großbritanniens und Frankreichs und zur Ratifikation des Vertrages in Peking[141]).

Nach dem Vorbilde dieser erzwungenen Verträge hat China dann einige Jahre später auch mit anderen Mächten, unter anderen mit Belgien, einen Handelsvertrag geschlossen. Nachdem einmal den am meisten in Betracht kommenden Staaten solche Vorrechte eingeräumt waren, hatte die chinesische Regierung wenig Interesse daran, den anderen Mächten eine ungünstigere Stellung zu geben. Im Gegenteile, gerade das Bestreben, nicht auch noch diese Staaten gegen sich zu verstimmen, veranlaßte die chinesische Regierung in den nächsten Jahren zum Abschlusse weiterer Handelsverträge auf der Grundlage der Verträge von Nanking und Tientsin. So kam unter anderen der belgisch-chinesische Vertrag in Peking vom 2. Nov. 1865 zustande.

Zu der Zeit, als der Vertrag von 1865 geschlossen wurde, hatte China das grundsätzliche Bestreben, sich den anderen Nationen zu verschließen. Nur Schritt für Schritt eröffnete es dem Verkehr mit anderen Staaten einzelne Teile des Landes, so z. B. im Vertrage von Nanking (1842) fünf Häfen, im Vertrage zu Tientsin (1858) zehn weitere Häfen. Nur unter dem Drucke des Lorcha-Krieges (1856—1858) ließ China unfreiwilligerweise fremde Gesandte in China zu. Im Grunde betrachtete es, zum Teil aus religiösen Motiven heraus, die anderen Völker nicht als gleichberechtigt. Es hatte das Bestreben, sich soviel wie möglich von dem Verkehr mit den anderen Staaten abzuschließen, und stellte sich dadurch bewußt außerhalb der internationalen Gemeinschaft der Völker. Das Völkerrecht galt im Verhältnisse von China zu den Mitgliedern der Völkerrechtsgemeinschaft nur insoweit, als die Beziehungen durch besondere Verträge geregelt waren.

So war es begreiflich, daß die europäischen Mächte, im Bewußtsein ihrer „hohen Zivilisation", ihrerseits mit China nicht auf gleichem Fuße verhandelten und keine Bedenken trugen, besonders seine souveränen Rechte auf Tarif- und Justizhoheit zu verletzen. Einem außerhalb der Völkerrechtsgemeinschaft stehenden Staate glaubte man keinerlei Rücksicht schuldig zu sein.

Dazu kam der vom Standpunkte europäischer Kultur niedrige Stand der chinesischen Gerichtsbarkeit. Die Vertragsmächte, welche mit China Handel treiben wollten, hielten es für ihre Pflicht, ihren Angehörigen Befreiung von der chinesischen Zivil- und Strafgerichtsbarkeit zu erwirken. Denn sie hatten kein Vertrauen zur chinesischen Justiz.

Schließlich ist hervorzuheben, daß zur Zeit des Vertragsabschlusses mit Belgien die Zahl der Fremden, die für den Verkehr mit China in Betracht kamen, verhältnismäßig sehr gering war. Nach einer allerdings bereits lange Jahre zurückliegenden Statistik aus dem Jahre 1836[142]) befanden sich damals in ganz

---

[141]) Vgl. dazu Nord a. a. O. S. 1—135.

[142]) Nord a. a. O. S. 14.

China nur 307 fremde Kaufleute. Das Problem der Tarifhoheit und der Gerichtsbarkeit über Ausländer war somit für China noch kein bemerkenswerter Faktor seiner Entwicklung.

Zusammenfassend ist zu sagen, daß bei Abschluß des Vertrages von 1865 Belgien sowohl wie China von der Voraussetzung ausgingen, daß China der Völkerrechtsgemeinschaft noch nicht angehörte, daß es eine unzureichende Justizverwaltung habe und daß der Abschluß des Vertrages, wenn er auch ohne Zweifel eine Härte bedeute, das Recht Chinas auf Existenz nicht vernichte.

Im folgenden soll nun gezeigt werden, daß in diesen tatsächlichen Voraussetzungen seit Abschluß des Vertrages bis zur Gegenwart eine völlige Änderung eingetreten ist.

b) Chinas Eintritt in die Völkerrechtsgemeinschaft

Im Laufe der letzten fünfzig Jahre hat China seinen Standpunkt der Isolierung gegenüber den anderen Mächten völlig aufgegeben. Es hat Gesandte aller Staaten nach Peking zugelassen und sich seinerseits in den Hauptstädten aller Mitglieder der Völkerrechtsgemeinschaft vertreten lassen. Es hat sein Gebiet in immer größerem Umfange den Angehörigen aller Staaten geöffnet. Es hat in wachsendem Maße die Regeln des Völkerrechtes als für China verbindlich angesehen und erkennt sie heute in vollem Umfange an.

In der Veränderung des Verhaltens Chinas gegenüber den anderen Mächten dokumentierte sich das Verlangen der chinesischen Regierung, in die Völkerrechtsgemeinschaft aufgenommen zu werden. Daß die anderen Mächte dieser Forderung entsprochen haben, ergibt sich aus der wachsenden Teilnahme Chinas an den großen Abkommen und Konferenzen des Völkerrechtes.

1. Chinas Stellung in der Vorkriegszeit

Während China zunächst, von den Handelsverträgen abgesehen, an keinerlei internationalen Vereinbarungen beteiligt war, hat es sich seit Ende des 19. Jahrhunderts wichtigen internationalen Verträgen angeschlossen. So trat es z. B. dem internationalen Reglement über die Seerouten (1889), dem Abkommen über den Suezkanalvertrag von 1888 und der Brüsseler internationalen Union betr. die Veröffentlichung der Zolltarife von 1890 bei.

China war ferner zu den internationalen Völkerrechtskonferenzen, man denke an die Genfer Konferenz von 1864 und die Brüsseler Landkriegskonferenz von 1874, bis Ende des 19. Jahrhunderts niemals zugezogen worden. An der Haager Friedenskonferenz des Jahres 1899 nahm es dagegen gleichberechtigt teil. Das ist um so bemerkenswerter, als auf dieser Konferenz auch eine große Anzahl von Staaten, die an sich zur Völkerrechtsgemeinschaft gezählt werden, unvertreten waren. Interessanterweise hat China am 21. Nov. 1904 den größten Teil der Ergebnisse dieser Konferenz, nämlich das Haager Abkommen von 1899 „betr. die friedliche Erledigung internationaler Streitigkeiten", „das Abkommen betr. die Anwendung der Grundsätze der Genfer Konvention von 1864 auf den Seekrieg" und die drei Erklärungen, die die Verwendung bestimmter Geschosse sowie das Werfen von Geschossen aus Luftfahrzeugen verbieten, ratifiziert. Nur das Haager Landkriegsabkommen von 1899 hat es weder unterzeichnet noch ratifiziert, dagegen wohl, und zwar 1904, die Genfer Konvention von 1864 sowie drei Jahre später das Haager internationale Abkommen über Hospitalschiffe vom 21. Dez. 1904.

Infolge der Ratifikation des Haager Friedensabkommens von 1899 trat China dem Haager Staatenverbande bei. Es wurde Mitglied des Verwaltungsrates des Haager Ständigen Schiedshofes. Auf der Liste der Haager Schiedsrichter standen fortan chinesische Schiedsrichter gleichberechtigt neben den Kandidaten anderer Mächte.

Seither wird China regelmäßig zu den internationalen Konferenzen zugezogen. Wir begegnen ihm 1906 auf der Genfer Konferenz betr. die Revision des Roten-Kreuz-Abkommens von 1864, im gleichen Jahre auch auf dem 6. Kongresse des Weltpostvereins in Rom, obwohl es dem Weltpostverein noch nicht beigetreten war, sowie 1907 auf der zweiten Haager Friedenskonferenz.

Im Gegensatze zu manchen anderen Staaten nahm China auf der zweiten Haager Friedenskonferenz in den großen entscheidenden Fragen eine sehr fortschrittliche Haltung ein. Kein geringerer als H. Lammasch[143]) hebt hervor, daß nur ein Staat, nämlich China, im Verlaufe der Debatten der zweiten Haager Friedenskonferenz über die Frage der obligatorischen Schiedsgerichtsbarkeit seine Haltung zum Vorteile des Schiedsgerichtes geändert habe; nachdem ein von England hartnäckig verteidigter Antrag zur Ausschaltung der die Exterritorialität betreffenden Streitfragen von der Schiedsgerichtspflicht nahezu einstimmig abgelehnt worden sei, habe der chinesische Vertreter Lu-Tseng-Tsiang, der schon auf der ersten Haager Konferenz durch eine glänzende Rede Aufsehen erregt habe, seine Zustimmung zu dem Vorschlage erteilt.

Diese Sympathie Chinas für die Schiedsgerichtsbarkeit war keineswegs nur platonisch. China trat bereits am 27. Nov. 1909 dem Abkommen betr. die friedliche Erledigung internationaler Streitigkeiten in der Fassung von 1907 bei. Es schloß ferner am 8. Okt. 1908 sowie am 3. Aug. 1909 je einen Schiedsvertrag mit den Vereinigten Staaten von Amerika sowie mit Brasilien, deren Ratifikation am 6. April 1909 bzw. am 14. Dez. 1911 stattfand. Es hat, wie gleich in diesem Zusammenhange vermerkt sei, am 15. Sept. 1914 mit den Vereinigten Staaten von Amerika noch einen sogenannten Bryan-Vertrag (ratifiziert am 22. Okt. 1915) und am 1. Juni 1915 noch einen Schiedsvertrag mit den Niederlanden (ratifiziert am 20. April 1916) abgeschlossen. Dieser letztere Vertrag ist ganz ungewöhnlich fortschrittlich. Er überweist dem Haager Ständigen Schiedshof alle Streitigkeiten ohne Ausnahme.

Die sämtlichen kriegsrechtlichen Abkommen der zweiten Haager Konferenz hat China am 15. Jan. 1910 bzw. am 10. Mai 1917 durch Ratifikation bzw. Beitritt als für sich bindend anerkannt, insbesondere auch das Haager Landkriegsabkommen, welches in der Gestalt von 1899 von China nicht genehmigt worden war.

In der Zeit zwischen der zweiten Haager Friedenskonferenz und dem Weltkriege schloß sich China unter anderem dem internationalen Abkommen vom 7. Juni 1906 von Rom über die Schaffung eines internationalen Ackerbauinstitutes[144]), dem Haager Opiumabkommen vom 23. Jan. 1912[145]) und, was besonders wichtig ist, dem Weltpostverein[146]) an. Es ist neuerdings auch Mitglied der Welttelegraphenunion geworden.

Man kann daher mit vollem Rechte behaupten, daß China schon vor dem Weltkriege Mitglied der Völkerrechtsgemeinschaft geworden war, wie dies auch

[143]) Niemeyers Zeitschrift für internationales Recht 26, 178.

[144]) Und zwar am 14. Jan. 1908.

[145]) Und zwar am 9. Febr. 1914.

[146]) Und zwar am 1. März 1914 mit Wirkung vom 1. Sept. 1914. China hatte schon im Jahre 1896 dem schweizerischen Bundesrate die Erklärung abgegeben, sein Beitritt zum Weltpostverein werde erfolgen, sobald der chinesische Postdienst hinreichend organisiert sei. Am 1. Sept. 1914 ist China dann auch dem Abkommen betr. Postpakete und am 24. April 1919 dem Abkommen betr. Postaufträge beigetreten.

Gareis[147]), Lawrence[148]), Nippold[149]) usw. behauptet haben. Die Gründe, aus denen noch zur Zeit des Boxeraufstandes hervorragende Autoren glaubten, China seine Mitgliedschaft an der Völkerrechtsgemeinschaft absprechen zu können, hatten schon vor dem Weltktiege ihre Berechtigung verloren. Man berief sich damals immer wieder darauf[150]), daß China die Verträge mit den anderen Staaten nur gezwungen abgeschlossen, die Gesandten nur widerwillig zugelassen und keinen einzigen der Haager Verträge ratifiziert, insbesondere die Grundsätze über die Humanisierung des Kriegsrechtes nicht anerkannt habe. Auch der Hinweis auf das Fortbestehen der Konsulargerichtsbarkeit wurde als Symptom für die mangelnde völkerrechtliche Persönlichkeit Chinas hervorgehoben. Darauf ist zu erwidern, daß die Teilnahme Chinas insbesondere an den großen Errungenschaften des Haager Staatenverbandes und des Weltpostvereins durchaus freiwillig erfolgte, daß China seine Absicht, mit allen anderen Staaten der Völkergemeinschaft auf das Recht gegründete Beziehungen zu unterhalten, durch die Entsendung eigener Gesandter in alle Länder zum Ausdrucke gebracht und inzwischen alle kriegsrechtlichen Abkommen mit Ausnahme der revidierten Genfer Konvention von 1906 als verbindlich anerkannt hat. Was den Hinweis auf die Konsulargerichtsbarkeit betrifft, so darf man nicht aus ihrem Fortbestande auf Nichtzugehörigkeit Chinas zur Völkerrechtsgemeinschaft schließen. Vielmehr muß man, besonders unter Berücksichtigung der Tatsache, daß diese Konsulargerichtsbarkeit, die aus einer früheren Zeit stammt, etwas durchaus Singuläres ist und China gewaltsam auferlegt wurde, fragen, ob nach dem Eintritte Chinas in die Völkerrechtsgemeinschaft die Konsulargerichtsbarkeit noch mit dieser neu geschaffenen Stellung Chinas vereinbar ist. Dieses Problem soll später in einem besonderen Zusammenhange behandelt werden.

2. Chinas Stellung in der Nachkriegszeit

Nach Beendigung des Weltkrieges hat China an den Friedenskonferenzen zu Versailles, St. Germain, Neuilly und Trianon teilgenommen. Es ist durch die Ratifikation des Friedensvertrages von St. Germain am 16. Juli 1920 Mitglied des Völkerbundes und gleichzeitig der internationalen Organisation der Arbeit geworden. China gehörte bei der Vorbereitung der Völkerbundsatzung zu den fünf Staaten, die zusammen mit den alliierten und assoziierten Großmächten die Völkerbundkommission bildeten.

Die Mitglieder des Völkerbundes haben in der Präambel zur Völkerbundsatzung in ihren Beziehungen zueinander „die Vorschriften des internationalen Rechtes“ als für sich verbindlich anerkannt. Es kann daher fortan keine Rede mehr davon sein, daß China nicht gleichberechtigtes Mitglied der Völkerrechtsgemeinschaft wäre. Es ist wohl möglich, daß ein Staat zwar der Völkerrechts-, nicht aber der Völkerbundgemeinschaft angehört. Dagegen ist jedes Mitglied des Völkerbundes, von den Dominions und den später eventuell in den Völkerbund eintetenden Kolonien abgesehen, auch vollberechtigtes Mitglied der Völkerrechtsgemeinschaft.

Wie sehr China in den Augen der berufenen Vertretung des Völkerbundes,

---

[147]) Institutionen des Völkerrechtes S. 39, 2. Aufl. (Gießen 1901).

[148]) The Principles of International Law S. 84, fourth ed. (London 1911).

[149]) Die zweite Haager Friedenskonferenz 1, 2 (Leipzig 1908); im gleichen Sinne auch Heinze, Die Belagerung der Pekinger Gesandtschaften S. 171 (Heidelberg 1901); v. Klitzing, Die Unterdrückung der Boxerunruhen in China 1900 in völkerrechtlicher Beziehung S. 3ff. (Breslau 1912); Ma-Do-Yün, Der Eintritt des chinesischen Reiches in den völkerrechtlichen Verband S. 74 ff. (Berlin 1907).

[150]) Vgl. z. B. Jellinek, Deutsche Juristenzeitung, 1. Okt. 1909.

der Assemblée, als völlig gleichberechtigt angesehen wird, geht daraus hervor, daß es für die Zeit vom 1. Jan. bis 31. Dez. 1923, ferner am 16. Dez. 1926 für eine Periode von zwei Jahren in den Völkerbundrat gewählt wurde. Es ist geradezu absurd, anzunehmen, daß ein so häufig in den Völkerbundrat gewähltes Mitglied nur ein Mitglied minderen Grades der Völkerrechtsgemeinschaft sei.

China hat sein tiefes Interesse an der Entwickelung des Völkerbundes durch Beteiligung an den Kommissionen und Konferenzen des Bundes wie durch Genehmigung vieler von dem Bunde oder unter seinen Auspizien geschlossenen Abkommen immer wieder bestätigt[151]). Es hat bereits am 13. Mai 1922 das Protokoll betr. das Statut des Weltgerichtshofes sowie — als einziges der asiatischen Mitglieder des Völkerbundes — die Fakultative Klausel betr. die obligatorische Zuständigkeit des Weltgerichtshofes ratifiziert. Einer der vier Ersatzrichter des Weltgerichtshofes ist der Chinese Wang.

China hat — in erfreulichem Gegensatze zu einigen anderen Staaten — die zahlreichen auf der zweiten Völkerbundversammlung beschlossenen Änderungen der Satzung bereits am 4. Juli 1923 ratifiziert. Es war in der vom Rate am 21. Febr. 1921 ernannten Kommission betr. die Abänderung der Satzung durch einen chinesischen Staatsangehörigen vertreten.

Im übrigen sei hervorgehoben, daß China Mitglied der beratenden Kommission des Völkerbundes für Verkehr und Durchfuhr sowie der Opiumkommission ist, daß es sich an der Brüsseler Finanzkonferenz, den Verkehrskonferenzen zu Barcelona (1921) und zu Genf (1923) und mehreren anderen Tagungen des Völkerbundes beteiligt hat, daß es die unter dem Schutze des Völkerbundes geschlossenen Abkommen betr. die Unterdrückung des Handels mit Frauen und Kindern vom 30. Sept. 1921, betr. die Unterdrückung der Verbreitung und des Handels mit pornographischen Veröffentlichungen vom 12. Sept. 1923 und betr. die Vereinfachung der Zollförmlichkeiten vom 3. Nov. 1923 ratifiziert und dem Abkommen betr. die internationalen Eisenbahnwege vom 9. Dez. 1923 beigetreten ist.

Um in diesen Einzelheiten nicht ermüdend zu werden, sei am Schlusse nur noch mit besonderem Nachdrucke darauf hingewiesen, daß der Völkerbundrat in die Kommission betr. die Kodifikation des Völkerrechtes im Jahre 1925 den Chinesen Wang ernannt hat. Auch daraus ist zu erkennen, daß China als gleichberechtigtes Mitglied im Völkerbunde betrachtet wird.

Außerhalb des Völkerbundes wurde China gleichfalls in der Nachkriegszeit genau so wie schon vorher zu allen großen Tagungen zugezogen. Insbesondere nahm es an der Washingtoner Abrüstungskonferenz von 1921/22 teil.

3. Schlußfolgerung

Somit erkennen wir, daß China heute nicht mehr lediglich durch einzelne Verträge mit den Mitgliedern der Völkerrechtsgemeinschaft verbunden ist. Die Beziehungen zwischen China und den Mitgliedern der Völkerrechtsgemeinschaft haben sich von Jahr zu Jahr in steigendem Maße auf fast alle Fragen des internationalen Zusammenlebens erstreckt. Die inhaltliche Änderung dieser Beziehungen hat aber auch eine prinzipielle und formelle Änderung zur Folge gehabt. Während nämlich China früher der Völkerrechtsgemeinschaft im engeren Sinne nicht angehört hat, ist es heute unzweifelhaft Mitglied der Völkerrechtsgemeinschaft geworden.

Unter diesen Umständen ist nicht recht verständlich, weshalb einige Autoren noch gewisse, wenn auch leise Bedenken tragen, den Eintritt Chinas in die Völ-

---

[151]) Vgl. hierzu auch Wellington Koo, China and the League of Nations, in Munchs „Les origines et l'oeuvre de la Société des Nations" 1, 342ff.

kerrechtsgemeinschaft als in jeder Beziehung vollzogen zu betrachten. Es ist, wie wir gesehen haben, nicht zutreffend, daß sich China der Völkerrechtsgemeinschaft nur „genähert" hat[152]). Denn abgesehen gerade von denjenigen Besonderheiten, deren Beseitigung China mit aller Leidenschaft und mit vollem Rechte erstrebt, ist China ein völlig gleichberechtigtes Mitglied der Staatengemeinschaft geworden. Man muß nur dabei im Auge behalten, daß die hochmütige Unterscheidung zwischen zivilisierten und unzivilisierten Staaten von einem höheren Gesichtspunkte aus keinerlei Berechtigung hat. Mit Entschiedenheit hat daher besonders Strupp[153]) China als vollgültiges Mitglied der Völkerrechtsgemeinschaft bezeichnet.

c) Die Reform des chinesischen Justizwesens

Während bei Abschluß des belgisch-chinesischen Vertrages die chinesische Justiz, vom europäischen Standpunkte aus betrachtet, durchaus anfechtbar war, haben energische Reformen seit Ende des vorigen Jahrhunderts ein völlige Veränderung auf diesem Gebiete herbeigeführt[154]). Die neue chinesische Verfassung hat inzwischen eine Trennung der Gewalten vorgeschrieben; sie hat Leben und Eigentum aller Privatpersonen sowie die Unabhängigkeit der Richter garantiert. Seit 1904 haben ferner eine Anzahl juristischer Kommissionen mit Hilfe ausländischer Sachverständiger ein Zivilgesetzbuch, ein Strafgesetzbuch, eine Zivil- und eine Strafprozeßordnung sowie ein Handelsgesetzbuch nach modernen Grundsätzen ausgearbeitet. Seit 1912 ist ein modernes Strafgesetzbuch in Kraft. 1910 sind die chinesischen Gerichte reorganisiert und drei neue Arten von Gerichtshöfen ins Leben gerufen worden. Durch die völlige Trennung der Zivil- und Strafverfahren, durch die Öffentlichkeit der Verhandlungen und der Urteilsverkündigung ist das Verfahren verbessert worden. Die Folter ist schon seit langem abgeschafft, und die Beweiserhebung vollzieht sich nach europäischen Prinzipien. Die Vorbildung der chinesischen Richter erfolgt zum Teil auf europäischen Universitäten.

So ist China eifrigst bemüht, seine Justiz den neuen Verhältnissen anzupassen. Es hat das Bestreben, alle Fehler des bisherigen Systems zu beseitigen. Das erkannte der „Temps"[155]) bereits vor mehreren Jahren mit den Worten an: „Die Fortschritte in der chinesischen Gerichtsreform sind derart, daß China in kurzer Zeit als gleichwertig europäischen Staaten an die Seite gestellt werden kann", und Fauchille[156]) führte gleichfalls aus: „La Chine, toutefois, tend de jour en jour davantage à participer à la civilisation européenne. Elle a, dans les premières années du XXe siècle, travaillé à se donner une organisation et une législation modernes."

d) Die Versprechungen und Zugeständnisse der Vertragsmächte an China betr. Revision der alten Verträge

China hat sich seit seinem Eintritt in die Völkerrechtsgemeinschaft und dem Beginne seiner Justizreform mit allen Kräften bemüht, bei den Mächten eine Revision der alten Verträge durchzusetzen. Die Vertragsmächte haben dieses Verlangen der chinesischen Regierung keineswegs abgelehnt. Sie haben viel-

---

152) So v. Liszt-Fleischmann a. a. O. S. 5; ähnlich Fauchille a. a. O. I 3, 32; Hall-Higgins a. a. O. S. 49; Niemeyer a. a. O. S. 74.

153) Grundzüge des positiven Völkerrechtes S. 7, 3. Aufl.; derselbe, Zeitschrift für Völkerrecht 13, 588; übereinstimmend v. Waldkirch a. a. O. S. 169.

154) Hierzu besonders die Ausführungen Wangs in der Sitzung vom 5. Nov. 1921 der „Commission du Pacifique et de l'extrême-Orient" der Washingtoner Konferenz; Archimbaud, La Conférence de Washington S. 160ff. (Paris 1923); Tso Tschun Thou, Die Reformen des chinesischen Reiches in Verfassung, Verwaltung und Rechtsprechung, Berlin 1909.

155) Vgl. Archiv für den Fernen Osten 1919 Heft 6 S. 195.

156) A. a. O. I 1, 32.

mehr China wiederholt die Beseitigung der Bestimmungen über Exterritorialität und die Festlegung des chinesischen Zolltarifes in Aussicht gestellt, in mehreren Fällen sogar die formelle Aufhebung des bisherigen Zustandes bewilligt.

1. Die Entwickelung bis zur Washingtoner Konferenz

Unter Berufung auf die Verpflichtungen, die ihm im Pekinger Protokoll von 1901 auferlegt waren, setzte China im Jahre 1902 zum ersten Male seit 1858 eine Revision seines Zolltarifes durch. In dem 1843 geschlossenen Ergänzungsvertrage zu dem Vertrage von Nanking war der Zoll auf der Grundlage von 5% des Wertes der Ware bestimmt worden. In den folgenden Jahren waren aber die Preise zunächst gesunken, so daß der feste Zollsatz für die einzelnen Waren in Wahrheit mehr betrug als 5%. Darauf war 1858 zum ersten Male eine Revision des Zollsatzes erfolgt. In den letzten Jahrzehnten des 19. Jahrhunderts waren die Preise aber erheblich gestiegen und infolgedessen der Wert des Zolles weit unter 5% des Preises der Waren gesunken. Erst 1902 erfolgte nun eine zweite Revision des Zolltarifes, und zwar lediglich unter Zugrundelegung der inzwischen schon viel höher gestiegenen Preise der Jahre 1897—1899. Dies war das erste kleine Entgegenkommen der Mächte in der Frage des Zolltarifes seit 1858[157]).

Im gleichen Jahre wurde in den sog. Mackay-Vertrag zwischen China und Großbritannien vom 5. Sept. 1902 folgende Bestimmung (Art. 12) aufgenommen[158]):

> „La Chine ayant manifesté le vif désir de réformer son système judiciaire et de le transformer à l'image de ceux des pays Occidentaux, la Grande-Bretagne accepte de l'aider dans cette réforme; elle sera prête à reconcer à ses droits d'extra-territorialité lorsqu'elle sera assurée que l'état des lois Chinoises, les mesures prises pour leur application et autres considérations le lui permettront."

Großbritannien erklärte sich also bereit, auf seine exterritorialen Rechte in China zu verzichten, sobald der Zustand der chinesischen Justiz und Verwaltung sowie sonstige Erwägungen dies gestatten würden. Dasselbe Versprechen findet sich in den Verträgen, die China am 8. Okt. 1903 mit den Vereinigten Staaten von Amerika und Japan[159]) sowie am 2. Juli 1908 mit Schweden[160]) geschlossen hat.

Ein Versuch Chinas im Jahre 1912, eine erneute Revision des Zolltarifes durchzusetzen, weil die Zolleinnahmen für die Zahlung der Entschädigung und anderer Verpflichtungen nicht ausreichten, scheiterte, da eine Einigung mit den 16 oder 17 interessierten Mächten nicht erzielt werden konnte. Erst 1918 konnte China zwar keine Festsetzung auf 5%, aber wenigstens auf 3½% des Effektivwertes der Ware erreichen.

Als China 1917 im Weltkriege auf die Seite der alliierten und assoziierten Mächte trat und den Mittelmächten den Krieg erklärte, wurden dadurch die Handelsverträge mit Deutschland und seinen Verbündeten aufgehoben und die Konsulargerichtsbarkeit dieser Staaten beseitigt.

Bei den Versailler Friedensverhandlungen von 1919 versuchte die chinesische Regierung, eine allgemeine Aufhebung der alten Verträge durchzusetzen. Sie bemühte sich insbesondere, die alliierten und assoziierten Mächte zum Verzicht auf die Exterritorialität durch die Garantie einer weiteren Reform des chine-

157) Vgl. Conférence de la Limitation des Armements S. 921ff. (Washington 1922.)

158) Descamps-Renault, Recueil des Traités du XX siècle S. 495f., Année 1902.

159) Descamps-Renault a. a. O. S. 205, 661, Année 1903.

160) China Year Book (1925) S. 606.

sischen Justizwesens zu veranlassen. Dieser Versuch mißlang jedoch. Die alliierten und assoziierten Mächte gingen darauf nicht ein, indem sie die formale Unzuständigkeit der Konferenz behaupteten[161]).

Immerhin lehnte es China ab, den im Weltkriege neu entstandenen Staaten irgendwelche exterritorialen Rechte zuzugestehen[162]). Es erklärte kategorisch, daß es in Zukunft keine Privilegien dieser Art mehr anerkennen werde und daß sein Bestreben darauf hinauslaufe, die alten Verträge zu beseitigen.

Was die Verträge Chinas mit den Mittelmächten betrifft, so wurden sie durch die Friedensverträge nicht wieder in Kraft gesetzt. Art. 289 des Friedensvertrages zu Versailles und Art. 241 des Friedensvertrages zu St. Germain haben es jeder alliierten und assoziierten Macht, also auch China, überlassen, Deutschland bzw. Österreich bzw. Ungarn „die zweiseitigen Übereinkommen oder Verträge mitzuteilen, deren Wiederinkraftsetzung im Verhältnis zu ihr sie verlangt". China hat jedoch nur den Friedensvertrag von St. Germain, nicht auch den Friedensvertrag von Versailles mit dem Deutschen Reiche unterzeichnet bzw. ratifiziert. Es hat sich bei den Verhandlungen mit Deutschland über die Wiederherstellung des Friedenszustandes auf den Standpunkt gestellt, daß die neue Regelung der deutsch-chinesischen Beziehungen nur auf der Grundlage der chinesischen Tarifhoheit und der Beseitigung der Exterritorialität erfolgen könne. In den deutsch-chinesischen Vereinbarungen vom 20. Mai 1921 hat Deutschland diesen Forderungen Chinas Rechnung getragen.

Inzwischen hatte China auch im Verhältnis zu anderen Mächten wesentliche Fortschritte erzielt. Freilich hatte es noch in dem Freundschaftsvertrage mit der Schweiz vom 13. Juni 1918 dem Gegenkontrahenten die Exterritorialität zugebilligt. Immerhin gaben aus Anlaß des Abschlusses dieses Vertrages die beiderseitigen Vertreter folgende Erklärung[163]) ab:

> „Was die Konsularjuridiktion und die Exterritorialität betrifft, genießen die schweizerischen Konsuln die gleichen Rechte, welche den Konsularagenten der meistbegünstigten Nationen gewährt werden oder gewährt werden können. Sobald China seine Gerichtsorganisation wird abgeändert haben, wird die Schweiz im Verein mit den anderen Mächten bereit sein, auf das Konsularjuridiktionsrecht in China zu verzichten."

Am 3. Dez. 1919 schlossen ferner Bolivia und China einen Freundschaftsvertrag, in dessen Art. 2 Abs. 1 bestimmt war, daß die beiderseitigen diplomatischen Agenten und Konsuln dieselben Rechte wie diejenigen der meistbegünstigten Nation besitzen sollten. In einem Schreiben vom gleichen Tage bestätigte Bolivia, „que l'article 2 du traité sino-bolivien, signé aujourd'hui concernant la clause de la nation la plus favorisée ne comprend pas la juridiction consulaire en Chine[164])".

Ein Jahr später gestand Persien in Art. 4 des persisch-chinesischen Freundschaftsvertrages vom 1. Juni 1920 zu, daß die persischen Staatsangehörigen in Zivil- und Strafsachen der chinesischen Gerichtsbarkeit unterworfen sein sollten[165]).

Rußland verzichtete im Jahre 1920 freiwillig auf die exterritorialen Rechte,

---

[161]) Vgl. Bau, The Foreign Relations of China S. 304 ff. (London 1922); W. W. Willoughby, Foreign Rights and Interests in China, Baltimore 1920; siehe zum folgenden auch Heyking, L'Exterritorialité, Académie de Droit international, recueil des Cours 7, 291 ff. und Soulié de Morant, L'Exterritorialité et intérêts étrangers en Chine, Paris 1925.

[162]) American Journal of International Law (1926) S. 298.

[163]) Bundesblatt der schweizerischen Eidgenossenschaft 5, 654 ff. (1918); Nord a. a. O. S. 181.

[164]) Bulletin de l'Institut Intermédiaire International 3, 402 f. (1920); American Journal of International Law (1926) S. 52 Anm. 28 und S. 298.

[165]) Société des Nations, Recueil des Traités 9, 20.

um als Gegenleistung dafür die Schiffe der freiwilligen russischen Flotte, die sich in den chinesischen Gewässern befanden, zu erhalten[166]). Mit Zustimmung Rußlands suspendierte daher ein Dekret des chinesischen Präsidenten vom 23. Sept. 1920 die exterritorialen Rechte Rußlands. In dem Vertrage vom 31. Mai 1924[167]) zwischen China und Rußland wurde die Aufhebung dieser Rechte vertraglich festgelegt.

2. Die Washingtoner Konferenz von 1921/22

Auf der Washingtoner Konferenz von 1921/22 trat die chinesische Delegation mit aller Entschiedenheit für die Aufhebung der Exterritorialität und die Wiederherstellung der chinesischen Zollautonomie ein.

aa) Die Frage der Exterritorialität

Unter den Forderungen, die China am 16. Nov. 1921 der „Commission du Pacifique et de l'Extrême-Orient" unterbreitete, befand sich unter Punkt 5 auch folgende[168])

> „Immédiatement ou aussi rapidement que les circonstances le permettront, les restrictions apportées actuellement à la liberté de la Chine, en matière politique, juridictionelle et administrative, devront être supprimées."

Am 5. Nov. 1921 führte Wang[169]) in der gleichen Kommission aus, die Exterritorialität sei mit dem geltenden Völkerrechte nicht vereinbar; sie verhindere jede chinesische Kontrolle über die Fremden. Sie sei ein Eingriff in die chinesische Souveränität und werde vom chinesischen Volke als eine Erniedrigung betrachtet. Bedenklich sei ferner die Verschiedenheit der Gerichtshöfe für Fremde und der von ihnen anzuwendenden Gesetze. China habe sehr erhebliche Fortschritte in seiner Justizverwaltung verwirklicht. Es verlange zwar noch nicht, daß das System der Exterritorialität völlig und unmittelbar abgeschafft werden solle, aber allmählich. Es erwarte den Verzicht der Mächte auf ihre exterritorialen Rechte am Ende einer bestimmten Zeit. In der Zwischenzeit müsse man mit China über die allmähliche und endgültige Abschaffung des Systems der Exterritorialität verhandeln.

China konnte jedoch nicht durchsetzen, daß die auf der Washingtoner Konferenz vertretenen Mächte, nämlich die Vereinigten Staaten von Amerika, Belgien, Frankreich, Großbritannien, Italien, Japan, Niederlande und Portugal, die Beseitigung der Exterritorialität zu einem bestimmten Zeitpunkte versprachen. Eine Resolution vom 10. Dez. 1921 beschloß lediglich die Einsetzung einer Kommission, bestehend aus je einem Vertreter der Vertragsmächte und Chinas, um eine Untersuchung über den gegenwärtigen Stand der exterritorialen Rechtsprechung sowie über die Gesetzgebung, Gerichtsbarkeit und Verwaltung in China zu veranstalten, den Mächten hierüber einen Bericht zu erstatten und ihnen die Mittel zur Verbesserung der gegenwärtigen chinesischen Justiz und Verwaltung zu empfehlen. Die Kommission sollte weiterhin die Aufgabe haben, „d'aider et d'encourager les efforts faits par le Gouvernement chinois pour introduire les mesures qui justifieraient l'abandon par les diverses puissances de leurs droits respectifs d'exterritorialité".

---

166) Heyking a. a. O. S. 291 f.

167) Siehe den Wortlaut im American Journal of International Law (1925) S. 53 ff., Suppl.

168) Conférence de la Limitation des Armements S. 867 ff.; Archimbaud, La Conférence de Washington S. 150 ff. (Paris 1923); Toynbee, Survey of International Affairs 1920/23 S. 481 ff. (London 1925).

169) Conférence de la Limitation des Armements S. 933 ff.; Archimbaud a. a. O. S. 157 ff.

Die Kommission sollte innerhalb drei Monaten zusammengestellt werden. Infolge der innerpolitischen Wirren hat die chinesische Regierung mehrfach um eine Vertagung des Zusammentrittes gebeten, so daß die Kommission ihre Arbeiten erst am 14. Jan. 1926 in Peking begonnen hat[170]).

bb) Die Frage der Zollautonomie

Was die Frage der Zollautonomie betrifft, so verlangte Wellington Koo auf der Washingtoner Konferenz am 23. Nov. 1921 in der „Commission du Pacifique et de l'Extrême-Orient" die Beseitigung der chinesischen Tarifzölle, weil sie einen Eingriff in die souveränen Rechte Chinas darstellen und dem Prinzip der Staatengleichheit widersprächen. Er betonte außerdem den großen finanziellen Schaden, den China durch einen niedrigen Tarifzoll erlitte, sowie die Schwierigkeit einer bloßen Anpassung des Tarifzolles an die Bestimmungen der alten Verträge[171]).

China erlangte in dem auf der Washingtoner Konferenz geschlossenen Abkommen betr. den chinesischen Zolltarif vom 6. Febr. 1922 nicht die erbetene Zollautonomie, ja, es vermochte nicht einmal durchzusetzen, daß die Aufhebung des Zolltarifes an einem bestimmten Zeitpunkte ins Auge gefaßt wurde. Vielmehr wurde in dem erwähnten Abkommen lediglich die Angleichung des Tarifes von 5% an den wirklichen Marktpreis der Ein- und Ausfuhr beschlossen. Auch wurde eine Revision des chinesischen Zolltarifes nach Ablauf von vier Jahren und von da ab alle sieben Jahre vorgesehen. Man einigte sich weiter über den Zusammentritt einer Spezialkonferenz, um die baldige Abschaffung des Likins (eines Transitzolles) vorzubereiten und von allen meistbegünstigten Mächten die Zustimmung dazu zu erlangen, daß China als Ersatz für das Likin einen Zuschlagszoll erheben darf, wie dies in dem nicht in Kraft getretenen Art. 8 des britisch-chinesischen Handelsvertrages vom 5. Sept. 1902 sowie den entsprechenden Artikeln des amerikanisch-chinesischen und des japanisch-chinesischen Vertrages vom 8. Okt. 1903 vorgesehen war. Bis zur Abschaffung des Likins und der Einigung über die Zuschlagszölle sollte die Spezialkonferenz Vollmacht zu einer provisorischen Regelung dieser Frage auf der Grundlage eines Zuschlagszolles von 2½% und von weiteren 5% für Luxuswaren haben. Es wurde ihr auch die Aufstellung von Grundsätzen übertragen, nach denen in Zukunft die Revision des chinesischen Zolltarifes vorgenommen werden sollte.

Bei der Annahme dieses Abkommens in der „Commission du Pacifique et de l'Extrême-Orient" gab Wellington Koo[172]) die Erklärung ab, daß China zwar dem Abkommen zustimmen wolle, daß es aber damit seinen Anspruch auf völlige Tarifautonomie nicht aufgebe, vielmehr im Gegenteile beabsichtige, diese Frage bei jeder sich bietenden Gelegenheit zur Sprache zu bringen.

Das Washingtoner Abkommen über den chinesischen Zolltarif trat infolge der späteren Ratifikation Frankreichs (18. Juli 1925) erst am 5. Aug. 1925, dem Tage des Austausches der Ratifikationsurkunden, in Kraft[173]). Die Zolltarifkonferenz trat darauf am 26. Okt. 1925 in Peking zusammen.

3. Die Entwickelung seit der Washingtoner Konferenz

Am 29. Mai 1925 begannen in Schanghai starke fremdenfeindliche Unruhen infolge des Unwillens des chinesischen Volkes über die alten Verträge. Ver-

[170]) American Journal of International Law 1926 S. 298ff.; Heyking a. a. O. S. 293.

[171]) Conférence de la Limitation des Armements S. 921ff.; Archimbaud a. a. O. S. 193; Toynbee a. a. O. S. 476ff.; Willoughby a. a. O. S. 55ff.

[172]) Conférence de la Limitation des Armements S. 1181.

[173]) American Journal of International Law 1925 S. 787.

anlaßt durch diese Stimmung des chinesischen Volkes, überreichte die chinesische Regierung den Signataren des „Neun-Mächte-Abkommens" von Washington eine vom 24. Juni 1925 datierte Kollektivnote, worin sie die allgemeine Revision der Verträge forderte. Die Mächte erklärten sich in ihrer Antwortnote vom 4. Sept. 1925 bereit, die Forderungen Chinas in Erwägung zu ziehen, und zwar in dem Maße, als es sich bereit zeige, die Rechte und Interessen der Ausländer zu schützen. Sie versprachen, jeden vernünftigen Vorschlag Chinas hinsichtlich der Revision der Verträge über die Festsetzung der Zölle und die Frage der Exterritorialität in Erwägung zu ziehen[174]).

Bald darauf, am 11. Sept. 1925, beantragte der chinesische Delegierte Chao-Hsin Chu in der 6. Plenarsitzung der 6. Völkerbundversammlung, daß sich der Völkerbund auf Grund des Art. 19 der Satzung mit der Frage der Revision der mit China geschlossenen Verträge befasse[175]). Die Bundesversammlung nahm darauf in ihrer 14. Plenarsitzung am 22. Sept. 1925 einstimmig und ohne Diskussion folgenden Wunsch an[176]):

„L'Assemblée profondément intéressée par la suggestion du délégué chinois touchant la possibilité de considérer, dans l'esprit du Pacte, la situation internationale actuelle de la Chine,

Heureuse d'apprendre qu'une conférence des Etats interéssés doit bientôt avoir lieu en Chine, en vue d'examiner les questions soulevées,

Exprime le voeu qu'une solution satisfaisante leur soit apportée à une date prochaine."

Etwa zu derselben Zeit erklärte der britische Staatssekretär des Äußeren, Austen Chamberlain, auf einem Abschiedsessen, das die China Association zu Ehren der nach Peking reisenden Delegierten zur chinesischen Zollkonferenz gab, unter anderem, Großbritannien sei bereit, dem Buchstaben und dem Geiste nach die Verpflichtungen aus dem Washingtoner Abkommen zu erfüllen. Die Vorbedingung aber sei ein mit sich selbst in Frieden lebendes China und eine kräftige Zentralregierung. Großbritannien habe kein Verlangen mehr nach besonderen Vorrechten von dem Augenblicke an, wo die Ausländer innerhalb Chinas sichergestellt wären[177]).

Die Kommission betr. die Exterritorialität und die Zollkonferenz, auf die man sich auf der Washingtoner Konferenz geeinigt hatte, haben nicht zu einer Einigung über die Aufhebung der Exterritorialität sowie die Wiederherstellung der chinesischen Zollautonomie geführt. Der im November 1926 veröffentlichte Bericht der Exterritorialitätskommission sieht lediglich einen Abbau der Exterritorialitätsrechte vor und macht diesen Abbau von der Erfüllung zahlreicher Forderungen abhängig, die sich erst im Laufe langer Jahre verwirklichen lassen. Er hat auf den Mangel einer fest umschriebenen Verfassung, auf Lücken im Zivil- und Strafrecht, im Zivil- und Strafprozeßverfahren sowie auf die angeblichen Härten der Polizeigesetze und des Gefängniswesens hingewiesen, um sich einer sofortigen Abschaffung der Exterritorialitätsrechte zu widersetzen. Auch die Zollkonferenz ist zu irgendwelchen bedeutsamen, fortschrittlichen Beschlüssen, wie sie China erwartete, nicht gekommen[178]).

Inzwischen aber war die Stimmung des Volkes in China gegen die alten Verträge immer erbitterter geworden. Nicht zuletzt diese Tatsache veranlaßte die

---

174) Vgl. Europäische Gespräche November 1925, S. 568ff.

175) Société des Nations. Journal Officiel, Suppl. Spécial No. 33 Actes de la Sixième Assemblée. Séances Plénières. Compte-Rendu des Débats S. 43ff.

176) A. a. O. S. 102.

177) Times, London, 19. September 1925; Europäische Gespräche a. a. O. S. 571ff.

178) Vgl. auch George A. Finch, The Chinese Customs Tariff Conference, American Journal of International Law (1926) S. 124ff.

chinesische Regierung im Laufe des Jahres 1926, den Vertrag mit Belgien sowie denjenigen mit Japan zu kündigen. Was den zuletzt genannten Vertrag betrifft, so steht nach Art. 26 beiden Teilen ein Kündigungsrecht zu, jedoch nur hinsichtlich des Zolltarifes und der Handelsbestimmungen, nicht auch hinsichtlich der Exterritorialitätsrechte. Auf das Verlangen der chinesischen Regierung an Japan, in eine Totalrevision des Vertrages einzuwilligen, hat Japan erwidert, daß zwar nach Art. 26 des Vertrages nur eine beschränkte Revision des Vertrages zulässig sei, daß aber die japanische Regierung, unter Wahrung ihres Rechtsstandpunktes, es nicht ablehne, weitergehende chinesische Wünsche betr. Vertragsrevision in Erwägung zu ziehen.

Im Verlaufe der Verschärfung der Beziehungen zwischen China und den Vertragsmächten im Jahre 1926 unterbreitete die englische Regierung den Washingtoner Signatarmächten am 16. Dez. 1926 ein Memorandum[179]), worin sie den Vertragsmächten vorschlug, ihre Bereitwilligkeit zu Verhandlungen über die Revision der Verträge unter der Voraussetzung zu erklären, daß China eine verhandlungsfähige Regierung besitze. Die Mächte sollten keinen Zweifel daran bestehen lassen, daß sie den berechtigten Bestrebungen Chinas so weit wie möglich entgegenkommen wollten. Der Gedanke, daß die Entwickelung Chinas nur unter fremder Vormundschaft gesichert werden könnte, müsse aufgegeben werden. Es müsse die Bereitschaft ausgesprochen werden, Chinas Tarifautonomie anzuerkennen. Die in dem Washingtoner Abkommen enthaltenen Prinzipien betr. die Erhebung von Zollzuschlägen müßten sofort verwirklicht werden. Auch gewisse Reformen bezüglich der Exterritorialität könnten ohne großen Aufschub durchgeführt werden. Die Heiligkeit der Verträge könne am besten durch eine vollkommene Anpassung der vertraglichen Rechte an die billigen Forderungen der Chinesen geschützt werden.

In einem Memorandum vom 27. Jan. 1927 hat sich auch die amerikanische Regierung bereit erklärt, alsbald Verhandlungen mit China über die Abschaffung der Exterritorialität und der Tarifzölle einzuleiten, freilich unter der Voraussetzung, daß sich das chinesische Volk auf eine Regierung einige, die es in seiner Gesamtheit vertrete.

Zwei Tage später, am 29. Jan. 1927, erklärte der britische Außenminister Austen Chamberlain auf dem Festessen der Juwelier- und Silberschmiedevereinigung in Birmingham, die bestehenden Verträge seien überholt. Großbritannien wolle auf das chinesische Verlangen nach einer Erhöhung des Zolltarifes eingehen und die chinesischen Gerichtshöfe und das an ihnen zur Anwendung kommende chinesische bürgerliche und Handelsrecht anerkennen.

Am 13. Jan. 1927 hat die Pekinger Regierung drei Verordnungen erlassen, wonach vom 1. Febr. 1927 ab ein allgemeiner Zuschlagszoll von $2^1/_2$ % und für die Luxusartikel ein weiterer Zuschlag von 5 % wie er in dem Washingtoner Abkommen vorgesehen war, erhoben und der Ertrag dieser Zölle einmal zur Ablösung des Likins, für die Zwecke der inneren und äußeren Anleihen sowie zum Ausbau der Verwaltung verwandt werden solle. Außerdem wurde erklärt, daß China vom 1. Jan. 1929 ab wieder Zollautonomie für sich beanspruche.

e) Die gegen die Verträge gerichtete nationale Volksstimmung in China

Es ist bereits mehrfach darauf hingewiesen worden, daß die chinesische Volksstimmung aufs stärkste gegen die alten Verträge eingenommen ist. Man kann hinzufügen, daß sich keine chinesische Regierung behaupten kann, die diese Verträge aufrechterhalten wollte. Wenn vor 60 Jahren der Abschluß des

---

[179]) Times, London, 28. Dez. 1926.

belgisch-chinesischen Vertrages für die chinesische Regierung eine Frage war, die ohne Rücksicht auf die Volksstimmung geregelt werden konnte, so ist das heute nicht mehr der Fall. Mit elementarer Kraft verlangt das chinesische Volk sein Recht auf Selbstbestimmung.

f) Chinas Anspruch auf Kündigung des Vertrages von 1865

1. Die Voraussetzungen der Clausula im vorliegenden Falle

Es unterliegt somit keinem Zweifel, daß sich die tatsächlichen Verhältnisse seit Abschluß des Vertrages von 1865 von Grund aus geändert haben. China gehört im Gegensatze zu 1865 heute der Völkerrechtsgemeinschaft an. Es hat seine Justiz völlig reformiert. Außerdem bedeutet angesichts der chinesischen Volksstimmung im Gegensatze zu der Zeit von 1865 die Fortgeltung des Vertrages nicht nur eine Härte, sondern eine glatte Unmöglichkeit für irgendeine chinesische Regierungsgewalt, sich zu behaupten, so daß der Vertrag das Recht auf Existenz Chinas geradezu vernichtet.

Man könnte nun zu diesem letzteren Punkte einwenden, daß jedes Volk seine Verträge zu erfüllen hat und daß auch unbequeme Verträge gegenüber einer national erregten Volksstimmung aufrechterhalten werden müssen. Das ist an sich richtig, kann aber nicht zutreffen bei Verträgen, die die politische Unabhängigkeit eines Staates aufs schwerste verletzen, und auch von den Mächten, die sie anwenden, als veraltet erkannt worden sind. Die Vertragsmächte geben heute selbst zu, daß China einen Anspruch auf Revision der Verträge hat. Sie haben auf der Lausanner Konferenz bereits ganz allgemein erklärt, daß Kapitulationen nach der heutigen Rechtsauffassung als eine Minderung der Rechte eines unabhängigen Staates betrachtet werden müssen[180]).

Zu beachten ist weiter, daß die Bevorzugung der belgischen Staatsangehörigen auf chinesischem Boden dem Grundsatze des Art 23e der Völkerbundsatzung widerspricht, wonach die gerechte Regelung des Handels aller Mitglieder des Völkerbundes gewährleistet werden soll. Wenn auch im allgemeinen diese Gleichstellung unter Vorbehalt der bestehenden Verträge zu erfolgen hat, so ist doch sicher, daß nach dem Grundgedanken des Art. 23e eine Ungleichheit von der Art, wie sie jetzt in China besteht, mit Hilfe der Völkerbundorganisation so schnell wie möglich aufgehoben werden muß.

Die zahlreichen Erklärungen von Vertretern der Vertragsmächte in den letzten 25 Jahren lassen keinen Zweifel daran bestehen, daß diese das Recht Chinas auf Vertragsrevision anerkennen. Eine Anzahl von Staaten wie Deutschland, Rußland und Österreich usw. haben bereits auf die Vorrechte aus den alten Verträgen Verzicht geleistet. Die Angehörigen dieser und zahlreicher anderer Staaten leben in China bzw. treiben mit ihm Handel, ohne exterritoriale Rechte zu genießen und ohne die Vergünstigung der Vorzugszölle beanspruchen zu können. Das zeigt am besten, wie veraltet der Inhalt des belgisch-chinesischen Vertrages ist. Es erscheint gar nicht denkbar, daß sich ein Staat bei der Vertretung eines Anspruches auf eine größere Anzahl von Beweismitteln berufen könnte wie im vorliegenden Falle China.

Durch Jahrzehnte hindurch hat man trotz des Eintrittes Chinas in die Völkerrechtsgemeinschaft und trotz der allmählich, aber entschieden unternommenen Reform des chinesischen Justizwesens die alten Verträge in ihrem ganzen Umfange fortbestehen lassen. Statt die Vorurteile gegen China mit der Zeit aufzugeben, die Konsulargerichtsbarkeit abzubauen und die chinesische Zollautonomie wiederherzustellen, ließ man alles beim alten. Man begründete

---

[180]) Vgl. z. B. Conférence de Lausanne 1, 443.

das Fortbestehen der alten Verpflichtungen Chinas nicht zuletzt mit der Tatsache, daß China nicht vollberechtigtes Mitglied der Völkerrechtsgemeinschaft sei, und man bewies umgekehrt diese Tatsache in erster Linie durch das Fortbestehen der Konsulargerichtsbarkeit.

China mußte ebenso schwer um die Beseitigung der Kapitulationen und des Zolltarifes kämpfen wie die Türkei um die Aufhebung der Kapitulationen.

2. Die Rechtmäßigkeit der Kündigung des Vertrages von 1865

Wir haben gesehen, daß ein Staat, wenn er sich auf die Klausel berufen kann, zunächst einmal die Verpflichtung hat, den Gegenkontrahenten auf dem Wege der Verhandlungen zu einer Vertragsrevision zu veranlassen. Das hat im vorliegenden Falle China in stärkstem Maße getan. Es ist geradezu erschütternd, zu sehen, wie die chinesischen Staatsmänner seit einem Menschenalter alles getan haben, um zu neuen Verträgen über die Aufhebung der Exterritorialität und die Wiederherstellung der Zollautonomie zu gelangen. Sie haben den anderen Mächten, insbesondere auf den großen Konferenzen der Nachkriegszeit, immer wieder die Gründe auseinandergesetzt, weshalb jene Verträge unanwendbar geworden seien; sie haben sie dauernd gebeten, ja beschworen, Verständnis für die besondere Lage Chinas zu zeigen. Auch speziell mit Belgien hat China ernstlich versucht, zu einem neuen Abkommen zu gelangen. Nicht nur war Belgien auf der Pariser und Washingtoner Konferenz vertreten und hat immer wieder die Erklärungen Chinas zur Kenntnis genommen. China hat auch mit Belgien monatelang spezielle Verhandlungen über die Revision des Vertrages von 1865 geführt, ohne zu einem Resultate zu gelangen.

Die Geneigtheit Belgiens zu dem Abschluß eines unkündbaren Modus vivendi war kein hinreichendes Entgegenkommen, da dieser Modus vivendi den Rechtszustand des alten Vertrages letzten Endes unbeschränkt aufrechterhalten hätte.

Belgien kann auch sein Verlangen betr. einen langdauernden Modus vivendi nicht damit begründen, daß es nicht in der Lage sei, binnen sechs Monaten ohne Verletzung der Verpflichtungen des Art. 2 des Washingtoner Neun-Mächte-Abkommens vom 6. Febr. 1922 einen endgültigen Vertrag zu verabreden. Art. 2 dieses Vertrages lautet nämlich:

> „Les Puissances Contractantes conviennent de ne participer à aucun traité. accord, arrangement ou entente, soit conclu entre elles, soit conclu séparément ou collectivement avec une ou plusieurs puissances, qui porterait atteinte ou contreviendrait aux principes déclarés dans l'article premier."

Wenn man bedenkt, daß es sich bei den in Art. 1 erwähnten Prinzipien nur darum handelt, daß die Vertragsmächte nicht die Souveränität, die Unabhängigkeit und die territoriale Integrität Chinas verletzen oder sich irgendwelche Sondervorteile, namentlich im Hinblick auf das Prinzip der offenen Tür, verschaffen dürfen, so ist es klar, daß Spezialverträge an sich mit China keinem Kontrahenten verboten sind. Man wollte unter den erwähnten Voraussetzungen lediglich eine Diskussion darüber offenlassen, wenn von einer der beteiligten Mächte behauptet würde, daß ein Spezialvertrag jene Grundsätze verletze. Spezialverträge, die die Souveränität und die Unabhängigkeit Chinas fördern, widersprechen nicht dem Sinne jenes Neun-Mächte-Akbommens. Belgien kann sich also nicht darauf berufen, um sein mangelndes Entgegenkommen gegenüber China zu rechtfertigen.

Nachdem alle Versuche Chinas, auf dem Wege von Verhandlungen zu einer Aufhebung des Vertrages von 1865 zu gelangen, als gescheitert angesehen werden mußten, stand China, wie wir gesehen haben, das Recht einseitiger

Kündigung zu. Daran ändert auch die Tatsache nichts, daß China noch in Washington 1921/22 erklärt hatte, nicht die sofortige und unmittelbare Abschaffung der Kapitulationen zu erstreben, sondern nur deren Beseitigung zu einem bestimmten Termin. Denn da es sich hier um eine einseitige, jederzeit widerrufbare Erklärung handelte, verblieb China die Befugnis, zu allen Zeiten ohne jeden Kompromiß die völlige Aufhebung der Kapitulationen zu verlangen.

Es mag freilich dahingestellt bleiben, ob China sein Ziel der Loslösung von dem Vertrage mit Belgien nicht ebensogut hätte erreichen können, wenn es vor dem Weltgerichtshof auf Feststellung geklagt hätte, ob es berechtigt sei, den belgisch-chinesischen Vertrag auf Grund der Clausula als aufgelöst zu betrachten.

g) Die der chinesischen Regierung zu empfehlenden Klageanträge

Nachdem aber einmal China den Vertrag mit Belgien ohne vorherige Anrufung des Weltgerichtshofes gekündigt hat, wird es die Aufgabe des Weltgerichtshofes sein, festzustellen, ob die Auflösung des Vertrages ex tunc zu Recht besteht und demnach die Klage Belgiens abzuweisen ist. Es ist oben gezeigt worden, weshalb diese Frage bejaht werden muß. China wird daher vor dem Weltgerichtshofe in erster Linie den Antrag auf Abweisung der Klage Belgiens zu stellen haben.

Da jedoch die Theorie des internationalen Rechtes bezüglich der einseitigen Vertragsauflösung nicht einheitlich ist, so dürfte es sich für die chinesische Regierung empfehlen, vor dem Weltgerichtshof den Eventualantrag — und zwar in Form einer eventuellen „Widerklage" (vgl. Art. 40 Abs. 2 Nr. 4 des revidierten Reglements des Weltgerichtshofes) — zu stellen, daß der Gerichtshof die Vertragsauflösung ex nunc durch konstitutives Urteil anerkennt. Sicherlich werden diejenigen, die den Parteien ein einseitiges Kündigungsrecht absprechen, anerkennen, daß bei Ablehnung des Rechtes einseitiger Kündigung eine Lücke im Rechte besteht, und daß diese beim Vorhandensein einer obligatorischen Instanz durch diese ausgefüllt werden muß. Die Aufhebung des Vertrages durch den Weltgerichtshof würde auch insofern den Umständen durchaus gerecht werden, als Belgien sich ja bereits bei den Verhandlungen über einen Modus vivendi grundsätzlich bereit erklärt hat, den Vertrag vom 2. Nov. 1865 als aufgelöst zu betrachten, wenn nur eine Einigung über den Modus vivendi erzielt würde.

Es ist schließlich die Möglichkeit in Betracht zu ziehen, daß der Weltgerichtshof sich auf den Standpunkt stellt, daß die bisherigen Verhandlungen noch nicht genügen, um zu einer Auflösung des Vertrages zu gelangen. Er könnte dann die beiden Parteien zu weiteren Vertragsverhandlungen verpflichten. Für diesen Fall müßte China eine zweite eventuelle Widerklage vorsehen: Der Weltgerichtshof möchte entweder von sich aus die Grenzen des Entgegenkommens festsetzen, zu dem Belgien verpflichtet ist, oder wenigstens für einen späteren Zeitraum diejenige Instanz bezeichnen, die überprüfen soll, welche im Rechtsstreite befindliche Partei daran schuld ist, daß die Verhandlungen negativ ausgegangen seien, und die Rechtsfolgen aussprechen, die sich an den negativen Abschluß der Unterhandlungen knüpfen.

Bei diesen eventuellen Widerklagen ist immerhin die Möglichkeit in Betracht zu ziehen, daß sich der Gerichtshof nur auf Grund einer besonderen Ermächtigung der Parteien gemäß Art. 38 Abs. 2 des Statutes des Weltgerichtshofes als befugt ansehen könnte, den Anträgen Chinas zu entsprechen. Deshalb wäre es von besonderer Bedeutung, wenn China im Einverständnisse mit Belgien dem Gerichtshof ausdrücklich den Auftrag erteilte, ex aequo et bono zu entscheiden.

Abgeschlossen am 24. März 1927.

Die grundsätzliche Bedeutung der höchstrichterlichen Rechtsprechung für Praxis und Wissenschaft

von Professor Dr. Wilhelm Sauer, Königsberg

Dem höchsten deutschen Gerichtshofe versucht die folgende kleine Abhandlung zu seinem Ehrentage eine doppelte Ehrung zu erweisen.

Einmal durch die Wahl des Themas: ein Vertreter der Wissenschaft unternimmt es, in grundsätzlicher und, wie er glaubt, neuartiger Weise darzulegen, welche Bedeutung die höchstrichterliche Rechtsprechung für sein eigenes Arbeitsgebiet, die Wissenschaft, besitzt.

Sodann durch die Neuartigkeit der Problemlösung selbst, die in einer Umkehrung der geläufigen Anschauung besteht und hier, am Anfang der Abhandlung, nur aphoristisch andeutbar, in ihrer grundsätzlichen Tragweite noch nicht erkennbar, gleichwohl die erhöhte Bedeutung der höchstrichterlichen Rechtsprechung gegenüber früher ungefähr ahnen läßt: das Recht ist zwar logische Voraussetzung seiner Anwendung, jedoch ist auch umgekehrt Recht ohne Rechtsanwendung nicht möglich; ja das Recht ist bei lebens- und sinnvoller Erfassung geradezu angewendetes Recht. Ein wissenschaftliches System des Rechtes ist ohne Rechtsanwendung schlechterdings unmöglich. Will die Wissenschaft das Recht ergründen, so möge sie also den Blick zur höchstrichterlichen Rechtsprechung wenden.

Somit gewinnt die folgende Abhandlung die rechtsphilosophische Bedeutung eines Dankes der Wissenschaft an das Reichsgericht; und zwar, wie gesagt, in zweifacher Hinsicht: nicht nur durch die Problemstellung, sondern vor allem durch die Problemlösung.

I. Problemstellung

Die Frage nach der Bedeutung der höchstrichterlichen Rechtsprechung für die Praxis wie für die Wissenschaft ist oft gestellt und sehr verschieden beantwortet worden.

1. In der Praxis sah man meist nur die Entscheidung ad hoc; man wies auf die prozessuale Bedeutung des Revisionsgerichtes hin. Darüber hinaus generalisierte man die Stellung der Revisionsinstanz. Ein höchstrichterliches Urteil wirkt bindend nicht nur nach zwingender Prozeßregel im Einzelfalle, sondern auch zwar nicht nach Gewohnheitsrecht, aber nach Gewohnheit in allen gleich oder ähnlich liegenden Fällen; das Untergericht fühlt sich aus praktischer Erwägung gebunden, und die Psychologie des Richters bei Urteilsfällung ist durchaus verständlich, wenn er sich sagt, es sei zwecklos, von der ständigen Rechtsprechung des Reichsgerichtes abzuweichen, da sonst die Rechtsmittelinstanz jene andere Entscheidung schließlich doch einmal treffen würde, wodurch nur Zeit, Geld und Arbeitskraft verlorengingen.

Durch diesen Präjudizienkult hat das Reichsgericht über die rechtliche Bedeutung hinaus auch einen starken tatsächlichen Einfluß gewonnen. Er äußert sich selbst dort, wo Revision nicht zu erwarten oder gar nicht zulässig ist. Die Gerichte folgen dem Reichsgerichte teils in der Erkenntnis, daß seine Rechtsprechung gerade in dem vorliegenden Fall auf wohlerwogenen Gründen beruht, an deren Stelle eine bessere Begründung nicht gesetzt werden könne, teils mitunter aus Bequemlichkeit, indem man sich auf eine höchstrichterliche Entscheidung wie auf eine Gesetzesstelle beruft, ohne die Gründe zu überprüfen.

Jene tatsächliche, soziologische und psychologische Bedeutung ist aber keine schrankenlose; sie beruht eben nicht auf Rechtssatz. In einigen, wenn auch seltenen Fällen weichen die Untergerichte ständig von dem höchsten Gerichtshof ab; z. B. sehen sie (beinahe kann man auch hier von einer „ständigen Rechtsprechung" reden) in der studentischen Schlägermensur keinen Zweikampf im Sinne des Strafgesetzes, und ferner billigen sie den Schutz des § 193 StGB. auch bei Wahrnehmung der berechtigten Interessen Dritter durch den Beleidiger zu. Die Bedeutung der höchstrichterlichen Rechtsprechung für die Praxis ist, von hier aus betrachtet, nicht so hoch, wie man erwarten sollte. Namentlich scheint vielen Gerichten die (rechtsphilosophisch gebotene) Erwägung ganz fern zu liegen, eine Abweichung vom Reichsgericht sei schon deshalb zu vermeiden, weil die Einheitlichkeit der Rechtsprechung gewahrt werden müsse, weil nur so einheitliches Recht im Lande walten und damit Gerechtigkeit verwirklicht werden könne. Denn Gerechtigkeit ist nicht isolierte Verwirklichung des Rechtes in einem einzelnen Falle, sondern nur eine solche, die auch in allen gleich oder ähnlich liegenden Fällen begründet ist. Dieser Blick für das Allgemeingültige, dieser Sinn für Art und Gattung fehlt den Untergerichten nicht selten, den Laienrichtern meist; auch in dieser generellen Einstellung sollten sie in dem höchsten Gerichtshof ein Vorbild sehen.

Ungelöst bleibt für diese ganze (tatsächliche, soziologische) Betrachtungsweise allerdings die schwierige Frage, wieweit die Generalisierung zu geschehen hat. Völlig gleich liegen nie zwei Fälle; wieweit sind ähnliche Fälle gleich zu behandeln? Bei streng juristischer Denkweise gelangt man vielleicht zur Ablehnung jeglicher Generalisierung und erkennt dem höchsten Gerichtshofe nur die Bedeutung der Entscheidung für den vorliegenden Einzelfall zu. Hiernach würde das Reichsgericht über einen Einzelfall hinaus nur die Bedeutung eines unverbindlichen Vorbildes für die Rechtsprechung gewinnen.

2. Ähnlich würde sich die Bedeutung für die Wissenschaft gestalten. Die Gesamtheit der höchstrichterlichen Entscheidungen stellt einen wertvollen Bestandteil der Wissenschaft dar, wie unsere Kommentare und Handbücher zur Genüge dartun. Die Rechtsprechung darf zwar wissenschaftstheoretisch nur die Bedeutung einer Lehrmeinung beanspruchen, mit der sich die Forschung auseinanderzusetzen hat, um sie zu überprüfen, zu billigen oder zu bekämpfen, jedenfalls sich von ihr anregen zu lassen. Tatsächlich aber wiegt die Ansicht des Reichsgerichtes schwerer; denn seine Ansicht ist eben nicht eine vereinzelte Stimme der Literatur, mag eine letztere auch in großem systematischen Zusammenhang auftreten und aus diesem Grunde erhöhte Beweiskraft besitzen. Vielmehr ist die Ansicht des Reichsgerichtes die durch langjährige Erfahrung und angestrengte Berufsarbeit erhärtete Überzeugung vieler Juristen, die in einer Person Gelehrte und zugleich Richter sind und die Theorie auf ihre Anwendbarkeit im Einzelfall erprobt haben. Daher fühlt sich jeder wissenschaftliche Forscher zu einer um so gründlicheren Auseinandersetzung mit dem Reichsgericht verpflichtet, je stärker er von dessen Rechtsprechung abweicht. Und daher gewinnt eine wissenschaftliche Forschung um so mehr an Boden, je mehr sie sich mit den Tendenzen der höchstrichterlichen Rechtsprechung begegnet, namentlich wenn diese Übereinstimmung erst nach Umwegen hervortritt; denn wer von vornherein sich mit der Ansicht des Reichsgerichtes

deckt, verfällt gar zu leicht in den Verdacht der Bequemlichkeit oder gar der Politik, mithin der wissenschaftlichen Unaufrichtigkeit.

Wie groß die tatsächliche Bedeutung der höchstrichterlichen Rechtsprechung für die Wissenschaft ist, beweisen unsere führenden Kommentare; dabei ist natürlich von allen solchen abzusehen, die sich auf die Zusammenstellung der Ansichten der obersten Gerichte beschränken und deswegen keine wissenschaftliche Arbeit darstellen. Man beachte aber einmal die Arbeitsweise eines so selbständigen Werkes wie des Frankschen Kommentars; bei aufmerksamem Studium bemerkt man das Bestreben, sich nicht ohne zwingenden Grund von der Ansicht des Reichsgerichtes allzu weit zu entfernen. In der Vorsatzlehre wird breit die entgegenstehende Meinung des höchsten Gerichtshofes vorgetragen[1]), und bei der Behandlung des fortgesetzten Verbrechens wird gar die auf diesem Gebiete besonders ergiebige höchstrichterliche Rechtsprechung als Ausgang genommen, von dem aus die eigene Ansicht gewonnen wird, die sich alsdann harmonisch in die Gesamtansicht von der Verbrechenskonkurrenz einreiht[2]).

Letzterer Weg, der Ausgang von dem Reichsgerichte, ist für die Darstellung einer wissenschaftlichen Lehre zweifellos nicht der gebräuchliche, beweist aber um so mehr die erhöhte Bedeutung der reichsgerichtlichen Ansicht. Dagegen dürfte er für die jeder Darstellung vorausgehende Forschung um so häufiger eingeschlagen werden. Die Fülle der aus dem Leben gewonnenen und für das Leben bestimmten Entscheidungen bietet eine unversiegliche Quelle der Anregung für die Theorie; und sie nimmt innerlich diesen Ausgang um so zuversichtlicher, je mehr sie weiß, daß die Fühlung mit dem Leben sie selbst vor einer der größten Gefahren bewahren wird, die der Theorie drohen, der Lebensfremdheit.

3. Die so skizzierte tatsächliche (soziologische und psychologische) Bedeutung der höchstrichterlichen Rechtsprechung für Praxis und Wissenschaft — ein Thema, zu dem sich unschwer ein unerschöpfliches Material beibringen ließe — trifft aber nicht den Kern unserer Frage, sondern rückt diese selbst erst in scharfes Licht; sie gibt erst das wahre Problem auf. Wenn das Reichsgericht einen derartig starken Einfluß auf Praxis wie Theorie ausübt, dieser Einfluß aber nur tatsächlicher Natur ist und keineswegs in diesem den Einzelfall überschreitenden Umfang auf Rechtssatz beruht, so bedarf diese soziologische Geltung einer juristischen Begründung oder jedenfalls einer für die Juristen verbindlichen wissenschaftlichen Rechtfertigung; sonst hat die Wissenschaft eben nicht ihre Aufgabe erfüllt. Denn eine so wichtige, nicht hinwegzuleugnende Erscheinung bedarf der Rechtfertigung. Sollte eine solche aber nicht gelingen, so wäre in der Tat die Berechtigung jener soziologischen Geltung in Frage gestellt; die tatsächlich vorhandene Bedeutung wäre nur eine Tatsache, die wie so viele andere kommt und wieder vergeht.

Das Problem ist mithin der Nachweis des normativen Wertes jener Tatsache. Hierüber nachzudenken, ist nicht nur ein unabweisliches rechtsphilosophisches und mithin auch juristisches, nämlich wissenschaftliches Bedürfnis; es ist auch von unmittelbarer praktischer Bedeutung. Denn die normative Betrachtung vermag jene Tatsache in ihrer Berechtigung, in ihrer „Bedeutung" vielleicht enger zu umgrenzen, vielleicht zu erweitern. Das Objekt, wie es wahrheitsgetreu beschrieben wird, deckt sich nicht immer mit seinem Werte; dieser ist oft kleiner, oft größer als jenes.

Die Tatsache ist daher auf ihre Norm zu untersuchen; damit ist erst dem

[1]) Frank, Strafgesetzbuch, 17. Aufl. (1926) § 59 II.

[2]) A. a. O. § 74 V 1d. Seltsamerweise im Gegensatze zu Lobe, der im Leipziger Kommentar einen selbständigen systematischen Aufbau gibt (3. Aufl. [1925] Einl. IX 5).

juristischen Bedürfnis genügt. Und eine solche normative Betrachtung, zu der schon das Wort „Bedeutung" in unserem Thema herausfordert, vermag außerdem zu völlig neuen Einsichten in den wahren Gehalt unseres bisher nur an einigen Beispielen erläuterten Gegenstandes zu führen.

II. Auf dem Wege zur Problemlösung

Die Bedeutung der höchstrichterlichen Rechtsprechung suchte man auf die verschiedenste Weise in gewisse Ausschnitte der allgemeinen Rechtslehre einzuarbeiten; dabei ist es bezeichnend für die Unzulänglichkeit dieser Lösungsversuche, daß die Richtungen und ihre Ergebnisse durchaus verschieden sind, je nachdem man sich privatrechtlich oder strafrechtlich oder prozeßrechtlich oder gar öffentlichrechtlich einstellt. Selbstverständlich hält eine solche widerspruchsvolle Verschiedenheit vor grundsätzlicher Erwägung nicht stand. Der allen gemeinsame Nenner ist zu erreichen. — Folgende Übersicht möge ein Bild von der Zerrissenheit der wissenschaftlichen Lage, zugleich aber auch von der Richtung geben, in der das Ziel zu erhoffen ist.

1. Die „Theorie der Rechtsquellen" stellt neben das Gesetzesrecht noch ein zweites, das man meist als Gewohnheitsrecht bezeichnet. In das letztere soll auch die Gesamtheit der höchstrichterlichen Rechtsprechung Eingang finden. Eine einfache Lösung; das Gesetz ist nicht das alleinige Recht, ihm tritt die Rechtsprechung des höchsten Gerichtshofes an die Seite, und es fällt nunmehr nicht schwer, die allgemeinverbindliche Kraft der letzteren auch juristisch darzulegen.

a) Die weitverbreitete Lehre vom Gewohnheitsrechte, wie sie vornehmlich im Privatrechte ausgebaut wurde, aber auch für das Verwaltungsrecht verwendbar sein könnte, paßt jedoch gar nicht für das Straf- und das Prozeßrecht; und vor allem ist sie innerlich noch nie begründet worden, und nie wird man sie begründen können. Denn sie leidet schon an dem unheilbaren Mangel, daß sie eine Tatsache, die bloße Gewohnheit, zur Rechtsquelle erheben will. Schon oben wurde auf den Gegensatz von Tatsache und Norm hingewiesen; er ist unüberbrückbar. Die Gewohnheit mag durch die Rechtsprechung fortwährend ihre Bestätigung finden; nie ist aber die Gewohnheit eine Rechtsquelle. Sie ist weder erforderlich noch genügend, um Recht zu erzeugen.

Man beruft sich vielfach auf die Wirkung einer „langdauernden Übung", an die sich die Rechtsprechung wie das rechtsuchende Publikum derart „gewöhnt" haben, daß sie von ihr nicht mehr abgehen können, ohne daß die „Gerechtigkeit" Einbuße erleiden würde. Diese Erwägung ist als Ganzes nicht unrichtig; nur sind ihre einzelnen Elemente falsch, ihre Verbindung ist falsch, und die daraus gezogene Folgerung, daß die Gewohnheit Recht schaffe, ist grundfalsch. Zunächst ist gar nicht feststellbar, wann eine langdauernde Übung vorliegt; das Gericht steht hier vor einer unlösbaren Aufgabe, und es stellt in Wahrheit ganz andere Erwägungen an, wenn es einen Rechtssatz anwendet, den es im Gesetz nicht vorfindet. Auf die Zeit legt es kein Gewicht; und es ist auch nicht einzusehen, aus welchem Grunde die Übung gerade eine „langdauernde" sein soll, um Recht zu begründen. Die Fortsetzung einer Tätigkeit, die sich von vornherein als Unrecht darstellt, müßte im Gegenteil das Unrecht steigern, kann aber gewiß nicht das Unrecht in Recht umwandeln. Wenigstens hat weder die Zeit allein noch die Wiederholung allein diese rechtserzeugende Kraft. Nicht erforderlich ist auch eine Gewöhnung der Gerichte; sonst würde die Überlieferung eine solche Macht gewinnen, daß jede Abkehr von einer als unrichtig oder als verbesserungsbedürftig erkannten Ansicht von vornherein ausgeschlossen wäre. Ein Gewohnheitsrecht in strengem Sinne würde jeden gesunden Fortschritt verhindern, würde einer Anpassung an veränderte Lebensbedürfnisse und an neue anerkannte Kulturanschauungen entgegenstehen, würde zur Erstarrung führen. Tatsächlich wollten aber die eifrigen Verfechter des sog. Gewohnheitsrechtes das Gegenteil erreichen; sie wollten dem Gesetzesrechte gegenüber freie Hand zur lebendigen Weiterbildung des Rechtes erringen, ohne daß erst die schwerfällige Gesetzgebungsmaschine in Tätigkeit versetzt zu werden braucht[3]).

Also gerade nicht Zeit, nicht lange Dauer, nicht Gewohnheit; sondern auch einmalige Übung. Eine solche muß allerdings ein dringendes Bedürfnis sein; es muß in der Tat eine „Forderung" des Gerichtes, des rechtsuchenden Publikums, der Gerechtigkeit vorliegen, eine Forderung, die sich im Einzelfalle geltend macht, ohne daß man sich auf andere Fälle früherer Zeiten beruft. Und dieser Forderung gibt das Gericht auch ohne das Gesetz, ja vielleicht entgegen dem Gesetze statt. Hierin liegt das normative Problem, dessen Lösung wir suchen; sie liegt aber offenbar in ganz anderer Richtung.

Richtig an der Theorie des Gewohnheitsrechtes ist nur die Einsicht, daß zur Ergänzung des Gesetzesrechtes mit seinen starren Normen und seinem formalen Charakter ein anderes Recht, vielleicht „das" Recht erforderlich ist, das auf gemeinsamer Überzeugung, auf Anerkennung und insofern auf „Übung" beruht. Dabei ist zu beachten, daß mit der Übung doch einmal begonnen werden muß; bei völlig neuartigen Lebenserscheinungen, die sofort nach rechtlicher Regelung verlangen (z. B. den fortwährenden Änderungen im Luftverkehr, man denke auch an das ganze Völkerrecht, auch an das Verwaltungsrecht!), kann von einer Rechtsübung, zumal von einer langdauernden, keine Rede sein[4]). Also scheint nichts weiter übrigzubleiben als die „Rechtsanwendung", die unser Thema bildete — wobei in diesem Zusammenhange (und besonders bei unserem letzten Ausgang von der Theorie der „Rechtsquellen") allerdings fragwürdig erscheint, wieso die Rechtsanwendung logisch an so früher Stelle einsetzen darf; denn die Rechtsanwendung ist doch sicher nicht Quelle, sondern im Gegenteil Erzeugnis des Rechtes, nicht Ursprung, sondern Folge; sie schafft nicht Recht, sondern sie wird vom Recht geschaffen.

b) Den vorgenannten Mängeln sucht eine andere Auffassung abzuhelfen, die unserem Thema näherkommt: die Theorie des Richterrechtes. Nach ihr gibt es zwei Arten von Recht: Gesetzes- und Richterrecht. Während jene Lehre vom Gewohnheitsrecht alteingebürgert ist und namentlich im Privatrechte (und zwar nicht erst seit der Blütezeit der historischen Schule) die Vorherrschaft genießt[5]), findet diese Lehre vom Richterrechte trotz ihrer Berufung auf die klassische Zeit des prätorischen Rechtes heutzutage keinen großen Anhang. Im Privatrecht sind es vorzugsweise die Freirechtler, in deren Gedankenkreis die freiere Stellung des Richters gegenüber dem Gesetz und folglich die selbständige Bedeutung eines Richterrechtes gegenüber dem Gesetzesrechte gelegen ist[6]).

[3]) Vgl. zu der ganzen Frage etwa Manigk, Savigny und der Modernismus im Recht (1914).

[4]) Wenn Reichel das Gewohnheitsrecht definiert als „jede durch Rechtsübung, Rechtslehre, Rechtsprechung betätigte und bestätigte Rechtsüberzeugung der sozialen Rechtsgemeinschaft" (Gesetz und Richterspruch S. 102 [1915]), so dürfte damit kaum das, was man sonst als Gewohnheitsrecht zu bezeichnen pflegt, definiert sein, sondern etwas ganz anderes, etwa das Rechtsbewußtsein, das Rechtsgefühl oder das — in den amtlichen Begründungen unserer großen Gesetzentwürfe eine so große Rolle spielende — „Volksempfinden". Man nähert sich dem sog. lebendigen Recht und ist vielleicht nicht mehr weit entfernt von dem unergründeten Wesen des Rechtes.

[5]) Wenn man auch dem Gewohnheitsrechte nicht eine so überspannte Bedeutung einzuräumen braucht wie Weigelin, der das Gesetzesrecht ganz auf dem Boden des Gewohnheitsrechtes aufbaut (Einführung in die Moral- und Rechtsphilosophie S. 148ff. [1927]).

[6]) Auch Kohler, Heck, Zitelmann, Ehrlich, Stampe, Müller-Erzbach, Jung; ausführliche Literaturangaben bei Somlo, Juristische Grundlehre S. 428 (1917).

Vor allem aber werden Vertreter des Straf- und des Prozeßrechtes geneigt sein, die Theorie vom Richterrecht anzunehmen[7]); denn auf diesen Gebieten ist für Gewohnheitsrecht, wenn überhaupt, so nur ein beschränkter Raum und besonders die strafrechtlichen Deliktstatbestände vertragen überhaupt keine gewohnheitsrechtliche Erweiterung, so daß es naheliegt, ein Richterrecht insoweit anzuerkennen, als das Gesetz Raum läßt. Widerlegen läßt sich diese Ansicht nicht; denn durch den Richterspruch wird zweifellos ein „Recht" in irgendeinem und jedenfalls vom Gesetze verschiedenem Sinne geschaffen. Besteht doch in dieser Rechtserzeugung letzten Endes das (sich praktisch erst bei Widerspruch mit dem Gesetzesrecht offenbarende) Wesen der materiellen Rechtskraft der richterlichen Entscheidung[8]).

Die Prozessualisten und Kriminalisten befinden sich daher innerhalb ihres Arbeitsfeldes auf durchaus richtigem Wege. Aber auch nur innerhalb dieser Grenzen. Für das Verwaltungsrecht leistet jene Lehre gar nichts; und schließlich läßt sie auch im Privatrecht im Stich. Denn das Privatrecht wird doch nur in einigen Fällen im Prozeßwege verwirklicht, während es im Regelfall außerprozessual, im freien Verkehr, also ohne jegliche Mitwirkung des Richters, sich realisiert. Gerade im freien privatrechtlichen Verkehr bedarf aber das Gesetzesrecht erfahrungsgemäß besonders häufig der Ergänzung; denn hier klaffen Lücken über Lücken, die auszufüllen das Gericht nicht in der Lage ist, weil es von keiner Partei angerufen wird, auch in ähnlichen Fällen noch nie angerufen wurde (man denke wiederum an den Luftverkehr). An diesen Stellen hatte man, und zwar oft nicht ohne Erfolg das Gewohnheitsrecht eingesetzt. Es wäre aber ungereimt, wollte man das Gesetzesrecht bald durch ein Gewohnheitsrecht ergänzen, bald durch ein Richterrecht, das man unter Mitberücksichtigung des Verwaltungsrechtes zu einem Beamtenrecht erweitern müßte — übrigens einem Begriff, der nicht zur Klärung der ganzen Rechtsquellentheorie beitragen dürfte.

Der Hauptfehler dieser gesamten Richtung besteht offenbar darin, daß man Dinge einander nebenordnet, die auf ganz verschiedener Ebene liegen: Gesetz, Gewohnheit, Richterspruch (Verwaltungsverfügung). Sicherlich sind diese Dinge für die allgemeine Rechtslehre an irgendeiner Stelle von Bedeutung; aber ebenso sicher lassen sie sich nicht zu einem Begriff des objektiven Rechtes vereinigen, sie lassen sich überhaupt nicht auf einen gemeinsamen Nenner bringen. Und völlig verfehlt ist es, wenn man umgekehrt das objektive Recht zusammensetzen will bald aus Gesetzes-, bald aus Gewohnheits- oder Beamtenrecht.

c) In derselben Richtung bewegt sich eine Anschauung, die das (starre) Gesetzesrecht durch das (lebendige) Verkehrsrecht ergänzen will und naturgemäß von Vertretern des Privat-, des Handels- und sonstigen Wirtschaftsrechtes bevorzugt wird[9]). Ihr liegt noch eine andere moderne Tendenz zugrunde: sie setzt sich gegenüber dem „Formalismus" des Gesetzesrechtes für das „wirtschaftliche Denken" ein — eine Richtung, die insofern zu begrüßen ist, als sie nicht nur die jedem Rechte notwendig innewohnenden Formen, sondern auch den lebendigen Stoff, die Tatsachen des gesellschaftlichen Lebens,

---

[7]) Vor allem O. Bülow, Gesetz und Richteramt (1885). Unter den Kriminalisten M. E. Mayer, Lehrbuch des Strafrechtes S. 24 (1915); Rechtsphilosophie S. 60 (1922); vgl. auch M. Rumpf, Der Strafrichter (1912/13); Gesetz und Richter (1906).

[8]) Sauer, Grundlagen des Prozeßrechtes S. 235ff., 246 (1919); Stein, Grundriß des Zivilprozeßrechtes S. 290, 2. Aufl. (1924); Ad. Merkl, Die Lehre von der Rechtskraft (Wiener staatswissenschaftliche Studien 15 H. 2 [1923]).

[9]) Vgl. Danz, Auslegung der Rechtsgeschäfte, 3. Aufl. (1911); Laienverstand und Rechtsprechung (1898); Rechtsprechung nach der Volksanschauung und nach dem Gesetze (1908).

zu begreifen bestrebt ist, die aber durchaus einseitig vorgeht, wenn sie nur auf die wirtschaftliche Seite des Rechtes und seines Stoffes Gewicht legt, darüber die allgemein soziale und kulturelle, die individuelle und ideelle Seite übersieht.

Insofern ist auch das Verkehrsrecht ein unvollkommener Ausschnitt aus dem Recht überhaupt; es bildet die erwünschte Ergänzung des Gesetzesrechtes nur dort, wo das Richterrecht versagt (oben b), nur auf dem Gebiete des freien privatrechtlichen Verkehrs, aber nur soweit wirtschaftliche oder andere äußere Beziehungen in Frage stehen. Es versagt schon auf privatrechtlichem Gebiete, wenn persönliche und ideale Güter zu regeln sind (Personen-, Familienrecht). Und ganz und gar nicht paßt es für das Straf-, Prozeß- und öffentliche Recht.

Selbst dort, wo es nach dem Gesagten Verwendung finden könnte, also namentlich im Schuldrecht und den verwandten Gebieten, ist der Begriff nicht gerade glücklich und bereitet kaum überwindbare Schwierigkeiten bei der Abgrenzung des Rechtes von dem Handelsbrauch und anderen Formen der Sitte. Dem Verkehr ist nämlich ein gewisses Maß von Freiheit eigentümlich, wie es ein wesentliches Merkmal der Sitte ist und zwar gerade ein Unterscheidungsmerkmal gegenüber der Zwangsnatur des Rechtes darstellt. Das Recht untersteht eben nicht dem freien Verkehr, sondern der Zwangsgewalt des Staates. Insofern gibt jener Begriff des Verkehrsrechtes zu Mißverständnissen Anlaß.

d) Ähnlich sucht man ein sog. Wissenschaftsrecht aufzustellen[10]). Dieses kann natürlich nicht mehr, wie einst, in dem Sinne verstanden werden, daß neben dem Gesetzes- oder Gewohnheitsrecht ein von den Gelehrten geschaffenes Recht Bestand hätte, wie es in früheren Zeiten im Wege der Aktenversendung, durch die Rechtsfakultäten gesprochen und auch anerkannt wurde. Vielmehr soll die Wissenschaft als solche an der Fortbildung des Rechtes unsichtbar arbeiten. Die Ergebnisse der rechtswissenschaftlichen Forschung stellen aber doch nur wissenschaftliche Erkenntnisse, nicht ein dem Gesetzesrechte nebengeordnetes Recht dar. Es erheben sich daher die gleichen Einwendungen wie oben. Andererseits muß anerkannt werden, daß ebenso wie der Richter und der Verkehr auch der wissenschaftliche Forscher „Recht" erzeugt. Es bedarf nur der Klärung, wie ein solches „Recht" zu verstehen ist und wie es sich zu der durch die Gesetze verkörperten Rechtsordnung verhält.

2. Eine andere Gruppe von Ansichten steigert die Bedeutung der Rechtsprechung nach einer ganz anderen Richtung hin. Zu beachten ist, daß alle diese Meinungen und Strömungen nicht als einander ausschließend anzusehen sind; vielmehr wollen sie sich meist gegenseitig ergänzen, wie schon bei Behandlung der obigen Lehren beobachtet wurde. So kann ein eifriger Verfechter des Gewohnheitsrechtes sehr wohl auch die nachstehenden Betrachtungen zu den seinigen machen. Andererseits wird der Kritiker eine Gegensätzlichkeit insofern feststellen müssen, als von den einzelnen Schriftstellern meist die eine oder die andere Richtung bevorzugt oder gar allein angewendet wird, und zwar nicht ohne Willkür: um ein bestimmtes Ziel im Einzelfalle zu erreichen, arbeitet man bald mit dieser Denkform, bald mit einer anderen, bald mit dem Gewohnheitsrechte, bald mit der Analogie (unten b). Und schon hier muß sich die grundsätzliche Erkenntnis aufdrängen, daß, wie später näher darzulegen ist, jenes zuvor ins Auge gefaßte Ziel unter allen Umständen erreicht werden muß, soll die Entscheidung als eine gerechte erscheinen, daß dagegen die hier behandelten Denkformen dem Wesen der Tätigkeit gar nicht entsprechen, daß sie nur die Rolle von Hilfsmitteln spielen, die nach Belieben, je nach dem Grade ihrer Tauglich-

---

[10]) Th. Sternberg, Einführung in die Rechtswissenschaft 1, § 13 (1912); Danz, Einführung in die Rechtsprechung (1912); Richterrecht (1912).

keit oder ihrer Bereitschaft, ausgewählt werden. Sie sind nur Wege zum Ziel, nicht dieses selbst. Ebenso wie wenn der Chirurg, dessen Ziel die Entfernung des kranken Teiles ist, nach freier Wahl das passendste und ihm zur augenblicklichen Verfügung stehende Instrument ergreift, bald ein Messer, bald eine Schere, bald eine Zange.

Die folgenden Begriffe zeigen reiner als die bisher behandelten ihre Eigenschaft als Mittel. Sie gehen nicht darauf aus, dem Gesetzesrecht ein ebenbürtiges Gebilde an die Seite zu stellen, also ein zweites, von diesem verschiedenes Recht; sie wollen vielmehr nur — theoretisch zweifellos einwandfreier — das Gesetzesrecht als objektives Recht anerkennen und beschäftigen sich nur mit der Frage, wie dieses zu behandeln ist. Letzteres Verfahren bringt es aber mit sich, daß sie in ihrer Anwendung um so willkürlicher erscheinen.

a) Ein beliebtes Erkenntnismittel ist die Auslegung der Rechtsnormen. Von der alten Zweiteilung in grammatische und logische Interpretation ist an dieser Stelle nur die logische erwähnenswert; sie sollte heißen: teleologische, denn sie will den Zweck, den Sinn eines Rechtssatzes ergründen. Die vorgesetzte Aufgabe, die Erforschung des „Willens des Gesetzes", ist über allen Zweifel erhaben; sie gehört zu den vornehmsten Aufgaben eines jeden mit Rechtsanwendung betrauten Juristen. Fragwürdig ist nur zweierlei, und das ist freilich die Hauptsache.

Einmal: Ist es nicht auffallend, daß man in einigen Fällen eine strenge, in anderen dagegen eine freiere oder gar freieste Auslegung fordert? Es soll ganz davon abgesehen werden, daß in manchen Rechtsmaterien, wie dem Straf- und dem Prozeßrechte, von den Gebieten des Privatrechtes etwa im Liegenschafts- und im Erbrecht, eine strengere Auslegung verlangt wird als etwa im Obligationen-, im Handels-, im Verwaltungsrecht. Schon hier sind die Grenzen, wo die strenge Bindung des Richters aufhört, nicht zweifelsfrei zu ziehen. Aber selbst innerhalb dieser Gebiete scheint die Willkür in den Einzelfällen groß zu sein. Weswegen versteht man z. B. unter „Absicht" im Tatbestand der Untreue (§ 266 StGB. von 1871) dasselbe wie unter Vorsatz[11]), während sonst, z. B. in den Tatbeständen des Diebstahls und des Betruges, Absicht und Vorsatz verschiedene Dinge sind? Weswegen haben die Gerichte bei der Anwendung des Hehlereitatbestandes (§ 259) nicht den Mut aufgebracht, der „Sache" auch deren wirtschaftlichen Wert gleichzusetzen[12]), während eine ähnliche Gleichsetzung im Diebstahlstatbestand unbedenklich war?[13]) Auf weitere Beispiele soll nicht eingegangen werden; jeder Praktiker wird wissen, daß er bei den durchaus nicht seltenen großen Auslegungsschwierigkeiten als den „Willen des Gesetzes" bald das eine Ergebnis, bald das entgegengesetzte feststellen könnte. In Wahrheit kommt es ihm auf das Gewinnen einer gerechten Entscheidung an; und um zu einer solchen zu gelangen, legt er das Gesetz bald strenger, bald freier aus und ermittelt hiernach den — in Wahrheit gar nicht vorhandenen — „Willen" des Gesetzes, um die Entscheidung sachgemäß zu begründen. Zu gleichem Ziele könnte man übrigens oft ebenso einwandfrei mit Hilfe des „Gewohnheits-" oder „Richterrechtes" gelangen.

Sodann: Versagt nicht mitunter die Auslegungsmethode völlig? Sie kann Anwendung nur dort finden, wo Rechtssätze vorliegen, die der Auslegung an sich fähig sind; übrigens legt man fast durchweg nur das Gesetz, nicht das Gewohnheitsrecht aus, weil man dieses letztere bereits so zurecht gestutzt hat, wie man das Gesetz noch durch „Auslegung" zurechtgestutzt haben möchte, damit es

[11]) RGSt. 16, 82.
[12]) Vgl. LpzKomm. § 259, 2b.
[13]) RGSt. 40, 10; 49, 405.

auf den vorliegenden Fall „passend" erscheint. Als Gegenstand der Auslegung kommen vorwiegend Sätze des Privat- und Zivilrechtes, allenfalls noch des Strafrechtes in Betracht; aber es nimmt schon wunder, daß die Auslegung als solche fast nur von der Zivilistik behandelt ist[14]), und es ist interessant, zu beobachten, daß die bewährten Lehrbücher des Strafrechtes diesem Kapitel längst nicht die gleiche Aufmerksamkeit entgegenbringen, daß die Entscheidungen in Strafsachen auch, soweit sich beobachten läßt, mit der Auslegungsmethode nicht in gleichem Umfange arbeiten wie die Ziviljustiz, und daß endlich die rechtsphilosophischen Werke der Auslegung mehr Interesse widmen, wenn der Autor von der Zivilistik ausgegangen ist, als wenn er von Hause aus Kriminalist oder Publizist war[15]). Die Vernachlässigung der Auslegungsmethode durch die Kriminalisten fällt um so mehr auf, als diese Autoren auch mit Gewohnheitsrecht nicht arbeiten können oder wollen. Im Verwaltungsrechte versagt die Auslegungsmethode fast ganz, da hier der Jurist bei der Rechtsanwendung weit mehr als sonst auf Schöpfung angewiesen ist (schon das Wort Rechtsanwendung spielt hier eine ungleich geringere Rolle als im Privat- und Strafrechte).

Es zeigt sich also, daß die Auslegung ein, keinesfalls das einzige, vielleicht schon nicht das wahre Mittel ist, um zu einer sachgemäßen und befriedigenden Entscheidung im Einzelfalle zu gelangen.

b) In erhöhtem Grade gilt das gegen die freie Auslegung Eingewendete von der Analogie; denn diese ist in Wahrheit nichts weiter als eine Verschärfung der freien Auslegung. Die Freiheit wird hier so weit ausgedehnt, daß der Boden des Gesetzes überhaupt verlassen wird. Das Wesen der Analogie besteht darin, daß der Richter ein passendes Gesetz nicht vorfindet und nunmehr ein für nur ähnliche Fälle geschaffenes, also im vorliegenden Falle nicht passendes Gesetz, mit dem er das erwünschte Ergebnis erzielen kann, derartig verändert, daß es paßt. Also eine offenbare Vergewaltigung des Gesetzes, die nur deswegen nicht als Amtspflichtverletzung erscheint, weil sie von höherem Zwange diktiert ist. Über diesen höheren Zwang schweigt sich die analoge Anwendung freilich aus; seltsamerweise wird gerade die Gesetzesverletzung als Begründung der Entscheidung gewählt.

Ein offenerer Widerspruch mit dem Gesetz ist kaum denkbar; und er wird nur dadurch um etwas gemildert, daß der Richter bei der Begründung noch andere Erwägungen anstellt und oft auch nach Belieben zum Ausdruck bringt. Diese Erwägungen, nur für den Einzelfall gedacht, können nicht grundsätzliche Bedeutung beanspruchen; ihre wissenschaftliche Haltbarkeit dürfte meist fragwürdig sein (womit nicht gesagt sein soll, daß ein guter Richter mit genialem Blick nicht doch die richtige Entscheidung trifft und diese mit beachtlichen Gründen rechtfertigt).

Was an dieser Stelle die Hauptsache ist: die Analogie verschweigt ihrem Charakter nach das Wesentliche; sie liefert nur ein Hilfsmittel, und zwar ein künstliches. Es ist, als bewege sich der Richter auf Krückstöcken weiter, weil er sich einbildet, daß seine eigenen, durchaus gesunden Füße hier plötzlich versagen.

Weil die wahren Gründe verschwiegen werden, so entstehen im Einzelfall oft die schwersten Bedenken, ob eine analoge Anwendung hier zulässig ist oder

---

[14]) Zitelmann, ArchZivPrax. 66, 361ff.; Heck, Gesetzesauslegung und Interjurisprudenz (1914); Manigk, Irrtum und Auslegung (1918); Stammler, Lehrbuch der Rechtsphilosophie S. 267 (1922). Nähere Literatur bei Windscheid-Kipp, Pandekten §§ 20—22.

[15]) Man beachte den Gegensatz der Arbeiten von Jhering, Zitelmann, Stammler, Binder einerseits, M. E. Mayer, Radbruch, Kelsen andererseits.

nicht — eine Frage, die überhaupt gar nicht beantwortbar ist. Mutet es nicht als reine Willkür an, daß man §§ 315, 316 StGB. von 1871 (Eisenbahngefährdung) auf elektrische Bahnen, Dampfstraßenbahnen, gewisse Bergbahnen, aber nicht auf Pferdeeisenbahnen „analog" anwendet? [16]) Der Erweiterung und doch wieder Begrenzung des Anwendungsgebietes mag eine zutreffende Erwägung zugrunde liegen; sie kommt aber nicht zum Ausdrucke.

Der Grund und die teilweise Berechtigung des analogen Verfahrens bestehen darin, daß der Richter eine bequeme Begründung herbeiwünscht, wie sie namentlich die Untergerichte bei der großen Zahl von Urteilen, die sie täglich absetzen müssen, nicht entbehren möchten. Die wahren Gründe, über deren sozialethischen Charakter wir unten zu III sprechen werden, sind schwierig auszudrücken und erfordern sowohl eingehende Erwägungen wissenschaftlicher, meist rechtsphilosophischer Art, wie sie vielen Unterrichtern nicht geläufig sein dürften, als auch eingehende Feststellungen der tatsächlichen Verhältnisse des individuellen Falles, wie sie in Bagatellsachen oft nicht in entsprechendem Verhältnis zu dem Werte des Prozeßgegenstandes stehen. Ein gewissenhafter Richter stellt gleichwohl diese Betrachtungen mehr oder weniger bewußt an, indem er nach seinem Rechtsgefühl entscheidet, spricht sich aber in der Urteilsbegründung, wie gesagt, nicht darüber aus oder kommt über allgemeine Wendungen wie „angemessen", „sachgemäß". „gerecht", „geboten" kaum hinaus.

Die exakt-logische Begründung, wie sie sonst seine Haupttätigkeit ausmacht, nämlich die Subsumtion des Falles in seinen wesentlichsten Zügen unter einen gesetzlichen Tatbestand, wird ihm nun aber durch das analoge Verfahren ermöglicht. Das Gesetz bedeutet ein Schema, das leicht zu handhaben ist — ein Verfahren, das überdies nach außen den Eindruck strenger Unparteilichkeit und kühler Sachlichkeit erweckt, während die oben berührte Berufung auf das Rechtsgefühl, falls sie nicht von eingehenden, wissenschaftlich begründeten Erwägungen getragen wird, gar leicht einen in Justizangelegenheiten peinlich berührenden Eindruck des Subjektiven, Persönlichen, Unsachlichen hinterläßt. Das Unglück ist nur, daß ein solches erwünschtes Gesetz nicht zu Gebote steht. Und weil es fehlt, so wählt man ein anderes, nicht passendes — nur um ein Schema zu erhalten — und schließt mit der bekannten Begründung, das Gesetz *hätte* den Paragraphen soundso gefaßt, also auch den vorliegenden Fall mitberücksichtigt, *wenn* es mit Fällen solcher Art gerechnet hätte — womit natürlich nicht der Wille des Gesetzes, sondern nur der Wille des Richters wiedergegeben wird.

Der schwere Mangel des Analogieverfahrens ist die innere Unwahrheit; gearbeitet wird mit einer logischen Fiktion, die nicht als Durchgangserkenntnis, sondern als Ziel angegeben wird. Die wahren Gründe, die einen rechtsphilosophischen und sozialethischen Charakter tragen, werden verheimlicht. Gewahrt wird aber nach außen wenigstens der Schein des Rechtes.

c) Einen Gegensatz zur Analogie bildet das *freie richterliche Ermessen*. Es entspricht der Wahrheit, dafür mangelt es aber an juristisch-logischer Exaktheit. Herrscht die Analogie im Privatrecht, so das richterliche Ermessen im Strafrecht und noch mehr im Verwaltungsrecht, überall dort, wo die Gesetze weiten Spielraum lassen oder ganz fehlen. Zwischen ihm und der romanistischen Jurisprudenz besteht zum mindesten ein gespanntes Verhältnis; denn dort ist der Stolz ein Heer von Paragraphen mit schärfster formaler Logik. Das richterliche Ermessen trägt mehr deutschen Charakter: weniger die Form als der Inhalt, weniger die Regel als das Wesen.

---

[16]) RGSt. 12, 371; 16, 431; 35, 12; 12, 205.

aa) Im Privatrecht ist erst in neuerer Zeit dem richterlichen Ermessen weiterer Raum zugestanden worden; im Bürgerlichen Gesetzbuch entscheidet es in Fällen, die im Gesetz als vereinzelte erscheinen, im Rechtsleben dagegen zu den häufigsten und wichtigsten gehören. Hier ist die Bedeutung der höchstrichterlichen Rechtsprechung ungemein gesteigert; erst das Reichsgericht hat jenen Bestimmungen einen Inhalt verliehen und dadurch den Untergerichten einen Anhalt für den Anwendungsbereich gegeben. Das Gesetz begnügt sich mit Wendungen wie „Treu und Glauben", „tunlich", „Mißbrauch von Rechten", „billiges Ermessen", „gute Sitten", „sittliche Pflicht", „wirklicher Wille", „wichtiger Grund" u. a.; der Richter gibt diesen dehnbaren Vorschriften durch sein Ermessen erst Sinn und Inhalt.

Im Strafrecht bestand von je freiestes Ermessen bei der richterlichen Strafzumessung. Während für diese Tätigkeit in der jüngsten Reform mehrere gesetzliche Anhaltspunkte gegeben sind, ist umgekehrt sonst die richterliche Ermessensfreiheit stark gesteigert worden, so daß alsbald nach Veröffentlichung des Entwurfes von 1925 warnende Stimmen[17]) laut wurden. Abgesehen von diesen Erweiterungen gegenüber früher gibt es aber gerade im Strafrechte viele wichtige und wichtigste Stellen im System, wo dem Richter größte Ermessensfreiheit eingeräumt werden muß[18]); jede gesetzliche Bindung wäre unerträglich, ist wohl auch unmöglich. Denn schwierigste Fragen, mit denen die Wissenschaft seit Jahrzehnten ringt, ohne eine völlig einwandfreie Formel zu finden, können nicht von dem Gesetzgeber kurzerhand in eine solche Formel gebannt werden. Derartige Probleme pflegt der Gesetzgeber „der Wissenschaft zu überlassen"; und daraus ergibt sich von selbst eine entsprechende richterliche Ermessensfreiheit.

In diesen Bereich gehören die Grundbegriffe des Allgemeinen Teiles, vor allem die Rechtswidrigkeit. Bekanntlich reicht die sog. formelle Rechtswidrigkeit (Rechtswidrigkeit = Tatbestandsmäßigkeit abzüglich besonderer gesetzlicher Rechtfertigungsgründe, z. B. Notwehr, Einwilligung, Züchtigungsrecht usw.) nicht aus, und zwar nicht nur für die Wissenschaft, die auf einheitliche Erfassung des Wesens des Unrechtes ausgehen muß, sondern auch für die Rechtsprechung, die mitunter auf das Wort „rechtswidrig" oder „unbefugt" stößt, ohne die Antwort aus dem Gesetz entnehmen zu können, will sie sich nicht im Kreise drehen (erinnert sei an die Wahrnehmung „berechtigter" Interessen bei der Beleidigung oder an die „unbefugte" Geheimnisverletzung). Hier setzt die sog. materielle Rechtswidrigkeit, d. i. die eigentliche, das Wesen des Unrechtes wiedergebende Rechtswidrigkeit ein, deren Begriff wachsende Anerkennung in der Wissenschaft[19]) findet, dessen Unentbehrlichkeit wohl allseitig empfunden wird[20]), für den man aber eine „gute Formel" zu finden sich immer noch bemüht[21]). Für den Richter bleibt hier nur der Weg: er muß „von

---

[17]) Namentlich aus Kreisen der Deutschen Strafrechtlichen Gesellschaft; vgl. GerS. Bd. 91 ff.

[18]) Dieses Thema im Hinblick auf den Entwurf von 1925 war Gegenstand der 21. Tagung der Internationalen Kriminalistischen Vereinigung zu Bonn (vgl. Mitt. N. F. Bd. 2); der Begriff wurde aber fast durchweg (dagegen S. 79) auf die Strafzumessungsfrage beschränkt.

[19]) So von v. Liszt, Graf Dohna, Torp, M. E. Mayer, Sauer. Vgl. Sauer, Grundlagen des Strafrechtes §§ 12, 15 m. Lit. (1921).

[20]) Vgl. Binding, Handb. 1, 762, 792; Lehrb. 1, 55; Beling, Grundzüge S. 37; Allfeld, Lehrb. d. Strafr. S. 201; Köhler, Lehrb. d. Strafr. S. 371; v. Lilienthal, ZStrW. 20, 440; VDB. 4, 406; Kohler, Leitfaden d. Strafr. S. 42; Jung, Problem d. natürl. Rechtes S. 104; Kohlrausch, Irrtum und Schuldbegriff S. 46; Stooß, ZStrW. 24, 319 ff.; v. Hippel, ZStrW. 36, 519; Hegler, ebenda S. 42; Hold-Ferneck, Rechtswidrigkeit 1, 377; 2, 2 ff.; vgl. auch schon Merkel-Liepmann 5, Lehrb. 12; und neuerdings Rittler, in Lammasch, Lehrb. S. 36.

[21]) Darstellungen von Heinitz, Das Problem der materiellen Rechtswidrigkeit (Strafrechtl. Abh. H. 211) (1926); und Wolter, ZStrW. 48, 32 ff.

Fall zu Fall" entscheiden, wann ein Verhalten rechtswidrig ist. Also weitgehende Ermessensfreiheit, und zwar in der wichtigsten Vorfrage für die Bestrafung. Die Wissenschaft vermag nur Anhaltspunkte zu bieten; aber es sind wenigstens Anhalts- und vielleicht sogar Stützpunkte. Eine von dem Verfasser dieser Abhandlung vorgeschlagene Fassung, die sich an einige, von dem Gesetze selbst, z. B. beim Notstand gebrauchte Wendungen anschließt, erklärt für materiell rechtswidrig ein Verhalten dann, wenn es nach seiner allgemeinen Tendenz dem Staat und seinen Gliedern mehr schadet als nützt[22]); die Ansicht hat neuerdings wiederholt sachliche Zustimmung gefunden[23]).

Der Wissenschaft und mithin der richterlichen Ermessensfreiheit im Einzelfall überlassen bleiben auch die schwierigen Fragen, bis zu welchen Grenzen ein — natürlich nicht unbegrenzt geltendes — Züchtigungs- und Operationsrecht anzuerkennen ist, wodurch das Notstandsrecht seine Begrenzung findet[24]), wann die Einwilligung des Verletzten die Rechtswidrigkeit ausschließt, was im einzelnen unter Vorsatz und Fahrlässigkeit („erforderliche" Sorgfalt!) zu verstehen ist, selbst wenn das Gesetz eine (in Wahrheit nie über Umschreibungen oder günstigstenfalls über ganz allgemeine Richtlinien hinauskommende) Definition geben sollte[25]); vor allem aber die praktisch wichtigste Frage der Strafzumessung. Aus dem Strafprozeß gehören hierher die gesetzlichen Fälle des Opportunitätsprinzips (Vorliegen eines „öffentlichen Interesses").

bb) Die wichtige theoretische Frage aber, was unter richterlichem Ermessen überhaupt zu verstehen ist, bedarf noch immer der Beantwortung; sie ist kaum in grundsätzlicher Weise befriedigend erledigt worden, erfordert aber gerade im Zusammenhange der vorliegenden Untersuchung eine grundsätzliche Erwägung.

Zunächst ist zu beachten, daß, was meist übersehen wird, ein „Ermessen" überall vorliegt, wo ein Richter zu entscheiden hat. Die richterliche Tätigkeit besteht in dem Einordnen eines Untersatzes unter einen Obersatz, eines konkreten Tatbestandes unter einen abstrakten, eines Sachverhaltes unter eine Rechtsnorm; dieses Einordnen vollzieht sich niemals ohne jede Schwierigkeit, nie in einer solchen Weise, wie Dinge in ein passendes Schubfach gelegt, Akteneingänge in das Register eingetragen werden. Der abstrakte Rechtssatz vermag seiner Natur nach einem konkreten Falle mit allen seinen individuellen Besonderheiten nie voll und ganz gerecht zu werden; stets wird eine Einzelheit übrigbleiben, die nicht hineinpaßt und vielleicht ebensogut einem anderen Rechtssatze genügen würde. Dieses Abwägen dafür und dawider nennt man Ermessen; in ihm besteht das Schwierige und Verantwortungsvolle des Richterberufes, aber auch das Reizvolle, das seine Tätigkeit adelt und von der eines Bureaubeamten und Technikers unterscheidet.

Verschieden von dem Ermessen an sich ist der Grad der Ermessensfreiheit. Der Richter bseitzt, wie soeben gezeigt, stets eine gewisse Freiheit gegenüber dem Gesetze; sonst liegt kein Ermessen, sondern ein Registrieren vor. Der Grad der Freiheit kann aber ein verschiedener sein. Die Freiheit ist gering bei einer Fülle spezieller Regeln, bei einer starken Annäherung der ab-

---

[22]) Grundlagen des Strafrechtes S. 273ff. (1921); Das juristische Grundgesetz (1923).

[23]) Vgl. E. Heinitz, Rechtswidrigkeit S. 20ff., 71ff., 75, 108, 111 (1926); Wolter, ZStrW. 48, S. 38, 40, 44. Vgl. auch Lobe in LpzKomm. S. 2—5, 3. Aufl.

[24]) Vgl. die Wendung „wenn dem Täter nicht zuzumuten ist" (Entw. 1925 § 22; Entw. 1927 § 25). Über den Begriff der „Zumutbarkeit" und über die Gefahren zu weit gehender Individualisierung vgl. Kohlrausch, Über Strafrechtsreform, Rede 1927 S. 21; andererseits v. Liszt-Schmidt, Lehrb. d. Strafrechtes S. 213, 219 (1927) und die dort Zitierten.

[25]) Man beachte das Schwanken vom Vorentwurf v. 1907 über die Kommissionsentwürfe bis zur Reichsratsvorlage v. 1927.

strakten Tatbestände an die konkreten Lebensvorgänge nach Art des preußischen Allgemeinen Landrechtes oder bei bindenden Anweisungen nach Art der Steuergesetze (die Strafe bemißt sich nach einem Vielfachen der hinterzogenen Steuer). Allerdings läßt sich auch hier die Freiheit nicht ganz ausschalten; denn je kasuistischer eine Rechtsordnung vorgeht, um so mehr Lücken und Widersprüche pflegen zu bestehen, so daß der Richter vor besondere Schwierigkeiten gestellt wird. Freiheit herrscht also nicht einem einzelnen Gesetze, wohl aber der Rechtsordnung als Ganzem gegenüber. Je abstrakter ein Rechtssatz ist, um so mehr wächst ihm gegenüber die richterliche Freiheit; denn um so mehr Fälle des Lebens umfaßt er, und um so zweifelhafter kann es sein, ob ein besonders gelagerter Einzelfall wirklich noch von diesem Rechtssatz umfaßt werden sollte. Ein hoher und höchster Grad von Freiheit ist vorhanden, wenn das Gesetz jene oben (unter aa) berührten allgemeinen Wendungen gebraucht, wie „gegen die guten Sitten", „Treu und Glauben", „unbefugt", „dem Täter ist nicht zuzumuten", oder wenn das Gesetz ganz schweigt oder Widersprüche aufweist. In solchen Fällen bieten sich dem Richter meist mehrere, oft viele Wege. Hier bedarf es einer Anleitung durch die Wissenschaft, eines „Obersatzes", den ja das Gesetz nicht gibt; denn sonst würde die richterliche Tätigkeit überhaupt entfallen, jenes „Richten" eines Lebensvorganges nach einer Norm. Sonst würde die Freiheit zur Willkür; wir würden nicht in einem Rechtsstaate leben.

cc) Welchen Grad von Ermessensfreiheit eine Rechtsordnung dem Richter einräumt, ist eine Frage, die sich nach den jeweiligen kulturellen Verhältnissen eines Volkes verschieden beantwortet. Eine freie Stellung hat den Vorteil größerer Gewähr für Verwirklichung der konkreten Gerechtigkeit unter Berücksichtigung der individuellen Besonderheiten des Falles in allen feinen und feinsten Einzelheiten. Eine strengere Bindung des Richters hat den Vorteil größerer Gewähr für Rechtssicherheit mit gleichmäßiger Rechtsprechung und leichterer Erkennbarkeit des Staatswillens für Richter wie für Rechtsunterworfene; es werden stärker zurückgedrängt die Verbitterung der Rechtsuchenden und der Vorwurf der Parteilichkeit gegen die Gerichte. Dort mehr individuelle Gerechtigkeit, hier mehr Rechtssicherheit.

Ein Staat wird zu erwägen haben, was er dem Volke und was er den Richtern nach ihrer jeweiligen Bildung und Leistungsfähigkeit zumuten kann, und hiernach den Richter freier oder unfreier stellen. Es wird zu prüfen sein, ob das Volk in seinem Durchschnitt von hoher Staatsgesinnung beseelt ist, ob es dem Richter Vertrauen entgegenbringt, ob es überhaupt der Leitung durch einen starken Staatswillen dringend bedarf (wie im Zustande früher Kultur oder in politisch und sozial unruhigen Zeiten) oder ob das Volk auch ohne Rechtszwang seine gesellschaftlichen Verhältnisse selbständig im Wege der Sitte und der öffentlichen Meinung zu ordnen vermag (wie neuerdings besonders in den angelsächsischen Staaten). Sodann wird Bedacht zu nehmen sein auf den Grad der Staatsgesinnung und Pflichttreue der Richter, ihrer Gewähr für Objektivität, Sachlichkeit, Leidenschaftslosigkeit (lehrreich ein Vergleich in Alt Rom zwischen der Blütezeit, als der Prätor das Recht schuf, und dem Verfall am Ende der Kaiserzeit). In unseren Tagen wird auch zu berücksichtigen sein, daß in weitem Maße Laienrichter zur Rechtsprechung mitberufen sind; ihre Durchschnittsfähigkeiten sind freilich schwer festzustellen, zumal da diese nicht nur beruflich, sondern auch lokal stark bedingt sind.

Endlich ist der Grad der Ermessensfreiheit in den Einzelmaterien des Rechtes offenbar nicht notwendig der gleiche. Es scheint, als wenn in Strafsachen ein stärkerer Grad von Freiheit möglich und vielleicht auch nötig ist als in Zivilsachen, daß innerhalb der letzteren weiter zu unterscheiden ist zwischen dem

Schuldrecht, das wohl mehr Freiheit verträgt und erfordert, einerseits, dem Sachen-, Familien- und Erbrecht andererseits, ferner zwischen Prozeßrecht einerseits (größere Freiheit) und freiwilliger Gerichtsbarkeit und Zwangsvollstreckung andererseits. Doch scheint es als wäre auch innerhalb dieser Untergebiete noch weiter (z. B. zwischen Ehegüterrecht und Ehepersonenrecht) zu unterscheiden, wobei vielleicht auch lokale Verschiedenheiten, letzthin wiederum die jeweilige kulturelle Lage der Bevölkerung das entscheidende Wort sprechen. Das sind jedoch Gedanken, die an dieser Stelle nicht weiter zu verfolgen sind, die aber soziologische und mithin auch juristische, wenigstens rechtspolitische Beachtung finden sollten. Es genügt der Hinweis auf die grundsätzliche Verschiedenheit von Straf- und Privatrecht; dort mehr individuelle Gerechtigkeit, hier mehr Rechtssicherheit, und daher dort mehr Freiheit, hier mehr Bindung.

Nach Maßgabe dieser Erwägungen dürfte im allgemeinen auch hier ein Mittelweg geboten sein zwischen strenger Bindung und freier Stellung des Richters, ein Weg, der schon deswegen wünschenswert erscheint, weil auf ihm beiden Rechtsidealen, von deren zielsicherer Verfolgung keine Rechtsordnung ablassen sollte, Genüge geleistet werden kann: der Rechtssicherheit und der individuellen Gerechtigkeit. Bei Kollisionen dürfte jener im Privatrechte, dieser im Strafrechte der Vorrang einzuräumen sein.

Unser Ergebnis: Je größer die Ermessensfreiheit, um so bedeutender der Einfluß der Rechtsprechung. Je größer aber die Ermessensfreiheit, um so dringender die Forderung nach einer obersten Norm, einem juristischen Grundgesetz, soll nicht die Freiheit zur Willkür werden. Dieses klarzustellen, liegt der Wissenschaft ob. Mit der größeren Bedeutung der Rechtsprechung wächst mithin die der Wissenschaft.

3. Mit jeder Steigerung der Bedeutung der Rechtsprechung erweist sich als um so notwendiger ein oberster Maßstab für diese. Denn je mehr sie dem Gesetz in irgendeiner Gestalt (Gewohnheits-, Richter-, Verkehrsrecht, Auslegung, Analogie, Ermessensfreiheit) gegenübertritt, um so dringender bedarf die Fülle der Einzelentscheidungen eines obersten Gesichtspunktes, um zu einer Einheit zusammengefaßt zu werden. — Verschiedene Wege hat man beschritten, um zu einem die Rechtsprechung beherrschenden Gesichtspunkte zu gelangen.

a) Aus Kreisen der Rechtsprechung selbst sind die Maßstäbe „Normalmensch", „Normalrichter" hervorgegangen; ein Anklang an sie sind der römisch-rechtliche Begriff des diligens pater familias, der handelsrechtliche des ordentlichen Kaufmannes, des ordentlichen Geschäftsmannes, Frachtführers, Verfrachters, Reeders, Schiffers, der strafrechtliche des gewissenhaften Arztes (Entw. 1925 § 238) usw. Der Maßstab besteht in allen diesen Fällen in der Generalisierung der Person, deren sozialer oder beruflicher Kreis in dem vorliegenden Fall im Mittelpunkte des rechtlichen Interesses steht. Die Generalisation findet ihren sprachlichen Ausdruck in dem Begriffe des „Normalen"; wenn man an ihm getadelt hat, er sei nichtssagend, so übersieht man, daß eine kurze Wendung, eine Formel, eben ein sprachlicher Ausdruck als allgemeines Verständigungsmittel gefunden werden muß, um den schwer erfaßbaren sachlichen Gehalt wiederzugeben. Das Reichsgericht hat wiederholt Wendungen geprägt, wie: „wenn alle verständig und gerecht denkenden Menschen ebenso gehandelt hätten"[26]).

Der Gedanke ist immer der gleiche; das Gericht betrachtet in dem ihm zur Entscheidung vorgelegten Falle die Person als solche, stellt sie in ihre beruflich-

[26]) Vgl. die zahlreichen Entsch. zu § 276 BGB.

soziale Gruppe ein und fragt, ob der Durchschnitt dieses Personenkreises sich ebenso verhalten hätte. So wird notwendigerweise ein Urteil gewonnen, das von weiten Kreisen der Bevölkerung gebilligt wird; es erwächst aus dem Leben und genügt der individuellen wie der generellen Gerechtigkeit, der Rechtssicherheit. Zugleich ist das Gericht der Sorge enthoben, allgemeingültige Sätze mit bestimmtem Inhalt aufzustellen und zu begründen; es braucht ja nur den vorliegenden Fall zu entscheiden und formt sich aus ihm heraus selbst einen tauglichen Maßstab, den es mit Erfolg anwendet.

Speziell im Prozeßrechte wird der Begriff des Normalrichters mit ebensolchem Erfolge verwendet; mitunter wird hinzugefügt: „nach pflichtmäßigem Ermessen". Der Zusatz könnte ebensogut fehlen; an der Sache würde nichts geändert werden. Übrigens wird das „Ermessen" hier in anderem Sinne verstanden wie oben (2 c); dort hat es lediglich funktionale (deskriptive, soziologische), hier dagegen darüber hinaus normative Bedeutung; dort heißt es Entscheiden, hier gerechtes Entscheiden.

Man hat die Empfindung, daß sich diese Gedankenrichtung auf dem richtigen Wege befindet und daß sich mit ihrer Hilfe im Einzelfalle gute Arbeit verrichten läßt, daß sie dagegen mit dem Ausdrucke ringt und in Wahrheit über bloße Umschreibungen nicht hinausgelangt ist. Sobald man nämlich auf die Frage nach der gerechten Entscheidung die Antwort hört, es sei das Urteil des Normalrichters zugrunde zu legen, stellt man sofort die weitere Frage, wie denn der Normalrichter entscheidet; und darauf erhält man erst die Antwort mit der Entscheidung des vorliegenden Einzelfalles selbst, worauf der „Normalrichter" erheblich an Interesse verliert, weil man seine Aufgabe erledigt hat. So gewinnt man schließlich doch den peinlichen Eindruck, der Richter habe nach seinem Rechtsgefühl entschieden und sich selbst ad hoc als Normalrichter betrachtet; und die naheliegende unangenehme Frage wird lieber unterdrückt, ob in einem anderen gleich oder doch ähnlich liegenden Falle nicht ein anderer „Normalrichter" auftauchen würde, der anders entscheidet.

Damit erhebt sich erneut die Forderung nach einem allgemein beherrschenden Gesichtspunkte, der als allgemeingültiger Maßstab tauglich erscheint. Vielfach hat man den Begriff der Normalität, der übrigens auch in anderem Zusammenhange gebraucht wird[27]) und wohl in der Rechtslehre ebensowenig entbehrt werden kann wie in der Soziologie, schärfer zu fassen gesucht, indem man ihn durch die Wendung „objektive, logisch-ideale Betrachter" oder ähnlich ersetzte, womit freilich nicht der gleiche Gedanke ausgedrückt wird. Denn der Begriff des Normalen findet eine Steigerung und Verschärfung; es entscheidet nicht mehr der Durchschnittsrichter, sondern der ideale, der weiseste Richter. Um die Anforderungen nicht zu überspannen und um sich noch immer innerhalb der Grenzen des Normalen zu halten, mit dem eine auf die Lebensverhältnisse zugeschnittene Rechtsordnung doch wohl allein rechnen darf, prägte man einen gewissermaßen in der Mitte liegenden Begriff des „guten Durchschnittsrichters"[28]).

Auch hier wird man den Eindruck gewinnen, daß mit allen diesen Wendungen sachlich nichts Neues ausgedrückt ist. Die Typentheorie, wie man diesen ganzen Kreis von Ansichten bezeichnen darf, enthält nur die verschiedensten, auf den Begriff eines Personentypus zugeschnittenen Wendungen eines und desselben Gedankens, den man schon bei den anderen Richtungen (Ge-

---

[27]) So bei der von den Zivilsenaten des Reichsgerichtes und im Strafrechte von der jetzt vielleicht herrschenden Meinung der Wissenschaft vertretenen Theorie der adäquaten Kausalität.

[28]) Carl Schmitt, Gesetz und Urteil: Maßstab für die Richtigkeit einer Entscheidung sei der gute Durchschnittsrichter (S. 71, 100 u. a. [1912]).

wohnheits-, Richter-, Verkehrsrecht, Auslegung, Analogie, Ermessen) beobachten konnte. Das Verfahren ist wohl überall das gleiche: man sucht den vorliegenden Fall in allen seinen individuellen Eigenheiten zu erfassen und sucht dann die gerechte Entscheidung zu ermitteln, für deren Begründung man sich bald dieser, bald jener Hilfsmittel bedient; sie sind nur Hilfsmittel, nur Stützen, nicht die wahren Richtlinien.

Die wahren Richtlinien müssen immer etwas Generelles, Allgemeingültiges ausdrücken; denn sonst könnten sie nicht die Bedeutung einer Norm für Einzelfälle beanspruchen. Und dieses Generelle verlegt man bald in eine ganze Materie (Gewohnheitsrecht usw.), bald in einen Personentypus (Normalmensch usw.). Dieser Gedanke des Generalisierens liegt auch großen philosophischen Konzeptionen zugrunde — ein erneutes Zeichen für seine innere Berechtigung. Es sei im Vorübergehen erinnert an Kants Formulierung des obersten Gesichtspunktes für die Ethik; diesem kategorischen Imperativ, d. h. dem allgemeingültigen Gesetz für menschliches Wollen, gab er bekanntlich u. a. diese Wendung: Handle so, daß die Maxime deines Wollens das Prinzip einer allgemeinen Gesetzgebung werden kann. Den höchsten Gerichtshöfen aller Kulturstaaten liegt das gleiche Bestreben zugrunde; sie wollen Entscheidungen treffen, die, gerade weil sie als Vorbild für andere Richter dienen, der Generalisierung fähig sind.

Von dieser Warte aus scheint der Begriff des Normalrichters nicht der Berechtigung zu entbehren. Jeder gute Richter strebt danach, Normalrichter zu sein, Richter, dessen Entscheidungen auch für andere gleich oder ähnlich liegende Fälle Gültigkeit beanspruchen dürfen. Und wie Kants obige Fassung des höchsten ethischen Gesetzes, seines kategorischen Imperativs bewußt nur als Formulierung, nur als sprachliche Wendung eines Grundgedankens von unendlicher Tiefe des Gehaltes auftrat, so wollen und dürfen auch die Wendungen Normalrichter usw. nur der Ausdruck des juristischen Grundgesetzes sein, wobei die Entscheidungen unseres höchsten Gerichtshofes als Anleitungen und Vorbilder für den Einzelfall dienen mögen.

b) Wie Kants obige Lehre nur der Ausdruck für das kritische Verfahren sein wollte, so finden wir die erstrebte Lösung unseres Problems vielleicht auch nur darin, daß wir uns genaue Rechenschaft über das bei der Urteilsfällung im Einzelfalle beobachtete Verfahren, eben das normative Verfahren des Richters ablegen. Auch dieser methodisch zutreffende Gedanke, der den unmittelbaren Übergang zu unserer Problemlösung (III) bildet, hat in der Literatur einen sprachlichen Ausdruck gefunden (auch hier nur einen sprachlichen, nicht einen sachlichen!) in den Wendungen „objektiver Beurteiler", „objektiver Beobachter", „logisch-idealer Beurteiler", „unparteiischer Beurteiler", auch wohl „gewissenhafter Richter"[29]). Die erste Wendung ist die beste; sie alle bringen zum Ausdruck, daß es nicht (wozu die früheren Wendungen Normalrichter usw. verleiten konnten) auf wirkliche Personen, sondern nur auf gedachte Personen, nur auf logische Typen ankommt[30]).

Die wirklichen soziologischen Typen sind nur Wendungen für Vorbilder; die gedachten, logischen Typen sind Wendungen für das wirkliche Verfahren, für die Methode. Jene leiten hin zur höchstrichterlichen Rechtsprechung; diese zur Wissenschaft.

[29]) Auch hier ist die Parallele zur Adäquanztheorie offensichtlich; vgl. Sauer, Grundlagen des Strafrechts S. 434ff. (1921).

[30]) Näheres bei Sauer, Grundlagen des Prozeßrechts § 5 (1919). Nachzutragen Walther Schönfeld, Die logische Struktur der Rechtsordnung (1927).

c) In der Wissenschaft hat man den Gedanken der Methode mitunter mit Schärfe herausgearbeitet. Stammler hat ihn zu einer eigenen rechtsphilosophischen Theorie erweitert, der Lehre vom richtigen Recht[31]); das Bestreben ist durchaus verwandt der Theorie vom Gewohnheitsrecht insofern, als beidemal neben einem „Recht" (im objektiven Sinne) ein zweites gestellt wird, dort neben dem Gesetzesrechte das Gewohnheitsrecht, hier neben dem positiven Rechte das richtige Recht. Beides eine Eigentümlichkeit der Privatrechtler, wie man ja an der Stammlerschen Rechtsphilosophie auch sonst den Ausgang vom Privatrechte beobachten kann. Durch die Aufstellung einer neuen Rechtsmaterie wird der sonst von Stammler herausgearbeitete methodische Gedanke etwas zurückgedrängt; aber das Ziel, allgemeingültige Richtlinien über das Gesetz hinaus für den Richter bei der Entscheidung von Einzelfällen zu gewinnen, wird scharf aufs Korn genommen und mit Hartnäckigkeit verfolgt, selbst dort, wo das Hauptinteresse auf die erkenntniskritische Frage nach den allgemeinen logischen Bedingungen a priori für unser Urteilen in juristischen Dingen gerichtet ist. Stammler gibt solche Richtlinien in dem sozialen Ideal als der Gemeinschaft frei wollender Menschen und in zwei Grundsätzen des richtigen Rechtes, den des Achtens und des Teilnehmens. Gegen die letzteren spricht ihre Unverwendbarkeit für das öffentliche Recht, wie ja die ganze Stammlersche Lehre privatrechtlich konzipiert den Gedanken des Staates[32]) fast ganz unberücksichtigt läßt, so daß selbst die Brauchbarkeit für ein staatlich geordnetes Privatrecht schon aus diesem Grunde fragwürdig erscheint. Gegen den ersteren Richtpunkt, das soziale Ideal, spricht aber, daß er, jenseits des Rechtes im Gebiete der Sozialphilosophie (Sozialethik) gelegen, schon deswegen als Norm für eine dem Staat unterworfene Rechtsprechung ausscheidet, außerdem wegen seiner hochgradigen Abstraktheit mangels speziellerer Ausgestaltung sich schwerlich als Norm für die Entscheidung von Rechtsfällen eignet. Diese Einwände hindern nicht die Anerkennung der großen Verdienste der kritischen Rechtstheorie für die Entwicklung der Rechtsphilosophie wie speziell für die Weiterführung der uns gegenwärtig beschäftigenden Frage.

III. Problemlösung

In den vorstehenden Untersuchungen ist die Lösung bereits entwickelt; es bedarf jetzt nur noch einer Zusammenfassung und der Folgerungen.

1. Die Rechtsprechung ist wie jede Rechtsanwendung das Beurteilen eines Einzelfalles nach einer Rechtsnorm, das Einordnen eines Objektes unter das Gesetz. Da dieses Richten nach einem positiven Gesetze nicht immer ohne Schwierigkeiten und ohne Zweifel vonstatten geht (so im Falle von Lücken und Widersprüchen in den Gesetzen oder bei logischer Möglichkeit mehrerer einander ausschließender Ergebnisse oder wegen eines offenbar nicht befriedigenden Ergebnisses usw.), so ist zweierlei erforderlich; und hierin besteht bei genauem Zusehen jede Rechtsanwendung, jede Rechtsprechung, jedes Richten:

a) Der Richter sucht den Fall in allen seinen individuellen Besonderheiten zu erfassen; das ist die sog. tatsächliche Feststellung. Er sucht die Bedürfnisse der Rechtsuchenden zu erforschen und zu verstehen; denn nur dann kann

---

[31]) Speziell im Rahmen dieser Abhandlung kommt in Betracht: Stammler, Der Richter (Bd. 1 der Sammlung Das Tagewerk, o. J.). Sonst: Die Lehre von dem richtigen Rechte (1902 [1926]), Lehrb. d. Rechtsphilosophie (1922), Theorie der Rechtswissenschaft (1911 [1923]). Hierzu Sauer, Übersicht über die gegenwärtigen Richtungen in der deutschen Rechtsphilosophie S. 16 (1924) (ArchRPhilos. 17.).

[32]) Der „Staat" findet in dem Stammlerschen Lehrbuch der Rechtsphilosophie seinen Platz — man sollte es nicht für möglich halten und liest die Stelle wiederholt, ohne sie zu verstehen — in dem Abschnitt über „Einteilen des Rechtes" als Parallele zur „juristischen Systematik" (§§ 133, 136).

er sie, soweit sie berechtigt sind, befriedigen. Und er sucht die Motive des Täters zu ermitteln und ihn als menschliche Persönlichkeit zu verstehen; denn nur dann kann er ihn gerecht beurteilen. Beides Forderungen, wie sie unaufhörlich, bei jeder Zivil- und Strafgesetzreform, in den verschiedensten Varianten erhoben werden, wobei in oft maßlosen Übertreibungen dem gelehrten Richtertum Lebensfremdheit vorgeworfen und zur Abhilfe nach welterfahrenen Laienrichtern gerufen wird. — Selbstverständliche Voraussetzung für die gerechte Entscheidung eines Falles ist allerdings, daß der Richter den Fall als solchen, also als Lebensvorgang, in seiner individuellen Besonderheit versteht. Geboten ist daher zuallererst ein liebevolles Sichversenken in den Fall. Und zwar bedürfen die tatsächlichen Verhältnisse um so mehr der ausdrücklichen Feststellung, je schwieriger, aber auch wohl je wichtiger die Angelegenheit ist; in Bagatellsachen wird man selbstredend früher mit der Ermittlung der Einzelheiten aufhören dürfen und im Interesse der Prozeßökonomie aufhören müssen als in Kapitalsachen. Der Zeitpunkt des Aufhörens, oft als Taktfrage bezeichnet, ist nach dem Rechtsgefühl (unten b) zu bestimmen; der Richter sagt sich, die weiteren Ermittlungen können keine Tatsachen mehr zutage fördern, die an der Entscheidung, die sich nunmehr in dem Richter mit einiger Deutlichkeit gebildet hat, etwas ändern können, so daß sie eben überflüssig für die vorliegende Entscheidung wären. — Zu bedauern ist, daß in den Veröffentlichungen der höchstrichterlichen Entscheidungen der Sachverhalt oft nur unvollständig oder gar nicht mitgeteilt wird; seine Kenntnis ist oft erforderlich zur Prüfung der Entscheidung auf ihre Tragfähigkeit. Übrigens nimmt das Publikum an diesem Teil der richterlichen Urteile naturgemäß weit mehr Interesse als an der rechtlichen Begründung; würden auch die festgestellten Tatsachen mitgeteilt, so würde das Verständnis der Rechtsuchenden für das Gericht steigen, da sie sehen, daß es auch für sie Verständnis zeigt.

b) Aus einem mit Verständnis erfaßten Fall erwächst bereits seine Würdigung, die Entscheidung. Sie erwächst aus ihm oft mit solcher inneren Notwendigkeit, daß es zunächst der Prüfung an der Hand der Gesetze nicht bedarf, diese vielmehr nach innen nur als Selbstkontrolle, nach außen nur als Begründung (die erfahrungsgemäß oft nicht den wahren Gründen entspricht oder unvollständig ist) erscheint, damit dem Gesetz genügt und die Rechtssicherheit gewahrt wird. Und es sei an den bekannten Ausspruch des genialen Reichsgerichtsrates Bähr erinnert: er wisse, sobald ihm ein Rechtsfall eingehend vorgetragen sei, sofort die Entscheidung, ohne die Gesetze anzuwenden, und er finde seine Entscheidung, wenn er sodann die Gesetze zu Rate zöge, fast immer durch diese bestätigt; sei dies ausnahmsweise nicht der Fall, so habe er fast immer einen Weg ausfindig machen können, auf dem die Gesetze seine Entscheidung gestatteten, und wenn auch dies ausnahmsweise nicht zugetroffen hätte, so habe er schließlich einen Fehler in den Gesetzen entdeckt. Ein treffliches Beispiel für genialen Blick wie für urgesundes Rechtsempfinden! Aber wer wollte andererseits die Gesetze ganz außer acht lassen! Ergibt nicht manchmal die Nachprüfung im Gesetze, daß das Rechtsgefühl im Stiche gelassen hat und daß dieses selbst erst an der Hand der Gesetze auf die richtige Bahn geleitet wird? — Erforderlich ist offenbar beides, strenge Gesetzesanwendung und gesundes Rechtsgefühl; und es bleibt der Individualität des urteilenden Richters überlassen, ob er dieses oder jenes Verfahren zuerst anwendet. Daß er beide anwenden muß, um zu einem gerechten Ergebnisse zu gelangen, erscheint mir ohne allen Zweifel; und wer glaubt, auf das Rechtsgefühl ganz zu verzichten, dürfte in Selbsttäuschung befangen sein. Schon daß er auf einen bestimmten Paragraphen hingeleitet, von anderen weggeführt wird, daß er bei der Sachverhaltsfeststellung von einigen Besonderheiten als nebensächlich oder unerheblich absieht, auf andere erhöhtes Gewicht legt, ist ein Akt des Rechtsgefühls. Natürlich ist im vorstehenden nur von Entscheidungen materialer Art die Rede, bei der eine Abwägung für und wider ein sachliches Ergebnis (Strafe, Schadensersatz usw.) stattfindet; bloße formale prozessuale Entscheidungen (Versäumnisurteile, Entscheidungen über Prozeßvoraussetzungen) bleiben beiseite. Dagegen gehören zu den Sachentscheidungen die Erhebung der Anklage und der Eröffnungsbeschluß; hier spricht das Rechtsgefühl sogar stark mit (wann ist der Verdacht ein „hinreichender" ?).

Das Rechtsgefühl läßt sich zwar psychologisch analysieren und beschreiben[33]); solche Untersuchungen sind aber nicht juristisch-normativer Natur und daher für die Rechtsanwendung nur von untergeordnetem Werte. Dagegen läßt sich das Rechtsgefühl auch normativ exakter bestimmen, so daß bei der Rechtsanwendung sich dieser vage und daher etwas in Mißkredit gekommene Begriff ganz ausschalten läßt. — Hiermit nehmen wir unsere frühere Gedankenfolge wieder auf; es gilt im folgenden, das Verfahren klarzulegen, das beobachtet wird, um zu einem dem Rechtsgefühl entsprechenden, mit anderen Worten gerechten Ergebnis zu gelangen. Zwei einander ergänzende Verfahrensarten sind zu unterscheiden, die ebenfalls beide gleichzeitig vorliegen müssen:

aa) Die Anlehnung an gleiche oder ähnliche Rechtsfälle und ihre Entscheidungen. Durch diese Generalisierung wird Gerechtigkeit, wird außerdem Rechtssicherheit erreicht. Es ist der gleiche Gedanke, der dem Gewohnheits-, Richter-, Verkehrsrecht, der freien Auslegung und dem analogen Verfahren sowie dem Entscheiden nach Art des Normalrichters zugrunde liegt. Auch Kants Formulierung des kategorischen Imperativs beruht auf derselben Erwägung. Wird in allen gleichen oder ähnlichen Fällen die gleiche oder entsprechend ähnliche Entscheidung getroffen, so wird die Entscheidung nicht nur im Publikum als gerecht empfunden, sie geht auch in den dauernden Besitzstand der sozialen Ordnung über: nach ihr werden die Lebensverhältnisse der Beteiligten geregelt; ein einheitliches Recht herrscht im Staatsvolke. Die Methode ist eine soziologische; sie beruht auf Beobachtung rechtlich-sozialer Vorgänge und erstrebt Verallgemeinerung der bereits geltenden konkreten Normierungen in allen gleichen und verwandten Lebenslagen.

Als Vorbilder und Anleitungen dienen vor allem die höchstrichterlichen Entscheidungen. Hier ist der systematische Ort unserer Abhandlung, an dem die Bedeutung der höchstrichterlichen Rechtsprechung einzusetzen ist. Zunächst weichen die höchsten Gerichte selbst von ihren Entscheidungen regelmäßig nicht ab; schon insofern wird Gleichmäßigkeit, Rechtssicherheit und insofern Gerechtigkeit erzielt. Sodann haben andere Gerichte aus den veröffentlichten Entscheidungen der oberen Gerichte Lehren zu ziehen, ohne sie kritiklos auf ihre zur Aburteilung stehenden Fälle anzuwenden; denn im Rechtsleben liegt kaum ein Fall genau ebenso wie der andere. Daher ist es in so hohem Maße erwünscht, auch den jenen höchstrichterlichen Urteilssprüchen zugrunde liegenden Sachverhalt möglichst genau zu erfahren. Durch vergleichende Beobachtung vermag alsdann das Gericht die tatsächlichen Unterschiede zwischen beiden Fällen zu erkennen und dementsprechend ein gleiches oder nur ähnliches Urteil zu fällen. Die Berufung auf eine höchstrichterliche Entscheidung ersetzt demnach nie die eigene Begründung, und es beruht auf einer völligen Verken-

[33]) Besonders beachtlich S. Kornfeld, Das Rechtsgefühl, ZRPhilos. 1, 135; 2, 28; E. Riezler, Das Rechtsgefühl (1921); Tönnies, Kritik der öffentlichen Meinung (1923).

nung der Bedeutung von Präjudiziensammlungen, in ihren Sprüchen gesetzesähnliche Normen für die gegenwärtig zu fällende Entscheidung zu sehen. Man sollte vom Reichsgericht nicht die Entscheidung (das Ergebnis), sondern das Entscheiden, die Art des Richtens übernehmen — wie man treffend gesagt hat, man könne von einem großen Philosophen nicht die Philosophie, sondern nur das Philosophieren erlernen. Man sollte dem Reichsgericht ablauschen, wie es den ihm vorgelegten Fall anfaßt, behandelt und aburteilt, und aus dieser Art des Verfahrens und Richtens seine Lehren ziehen, aber nicht jene Entscheidung ohne weiteres auf den eigenen Fall übertragen. Vom Reichsgericht übernehme man das Urteilen, aber nicht das Urteil.

Liegt keine ähnliche Entscheidung eines höchsten Gerichtes vor — und das dürfte die Mehrzahl der Fälle ausmachen —, so wird das Gericht zweckmäßig so vorgehen: es schafft sich künstlich gleiche und ähnliche, also zum Teil abweichende Fälle und untersucht nunmehr, ob die in Aussicht genommene Entscheidung auch für die anderen Fälle, evtl. mit entsprechenden Abweichungen, haltbar erscheint. So überprüft man, ob und inwieweit die beabsichtigte Entscheidung der Generalisierung fähig ist. Dieses Konstruieren von Schulfällen ist ein ähnliches Verfahren, wie es von der Wissenschaft, von dem Rechtslehrer und seinen Schülern angewendet wird. Selbstverständlich wird ein geübter Richter nicht so schulmeisterlich, wie oben beschrieben, vorgehen; er wird auf den ersten Blick erkennen, ob seine Entscheidung generalisierungsfähig ist und mithin den Anforderungen der Gerechtigkeit und der Rechtssicherheit entspricht. Aber das oben bereits berührte „geniale" Verfahren bedarf der wissenschaftlichen Analyse und Erklärung. Diese hoffen wir nunmehr erbracht zu haben.

Übrigens ist diese, sei es auch nur künstliche Methode der Verallgemeinerung ein Punkt, in dem der Laienrichter fast immer versagt; der Laie sieht nur Einzelheiten, nicht das Gesetzmäßige, er kann nicht mehrere gleiche oder gar nur ähnliche Fälle überschauen, findet Interesse nur für den Fall, den er leibhaftig mit seinen Sinnen wahrnimmt, und kann nicht einsehen, weshalb man gleichzeitig ausgedachte Fälle mit entscheiden soll. Schon den Zielen der Rechtssicherheit und der generellen Gerechtigkeit bringt er wenig Verständnis entgegen. Und endlich ist er vorwiegend individualistisch eingestellt, interessiert sich für die Personen mehr als für die Sache, vermag sich auch oft (ganz abgesehen von seiner politischen Einstellung) für das Staatswohl nicht immer in erwünschtem Maße einzusetzen, selbst wenn sein Streben dahin gehen sollte.

Das Beobachten und Vergleichen ähnlicher Fälle findet auch dann statt, wenn ein passend erscheinendes Gesetz vorliegt und wenn sich die Subsumtion unter dieses zwanglos zu vollziehen scheint. Denn bei näherem Umsehen in der Rechtsordnung bemerkt man oft noch ein anderes Gesetz, das logisch genau ebenso einwandfrei anwendbar ist; und nun gilt es abzuwägen, welches Ergebnis erwünschter ist. Selbst wenn sich die Möglichkeit nur einer einzigen Subsumtion darbietet, bleibt noch immer zu untersuchen, ob dieses Ergebnis auch der Verallgemeinerung fähig ist. Die Frage kann verneint werden, auch wenn ein anderes Gesetz für diesen Fall gar nicht zu Gebote steht. Dann entstehen eben die großen, sofort (unter b) zu behandelnden Schwierigkeiten, und man greift hilfesuchend nach Gewohnheitsrecht, freier Auslegung, Analogie, richtigem Recht usw.

Eine rechtslogische, hier nicht weiter zu verfolgende Frage ist noch nie beachtet worden. Ist überhaupt die Subsumtion nur eines Falles unter das Gesetz möglich? Vollzieht sich diese vielmehr nicht im Grunde so, daß immer mehrere gleiche oder ähnliche Fälle unter das Gesetz eingeordnet werden?

Denn Richten, Normieren, Werten, Urteilen ist eine vergleichende Tätigkeit; man vergleicht, ob eine Größe a einem Maßstabe M genügt. Nun kann man aber nur wesensgleiche Größen miteinander vergleichen; also muß das Objekt a derart erweitert werden, daß es subsumtionsfähig ist. Denn das Gesetz M war ja sicher nicht auf den winzigen Fall a zugeschnitten, sondern auf ein ganzes Bündel von Fällen a und vielleicht auch noch von Fällen b und c. Dann muß der Urteiler also so weit Umschau halten, daß er auch noch diese Fälle herbeizieht. Denn er muß das Gesetz verstehen, muß deshalb ermitteln, auf welche Fälle es gemünzt ist. So bestätigt es sich, daß schon bei dem Subsumieren immer mehrere gleiche oder ähnliche Fälle betrachtet werden müssen. Insoweit muß also die oben behandelte Generalisierung sich erstrecken.

bb) Das Richten nach dem juristischen Grundgesetz unter Zusammenhalt mit den soeben (aa) genannten Entscheidungen. — Zuerst bedarf es schärfster Betonung, daß ein Richten ohne Norm, ohne Obersatz, ohne Gesetz, ohne Maßstab (oder wie man sonst sagen will) kein Richten wäre. Richten, Urteilen, Entscheiden ist eine normative, keine beschreibende Tätigkeit. Die richterliche Tätigkeit erfüllt sich sicher nicht lediglich in Tatsachenfeststellung und in Beobachtung von gleich oder ähnlich liegenden Fällen — das wäre die Aufgabe des Historikers, des Soziologen, des Nationalökonomen —; die richterliche Tätigkeit findet ihr Ziel erst in dem Prüfen, ob die festgestellten Tatsachen dem Gesetze genügen. Aus dieser gewiß nicht zu bezweifelnden Einsicht folgt nun aber zwingend: wenn ein positives Gesetz für den vorliegenden Fall nicht vorhanden ist oder wenn Zweifel bestehen, ob es „paßt", so muß die Entscheidung gemäß einem übergeordneten Maßstabe erfolgen, der überall dort einspringt, wo die positive Rechtsordnung versagt. Sonst wäre ein Richten unmöglich; das richterliche Ermessen wäre nicht Freiheit, sondern Willkür, eines Rechtsstaates unwürdig. Ein solches oberstes Gesetz, wie es die Ethik und die anderen Wissenschaften in ihrem „Grundgesetze" besitzen, läßt sich als das juristische Grundgesetz bezeichnen.

An dieses sind insbesondere die folgenden (logischen und inhaltlichen) Anforderungen zu stellen.

α) In logischer Hinsicht muß es so allgemein sein, daß es alle auch nur denkbaren Erscheinungen des Rechtslebens umfaßt, also sowohl die Rechtsfälle wie die Normen des positiven Rechtes. Denn nur dann vermag es seinem Berufe zu genügen, ein oberster Maßstab zu sein, der nie versagt. Es dient also zur Richtschnur nicht nur für die zur Aburteilung stehenden Fälle des Lebens, sondern auch für die Gesetze selbst, die es auf ihre Tauglichkeit beurteilt. Daß ein positives Gesetz im Einzelfalle nicht „paßt" oder besser paßt als ein anderes, ersieht der Richter (meist unbewußt) aus dem Messen nach dem juristischen Grundgesetz. Und daß ein positives Gesetz als solches unvollkommen ist und der Verbesserung bedarf, ersieht der Kritiker ebenfalls an dem juristischen Grundgesetz. Denn womit sollte er sonst Kritik üben? Sachliche Kritik übt er doch nicht nach Laune und Willkür, sondern nur an der Hand eines allgemeingültigen Maßstabes. Gewiß mag er auch andere nebengeordnete Größen (positive Gesetze aus anderen Zeiten und Ländern, wie in obigem Falle andere konkrete Tatbestände!) zu Rate ziehen und sie mit dem vorliegenden vergleichen; aber welches Gesetz besser taugt, läßt sich doch nur an einem gemeinsamen, übergeordneten Maßstabe erkennen. Jede Gesetzesreform steht, sei es auch unbewußt, unter dem Zeichen des juristischen Grundgesetzes.

Dieses ist das Gesetz aller Gesetze; von ihm leiten alle Sondergesetze ihre Berechtigung und Lebensfähigkeit ab. Es ist ein unabweisliches logisches Bedürfnis. Denn wenn die Rechtswissenschaft eine normative Wissenschaft ist, muß sie von Grund aus normativ und bis zu einer obersten Spitze normativ aufgebaut sein; sonst würde der systematische Abschluß fehlen und wäre nicht ersichtlich, wie sich mehrere einander nebengeordnete und vielleicht widerstreitende Gesetze zueinander verhalten. Und das Grundgesetz ist sodann ein unabweisliches wissenschaftliches Bedürfnis. Denn die Wissenschaft strebt von dem Leben aufwärts zu höheren und immer höheren Gesetzmäßigkeiten. Wissenschaftliche Erkenntnis ist nicht Anhäufung von Einzelheiten, sondern Erkenntnis des gesetzmäßigen Zusammenhanges; und zu diesem Zwecke bedarf es der Herausarbeitung reiner und reinerer Gesetze, der Herausarbeitung von allgemeinen und allgemeineren Grundsätzen. Also muß auch das allen juristischen Erscheinungen Gemeinsame herausgearbeitet werden. Sonst würde der systematische Abschluß, der einheitliche Gesichtspunkt für alle Erscheinungen fehlen. — Folgendes Bild möge veranschaulichen den Aufbau der Rechtswissenschaft vom Leben bis hinauf zum Grundgesetze, von der Fülle der Einzelheiten zu mehr und immer mehr abstrakten Zusammenfassungen, zu immer allgemeineren Gesetzen bis hinauf zu dem einen Grundgesetz als dem Gesetz der Gesetze.

I. Einzelheit des Lebens:	a a a a a a a a a a a a a a a a a
II. Rechtserhebliche Tatsachen eines Falles:	b b b b b b b b
III. Speziellere positive Gesetze:	c c c c c
IV. Allgemeinere positive Gesetze:	d d d
V. Juristisches Grundgesetz:	e

Selbstverständlich sind zwischen III und IV noch weitere Grade möglich; man denke etwa an die speziellen Regeln über den Kaufvertrag, an die allgemeineren Regeln über gegenseitige Verträge und an die noch allgemeineren über Willenserklärungen. — Möglich ist auch, daß entweder III oder IV ganz entfallen; möglich ist sogar, daß III und IV entfallen, wenn auch das Fehlen von positiven Gesetzen für wichtige Vorgänge im Rechtsleben außergewöhnlich ist; falls geschriebene Gesetze fehlen (wie in weitem Maße in den angelsächsischen Staaten), so bilden sich Sondergesetze des sog. Gewohnheitsrechtes oder Sondergesetze für einige Einzelfälle meist von selbst aus. — Was nicht fehlen kann, das sind I, II und V; sonst würde das Recht überhaupt entfallen.

β) In inhaltlicher Hinsicht ist zuerst die Forderung zu stellen, daß sich das juristische Grundgesetz innerhalb der Grenzen des Bereiches des Rechtes überhaupt hält. Dieser Forderung genügte nicht, wie wir sahen (oben II 3c), Stammlers soziales Ideal. Das juristische Grundgesetz muß aus der staatlichen Rechtsordnung selbst herauswachsen, muß Sinn und Idee des Rechtes wiedergeben, muß den von allen Rechtsgenossen anerkannten Zielen der staatlich-rechtlichen Gemeinschaft Ausdruck verleihen. Wird nach einem solchen Grundgesetz ein Rechtsfall entschieden, so wird die Entscheidung auch von der Rechtsgemeinschaft getragen, und das Ziel ist erreicht: Die Entscheidung wird als gerecht empfunden.

Auf die sprachliche Formulierung kommt es erst in zweiter Linie an, und diese mag verschiedene Wendungen erhalten, je nach dem jeweiligen Ziele der vorliegenden Aufgabe, insbesondere auch nach der jeweiligen Rechtsmaterie. Das ist nicht etwa ein Mangel des Grundgesetzes, sondern hängt mit seiner hochgradigen Abstraktheit zusammen; es ist einem jeden Grundgesetz eigentümlich, und es sei nur daran erinnert, daß auch Kant dem ethischen Grundgesetze, seinem kategorischen Imperativ, mehrere Fassungen gab (vgl. oben II 3a). Allgemein wird man diese Wendung geben dürfen; das juristische Grundgesetz fordert, daß möglichster Nutzen für die Rechtsgemeinschaft zu erstreben ist. Einen ähnlichen Ausdruck hat es in einigen Gesetzen gefunden (woraus übrigens am besten zu ersehen ist, daß es ein taugliches Gesetz ist). In der Reichsverfassung vom 11. Aug. 1919 wird bald vom „Wohle der Allgemeinheit“, bald vom „gemeinen Besten“ oder vom „Wohle der Gesamtheit“ gesprochen (vgl. Art. 153 Abs. 2, 3; Art. 163; auch Art. 18: „Willen der Bevölkerung“). Unsere Straf- und Prozeßgesetze sprechen vielfach vom „öffentlichen Interesse“ oder „öffentlichen Wohl“[34]). Ferner deuten die oben (unter II 3a) zusammengestellten Wendungen unmittelbar auf das juristische Grundgesetz. Wo mehrere einander widerstreitende Interessen gegenüberstehen, wie vielfach im Privat-, Straf- oder Verwaltungsrecht, empfiehlt sich der ausdrückliche Hinweis, daß das wertvollere („überwiegende“) Interesse den Vorrang genießt; das Gesetz stellt selbst oft auf die Interessenabwägung ab (so bei der Notwehr, beim Notstand und bei der Wahrnehmung berechtigter Interessen, vgl. §§ 228, 904 BGB.; §§ 24, 25, 318 Abs. 2, 325 Abs. 3 Reichsratsvorlage zum StGB. v. 1927). Auch der Begriff der materialen Rechtswidrigkeit, die doch nichts weiter ist als eine Negation des Rechtes, läßt sich letzthin nur im Hinblick auf Wesen und Sinn des Rechtes bestimmen, was nicht gut bestritten werden kann; man darf (unter Einbeziehung wichtiger Grundbegriffe des allgemeinen Teiles des Strafrechtes, z. B. des Kausalitätsgedankens) vielleicht die bereits oben (II 2c, aa) mitgeteilte Fassung geben: Rechtswidrig ist ein Verhalten, das nach seiner allgemeinen Tendenz dem Staate mehr schadet als nützt. Mit Rücksicht auf diesen Begriff werden die gesetzlichen Tatbestände vom Strafgesetzgeber ausgeprägt; denn die Tatbestandsmäßigkeit (formelle Rechtswidrigkeit) ist inhaltlich zu bestimmen als vertypte materiale Rechtswidrigkeit. Dies der Rechtsgrund für die Straffolge[35]).

cc) Die Verbindung beider Denkweisen (zu aa und bb) ist für die praktische Betätigung unerläßlich. Daß die vergleichend-beobachtende Methode ohne Norm nicht ausreicht, ohne allgemeingültiges Richtmaß unsicher umhertastet und eine richtige Entscheidung nur einem Zufallstreffer verdankt, wurde bereits oben ausgeführt. Ebenso ist die Beurteilung eines Falles aus dem Leben unmittelbar nach dem obersten, hochgradig abstrakten, dem Leben fernsten Maßstabe zum mindesten erschwert, wenn nicht gleichzeitig eine Anlehnung an speziellere, dem Leben zugewandte Gesetze oder unter dem Vorbilde verwandter Erscheinungen ermöglicht wird. In dem obigen Bilde (S. 143) ist die Verbindung so entfernter und einander so wesensfremder Größen wie a und e völlig unmöglich; das Objekt a muß erst durch b dem juristischen Beurteilungsmaßstab um einiges angenähert, zu einem juristisch erheblichen Objekte zurechtgestutzt werden. In gleicher Weise erweist sich aber als notwendig umgekehrt eine Annäherung des lebensfernen Grundgesetzes um einiges an das ihm zu unterstellende Beurteilungsobjekt; diese Annäherung vollzieht sich durch die

---

[34]) Vgl. die Zusammenstellung bei Sauer, Grundlagen des Prozeßrechts S. 41 (1919). Dazu § 25 Abs. 2 StGB. v. 1871 („öffentliches Wohl“).

[35]) Diese Andeutungen über das juristische Grundgesetz müssen an dieser Stelle genügen. Es darf verwiesen werden: 1. für das Strafrecht auf Sauer, Grundlagen des Strafrechts §§ 12, 13, 15 (1921); ZStrW. 36, 449; 2. für das Prozeßrecht auf Sauer, Grundlagen des Prozeßrechts §§ 30, 31 (1919); 3. für die allgemeine Rechtslehre auf Sauer, Die Möglichkeit eines juristischen Grundgesetzes (1919) in ZRPhilos. 2, 336; Das juristische Grundgesetz (1923); 4. für die Rechts- und Sozialphilosophie auf Sauer, Grundlagen der Gesellschaft I B 3, 4, I C, III A 1, 2, 4 (S. 401, 408, 423, 430ff., 437, 447, 459, 469ff.); (1924); 5. für die allgemeine Wissenschaftslehre auf Sauer, Grundlagen der Wissenschaft S. 37ff. (1926) (dazu M. Salomon in MSchr Krim-Psych. 17, 467; M. Wundt in LiterarWochSchr. 1926 Nr. 35; Kunz in ZÖffR. 6 Nr. 3; Di Carlo in Rivista internazionale di filosofia del diritto 7 Nr. 3). Auch sonst fand der Gedanke sachlich Zustimmung; vgl. Reichel a. a. O. S. 142; Triepel, Staatsrecht und Politik S. 39 (1926), Meister in Die Seelsorge 1, 217.

Sondergesetze d und womöglich c. Alsdann vermögen sie sich zu berühren; und die Subsumtion vollzieht sich leichter und sicherer. Gut hat die juristische Sprache die Verwandtschaft dadurch ausgedrückt, daß sie mit „Tatbestand" sowohl den Beurteilungsgegenstand (b) als auch den Beurteilungsmaßstab (c) bezeichnet; zur Unterscheidung nennt man den ersteren den konkreten Tatbestand (Sachverhalt), den zweiten den abstrakten, gesetzlichen Tatbestand.

Die gleiche Aufgabe wie die speziellen Gesetze vermag aber die Judikatur zu erfüllen. So ist auch an dieser Stelle auf die Bedeutung der höchstrichterlichen Rechtsprechung hinzuweisen; sie liefert für das juristische Grundgesetz den Stoff, der als Vorbild ein wertvolles Hilfsmittel für das Richten eines Falles nach dem Grundgesetze bietet. Mit dieser Unterstützung vollzieht sich die Beurteilung leichter sowohl wie sicherer; ja sie wird durch den festen Besitzstand der höchstrichterlichen Judikatur allererst ermöglicht. Die praktische Verwertbarkeit des juristischen Grundgesetzes ist wesentlich der höchstrichterlichen Rechtsprechung zu verdanken[36]).

2. Beziehung zwischen Rechtsanwendung und Recht.

Das am Beginn dieser Abhandlung angedeutete Problem findet nunmehr seine Lösung. Es handelt sich um nichts Geringeres als um die Bestimmung des Wesens des Rechtes, das zu ergründen die Juristen immer von neuem ausziehen, und zwar ohne das ersehnte Ziel zu erreichen, wobei wir des vielzitierten Spottwortes Kants gedenken, daß die Wissenschaft vom Rechte noch immer nach ihrem Begriffe vom Rechte suche. Das liegt, wie wir nachweisen wollen, durchaus in der Natur der Sache; auch wir maßen uns nicht an, das Ziel zu erreichen, hoffen aber, zur Annäherung etwas beizutragen und jedenfalls das Ziel zunächst sicher zu bestimmen.

Das (objektive) Recht wird durchweg als ein Inbegriff von Regeln, von Rechtssätzen, also im wesentlichen von Gesetzen aufgefaßt. Die Anwendung des Rechtes ist danach die Folge, die ebensogut ausbleiben kann. Nach der hier zu begründenden oder vielmehr im wesentlichen schon begründeten Ansicht kehrt sich das Verhältnis von Recht und Rechtsanwendung um. Die sog. Rechtsanwendung, die Rechtsprechung schafft ihrerseits erst das Recht. Das (objektive) Recht ist ein System von Einzelentscheidungen. Und dieses System wird unaufhörlich ergänzt, so daß die Juristen allerdings nie am Ziele anlangen, wenn sie unter dem Ziel ein vollendetes Recht, in diesem Sinne „Wesen des Rechts" verstehen. Sie können nur unermüdlich dem Ziele zustreben; die Gerechtigkeit ist ewig auf dem Marsche. Erreichbare konkrete Ziele sind nur gerechte Verwirklichungen des Rechtes im Einzelfalle. Und diese leben im Staatsvolke als Recht; in ihrer Gesamtheit vereinigen sie sich zum Rechtssystem.

Das Recht in diesem Sinne setzt sich mithin zusammen aus den sämtlichen oben (unter 1) analysierten und beschriebenen Elementen — nicht nur, wie man meint, aus den abstrakten Rechtssätzen, den Sondergesetzen; das wäre ein höchst unvollkommenes und lückenhaftes „Recht", das ist in Wahrheit nichts weiter als eine positive Rechtsordnung, die sowohl der Ergänzung nach oben als auch der Verwirklichung nach unten bedarf. Das Recht ist aber auch nicht allein die Summe der jeweilig vorliegenden Urteilssprüche als solcher. Vielmehr ist es die Vereinigung der sämtlichen Elemente im Zustande ihrer Verwirk-

[36]) Das Fehlen von Mittelgliedern ist ein wiederholt erhobener Einwand gegen die praktische Verwertbarkeit der Stammlerschen Lehre vom richtigen Rechte. Belastend wirkt insbesondere, daß das soziale Ideal dem Leben und auch dem Rechtsleben ganz besonders fern steht, weit ferner als das juristische Grundgesetz.

lichung. Dabei ist nicht notwendig, daß die Urteile wirklich von den Gerichten ausgesprochen, verkündet, rechtskräftig und womöglich vollstreckt werden. Es genügt, daß die Gesetze im Hinblick auf solche Urteile angewendet werden. Auch die Prozeßentwicklung ist Recht; auch die Befolgung der Rechtsnormen im freien Verkehr ist Recht. Selbst die Entscheidung von Fällen in der wissenschaftlichen Forschung und im Rechtsunterricht ist Recht. Nicht aber ist Recht die Summe der Normen als solche ohne jede Beziehung zu ihrer Verwirklichung; diese fristen oft ein lebensfremdes Dasein allein in Gesetzbüchern und Bibliotheken, ohne daß ihre Anwendung möglich wäre, weil sie längst „in desuetudinem" gegangen sind, in ein System überhaupt nicht hineinpassen würden, einer Anwendung überhaupt gar nicht fähig sind. Recht ist zwar nicht notwendig angewandtes Recht; aber Recht ist anzuwendendes Recht. Das ist die (heutzutage auch in anderen Wissenschaften empfohlene) dynamische lebensvolle Auffassung.

Zum Rechte gehören also, und zwar immer im Hinblick auf ihre Anwendung und Anwendbarkeit: das juristische Grundgesetz, die Sondergesetze, die behördlichen Entscheidungen, die entweder die Rechtsfälle bereits entschieden haben oder die als Ziel oder als Anleitung und Vorbild dienen. Die Bedeutung der höchstrichterlichen Rechtsprechung tritt auch hier wieder hervor. Das Gericht spricht aus Anlaß einer Einzelentscheidung oft Sätze allgemeinen Charakters aus; diese sind als Abstraktionen nicht notwendig Recht. Zum Rechte gehören sie nur insoweit, als sie auf den vorliegenden Fall gemünzt sind oder für andere Fälle als Vorbild dienen, also auch für diese passen, d. h. dem juristischen Grundgesetze genügen. Als bloße Abstrakta sind sie möglicherweise ebenso toter Ballast wie die Rechtsnormen in verstaubten Büchern.

Jeder Rechtssatz ist aus seiner Aufgabe und nur in seiner Aufgabe zu begreifen: funktionale Rechtsauffassung. Nur das anzuwendende Recht verdient juristische Beachtung (von rein historischen Interessen sehen wir hier ab); denn nur dieses ist von Wert für die staatliche Gemeinschaft und entspricht daher dem juristischen Grundgesetze. Was diesem zuwiderläuft, d. h. der Rechtsgemeinschaft mehr schadet als nützt, ist nicht Recht, sondern geradezu Unrecht (vgl. oben 2b, bb).

Jedes neue anzuwendende oder gar angewandte Recht strömt in das System des Rechtes ein und verbleibt in ihm so lange, wie es lebensfähig ist, d. h. dem juristischen Grundgesetze genügt. Verliert es diese seine Lebenskraft, so stirbt es und fällt von dem lebendigen System wie welkes Laub ab. Das ist dynamische, auf das Rechtsleben und seine Bedürfnisse zugeschnittene Rechtsauffassung.

Zu Unrecht hat man gegen ein „System" eingewendet, es sei starr und, weil es abgeschlossen sei, zur Aufnahme neuer Einsichten unfähig. Ein System in dem hier gemeinten Sinne ist ein sog. offenes. In einem solchen ist Raum für neue Einsichten, mit deren Einzug alte, überlebte ausscheiden müssen. Dieser offene Charakter ist zu verdanken dem weit gefaßten, auf alle Möglichkeiten gerüsteten juristischen Grundgesetze. Sondergesetze lassen dagegen nie genügend Spielraum; deswegen würde ein nur aus Sondergesetzen bestehendes, nicht bis zum Grundgesetze hinauf- und nicht bis zum Leben hinabreichendes System des Rechtes der Gefahr des Veraltens anheimfallen. Es kann mit dem Leben nicht gleichen Schritt halten. Mit gutem Grunde hat man daher dem „Recht", das man irrig als System von abstrakten Rechtsnormen auffaßte, Lebensfremdheit und Rückständigkeit vorgeworfen. Dagegen sorgt eine gesunde, aus dem Leben quellende Rechtsprechung dafür, daß das Rechtssystem jung und lebendig bleibt. Nur dann ist es Bestandteil der gegenwärtigen Kultur; sonst gehört es nur der Geschichte an.

Ein offenes System des Rechtes ist nicht lediglich logisch, sondern auch teleologisch angelegt; es will sinn- und zweckvoll sein, d. h. dem Grundgesetz entsprechen, und muß sich daher unaufhörlich wandeln, wie sich das Leben und die Kultur verändern. Eben deswegen muß es sich aus individuellen Größen zusammensetzen, aus konkreten Entscheidungen; denn diese vermögen sich wegen ihrer Winzigkeit in das System reibungslos einzufügen und sich bis zu einem gewissen Grade den Wandlungen anzupassen, während starre Rechtssätze genereller Natur fortwährend zu Reibungen Anlaß geben und ein harmonisches System geradezu unmöglich machen.

Nichts ist daher verfehlter, lebensfremder, unfruchtbarer, als (nach der Art früherer Zeiten) ein logisch-begriffliches System zu errichten und die Hauptaufgabe der Juristen darin zu erblicken, die Rechtsnormen logisch zu zergliedern. Die Rechtsprechung hat einem und demselben Begriffe im Laufe der Zeiten mitunter ganz verschiedene Auslegungen verliehen. Und ebenso hat die Rechtsprechung einen und denselben Begriff auch innerhalb desselben Gesetzes mitunter verschieden ausgelegt; so wurde mit gutem Grunde z. B. der Begriff Unzucht in § 174 des StGB. von 1871 anders wie in § 175 verstanden, der Begriff Absicht in § 266 anders wie in § 242 usw. — wiederum ein Beweis dafür, wie verfehlt es ist, einen abstrakten Begriff als solchen, ohne Rücksicht auf seine gegenwärtige Funktion auszulegen. Es wäre sehr wohl denkbar, daß der Begriff Unzucht sogar innerhalb desselben Paragraphen, sobald ein gewisses, neu aufgekommenes sexuelles Laster soziale und hygienische Gefahren beschwört und einen bedenklichen Umfang im Volksleben angenommen hat, von nun an weiter als bisher gefaßt wird, so daß auch jenes strafwürdige Laster darunter begriffen wird, das unter der Herrschaft des gleichen Gesetzes vor kurzem noch straflos blieb. Das Recht hat dem Leben und den kulturellen Bedürfnissen zu folgen; und die Rechtsanwendung hat dem „Schema" die erforderlichen Aufgaben zu verleihen, damit es nicht bloß Schema bleibt. Jeder Rechtssatz ist aus seiner Funktion zu begreifen. Ganz offensichtlich haben gewisse gesetzliche Tatbestände erst durch eine umfangreiche Rechtsprechung des Reichsgerichtes einen bestimmten Inhalt empfangen, so §§ 823, 826 BGB., so die Tatbestände des Betruges und der Erpressung[37]).

Jeder Rechtssatz ist aus seiner Funktion zu begreifen. Wenn man das lebendige Recht kennenlernen will, so wende man seinen Blick auf die höchstrichterliche Rechtsprechung.

IV. Folgerungen

Die dynamische, funktionale, aus seiner Aufgabe begriffene Auffassung des Rechtes ist von großer praktischer wie theoretischer Tragweite, sogar über die engeren juristischen Grenzen hinaus. Nur wenige Andeutungen und nur nach gewissen Richtungen sind in dieser Abhandlung noch möglich.

1. Folgerungen für die Praxis

a) Rechtsprechung. Dies gewinnt nach der funktionalen Auffassung erheblich an Bedeutung, wie die vorigen Ausführungen ergeben dürften. Von ihr sind abhängig nicht nur die einzelnen Rechtsbegriffe und Rechtssätze, sondern auch eine positive Rechtsordnung selbst, ja sogar der Rechtsbegriff überhaupt. Ist das Recht überhaupt und ist die Rechtsprechung im besonderen schon grundsätzlich auf ihre Funktion zugeschnitten, sind sie auf das Leben und seine

[37]) Beachtliches zu unserem Thema gibt Swoboda (Univ.-Prof. u. OLGRat in Graz), Die Stellung des österreichischen Richters in der Gegenwart und seine Zukunft, in: Österr. Richterzeitung 1927 Nr. 6—8.

Bedürfnisse eingestellt (es sei in dieser Hinsicht an die bildliche Veranschaulichung des systematischen Aufbaues, oben III 1 b, bb, erinnert), so folgt daraus mit zwingender Notwendigkeit, daß sie nicht lebensfremd sein können, wobei natürlich zu beachten ist, daß wegen der menschlichen Unvollkommenheit der Erfolg stets hinter dem Ziel zurückbleiben wird; aber das bewußte Streben ist vorhanden und wird als solches anerkannt werden.

Und hieraus ergibt sich, daß das so häufig beklagte Mißtrauen der Bevölkerung in die Rechtspflege schwinden oder auf ein Mindestmaß eingeschränkt werden wird. Denn wenn das Recht lebendig aus dem Volksbewußtsein herausquillt, müssen die Rechtssprüche auch vom Volke getragen sein und muß zwischen Volk und Richter eine Harmonie obwalten, die sicher vollkommener ist, als sie durch noch stärkere Heranziehung des Laienrichtertums äußerlich erreicht wird, und an der schließlich auch alle Verhetzungen und politische Leidenschaften zerschellen werden[38]).

Mit dieser erhöhten Bedeutung der Rechtsprechung ist zugleich das sog. Richterrecht auf seine richtige Wurzel zurückgeführt; es steht nicht neben dem Gesetzesrecht als angeblich zweite Rechtsmaterie, vielmehr gehen beide ineinander auf: das Gesetzesrecht wird durch Rechtsanwendung zu Richterrecht. Man kann auch sagen: Es entsteht durch Rechtsanwendung Gewohnheits-, Verkehrs- oder Wissenschaftsrecht (wobei freilich nicht nur die Gerichte mitwirken). Im Grunde sind alle diese Wendungen nur der Ausdruck eines und desselben Gedankens: Durch Rechtsanwendung wird Recht geschaffen.

Von der hier vorgetragenen Lehre aus findet auch die schwierige Frage, ob der Richter contra legem entscheiden dürfe, ihre Erledigung. Die Frage in dieser Form ist natürlich zu verneinen; denn der Richter würde anderenfalls grob pflichtwidrig handeln, da er dem Gesetz unterworfen ist. Es mag aber Lagen geben[39]), wo er gezwungen ist, die Entscheidung, zu der ein Spezialgesetz führen würde, nicht zu fällen, da sie allseitig als bittere Ungerechtigkeit empfunden werden, nirgends Verständnis finden, das Ansehen der Gerichte wie die staatlichen Interessen aufs schwerste gefährden würde und ganz zweifellos von dem positiven Gesetzgeber nicht gewollt ist, weil er in diesem Falle die Tragweite seiner Spezialbestimmung nicht übersehen hat. Dann hat der Richter dem Geiste der Rechtsordnung gemäß zu entscheiden; und die vorgetragene Lehre gestattet die befriedigende Lösung: Der Richter handelt nicht „gegen das Gesetz", da er im Einklange mit dem „juristischen Grundgesetze" bleibt und bleiben muß, will er sich nicht mit dem Sinn der Gesetze, dem Geiste der Gesamtrechtsordnung, der Gerechtigkeit und dem Volksbewußtsein (alles nur Ausdrucksweisen des Juristischen Grundgesetzes) in offenbaren Widerspruch setzen. Aus der Gesamtrechtsordnung werden ja auch sonst Spezialgesetze bei der Rechtsanwendung ausgeschieden, weil sie auf den vorliegenden Fall nicht „passen". Zuzugeben ist freilich die Möglichkeit, daß ein Sondergesetz so kategorisch auftritt, daß der Richter es nicht auszuschalten wagt, und daß er durch dieses zu einem sachlichen Fehlurteile gezwungen wird. Ein Vorteil ist immerhin vorhanden: es leistet wenigstens der Rechtssicherheit Genüge und ist deswegen nicht ganz so schlecht, wie es an sich scheint. Davon abgesehen, ist es ein

---

[38]) Dieser m. E. letzthin ausschlaggebende Gesichtspunkt dürfte in der sonst so beachtlichen Münchener Rede von E. Riezler, Die Abneigung gegen die Juristen (1925), nicht genügend berücksichtigt sein. Das Thema hat in letzter Zeit wiederholt die juristischen Kongresse beschäftigt; vgl. DJZ. 31, 1665 (Bericht über den Münchener Vortrag des Reichsgerichtspräsidenten Dr. Simons).

[39]) Derartige Fälle kommen vor; vgl. etwa Sauer, Grundlagen des Strafrechts S. 394 (1921) und Grundlagen des Prozeßrechts §§ 30 VI, 31 (1919). Zu der Frage vgl. auch Reichel a. a. O. S. 130ff., 142 (wo auf das juristische Grundgesetz abgestellt wird). Die sonst meist gegebenen Rechtfertigungen sind Scheinbegründungen.

Beweis für die Forderung, energisch auf die Beseitigung des fehlerhaften Gesetzes hinzuarbeiten. Übrigens hat obige Lehre solche beklagenswerte Fälle wohl auf das denkbar größte Mindestmaß zurückgeführt.

b) Verwaltung. Bedeutet die Anlehnung der Rechtsprechung an das juristische Grundgesetz eine gewisse Annäherung der richterlichen Tätigkeit an die Verwaltungspflege insofern, als der Richter sich auch von Zweckmäßigkeitsgesichtspunkten leiten läßt, sei es von allerobersten, die mit größtem Zwange auftreten, so zeigt sich andererseits, daß die oben vorgetragene Lehre umgekehrt eine Annäherung auch der Verwaltung an die Rechtsprechung bedeutet. Auch die Verwaltung, nicht nur die Verwaltungsgerichtsbarkeit, untersteht Rechtsnormen; mag es für einzelne Verwaltungsmaßregeln auf gewissen Gebieten, wie dem der Kulturpflege, auch noch so wenige oder gar keine Spezialgesetze geben, sie sollen sich stets in den Bahnen der Gesamtrechtsordnung bewegen, soll der Staat überhaupt ein Rechtsstaat sein. Letzthin sind auch sie wie alle rechtlichen Handlungen auf das juristische Grundgesetz einzulenken. Das dem Wohle des Staatsganzen Entsprechende ist die Richtschnur auch für Verwaltungsmaßnahmen; werden nur Sonderinteressen verfolgt und hierdurch andere wichtigere Lebensgüter der staatlichen Gemeinschaft zurückgedrängt, so ist die Maßnahme rechtlich nicht zu billigen. Die Einlenkung auf das juristische Grundgesetz ist der letzte Unterschied des Verwaltungsrechtes von der Politik; die Politik verlegt das Schwergewicht auf die tauglichen Mittel und den nahen greifbaren Erfolg, sie dient daher so oft nur einseitigen Interessen und vernachlässigt darüber das Wohl des Ganzen[40]).

Durchaus unrichtig ist daher die geläufige Ansicht, der Unterschied zwischen Verwaltung und Rechtsprechung bestehe darin, daß jene nach Zweckmäßigkeit, diese nach Rechtmäßigkeit entscheide; vielmehr ist das wahrhaft Zweckmäßige auch das Rechte wie umgekehrt. Und ebenso unrichtig ist die Folgerung, der Unterschied bestehe weiter darin, daß der Richter einen Fall logisch unter einen Rechtssatz unterzuordnen habe, der Verwaltungsbeamte frei schöpferisch im Einzelfalle das Nützliche auswähle; beide vielmehr haben das Nützliche auszuwählen, indem beide einen Einzelfall unter einen Maßstab logisch einordnen. Der Unterschied besteht nur darin, daß der Richter in weiterem Umfange mit Sondergesetzen zu arbeiten, der Verwaltungsbeamte in höherem Maße individualisierend zu verfahren hat. Nur der Grad ist verschieden; der Inhalt ist an sich der gleiche. Und der Gradunterschied schwächt sich, wie es scheint, in der modernen Rechtsentwicklung immer mehr ab: Der Richter wird immer freier gestellt, der Verwaltungsbeamte (zur Ausschaltung parteipolitischer Erwägungen) immer mehr an rechtliche Garantien gebunden.

So ist es zu verstehen, daß die Rechtsanwendung durch den Richter regelmäßig mehr zur Erweiterung des Rechtes, zur Vermehrung seines Besitzstandes beiträgt als die mehr ins Individuelle gehende und daher für andere Fälle nicht oft als Vorbild dienende Rechtsanwendung durch den Verwaltungsbeamten. Es ist aber mit Vermehrung der Verwaltungsgesetze auch auf eine gewisse Erhöhung des Einflusses des Verwaltungsbeamten in der genannten Richtung zu rechnen. Stets wird aber die Bedeutung der Rechtsprechung für den Besitzstand des Rechtes erheblich höher sein als die der Verwaltung, und zwar schon deswegen, weil nur die richterlichen Sachentscheidungen, nicht aber die Verwaltungsanordnungen in materielle Rechtskraft erwachsen. —

Für die freiwillige Gerichtsbarkeit und noch mehr für den freien Verkehr gilt Ähnliches wie für die Verwaltung. Auch sie verwirklichen Recht, die-

---

[40]) F. van Calker, Einführung in die Politik (1927).

ses bleibt aber oft nur auf den Einzelfall beschränkt, ohne weitere Kreise im Bereiche des objektiven Rechtes zu ziehen.

c) Gesetzgebung. Diese ist nach der geläufigen Anschauung die einzige oder wenigstens die bedeutendste Quelle der Rechtsschöpfung. In der Tat sind Sondergesetze nicht zu entbehren, wie in dieser Abhandlung wiederholt betont wurde. Mittelglieder sind erforderlich, damit die konkreten Tatbestände dem juristischen Grundgesetz eingefügt werden können; und zwar dienen sie entweder als Maßstab für die erste Einordnung, damit von hier die zweite unter das Grundgesetz um so leichter vollziehbar ist, oder sie werden, wo passende Gesetze fehlen, als Vergleichsmittel gewählt, damit passende Gesetze ad hoc gebildet werden können[41]), wobei als weiteres Hilfsmittel die höchstrichterliche Rechtsprechung gewählt werden mag. „Gesetze der Mitte" sind also unentbehrlich; und wenn ein Staat keinen Anlaß sieht, sie aus Gründen der Rechtssicherheit (der leichten Erkennbarkeit, der Möglichkeit einer Prognose für spätere rechtliche Regelung der eigenen Verhältnisse, oder der Einheitlichkeit der Rechtsprechung) selbst zu schaffen, so werden sie vom Rechtsleben geschaffen, sei es als sog. Gewohnheits- oder als Richter- oder als Verkehrs- oder als Wissenschaftsrecht.

Auf der anderen Seite ist die Bedeutung der Gesetze der Mitte nicht zu überschätzen. Ein Leitgedanke der dynamischen Rechtslehre ist, daß die Sonderrechtssätze vom juristischen Grundgesetz in Verbindung mit den Vorbildern der Rechtsprechung ersetzt werden können und daß dieses Verfahren oft geeigneter ist, die individuelle Gerechtigkeit im Einzelfalle zu verwirklichen als eine Fülle spezieller und speziellster Regeln mit ihrem Zwange zu genau vorgezeichneten Ergebnissen. Daher das Bestreben der neueren Gesetzgebung, den Richter freier zu stellen, die Gesetze dehnbarer und abstrakter zu gestalten, damit allen individuellen Besonderheiten des vorliegenden Falles Rechnung getragen werde, oder überhaupt sich mit weniger Gesetzen zu begnügen, damit allein nach dem Grundgesetz entschieden werde (der letzte Weg ist freilich nicht in allen Materien gewählt worden, vielmehr leidet die spätere Kriegs- und Nachkriegszeit unter einer erdrückenden Last von speziellsten Gesetzen und Verordnungen, so auf dem Gebiete des Strafrechtes). Die große Kunst des Gesetzgebers ist es, die rechte Mitte zu wählen — die Mitte sowohl zwischen dem Zuviel und dem Zuwenig als auch zwischen dem Abstrakten und dem Speziellen.

Ein weiteres, im Interesse einer dynamischen Rechtsauffassung sehr zu begrüßendes Bestreben der neueren Gesetzgebung ist auf Vermeidung unnötiger Differenzierungen der Voraussetzungen wie Folgen gerichtet. So werden in der letzten Strafrechtsreform nicht nur die Strafrahmen weiter gefaßt als bisher und mehr freie Wahl gelassen zwischen den Rechtsfolgen (der Strafmittel im Verhältnis zueinander wie zu „anderen" Maßregeln); es werden auch frühere Tatbestandsunterscheidungen gänzlich aufgegeben. Ob der Gesetzgeber nicht in einigen Punkten in der Freierstellung des Richters zu weit gegangen ist, wie in der Gleichbehandlung der Ideal- und der Realkonkurrenz, in der Regelung des Versuches und der Beihilfe, in der Zulässigkeit, in „besonders leichten Fällen" von Strafe ganz abzusehen, sei dahin gestellt.

Wird durch solche Freistellung des Richters gegenüber dem Gesetze die Bedeutung der Rechtsprechung gesteigert, so gewinnt zugleich an praktischer Bedeutung das Grundgesetz; zugleich wächst die Garantie, die Entscheidungen den individuellen Bedürfnissen des Lebens stärker anzupassen, als es unter der Herrschaft zahlreicher starrer Sondergesetze möglich wäre.

41) Nach der berühmten Anweisung, die Art. 1 des Schweizer ZivGB. dem Richter gibt. Beachte auch schon Art. 1134/5, 1160 Code civil, § 858 Sächs. BGB.

d) Rechtsunterricht. Die dynamische, funktionale Rechtsauffassung bringt die Forderung mit sich, auch den Unterricht praktischer und lebensvoller zu gestalten. Während eine ältere Richtung das Hauptgewicht auf die logische Gliederung der einzelnen Gesetze und ihre historische Entwicklung legt, ist der neuere Unterricht (ohne daß er jenes erste Ziel vernachlässigen sollte) bestrebt, in das Verständnis der Bedürfnisse des Rechtslebens einzuführen, deren Befriedigung die Aufgabe der Rechtsnormen ist, ein Bild von den rechtlich-sozialen Tatsachen der Gegenwart zu geben, die zu regeln die Rechtsordnung berufen ist, und somit das Recht in seiner Anwendung zu lehren. Daher ist besonderes Gewicht auf die Besprechung von Rechtsfällen zu legen; und statt der öden, lebensfremden Schulfälle sollten besonders die höchstrichterlichen Entscheidungen als Musterbeispiele herangezogen werden (wobei wiederum nur bedauert werden kann, daß nicht auch der Sachverhalt etwas eingehender mitgeteilt wird).

Wie der Forscher aus dem Material der Rechtsprechung unaufhörlich wertvollste Anregungen empfängt, so wird auch dem Jünger des Rechtes sein späteres Betätigungsfeld an der Hand der Rechtsprechung anschaulich und anziehend vorgeführt, die graue Theorie als aus dem Leben hervorwachsend dargestellt und so das Studium als Vorbereitung für den eigenen Lebensberuf lieb und wert gemacht. Das Geheimnis eines erfolgreichen Rechtsunterrichtes besteht vielleicht nicht zuletzt darin, zu erklären, wie die Gesetze die modernen Lebensverhältnisse den Bedürfnissen der Rechtsuchenden gemäß und im Einklange mit dem juristischen Grundgesetz, also im Interesse des Wohles der Gesamtheit zu ordnen haben und tatsächlich ordnen, wenn die Hüter des Rechtes ihre Pflicht erfüllen. Und was liegt in diesem Zusammenhange für einen Rechtslehrer näher, als auf den hohen erzieherischen Wert unserer höchstrichterlichen Rechtsprechung nicht nur in intellektueller, sondern auch in ethischer Hinsicht hinzuweisen und — wiederum an Rechtsfällen des Lebens — zu zeigen, wie in echter Staatsgesinnung und strengster Unparteilichkeit, ungeachtet aller politischen Strömungen, unsere Richter ihres verantwortungsreichen Amtes walten[42])!

2. Folgerungen für die Wissenschaft

a) Rechtslehre. Der dynamisch-funktionale Zug hat schon bisher jede echte wissenschaftliche Forschungsarbeit beseelt; die theoretische Herausarbeitung dieses Leitgedankens wird die Energie des Forschers nach der genannten Richtung steigern, die heutzutage als lebensfeindlich verschriene Wissenschaft dem Leben annähern und sie andererseits in die Lage versetzen, das Leben selbst kulturell zu veredeln. Das juristische Grundgesetz wie alle Sondergesetze sollen nicht ein weltabgeschiedenes Dasein führen, sondern sind dazu bestimmt, dem Leben zu dienen, freilich das Leben auch in ihrem Geiste zu leiten. Die Gerechtigkeit soll nicht allein in den Gesetzen wohnen, sondern auch vor allem im Leben.

Ein weiterer Zug der dynamischen Rechtsauffassung besteht in der Steigerung der Bedeutung sowohl des Prozeßrechtes wie des Verwaltungsrechtes, zweier Rechtsmaterien, die in Sachen der wissenschaftlichen Forschung hinter ihren Schwestern an Bedeutung zurückstanden und deren Bearbeitung, wie die Literatur zeigt, vorwiegend in den Händen der Praktiker lag. Eine wissen-

[42]) Auf der Münchener Tagung (April 1925) der Vereinigung deutscher Zivilprozeßrechtslehrer, an der zahlreiche Mitglieder unserer obersten Gerichtshöfe teilnahmen, trat übereinstimmend die Forderung hervor, das Prozeßrecht dürfe schon wegen seines hohen charakterstärkenden Wertes im Rechtsunterricht nicht vernachlässigt werden; diese Forderung sei um so mehr zu beherzigen, als in unseren Tagen eine vielleicht zu früh einsetzende Unterweisung der studierenden Jugend in politischen und parteipolitischen Angelegenheiten verlangt wird.

schaftliche Durchdringung des gewaltigen Stoffes steht noch aus, und die Probleme sind vielfach noch nicht einmal erkannt. Die wissenschaftlich systematische Behandlung des Prozeß- wie des Verwaltungsrechtes wurde zum größten Teile deswegen erschwert oder gar als unmöglich empfunden, weil beide Materien unmittelbar der Anwendung dienen, weshalb man sie eben dem Praktiker überließ, ferner weil sie dem systematisch schwer erfaßbaren Entwicklungsgedanken unterstehen, endlich weil sie eine ebenfalls systematisch kaum zu bannende Fülle von Einzelheiten zu bewältigen haben, die sich mit dem Leben und den Kulturbedürfnissen unaufhörlich wandeln. Diese Eigenart ist es aber gerade, die zum systematischen Grundzuge der hier vorgelegten dynamischen Rechtsauffassung gemacht wurde: die fortwährende Wandlung der Normen unter Anpassung an die Lebensbedürfnisse, die Erforschung dieser selbst und die Einstellung in einen obersten gemeinsamen systematischen Gesichtspunkt, wie ihn das Grundgesetz verkörpert.

Das Zivilprozeßrecht wurde wissenschaftlich meist nur in Anlehnung an das (methodisch durchaus verschieden gerichtete) Privatrecht behandelt, und zwar unter Orientierung auf den praktisch wertlosen Begriff Rechtsschutzanspruch; das Strafprozeßrecht ist wissenschaftlich-systematisch wenig durchdrungen, wird von den Forschern vielfach nur rechtspolitisch behandelt und gilt im übrigen nur als Anhängsel des materiellen Strafrechtes. Auch das Verwaltungsrecht wird wissenschaftlich systematisch erst seit wenigen Jahrzehnten in Angriff genommen. Überall steht die Herausarbeitung eines allgemeinen und allgemeinsten Teiles, wie ihn andere Rechtsmaterien seit Jahrhunderten vielfach vollendet aufweisen, erst in bescheidenen Anfängen. Die Rechtsprechung und sonstige Rechtsanwendung sowie das Rechtsleben geben aber eine Fülle des Stoffes zu wissenschaftlicher Verarbeitung auf. Vielleicht ist es kein Zufall, daß Männer, die sich um die wissenschaftliche Behandlung gerade des Prozeß- und des Verwaltungsrechtes hohe Verdienste erworben haben, gerade am Sitze des höchsten Gerichtshofes die Stätte ihrer Wirksamkeit hatten: Wach[43]), Otto Mayer[44]), vor allem O. Bülow[45]), der als erster auf die Notwendigkeit einer dynamischen Rechtslehre für das Zivilprozeßrecht hingewiesen und das Prozeßrecht unter Einstellung auf den Entwicklungsgedanken wissenschaftlich bearbeitet hat.

b) Allgemeine Wissenschaftslehre. Am Schluß erweitert sich der Blick von der funktionalen Rechtsauffassung aus zu einem allgemeinen wissenschaftlichen Weltbilde — jenem letzten und höchsten Ziele des wissenschaftlichen Forschers. Es sei hier nur mit wenigen Worten skizziert, damit die Größe des Dankes gezeigt werde, der einer auf die Rechtsprechung orientierten Rechtslehre und mithin der höchstrichterlichen Rechtsprechung abzustatten ist.

Die Spannweite des juristischen Weltbildes, wie es durch das Schema (oben III 1 b, bb, α) veranschaulicht wurde, reicht von den individuellen Besonderheiten des Lebens und den juristisch erheblichen Tatsachen über die Sondergesetze bis hinauf zu dem juristischen Grundgesetze. Die wissenschaftliche Weltanschauung wird durch den gleichen Bogen umspannt; nur sind die einzelnen Pfeiler um so viel größer: sie stellen nämlich dar die Erweiterung der Rechtswissenschaft zur Wissenschaft überhaupt. Das Weltbild des wissenschaftlichen Forschers reicht von den kleinsten, wissenschaftlich noch erheblichen

[43]) Wach, Handb. d. deutschen Zivilprozeßrechtes 1 (1885); dazu Sauer, Grundlagen d. Prozeßrechts S. 542ff., 24 (1921).

[44]) O. Mayer, Deutsches Verwaltungsrecht 1895/96; vgl. Die Rechtswissenschaft in Selbstdarstellungen (1924) S. 153ff.

[45]) O. Bülow, Die Lehre von den Prozeßeinreden und die Prozeßvoraussetzungen 1868; dazu Goldschmidt, Der Prozeß als Rechtslage (1925), Sauer, ArchRPhilos. 19, 268ff.

Lebenselementen, die (in Erinnerung an Leibniz) als „Wert-Monaden“ bezeichnet werden[46]), über die einzelnen wissenschaftlichen Gesetzmäßigkeiten bis hinauf zu den obersten wissenschaftlichen Grundgesetzen, die durch die höchsten Ziele und Werte alles menschlichen Lebens und Strebens umschrieben werden und zu denen insbesondere die Wahrheit, die Schönheit, die Sittlichkeit, die Gerechtigkeit gehören; sie lassen sich zu dem Kulturgrundgesetze zusammenfassen, wie ja Kultur der Inbegriff und Zusammenhang aller Werte ist.

Dorthin werden alle menschlichen Handlungen eingelenkt; und dort finden auch alle wissenschaftlichen Sondererkenntnisse ihre letzte kritische Sichtung. Die Aufgabe des menschlichen Lebens ist seine kulturelle Veredlung; und die Aufgabe der wissenschaftlichen Forschung allgemein ist Verwirklichung und Höherführung von Kultur, speziell (bei den Naturwissenschaften und historischen Wissenschaften) Erkenntnis der Wahrheit oder (bei den normativen Sozialwissenschaften, also auch der Rechtswissenschaft) Verwirklichung der Gerechtigkeit. Stets sind die Objekte ihrem Charakter nach dieselben: jene Wert-Monaden; die Wahrheit besteht in der (beschreibenden) Erkenntnis der Wert-Monaden, die Gerechtigkeit in der normativen Verwirklichung der Wert-Monaden. —

Eine unheilvolle Verwirrung der letzten Ziele ist mitunter in der juristischen Literatur anzutreffen, wenn man als Ziel der Rechtswissenschaft Erkenntnis der Wahrheit ausgibt und die juristische Tätigkeit mit der historischen oder gar der mathematischen auf eine Stufe stellt. Gewiß hat der Jurist auch Tatsachen nach Art des Historikers festzustellen, seine Urteile logisch nach Art des Mathematikers zu begründen; aber beides ist nur die Vorbereitung, nur der Weg, nicht die letzte Aufgabe des Juristen. Diese liegt in dem normativen Richten auf Recht und Unrecht, verwandt der Aufgabe des Ethikers, dem Richten auf Gut und Böse. Ein Richter, der nur historisch einwandfrei Tatsachen ermittelt und mathematisch-logisch schlüssige („revisionssichere“) Begründungen niederschreibt, ist ein schlechter Richter; denn der Richter soll das Rechtsleben mit seinen Nöten und Bedürfnissen im Sinne der Gerechtigkeit ordnen und hiernach seine Urteile treffen.

Alle Wissenschaft soll letzthin nicht tote Formeln liefern, sondern der Kultur dienen. Aus dem verworrenen Leben mit seinen Widerwärtigkeiten und Gemeinheiten, seinen Leiden und Nöten heben sich rein und klar die Wert-Monaden heraus, um ihren Aufstieg zu den Grundgesetzen zu nehmen, den ewigen Werten der Kultur. Das ist die Aufgabe des Menschen allgemein, nicht anders speziell die Aufgabe der Wissenschaft, und nicht anders wiederum noch spezieller die Aufgabe der Rechtsprechung.

So ist die Rechtsprechung unter dem Anblicke der Ewigkeit zu begreifen als Verwirklichung hoher und höchster Werte im menschlichen Leben. Bei seiner schweren Alltagsarbeit erschaut der Richter das Kulturganze, das sich in riesigem Bogen von den Wert-Monaden bis zu den Grundgesetzen ausspannt; und er betritt, um über seine Mitmenschen das Urteil zu sprechen, den Gerichtssaal mit einem heiligen Gefühl wie der Andächtige, der vor dem Eintritt zum Gottesdienste den Straßenstaub abschüttelt.

Abgeschlossen: Dezember 1927.

---

[46]) Vgl. Sauer, Grundlagen der Gesellschaft I B (1924), Grundlagen der Wissenschaft I C (1925). — Zustimmend O. Lerche, Von der Einheit der Wissenschaft S. 13/14 (1927): Aller echten Wissenschaft wohne dieselbe formschaffende und zielsetzende Kraft a priori inne, die als „Wert-Monade“ bezeichnet sei; diese systematische Durchdringung des Problems würde nicht die ihr gezollte Beachtung gefunden haben, wenn nicht gerade in soziologischer Hinsicht das Feld schon vorbereitet gewesen wäre. Zustimmend ferner M. Wundt, LiterarWochSchr. 1926 Nr. 35; vgl. außerdem M. Salomon, MSchrKrimPsych. 17, 467; Kunz, ZÖffR. 6 Nr. 3.

Das Reichsgericht als Hüter der Verfassung

von Professor Dr. Carl Schmitt, Berlin, Handels-Hochschule

I.

Die Weimarer Verfassung spricht nicht ausdrücklich von einem „Hüter der Verfassung". Andere Verfassungen haben ihren eigenen Schutz in verschiedenartiger Weise Menschen oder Organisatione nals Hütern anvertraut; die französische Verfassung von 1791 z. B. allen Behörden und Staatsbürgern in einer für unseren heutigen Geschmack vielleicht allzu rhetorischen Art[1]). Napoleonische Verfassungen kannten einen besonderen „gardien du pacte social", als welcher aber nicht ein Gerichtshof, sondern eine zweite Kammer, der Senat, vorgesehen war[2]). Im übrigen erscheint in den Verfassungen des 19. Jahrhunderts, soweit nicht das Parlament Verteidiger der Volksrechte ist (v. Mohl), meistens der über die Ministeranklage entscheidende Staatsgerichtshof als eigentlicher Hüter der Verfassung. Nach dem Weltkriege ist besonders der Verfassungsgerichtshof von Österreich oft als vorbildliche Einrichtung zum Schutze der Verfassung gerühmt worden, vor allem weil er — neben anderen Zuständigkeiten — unter Ausschließung des allgemeinen richterlichen Prüfungsrechtes über die Verfassungsmäßigkeit von Gesetzen und Verordnungen urteilt[3]). Darin, daß dieser Verfassungsgerichtshof (übrigens nur auf Antrag der Regierung, evtl. von Amts wegen) über die Verfassungswidrigkeit von Gesetzen (Bundes- und Landesgesetzen) erkennt, sieht man den „Höhepunkt seiner Funktion als Garant der Verfassung[4])". Im Deutschen Reiche gehen die bisherigen Vorschläge

---

[1]) „Die Verfassunggebende Nationalversammlung vertraut die Verfassung der Treue der gesetzgebenden Körperschaft, des Königs und der Richter an, der Wachsamkeit der Familienväter, den Gattinnen und Müttern, der Liebe der jungen Staatsbürger und dem Mute aller Franzosen" (Schluß der Verfassung von 1791). Nach Art. 110 der französischen Verfassung v. 4. Nov. 1848 vertraut die Nationalversammlung diese Verfassung und die von ihr geheiligten Grundrechte der Wachsamkeit und dem Patriotismus aller Franzosen an; über den Versuch, aus diesem Appell praktische Konsequenzen zu ziehen, vgl. Carl Schmitt, Verfassungslehre S. 116.

[2]) Verfassung des Jahres VIII (1799), Art. 21: der Sénat Conservateur bestätigt oder annulliert alle vom Tribunat oder der Regierung als verfassungswidrig vorgelegten Akte; Verfassung v. 14. Jan. 1852, Art. 29: Der Senat bestätigt oder annulliert alle von der Regierung oder durch Petitionen der Staatsbürger als verfassungswidrig an ihn gebrachten Akte. Die Regelung des Jahres VIII geht auf Ideen von Sieyès zurück, der einen solchen Schutz der Verfassung für notwendig hielt und schon im Jahre III eine „jurie constitutionnaire" gefordert hat; darüber André Blondel, Le contrôle juridictionnel de la Constitutionnalité des lois S. 173 (Paris 1928), über den geschichtlichen Zusammenhang mit Harrington: H. F. Russel Smith, Harrington and his Oceana S. 15, 205 f. (Cambridge 1914).

[3]) Art. 89, 137 ff. der österreichischen Bundesverfassung v. 1. Okt. 1920; Verfassungsgerichtshofgesetz (über die Organisation und über das Verfahren) v. 18. Dez. 1925; dazu der Kommentar von Kelsen (Die Verfassungsgesetze der Republik Österreich), Adamovich, Die Prüfung der Gesetze und Verordnungen durch den österreichischen Verfassungsgerichtshof (Wien 1927); Charles Eisenmann, La justice constitutionnelle et la Haute Cour Constitutionnelle d'Autriche (Paris 1928).

[4]) Kelsen, JahrbÖR. 11, 266 (1922); Verfassungsgerichtsbarkeit wird hier im wesentlichen zur Garantie der Verfassungsmäßigkeit von Gesetzen (vgl. den Leitsatz II Kelsens vom Staatsrechtslehrervertrag 1928, ArchÖffR. N. F. 14 S. 449); ähnlich Eisenmann a. a. O. S. 20 ff., der den eigentlichen Sinn der Verfassungsgerichtsbarkeit darin sieht, die Zuständigkeitsverteilung zwischen dem gewöhnlichen und dem verfassungändernden Gesetzgeber zu wahren.

und Entwürfe fast sämtlich dahin, daß ein bestehender Gerichtshof (der Staatsgerichtshof für das Deutsche Reich, unter Erweiterung seiner bisherigen, durch Art. 19 RVerf. geregelten Zuständigkeit) die Entscheidung über die Verfassungsmäßigkeit von Reichsgesetzen treffen soll[5]). Im übrigen würde nach diesen Vorschlägen ein wenig systematisches Nebeneinander von Staatsgerichtshof, Verfassungsgerichtshof, Reichsspruchgericht (Reichsrechtshof zur bindenden Gesetzesauslegung im Sinne der Bestrebungen von Zeiler[6]), Reichsfinanzhof, Reichsrat, Reichsverwaltungsgericht, Kompetenz-Konfliktsgerichtshof bestehen, so daß R. Grau mit Recht von einer „Mehrheit miteinander konkurrierender unter Umständen miteinander in Widerspruch tretender Verfassungshüter" sprechen konnte[7]). Von anderen Autoren wird an dem allgemeinen richterlichen Prüfungsrecht festgehalten, das die im ordentlichen Rechtszuge entscheidenden Gerichte ausüben und das nach jenen Vorschlägen zu einem „Verfassungsgerichtshof" meistens beseitigt werden soll; Hugo Preuß hat eine solche Beseitigung des allgemeinen richterlichen Prüfungsrechts geradezu als „Negierung des Rechtsstaates" bezeichnet[8]). Das berühmte, immer noch sehr

---

[4]) Aus den Beratungen der Weimarer Nationalversammlung ist hier der Antrag Ablaß (Nr. 273, Prot. S. 483) zu erwähnen, nach welchem der Staatsgerichtshof für das Deutsche Reich auf Antrag von 100 Mitgliedern des Reichstages über die Verfassungsmäßigkeit der Gesetze bindend entscheidet; der Antrag (ebenso ein Eventualantrag) wurde abgelehnt. Der 33. Deutsche Juristentag (Heidelberg 1924; Berichterstatter H. Triepel und Graf zu Dohna) forderte, daß die Möglichkeit vorgesehen werden solle, vor Verkündung eines Reichsgesetzes eine Entscheidung des Staatsgerichtshofes über die Vereinbarkeit des Reichsgesetzes mit der Verfassung herbeizuführen; ferner eine Ausdehnung der Zuständigkeit des Staatsgerichtshofes für das Deutsche Reich auch auf Verfassungsstreitigkeiten innerhalb des Reiches. Der 34. Deutsche Juristentag (Köln 1926; Berichterstatter Anschütz und Mende) empfahl ebenfalls eine Änderung des Art. 19 RVerf.; der Staatsgerichtshof für das Deutsche Reich sollte auch über Reichsverfassungsstreitigkeiten entscheiden; ferner sollte der Staatsgerichtshof zur Prüfung der Gültigkeit von gehörig verkündeten Reichsgesetzen ausschließlich zuständig sein; als gesetzgeberisches Ziel sei anzustreben „die Auslegung des Reichsverfassungsrechtes in oberster Instanz beim Staatsgerichtshofe für das Deutsche Reich zu vereinigen". Das Reichsministerium des Innern hat 1925 (Verlag Heymann) den Entwurf eines „Gesetzes zur Wahrung der Rechtseinheit" veröffentlicht, nach welchem in einem Rechtsentscheidverfahren über Fragen des öffentlichen Rechtes, insbesondere auch des Verfassungsrechtes, durch ein Reichsspruchgericht entschieden werden soll. Ein in der DJZ. 1926 Sp. 842 von dem damaligen Reichsminister des Innern Dr. Külz veröffentlichter Gesetzentwurf sieht vor, daß, wenn Zweifel oder Meinungsverschiedenheiten darüber bestehen, ob eine Vorschrift des Reichsrechtes mit der Reichsverfassung in Widerspruch steht, der Reichstag, der Reichsrat oder die Reichsregierung die Entscheidung des Staatsgerichtshofes für das Deutsche Reich anrufen kann, wobei nach diesem Entwurfe das allgemeine richterliche Prüfungsrecht anscheinend nicht ausgeschlossen werden soll; vgl. den Aufsatz von Külz, DJZ Sp. 837; Richard Grau, Zum Gesetzentwurf über die Prüfung der Verfassungsmäßigkeit von Reichsgesetzen und Rechtsverordnungen, ArchÖffR. N. F. 11 S. 287 ff. (1926); Fritz Morstein Marx, Variationen über richterliche Zuständigkeit zur Prüfung der Rechtmäßigkeit des Gesetzes S. 129f. (Berlin 1927); Nawiasky, ArchÖffR. N. F. 12 S. 130f.; Hofacker, Gerichtssaal 94, 221 (1927); vor allem die treffende Bemerkung von R. Smend, Verfassung und Verfassungsrecht 1928 S. 143. Ein 1927 an den Rechtsausschuß des Reichstages gelangter Entwurf (Reichstagsdrucksachen Nr. 2885 III 1924/26) läßt ebenfalls den Staatsgerichtshof (auf Antrag einer qualifizierten Minderheit des Reichstages oder des Reichsrates, auch der Gerichte, welche ihm die Akten vorzulegen haben, wenn sie eine Rechtsvorschrift für unvereinbar mit der Reichsverfassung halten) über die Verfassungsmäßigkeit mit Gesetzeskraft entscheiden.

[6]) Ein Gerichtshof für bindende Gesetzesauslegung (München und Berlin 1911).

[7]) A. a. O. S. 291. Über die Unklarheiten schon Düringer in der Nationalversammlung am 3. März 1919 (Sten. Ber. 474), ferner Wittmayer, Die Weimarer Reichsverfassung S. 190 („der tiefdunkle Art. 19"), H. Triepel, Streitigkeiten zwischen Reich und Ländern, Festgabe für Kahl S. 13, 103 (1923). Wer entscheidet, wenn nach Art. 19 und Art. 13 RVerf. widersprechende Entscheidungen von Staatsgerichtshof und Reichsgericht ergehen? Hier einfach die Prävention entscheiden zu lassen, wäre ein allzu bequemer Formalismus.

[8]) Gegen den oben (Anm. 4) erwähnten Antrag Ablaß, Prot. S. 483/484 (dort auch die interessante Bemerkung über den „Bock, den man zum Gärtner macht"). Ferner sehr eindringlich Morstein Marx a. a. O. S. 116f. (gegen das „österreichische Vorbild"), S. 139 (gegen die in den

suggestive Beispiel des Obersten Bundesgerichtshofes der Vereinigten Staaten von Amerika müßte seine Auffassung unterstützen.

Die eigenartige Stellung, welche dem Reichsgericht in dieser Hinsicht nach geltendem Rechte zukommt, soll hier unter den Gesichtspunkten der Verfassungslehre erörtert werden, soweit das im Rahmen einer kurzen Abhandlung möglich ist. Vorher aber ist mit einigen Worten auf die verfassungsgeschichtliche Lage einzugehen, aus der sich heute das Interesse an einem Hüter der Verfassung erklärt und durch welche dieses allgemeine Schlagwort einen bestimmten Inhalt bekommt. Denn ein solcher Begriff kann niemals abstrakt oder absolut verstanden werden. Es gibt keinen „schlechthinigen" Hüter der Verfassung, und alle Bestimmungen und Organisationen zu ihrem Schutz erhalten ihren konkreten Sinn dadurch, daß man von einer bestimmten Seite her bestimmte Mißbräuche oder gar Verletzungen befürchtet. Die Frage nach dem Hüter der Verfassung ist also gleichzeitig die Frage nach der besonderen Richtung, aus welcher eine Gefahr droht. Solange eine mächtige, von der Volksvertretung unabhängige, auf Heer und Beamtentum gestützte monarchische Regierung vorhanden war, drohte die Gefahr von der Exekutive her. Die Verfassungsstreitigkeiten des 19. Jahrhunderts waren deshalb, wie sich besonders in den deutschen konstitutionellen Monarchien zeigte, Kämpfe zwischen Volksvertretung und Regierung; der Schutz der Verfassung richtete sich gegen die Regierung; ein Staatsgerichtshof, der auf Anklage des Parlamentes über Verfassungsverletzungen der Minister entscheidet, ist infolgedessen im besonderen Sinne Hüter der Verfassung. Inzwischen aber ist diese Lage entfallen. Viele Schutzbestimmungen, insbesondere über Ministeranklagen, haben an politischer Bedeutung und Aktualität verloren. Die Regierung ist vom Vertrauen des Parlamentes abhängig, die Verwaltung dem Prinzip der Gesetzmäßigkeit unterworfen, die Grundrechte sind nach dem Ausdrucke von R. Thoma zum großen Teile „leerlaufend" geworden[9]).

Während der Kampf sich gegen die Exekutive richtete, hat man einen Schutz der Verfassung gegen den Gesetzgeber nicht als dringende Notwendigkeit empfunden. Von dieser Seite schien keine Gefahr zu befürchten und ein Mißbrauch unmöglich. Nicht nur einfach deshalb, weil das Gesetz von der Volksvertretung beschlossen wurde, sondern vor allem, weil es in einem bürgerlichen Rechtsstaat nach seinem Begriff und seinem Zustandekommen alle denkbare Gewähr der Vernünftigkeit und Gerechtigkeit in sich trägt: es ist eine generelle Norm, die in öffentlicher parlamentarischer Diskussion zustande kommt[10]).

Entwürfen zutage tretende Bevormundung des Reichsgerichtes), S. 151/152 („Nichts Geringeres als die Gesetzmäßigkeit der Gesetzgebung, die Justizförmigkeit der Gesetzgebung, wird durch die unbeschränkte richterliche Prüfungszuständigkeit im ordentlichen Rechtszuge verwirklicht. Das erst ist die Vollendung des Rechtsstaates"); oder Stoll, JheringsJ. 2. Folge, 40, 201: „Das volle richterliche Prüfungsrecht krönt erst den Rechtsstaat!"

[9]) Grundrechte und Polizeigewalt in der Festgabe für das Preußische Oberverwaltungsgericht S. 195 (Berlin 1925); zur Kritik dieser Auffassung: Carl Schmitt, Verfassungslehre S. 179.

[10]) Auf diesen systematischen Zusammenhang rechtsstaatlicher Begriffe — das Gesetz als generelle Norm, die in öffentlicher Diskussion zustande kommt — habe ich seit langem hingewiesen (Die geistesgeschichtliche Lage des heutigen Parlamentarismus, 1. Aufl. [1923]; Unabhängigkeit der Richter, Gleichheit vor dem Gesetz und Gewährleistung des Privateigentums [1926]; Verfassungslehre S. 138 f.). Durch den Bericht von H. Heller, Deutscher Staatsrechtslehrertag 1927 (Veröffentlichungen der Vereinigung deutscher Staatsrechtslehrer, Heft 4 S. 101 f.) ist das nicht widerlegt; vielmehr tritt es immer stärker in der systematischen verfassungstheoretischen Erörterung hervor; z. B. mit typischer Klarheit in dem Berichte, den Gaston Jèze für die erste Tagung des Institut international de droit public, Paris 1928, vorgelegt hat: „Les limitations aux libertés individuelles ne seront pas appréciées par un homme, prenant sa décision en secret. Elles seront décidées par des Assemblées électives, après débat contradictoire et publicité ... Encore

Sobald dieser rechtsstaatliche Begriff des Gesetzes dem Bewußtsein der Zeit verlorenging, und alles, was die gesetzgebenden Stellen beschlossen, „Gesetz" hieß, als auch der Glaube an Öffentlichkeit und Diskussion schwand, wurde klar, daß die eigentlich rechtsstaatliche Idee — Herrschaft von Gesetzen, nicht von Gesetzgebern — gerade von der Seite her gefährdet war, auf welcher der Kampf gegen die Exekutive alle politische Macht angehäuft hatte, nämlich von den Parlamenten als gesetzgebenden Körperschaften. Insbesondere schien es notwendig, Minderheiten gegen die wechselnden Parlamentsmehrheiten zu schützen und gewisse Interessen und Werte vor ihnen sicherzustellen. Denn der Staat scheint alle statische Festigkeit zu verlieren, und sich in einen großen Umschaltungsprozeß zu verwandeln, in welchem irgendwelche — sichtbaren oder unsichtbaren — sozialen und wirtschaftlichen Mächte mit Hilfe parlamentarischer Mehrheiten den staatlichen Gesetzgebungs- und Gesetzesanwendungsapparat ihren Interessen dienstbar machen[11]). Daraus entsteht das Bedürfnis, gewisse Angelegenheiten und Interessen der Macht dieser wechselnden Mehrheiten zu entziehen. Man erreicht dieses Ziel — vielfach ohne verfassungstheoretisches Bewußtsein, aber mit mehr oder weniger politischem Instinkt — vermittels einer verfassungsgesetzlichen Normierung, welche der Normierung des einfachen Gesetzes mit erhöhter Gesetzeskraft entgegentritt und die geschützten Interessen jenem Umschaltungsprozesse entzieht. Infolgedessen wurden manche materiell-rechtliche Normen des bürgerlichen oder öffentlichen Rechtes in die Verfassungsurkunde hineingeschrieben oder als verfassungsändernde Gesetze beschlossen, die an sich Angelegenheiten der einfachen Gesetzgebung wären. Die erschwerte Abänderbarkeit der verfassungsgesetzlichen Normierung, ihre sog. „erhöhte Gesetzeskraft", wird benutzt, um bestimmte Interessen und Werte aus dem normalen Funktionieren der staatlichen Gesetzgebung herauszunehmen und sicherzustellen, zu „verankern", wie man mit

---

les Assemblées n'ont elles pas a cet égard tout pouvoir: elles doivent prononcer par voie de dispositions générales et impersonnelles." Oder in dem Berichte Kelsens für diese Tagung, Revue de droit public, Juni 1928 S. 17, der nur darunter leidet, daß er den echten Normbegriff durch den Pseudobegriff der „individuellen Norm" zerstört.

[11]) Es liegt nahe, hier statt von „Umschaltung" mit Rudolf Smend, Verfassung und Verfassungsrecht (1928) von „Integration" zu sprechen. Aber eine Herausnahme aus dem Integrationsprozeß kann es wohl für Smend eigentlich nicht geben, weil bei ihm restlos alles in die Bewegung des fortwährenden dynamischen Prozesses der staatlichen Integration aufgelöst wird und jede Art von Statik verschwindet. Demgegenüber möchte ich daran festhalten, daß es keinen Staat ohne statische Elemente gibt. Die heutige parlamentarisch-demokratische Methode der Gesetzgebung ist allerdings mit dem Begriffe Integration überaus treffend bezeichnet; auch ist der heutige Staat in seinem Kern Gesetzgebungsstaat (vgl. unten Anm. 48) und erhält durch Smends Begriff der Integration zum erstenmal eine spezifische Theorie. Trotzdem braucht auch dieser Staat statische, jener restlosen Dynamisierung entzogene Elemente (z. B. was Gneist die „Permanenz der Staatsverwaltung" nannte, Wittmayer sagt sehr mißverständlich „Entpolitisierung") und darf der Gesetzgebungsprozeß nicht mit dem Staate selbst identifiziert werden. Eine restlose Dynamisierung aller statischen Elemente würde nicht zur Integration, sondern zur Desintegration führen. Im Zusammenhange der Ausführungen des Textes ist dieser kurze und — angesichts der großen Bedeutung von Smends Buch — keineswegs erschöpfende Hinweis deshalb von Interesse, weil damit die Frage aufgeworfen wird, wieweit überhaupt durch eine verfassungsgesetzliche Normierung stabile Elemente geschaffen werden können und ob durch eine bloße Normierung überhaupt etwas stabilisiert werden kann, was nicht in sich stabil ist. Mit anderen Worten: eine Norm kann nicht Hüter einer anderen Norm sein. Der Hüter kann nicht ohne eine gewisse Statik gedacht werden; ein täglich neu zu integrierender Hüter würde seine konservierende und stabilisierende Funktion nicht erfüllen können. Daraus erklärten sich wohl auch, zum Teile wenigstens, die (von Smend S. 143 treffend kritisierten) Forderungen eines „Gerichtshofes" mit unabsetzbaren „Richtern", die in Wahrheit nur deshalb Richter sind, weil sie nicht abgesetzt werden können, im übrigen aber Gesetzgebungsfunktionen haben und damit „hemmend" wirken, d. h. in dem Integrationsprozeß ein statisches und konservierendes Element bedeuten, wodurch sie in verschleierter Forn die Funktion eines Senates oder Oberhauses ausüben; vgl. Anm. 37.

einem banal gewordenen Ausdrucke sagt. Man hat z. B. in den Vereinigten Staaten von Amerika das Alkoholverbot — doch wohl keine Verfassungsfrage — als Amendement der Verfassung angefügt, d.h. seine Beseitigung dem ordentlichen Gesetzgeber entzogen. Im 2. Hauptteil der Weimarer Verfassung findet sich eine bunte Menge teils grundsätzlicher, teils detaillierter gesetzlicher Bestimmungen, die in Wahrheit Angelegenheiten der einfachen Gesetzgebung sind und wirklich nicht mitbeschworen werden sollen, wenn jemand den Eid auf die ,,Verfassung" leistet.

So erklärt es sich, daß die Verfassung nunmehr eines besonderen Schutzes gegenüber der Gesetzgebung bedurfte, daß bezeichnende Worte wie ,,Gesetzesdämmerung" und ,,Nomomachie" gebildet wurden[12]) und der ,,Hüter der Verfassung" sich heute weniger gegen die Exekutive als gegen die gesetzgebenden Instanzen richtet. Die Regierung ist in parlamentarisch regierten Ländern von den gesetzgebenden Körperschaften abhängig; die Hemmungen und Gegengewichte auf der Regierungsseite (Ablehnung der Verkündung des Gesetzes, Anordnung eines Volksentscheides, Auflösung des Parlaments) sind nicht immer wirksam genug und es liegt daher nahe, in der J u s t i z den wahren Hüter der Verfassung zu sehen. Daß es heute vielen Juristen so plausibel und selbstverständlich erscheint, über alle Zweifelsfragen und Meinungsverschiedenheiten einen Gerichtshof entscheiden zu lassen, dürfte — abgesehen von einem mißverstandenen Gefühl der Rechtsstaatlichkeit — hauptsächlich darin seinen Grund haben, daß wohl kaum ein anderer Schutz übrigbleibt. Nur sollte man nicht übersehen, daß die Verfassung, auf deren Schutz und Hütung man bedacht ist, ihrem Begriff und ihrer Funktion nach nicht mehr dieselbe ist, wie im 19. Jahrhundert. ,,Die" Verfassung als einheitlicher Komplex, die 181 Artikel der Weimarer Verfassung mit ihrem bunten Inhalt, die zahlreichen verfassungsändernden Gesetze seit dem Jahre 1919, was den ,,zufälligen Inhalt geschriebener Verfassungsparagraphen[13])" bildet, das alles müßte besser unterschieden werden, ehe man glatthin vom Schutz ,,der" Verfassung spricht. Die Verfassung ist in ihrer positiven Substanz eine konkrete politische Entscheidung über Art und Form der politischen Existenz (Republik, parlamentarische Demokratie, bürgerlicher Rechtsstaat, bundesstaatliche Organisation). Hüter der Verfassung in diesem Sinne könnte nur eine hochpolitische Instanz mit besonders intensiver politischer Kraft sein. Eine andere Frage ist es, wie man allgemein die Gesetzmäßigkeit aller behördlichen Tätigkeit sichert (etwa durch verwaltungsgerichtliche Kontrolle oder Verfassungsbeschwerde), und wiederum eine andere Frage, auf welche Weise die stabilisierende und konservierende Wirkung gewisser verfassungsgesetzlicher Einzelnormierungen gegenüber dem ordentlichen Gesetzgeber geschützt werden kann, also Hütung der Interessen und Rechte, denen eine Nationalversammlung oder eine verfassungsändernde Mehrheit den Schutz erhöhter Gesetzeskraft zu verleihen verstand, gegenüber der einfachen Parlamentsmehrheit. Wenn eine Instanz gewisse Hüterfunktionen zuständigerweise ausübt oder ihre Tätigkeit im Ergebnis jenem Schutz zugute kommt, läßt sich das nicht dahin verallgemeinern, daß man nun gleich von ,,dem" Hüter ,,der" Verfassung sprechen dürfte.

2.

In einer Entscheidung des Staatsgerichtshofes für das Deutsche Reich vom 15. Oktober 1927 nennt der Staatsgerichtshof sich selbst ,,Hüter der Reichs-

[12]) J a m e s G o l d s c h m i d t, JW. 1924 S. 245 f.; zur Kritik vgl. C a r l S c h m i t t, Verfassungslehre S. 142.

[13]) R. S m e n d a. a. O. S. 132.

verfassung[14])" und zieht daraus den Schluß, daß er in erster Linie zur Auslegung der Reichsverfassung berufen ist, eine Schlußfolgerung, welche allerdings die praktisch wichtigste Funktion einer solchen Hüterstellung ausspricht. In einem Aufsatz aus dem Jahre 1924 hat der Reichsgerichtspräsident Dr. Simons das Reichsgericht als „Wächter und Wahrer der Verfassung" bezeichnet[15]). Im Reichsgericht den Hüter der Reichsverfassung zu sehen, liegt heute nahe, seitdem die berühmte Entsch. d. 5. ZS. v. 4. Nov. 1925 die Befugnis der Gerichte zur Prüfung der materiellen Verfassungsmäßigkeit von Reichsgesetzen bejaht und das AufwertungsG. v. 16. Juli 1925 auf seine Übereinstimmung mit Art. 153 RVerf. geprüft hat[16]). Freilich haben auch andere höchste Gerichtshöfe, insbesondere der Reichsfinanzhof[17]) und das Reichsversorgungsgericht[18]) ein richterliches Prüfungsrecht gegenüber Reichsgesetzen für sich in Anspruch genommen und müßten daher ebenfalls als Hüter der Verfassung bezeichnet werden.

Eine ausdrückliche verfassungsgesetzliche Regelung über einen allgemeinen „Hüter der Verfassung" fehlt. Der Staatsgerichtshof für das Deutsche Reich entscheidet nach Art. 19 RVerf. über Verfassungsstreitigkeiten innerhalb eines Landes (der darin liegende Schutz der Landesverfassung bleibt hier außer Betracht), über Streitigkeiten nichtprivatrechtlicher Art zwischen verschiedenen Ländern und zwischen dem Reich und einem Land. Darunter kann auch die Entscheidung über eine die Reichsverfassung betreffende Streitigkeit fallen, sei es, daß die Verfassungsstreitigkeit innerhalb des Landes die Reichsverfassung betrifft (weil in jeder bundesstaatlichen Organisation die Verfassung des Bundes einen Teil der Verfassung des Gliedstaates ausmacht)[19]), sei es, daß die nicht privatrechtliche Streitigkeit zwischen verschiedenen Ländern oder zwischen dem Reich und einem Land ein Streit über die Reichsverfassung ist. Der Staatsgerichtshof für das Deutsche Reich, der nach Art. 59 RVerf. über Anklagen des Reichstages gegen den Reichspräsidenten, den Reichskanzler oder Reichsminister wegen schuldhafter Verletzung der Reichsverfassung entscheidet, könnte wegen dieser Zuständigkeit ebenfalls als Hüter der Reichsverfassung angesehen werden. Hier (im Falle des Art. 59 zum Unterschied von Art. 19) besteht auch ein besonderer organisatorischer Zusammenhang mit dem Reichsgericht, weil nach dem ReichsG. v. 9. Juli 1921 (RGBl. S. 906) der Staatsgerichtshof in diesem Falle beim Reichsgericht gebildet wird und der Reichsgerichtspräsident Vorsitzender ist, während in den anderen Fällen (§§ 16—23 des Gesetzes) der Staatsgerichtshof beim Reichsverwaltungsgerichtshofe gebildet werden soll. Im Falle des Art. 59 wird eine justizförmige Verantwortlichkeit wegen schuldhafter Verletzung der Reichsverfassung durchgeführt. Wenn daraufhin von einem Hüter der Reichsverfassung gesprochen werden kann, müßte auch das Reichsgericht wegen seiner besonderen Zuständigkeit für Hochverrat und Landesverrat gegen das Reich (GVG. § 134) als Hüter der Verfassung gelten, ebenso ferner der Staatsgerichtshof zum Schutz der Re-

---

[14]) RG. 118 Anh. S. 4.

[15]) DJZ. 1924 Sp. 246.

[16]) RG. 111, 320. Vorher konnte es zweifelhaft sein, wieweit das Reichsgericht wirklich diese Prüfungsbefugnis in Anspruch nahm; vgl. besonders W. Jellinek, JW. 1925 S. 454 (über das „Märchen" von dem richterlichen Prüfungsrechte des Reichsgerichtes) und Veröffentlichungen der Vereinigung deutscher Staatrechtslehrer, Heft 2 S. 39 (gegen die „Legende"); Anschütz, Kommentar (4./7. Aufl.) S. 217.

[17]) Entsch. 5, 333; 7, 97; dazu A. Hensel, ArchÖffR. N. F. 6 S. 329 ff.

[18]) Entsch. 4, 168 (21. Okt. 1924); 5, 95 (30. Juni 1925).

[19]) Der Staatsgerichtshof bejaht hier seine Zuständigkeit: RG. 118 Anh. S. 4 (unter Verfassungsstreitigkeiten im Sinne des Art. 19 RVerf. sind ohne Einschränkung sowohl Streitigkeiten, die in der Landesverfassung, als auch solche „die in der Reichsverfassung wurzeln" zu verstehen; „denn beide sind Verfassungsstreitigkeiten"); ferner die Entsch. v. 12. Mai 1928 (RG. 120 Anh. S. 21).

publik, wie er auf Grund des ReichsG. v. 21. Juli 1922 (RGBl. I 585) bis zum 1. April 1926 tätig war. Das Reichsgericht ist übrigens hier wiederum in Einzelheiten an die Stelle dieses Staatsgerichtshofes getreten[20]). In ganz anderer Weise kann man im Reichsgericht wegen seiner Zuständigkeit aus Art. 13 Abs. 2 RVerf. i. V. m. dem ReichsG. v. 8. April 1920 (Entscheidung von Zweifeln und Meinungsverschiedenheiten darüber, ob eine landesrechtliche Vorschrift mit dem Reichsrecht vereinbar ist) einen Hüter der Reichsverfassung erblicken. Auch die gutachtliche Tätigkeit des Reichsgerichtes muß hier wenigstens erwähnt werden, obwohl keine Verbindlichkeit des Gutachtens besteht; denn es ließe sich eine Gutachtenpraxis in Gesetzgebungsfragen denken, die dem Reichsgerichte tatsächlich, wenn auch nicht rechtlich, die Stellung eines Spruchgerichts für Rechtsfragen gäbe[21]).

Schon diese kurze Übersicht zeigt, welche verschiedenartigen Einrichtungen nach heutigem Reichsrecht dem Schutz der Verfassung dienen. Aus geschichtlichen Gründen erklärt es sich, daß ein großer Teil dieser Einrichtungen spezifisch bundesstaatrechtlichen Charakter hat. Das gilt besonders für die Art. 19 und 13 Abs. 2 RVerf. Darin liegt eine starke Einschränkung des Verfassungsschutzes auf eine besondere, nämlich die bundesstaatsrechtliche Funktion. Freilich scheint die Praxis des Staatsgerichtshofes für das Deutsche Reich den Begriff der Verfassungsstreitigkeit, entgegen seinem ursprünglichen Sinne, durch eine grenzenlose Ausdehnung der Parteirollen völlig aufzulösen und aus einem Staatsgerichtshof eine allgemeine Verfassungsbeschwerde-Instanz zu machen[22]). Immerhin dürfte die verfassungsgesetzliche Beschränkung auf Streitigkeiten „innerhalb eines Landes" eine absolute Hüterstellung dieses Staatsgerichtshofes verhindern. Seine Rechtsprechung behält dadurch ihren Zusammenhang mit der Justiz des öffentlichen Bundesrechtes[23]). Ein Staatsgerichtshof, der über schuldhafte Verfassungsverletzungen entscheidet, übt in Wahrheit Funktionen vindikativer Strafjustiz aus. Eine allgemeine Gerichtsbarkeit oder Verfassungsjustiz besteht bisher nicht. Es gibt auch kein Gericht, das man daraufhin allgemein als den Hüter der Reichsverfassung bezeichnen könnte. Angesichts der zahlreichen Vorschläge für eine „Verfassungsjustiz" und der Selbstverständlichkeit, mit der sie vielfach vorgebracht werden, vor allem aber auch wegen der vielen formalistischen Entstellungen des Begriffes „Justiz", mögen hier einige allgemeine Erwägungen über Verfassungsjustiz und richterliches Prüfungsrecht wenigstens angedeutet sein[24]).

[20]) ReichsG. v. 31. März 1926 (RGBl. I 190) und v. 2. Juni 1927 (RGBl. I 125).

[21]) Nach § 3 Ziff. 2 der (auf Grund von § 140 GVG. erlassenen) Geschäftsordnung v. 8. April 1880 (BZBl. 1880 S. 190) gehören „vor das Plenum die vom Reichsgerichte zu erstattenden Gutachten, insbesondere über Gesetzgebungsfragen". Die Gutachterpflicht der ordentlichen Gerichte behandelt ein Aufsatz von Oberlandesgerichtsrat Dr. Alfred Bertram (ZZP. Bd. 53), dessen Manuskript der Verfasser mir freundlicherweise zugänglich gemacht hat. Von besonderem Interesse ist hier folgende treffende Bemerkung des Aufsatzes: „Mit der quasi-authentischen Interpretation im Wege der Begutachtung würde das Reichsgericht de facto ein Gerichtshof für bindende Gesetzesauslegung werden; alles, was gegen den Plan eines solchen Gerichtshofes mit Recht vorgebracht ist (vgl. Reichel, Gesetz und Richterspruch S. 111 und die dort genannten) spricht auch gegen die Verwirklichung einer derartigen Gutachtenpflicht des Reichsgerichtes. Ein Reichsgericht, das Zweifel und Lücken des Gesetzes nachbesserte, würde eine Grenzüberschreitung ins Gebiet des Gesetzgebers vornehmen und sich gleichzeitig der für die richtende Tätigkeit erforderlichen Unbefangenheit berauben." Vgl. weiter unten Anm. 41.

[22]) Carl Schmitt, Verfassungslehre S. 115; gegen die grenzenlose Ausdehnung neuerdings auch Triepel, ArchÖffR. N. F. 14, 448.

[23]) Über die staatsrechtliche Bedeutung dieser „Gerichtsbarkeit" sehr treffend Smend a. a. O. S. 135.

[24]) Die folgenden Ausführungen berühren sich in ihrer Betonung des politischen Charakters der Verfassungsjustiz vielfach mit den Gedanken des Referates von H. Triepel auf dem Staatsrechtslehrertag Wien 1928. Ich kenne bisher nur den ArchÖffR. N. F. 14, 444 veröffentlichten Bericht von

3.

Verfassungsgerichtsbarkeit oder Verfassungsjustiz ist augenscheinlich in einem anderen Sinne Gerichtsbarkeit oder Justiz als Ziviljustiz, Strafjustiz oder Verwaltungsgerichtsbarkeit. Denn „Verfassung" ist kein Gebiet staatlicher Tätigkeit, wie Entscheidung bürgerlicher Rechtsstreitigkeiten, Verhängung von Strafen oder Verwalten. Daß in einem Prozeß auch über den Inhalt einer verfassungsgesetzlichen Bestimmung gestritten wird, genügt nicht, um die Entscheidung dieses Prozesses zur Verfassungsgerichtsbarkeit zu machen, so wenig eine Auslegungsfrage, wie sie in den meisten Prozessen hinsichtlich einer Gesetzesbestimmung auftreten kann, diesen Prozeß zu einer Gesetzesgerichtsbarkeit macht. Wenn die Verfassung nach der bisher üblichen Begriffsbestimmung ein Gesetz ist, so wäre Verfassungsgerichtsbarkeit Gesetzesgerichtsbarkeit und der ganze Widersinn eines solchen Begriffes zeigt sich schon an diesem Wort. Die Verfassung ist nicht Gegenstand eines Prozesses. Wenn gelegentlich eines Prozesses *incidenter* kraft des richterlichen Prüfungsrechtes einer gesetzlichen Bestimmung die Anwendung verweigert wird, so ist das nach dem treffenden Ausdrucke von H. Triepel[25]) nur ein Akzessorium der Justiz und schon deshalb nicht Gesetzes- oder Verfassungsgerichtsbarkeit zu nennen. Es genügt auch nicht, daß der Prozeß den Schutz der Verfassung bezweckt, sonst wäre jeder Hochverratsprozeß Verfassungsgerichtsbarkeit, was er offenbar nicht ist. Logischerweise kann nur dann von Verfassungsgerichtsbarkeit oder -justiz gesprochen werden, wenn es sich um die Entscheidung von Rechtsstreitigkeiten handelt, die entweder durch ihren Gegenstand oder durch ihre Partei in spezifischer Weise als Verfassungsstreitigkeiten bestimmt sind. Etwas ganz anderes wiederum ist die Entscheidung von Zweifeln und Meinungsverschiedenheiten über den Inhalt einer Verfassungsbestimmung. Ob diese Tätigkeit justizförmig organisiert werden soll, ist eine praktisch-politische Frage. Man kann die verschiedenartigsten Aktionen justizförmig organisieren — Entmündigungen, Heiligsprechungen usw. —, man kann für einen „Zwangsausgleich"[26]) widersprechender Interessen richterliche Beamte zuständig sein lassen und vielleicht sogar die Bestimmung der Richtlinien der Politik justizförmig gestalten, einen „Verfassungsanwalt" bestellen, der den Reichskanzler auf Bestimmung der Richtlinien der Politik verklagt, und einen „Gerichtshof" der ihn dazu verurteilt; aber man sollte sich nicht darüber täuschen, daß das in der Sache nicht mehr Justiz ist und daß eine absolute Formalisierung des Begriffes (Justiz ist alles was ein Richter tut; Richter ist jeder der unabhängig und unabsetzbar ist) zu absurden Ergebnissen führen muß. Gerade der bürgerliche Rechtsstaat beruht auf einer materiellen Unterscheidung der Justiz von den anderen Zweigen der staatlichen Tätigkeit, Es wäre deshalb ein sehr mißverstandener Begriff von Rechtsstaatlichkeit, für Gesetzgebung und Regierungsfunktionen den trügerischen Schein einer Justizförmigkeit zu organisieren. Man kann einen Gerichtshof, der über Auslegungsfragen entscheidet, als „Verfassungsgerichtshof" bezeichnen und nach dem bekannten österreichischen Vorbild[27]) einrichten. Aber die Entscheidung solcher Zweifel über den

Lutz Richter und weiß daher nicht, wieweit die Übereinstimmung in der Beweisführung geht. Die Leitsätze von Kelsen (a. a. O. S. 449) sind wegen ihrer praktischen Vorschläge von großem politischen und praktischen Interesse. Was ihre theoretische Begründung angeht, so verbleiben sie in den bekannten, öfters wiederholten Formeln eines Normativismus und einer formalistischen Entleerung der Begriffe Gesetz und Justiz (vgl. unten Anm. 39).

[25]) Staatsrechtslehrertag 1928, Bericht a. a. O. S. 447.

[26]) Über die Verschiedenheit von „Zwangsausgleich" und Rechtsstreit die grundlegenden Ausführungen von H. Triepel, Streitigkeiten zwischen Reich und Ländern, Festgabe für Kahl, 1923 S. 19 ff.

[27]) Art. 137 ff. der Österreichischen Bundesverfassung von 1920, vgl. oben Anm. 4.

Inhalt einer verfassungsgesetzlichen Bestimmung und ihre richtige Anwendung ist weder Entscheidung einer Rechtsstreitigkeit im Allgemeinen, noch Entscheidung einer Verfassungsstreitigkeit im Besonderen und nur in einem sehr problematischen Sinne Justiz.

Bei einer echten Verfassungsstreitigkeit müssen die Parteien des Streits zur Verfassung in einer Beziehung stehen, aus der sich sowohl ihre Parteirolle, wie ihre Aktiv- und Passivlegitimation ergibt[28]. Dieser Sachverhalt ist klar, solange die Verfassung als ein Vertrag angesehen werden kann. Dann sind Verfassungsstreitigkeiten in demselben einfachen und vernünftigen Sinne durch ihren Gegenstand und ihre Parteien bestimmt, wie etwa Mietstreitigkeiten solche Streitigkeiten sind, die zwischen den Parteien des Mietvertrages, zwischen Mieter und Vermieter, aus diesem Vertrag entstehen. Ähnliches gilt für Streitigkeiten aus Staatsverträgen nach Art der gemäß Art. 90, 170, 171 RVerf. geschlossenen Verträge zwischen Reich und Ländern. Wo ein Bundesvertrag vorliegt, ist ein Streit zwischen Bundesmitgliedern oder zwischen dem Bund und den Mitgliedern über den Inhalt des Bundesvertrages eine echte Verfassungsstreitigkeit, weil beim Bunde die Verfassung ein Vertrag ist[29]. Wird die Verfassung als ein Vertrag zwischen Fürst und Volk, Regierung und Volksvertretung, angesehen, wie das in Deutschland noch im 19. Jahrhundert sehr verbreitet war, so ist eine Verfassungsstreitigkeit ein Streit zwischen Regierung und Parlament über den Inhalt des zwischen ihnen vereinbarten Vertrages. Wenn die Auflösung des heutigen Staates weiter fortschreitet und eine pluralistische Staatstheorie sich auch praktisch durchsetzt[30], kann die Verfassung eines Tages auch rechtlich als ein Kompromiß verschiedener Faktoren angesehen werden, den politische Parteien, Interessenverbände, Religionsgesellschaften, Länder, Kommunalverbände usw. miteinander geschlossen haben und für welchen die Entscheidung der Streitigkeiten aus diesem Vertrag einer Instanz übertragen wird, die man dann als echten Verfassungsgerichtshof ansehen könnte[31][32]. Ein Pessimist könnte vielleicht heute schon in der bedenk-

[28]) „Nicht jeder Streit über den Sinn eines Verfassungsartikels ist ein Verfassungsstreit. Es kommt auf die streitenden Subjekte an." Richard Thoma, Das richterliche Prüfungsrecht, ArchÖffR. 43, 283.

[29]) Damit soll nicht gesagt sein, daß alle Streitigkeiten aus dem Bundesvertrage sich für eine justizförmige Behandlung eignen. Auch für Bundesstaat und Bundesvertrag gilt keineswegs eine allgemeine Justizförmigkeit der Erledigung von Konflikten; darüber die wertvollen Ausführungen bei C. Bilfinger, Der Einfluß der Einzelstaaten auf die Bildung des Reichswillens, 1923 S. 9/10.

[30]) Der bekannteste Vertreter der pluralistischen Staatstheorie ist heute Harald J. Laski, dessen nicht immer systematischen und homogenen Argumente rechtsgeschichtlich und rechtstheoretisch auf Gierke und Duguit zurückgehen, philosophisch auf dem Pragmatismus von James und seinem pluralistischen Weltbild beruhen, deren eigentlicher rechtswissenschaftlicher Wert in einem phänomenologisch richtigen Darstellung heutiger Staatlichkeit liegt (Studies in the problem of Sovereignity 1917; Authority in the Modern State 1919; Foundation of Sovereignty 1921; A Grammar of Politics 1925); zur Kritik: Carl Brinkmann, Recent Theories of Citizenship (Yale University Press 1927 S. 65ff.; Carl Schmitt, Der Begriff des Politischen, ArchSozW. 58 (1927) 12ff. (= Probleme der Demokratie, Heft 5 der Sammlung Politische Wissenschaft, Berlin-Grunewald 1928).

[31]) Nach der Theorie Kelsens müßte die Verfassung heute in der Sache ein Kompromiß, also Vertrag, sein, denn der Staat ist für Kelsen in der Sache ein fortwährender Kompromiß (Staatslehre S. 324, 355, 359) und die Verfassung mit dem Staate identisch. Aber das formalistische („normativistische") System Kelsens gibt jeden sachlichen Zusammenhang preis, es kann deshalb (theoretisch) jeder sachlichen Konsequenz entgehen und jeden Sachverhalt verschleiern.

[32]) Die Auflösung durch den Vertrags- oder Kompromißgedanken könnte nach weitergehen und völkerrechtlich werden. Auch im Völkerrecht gelten ja gerade Streitigkeiten über die Auslegung eines Vertrages als justiziabel oder arbitrabel; vgl. z. B. Art. 38 des Haager Schiedsgerichtsabkommens von 1907; Art. 13 Abs. 2 der Völkerbundssatzung; Art. 36 des Statuts des Ständigen Internationalen Gerichtshofes; Art. 2 des Deutsch-Schweizerischen Schiedsgerichts- und Vergleichsvertrages v. 3. Dez. 1921 (Strupp, Documents V S. 591) usw.

lichen Ausweitung, welche der Staatsgerichtshof für das Deutsche Reich dem Begriff der Verfassungsstreitigkeit und den Parteirollen nach Art. 19 RVerf. gibt, ein Zeichen dieser Auflösung und Rückbildung zu ständischen Verhältnissen erkennen. Jedenfalls führt die Freigebigkeit mit Parteirollen in ihrer praktischen Konsequenz zu einem interessanten politischen Pluralismus. So lange Art. 19 auf Verfassungsstreitigkeiten innerhalb eines Landes beschränkt bleibt, trifft die Auflösung freilich nur das Land und kommt sie infolgedessen der Einheit und Unitarisierung des Reiches zugute. Anders bei einer gedankenlosen Übertragung auf das Reich.

Die Verfassung ist aber kein Vertrag und wird wenigstens theoretisch heute im Allgemeinen auch nicht mehr oder noch nicht so behandelt. Damit ändert sich auch jener klare Begriff der Verfassungsstreitigkeit. Wenn man die Verfassung mit dem einzelnen Verfassungsgesetz verwechselt und Verfassung gleich Verfassungsgesetz behandelt, so kann die Verfassung nicht Gegenstand des Prozesses sein, weil ein Gesetz Grundlage der Prozeßentscheidung, nicht aber Gegenstand des Verfahrens ist[33]). Ein sog. Verfassungsgerichtshof wird infolgedessen entweder eine allgemeine Instanz für sog. Verfassungsbeschwerden, die jeder Staatsbürger oder jeder Interessent gegen einen staatlichen Akt vorbringen kann, oder eine Instanz zur Entscheidung von Zweifeln und Meinungsverschiedenheiten über die Auslegung verfassungsgesetzlicher Bestimmungen. Im ersten Falle liegt eine allgemeine Kontrolle aller Staatstätigkeit vor, die verwaltungsgerichtlichen Charakter hat[34]); im zweiten Falle kann man in der Sache nicht mehr von Gerichtsbarkeit sprechen, sondern nur noch von Gesetzgebung in Form eines mehr oder weniger „justizförmigen" Verfahrens. Denn hier wird der Inhalt eines Gesetzes maßgebend festgestellt. Das ist Gesetzgebung, während die richterliche Entscheidung in ihrem Inhalt durch den Inhalt der tatbestandsmäßigen, vorher bestimmten Regelung eines Gesetzes bestimmt wird. Eine Entscheidung über den Inhalt eines Gesetzes ist ihrem Sinn und Zwecke nach offenbar eine andere Art Entscheidung als die Entscheidung eines streitigen Anspruches auf Grund eines Gesetzes. Das streitige Gesetz kann nicht Grundlage der Entscheidung über seinen Inhalt sein. Die richterliche Entscheidung setzt eine vom Gesetzgeber generell bereits getroffene Entscheidung voraus. Darauf allein beruht die eigenartige Sonderstellung des Richters im bürgerlichen Rechtsstaat, seine Objektivität, seine Stellung über den Parteien, seine Unabhängigkeit von dienstlichen Befehlen und Anweisungen, sein unpolitischer Charakter; denn die politische Entscheidung liegt in der Entscheidung des Gesetzgebers und nicht der des Richters. Erst dadurch, daß eine generelle Norm besteht, unter deren Tatbestände ein Fall subsumiert werden kann, wird dieser Fall „justiziabel". Der Streit um den Inhalt der gesetzgeberischen Entscheidung ist aus demselben Grunde nicht justiziabel, nicht Sache der richterlichen Entscheidung, sondern der politischen Entscheidung des Gesetzgebers. Organisiert man hierfür ein justizförmiges Verfahren, so organisiert man in Wahrheit eine gesetzgebende Instanz, welche die Funktionen eines Oberhauses oder einer

[33]) Ohne begriffliche Präzision heißt es in den Leitsätzen Kelsens (Nr. VI a. a. O. S. 450): „Den Gegenstand der verfassungsgerichtlichen Judikatur hat zu bilden: vor allem die Gesetze und verfassungsunmittelbare Verordnungen usw." Vgl. auch R. Grau a. a. O. S. 291: „Bei einem Verfassungsgerichtshofe ist an ein Gericht gedacht, das in Fragen des Verfassungsrechtes als Treuhänder der Verfassung allgemein an Stelle anderer Gerichte zu entscheiden hat, und zwar wegen des sachlichen Gegenstandes der Rechtsfrage."

[34]) So mit Recht Nawiasky, Bayerisches Verfassungsrecht 1923 S. 457 zu der in § 93 der Bayerischen Verfassung eingeführten Beschwerde an den Staatsgerichtshof; ebenso W. Jellinek, Veröffentlichungen der Vereinigung deutscher Staatsrechtslehrer, Heft 2 S. 25. Zu der Verfassungsbeschwerde der Schweizerischen Bundesverfassung: C. Schmitt, Verfassungslehre S. 112.

zweiten bzw. ersten Kammer wahrnimmt. Darin, daß dieser „Gerichtshof" nur auf Antrag politischer Instanzen (Regierung, Reichstag) tätig wird, zeigt sich dann wieder der wesentlich politische Zweck und die in der Beseitigung des allgemeinen richterlichen Prüfungsrechtes liegende „Negierung des Rechtsstaates"[35]). Eine solche Instanz ist eben nur insofern Gericht, als sie mit „unabhängigen Richtern" besetzt ist, die Richter sind (ganz formalistisch) nur deshalb Richter, weil sie „unabhängig" und „unabsetzbar" sind. Aber ganz ohne Bezug auf den sachlichen Inhalt der Tätigkeit lassen sich solche Einrichtungen nicht organisieren und diese Art „Formalismus" führt, wie erwähnt, zu sinnlosen Konsequenzen. Denn auch der Monarch ist unabhängig und unabsetzbar; auch der parlamentarische Abgeordnete für die Dauer seines Amtes[36]) usw. Ein solcher Formalismus kann nur dazu dienen, die sachliche Bedeutung der Funktion zu verdunkeln. Die Offenheit, mit welcher die eingangs erwähnten Napoleonischen Verfassungen einen Senat, d. h. eine (der Natur der Sache nach konservative) zweite Kammer, mit der Entscheidung des Streites über Verfassungswidrigkeiten betrauten, hat immerhin gewisse politische Vorzüge[37]). Im übrigen ist es, wie erwähnt, eine praktisch-politische Frage, wie weit man hier die echte Justiz einer politischen Belastung aussetzen will[38]).

Die meisten Vorschläge, die mit großer Selbstverständlichkeit einen Gerichtshof zur Entscheidung solcher Fragen fordern, verkennen den untrennbaren Zusammenhang von richterlicher Unabhängigkeit und richterlicher Bindung an eine generelle, tatbestandsmäßige, Subsumtionen ermöglichende Norm. Sie verkennen aber auch die Eigenart der Entscheidung als solcher, das „dezisionistische" Element jeder Entscheidung, das nicht normativ abzuleiten ist. Dieser „Dezisionismus" gilt am klarsten für politische (im Gegensatze zu richterlichen) Entscheidungen. Es ist offenbar unmöglich, den Inhalt politischer Gestaltungsakte wie Gesetzgebung oder Regierung aus dem Inhalte der verfassungsgesetzlichen Bestimmungen abzuleiten, welche Gesetzgebung und Regierung „regeln". Dagegen wird der Inhalt der richterlichen Entscheidung aus dem Inhalt des Gesetzes abgeleitet und kommt durch tatbestandsmäßige Subsumtion zustande. Der Strafrichter, der einen Menschen wegen Diebstahls zu Gefängnis verurteilt, subsumiert unter die Tatbestände einer strafrechtlichen

---

[35]) Hugo Preuß a. a. O. Prot. S. 483f. (über den „Bock als Gärtner"); sehr nachdrücklich mit treffender Kritik Morstein Marx a. a. O. S. 117ff.

[36]) Über die Verschiedenheit von richterlicher und parlamentarischer Unabhängigkeit C. Schmitt, Verfassungslehre S. 274.

[37]) Eine solche Instanz ist ihrer Natur nach notwendigerweise Hüter des Status quo. Schon nach römischem Staatsrecht sollte die Bestätigung des Volksbeschlusses durch den Senat (die patrum auctoritas) zwar nicht dem rechtmäßig freien Belieben des Volkes Schranken setzen, aber Verletzungen der verfassungsmäßigen Ordnung und völkerrechtlicher Verpflichtungen hindern (Mommsen, Römisches Staatsrecht 3, 1041). Gneist nennt das Oberhaus (hier die erste Kammer) das „Organ zum Schutze der bestehenden Rechtsordnung" usw. Vgl. Verfassungslehre S. 293.

[38]) Schon die Ausübung des richterlichen Prüfungsrechtes durch den Höchsten Gerichtshof der Vereinigten Staaten von Amerika (also nicht einmal eine eigene organisierte Zuständigkeit zur Entscheidung von Zweifeln und Meinungsverschiedenheiten über den Inhalt verfassungsgesetzlicher Bestimmungen) hat dazu geführt, daß man den Gerichtshof als zweite Kammer bezeichnete, von „richterlichem Veto", „richterlicher Zensurgewalt" und „government of judges" sprach; vgl. die interessanten Nachweise bei Lambert, Le gouvernement des juges, Paris 1921, S. 21f. Über den österreichischen Verfassungsgerichtshof die Äußerung von Ch. Eisenmann a. a. O. S. 216: „la justice constitutionnelle fait apparaître plus nettement que toute autre le pouvoir créateur... de la Jurisprudence; la Cour, en réalité, complète, détermine la Constitution plus qu'elle ne l'applique — au sens que l'on attache généralement à ce mot: elle ne ‚dit' pas le droit, elle le fait." Diese richtige Erkenntnis wird infolge des theoretischen Normativismus und Formalismus leider nicht fruchtbar.

Regelung, der Zivilrichter unter die Tatbestände einer zivilrechtlichen Norm und leitet daraus seine Entscheidung inhaltlich ab. Der Reichskanzler dagegen, der die Richtlinien der Politik bestimmt, gewinnt nicht den Inhalt seiner politischen Entschlüsse durch eine Subsumtion unter Art. 56 RVerf. („der Reichskanzler bestimmt die Richtlinien der Politik"); ebensowenig subsumiert der Reichstag, wenn er ein Gesetz beschließt, unter Art. 68 RVerf. („die Reichsgesetze werden vom Reichstag beschlossen"). Die Verschiedenheit ist für die Frage des sogenannten Verfassungsgerichtshofes deshalb von Bedeutung, weil die Entscheidung, welche den Zweifel über den Inhalt einer verfassungsgesetzlichen Bestimmung beseitigt, nicht aus dem zweifelhaften Inhalt abgeleitet werden kann. Sie ist daher ihrem Wesen nach nicht mehr richterliche Entscheidung. Liegt wirklich ein ernsthafter Zweifel über den Inhalt der Norm vor, so läßt er sich nicht unter Hinweis auf die Norm erledigen[39]), vielmehr entsteht eine einfache und einleuchtende Alternative: entweder liegt ein offenbarer Widerspruch gegen verfassungsgesetzliche Bestimmungen, also eine Verfassungsverletzung vor: dann übt der Gerichtshof, der diese Verletzung in aller Form ausdrücklich feststellt, in Wahrheit eine vindikative Justiz nach Art einer Strafjustiz; oder der Zweifel über den Inhalt einer Norm ist so begründet und und die Norm an sich so unklar, daß von einer Verletzung auch dann nicht gesprochen werden kann, wenn das Gericht anderer Auffassung ist als der Gesetzgeber, dessen Gesetz mit dem zweifelhaften Verfassungsgesetz in Widerspruch steht. Dann wird es klar, daß der Gerichtshof, indem er einen zweifelhaften Inhalt mit Gesetzeskraft außer Zweifel stellt, selber als Gesetzgeber fungiert. Die spezifische Bedeutung der Entscheidung als solcher ist immer, selbst bei einem nur akzessorisch Stellung nehmenden ordentlichen Gericht, erkennbar

---

[39]) Es ist deshalb nichts damit gewonnen, die Verfassung (unter Verwechslung von Verfassung und verfassungsgesetzlicher Einzelbestimmung) als die Spitze einer „Hierarchie von Normen" hinzustellen und darauf eine Verfassungsgerichtsbarkeit aufzubauen, wie das in den Ausführungen Kelsens über Verfassungsgerichtsbarkeit geschieht und auch von Eisenmann in seiner eingangs erwähnten Abhandlung übernommen ist. Wenn es Normen gibt, die anderen Normen im Kollisionsfalle vorgehen und man insofern von „höheren" und „niederen" Normen sprechen kann, ist das noch keine allgemeine „Hierarchie der Normen" und keine Grundlage für eine Justizförmigkeit von Gesetzgebungsakten. Ein Richter kann gelegentlich eines Prozesses einer Norm die Anwendung versagen, aber nur weil eine andere ihn bindende Norm, unter deren Tatbestände er den streitigen Fall subsumiert, vorgeht. Darauf beruht die Ausübung des richterlichen Prüfungsrechtes (Verfassungsgesetz als höhere Norm gegenüber einfachem Gesetz; Reichsgesetz höhere Norm gegenüber Landesgesetz). Daraufhin eine Hierarchie der Normen oder gar eine Justiz der Normen als solche gegeneinander anzunehmen, wäre nur mit fiktiven Personifikationen möglich. In Wahrheit gibt es nur eine Hierarchie von konkret existierenden Wesen oder Instanzen. Die Hierarchie der Normen ist, soweit man davon sprechen kann, eine Hierarchie der Normengeber. Der Rechtsstaat beruht aber darauf, daß der Richter dem Gesetz und nicht dem Gesetzgeber unterworfen ist; richterliche Unabhängigkeit und richterliche Bindung an das Gesetz sind sofort beseitigt und das rechtsstaatliche System der Gewaltenunterscheidung zertrümmert, wenn der Normengeber hierarchisch der Vorgesetzte des Richters wird. Soweit echte Normativität herrscht, im Bereiche einer unabhängigen, an generelle tatbestandsmäßige Normen gebundenen Justiz, gibt es daher keine Hierarchie und die höhere richterliche Instanz ist eben nicht der Vorgesetzte der unteren Instanz. Echte Normativität schließt die Hierarchie aus. Nur in phantasievoller Allegorie, nicht im Ernst könnte man sagen, daß die höhere Norm über die niedere zu Gericht sitzt und ihr den Prozeß macht. Eine durchgängige Normativität besteht in keinem Staate, solange Gesetzgebung, Regierung und Justiz unterschieden werden. Bindung an die Norm, Konkretisierung der Norm, „Ermächtigung", „Normgemäßheit" usw. sind auf den verschiedenen Gebieten so verschieden, daß nur mit Hilfe fortwährender Verwechslung eine in der Verfassungsgerichtsbarkeit gipfelnde Gerichtsbarkeit der Normen erdacht werden kann. Die Mahnung Otto Mayers (Verwaltungsrecht I 3. Aufl. S. 84 Anm. 5) hat keine Beachtung gefunden und sei deshalb hier wiederholt: „Unvorsichtiges Umgehen mit der Bezeichnung Norm, die man bald für Rechtssatz, bald für rechtliche Bestimmung des Einzelfalles gebraucht, richtet hier Verwirrung an. Manchmal scheint man auch absichtlich die Sache damit im unklaren zu lassen."

und wenn man sich die Mühe gibt, einmal in der Geschichte des Obersten Gerichtshofes der Vereinigten Staaten von Warren nachzulesen, welche schwankenden Argumentationen und starken Minderheiten überstimmter und dissentierender Richter bei politisch wichtigen Entscheidungen über die Verfassungsmäßigkeit eines Gesetzes vorkommen[40]), wird man nicht mehr des naiven Glaubens sein, die Beweisführung einer solchen Entscheidung hätte den Sinn, eine bisher zweifelhafte Verfassungswidrigkeit in eine nunmehr aller Welt einleuchtende zu verwandeln. Der Sinn ist nicht überwältigende Argumentation, sondern eben Entscheidung durch autoritäre Beseitigung des Zweifels. Der Richter ist kein Gutachter und die Verbindung gutachtlicher Tätigkeit mit richterlicher Tätigkeit enthält eine unklare Vermischung, weil die Gutachtertätigkeit, solange das Gutachten unverbindlich ist, in der Sache nicht richterliche, sondern Verwaltungstätigkeit bedeutet; ist das Gutachten aber verbindlich, so ist es Entscheidung und nicht mehr wesentlich Gutachten[41]).

Das autoritäre, über den Dezisionismus jeder gerichtlichen Entscheidung weit hinausgehende Element wird man aus der Tätigkeit eines solchen Gerichtshofes nicht ausscheiden können, ohne ihm Sinn und praktischen Wert zu nehmen. Für eine Verfassung von der Art der Weimarer Verfassung ist das noch aus einem besonderen Grunde von unmittelbarer praktischer Bedeutung und unabsehbaren Folgen. Der zweite Hauptteil der Reichsverfassung (auf den sich doch die meisten und wichtigsten Zweifel und Meinungsverschiedenheiten beziehen) enthält in der bunten Mannigfaltigkeit seiner grundsätzlichen und verfassungsgesetzlichen Einzelbestimmungen vielfach überhaupt keine Entscheidung, auch keine Kompromißentscheidung, sondern nur mehrdeutige Formeln, durch welche die Entscheidung hinausgeschoben und verschiedenartigen, oft sogar widersprechenden Gesichtspunkten Rechnung getragen werden soll. Die Kompromißregelung in der Kirchen- und Schulfrage enthält hierfür einleuchtende Beispiele. Bei solchen „dilatorischen Formelkompromissen“[42]), enthält die Entscheidung über „Zweifel und Meinungsverschiedenheiten“ in Wahrheit überhaupt erst die sachliche Entscheidung. Eine Instanz, die im Sommer 1927 über die Verfassungsmäßigkeit des damaligen, lebhaft umstrittenen Reichsschulgesetzentwurfes entschieden hätte, würde dem Art. 146 RVerf. erst seinen Inhalt gegeben und die Schulfrage maßgebend entschieden haben. Wenn hier ein Gerichtshof entscheidet, ist er offenbar Gesetzgeber in hochpolitischer Funktion. Noch mehr als in anderen Fällen zeigt sich angesichts dieser Eigenart des zweiten Hauptteils der Weimarer Verfassung, wie sehr die Bedenken Richard Thomas berechtigt sind, wenn er eine „Überhöhung des Staatsgerichtshofes über den Gesetzgeber“ für weder „reasonable“ noch einem staatspolitischen Bedürfnis entsprechend hält; denn es handelt sich darum, „aus der Diskussion ohne allzu große juristische Erschwerung zur Dezision zu gelangen, über deren Vernünftigkeit und Gerechtigkeit man immer streiten kann, und die dem

---

[40]) Charles Warren, the Supreme Court in United States history, Boston 1924, z. B. III S. 22ff. (Dred Scott Case), S. 244 (Legal Tender Cases).

[41]) A. Bertram am Schlusse seines oben (Anm. 21) erwähnten Aufsatzes: „Die Begutachtung ist kein Bestandteil richterlicher Tätigkeit, sie ist Verwaltungstätigkeit, und darin muß sie sich (sc. wegen § 4 des Einführungsgesetzes zum Gerichtsverfassungsgesetz) auf das beschränken, was den Gerichten übertragen werden kann, auf Geschäfte der Justizverwaltung.“ — Es ist in diesem Zusammenhange besonders beachtenswert, daß der Höchste Gerichtshof der Vereinigten Staaten die Anträge des Kongresses, Gutachten zu erstatten, abgelehnt hat, weil er nur bei Vorliegen eines *real „case“ or „controversy“* tätig wird (Warren 1 S. 52, 108ff.; Charles Evans Hughes, The Supreme Court of the United States, New York 1928 S. 31).

[42]) Verfassungslehre S. 31f.

Gesetzgeber zu überlassen, dem Richter zu nehmen, eine der Art bestimmenden Tendenzen des modernen Staates ist[43])."

Solche Erwägungen treffen aber nur einen besonderen, Zweifel und Meinungsverschiedenheiten über die Verfassungswidrigkeit von Gesetzen entscheidenden, sog. Verfassungsgerichtshof, nicht das bloß akzessorische richterliche Prüfungsrecht, das, streng in den Grenzen einer bürgerlichen, strafrichterlichen oder verwaltungsrichterlichen[44]) Prozeßentscheidung verbleibend, entweder rein defensiv die eigene verfassungsmäßige Sphäre wahrt (durch Prüfung der ordentlichen Verkündung eines Gesetzes[45]), Abwehr von unzulässigen Einzelbefehlen und von Entziehungen des gesetzlichen Richters), oder aber zum Zwecke der sachlichen Prozeßentscheidung sich nur in der Weise ergibt, daß es aus der unmittelbaren Bindung des Richters an den tatbestandsmäßigen Inhalt einer generellen Norm im Falle einer Kollision materieller Normen hervorgeht. Was jene defensive Prüfung angeht, so ist jede öffentliche Behörde mit der Kompetenz versehen, die Voraussetzungen ihrer Tätigkeit zu prüfen, und nicht nur eine verfassungswidrige Tätigkeit zu unterlassen, sondern auch die ihr obliegende Tätigkeit vorzunehmen[46]). Daraus ergibt sich schon eine allgemeine behördliche Prüfungspflicht. Aber schließlich hat auch jeder Staatsbürger ein Prüfungsrecht und eine Prüfungspflicht und sind wir alle Hüter der Verfassung. In dieser Bedeutung hatte der eingangs erwähnte Appell, den die französische Verfassung von 1791 zu ihrem Schutze an alle Staatsbürger richtete, doch einen guten Sinn. Zum Unterschiede von diesen allgemeinen Arten der Prüfung, zum Unterschiede ferner von der Korrektur innerhalb der Justiz (Revision, Justizaufsicht, Kassation u. a.) handelt es sich hier um die Stellung der Justiz gegenüber dem Gesetzgeber und das Verhältnis zweier unterschiedener Gewalten. Hier enthält das akzessorische richterliche Prüfungsrecht die Besonderheit, daß es sich im Rahmen der — auf der Gesetzesunterworfenheit beruhenden — richterlichen Unabhängigkeit bewegt. Nur aus der eigenartigen Vereinigung von Unabhängigkeit und Bindung erklärt sich diese Besonderheit. Die Gerichte sind zwar staatliche Instanzen, aber, infolge ihrer unmittelbaren Bindung an das Gesetz als generelle Norm, aus der Hierarchie der staatlichen Behördenorganisation herausgenommen und in Ausübung ihrer richterlichen Tätigkeit an Anweisungen von Vorgesetzten nicht gebunden. Darauf beruht die Überlegenheit einer richterlichen Prüfung; daraus ergeben sich aber auch die engen Grenzen, in denen dieses Prüfungsrecht sich bewegt, wenn es nicht seine eigene Grundlage — den untrennbaren Zusammenhang von richterlicher Unabhängigkeit und gesetzlicher Bindung — zerstören will. Man kann nicht die Vorzüge des richterlichen Prüfungsrechtes wahren und jene Grenzen mißachten. Verläßt der Richter das Gebiet, auf welchem eine tat-

---

[43]) Grundrecht und Polizeigewalt, S. 223; die Stellungnahme Thomas auf dem Staatsrechtslehrertag in Wien 1928 ist, wenigstens nach dem bisher vorliegenden Bericht von Lutz Richter nicht ebenso klar.

[44]) Der Höchste Gerichtshof der Vereinigten Staaten lehnt in seiner strengen Beschränkung auf die „strictly judicial function" auch jede verwaltungsgerichtliche Tätigkeit ab (Hughes a. a. O. S. 32).

[45]) „Unstreitig ist und war immer, daß der Richter zu prüfen hat: 1. ob ein von ihm anzuwendendes Gesetz ordnungsmäßig verkündet ist" (Anschütz a. a. O. S. 217).

[46]) Wenn der 3. Zivilsenat in einem Beschlusse v. 25. Jan. 1924 (RG. 107, 319) sagt: Art. 105 RVerf. i. V. m. Art. 103 belaste „die Gerichte mit der Verantwortlichkeit, darüber zu wachen, daß die Gerichtsbarkeit in allen den Fällen ausgeübt wird, in denen sie nach den Gesetzen Platz greifen soll", so muß das dem Sinne nach für alle Verfassungsbestimmungen und für alle Behörden gelten; es ist so allgemein, daß es gegenüber Art. 105 RVerf. nicht durchschlägt, vgl. den folgenden Plenarbeschluß v. 22. Febr. 1924 a. a. O. S. 323, nach welchem Art. 103 u. 105 nichts über den Umfang der von der Gerichten auszuübenden Gerichtsbarkeit besagen.

bestandsmäßige Subsumtion unter generelle Normen und infolgedessen eine Bindung an das Gesetz möglich ist, so ist er nicht mehr unabhängiger Richter im Sinne des bürgerlichen Rechtsstaates und kein Schein von Justizförmigkeit kann diese Folgerung abwenden[47]).

In der (unter 4 näher zu erörternden) Begründung des reichsgerichtlichen Urt. v. 4. Nov. 1925 wird das richterliche Prüfungsrecht mit folgendem Satz begründet: „Da die Reichsverfassung selbst keine Vorschrift enthält, nach der die Entscheidung über die Verfassungsmäßigkeit eines Reichsgesetzes dem Richter entzogen und einer bestimmten anderen Stelle übertragen wäre, muß das Recht und die Pflicht des Richters die Verfassungsmäßigkeit von Reichsgesetzen zu prüfen, anerkannt werden." Diese Schlußfolgerung ist nicht ohne weiteres zwingend. Der Satz stellt zwei Dinge gleich, innerhalb deren unterschieden werden muß: 1. die Prüfung und 2. die Aberkennung der Gültigkeit. Es kann ein Prüfungsrecht bestehen ohne die weitere Befugnis, bei negativem Ergebnis den der Prüfung unterworfenen Staatsakt als ungültig zu behandeln. Welche Befugnisse dem Prüfungsberechtigten zukommen, ist eine durchaus selbständige Frage für sich. Man kann auch nicht sagen, es entspreche einem allgemeinen Satze des öffentlichen Rechtes, daß jedes Ressort die Akte eines anderen Ressorts, die es für fehlerhaft hält, einfach als ungültig behandeln kann. Innerhalb der im Wege der Prüfung festgestellten Fehlerhaftigkeit kann es verschiedene Grade geben und innerhalb der Folgen und Wirkungen bestehen wieder große Unterschiede: bloße Feststellung, Rüge, Anfechtbarkeit, das Recht, die Aufhebung zu verlangen, das Recht, nochmalige Beschlußfassung zu fordern, absolute Nichtigkeit usw. Jedenfalls ist unter diesen möglichen Folgen der Fehlerhaftigkeit die Nichtigkeit eines fehlerhaften Staatsaktes, wie W. Jellinek mit Recht hervorgehoben hat, durchaus die Ausnahme und eine nur seltene Folge der Fehlerhaftigkeit[48]).

Aber auch in sich selbst ist jener Satz der Beweisführung des Urt. v. 4. Nov. 1925 in seiner abstrakten Allgemeinheit nicht schlüssig und bedarf einer ergänzenden Beweisführung verfassungsrechtlicher Art. Daraus allein, daß die Reichsverfassung dem Richter die Prüfung nicht ausdrücklich entzieht, folgt keineswegs, daß sie ihm zusteht. In einer solchen Beweisführung ist das selb-

---

[47]) Die Freirechtsbewegung hat die verfassungsrechtlichen Zusammenhänge von Unabhängigkeit und Bindung vielfach verkannt, trotz des Hinweises von Radbruch, ArchSozW. N. F. 4 (1906), 355ff. (über den „Notstand" des Richters beim Verbot der Justizverweigerung). Sehr treffend die Ausführungen von E. Kaufmann, auf dem Staatsrechtslehrertag 1926 (Veröffentlichungen Heft 3 S. 19): der Richter muß sich im Rahmen seiner spezifischen richterlichen Aufgabe halten, er darf die zwischen Richter und Gesetzgeber obwaltende Ordnung nicht umstoßen, nicht spezifisch gesetzgeberische Aufgaben an sich reißen, er darf nur die Verletzung gewisser äußerster Grenzen rügen. Trotz aller „Freiheit" der richterlichen „Schöpfer"tätigkeit, trotz der Weite seines Ermessens und mancher unbestimmten Begriffe bleibt es, solange am bürgerlichen Rechtsstaate festgehalten wird, bei dieser „Bindung an das Gesetz". „Ganz frei hält sich die Justiz von der Rechtsetzung" (W. Jellinek, Verwaltungsrecht 1928 S. 10). „Die Ausfüllung von Gesetzeslücken durch Interessenabwägung hat immer in erster Linie auszugehen von der Interessenwertung, die vom Gesetz selbst in erkennbarer Weise vollzogen worden ist" (Triepel, Streitigkeiten S. 52). Über die Grenzen des richterlichen Ermessens hinsichtlich der Gestaltung neuen Rechtes sehr gut Juncker, 3. Aufl. des Steinschen Grundrisses des Zivilprozeßrechtes, 1928 S. 23/24; darüber, daß es nicht „pflichtmäßiges", sondern nur „gesetzmäßiges" Ermessen gibt: Scheuner, Nachprüfung des Ermessens durch die Gerichte, VerwArch. 33 (1928), 77 (für die Justiz ist das zweifellos richtig; im übrigen bleibt die Problematik der Verschiedenheit zwischen Bestimmungen, die zum „freien" Handeln „ermächtigen" und echten Normen, d. h. solchen, die eine tatbestandsmäßige Subsumtion ermöglichen, sei es auch nur durch Weiterverweisung an Normen wie „Treu und Glauben", Verkehrsüblichkeit usw.).

[48]) Der fehlerhafte Staatsakt, Tübingen 1908; Gesetz, Gesetzesanwendung und Zweckmäßigkeitserwägung, 1913, S. 238ff.; Verwaltungsrecht, 1928, S. 254f.; ferner, mit besonderem Bezug auf die Frage des richterlichen Prüfungsrechtes: DJZ. 1921 Sp. 754.

ständige Problem der Entscheidung umgangen. Selbst wenn ein zweifellos verfassungsgesetzwidriges, einfaches Gesetz vom Richter als ungültig behandelt werden darf, folgt daraus nichts für die ganz andere Frage, wer im Zweifelsfalle zuständig ist, über die Verfassungswidrigkeit zu entscheiden. Daß ein einfaches Reichsgesetz offenkundig und zweifellos verfassungsgesetzwidrig ist, wird in Deutschland kaum vorkommen. Aber auch wenn es einmal vorkommen sollte, und wenn allgemein anerkannt wird, daß der Richter ein solches Gesetz als ungültig behandeln muß, ist damit für die Zweifelsfälle nichts bewiesen. Die Frage, wer den Zweifel entscheidet, ist nicht damit beantwortet, daß man auf die Ungültigkeit zweifellos verfassungsgesetzwidriger Gesetze verweist. Die Frage, wer zuständig ist, solche Zweifel zu entscheiden, betrifft überhaupt nicht die Wirkung der Verfassungswidrigkeit, sondern nur die oben behandelte, eigenartige, zum Gebiet der Gesetzgebung gehörende Entscheidungsbefugnis.

Daraus allein, daß keine verfassungsgesetzliche Bestimmung dem Richter die Prüfung verbietet, läßt sich sein Prüfungsrecht nicht beweisen. Bis hierhin müßte man R. Thoma zustimmen, der in seinem Bericht für den Staatsrechtslehrertag 1922 zu dem Ergebnis kommt: „Beim Schweigen der Gesetze gibt es keine logisch-juristische Nötigung weder zur Bejahung noch zur Verneinung der Überprüfbarkeit formgerecht kundgemachter Gesetze[49]).“ Eine logisch-juristische Beweisführung ergibt sich auch nicht daraus, daß man zwischen dem (angeblich allmächtigen und schrankenlosen) verfassungsändernden Gesetzgeber und dem (an die Verfassung gebundenen) einfachen Gesetzgeber unterscheidet und, wie das bisher leider meistens geschieht, den für die Revision verfassungsgesetzlicher Bestimmungen zuständigen sog. verfassungsändernden Gesetzgeber mit dem Träger der verfassunggebenden Gewalt verwechselt[50]); in Wahrheit haben alle verfassungsmäßigen gesetzgebenden Instanzen, auch die für die Verfassungsänderung zuständigen Stellen, nur verfassungsmäßige Befugnisse und sind sie als Gesetzgebungsinstanzen hinsichtlich ihrer staatlichen Funktion von der Justiz unterschieden. Ein Beweis für das richterliche Prüfungsrecht ergibt sich vielmehr aus der Eigenart einer bürgerlich-rechtstaatlichen Verfassung mit ihrer materiellen Unterscheidung von Gesetzgebung und Justiz. Es ist durchaus richtig, was Art. 16 der Erklärung der Menschen- und Bürgerrechte sagt: daß es ohne diese Gewaltenunterscheidung überhaupt keine Verfassung, nämlich keine bürgerlich-rechtstaatliche Verfassung gibt. Die Weimarer Verfassung will eine Verfassung im Sinne dieses bürgerlichen Rechtsstaates sein. Das gehört zu den grundlegenden politischen Entscheidungen, die ihre Substanz ausmachen. Infolgedessen hat die Justiz ihre eigene verfassungsmäßige Sphäre, gleichgültig, ob darüber ausdrückliche verfassungsgesetzliche Bestimmngen wie Art. 102 RVerf. („Die Richter sind unabhängig und nur dem Gesetz unterworfen“) oder Art. 105 („Niemand darf seinem gesetzlichen Richter entzogen werden“) im Texte der Verfassungs-

[49]) A. a. O. S. 285, ihm zustimmend z. B. Morstein Marx a. a. O. S. 1f.; Geiler, DJZ. 1923 Sp. 263. Dagegen entspricht die Beweisführung des Reichsgerichtes ganz dem Satze von Hugo Preuß: „Das richterliche Prüfungsrecht existiert unbedingt dort, wo es nicht ausdrücklich ausgeschlossen ist“, Prot. S. 483. Ein wichtiger Hinweis auf eine spezifisch verfassungsrechtliche Argumentation bei Smend a. a. O. S. 152.

[50]) Aus der Verschiedenheit (oder Nichtverschiedenheit) von einfachem und verfassungsänderndem Gesetzgeber sucht W. Jellinek eine juristische Beweisführung für oder gegen das richterliche Prüfungsrecht abzuleiten (DJZ. 1921 Sp. 743/54); auch der Aufsatz von Carré de Malberg, la constitutionnalité des lois et la Constitution de 1875, Revue politique et parlementaire, CXXXII (Sept. 1927) S. 339f., dessen Gedankengang darauf beruht, daß es die gesetzgebenden Körperschaften sind, die nach Art. 8 Abs. 1 des Verfassungsgesetzes v. 25. Febr. 1875 allein darüber entscheiden, was eine Verfassungsänderung ist. Über die Unterscheidung von verfassunggebender Gewalt und Revisionsbefugnis: C. Schmitt, Verfassungslehre S. 77, 102f.

urkunde stehen oder nicht. Die Wahrung der eigenen verfassungsmäßigen Sphäre mit den spezifischen Mitteln dieser Sphäre gehört zu den verfassungsmäßigen Befugnissen jeder verfassungsmäßigen Gewalt. Im Rahmen der Rechtsprechung besteht infolgedessen eine doppelte Möglichkeit: 1. Verfassungswidrige Eingriffe der gesetzgebenden Stellen abzuwehren und die Sphäre der unabhängigen Justiz gegen Kabinettsjustiz des Gesetzgebers, Entziehung des gesetzlichen Richters, Ausnahmegerichte usw. zu verteidigen; und 2. im Rahmen der Zulässigkeit des Rechtsweges bei Entscheidung eines bestimmten „Falles" die Interessen, die durch verfassungsgesetzliche Garantien den Schutz erhöhter Gesetzeskraft gefunden haben, dadurch gegenüber dem einfachen Gesetz zu schützen, daß der Fall unter die verfassungsgesetzliche Norm (nicht das einfache Gesetz) subsumiert wird. Das erste ist ein rein defensiver Selbstschutz der Justiz; die Gerichte sind hier Hüter, zwar nicht der Verfassung im ganzen, wohl aber eines wichtigen Teiles jeder rechtsstaatlichen Verfassung, nämlich der unabhängigen Justiz im rechtsstaatlichen Sinne. Das zweite ist nicht Schutz und Hütung der Verfassung oder auch nur eines Verfassungsgegesetzes; Gegenstand des prozessualen Schutzes bleibt das Interesse der prozeßführenden Partei und der Richter fungiert nur im Rahmen der tatbestandsmäßigen Subsumierung unter das ihn bindende Gesetz. Der Richter hat hier durchaus nicht die spezielle Aufgabe, Hüter der verfassungsgesetzlich mit erhöhtem Schutz ausgestatteten Interessen zu sein. Diese Schutzwirkung ist nur ein Akzessorium; die Nichtanwendung des einfachen Gesetzes bleibt im Rahmen der tatbestandsmäßigen Subsumierung unter ein anderes, vorgehendes Gesetz. Der Richter hat in dieser Hinsicht keineswegs die besondere Aufgabe, den Gesetzgeber zu kontrollieren, sondern befindet sich in gewissem Sinne in einem „Notstande": er darf die Prozeßentscheidung nicht wegen Unklarheit oder Fehlerhaftigkeit eines Gesetzes ablehnen, und bleibt doch an ein Gesetz gebunden und diesem unterworfen; er sucht die „höhere Norm" aus den Notwendigkeiten seine Bindung an eine Norm, nicht aus einer Überlegenheit[51]). Bei der Ausübung dieses richterlichen Prüfungsrechtes ist daher auch immer davon auszugehen, daß im Zweifelsfalle die Vermutung für die Gültigkeit des Gesetzes spricht, daß der Gesetzgeber und nicht der Richter die politische Entscheidung zu treffen hat und die Sphäre der Gesetzgebung unbedingt respektiert werden muß[52]).

---

[51]) Besonders treffend daher die Ausdrucksweise der Gründe des Urt. v. 4. Nov. 1925 (RG. 111, 322/33): die Verfassungsbestimmungen bleiben verbindlich und nötigen den Richter, die widersprechenden Bestimmungen des späteren Gesetzes außer Anwendung zu lassen.

[52]) Die Praxis des Höchsten Gerichtshofes der Vereinigten Staaten von Amerika ist sich dieses verfassungsrechtlichen Zusammenhanges bewußt, in ihrer strengen Selbstbeschränkung auf die Entscheidung von bestimmten, streitigen Fällen (contested cases and controversies), Ablehnung von Gutachten und von verwaltungsgerichtlicher Tätigkeit, Ablehnung jeder politischen und gesetzgeberischen Stellungnahme. Chief Justice Taney sagt mit Recht, daß jede Expansion der Justiz über ihr eigentliches Gebiet die in der Verfassung der Vereinigten Staaten garantierte Ordnung in Anarchie verwandeln würde (*Luther v. Borden*, 7 How. 1, in einem Fall, von dem Warren II S. 460 sagt, der Gerichtshof habe niemals eine Sache entschieden, in welcher die Möglichkeit politischer Gegensätze größer war, und trotzdem habe er sein Urteil mit nur einer dissentierenden Stimme, gegen den Standpunkt der politischen Partei abgegeben, aus deren Reihen die meisten Richter ernannt waren). — Für den Satz, daß im Zweifel die Vermutung für die Gültigkeit des Gesetzes spricht, vgl. die Ausführungen von Chief Justice Marshall (*Fletcher* v. *Peck*, 6 Cranch, 87): die Frage, ob ein Gesetz wegen Verfassungswidrigkeit nichtig ist, ist immer eine sehr delikate Frage, die selten, wenn überhaupt, im Zweifel bejaht werden darf (a question of much delicacy, which ought seldom, if ever, to be decided in the offirmative in a doubtful case) . . . Der Widerspruch von Verfassung und Gesetz muß derartig sein, daß der Richter die klare und strenge Überzeugung der Unvereinbarkeit des einen mit dem anderen hat (the opposition between the constitution and the law should be such that the judge feels a clear and strong conviction of their incompatibility

Sowohl jene nur defensive Wahrung der Kompetenzsphäre einer unabhängigen Justiz, wie auch diese nur hemmende, nur tatbestandsmäßig subsumierende Nichtanwendung eines einfachen Gesetzes bewegen sich also in einem engen Rahmen. Das richterliche Prüfungsrecht bleibt in beiden Fällen akzessorisch; seine Wirkung ist grundsätzlich auf die Entscheidung eines vorliegenden Rechtsstreites beschränkt; die Stellungnahme zur Anwendung oder Nichtanwendung des einfachen Gesetzes ist keiner Rechtskraft fähig. Darin liegt eine große Schwäche, die man in Kauf nehmen muß. Die Wirkung der richterlichen Entscheidung geht nur insofern über die einzelne Prozeßentscheidung hinaus, als eine präjudizielle (genauer: nur Präzedenzwirkung) eintritt. Das aber läßt sich nicht mit befehlsmäßiger Bindung erreichen. Immer bleiben widersprechende Entscheidungen nicht nur anderer höchster Instanzen, sondern auch unterer Gerichte, die sich der Präzedenzwirkung nicht fügen, möglich, ebenso kann der Höchste Gerichtshof in einem späteren Falle seine Stellungnahme ändern. Also eine Fülle von Besonderheiten, welche dem Bedürfnisse nach einer mechanisch-zentralistischen Wirkung und Berechenbarkeit widersprechen und dazu geführt haben, daß man einen mit Gesetzeskraft bindend entscheidenden Gerichtshof d. h. eine gesetzgeberische Instanz forderte. Damit wäre aber die Sphäre der Justiz bereits wieder verlassen. In normalen Zeiten wird jene präzedenzielle Wirkung sich von selbst durchsetzen. Was vom Standpunkt eines kommandomäßigen Funktionierens als Schwäche erscheint, ist dann ein Vorzug und die eigentliche Überlegenheit. In kritischen und bewegten Zeiten soll die Justiz nicht den Versuch machen, soziale und politische Konflikte zu entscheiden. Hier versagt auch die Wirkung des richterlichen Prüfungsrechts. Gerade die Geschichte des Obersten Gerichtshofes der Vereinigten Staaten enthält hier warnende Beispiele[53]). Es ist besser, die Grenze zu respektieren, die sich innerhalb eines bürgerlichen Rechtsstaates aus der Natur der Sache für eine unabhängige Justiz ergibt, als im Interesse einer rohen Promptheit den eigenartigen Wert einer bloßen Präzedenzwirkung preiszugeben.

Mehr als ein nur akzessorisches, nur tatbestandsmäßig subsumierendes richterliches Prüfungsrecht hat das Reichsgericht in der Entsch. v. 4. Nov. 1925 nicht in Anspruch genommen.

4.

In welchem Umfange das Reichsgericht ein richterliches Prüfungsrecht in Anspruch nimmt, läßt sich nur aus der Beweisführung seiner Entscheidungsgründe erkennen. Die Entsch. v. 4. Nov. 1925 enthält die Beweisführung in wenigen Sätzen, von denen hier (für die Frage nach dem Umfange des in Anspruch genommenen Prüfungsrechtes) drei besonders betrachtet werden sollen. Angesichts der alten und schwierigen, mit einem Aufgebot von Scharfsinn und Argumentationen behandelten Streitfrage könnte das auffällig kurz und summarisch erscheinen. Aber die drei Sätze sind sehr prägnant; sie ermöglichen

with each other); ferner die berühmte Entscheidung *Mc Culloch v. Maryland* (4 Wheat, 316), wo Chief Justice Marshall sagt (nachdem er auf den großen Spielraum einer verfassungsmäßigen Gesetzgebung hingewiesen hat), es würde über die Grenzen der Justiz hinausgehen, den Grad der Notwendigkeit gesetzgeberischer Entschlüsse zu untersuchen; das wäre schon Gesetzgebung. „This court disclaimes all pretensions to such a power."

[53]) Aus der Zeit des Kampfes um die Abschaffung der Sklaverei ist hier der *Dred Scott* Fall zu erwähnen, aus der Zeit der Geldentwertung infolge der Währungsgesetze des Sezessionskrieges die *Legal Tender Cases* (vgl. oben Anm. 40).

eine klare Auseinandersetzung und zeigen vor allem die — sehr engen — Grenzen, innerhalb deren das Prüfungsrecht bejaht wird[54]).

Erster Satz: Daß der Richter dem Gesetz unterworfen ist (Art. 102 RVerf.), „schließt nicht aus, daß einem Reichsgesetz oder einzelnen seiner Bestimmungen vom Richter die Gültigkeit insoweit aberkannt werden kann, als sie mit anderen, vom Richter zu beachtenden Vorschriften, die ihnen vorgehen, in Widerspruch stehen". Damit ist, um es in einem kurzen Schlagwort zu kennzeichnen, das Prinzip der tatbestandsmäßigen Subsumtion ausgesprochen: es gibt verfassungsgesetzliche Bestimmungen, unter deren tatbestandsmäßige Regelung der zur Prozeßentscheidung stehende Fall subsumiert werden kann. Diese verfassungsgesetzliche Regelung geht der einfachen reichsgesetzlichen gleichen Tatbestandes vor. Nur diese Subsumtion unter den Tatbestand des vorgehenden Gesetzes ermöglicht es dem Richter, dem einfachen Reichsgesetze (nicht die Gültigkeit abzuerkennen, sondern) die Anwendung zu versagen, genauer: statt unter dessen Tatbestände unter diejenigen des vorhergehenden Gesetzes zu subsumieren und dadurch den Prozeß zu entscheiden. Das ist nicht eigentlich eine Aberkennung der Gültigkeit, sondern eben nur eine Nichtanwendung wie auch in dem späteren Satze S. 322/323 richtig gesagt wird, daß der Richter genötigt sei, das Gesetz „außer Anwendung zu lassen". Die Bindung des Richters an das Gesetz steht nicht im Widerspruche mit diesem richterlichen Prüfungsrechte; sie ist vielmehr dessen Grundlage und einzige Rechtfertigung.

Zweiter Satz: Das (daß nämlich einem Reichsgesetze wegen vorgehenden Verfassungsgesetzes die „Gültigkeit aberkannt werden kann") „ist der Fall, wenn ein Gesetz einem in der Reichsverfassung aufgestellten Rechtssatz widerspricht und bei seinem Erlasse die durch Art. 76 RVerf. für eine Verfassungsänderung vorgeschriebenen Erfordernisse nicht vorgelegen haben." (Die Fortsetzung lautet: „Denn die Vorschriften der Reichsverfassung können nur durch ein ordnungsmäßig zustandegekommenes verfassungsänderndes Gesetz außer Kraft gesetzt werden.")

Dieser Satz enthält zwei verschiedene Teile, welche durch „und" miteinander verbunden oder genauer: nebeneinandergestellt sind. Der erste Teil wiederholt das Prinzip der tatbestandsmäßigen Subsumtion unter die vorgehende Norm, wobei nicht ausdrücklich zwischen Verfassung und Verfassungsgesetz unterschieden wird; der zweite Teil zeigt, daß ein Prüfungsrecht nur gegenüber einfachen Gesetzen in Anspruch genommen wird. Daraus folgt: soweit es sich um ein einfaches Reichsgesetz handelt, gibt es nach dieser Begründung

1. Keine richterliche Prüfung eines einfachen Reichsgesetzes auf seine Übereinstimmung mit den allgemeinen Prinzipien der Verfassung (zum Unterschied

---

[54]) Zum Vergleich seien hier die entsprechenden Sätze der berühmten grundlegenden Entscheidung des Höchsten Gerichtshofes der Vereinigten Staaten *Marbury* v. *Madison* (1 Cranch, 137) — Chief Justice Marshall — aus dem Jahre 1803 zitiert: „The powers of the legislature are defined and limited . . . It is a proposition too plain to be contested that either the constitution controls any legislative act repugnant to it, or that the legislature may alter the constitution by an ordinary act. Between this two alternatives there is no middle ground. The constitution is either a superior paramount law, unchangeable by ordinary means, or it is on a level with ordinary legislative acts, and, like other acts, is alterable when the legislature is pleased to alter it. If the former part of the alternative be true, then a legislative act contrary to the constitution is not law, if the latter part be true written constitutions are absurd attempts on the part of the people to limit a power, in its own nature illimitable." Das Reichsgericht vermeidet solche verfassungsrechtlichen Erwägungen; es argumentiert, trotz der Kürze seiner Beweisführung, vorsichtiger und weniger prinzipiell und begnügt sich mit dem Satz: „denn die Vorschriften der Reichsverfassung können nur durch ein ordnungsmäßig zustande gekommenes verfassungsänderndes Gesetz außer Kraft gesetzt werden".

von der einzelnen subsumierbaren verfassungsgesetzlichen Bestimmung); keine allgemeine, d. h. von einem bestimmten verfassungsgesetzlichen Tatbestand absehende Prüfung hinsichtlich des Geistes der Verfassung; auch keine Prüfung hinsichtlich der Einhaltung der Prinzipien, welche den rechtsstaatlichen Bestandteil der Reichsverfassung bilden (Grundrechte und Gewaltenunterscheidung). Vielmehr hält sich die Begründung des reichsgerichtlichen Urteiles vorsichtig, um nicht zu sagen formalistisch, an die verfassungsgesetzliche, rechtssatzmäßige Normierung, an deren Hand eine Konfrontierung mit der einfachen gesetzlichen Normierung möglich ist. Die in der Entsch. v. 4. Nov. 1925 vorgenommene Prüfung des Aufwertungsgesetzes stützt sich daher ganz auf den Wortlaut des Art. 153 RVerf. Die Frage der Umgehung verfassungsgesetzlicher Bestimmungen (darüber Carl Bilfinger, ArchÖffR. N.F. 11, 1926 S. 163f.) dürfte meistens das formgerechte Zustandekommen eines Gesetzes betreffen und daher nicht in diesen Zusammenhang gehören.

2. Keine richterliche Prüfung eines einfachen Reichsgesetzes auf seine Übereinstimmung mit allgemeinen Rechtsprinzipien: Treu und Glauben, richtiges Recht, gute Sitten, Vernünftigkeit (reasonableness, expediency) und ähnliche Begriffe, deren die Praxis des Obersten Gerichtshofes der Vereinigten Staaten sich besonders bei der Kontrolle der Trust- und der sozialen Gesetzgebung bedient hat[55]). Hier tritt am deutlichsten hervor, in welcher großen Entfernung das vom Reichsgericht in Anspruch genommene richterliche Prüfungsrecht gegenüber der amerikanischen Praxis bleibt und wie bedeutungsvoll die Grenze ist, die sich aus dem Prinzip der tatbestandsmäßigen Subsumierbarkeit ergibt. In der Entsch. RG. 118, 326/27 (= JW. 1928 S. 102ff.) ist ausdrücklich gesagt, daß § 826 BGB. („gute Sitten") nur für Privatrechtsverhältnisse bestimmt ist und keine Anwendung auf das öffentlich-rechtliche Verhältnis zwischen dem Gesetzgeber und dem der Staatsgewalt unterworfenen Staatsbürger findet. Der Reichsgerichtspräsident Dr. Simons stellt, anscheinend durchaus billigend, fest, „daß die Senate es abgelehnt haben, eine verfassungsmäßig zustandegekommene Norm unter dem Gesichtspunkte des richtigen Rechtes zu kritisieren und sich damit über den souveränen Gesetzgeber zu stellen[56])".

3. Anscheinend auch keine richterliche Prüfung einer in der Form eines einfachen Gesetzes erlassenen Anordnung oder Maßnahme, auf ihre Übereinstimmung mit den Merkmalen des rechtsstaatlichen Gesetzesbegriffes. Der Mißbrauch der Gesetzesform für etwas anderes als eine rechtssatzmäßige Normierung — Einzelbefehle, Dispense, Begnadigungen, Durchbrechungen usw. — kann leicht die Unabhängigkeit der Justiz gefährden und nach den obigen Ausführungen ein (defensives) richterliches Prüfungsrecht zur Wahrung der eigenen verfassungsmäßigen Stellung rechtfertigen (Selbstschutz der Gerichte als Hüter der unabhängigen Justiz). Hiervon spricht dieser Satz der Beweisführung aber nicht. Die wichtige Unterscheidung geht infolge der Vermengung von Verfassung und verfassungsgesetzlicher Einzelbestimmung, Verfassungswidrigkeit und Verfassungsgesetzwidrigkeit ganz verloren. Es wäre denkbar, daß auf dem Wege über Art. 109 RVerf. (Alle Deutschen sind vor dem Gesetze gleich) den schlimmsten Mißbräuchen und Ausnahmegesetzen die Gültigkeit abgesprochen werden könnte. Dann müßte aber zu der Auslegung dieser verfassungsgesetzlichen Bestimmung Stellung genommen werden: enthält sie eine Einschränkung

---

[55]) Vgl. Lambert a. a. O. S. 53 und die dortigen Zitate.

[56]) DJZ. 1924 Sp. 243. Der Richterverein hatte das Urteil des 5. ZS. v. 28. Nov. 1923 (über den Grundsatz der Aufwertung nach Billigkeit und Treu und Glauben von Fall zu Fall, RG 107, 78) dazu benutzt, um zu fordern, daß der Grundsatz von Treu und Glauben auch gegenüber der Aufwertungsverordnung selbst angewandt werde.

der Gesetzgebungsbefugnis (das wird man in einem bürgerlichen Rechtsstaate heute kaum noch verneinen können) und wann liegt eine sachlich ungerechtfertigte willkürliche Ungleichheit vor? Diese insbesondere von G. Leibholz in seinem bekannten Buch über die Gleichheit vor dem Gesetze, Berlin 1925 und ArchÖffR. N. F. 12, 1 ff. entwickelte Problematik der Gleichheit vor dem Gesetz würde dazu führen, daß doch wieder allgemeine Prinzipien des Verfassungsrechtes und auch des Rechtes überhaupt als Grundlage des richterlichen Prüfungsrechtes dienten. Die Beweisführung der Entsch. v. 4. Nov. 1925 hält sich aber streng an die einfache tatbestandsmäßige Subsumtion und spricht sich daher in keiner Weise über eine weitergehende Prüfungsbefugnis aus. Sie äußert sich auch nicht über das dem Selbstschutz der unabhängigen Justiz dienende Prüfungsrecht der Gerichte.

Der zweite Teil jenes zweiten Satzes enthält eine weitere wesentliche Einschränkung, nämlich:

4. Keine richterliche Prüfung sog. verfassungsändernder, d. h. im Verfahren des Art. 76 RVerf. zustandegekommener Reichsgesetze. Vor einem Reichsgesetz, welches die Form dieses Art. 76 wahrt, hört nach dieser Begründung jede weitere Prüfungsmöglichkeit auf. Die verfassungsrechtlich sehr wichtige Frage nach den Grenzen der Revisions- oder Änderungsbefugnis wird nicht einmal erhoben. Ob das Reichsgericht annimmt, Art. 76 schaffe einen absoluten, allmächtigen Souverän und einen Träger der verfassunggebenden Gewalt (ein rechtsstaatlich kaum denkbares Ergebnis), oder ob es hier nur von den Grenzen der richterlichen Prüfungsbefugnis sprechen will, ist aus der Begründung nicht zu ersehen. Damit entfällt auch die Frage, ob es unzulässige Verfassungsdurchbrechungen gibt, die auch durch Art. 76 nicht rechtmäßig werden können und in welchem Umfange dieser Artikel gewohnheitsrechtlich „apokryphe Souveränitätsakte" ermöglicht[57]).

Dritter Satz: „Da die Reichsverfassung selbst keine Vorschrift enthält, nach der die Entscheidung über die Verfassungsmäßigkeit der Reichsgesetze den Gerichten entzogen und einer bestimmten anderen Stelle übertragen wäre, muß das Recht und die Pflicht des Richters, die Verfassungsmäßigkeit von Reichsgesetzen zu prüfen, anerkannt werden."

Die Beweisführung dieses Satzes wurde bereits oben kritisiert und auf ihre Schlüssigkeit geprüft. Hier handelt es sich darum, wie weit aus diesem Satz eine nähere Bestimmung des Umfanges zu entnehmen ist, für welchen das Reichsgericht ein richterliches Prüfungsrecht in Anspruch nimmt. Dabei ergibt sich vor allem, daß Art. 76 RVerf. als absolute Schranke des richterlichen Prüfungsrechtes aufgefaßt wird. Das Reichsgericht ist weit davon entfernt, sich gegenüber den Instanzen des Art. 76 auf fundamentale Verfassungsprinzipien, sei es auch die Unabhängigkeit der Justiz zu berufen. Es genügt eine in der Form des Art. 76 zustande gekommene Anordnung, um allen Erwägungen des Reichsgerichtes über Verfassungsmäßigkeit ein Ende zu machen. Auf diesem Wege könnte also ein vom Reichsgericht als ungültig behandeltes einfaches Gesetz wiederholt werden und müßte dann als gültig behandelt werden; dem Reichsgerichte könnte für ein bestimmtes einfaches Gesetz die Ausübung des Prüfungsrechtes untersagt werden, ja, wenn es sich hier wirklich

---

[57]) Darüber Verfassungslehre S. 208; vortrefflich die Formulierung bei Carl Bilfinger, ArchÖffR. N. F. 12, 174; vgl. auch dessen Reichssparkommissar, Berlin 1928, S. 18; ferner der 4. Strafsenat in dem Urt. v. 9. März 1928 (DJZ. 1928 Sp. 1019/20): „Im übrigen ist das Gesetz zum Schutze der Republik mit der für Verfassungsänderungen erforderlichen Mehrheit beschlossen worden; darin liegt nach staatlichem Gewohnheitsrecht eine zulässige, stillschweigende Änderung der Verfassung selbst."

um den absoluten und allmächtigen Souverän handelt, könnten auch bereits ergangene Urteile einfach kassiert werden. Von besonderem Interesse wäre hier die Frage, ob nach dieser Begründung ein verfassungsänderndes Gesetz nach Art. 76 notwendig ist, um ohne anderweitige Regelung den Gerichten ihr Prüfungsrecht einfach zu nehmen (das wird man wohl bejahen müssen), und dann die weitere Frage, ob bei gleichzeitiger Einrichtung einer anderen, zur Entscheidung über die Verfassungsmäßigkeit von Reichsgesetzen berufenen Stelle, den Gerichten ihr Prüfungsrecht durch einfaches Gesetz genommen werden kann. Auch diese letzte Frage ist wohl zu verneinen. Denn wenn das richterliche Prüfungsrecht eine verfassungsmäßige Einrichtung des heutigen deutschen Verfassungsrechtes ist, wird man annehmen müssen, daß es zu seiner Beseitigung eines verfassungsändernden Gesetzes auch dann bedarf, wenn gleichzeitig ein anderer „Gerichtshof" zur Entscheidung von Zweifeln oder Auslegungsfragen eingesetzt wird[58]).

Betrachtet man das vom Reichsgericht in Anspruch genommene richterliche Prüfungsrecht unter praktisch politischen Gesichtspunkten, so ist dieser unbedingte Respekt vor Art. 76 RVerf. von besonderer Bedeutung. Dadurch wird es nämlich unwahrscheinlich, daß das Reichsgericht im Ernstfall als politischer Konkurrent dem Reichstage seine Gesetzgebungsbefugnis aus der Hand nimmt. Gegenüber einem solchen Konkurrenten würde eine politische und daher vor allem auf ihre Machtstellung bedachte Körperschaft wie ein heutiges Parlament genügend Mittel zur Verfügung haben: Änderung des Gerichtsverfassungsgesetzes, Einschränkung der Zulässigkeit des Rechtsweges, Beeinflussung der Richterernennung, Veranlassung eines Richterschubs, und im äußersten Falle würde sich in einer vor allem doch auf ihre politische Machtstellung bedachten Körperschaft vielleicht auch eine Zweidrittelmehrheit finden, um sich eines ernsthaften politischen Rivalen zu entledigen. Es ist aber nicht notwendig, solche Eventualitäten auszumalen. Denn die Möglichkeit einer richterlichen Praxis, wichtige Reichsgesetze als ungültig zu behandeln, ist nicht sehr groß. Der Fall, daß ein einfaches Reichsgesetz offenkundig einer klaren, zweifelsfreien, verfassungsgesetzlichen Bestimmung widerspricht, ist, wie schon erwähnt, nicht wahrscheinlich, und im Zweifelsfalle gilt die allgemeine Vermutung, die für die Gültigkeit von staatlichen Hoheitsakten spricht, erst recht für die Gesetze. Bisher (Sommer 1928) hat das Reichsgericht keinem Reichsgesetz die Gültigkeit aberkannt. Solange die Ausübung des Prüfungsrechtes zu dem Ergebnisse kommt, daß die geprüften Reichsgesetze gültig sind, hat der Reichstag kein besonderes politisches Interesse an einer politischen Behandlung des Prüfungsrechts. Erst wenn einmal einem politisch wichtigen Reichsgesetz die Anwendung versagt würde und alle Gerichte sich der Auffassung des Höchsten Gerichtshofes anschließen, könnte man beurteilen, welche praktisch-politische Auswirkung dieses Prüfungsrecht haben kann und wie weit hier, bei einem ernsthaften Gegensatz, die Gerichte gegenüber dem Reichsgesetzgeber ein „Gegengewicht" bedeuten.

Die Gefahr einer auf das Gebiet politischer Entscheidungen expandierenden Rechtsprechung liegt weniger im richterlichen Prüfungsrecht als in einer unzulässigen Ausweitung einzelner tatbestandsmäßiger Begriffe verfassungsgesetzlicher Einzelbestimmungen des zweiten Hauptteiles der Weimarer Verfassung,

[58]) Ebenso im Ergebnis: Hofacker, Gerichtssaal 1927 S. 213, R. Grau a. a. O. S. 287; Bredt, ZStaatsW. 82 (1927), 437; anders Löwenthal, DJZ. 1927 Sp. 1234ff. (unter Verkennung der materiell gesetzgeberischen Funktion eines über die Verfassungsmäßigkeit von Gesetzen entscheidenden „Gerichtshofes"). Es ist doch zweifellos eine Verfassungsänderung, wenn eine Art zweite Kammer eingeführt wird!

z. B. des Begriffes der Enteignung in Art. 153 RVerf.[59]), wodurch dem Prinzip der tatbestandsmäßigen Subsumtion der Boden entzogen wird; und ferner in einer grenzenlosen Zulassung von Schadenersatzklagen nach Art. 131 RVerf., § 839 BGB., wodurch jede staatliche Tätigkeit, selbst Gesetzgebung und Bestimmung der Richtlinien der Politik, mißbräuchlicherweise einer richterlichen Kontrolle unterworfen werden kann[60]). Diese Möglichkeiten zu erörtern, würde den Rahmen der vorliegenden Abhandlung überschreiten. Es genügt, hier festzustellen, daß es nicht dem Sinne solcher verfassungsgesetzlicher Bestimmungen entspricht, die Gerichte zu Aufsichtsinstanzen gegenüber der Legislative und der Regierung und zu allgemeinen Hütern der Verfassung zu machen.

5.

Die Frage nach der Möglichkeit eines gerichtlichen Verfassungsschutzes steht, systematisch betrachtet, nicht nur in den Zusammenhängen der Verfassungslehre, sondern auch der allgemeinen Staatslehre.

Über die Justiz als eine staatliche Gewalt hat Montesquieu den merkwürdigen, oft interpretierten Satz ausgesprochen, dieser pouvoir sei „*en quelque façon nul*[61])". Rudolf Smend legt den Ausspruch im Sinne seiner Integrationslehre dahin aus, daß dieser Teil des staatlichen Gewaltensystems „nicht dem Integrations-, sondern dem Rechtswert" diene. Natürlich muß jede staatliche Tätigkeit integrierend wirken, auch die Justiz „integriert", aber die Verfassung befreit sie nach Smend ausdrücklich von dieser Aufgabe, indem sie sie von der Staatsleitung unabhängig stellt; so dient die Justiz der Integration nicht der staatlichen, sondern einer rechtlichen Gemeinschaft[62]). Nun ist es allerdings für die Verfassung eines bürgerlichen Rechtstaates charakteristisch, die Justiz in einer solchen Weise zu einem wesentlichen selbständigen Bestandteil einer staatlichen Verfassung zu machen; gerade hier zeigt sich der Gegensatz des

[59]) Die Auslegung des Art. 153 RVerf. leidet daran, daß man den Schutz gegen einen Mißbrauch der Gesetzgebungsbefugnis durch eine Ausdehnung des Begriffes der Enteignung zu erreichen sucht, während richtigerweise der wichtigste Schutz in einem richtig verstandenen Gesetzesbegriff und infolgedessen in der richtigen Auslegung der Wendung „nur auf Grund eines Gesetzes" gefunden werden muß. Daß der im übrigen besonders wertvolle und interessante Aufsatz von Martin Wolff in der Festgabe für Kahl 1923 diesen verfassungsrechtlichen Gesichtspunkt nicht behandelt hat, zu der allgemeinen Verkennung wesentlich beigetragen. Über die Praxis des Art. 153 RVerf. vgl. A. Hensel in seinem Aufsatz: „Grundrechte der Rechtsprechung" in dieser Festschrift für das Reichsgericht; über das allgemein verfassungstheoretische Problem: C. Schmitt, Verfassungslehre S. 152f.; über die Zersetzung und Trübung des Enteignungsbegriffes Wittmayer, Art. Enteignung, Handwörterbuch der Staatswissenschaften 3, 740; endlich A. Rieß, LZ. 1928 S. 218f.

[60]) Nach der Entsch. des 3. ZS. v. 27. Sept. 1927 (RG. 118, 110) genügt die Behauptung einer Amtspflichtverletzung nach Art. 131 RVerf., um die Zulässigkeit des Rechtsweges zu begründen; in der Entscheidung desselben Senates v. 4. Nov. 1927 (RG. 118, 326/27) ist aber die Möglichkeit eines Mißbrauches und einer Umgehung von Art. 131 RVerf. anerkannt und wird es als „zweifelhaft" bezeichnet, „ob der Richter auf dem Umwege über Art. 131 RVerf. in einem Schadensprozesse wie dem vorliegenden (auf Grund der Behauptung, der Erlaß des Aufwertungsgesetzes und des Anleiheablösungsgesetzes enthalte Amtshandlungen des Reichskanzlers und der Reichsminister, in denen Amtspflichtverletzungen nach Art. 131 lägen) zu einer Nachprüfung der Notwendigkeit und Vermeidbarkeit der beanstandeten, im wesentlichen auf dem Ermessensgebiete liegenden Verwaltungsakte befugt ist". Leider wird dann die Entscheidung, unter Umgehung dieses verfassungsrechtlichen Problems, zivilistisch damit begründet, daß keine dem Dritten gegenüber obliegende Amtspflicht verletzt sei!

[61]) Esprit des lois XI, 6, über die historische Auslegung dieses Satzes: Erich Kaufmann, Auswärtige Gewalt und Kolonialgewalt in den Vereinigten Staaten von Amerika, 1903 S. 33; C. Schmitt, Die Diktatur, 2. Aufl. 1928, S. 109. Der Satz ist zu gleicher Zeit, in einer wohl nicht bedeutungslosen Duplizität, von R. Smend a. a. O. S. 99 und C. Schmitt, Verfassungslehre, S. 76 Anm. 185, 196 wieder zum Anknüpfungspunkte verfassungstheoretischer Erörterungen gemacht worden.

[62]) Smend a. a. O. S. 99f.

bürgerlichen Rechtstaates zu anderen Verfassungen, wie der eines proletarischen Sowjet- oder eines fascistischen Staates[63]), obwohl in jedem Staate, sobald normale und berechenbare Zustände herrschen, die Unabhängigkeit der Richter ohne Rücksicht auf die Staatsform sozusagen aus der Natur der Sache sich von selbst ergibt und keineswegs die Errungenschaft der Verfassung des bürgerlichen Rechtstaates ist. Daraus folgt aber nur, was übrigens bei Smend klar erkannt ist, daß die Justiz ihre eigene Sphäre hat, die besonders in einem bürgerlichen Rechtstaat unbedingt respektiert werden muß, solange überhaupt die Verfassung, welche diese Art staatlicher Existenz konstituiert, respektiert wird. Dagegen wäre es ein Mißverständnis, daraufhin den ganzen Staat der Justiz zu unterwerfen und schließlich das Ideal eines Rechtstaates darin zu sehen, daß ein Gerichtshof nach den Plädoyers von „Parteien" über die Richtlinien der Politik und den Inhalt der Gesetze entscheidet. Gerade der bürgerliche Rechtstaat kann nur bei einer strengen und bewußten Abgrenzung des spezifischen Gebietes der Justiz bestehen. Solange ein Staat politische Einheit ist und nicht nur ein Kompromiß inner- oder gar außenpolitischer Faktoren, wird die Verfassung Staatsverfassung und nicht nur Gerichtsverfassung sein. Eine hemmungslose Expansion der Justiz würde nicht etwa den Staat in Gerichtsbarkeit, sondern umgekehrt die Gerichte in politische Instanzen verwandeln. Es würde nicht etwa die Politik juridifiziert, sondern die Justiz politisiert. Verfassungsjustiz wäre dann ein Widerspruch in sich. Auch Triepel, (Staatsrechtslehrertag 1928) sagt: „Das Wesen der Verfassung steht mit dem Wesen der Verfassungsgerichtsbarkeit bis zu einem gewissen Grade in Widerspruch."

Das Problem läßt sich aber nicht nur unter dem Gesichtspunkte behandeln, daß man nach der allgemeinen Stellung der Justiz im Staate, sondern auch in der Weise, daß umgekehrt der Staat selbst in seiner konkreten Eigenart betrachtet wird. Alle Staatstheorien und politischen Konstruktionen, soweit sie ein lebendiger Ausdruck jener ständig sich wandelnden, schicksalvollen Größe „Staat" sind, lassen sich nämlich nach dem Gebiet einteilen, auf welchem sie die Kernsubstanz des staatlichen Lebens finden. Es gibt eine Staatsauffassung, für welche die Staatsgewalt wesentlich Gerichtsbarkeit (jurisdictio) ist; das war die mittelalterliche Definition[64]) und ist heute noch die Ausdrucksweise des Corpus Juris Canonici der römisch-katholischen Kirche[65]), wobei zu beachten ist, daß die potestas dieser Kirche selbst nicht durch die Vorstellung von einem Richter, sondern durch das Bild vom Hirten und der Herde bestimmt ist. Man konnte den Staat mit Jurisdiktion gleichsetzen solange man an inhaltliche, absolute Normen glaubte, deren Findung und Handhabung allein eine absolute Gerichtlichkeit ermöglicht. Der moderne europäische Staat, der mit der Renaissance beginnt und heute aufhört modern zu sein, der „absolute" Staat des 17. und 18. Jahrhunderts, ist wesentlich ein Staat der Exekutive, auf Beamtentum und Militär gestützt; seine *ratio*, die *ratio status*, liegt nicht in Normen, sondern in seiner konkreten politischen Existenz[66]). Das liberale Bürgertum

---

[63]) Bei dem Moskauer Schachty-Prozeß (Juni 1928) zeigte sich dieses rechtsstaatliche Gefühl auch in den bürgerlichen Zeitungen, die es sonst für fortschrittlich halten, „nicht die Tat, sondern den Täter zu bestrafen".

[64]) Vgl. die Bemerkung von Smend a. a. O. S. 99 über den mittelalterlichen und den angelsächsischen „Jurisdiktionsstaat".

[65]) Z. B. Can. 196 (potestas jurisdictions seu regiminis), 218 (Romanus Pontifex als Inhaber der supremae plena potestas jurisdictionis) usw.

[66]) F. Meineckes „Idee der Staatsraison" (1924) bedürfte meiner Ansicht nach einer Ergänzung die diesem allgemeinen staatstheoretischen Gesichtspunkte Rechnung trägt, und zwar um so mehr, als Meineckes Buch selbst in der Sphäre der Normativität verbleibt.

hat im Namen des Rechtstaates gegen diesen absoluten Staat gekämpft. Das war in concreto ein Kampf gegen die Exekutive; er endete im 19. Jahrhundert mit der Unterwerfung der Exekutive unter das Gesetz. Nunmehr verlegt sich der Kern des staatlichen Wesens in die Legislative. Der Staat wird ein Gesetzesstaat (was leicht mit Rechtstaat verwechselt wird, obwohl es etwas ganz anderes ist, wenn man den Gesetzesbegriff formalisiert). Der heutige parlamentarisch-demokratische Staat hat seinen Schwerpunkt in der Gesetzgebung. Natürlich wäre ein Staat, der nur Rechtsprechung, oder nur Exekutive, oder nur Gesetzgebung wäre, undenkbar; in der Wirklichkeit des politischen Lebens kommt es immer zu einer Mischung und insofern ist jeder Staat ein *status mixtus*[67]). Aber trotz aller unvermeidlichen Verbindungen, Balancierungen und Mischungen ist der Schwerpunkt des jeweiligen, konkreten, staatlichen Daseins erkennbar immer auf einem bestimmten Gebiete — Gerichtsbarkeit, Exekutive, oder Gesetzgebung — zu lokalisieren. Eine Staatslehre, die den Namen verdient, wird sich dieses einfachen Sachverhaltes und der Besonderheit des heutigen Staates bewußt werden müssen[68]). Der heutige europäische Staat mit seinen sozialen Gegensätzen und Interessenkämpfen, insbesondere der Industriestaat mit seiner „sozialen Gleichgewichtsstruktur"[69]) von Bürgertum und Arbeiterschaft, läßt sich nicht in Jurisdiktion auflösen, ohne daß er selber aufgelöst wird. Es ist gewiß notwendig, die Verfassung zu schützen und gegenüber dem Mißbrauch der Gesetzesform die Grenzen der Gesetzgebungsbefugnis zu wahren. Nur darf man den besonderen, infolge der Zulässigkeit des Rechtsweges eintretenden Schutz besonderer verfassungsgesetzlich geschützter Interessen nicht mit dem Schutze der Verfassung selbst verwechseln und vor allem ist der untrennbare Zusammenhang von richterlicher Unabhängigkeit und inhaltlich-normativer Bindung immer im Auge zu behalten. So nützlich in einem gewissen Betätigungsraum eine mit Gesetzeskraft entscheidende Auslegungsinstanz sein mag, eine allgemeine Verfassungsjustiz läßt sich auf diese Weise nicht erreichen. Der relative Wert und die praktische Notwendigkeit solcher Bemühungen um die einheitliche Auffassung und den Schutz der verfassungsgesetzlich besonders geschützten Interessen soll nicht verkannt werden. Aber es scheint mir bedenklich, gegen den Mißbrauch der Gesetzgebungsform einen Mißbrauch der Justizförmigkeit zu organisieren. Bei einem solchen Versuch hätte, nach einem Wort Guizots[70]) — eines der reinsten und typischen Vertreter bürgerlich-rechtstaatlichen Denkens — „die Justiz alles zu verlieren und die Politik nichts zu gewinnen".

Abgeschlossen: August 1928.

---

[67]) Über die Lehre vom status mixtus: C. Schmitt, Verfassungslehre, S. 202f. Die Integrationslehre von Rudolf Smend trifft in Wahrheit nur den modernen, parlamentarisch-demokratischen Staat, der seinen Schwerpunkt in der Legislative hat, vgl. oben Anm. 11.

[68]) Der oben erwähnte Ausspruch von Richard Thoma, wonach es zu den „artbestimmenden Tendenzen" des heutigen Staates gehört, daß die Gesetzgebung die „Dezision" trifft, ist aus diesem systematischen Zusammenhange heraus besonders beachtenswert und zutreffend. Aus einer Übertreibung dieser Erkenntnis erkläre ich Thomas Satz in dem Artikel „Staat" (Handwörterbuch der Staatswissenschaften Bd. VII S. 747: „Es ist das Charakteristikum der Rechtsordnung(?) des ‚modernen Staates', daß die ungeschriebene Grundnorm ihres(!) Verfassungsrechtes den Auftrag und die Ermächtigung zur Gesetzgebung potentiell schrankenlos erteilt."

[69]) Otto Kirchheimer, ZPolit. 17 (1928), 596.

[70]) Des conspirations et de la justice politique, Brüssel 1846, S. 101.

Die Staatsgerichtsbarkeit des Deutschen Reiches

von Professor Richard Thoma, Bonn

In einer Festschrift, welche es unternimmt, die Verdienste zu würdigen, die sich das Reichsgericht um die Entfaltung der deutschen Rechtsordnung erworben hat, darf auch der Dank der Staatsrechtswissenschaft nicht fehlen für die Erkenntnisse einer kraftvollen und richtungweisenden Staatsgerichtsbarkeit, die seit nunmehr acht Jahren in immer reicherer Fälle dem Schoße des Reichsgerichtes entspringen.

Gewiß, es ist nicht eigentlich das Reichsgericht, das diese Rechtsprechung handhabt, sondern der im Jahre 1921 geschaffene Staatsgerichtshof für das Deutsche Reich. Auch die besonders enge Verknüpfung dieses Staatsgerichtshofs mit dem Reichsgericht ist in der Hauptsache nur eine vorläufige. Nach Errichtung eines Reichsverwaltungsgerichts soll sie wieder gelöst werden. Indes einstweilen besteht sie und ist so gestaltet, daß man, wenn nicht im juristischen, so doch im soziologischen Sinne sagen darf: es ist das Reichsgericht, aus dem diese staatsgerichtlichen Urteile ergehen, dessen Präsident und Mitglieder ihnen, wenn nicht allein, so doch vorwiegend das Gepräge geben.

Die Einbettung des Staatsgerichtshofs in das Reichsgericht ist allerdings keine gleichmäßige. Wenn der Staatsgerichtshof auf Grund der Art. 90, 170 und 171 RVerf. oder auf Grund der Staatsverträge über die Übernahme der Verkehrsanstalten auf das Reich zuständig wird, so treten in der gegenwärtigen Gestaltung (§ 31 des Gesetzes über den Staatsgerichtshof v. 9. Juli 1921) zu dem Reichsgerichtspräsidenten, einem Rate des Reichsgerichts und einem des Preußischen Oberverwaltungsgerichts noch vier von Reichstag und Reichsrat gewählte Beisitzer hinzu. Und wenn je eine Anklage aus Art. 59 RVerf. erhoben werden sollte, so würde außer dem Reichsgerichtspräsidenten als Vorsitzendem kein anderes Mitglied des Reichsgerichts der 15köpfigen Richterbank angehören. In aller Regel aber, in den Fällen nämlich, in denen der Staatsgerichtshof auf Grund der Art. 19, 15 Abs. 3 oder 18 Abs. 7 angerufen wird, besteht er aus dem Reichsgerichtspräsidenten als Vorsitzendem, drei Reichsgerichtsräten und je einem Rate des Preußischen Oberverwaltungsgerichts, des bayerischen Verwaltungsgerichtshofs und des sächsischen Oberverwaltungsgerichts, d. h. also in Leitung und Mehrheit aus Mitgliedern des Reichsgerichts.

Aufgabe dieser Skizze ist, ohne alle Absicht der Vollständigkeit, den Gegenstand und die bemerkenswertesten Ergebnisse der bisherigen Rechtsprechung des Staatsgerichtshofs zu verdeutlichen und damit auch einige respektvolle Kritik und einige Bemerkungen über die verfassungspolitische Bedeutung dieser Gerichtsbarkeit zu verbinden.

II. Auf der Wiener Tagung der Vereinigung der deutschen Staatsrechtslehrer im Frühjahr 1928 haben Triepel und Kelsen[1]), die beiden Bericht-

[1]) Vgl. darüber einstweilen den Bericht von L. Richter in ArchÖffR. 14, 441 ff. und künftig das 5. Heft der „Veröffentlichungen" der Vereinigung. Vgl. ferner Kelsen: „La garantie juridictionelle de la constitution" in „Revue de droit public et de la science politique etc." Juni 1928, einer der Berichte für die im Oktober 1928 abgehaltene erste Tagung des „Institut International de Droit Public".

erstatter über das Thema „Wesen und Entwicklung der Staatsgerichtsbarkeit" darin übereingestimmt, daß man richtiger von Verfassungsgerichtsbarkeit reden sollte. Triepel hat allerdings beigefügt, daß er dabei den Begriff Verfassung in einem materiellen Sinne verstehe. Da man nun jeden beliebigen wichtigen Teil der Rechtsordnung zur Verfassung im materiellen Sinne rechnen kann, so erweist sich insofern in der Tat die Gerichtsbarkeit des deutschen Staatsgerichtshofs wie des österreichischen Verfassungsgerichtshofs als Verfassungsgerichtsbarkeit. Versteht man aber unter Verfassung die Verfassungsurkunde mit den ihrer unmittelbaren Ausführung dienenden Begleitgesetzen, oder kennzeichnet man mit Kelsen die Verfassungsgerichtsbarkeit als „ein Glied in dem System der Maßnahmen, die den Zweck haben, die Rechtmäßigkeit der Staatsfunktionen zu sichern" und als eine Gerichtsbarkeit, die „grundsätzlich die Rechtmäßigkeit der verfassungs-unmittelbaren Rechtsakte (Normen) . . . und dadurch die Verfassung garantieren" will, so deckt der Ausdruck Verfassungsgerichtsbarkeit weder die positivrechtliche Zuständigkeit des österreichischen Verfassungsgerichtshofs noch diejenige des deutschen Staatsgerichtshofs. Indem nämlich der deutsche Staatsgerichtshof auch Streitigkeiten zwischen deutschen Ländern und Streitigkeiten zwischen dem Reich und einem Lande zu entscheiden hat, erstreckt er seine Gerichtsbarkeit über Prozesse, bei denen es sich im ersteren Falle regelmäßig und im letzteren Falle mindestens sehr häufig um ganz andere Dinge handelt, als um Auslegung oder Anwendung der Reichsverfassung oder einer Landesverfassung.

Mit diesen Bemerkungen soll natürlich nicht verdunkelt werden, daß eine Hauptfunktion des deutschen Staatsgerichtshofs die Handhabung einer Verfassungsgerichtsbarkeit ist und es in noch viel höherem Maße werden sollte, als bisher. Bekanntlich hat es die Weimarer Nationalversammlung versäumt — man weiß nicht recht ob aus Absicht oder aus Versehen — dem Staatsgerichtshof eine unmittelbare Zuständigkeit zur Entscheidung von Reichsverfassungsstreitigkeiten zu übertragen. Es ist einstweilen nur ein Postulat, daß ihm die Entscheidung darüber anvertraut werden sollte, ob ein Reichsgesetz inhaltlich mit der Reichsverfassung vereinbar, oder überhaupt die Entscheidung „über Verfassungsstreitigkeiten innerhalb des Deutschen Reiches". Ergänzung des Art. 19 im letzteren Sinne hat die öffentlich-rechtliche Abteilung des im Jahre 1926 in Köln versammelten Deutschen Juristentags auf Grund der Referate von Anschütz und Mende und unter Befürwortung durch den Herrn Reichsgerichtspräsidenten als notwendig erklärt[2]).

Inzwischen hat sich gezeigt, daß der Staatsgerichtshof doch auch schon nach geltendem Rechte in der Lage ist, eine Fülle von Reichsverfassungsstreitigkeiten vor sein Forum zu ziehen. Das geschieht unmittelbar kraft geschriebenen Rechtes, wenn der Staatsgerichtshof aus Art. 90 RVerf. angerufen wird. Es geschieht mittelbar kraft geschriebenen Rechtes, wenn in einem Rechtsstreite zwischen Reich und Land oder Land und Land die Entscheidung von der Auslegung eines Artikels der Reichsverfassung abhängt, wobei dann u. a. auch die Verfassungsmäßigkeit eines Reichsgesetzes[3]) zur Prüfung gelangen kann. Be-

---

[2]) 34. DJT. 2, 193—288 (1927). Vgl. auch 33. DJT. mit den Berichten von Graf zu Dohna und Triepel über Zulässigkeit und Formen von Verfassungsänderungen.

[3]) Vgl. Anschütz: 34. DJT. 2, 280f. Praktisch ist der Fall noch nicht vorgekommen. Von verwandter Art war aber der im November 1928 entschiedene Streit über die Rechtsgültigkeit des Reichsgesetzes v. 9. April 1927 betr. die Verteilung des Erträgnisses der Biersteuer; vgl. Loewenstein im ArchÖffR. 13, 234ff. — In DJZ. 1926 Sp. 1634 wünscht Bewer Antrag eines Landes auf Entscheidung des Staatsgerichtshofes über die Frage, ob nicht das Arbeitsgerichtsgesetz gegen Art. 103 verstoße.

merkenswerterweise geschieht es aber neuestens auch kraft ungeschriebenen Rechtes auf Grund der ausdehnenden Auslegung, die der Staatsgerichtshof dem Begriff „Verfassungsstreitigkeiten innerhalb eines deutschen Landes" gegeben hat. Leider ist die Entsch. v. 15. Okt. 1927, durch die der Staatsgerichtshof diesen kühnen, aber rechtspolitisch richtigen und juristisch vertretbaren Schritt zum ersten Male gewagt hat (RG. 118 Anh. S. 1 ff.) in anderer Beziehung anfechtbar. Der Gerichtshof hätte die evangelisch-lutherische Landeskirche des Landes Sachsen, als sie das Land mit einer als Verfassungsstreitigkeit aufgemachten Aufwertungsforderung vor sein Forum zog, wegen mangelnder Aktivlegitimation ab und vor andere Gerichte weisen müssen. Darauf ist noch zurückzukommen. In der Sache berief sich die Landeskirche auf Art. 173 RVerf., der den Religionsgesellschaften die bisherigen Staatsleistungen garantiert bis zur Erlassung des in Art. 138 vorgesehenen Reichsgesetzes. Der Staatsgerichtshof hatte also zu prüfen, ob ein Streit zwischen zwei von ihm so genannten Landesstellen über die Tragweite eines Satzes nicht sowohl der Landes- als vielmehr der Reichsverfassung als Verfassungsstreitigkeit innerhalb eines Landes im Sinne des Art. 19 angesprochen werden darf.

Der Wortlaut des Artikels spricht eher für Verneinung der Frage, läßt aber auch ihre Bejahung zu. Die Materialien, auf die sich der Staatsgerichtshof in solchen Zweifelsfällen sonst stützt, sprechen für Verneinung. Im Verfassungsausschuß hat der Abgeordnete Kahl unwidersprochen festgestellt: „Verfassungsstreitigkeiten sind Streitigkeiten über die Anwendung der Landesverfassung." Indessen, sagt der Staatsgerichtshof S. 4: „würde eine derartige Auslegung zunächst nicht der Bedeutung des Staatsgerichtshofs gerecht werden, der als Hüter der Reichsverfassung in erster Linie zu ihrer Auslegung berufen ist... Weiter aber würde sie mit dem Wortlaute des Art. 19 nicht in Einklang stehen. Da dieser schlechthin von Verfassungsstreitigkeiten ohne Einschränkung spricht, so muß man darunter sowohl Streitigkeiten verstehen, die in der Landesverfassung als auch in der Reichsverfassung wurzeln. Denn beides sind Verfassungsstreitigkeiten." Der Zusatz „innerhalb eines Landes" enthalte „nur eine örtliche Abgrenzung dahin, daß die Zuständigkeit des Staatsgerichtshofs für solche Verfassungsstreitigkeiten begründet sein sollte, die ... zwischen Stellen eines Landes entstehen ... Und da auch die Anwendung von reichsrechtlichen Verfassungsvorschriften durch eine Landesstelle immer nur auf Grund der die Zuständigkeit dieser Landesstelle begründenden Landesverfassung oder anderer landesverfassungsrechtlicher Vorschriften erfolgt, so können tatsächlich nur solche Normen der Reichsverfassung unter den Art. 19 fallen, die auf die Landesverfassung oder auf landesverfassungsrechtliche Normen einwirken und insoweit eine Ergänzung der Landesverfassung bieten."

Diese Entscheidung ist offensichtlich von großer Bedeutung. Zunächst war mit ihr die Grundlage geschaffen für die Zulassung der drei selbständigen Anträge, mit denen Landesverbände der Aufwertungs- und Volksrechtspartei gegenüber den Ländern Mecklenburg-Strelitz, Hamburg und Hessen Feststellung der Ungültigkeit gewisser Sätze des Landeswahlrechtes beantragt haben, durch die, in der Absicht der Bekämpfung von Splitterparteien, die Wahlvorschläge neuaufkommender Parteien oder Gruppen unter schwerer erfüllbare Bedingungen gestellt wurden, als diejenigen der schon in früheren Landtagen vertreten gewesenen Parteien. Das gegen das Land Mecklenburg-Strelitz gefällte Urt. v. 17. Dez. 1927, das in RG. 118 Anh. S. 22 veröffentlicht ist, weist in gründlichen, m. E. überzeugenden Ausführungen nach, daß die in Frage stehenden Bestimmungen des Landeswahlrechts gleichermaßen gegen den Grundsatz der Allgemeinheit wie gegen den der Gleichheit und den der

Geheimheit des Verhältniswahlrechts verstoßen[4]). Da nun das Landeswahlrecht nicht nur durch Sätze der Landesverfassung an diese Grundsätze gebunden ist, sondern auch durch Art. 17 RVerf., so überspringt der Staatsgerichtshof einfach die landesverfassungsrechtliche Seite der Streitigkeit (die ja möglicherweise in verschiedenen Ländern zu verschiedenen Ergebnissen führt und deren Ergebnis sich, wenn Art. 17 nicht wäre, ein landesverfassungsänderndes Gesetz entziehen könnte) und zeigt unmittelbar die Unvereinbarkeit der angefochtenen Rechtssätze mit Art. 17.

Das Urt. v. 17. Dez. 1927 und die am gleichen Tage erlassenen Urteile in der hamburgischen und in der hessischen Sache[5]) haben dann gleichartige, die Feststellung der Reichsverfassungswidrigkeit entsprechender Bestimmungen anderer Landeswahlgesetze begehrende Anträge nach sich gezogen von seiten der nationalsozialistischen Partei in Mecklenburg-Schwerin, der deutschdemokratischen Partei in Bayern, der sächsischen Zentrumspartei, der unabhängigen sozialdemokratischen Partei in Sachsen und vielleicht noch anderer Gruppen. Unzulässige Differenzierungen enthält insbesondere auch das badische Recht[5a]). Dem Landesverband Sachsen der unabhängigen sozialdemokratischen Partei hat der Staatsgerichtshof (nach Zeitungsnachrichten) durch Entsch. v. 7. Juli 1928 die Aktivlegitimation abgesprochen.

Dies nun eröffnet den Blick auf das schwierige Problem der Aktivlegitimation, dessen Wichtigkeit durch die Einbeziehung der in einem Lande entstandenen Streitigkeiten über den Inhalt der Reichsverfassung noch ganz bedeutend verstärkt wird. Falls der Kreis der zur Antragstellung beim Staatsgerichtshofe Legitimierten weit gezogen wird, schließt sich zu einem nicht unerheblichen Teile die Lücke des Art. 19.

III. Die Frage ist, wer befugt sei, Klage zu erheben vor dem Staatsgerichtshofe, oder, wie dieser in Übereinstimmung mit dem Gesetze sich auszudrücken vorzieht, „Anträge" bei ihm zu stellen[6]). In der Literatur wird die Antwort meist gesucht im Wege einer Definition des Begriffes Verfassungsstreitigkeit. Die einen anerkennen nur das objektive Begriffsmerkmal der Meinungsverschiedenheit über die Auslegung einer Verfassungsnorm und müssen dann jedermann, dem kein anderer Gerichtsweg offensteht, die Klage beim Staatsgerichtshofe freigeben, z. B. wegen angeblicher Verletzung in einem verfassungsrechtlichen Grundrecht[7]). Die anderen fügen ein subjektives Begriffsmerkmal hinzu und anerkennen als Verfassungsstreitigkeit nur solche Streitigkeiten über

---

[4]) Damit ist nun übrigens auch die Frage gestellt, ob § 32 des Reichswahlgesetzes, der die kleinen Parteien bei der Verteilung der Reichslistensitze benachteiligt, mit Art. 22 RVerf. vereinbar ist. Ich möchte das verneinen. — Darüber, daß es sich hierbei nicht um eine Verfassungsstreitigkeit in einem Lande handelt und der Staatsgerichtshof deshalb eine Klage auf Feststellung der Verfassungswidrigkeit des § 32 zurückgewiesen hat, s. Pietzcker, „Reich und Länder", II. Jahrg. S. 179f.

[5]) Diese drei Urteile, meint der Herr Reichsgerichtspräsident, haben die politische Presse erst richtig aufmerksam gemacht auf den Staatsgerichtshof, der bisher wie ein Veilchen im Verborgenen geblüht habe: Simons, „Die Anklage gegen den Staatsgerichtshof", DJZ. 1928 Sp. 197ff. — Auf die schwierige Frage der Rechtsfolgen dieser Feststellungsurteile kann hier nicht eingegangen werden. Vgl. Walter Jellinek, „Der Staatsgerichtshof für das Deutsche Reich und die Splitterparteien. Zugleich eine Untersuchung über die Rechtsfolgen ungültiger Wahlgesetze". ArchÖffR. 15 S. 99ff.

[5a]) Vgl. Pietzcker a. a. O. S. 180.

[6]) Vgl. über diese „der bundesstaatlichen Höflichkeit entsprechende abschwächende Redeweise" Triepel: Streitigkeiten zwischen Reich und Ländern (Aus der Berliner Festgabe für Wilh. Kahl) S. 53 (1923).

[7]) So Anschütz, Anm. 2 zu Art. 19 und insbesondere 34. DJT. 2, 274. — Stier-Somlo, Deutsches Reichs- und Landesstaatsrecht 1, 400 mit weiteren Angaben.

den Sinn von Verfassungsnormen, die zwischen wirklichen oder angeblichen Trägern staatlicher Organkompetenzen entstehen[8]).

Der Staatsgerichtshof dagegen hat einen anderen schon vom vorläufigen Staatsgerichtshofe (RG. 102, 419) vorgezeichneten Weg eingeschlagen. Er behandelt in Übernahme der von Kahl im Verfassungsausschuß gegebenen Definition jeden Streit über Auslegung oder Anwendung einer Verfassung als Verfassungsstreitigkeit. Aber er hebt darauf ab, daß der Staatsgerichtshof nur „auf Antrag eines der streitenden Teile" zu entscheiden habe und untersucht demgemäß in jedem Falle, ob Antragsteller und Antragsgegner als streitende Teile im Sinne des Art. 19 angesehen werden können[9]).

Als Normalfall erschien zunächst, daß Regierung und Volksvertretung sich in einer Verfassungsstreitigkeit gegenübertreten. Unter der Herrschaft des parlamentarischen Regierungssystemes wird sich das aber nur selten ereignen. In der Tat hat nur der vorläufige Staatsgerichtshof einmal einen solchen Fall — Senat in Bremen wider die Bürgerschaft in Bremen — zu entscheiden gehabt (RG. 102, 425). Er hat festgestellt, daß es eines verfassungsändernden Gesetzes bedürfe, wenn die Bürgerschaft den von ihr einzusetzenden Untersuchungsausschüssen die bekannten obrigkeitlichen Rechte einräumen und ebenso, wenn sie der Minderheit ein Recht auf Einsetzung von Untersuchungsausschüssen geben wolle[10]).

Kein Zweifel, daß auch der preußische Staatsrat die Anerkennung als streitender Teil finden würde.

Wiederholt sind Verfassungsstreitigkeiten dadurch entstanden, daß Minderheiten eines Landtages behaupteten, sie seien durch einen Beschluß der Mehrheit oder durch einen Akt der Landesregierung in ihren verfassungsmäßigen Rechten gekränkt worden. Selbstverständlich hat der Staatsgerichtshof nicht gezögert, solche Minderheiten als streitende Teile anzuerkennen. Das ist geschehen zugunsten von Landtagsfraktionen, in den in RG. 102, 413; 104, 323; 107 Anh. S. 17; 113 Anh. S. 1 mitgeteilten Entscheidungen, wobei (Bd. 107) einer Fraktion eines neugewählten Landtags zugestanden wurde, daß sie als Fortsetzung der Fraktion des aufgelösten Landtags den von letzterer gestellten Antrag weiter betreiben könne.

Es ist ferner geschehen zugunsten einer Gruppe von zwölf Abgeordneten, die sich als das Fünftel eines Landtags darstellten, welchem das Recht auf Untersuchungsausschüsse zukommt, in der Entsch. v. 18. Juni 1927 (RG. 116 Anh. S. 54).

[8]) So Zweigert im Verfassungsausschuß; Lammers, Das Gesetz über den Staatsgerichtshof S. 75 (1921); Thoma (s. unten); Reichsgerichtspräsident Simons, 34. DJT. 2, 267. — W. Jellinek Verfassung und Verwaltung des Reiches und der Länder, 3. Aufl., S. 29 (1927), und Carl Schmitt, Verfassungslehre S. 117 (1928) wollen das Antragsrecht sogar beschränken auf höchste Organe oder Teile von ihnen oder auf Hauptorgane. Weitere Angaben bei Carl Schmitt S. 117.

[9]) So jetzt auch Giese in Anm. 1 und Poetzsch-Heffter in Anm. 7 zu Art. 19; beide dem Individuum als solchem das Antragsrecht zusprechend.

[10]) Das Urteil ist nicht überzeugend. Allerdings würde ein solches Gesetz über Untersuchungsausschüsse einem Ausschusse der Legislative Funktionen der Exekutive übertragen. Aber Verschiebungen innerhalb der Funktionenverteilung kommen doch auch sonst vor, insbesondere in der Zuständigkeit der Gerichte und der Verwaltungsbehörden oder bei der Erteilung von Verordnungsdelegationen an die Verwaltung, ohne daß es jedesmal eines verfassungsändernden Gesetzes bedürfte. Und was das Minderheitsrecht auf Einsetzung von Untersuchungsausschüssen betrifft, so sagt § 29 der bremischen Verfassungsurkunde allerdings, daß zu einem Beschlusse der Bürgerschaft einfache Stimmenmehrheit erforderlich sei, sofern die Verfassung kein anderes Stimmenverhältnis vorschreibt. Aber das Gesetz über Untersuchungsausschüsse wollte ja daran nicht rütteln, sondern lediglich die Mehrheit verpflichten, auf Antrag der Minderheit den Beschluß der Ausschußeinsetzung zu fassen. Außerdem kann man zweifeln, ob Einsetzung eines Ausschusses als Beschluß im Sinne des § 29 aufzufassen ist.

Demgemäß müßte auch ein einzelner Landtagsabgeordneter als Mitkonstituent der Legislativversammlung zur Klage vor dem Staatsgerichtshof zugelassen werden[11]).

Schwieriger ist das Problem ob und unter welchen Voraussetzungen auch andere, weder dem Landtage noch der Regierung angehörige Individuen oder Verbände als streitende Teile anzuerkennen sind. In dieser Beziehung scheint der Staatsgerichtshof entschlossen, die Lehre abzulehnen, wonach jedermann eine Verfassungsstreitigkeit mit einer Landesregierung vor den Staatsgerichtshof bringen könnte, sofern er nur nachweist, daß ihm in diesem Lande kein anderes Gericht (z. B. Verwaltungsgericht) hierfür offensteht und behauptet, er sei in einem Rechte verletzt, das auf einem Satze der Landesverfassung oder auch, im Sinne der beiden Urteile in Bd. 118, der Reichsverfassung beruht, also z. B. auf einem Grundrechtsartikel. Ohne weiteres kann einer Privatperson (Individuum oder Verband) das Recht der Parteifähigkeit nur dann zugestanden werden, wenn dies die Verfassungsurkunde ausdrücklich anerkannt hat, wie es geschehen ist in Art. 93 der bayerischen und in Art. 144 der österreichischen Verfassungsurkunde („Verfassungsbeschwerde“). Staatsgerichtsbarkeit an sich dient der rechtsstaatlichen Kontrolle der inneren Staatswillensbildung, nicht, wie die Verwaltungsgerichtsbarkeit, der Kontrolle der Handhabung der Staatsgewalt gegen Außenstehende. Deshalb können auf Grund des Art. 19 ein einzelner Bürger oder eine Vereinigung oder eine Körperschaft als streitende Teile nur auftreten, wenn sie in irgendeinem Sinne im status activus handeln, als Mitgestalter der staatlichen Willensbildung, als Elemente des in Streit gezogenen Verfassungsorganismus.

In meinem auf der ersten Tagung der Vereinigung der deutschen Staatsrechtslehrer (Berlin 1922) gehaltenen Vortrage über das richterliche Prüfungsrecht, habe ich diesen Rechtsgedanken folgendermaßen zu formulieren versucht[12]):

„Auch der einzelne Staatsbürger kann insoweit, als ihm das demokratische Staatsrecht aktive Organschaftsrechte verleiht, in eine echte Verfassungsstreitigkeit verwickelt werden und hat dann den Zugang zum Staatsgerichtshof. Man setze den Fall, daß ein Bürger eine Gesetzesinitiative betreiben will, die Regierung nun aber die Eröffnung des Eintragungsverfahrens bei den Gemeindeämtern versagt, weil es sich um ein von der Volksgesetzgebung ausgeschlossenes Finanzgesetz handle. Es ist mir nicht zweifelhaft, daß hier eine Verfassungsstreitigkeit vorliegt, derentwegen dieser Bürger seine Regierung vor dem Staatsgerichtshofe verklagen könnte. Dagegen ist zwischen dem Staat und dem Individuum als solchem eine Verfassungsstreitigkeit nicht denkbar. Nicht jeder Streit über den Sinn eines Verfassungsartikels ist ein Verfassungsstreit, es kommt auf die streitenden Subjekte an.“

Der Staatsgerichtshof hat sich dieser Auffassung stark genähert, insbesondere in den bedeutsamen Entsch. v. 10. Mai 1924 (RG. 111 Anh. S. 1) und v. 17. Dez. 1927 (RG. 118 Anh. S. 22). Im ersteren Falle weist der Staatsgerichtshof darauf hin, daß Autonomie oder Selbstgesetzgebung die Befugnis bedeute, für bestimmte Rechtsgebiete objektives Recht zu schaffen. „Die Antragsteller behaupten also, hinsichtlich ihrer Güter und Familienverhältnisse ein Recht auf Selbstgesetzgebung zu haben, das nicht bloß auf einer Delegation der Landesstaatsgewalt beruht . . . Der Streit über Existenz und Umfang eines

[11]) Vgl. RG. 104, 425: „Daß . . . auch Teile des Landtages — Angehörige einer Landtagsfraktion bzw. einzelne Landtagsmitglieder — einen solchen Antrag stellen dürfen.“

[12]) ArchÖffR. 43, 282 (1922). — Zweifelnd für „die Wahlberechtigten“ und bei Klage wegen verletzter Grundrechte bejahend, im allgemeinen verneinend, Poetzsch, ArchÖffR. 42, 93.

solchen Rechtes stellt eine Verfassungsstreitigkeit im Sinne des Art. 19 RVerf. dar." In der Tat steckte in dem Antrag des Nassauischen Adelsverbandes die Behauptung, neben den durch die preußische Verfassung und die Reichsverfassung eingesetzten Gesetzgebern gäbe es noch andere Gesetzgeber, durch deren historisch überkommenes Recht die fraglichen Verfassungsartikel modifiziert werden. Die Antragsteller kämpften also um ein angebliches Recht auf Anteil an der gesetzgebenden Gewalt.

Im zweiten Falle führt der Staatsgerichtshof aus, daß die Erwägungen, die den Gerichtshof zur Zulassung von Anträgen von Landtagsfraktionen bestimmt habe, auf die politischen Parteien nicht ohne weiteres zutreffen. „Ihre Parteifähigkeit in derartigen Streitigkeiten beruht vielmehr darauf, daß sie der Volksvertretung angehören und in ihr zur Teilnahme an der staatlichen Willensbildung berufen sind. Die Volksvertretungen der neuzeitlichen Verfassungen setzen aber das Vorhandensein von Parteien voraus. Die Durchführung der Wahlen für die Volksvertretungen ist ohne sie nicht denkbar. Ganz besonders gilt das . . . für Verhältniswahl. Sie ist ohne die Mitwirkung von organisierten Parteien überhaupt unmöglich. Mit ihnen rechnet denn auch die das Verhältniswahlverfahren näher regelnde Gesetzgebung . . . Aus dieser gesetzlich anerkannten engen Beziehung der Parteien zum Verhältniswahlverfahren und aus dem großen Interesse, das sie berechtigterweise an ihm haben, muß die Folgerung gezogen werden, daß sich die politischen Parteien in Verfassungsstreitigkeiten, die das Wahlrecht zum Gegenstande haben, mit Anträgen an den Staatsgerichtshof wenden dürfen. Wollte man in solchen Fällen nur den Fraktionen Parteifähigkeit zuerkennen, so würde es gerade dann, wenn die Wahl des Landtages und damit die Bildung der Fraktionen auf dem in seiner Rechtsgültigkeit bestrittenen Wahlrecht beruht, leicht möglich sein, daß eine Fraktion, die an der Klärung der Wahlrechtsstreitfrage ein Interesse nähme, überhaupt nicht vorhanden wäre. Den benachteiligten Wählern würde dann der verfassungsmäßige Rechtsschutz überhaupt fehlen, da man nicht soweit gehen kann, ihn dem einzelnen Staatsbürger zu gewähren. Es erweist sich deshalb als notwendig, ihn den politischen Parteien nicht vorzuenthalten. Dabei bedarf es für den vorliegenden Fall keiner Erörterung, ob sie auch in Verfassungsstreitigkeiten anderer Art zugelassen werden müßten."

Das ist durchaus einleuchtend. Unverständlich bleibt nur, warum man nicht unter geeigneten Umständen soweit sollte gehen dürfen, auch einem einzelnen Staatsbürger, wenn er für seine demokratischen Organschaftsrechte vor die Schranke tritt, Rechtsschutz durch den Staatsgerichtshof zu gewähren.

Es ist lediglich diese Bedenklichkeit, die den Gerichtshof veranlaßt hat, objektive Merkmale zu entwickeln, denen eine Personenvereinigung genügen müsse, um als politische Partei gelten zu können, nämlich (RG. 118, 30/31) politische Ziele, eine gewisse Größe, Festigkeit der Organisation, Dauer, ja sogar Erfolge bei der Beteiligung an Landtags- und Kommunalwahlen. Damit hat der Staatsgerichtshof selbst eine der von ihm verworfenen Differenzierungen zwischen alten und neuen, großen und kleinen Parteien vorgenommen, und sich in bedauerlichem Maße die Hände gebunden. Die schwerverständliche Zurückweisung des Landesverbandes Sachsen der unabhängigen sozialdemokratischen Partei in dem noch nicht veröffentlichten Urt. v. 7. Juni 1928 scheint ausschließlich durch diese voreilige Festlegung auf eine Definition des Begriffes der politischen Partei verschuldet zu sein. Sie ist um so bedenklicher, als doch zweifellos eine, wenn auch noch so kleine, radikalsozialistische Organisation, man mag politisch über sie denken, wie man will, die Merkmale des politischen Zieles und der dauernden, nicht nur „zeitlich vorübergehenden Bedeutung" dieses Parteizieles viel unzweifelhafter aufweist, als die aus dem Sparerbund hervorgegangene durch eine einzige, ganz ephemere Bestrebung zusammengehaltene Aufwertungs- und Volksrechtspartei.

Der maßgebende Grundgedanke, aus dem heraus der Staatsgerichtshof sowohl den nassauischen Adelsverband als auch politische Parteien als streitende Teile anerkannt hat, ist der, daß beide Male eine behauptete oder erstrebte Anteilnahme an der Staatsgewalt in Frage stand.

In Widerspruch mit diesem Prinzip steht die oben schon kurz erwähnte Zulassung einer Landeskirche als streitender Teil. Der vom Staatsgerichtshof dabei eingeführte Begriff der Landesstelle ist unklar und jedenfalls ist nicht einzusehen, wieso ein Landeskonsistorium deshalb, weil es eine Landesstelle ist, vor dem Staatsgerichtshofe sollte auftreten dürfen. Worauf es ankam war, ob das Konsistorium irgendeinen unmittelbaren oder mittelbaren Anteil an der Organisation oder Willensbildung der Staatsgewalt in Anspruch nahm, was nicht der Fall war. Die Begründung dieser Aktivlegitimation ist denn auch wenig überzeugend. Der Staatsgerichtshof, nachdem er nachgewiesen hat, daß er auch bisher schon andere Landesstellen als Regierungen und Volksvertretungen zum Antragsrecht zugelassen habe und nachdem er im übrigen die weiter oben schon gewürdigte Ansicht begründet hat, daß es sich im Sinne des Art. 19 auch um Streitigkeiten über die Reichsverfassung handeln könne, fährt in seiner Begründung (RG. 118, 6) folgendermaßen fort:

„III. Nach der erwähnten Rechtsprechung des Staatsgerichtshofs bedarf es keiner Ausführung mehr, daß die evangelisch-lutherische Landeskirche, die eine Körperschaft des öffentlichen Rechts darstellt . . . und durch das Landeskonsistorium vertreten wird . . . eine zur Anrufung des Staatsgerichtshofs befugte Landesstelle ist. Die Passivlegitimation des Landes Sachsen und seine Vertretung durch das Ministerium der Volksbildung unterliegen keinen Bedenken."

Wenn der Relativsatz „die eine Körperschaft des öffentlichen Rechts ist", besagen soll, daß es darauf ankomme, daß der Antragsteller die Rechtspersönlichkeit besitze, so widerspricht das den eigenen Grundsätzen des Staatsgerichtshofs, der bisher und seitdem mit Recht weder bei Regierungen, noch Landtagen, noch Fraktionen, noch Abgeordnetengruppen, noch Parteien danach gefragt hat, ob sie die Rechtspersönlichkeit besitzen. Wenn der Relativsatz aber besagen soll, der Nachweis einer Antragstellerin, daß sie die Eigenschaft einer Körperschaft des öffentlichen Rechts besitze, genüge, um ihre Aktivlegitimation zu erweisen, so wäre das eben so unbewiesen, wie unbeweisbar. So scheint mir denn hier eine Abirrung des hohen Gerichtshofes vorzuliegen, die nicht geeignet ist, künftigen Entscheidungen als Vorbild zu dienen. Auch eine öffentliche Körperschaft kann nur dann streitender Teil werden, wenn es um Teilhabe an der Staatsorganisation geht. So hat der Staatsgerichtshof in einer Entsch. v. 12. Jan. 1922 (DJZ. 1922 Sp. 427) eine braunschweigische Gemeinde als Partei zugelassen, doch nur mit der Begründung, sie sei „ein durch die Landesverfassung anerkanntes Organ des Staatskörpers" [13]). So haben z. B. die preußischen Provinzen Anteil an der Organisation des Reichsrats und des Staatsrats. So könnten unter Umständen einmal badische Gemeinden den Staatsgerichtshof anrufen in Verteidigung des Anhörungsrechtes, das ihnen die badische Verfassung in § 20 einräumt mit den Worten: „Vor der gesetzlichen Regelung sie berührender allgemeiner Fragen sind sie zu hören." Falls dagegen, wie es scheint, der Staatsgerichtshof in dem noch nicht amtlich veröffentlichten

[13]) Vgl. dazu die Erläuterungen durch Reichsgerichtspräsident Simons in 34. DJT. 2, 266f.

Urt. v. 9. Juli 1928, welches die preußische Notverordnung über die Beflaggung der Gemeindegebäude für ungültig erklärt, neben der deutschnationalen Fraktion auch die Stadtgemeinde Potsdam als streitenden Teil angenommen hat, unterliegt dies denselben Bedenken, wie die Anerkennung der Aktivlegitimation der sächsischen Landeskirche. Hinzu tritt, daß in Preußen Gerichte zur Erledigung dieser Streitigkeit zwischen der Stadt Potsdam und dem Staatsministerium bestehen, nämlich, über die §§ 15 u. 21 des Zuständigkeitsgesetzes, der Bezirksausschuß und in zweiter Instanz das Oberverwaltungsgericht.

IV. Von den Entscheidungen des Staatsgerichtshofes über Verfassungsstreitigkeiten bezieht sich bisher

a) die überwiegende Mehrheit auf Landesverfassungsrecht. Diese Entscheidungen

1. v. 12. Juni 1921 (RG. 102, 413),
2. v. 12. Juli 1921 (RG. 102, 425),
3. v. 12. Jan. 1922 (RG. 104, 423),
4. v. 12. Jan. 1922 (DJZ. 1922 Sp. 427),
5. v. 29. Sept. 1923 (RG. 107 Anh. S. 17),
6. v. 10. Mai 1924 (RG. 111 Anh. S. 1),
7. v. 21. Nov. 1925 (RG. 112 Anh. S. 1),
8. v. 18. Juni 1927 (RG. 116 Anh. S. 45),
9. v. 12. Mai 1928 (RG. 120 Anh. S. 19),
10. v. 22. Juni 1928 (noch nicht amtlich veröffentlicht),

von denen allein drei (Ziff. 2, 3, 8) das Minderheitsrecht auf Untersuchungsausschüsse betreffen und von denen Ziff. 2 u. 6 weiter oben erörtert sind, können hier nicht alle analysiert werden. Von weittragender juristischer und politischer Bedeutung sind vor allem die unter Ziff. 7 u. 10 aufgeführten. Sie betreffen das Notverordnungsrecht der Landesregierungen.

Im ersteren Falle hatte die deutschnationale Fraktion des preußischen Landtags der Regierung sowie dem Ältestenrat und gewissen Fraktionen des Landtags vorgeworfen, sie hätten durch eine Landtagsvertagung „die Vollversammlungen künstlich ausgeschaltet, um mit der sicheren Mehrheit des Ständigen Ausschusses die gegnerische Mehrheit in der Vollversammlung zu umgehen" — zu umgehen nämlich durch Erlassung gewisser Notverordnungen. Ein solches Vorgehen verstoße gegen den Geist der Verfassung. Auch behaupteten die Antragsteller, die Notverordnungen hätten bis zur nächsten Vollversammlung verschoben werden können, worin der Vorwurf lag, sie seien nicht „dringend erfordert" und also verfassungswidrig gewesen. Die preußische Regierung hat unter anderem entgegnet: „Die verfassungsmäßigen Voraussetzungen des Art. 55 Preuß. Verf. für den Erlaß der Verordnungen hätten vorgelegen. Ob er ‚dringend erfordert' gewesen, habe die Regierung nach ihrem Ermessen zu entscheiden gehabt; eine Nachprüfung nach dieser Richtung stehe dem Staatsgerichtshofe nicht zu."

Das Bemerkenswerte ist nun, daß der Staatsgerichtshof im Punkte der Überprüfung von Notverordnungen eine Sonderstellung für sich in Anspruch nimmt und einen Vorrang vor allen anderen Gerichtshöfen. Ohne die hergebrachte Lehre und Rechtsprechung zu kritisieren, welche es den Gerichten versagt, Notstandsmaßnahmen höchster Staatsorgane darauf zu prüfen, ob wirklich ein Notstand vorgelegen habe und ob zu dessen Bekämpfung wirklich die ergriffenen Maßnahmen geeignet und dringend erforderlich waren, verkündet der Staatsgerichtshof die Lehre: „Diese Entscheidungen sind für den Staatsgerichtshof nicht bindend, weil ihm in Art. 19 . . . eine andere Stellung und eine andere Zuständigkeit zugewiesen ist, als den ordentlichen Gerichten. Während diese nur ausnahmsweise über Streitigkeiten öffentlich-rechtlicher Art zu entscheiden haben, sind dem Staatsgerichtshof nur solche übertragen, und während den ordentlichen Gerichten die Zuständigkeit zur Nachprüfung von Gesetzen und Verordnungen bestritten wird, ist der Staatsgerichtshof gerade zur Prüfung und Entscheidung von Verfassungsstreitigkeiten dieser Art berufen und bestimmt."

Um hierzu sofort eine kritische Bemerkung zu machen, so ist es richtig und schon von Triepel mit Entschiedenheit betont worden[14]), daß dem Staatsgerichtshof eine besondere Stellung und Aufgabe zukomme. Es ist dies mindestens die vorherrschende Ansicht, was sich besonders darin dokumentiert, daß die Autoren, welche das Recht der Gerichte auf Überprüfung der inhaltlichen Verfassungsmäßigkeit der Gesetze abgelehnt hatten und die jetzt, nachdem es sich durchgesetzt hat, seine ausdrückliche Wiederaufhebung fordern (z. B. Anschütz, Walter Jellinek, Thoma), doch darin übereinstimmen[15]), daß dem Staatsgerichtshof als dem eigentlichen Verfassungsgericht dieses Prüfungsrecht zukomme und künftig allein vorzubehalten sei. So mag man ihm und ihm allein denn auch ein verstärktes Prüfungsrecht gegenüber Notverordnungen zubilligen. Die Begründung aber, mit welcher der Staatsgerichtshof seinen Vorrang stützt, ist nicht glücklich gewählt. Gerichtshöfe, die nur über Streitigkeiten öffentlich-rechtlicher Art zu entscheiden haben, gibt es noch viele, nämlich Verwaltungsgerichte, ohne daß ihr Prüfungsrecht deshalb umfassender wäre als das der Justizgerichte. Die Behauptung ferner, daß den letzteren die Zuständigkeit der Nachprüfung von Verordnungen bestritten werde, ist abgesehen vom Falle der Notverordnung, unzutreffend.

Natürlich fühlt der Staatsgerichtshof, daß das kritische Eindringen des Richters in die objektive und subjektive Lage, in der sich eine Regierung bei Erlaß einer Notverordnung befand, eine heikle Sache ist. Er sucht sich deshalb selber Schranken zu ziehen. Wie er das macht, ist angesichts der Bedeutung, die diese Ausführungen in bezug auf Art. 48 RVerf. gewinnen können (s. unten) von so großer Wichtigkeit, daß sich eine wörtliche Wiedergabe rechtfertigt. Der Staatsgerichtshof (S. 8/9): sagt „Selbstverständlich müssen auch die Entscheidungen des Staatsgerichtshofs auf einer sicheren Grundlage beruhen. Dazu gehört einmal, daß, wie § 26 StaatsgerichtshofsG. ausdrücklich vorschreibt, das vollständige Material, soweit er es für notwendig hält, ihm vorgelegt und von ihm einer Nachprüfung unterzogen wird. Das erstreckt sich notwendigerweise auch auf eine etwa erforderlich werdende Rechtfertigung der Dringlichkeit und Notwendigkeit einer Notverordnung. Es gehört aber auch weiter dazu, daß er, wenn die Verfassungsmäßigkeit eines Gesetzes oder einer Verordnung angegriffen wird, alle von der Verfassung aufgestellten Erfordernisse nachzuprüfen hat. Zu ihnen gehört im Sinne des Art. 55 Preuß. Verf. im vorliegenden Falle aber auch das Erfordernis der Dringlichkeit.

Allerdings ist bei der Nachprüfung dieses Punktes dem Ermessen der Regierung ein gewisser Spielraum zu belassen. Einerseits ist zu berücksichtigen, daß ihre gesamte Amtsführung sowohl in Handlungen als auch in Unterlassungen unter ihrer Verantwortung steht und daß sie ein Eingreifen nicht unterlassen darf, wenn die augenblickliche Lage es nach ihrem pflichtmäßigen Ermessen geboten erscheinen läßt. Wenn ihr die Verfassung eine Freiheit des

---

[14]) Streitigkeiten zwischen Reich und Ländern S. 92f.

[15]) Meine Bemerkung in den Vortrage von 1928, ArchÖffR. 43, 284, wonach man, wie es Triepel a. a. O. ausdrückt, dem Staatsgerichtshofe nicht zugestehen dürfe, was man den anderen Gerichten verweigere, war eine beiläufige. Ich habe diese Meinung schon auf Grund der anschließenden Diskussion wieder aufgegeben.

Handelns in bestimmten Grenzen gewährt und ihr ein schnelles und entschlossenes Handeln durch ihre Amtspflicht geboten ist, . . . so kann ihr nur in ganz besonderen Fällen der Vorwurf einer Verfassungsverletzung gemacht werden, wenn sich nachträglich herausstellt, daß ihr Vorgehen doch nicht so dringlich erforderlich war, wie es ihr erschien, als sie ihre Maßregel traf. Andererseits wird es einem später darüber befindenden Gerichte kaum möglich sein, sich in die damalige Lage der Regierung vollständig zurückzuversetzen, den damaligen Tatbestand unter Ausschaltung alles später Geschehenen wieder herzustellen und zum Ausgangspunkte und zur alleinigen Grundlage seiner Erwägungen zu machen. Rechnet man mit diesen Umständen, so gelangt man zu dem Ergebnisse, daß das Ermessen der Regierung ihr Vorgehen so lange als berechtigt erscheinen lassen muß, als nicht das Gegenteil aus den Verhältnissen der kritischen Zeit heraus sich einwandfrei ergibt" (RG. 112 Anh. S. 8/9).

Das ist eine recht gewundene und in sich nicht widerspruchslose Auseinandersetzung, deren Schwerpunkt und richtiger Gedanke im Schlußsatz enthalten ist. Dabei ist aber das Wort „einwandfrei" nicht treffend. Wenn eine Zentralregierung sich für befugt gehalten hat, eine Notverordnung zu erlassen und vor dem Staatsgerichtshof daran festhält, daß die verfassungsmäßigen Voraussetzungen dafür vorgelegen hätten, so ist das Einwand genug! Worauf es im Sinne der Urteilsbegründung ankommt, ist, daß der Staatsgerichtshof Gegengründe so schlagkräftiger Art findet, daß er überzeugt ist, sie müßten jedem unbefangenen Beurteiler ohne weiteres einleuchten. Gegengründe also von gesteigerter und unmittelbar faßlicher Evidenz. Das ist kein scharfer, aber immerhin ein grenzenziehender Begriff[16]). Er hilft natürlich nicht darüber hinweg, daß in der Verneinung der Frage, ob der Griff nach der Notverordnung dringend erfordert war, der Vorwurf steckt, die Staatsregierung habe sich entweder einer vorsätzlichen oder doch leichtfertigen Verfassungsmißachtung schuldig gemacht, oder eine offensichtliche Unfähigkeit in der Beurteilung der Sachlage bewiesen; wobei ersterenfalls in der Ablehnung ihrer Beweisführung der Zweifel an deren subjektiven Wahrhaftigkeit zutage tritt, und also die Regierung Lügen gestraft wird. Dies ist mit der Staatsautorität schwer vereinbar, muß aber in Kauf genommen werden, wenn der Staatsgerichtshof auch über dieses Gebiet eine rechtsstaatliche Kontrolle in die Hand bekommen soll[17]).

Das Ergebnis dieser ersten Prüfung von Notverordnungen war übrigens die Anerkennung ihrer Verfassungsmäßigkeit.

Dagegen hat der Staatsgerichtshof im Potsdamer Flaggenstreit (Urt. v. 9. Juli 1928) die preußische Notverordnung vom August 1927 über die Beflaggung der gemeindlichen Dienst- und Schulgebäude mit den Reichsfarben als verfassungswidrig behandelt. Die Begründung geht davon aus, daß der Staatsgerichtshof nicht in der Lage sei, nachzuprüfen, wieweit die Annahme einer Gefährdung der öffentlichen Sicherheit zutreffend gewesen sei und daß die preußische Regierung die Ergreifung geeigneter Maßnahmen für dringend gehalten habe. Der Staatsgerichtshof prüft aber, ob die ergriffenen Maßnahmen den von der Regierung unterstellten Gefahren entsprochen haben und gelangt zur Verneinung dieser Frage. Ein so starker Eingriff in die freie Selbstverwaltung sämtlicher Gemeinden sei zur Verhütung von Zwischenfällen offensicht-

[16]) Ähnlich dem damit identifizierbaren Begriff des Verbotes der Willkür. Vgl. Triepel, Streitigkeiten S. 101, und Leibholz, Die Gleichheit vor dem Gesetz S. 72ff. (1925).

[17]) Daß der Staatsgerichtshof vor einer Desavouierung eines Reichsministeriums nicht zurückscheut, zeigt die Entscheidung in RG. 116, Anh. 12. Es wird der Reichsregierung einfach nicht geglaubt, daß sie an einem bestimmten Tage von dem Inhalte des Dawes-Gutachtens noch keine Kenntnis gehabt habe.

lich nicht erforderlich gewesen und von der preußischen Regierung auch gar nicht für erforderlich gehalten worden. Diese habe vielmehr, anstatt sich auf angemessene Maßnahmen zu beschränken, die Gelegenheit ergriffen, um mittels Notverordnung die Lücke der Gesetzgebung zu schließen, die das Oberverwaltungsgericht durch sein Urt. v. 20. Mai 1927 (DJZ. Sp. 1198) aufgedeckt habe. Darin aber sei eine „unzulässige Überspannung" der Verordnungsgewalt zu erblicken. Der Staatsgerichtshof stellt mit anderen Worten die Notverordnung insoweit auf eine Stufe mit den Polizeiverordnungen[18]), denen gegenüber Verwaltungsgerichte und Strafgerichte für befugt gelten, zwar nicht geradezu die Notwendigkeit und Zweckmäßigkeit, wohl aber die Frage zu prüfen, ob die Verordnung nicht durch Übermaß des polizeilichen Eingriffes in die Rechts- und Freiheitssphäre der Bürger den Umfang der gesetzlichen Ermächtigung überschritten habe[19]).

Es ist klar, daß eine solche Feststellung auf ein rein politisches Werturteil hinauslaufen kann.

Ob der Staatsgerichtshof die Befugnis einer so weitgehenden Überprüfung der Notverordnungen eines Staatsministeriums wiederum nur für sich selbst in Anspruch nimmt (was mir allein vertretbar erscheint), oder ob er sie jedem Gerichte zubilligen will, wird sich erst aus dem authentischen Texte der Begründung ersehen lassen.

Was die übrigen im erstgenannten Urteile enthaltenen Lehren über das Notverordnungsrecht betrifft, so scheint es mir wohlbegründet, daß der Staatsgerichtshof das Erfordernis „sofern der Landtag nicht versammelt ist" als reine Tatsächlichkeit nimmt, für die es ohne Bedeutung ist, von wem, aus welchem Grunde und für welche Dauer sie herbeigeführt wurde.

Richtig ist auch, daß ein Antrag auf Feststellung der Verfassungswidrigkeit einer Notverordnung statthaft bleibt, auch dann, wenn die Verordnung inzwischen wieder aufgehoben worden ist oder inzwischen die nachträgliche Genehmigung des Landtags gefunden hat. Der Grund liegt in der Bedeutung, die der Feststellung für künftige Fälle zukommt[20]). Was der Staatsgerichtshof zur Begründung anführt, ist nicht durchschlagend. Indem er nämlich sagt, wenn die Genehmigung durch den Landtag die nachträgliche Feststellung der Ungültigkeit einer Notverordnung ausschlösse, „so wäre es nicht ausgeschlossen, daß aus ihrer — unrechtmäßigen — Anwendung in der Zeit zwischen ihrem Erlaß und dem späteren Inkrafttreten der Gesetze die davon Betroffenen Rechte herzuleiten suchen", unterstellt er, daß die Genehmigung die rechtlichen Mängel der Notverordnung nicht ex tunc, sondern nur ex nunc zu heilen vermöchte. Diese Lehre scheint mir weder konstruktiv noch rechtspolitisch vertretbar zu sein. Konstruktiv nicht, weil die Notverordnung sich darstellt als antezipierte Gesetzgebung, deren Produkt einem förmlichen Gesetze durchaus gleichsteht, wenn auch die normalerweise vorher einzuholende Entschließung der Legislative hier der Inkraftsetzung ausnahmsweise erst nachfolgt. Rechtspolitisch nicht, weil die Figur einer Verordnung, deren Sätze bis zum Tage der Genehmigung als unverbindlich und von diesem Tage an als verbindlich zu gelten hätten, ohne triftigen Grund das Postulat der Rechtsgewißheit und Rechtssicherheit preisgibt.

Die Wichtigkeit der Stellungnahme des Staatsgerichtshofes zum Problem

---

[18]) Gegen eine solche Gleichbehandlung von Actes de gouvernement mit Actes administratifs wendet sich, in bezug auf Akte der Reichsaufsicht, Triepel, Streitigkeiten S. 99ff.

[19]) Vgl. W. Jellinek, Verwaltungsrecht S. 422ff. (1928). — Über „Formenmißbrauch" s. auch Smend, „Verf. u. Verf.-Recht" S. 105 und 173 (1928).

[20]) Über Analogien im Polizeirecht vgl. W. Jellinek, Verwaltungsrecht S. 292.

staatsgerichtlicher Überprüfung von Notverordnungen wird deutlich, wenn man erwägt, daß der Staatsgerichtshof auch die zwischen Landesstellen entstehenden Reichsverfassungsstreitigkeiten in seine Zuständigkeit gezogen hat und daß alle auf Prüfung von Notverordnungen bezüglichen Erwägungen des Staatsgerichtshofs auch auf Verordnungen aus Art. 48 RVerf. zutreffen. Insofern und insoweit hat der Staatsgerichtshof jetzt auch den Art. 48 in weitem Umfange unter seine rechtsstaatliche Kontrolle gestellt. Sollte es sich jemals wieder ereignen[21], daß eine Landesregierung den Art. 48 Abs. 4 dazu mißbraucht, eine auf Art. 48 Abs. 2 gestützte Verordnung des Reichspräsidenten zu durchkreuzen oder um das Inkrafttreten eines Reichsgesetzes hinauszuschieben, während politische Bedenken dem Reichstag, dem Reichspräsidenten und der Reichsregierung die Hände fesseln, so könnte jetzt z. B. eine Landtagsfraktion die Frage der Rechtsgültigkeit der betreffenden Verordnung vor den Staatsgerichtshof ziehen. Außerkraftsetzen kann dieser allerdings nicht.

Einstweilen haben sich von den der Erledigung von Verfassungsstreitigkeiten dienenden Urteilen des Staatsgerichtshofs

b) auf die Reichsverfassung nur bezogen das der Auslegung des Art. 173 und die mehreren der Auslegung des Art. 17 gewidmeten Urteile, deren Bedeutung bereits erörtert wurde.

c) Aus der Fülle der Belehrungen, welche die durch Verfassungsstreitigkeiten veranlaßten Entscheidungen bieten, sei wenigstens noch ein Punkt herausgegriffen. Die Frage nämlich, in welchem Umfange die Zuständigkeit des Staatsgerichtshofs durch Zuständigkeit eines anderen Gerichtshofs ausgeschlossen ist. Es kommen zwei Möglichkeiten in Betracht.

1. Wenn Verfassungsstreitigkeiten entstehen innerhalb eines Landes, in dem ein Gericht zu ihrer Erledigung besteht, so könnte Art. 19 dahin ausgelegt werden, daß der Staatsgerichtshof für das Deutsche Reich ausgeschlossen wird, wenn ein Land überhaupt einen Gerichtshof einsetzt zur Erledigung von irgendwelchen Verfassungsstreitigkeiten[22]. Näherliegend ist es, das Wörtchen „ihrer" nicht auf ein Abstraktum „Verfassungsstreitigkeiten" zu beziehen, sondern in diesem Wort einen, die Summe aller konkreten Verfassungsstreitigkeiten umfassenden Plural zu sehen. Dann tritt der Staatsgerichtshof für das Deutsche Reich subsidiär in jede Lücke der landesrechtlichen Verfassungsgerichtsbarkeit[23].

So bestimmt z. B. die Mecklenburg-Schwerinsche Verfassungsurkunde in § 66, daß der dortige Staatsgerichtshof über Verfassungsstreitigkeiten entscheide. Aber § 70 fügt hinzu: „Angerufen werden kann der Staatsgerichtshof durch das Staatsministerium, den Landtag und das Volksbegehren." Demnach bestand für Erledigung einer Verfassungsstreitigkeit zwischen einer Landespartei und der Landesregierung kein Gericht in diesem Lande und hatte der Staatsgerichtshof für das Deutsche Reich seine Zuständigkeit zu bejahen. So die Zwischenentscheidung v. 12. Mai 1928 in Sachen der Nationalsozialistischen Deutschen Arbeiterpartei wegen der Benachteiligung neuauftretender Parteien im Landeswahlgesetze.

---

[21] Vgl. Poetzsch, „Vom Staatsleben unter der Weimarer Verfassung", JahrbÖffR. 13, insbesondere S. 37 und 73ff. (1925). Über die Frage, inwieweit andere Gerichte als der Staatsgerichtshof Maßnahmen auf Grund des Art. 48 nachprüfen dürfen, vgl. Anschütz, Anm. 8 zu Art. 48 und seitdem das wichtige Urteil des 1. Strafsenats v. 7. April 1925, RGSt. 59, 185.

[22] So Kratzer, Bayer. Verf.-Urkunde S. 195ff. (1925).

[23] So zuerst Nawiasky, Bayer. Verf.-Recht S. 467 (1923); neuestens Emig im ArchÖffR. 14, 77 (1928). — Vgl. ferner die gehaltvolle Kieler Diss. von Eiswaldt, Die Staatsgerichtshöfe in den deutschen Ländern und Art. 19 RVerf. in HirthsAnn. 1925.

Natürlich könnte ein Land die Zuständigkeit seiner Landesgerichtshöfe in Verfassungsstreitigkeiten allumfassend gestalten und damit den Staatsgerichtshof für das Deutsche Reich ausschalten[24]). Ob das aber auch mit rückwirkender Kraft und ob es auch für Streitigkeiten über die Reichsverfassung geschehen kann, wird der Staatsgerichtshof demnächst auf Antrag der deutschdemokratischen Fraktion des bayerischen Landtages zu entscheiden haben. M. E. sind beide Fragen zu verneinen wegen des Vorrangs der Reichsrechts vor dem Landesrechte.

2. Wenn streitig wird, ob ein Satz der Reichsverfassung so auszulegen sei, daß eine landesrechtliche Norm nicht mit ihm vereinbar ist, kann „die zuständige Reichs- oder Landeszentralbehörde" diese Verfassungsstreitigkeit nur in dem in Art. 13 Abs. 2 vorgezeichneten Wege zur Entscheidung bringen[25]). Wenn aber ein anderer streitender Teil die Sache vor den Staatsgerichtshof bringt, so ist — RG. 118 Anh. S. 31 — für diese Verfassungsstreitigkeit kein „anderer Gerichtshof des Reiches" zuständig, und also der Staatsgerichtshof.

Denkbar ist, daß in derselben Sache sowohl ein Verfahren aus Art. 13 vor dem Reichsgericht oder Reichsfinanzhof als auch ein Verfahren aus Art. 19 vor dem Staatsgerichtshof anhängig gemacht wird und daß die beiden Gerichtshöfe zu widersprechenden Entscheidungen gelangen. Spricht in diesem Falle das Reichsgericht (oder der Reichsfinanzhof) die Unvereinbarkeit der Landesnorm mit dem Reichsrecht aus, so hat diese Entscheidung den Vorrang, weil sie mit Gesetzeskraft im Reichsgesetzblatte verkündet wird[26]). Im umgekehrten Falle ließe sich die Ansicht vertreten, daß eine die Ungültigkeit der Landesnorm feststellende Entscheidung des Staatsgerichtshofs (der allerdings keine Gesetzeskraft, sondern nur Rechtskraft inter partes zukommt) den Vorrang hätte, und die auf Vereinbarkeit lautende Entscheidung des Reichsgerichts oder Reichsfinanzhofs als unbeachtlich anzusehen wäre. Denn zur Entscheidung über die hier in der „Meinungsverschiedenheit" mit enthaltene Verfassungsstreitigkeit ist in erster Linie der Staatsgerichtshof berufen.

Richtiger wäre es allerdings, dieser Unstimmigkeit vorzubeugen durch einen Akt der Reichsgesetzgebung, der die Entscheidungen aus Art. 13 dem Staatsgerichtshof überträgt. Dies hat Herr Reichsgerichtspräsident Simons auf dem Kölner Juristentage vorgeschlagen[27]).

V. In Streitigkeiten nicht privatrechtlicher Art zwischen dem Reiche und einem Lande hat der Staatsgerichtshof schon zwölf Entscheidungen gefällt. Die noch im Jahre 1923 von Triepel ausgesprochene Vermutung oder Hoffnung, daß Staatsprozesse zwischen dem Reiche und den Ländern zu den Seltenheiten gehören werden[28]), ist also enttäuscht worden.

Unter diesen Fällen war bisher kein einziger, in dem es sich auf Grund des Art. 15 RVerf. um eine Meinungsverschiedenheit über die Rechtmäßigkeit eines aufsichtsrechtlichen Ersuchens der Reichsregierung gehandelt hätte. Allerdings hätte es für die Reichsregierung nahegelegen, ihrer Ansicht, die Errichtung einer paritätischen Lehrerakademie in Preußen verstoße gegen Art. 174 RVerf., durch ein aufsichtsrechtliches Ersuchen Geltung zu verschaffen und die Anrufung des

---

[24]) Diese Wirkung hätte Art. 87 der preußischen Verfassungsurkunde, wenn Preußen sich einen eigenen Staatsgerichtshof einrichtet. Die anderen Länder mit eigenem Staatsgerichtshof haben dessen Zuständigkeit eingeschränkt. Vgl. Eiswaldt a. a. O.

[25]) Vgl. Triepel, Streitigkeiten S. 59f.

[26]) Ähnlich Triepel a. a. O. S. 71, der aber S. 113—115 auch gewissen Entscheidungen des Staatsgerichtshofs, obwohl sie nicht im Reichsgesetzblatt veröffentlicht werden, die Gesetzeskraft zusprechen will. Dagegen Anschütz Anm. 6 zu Art. 19.

[27]) DJT. 2, 265.

[28]) A. a. O. S. 115.

Staatsgerichtshofs der preußischen Regierung zu überlassen. Statt dessen hat die Reichsregierung vorgezogen, unmittelbar selbst eine Feststellungsklage zu erheben. Der Staatsgerichtshof (RG. 114 Anh. S. 7), hat den Antrag des Reiches abgewiesen, weil die Errichtung einer Anstalt (dahingestellt, ob sie dem preußischen Rechte gemäß oder zuwider ist) keine Änderung „der bestehenden Rechtslage" bewirke. Ein Urteil, das auf den ersten Blick recht formalistisch anmutet, weil es doch nur dann wirklich bei der bestehenden Rechtslage „bleibt", wenn das Land die unveränderte Schulgesetzgebung in seiner Verwaltungspraxis auch tatsächlich anwendet und vollzieht. Und doch politisch ein gutes Urteil, weil es die Stagnation etwas mildert, zu der der unglückselige Art. 174 die Landesschulpolitik verdammt, bis zu dem dies incertus an et quando, an dem das in Art. 146 Abs. 2 verheißene Gesetz zustandekommt.

Eine verhältnismäßig große Rolle haben Streitigkeiten gespielt über die Auslegung der auf die Beamtenbesoldung oder andere Einzelheiten bezüglichen Abmachungen in den Eisenbahnstaatsverträgen der Länder mit dem Reiche. Von diesen Entscheidungen (RG. 106, 426; 108, 426; 109 Anh. S. 1; 109 Anh. S. 30; 116 Anh. S. 1) ist nur die letztgenannte von allgemeinerem Interesse. Es handelt sich um die Entsch. v. 7. Mai 1927, welche Preußen gegenüber dem Reiche das Recht zuspricht, ein Mitglied des Verwaltungsrates der deutschen Reichsbahngesellschaft zu benennen. Das Urteil beruht ausgesprochenermaßen auf einer Abwägung der beiderseitigen Interessen (S. 15), bei der ein weitgehendes Zutrauen in die Loyalität der Landesregierungen zum Ausdrucke kommt, indes kein eigentlich politisches Werturteil eine Rolle spielt. Die rätselhafte Bemerkung in der Begründung (S. 18), das Reich sei nicht nur seinerzeit beim Tode des letzten Inhabers der umstrittenen Stelle (die dann ohne Fühlungnahme mit Preußen durch Ernennung des Reichskanzlers a. D. Luther besetzt wurde) in der Lage gewesen, den preußischen Rechtsanspruch auf Benennung einer Persönlichkeit zu verwirklichen, sondern sei „heute noch" dazu in der Lage, hat die preußische Regierung dazu verführt, von der Reichsregierung eine sofortige Erfüllung des vom Staatsgerichtshof festgestellten Rechtsanspruchs zu verlangen. Indes konnte die Reichsregierung nicht mehr tun, als alle von ihr ernannten Mitglieder des Verwaltungsrats befragen, ob einer von ihnen zur Amtsniederlegung bereit sei. Da diesem Schritt ein Erfolg versagt blieb, muß sich Preußen gedulden bis zur nächsten Vakanz, es sei denn, daß der Staatsgerichtshof über eine von Preußen zu erhebende Klage auf Verurteilung des Reiches zur Freimachung einer Stelle einen anderen Ausweg findet, z. B. Nichtigkeit der Ernennung Luthers annimmt oder auch, nach der Lehre Triepels (S. 111), den Reichspräsidenten für verpflichtet erklärt, eine der Verfügungen, mittels deren das Reich die Verwaltungsratsmitglieder ernannt hat, außer Kraft zu setzen, was aber m. E. beides juristisch nicht vertretbar wäre[28a]).

Eisenbahnrecht betreffen auch die zwei wichtigen Entscheidungen des Staatsgerichtshofs v. 30. Juni 1923 (RG. 107 Anh. S. 1) und v. 18. Okt. 1924 (RG. 109 Anh. S. 17). Sie sind zugleich bemerkenswert durch ihre Methode der Rechtsfindung.

Die Reichsverfassung bestimmt in Art. 90, daß das Reich die Enteignungsbefugnis übernimmt, die sich auf das öffentliche Eisenbahnwesen bezieht, und in Art. 94, daß neue, dem allgemeinen Verkehre dienende Privatbahnen nur noch mit Zustimmung des Reiches konzessioniert werden dürfen. Streitig wurde, ob die Enteignungsbefugnis auch die Befugnis des Reichsverkehrsministers in sich schließt, über die im landesrechtlich geordneten Enteignungsverfahren vor-

28a) Inzwischen hat Herr Dr. Luther auf das Amt verzichtet.

gesehenen Beschwerden zu entscheiden (an Stelle des im Landesgesetz bezeichneten Landesministers) und ob die Zustimmung sich nur darauf erstreckt, daß überhaupt eine bestimmte Privatbahn genehmigt wird, oder auch auf die Einzelheiten ihres Baues und ihres Betriebes.

Man kann eine solche Auslegungsfrage entweder unmittelbar rational behandeln, indem man nach derjenigen mit dem Wortlaute des Gesetzes vereinbaren Auslegung sucht, die sich nach Ansicht des Richters als die politisch organisatorisch und wirtschaftlich zweckmäßigste und verständigste darstellt; oder mittelbar rational, indem man unterstellt, daß „der Gesetzgeber" im Zweifel eben diese verständigste Lösung „gewollt" habe. Der Staatsgerichtshof hat letztere Methode eingeschlagen. Er zeigt im ersteren Falle (RG. 107, 7f.), daß es zu „unerwünschten" Ergebnissen führen würde, wenn die Beschwerdeentscheidung dem Landesminister zustehe und folgert daraus: „Das kann die Reichsverfassung nicht gewollt haben." Auch im zweiten Falle arbeitet der Staatsgerichtshof (RG. 109, 27ff.) einfach mit der Erwägung, daß es zweckmäßiger sei und der Absicht des Verfassungsgesetzgebers entspreche, wenn man Art. 94 „weitherzig" auslege und für alle Einzelheiten der Konzession und sogar der Zulassung zur Inbetriebnahme einer Privateisenbahn die Zustimmung des Reiches verlange.

Solche Argumentationen sind zulässig und beide Urteile erscheinen mir in Ergebnis und Begründung begrüßenswert. Aber man darf nicht verkennen, daß sie im Grunde auf einer politischen Entscheidung beruhen. Ein föderalistisch gestimmtes Richterkollegium hätte darauf abheben können, daß auch unter der Weimarer Verfassung die Länder alle Zuständigkeiten behalten, die ihnen die Reichsverfassung nicht ausdrücklich entzieht, daß also der Staatsgerichtshof zwar befugt und verpflichtet sei, aus den Art. 90 u. 94 alles herauszuholen, was notwendig erscheint, um das von der Verfassung gewollte einheitliche Reichseisenbahnwesen aufzubauen, aber nicht befugt sei, aus bloßen Zweckmäßigkeitserwägungen der unitarischen Auslegung vor der föderalistischen den Vorzug zu geben. Die Reichsverfassung hat ja auch sonst dem Föderalismus mannigfache Opfer bringen müssen.

Der politische, nämlich unitarische Charakter der beiden Urteile empfängt eine interessante Beleuchtung durch die Tatsache, daß es der Staatsgerichtshof in einem anderen Reich-Länder-Streit, in dem die Zweckmäßigkeitserwägung möglicherweise dazu hätte führen können, dem Reiche die Befugnis zur Errichtung einer reichseigenen Wasserstraßenverwaltung abzusprechen, mit Entschiedenheit ablehnt, die „rechtlichen" Erwägungen durch Zweckmäßigkeitserwägungen beeinflussen zu lassen. In der Begründung des Urt. v. 12. Dez. 1925 (RG. 112, 33), das zu dem Ergebnisse kommt: „Das Reich ist berechtigt, aber nicht verpflichtet, die ihm durch Art. 97 RVerf. übertragenen Aufgaben der Reichswasserstraßenverwaltung durch selbstgeschaffene Behörden durchzuführen", heißt es S. 42, das Reich habe „nicht ohne Grund angeführt, daß die Bedenken der Antragsgegner sich letzten Endes gegen die Zweckmäßigkeit der Verfassungsbestimmungen richten. Die Vertreter der Länder haben keinen überzeugenden rechtlichen Gesichtspunkt anführen können, der die Auslegung der Verfassung nach einer anderen Richtung zu leiten vermöchte; ihre Ausführungen gipfeln nur darin, daß die reichseigene Verwaltung unzweckmäßig sei und denjenigen Interessen, deren Wahrnehmung ihnen verblieben sei, widerspreche. Das kann aber grundsätzlich nicht dazu führen, dem Art. 97 eine andere Auslegung zu geben, als dem Geiste der Verfassung und dem aus der Entstehungsgeschichte des Art. 97 herzuleitenden Willen des verfassunggebenden Organes entspricht."

Welcher methodologische Gegensatz zu der Urteilsbegründung im RG. 107, wo es S. 7/8 heißt: „Wäre also die von Preußen gemachte Unterscheidung richtig, so würde eine äußerst unerwünschte Quelle an sich vielleicht geringfügiger, aber das Verhältnis zwischen Reich und Land trübender und den Staatsgerichtshof mit inadäquater Arbeit überschwemmender Streitigkeiten eröffnet. Das kann die Reichsverfassung nicht gewollt haben"!

Die Frage, ob sich die Zuständigkeit des Staatsgerichtshofs zur Entscheidung von Streitigkeiten zwischen Reich und Ländern im Laufe der Zeit als eine mehr föderalistisch oder mehr unitarisch wirkende Einrichtung bewähren werde[29]), ist eher im letzteren Sinne zu beantworten. Rein zahlenmäßig gerechnet hat das Reich von den sieben Prozessen, die es selbst angestrengt hat, drei gewonnen und vier verloren. Die Länder Oldenburg, Sachsen und Bremen haben Prozesse gegen das Reich verloren. Preußen hat die zwei von ihm angestrengten Prozesse gewonnen[29a]).

VI. Über Streitigkeiten nicht privatrechtlicher Art zwischen verschiedenen Ländern hat der Staatsgerichtshof bisher fünf veröffentlichte Entscheidungen gefällt. Sie sind von hoher Bedeutung für die Erkenntnis des rechtlichen Grundverhältnisses der deutschen Länder zueinander, wie auch für den Rang, den sich der Gerichtshof in der Hierarchie der öffentlichen Gewalten berechtigtermaßen zuspricht.

Was den ersteren Punkt betrifft, so anerkennt der Staatsgerichtshof, daß auch unter der Weimarer Verfassung zwischen den deutschen Ländern subsidiär, d. h. insoweit, als nicht Reichsrecht ihre Beziehungen regelt, das Völkerrecht in Geltung steht. Deshalb (RG. 112 Anh. S. 21ff.) ist es möglich, daß ein deutsches Land gegen ein anderes deutsches Land beim Staatsgerichtshof Klage erhebt mit dem Antrag, einen zwischen den beiden Ländern bestehenden Staatsvertrag aufzuheben oder abzuändern wegen durchgreifender Veränderung der dem Vertrage zugrunde liegenden tatsächlichen Verhältnisse, und sich dabei nicht sowohl auf die allerdings auch zu berücksichtigende Entwicklung der entsprechenden Grundsätze des Privatrechts beruft (S. 31), als vielmehr auf die in der internationalen Theorie des Völkerrechtes entwickelte Lehre von der jedem Vertrag immanenten clausula rebus sic stantibus. Deshalb ferner müssen auf den alten Streit zwischen Württemberg und Baden über die Behandlung der Donauversickerungen die etwa vorhandenen völkerrechtlichen Sätze über Rechte und Pflichten an internationalen Gewässern Anwendung finden: RG. 116 Anh. S. 18ff.

Angesichts dieser Urteilsbegründungen wirkt es überraschend, daß der Staatsgerichtshof in der Begründung des Urt. v. 25. Juni 1925 (RG. 112 Anh. S. 28) die subsidiäre Geltung des Völkerrechtes zwischen den deutschen Ländern nur unter Bedenklichkeiten und eigentlich nur analogerweise aus Billigkeitsgründen gelten lassen will und daß er in dem Urt. v. 12. Okt. 1926 (RG. 114 Anh. S. 1f.), in welchem ein von Mecklenburg-Strelitz gegen Mecklenburg-Schwerin erhobener Rechtsanspruch als unbegründet abgewiesen wird, durch Nichtbeachtung völkerrechtlicher Prinzipien zu einem Ergebnis kommt, das mir geradezu als Fehlspruch erscheint. Es ist zwar ganz richtig, wenn der Staatsgerichtshof das „Revolutionsrecht" der tatsächlichen Herrschaft anerkennt, wenn er darauf hinweist, daß die Staatsumwälzung die Aufhebung der ständischen Verfassung der beiden mecklenburgischen Großherzogtümer bewirkt hat und wenn er daraus folgert, daß die Einziehung des Ständevermögens eine Folge dieser

[29]) Vgl. dazu Triepel, Streitigkeiten S. 12 und 115ff.
[29a]) Vgl. ferner das Urteil v. 3. Dez. 1927, RG. 120 Anh. S. 1.

revolutionären Aufhebung des Ständewesens gewesen ist. Aber hat der Staatsgerichtshof nicht übersehen, daß diese Revolution sich in Mecklenburg-Strelitz ebensowohl vollzogen hat wie in Mecklenburg-Schwerin und daß mit der Rechtsgültigkeit der Einziehung des Ständevermögens noch nichts darüber entschieden ist, welcher Teil der Vermögensrechte des ehemaligen vereinigten Ständekorpus an Mecklenburg-Schwerin und welcher an Mecklenburg-Strelitz zu fallen habe, oder welcher in das Miteigentum der beiden Länder? Hat er nicht übersehen, daß die Theorie des allgemeinen Völkerrechtes die (z. B. von Sowjet-Rußland vertretene) Lehre ablehnt[30]), daß ein Staat sich seiner privatrechtlichen oder völkerrechtlichen Verpflichtungen gegenüber einem anderen Staate entledigen dürfe mit Berufung auf die in ihm vollzogene Revolution?

Das bemerkenswerteste Ergebnis der Rechtsprechung in Länderstreitigkeiten scheint mir die Betonung der Einsicht zu sein, daß sich das Grundverhältnis der Länder zueinander nicht einfach auf die Formel bringen läßt: über ihre Beziehungen entscheide das Reichsrecht und soweit dieses versage, das allgemeine Völkerrecht. Vielmehr schiebt sich dazwischen die Rechtsverpflichtung, die aus der nationalen Gemeinschaft entspringt und unter Umständen Pflichten auferlegt, die über die völkerrechtlichen hinausgehen, ohne doch im geschriebenen Reichsrechte ausdrücklich begründet zu sein. Die Gemeinschaft in der die deutschen Länder als Glieder des Deutschen Reiches zueinander stehen, ist, sagt der Staatsgerichtshof in RG. 116 Anh. S. 30, noch enger als die allgemeine Völkerrechtsgemeinschaft: „Die Verfassung v. 11. Aug. 1919 beruht nach ihrem Vorspruch auf der Einigung des deutschen Volkes in seinen Stämmen und will seinem inneren Frieden dienen. Sie gibt in Art. 110 Abs. 2 jedem Deutschen in jedem Lande des Reiches die gleichen Rechte und Pflichten wie den Angehörigen des Landes selbst. Die Einheit des deutschen Volkes und die Gleichberechtigung sämtlicher Volksgenossen ohne Rücksicht auf ihre Staatsangehörigkeit muß sich aber auch auswirken, wenn es sich nicht um Rechte, sondern um bloße Interessen von Angehörigen des anderen Landes handelt. Man kann von jedem deutschen Lande verlangen, daß es sie, wenn auch vielleicht nicht ganz in gleichem Maße, wie die Interessen der eigenen Landesangehörigen, so doch stärker berücksichtigt als die anderer, nichtdeutscher Staaten ... So gelangt man im Verhältnis der deutschen Länder zueinander zu einer stärkeren Einschränkung des Grundsatzes der Gebietshoheit, als wenn sich zwei völlig fremde Staaten gegenüberstehen. Hier kommt die allgemeine Verbundenheit der einzelnen Staatspersönlichkeiten trotz ihrer grundsätzlichen Selbständigkeit zu besonders starkem Ausdruck. Der Gemeinschaftsgedanke erweist sich als der stärkere. Daraus ergeben sich Verpflichtungen der einzelnen deutschen Staaten zueinander, die sich, wenigstens in gleichem Maße, aus dem für alle Staaten geltenden Völkerrechte nicht herleiten lassen."

Diese vortreffliche Lehre ist natürlich nicht aus Schlußfolgerungen der juristischen Logik gewonnen — mittels deren man ebensogut umgekehrt sagen könnte, daß die über das Völkerrecht hinausgehenden Verpflichtungen der deutschen Länder untereinander in Reichsverfassung und Reichsgesetzgebung abschließend kodifiziert seien — sondern sie entspringt einem politischen Werturteil, das die Interessen der Nation und die Idee der Gemeinschaft dem partikularen Sonderinteresse überordnet.

Von diesem Standpunkte aus konnte der Staatsgerichtshof den in der Donauversickerungsfrage entzweiten Landesregierungen (Württemberg und Preußen gegen Baden) als Rechtspflicht hinstellen, daß sie auf der Grundlage der durch

---

[30]) Vgl. neuestens C. Schmitt, Verfassungslehre S. 94 (1928).

die Zwischenentscheidung des Staatsgerichtshofs geschaffenen juristischen Klärung zu einer gütlichen Einigung zu gelangen haben.

Die Schlußworte des veröffentlichten Teiles der Begründung dieser Zwischenentscheidung gehen allerdings über diese Linie noch hinaus. Diese zum Staatsgerichtshofe vereinigten sieben richterlichen Beamten wagen es, drei deutschen Staatsregierungen im Tone väterlicher Strenge zu eröffnen: „Der Staatsgerichtshof erwartet, daß die Streitteile nunmehr in erneute Verhandlungen miteinander treten und versuchen werden, zu einer Einigung zu gelangen, welche die Grundsätze dieser Zwischenentscheidung in die Wirklichkeit umsetzt."

Dies scheint mir eine ungewohnte, aber keine unberechtigte Erweiterung des prätorischen zum zensorischen Amte zu sein. Sie findet ihre Rechtfertigung juristisch in der Eigenschaft des Staatsgerichtshofs als hochgestelltes Organ der souveränen Reichskörperschaft und ethisch in seinem bestimmungsgemäßen Dienste an der Rechtsidee.

Festzuhalten ist, daß die deutschen Länder in ihren gegenseitigen „auswärtigen" Beziehungen Norm und Grenze an der Reichsgesetzgebung finden. Wenn die freie Stadt Bremen sich vertragsmäßig verpflichtet hat, in dem ihr von Preußen abgetretenen Gebiete keine Industrie- und keine Fischereiunternehmungen zuzulassen, so ist diese Klausel ohne weiteres durchführbar nur insoweit, als das Gelände im Privateigentum der freien Stadt steht. Sofern dagegen eine Verpflichtung übernommen werden sollte, derartige Unternehmungen auf Privatgrundstücken über den Rahmen der Reichsgewerbeordnung hinaus im Wege obrigkeitlicher Verbote oder Genehmigungsverweigerungen zu unterdrücken, wäre die Klausel ungültig wegen Verstoßes gegen zwingendes Reichsrecht. Dies scheint mir der Staatsgerichtshof in gewissen Wendungen der Begründung seines Urt. v. 29. Juni 1925 (RG. 112, 21) verkannt zu haben. Die sachliche Richtigkeit des Urteiles will ich damit nicht anzweifeln, weil das Enteignungsrecht und der § 51 RGewO. Wege eröffnen, um die übernommene Verpflichtung auch Privateigentümern gegenüber ohne Verletzung des Reichsrechts durchzuführen.

Die Bindung der Länder an Reichsverfassung und Reichsgesetz entspringt im übrigen ihrer Unterordnung unter das Reich. Sie gibt, wie der Staatsgerichtshof in RG. 116 Anh. S. 27 zutreffend ausführt, keinem Lande das Recht, ein anderes Land auf Durchführung der Reichsgesetze innerhalb seines Gebietes zu verklagen und sich dadurch eine Beaufsichtigung anzumaßen, die vielmehr allein dem Reiche vorbehalten ist.

VII. Die bisherige Betätigung des Staatsgerichtshofs hat gezeigt, daß vielleicht nicht alle, aber doch weitaus die meisten seiner Entscheidungen politische, d. h. politisch wichtige, Urteile gewesen sind. Das wird auch künftig so sein und wird in noch viel höherem Maße zutreffen, wenn dem Staatsgerichtshof die Zuständigkeit zur Entscheidung von Verfassungsstreitigkeiten innerhalb des Deutschen Reiches allgemein übertragen wird und dann auch zwischen Reichstag und Reichstagsminderheit, Reichstag und Reichsregierung[31]), Reichstag und Reichsrat, Reichsregierung und Reichspräsident usw. Verfassungsstreitigkeiten vor den Staatsgerichtshof gebracht werden können. Nichtsdestoweniger wäre, wie bisher, so auch künftig in die in den Staatsgerichtshof berufenen hohen Berufsrichter das Vertrauen zu setzen, daß sie unbeirrt von ihren persönlichen politischen Anschauungen und Leidenschaften ihres Amtes walten werden. Bedenken gegen eine Ausdehnung der Staatsgerichtsbarkeit

---

[31]) Daß solche Streitigkeiten trotz des parlamentarischen Regierungssystems entstehen können, hat Mende an zahlreichen Beispielen gezeigt: 34. DJT. 2, 225ff.

können daraus, daß deren Entscheidungen im bisher unterstellten Sinne „politische“ sind, nicht entspringen.

Blickt man nun aber tiefer, so zeigt sich — und das geht ja auch aus der vorstehenden Übersicht hervor — daß, wie alles Recht, so auch das Staatsrecht in erheblichem Umfange zurückverweist auf Werturteile des Richters, die in dieser Sphäre in aller Regel politische Werturteile sein werden.

Es ergibt sich also, daß das Ideal des Rechtsstaats, wonach für jede Rechtsstreitigkeit ein unabhängiger und unparteiischer Richter zur Verfügung stehen soll, dessen das objektive Recht findenden, nicht schaffenden Entscheidungen auch die höchsten Staatsorgane, ja selbst die Legislative der souveränen Reichskörperschaft sich zu beugen haben — es ergibt sich, daß dieses Ideal nur formell zu verwirklichen ist. Materiell ist es deshalb nicht zu verwirklichen, weil und insoweit Rechtsprechung eben nur zum Teil rein rationale Schlußfolgerung ist und zu einem erheblichen Teile irrational bewertende, auf die Subjektivität des Richters zurückverweisende Tätigkeit.

Es erhebt sich also die Frage, ob es nicht eine Grenze des Umfanges der Staatsgerichtsbarkeit gibt, deren Überschreitung die Demokratie entmannt, indem einem Berufsrichterkollegium erlaubt wird, seine eigenen politischen Bewertungen dem der höchsten, als Repräsentanten des Mehrheitswillens geltenden, Reichs- und Staatsorgan hemmend entgegen zu setzen — mögen das nun föderalistische oder unitarische, wirtschaftskonservative oder sozialistische, parlamentsfreundliche oder parlamentsverdrossene, kulturliberale oder kulturreaktionäre oder sonstige Bewertungstendenzen sein; mögen sie ins Bewußtsein gelangt sein (was sie angesichts der hohen Berufsethik unseres Richtertums weitgehend neutralisiert) oder gefährlicherweise unter der Bewußtseinsschwelle bleiben. Woraus dann wieder die Gefahr entstehen kann, daß bei der Besetzung des Staatsgerichtshofs oder gar bei der Besetzung der Richter- und Präsidentenstellen der Höchstgerichte, aus denen sich der Staatsgerichtshof rekrutiert, parteipolitische Einflüsse sich geltend machen.

Man ist in Deutschland geneigt und, wie ich glaube, mit Recht geneigt, diese Grenze möglichst weit hinauszuschieben. Unserem rechtsstaatlichen Denken erscheinen jene möglichen Hemmungen der obersten Staatsorgane als das geringere Übel gegenüber der Möglichkeit, daß unter Verletzung des Verfassungsrechts eine Minderheit vergewaltigt oder ein Staatsorgan durch ein anderes Staatsorgan entrechtet wird ohne Eröffnung eines Rechtsweges vor einem der Idee, der Absicht und der persönlichen Rechtsstellung nach unabhängigen und unparteiischen Richter.

Immerhin kommt es an auf den Grad, in welchem das geltende Verfassungsrecht auf politische Bewertung seiner Ausleger zurückverweist. Hierüber aber besteht keine Einigkeit! Insbesondere stehen zur Zeit in der deutschen Staatsrechtswissenschaft zwei Theorien zur Erörterung, deren Annahme oder Ablehnung durch den Staatsgerichtshof dessen verfassungspolitische Bedeutung maßgebend bestimmen wird.

Die eine dieser Theorien ist die zuerst von Triepel aufgebrachte Lehre, daß der Art. 109 Abs. 1 („Alle Deutschen sind vor dem Gesetze gleich“) den Gesetzgeber binde[32]). Wenn das richtig ist, so kann jeder Richter schon jetzt jeder

[32]) Siehe die Literaturangaben bei Anschütz, Giese und Poetzsch-Heffter in den Anmerkungen zu Art. 109; ferner Thoma in „Grundrechte und Polizeigewalt“ in der Festgabe für das preußische Oberverwaltungsgericht 1925 S. 217—223 und in Veröffentlichungen der Vereinigung der deutschen Staatsrechtslehrer 3. Heft (1927) S. 58f. und demnächst, in dem von Nipperdey herausgegebenen Werke „Die Grundrechte und Grundpflichten der Deutschen“, Stier-Somlo (Erl. des Art. 109) und Thoma (Juristische Bedeutung der Grundrechte im allgemeinen).

landesgesetzlichen Norm und — seit Anerkennung des erweiterten richterlichen Prüfungsrechts — auch jedem einfachen Reichsgesetze die Anwendung versagen, wenn er der Meinung ist, daß es in unverständiger und willkürlicher Weise gleich zu Behandelndes ungleich oder ungleich zu Behandelndes gleich behandelt[33]). Walter Jellinek[34]), der diese Lehre billigt, ist der Meinung, die Bedeutung des Streites um Art. 109 sei nicht groß. Aber er fügt bei, es könnten doch überraschend Fälle auftreten, die eine Beantwortung der Streitfrage nötig machten. In der Tat ist dies zu vermuten und es ist weiter zu vermuten, daß diese seltenen Fälle dann von großer politischer und wirtschaftlicher Bedeutung sein werden. Wenn das Postulat der Ausdehnung der Staatsgerichtsbarkeit verwirklicht wird, würden Reichstagsminderheiten in Fällen heftiger politischer Kämpfe nicht leicht versäumen, dem Staatsgerichtshof die Frage vorzulegen, ob nicht seiner Ansicht nach ein von der Mehrheit geplantes Gesetz eine dem Art. 109 zuwiderlaufende Regelung enthalte, die nur mit der Zweidrittelmehrheit des Art. 76 beschlossen werden könnte. Dann würde oft genug eine im Grunde rein politische Entschließung der einfachen Reichstagsmehrheit aus der Hand genommen und an den Staatsgerichtshof überwälzt werden.

Die andere Theorie ist die, nach früheren von ihm selbst, von Bilfinger und anderen gegebenen Andeutungen, von Carl Schmitt in einem imponierenden systematischen Werke ausgebaute Lehre von den juristischen Grenzen, die auch dem verfassungsändernden Gesetze gezogen seien. Sie kann hier nicht im ganzen Umfange ihrer Thesen wiedergegeben werden und ich muß deshalb auch meine, überwiegend ablehnende, kritische Stellungnahme einer anderen Gelegenheit vorbehalten[34a]). Jedenfalls ermächtigt nach dieser Lehre Art. 76 die Legislative nur zur Erlassung „verfassungsgesetzlicher" Bestimmungen, nicht aber zu solchen Gesetzen, die sich als Änderungen der „Verfassung", d. h. der Grundprinzipien des Verfassungsgebäudes, „seiner Identität und Kontinuität" darstellen, wobei die Grenzen zwischen statthaftem „Verfassungsgesetz" und angeblich unstatthafter Veränderung der eigentlichen „Verfassung" dunkel bleiben und also gegebenenfalls vom Staatsgerichtshof zu ziehen wären. Dabei rechnet Carl Schmitt auch gewisse grundrechtliche Institutionen zu diesen Unantastbarkeiten.

Ferner behandelt Carl Schmitt „Verfassungsdurchbrechungen" als Anomalien, die mehr kraft Gewohnheitsrechts, als kraft des auf sie eigentlich nicht anwendbaren Art. 76, als rechtsgültig passieren könnten und auch dies nur dann, wenn sie sich nicht als offenbar unzulässigen Mißbrauch der qualifizierten Gesetzesform darstellen[35]). Dies letztere ist im Prinzip plausibel, würde indes gegebenenfalls wiederum wegen der Ungewißheit der Grenzen dem Staatsgerichtshof bedeutsame, das Parlament verdrängende Entscheidungsgewalten zuschieben.

Carl Schmitt ist denn auch der Meinung, daß ein, alle verfassungsgesetzlichen Auslegungsstreitigkeiten entscheidender Gerichtshof in Wahrheit „eine hochpolitische Instanz" wäre[36]): „Hier Rechtsfragen von politischen Fragen zu trennen und anzunehmen, eine staatsrechtliche Angelegenheit lasse sich entpolitisieren, d. h. in Wahrheit entstaatlichen, ist eine trübe Fiktion." Carl Schmitt spricht deshalb vom bloßen „Schein der Justizförmigkeit", eines be-

[33]) Darin läge eine so starke Einschränkung der Autonomie der Landesgesetzgebung, daß nicht unterstellt werden darf, daß dies von der Verfassung gewollt sei; s. Thoma a. a. O.

[34]) Verwaltungsrecht S. 156.

[34a]) Vgl. das in Anm. 32 erwähnte Sammelwerk.

[35]) Vgl. insbesondere Verfassungslehre S. 99/100 und 106—109.

[36]) Verfassungslehre S. 118 und 136f.

rufsrichterlichen Staatsgerichtshofs und bezeichnet es als „ehrlicher", geradezu eine politische Instanz entscheiden zu lassen, womit er m. E. einer noch viel unehrlicheren Lösung des Problems das Wort redet. Dann lieber überhaupt keine Staatsgerichtsbarkeit!

Den politischen Charakter der Verfassungsgerichtsbarkeit hat Triepel schon immer hervorgehoben. Er hat daraus Bedenken gegen eine Ausdehnung der Zuständigkeit des Staatsgerichtshofes hergeleitet, hat diese Bedenken aber in seinem Referat auf der Wiener Tagung zuletzt wieder verscheucht, indem er sich trotz allem als Enthusiasten des Rechtsstaates bekannte[37]). Meine eigene Diskussionsrede, welche die verschiedenen Bedeutungen des Begriffs des politischen Urteils zu unterscheiden sucht, hat ihm und Kelsen hierin beigestimmt. Ich muß aber hinzufügen, daß diese Stellungnahme zur Voraussetzung hat, daß sich der Staatsgerichtshof den beiden skizzierten Theorien verschließt.

Wegen des Art. 109 Abs. 1 habe ich schon in meiner Abhandlung „Grundrechte und Polizeigewalt" im Jahre 1925 ausgeführt: „Soll wirklich der Staatsgerichtshof zum Richter darüber werden, welche Ungleichheiten z. B. der Steuergesetze, der Zollgesetze, der Aufwertung, der Gewaltschädengesetze usw. als ‚gerecht und vernünftig diskriminierend' mit einfacher Mehrheit beschlossen werden könnten, welche anderen Gesetze wegen Widerstreits mit Art. 109 Abs. 1 der Zweidrittelmehrheit bedürften? Man kann das natürlich bejahen. Ich möchte aber doch bezweifeln, ob eine solche Überhöhung des Staatsgerichtshofs über die Mehrheit der Volksvertretung ‚reasonable' wäre und dem staatspolitischen Bedürfnis entsprechen würde, aus der Diskussion ohne allzugroße juristische Erschwerungen zur Dezision zu gelangen, über deren Vernünftigkeit und Gerechtigkeit man immer streiten kann, und die dem Gesetzgeber zu überlassen, dem Richter zu nehmen, eine der artbestimmten Tendenzen des ‚modernen Staates' ist."

Die Bedenken gelten in erhöhtem Maße gegenüber Carl Schmitts Lehre von der juristischen Beschränktheit sogar des verfassungsändernden Reichsgesetzes.

Ein gewisses Maß von politischer Entscheidungsgewalt eines vertrauenswürdigen Staatsgerichtshofes ist im Namen des Rechtsstaats zu fordern und ist politisch erträglich[38]). Überschritte der Staatsgerichtshof dieses Maß — und er würde es überschreiten durch Billigung und wirkliche Handhabung jener beiden Theorien — so würde über kurz oder lang seine rechtliche Macht empfunden werden als Gerontokratie einer, wenn auch noch so respektablen, Elite des Berufsrichtertums, die sich anmaßt, der Demokratie der Parlamente und Volksentscheide ihre Gesetze, sogar verfassungsändernde Gesetze, zu zerschlagen. Die Folge wäre schließlich Politisierung oder Abschaffung des Staatsgerichtshofs — beides zum unermeßlichen Schaden der rechtsstaatlichen Verfassungsmäßigkeit und Lauterkeit des Staatslebens. Der Rat zur Mäßigung, welchen Aristoteles und Montesquieu allen Aristokratien erteilen, gilt auch für die Aristokratie des hohen Richtertums.

Abgeschlossen am 15. August 1928, Zusätze vom November 1928.

---

[37]) Siehe vorläufig den Bericht von L. Richter in ArchÖffR. 14, 449. — Frühere Äußerungen Triepels, Streitigkeiten S. 15ff. und 94ff.

[38]) Ähnlich auch Anschütz, 34. DJT. 2, 212: Der Staatsgerichtshof werde immer mehr zu einem politischen Machtfaktor werden, aber die daraus entspringenden Bedenken müßten und könnten überwunden werden im Dienste der Idee des Rechtsstaats.

Das Reichsgericht und der Reichsverfassungsabschnitt „Reich und Länder“

von Professor Dr. Fritz Stier-Somlo, Köln

1. Einleitung

Der Stellungnahme des RG. auf dem durch die RV. v. 11. Aug. 1919[1]) umschlossenen Rechtsgebiete nachzugehen, ist nicht nur von besonderem wissenschaftlichen Reiz und von mancherlei praktischer Bedeutung, sondern geeignet, eines der vielen Verdienste unseres obersten Gerichtshofes ins Licht zu rücken. Diese Aufgabe in restloser Vollständigkeit, und zwar auch in der Beziehung, daß es mit dem Aufsuchen der Äußerungen des RG. nur in den amtlichen Mitteilungen nicht getan ist, zu erfüllen, setzt eine Bewältigung eines erstaunlich großen und reichhaltigen Stoffes voraus, für die im Rahmen dieser Festschrift eine Möglichkeit nicht gegeben ist. Nur ein verhältnismäßig kleiner Ausschnitt, der die ersten 19 Artikel der RV. umfaßt, soll hier als ein Zeichen verehrungsvoller Dankbarkeit dem RG. dargebracht werden.

Dem wissenschaftlichen Charakter dieses Versuches entspricht es auch, daß, soweit möglich und angängig, sich Erörterungen und Kritik kurz der festgestellten Meinung des RG. anschließen, um die gefundenen rechtlichen Gesichtspunkte entweder auszuwerten oder durch Geltendmachung einer abweichenden Meinung zu klären, beides in sachlichem Interesse unseres Rechtslebens.

Da der StGH. ein für die verfassungsrechtliche Entwicklung Deutschlands nicht mehr hinwegzudenkendes Organ ist[2]), dessen Bedeutung ständig im Wachsen begriffen ist, heute beim RG. gebildet wird[3]), vorläufig auch in den Fällen, die dem zu errichtenden Reichsverwaltungsgerichte zugedacht sind[4]), so schien es mir angebracht, auch die Rechtsprechung des StGH., wenn auch mit Auswahl[5])

---

[1]) Im folgenden wird die Reichsverfassung vom 11. Aug. 1919 stets mit RV. abgekürzt. Die fettgedruckten Zahlen ergeben den Band und die ohne Komma danebengestellte Zahl die Seite der amtlichen Entscheidungen des Reichsgerichts. Die Entscheidungen in Zivilsachen beginnen mit Band 101 und gehen bis 122, die in Strafsachen beginnen mit Band 57 und gehen bis Band 62, so daß sich eine jedesmalige Feststellung, ob es sich um einen Band in Zivilsachen oder Strafsachen handelt, erübrigt. Eine Entscheidung (= E.), die aus einer anderen Sammlung oder Zeitschrift entnommen ist, wird nach ihrem besonderen Standorte bezeichnet. Soweit es sich um den die Entscheidungen des Staatsgerichtshofs (StGH.) enthaltenden Anhang zur amtlichen Entscheidungssammlung handelt, erfolgt die Angabe der Zahlen dort mit einem Sternchen, z. B. **112** 4* = Band 112, Anhang S. 4.

[2]) Vgl. RV. Art. 15 III, 18 VII, 19 I; 59; 90 S. 2; 108; 170 II; 171 II.

[3]) G. über den StGH. v. 9. Juli 1921 (RGBl. S. 905) §§ 1, 2—15.

[4]) A. a. O. §§ 16—23, 31.

[5]) Die Entscheidungen des StGH., die sich auf Art. 13 II RV. beziehen, sind unter verschiedenen Gesichtspunkten zu betrachten. Insoweit sie nur feststellen, daß genau bezeichnete Bestimmungen des Landesrechts mit dem Reichsrecht in Widerspruch stehen, kommt es für unsere vorliegende Arbeit auf den Art. 13 II nicht weiter an, sondern unter Umständen auf das Reichsrecht, das das fragliche Landesrecht gebrochen hat. Anders, wenn der Art. 13 II selbst erörtert wird, wie z. B. **106** 34. Zu den bei Marschall von Bieberstein, Verfassungsrechtliche Gesetze

hier mit einzubeziehen[6]). Dagegen erstreckt sich unsere Aufgabe nicht auf den im Absterben befindlichen StGH. zum Schutze der Republik[7]).

Unter RV. als Gegenstand der richterlichen Anwendung durch das RG. wird in erster Reihe die RV.-Urkunde selbst verstanden werden. Doch ist sachlich weder erwünscht noch bei einer, hier freilich nicht durchführbaren erschöpfenden Behandlung des Themas „Reichsgericht und Reichsverfassung" möglich, eine allzu enge Beschränkung vorzunehmen und die RV. nicht auch als Reichsverfassungsrecht im materiellen Sinne zu nehmen. So werden insbesondere die in der RV.-Urkunde vorbehaltenen und später ergangenen wichtigen Gesetze, falls sich auch auf sie die Judikatur des RG. erstreckt, hineinzunehmen sein.

In zeitlicher Beziehung ist als Grenze grundsätzlich der 1. Januar 1929 gezogen. Was später an RG.-Entscheidungen veröffentlicht worden ist, konnte nur ausnahmsweise berücksichtigt werden.

Was den Aufbau einer die angedeutete Aufgabe vollständig erfüllenden Darstellung angeht, so sollte er sich zweckmäßigerweise nicht der Reihenfolge der Artikel der RV. anschließen. Wenn auch dadurch eine schematische Übersichtlichkeit erreicht werden könnte, so dürfte dies doch dem geistigen Gehalt der Stoffe nicht ganz entsprechen. So muß wohl bei einer späteren vollständigen Erschöpfung dieses Gegenstandes[8]) versucht werden, einem wissenschaftlichen System des Reichsverfassungsrechts nach Möglichkeit zu folgen. Für den vorliegenden Beitrag jedoch, der nur einen Ausschnitt aus jener Gesamtaufgabe darstellen kann, wird zwar der Versuch einer Systematisierung unternommen, im übrigen aber, zumal es sich nur um eine verhältnismäßig geringe Zahl von Artikeln handelt, die Reihenfolge dieser letzteren eingehalten.

2. Privates und öffentliches Recht

In die uralte und auch nicht abreißende wissenschaftliche Erörterung über das Wesen des in dieser Gegenüberstellung liegenden Unterschiedes will das RG. nicht eingreifen, wenn es in dem Urt. v. 28. Nov. 1923 (**107** 78, 82) die Frage prüft, ob die Währungsvorschriften dem öffentlichen oder dem bürgerlichen Rechte angehören und sie „unbedenklich im ersteren Sinne" beantwortet. Aber es ist doch nicht ohne Bedeutung, wenn das RG. sich dabei grundsätzlich für einen bestimmten Standpunkt entscheidet: „Dem bürgerlichen Rechte gehören grundsätzlich diejenigen Rechtsvorschriften an, welche die den Personen als Privatpersonen zukommende rechtliche Stellung und die Verhältnisse, in denen die Personen als Privatpersonen untereinander stehen, zu regeln bestimmt sind (Mot. z. BGB. Bd. 1 S. 1; Meyer-Anschütz, Deutsches Staatsrecht, 7. Aufl. S. 59). Dem öffentlichen Rechte gehören dagegen namentlich die staats- und verwaltungsrechtlichen Bestimmungen an, d. h. das Recht, das den Staat als Ganzes und die einzelnen Menschen und

---

(2. Aufl., 1929) S. 988—1000 wiedergegebenen 17 Beschlüssen auf Grund des Art. 13 II kommt insbesondere noch der vom 23. Nov. 1928, wonach § 14 VIII des LandeswahlG. für den Freistaat Sachsen in der Fassung v. 6. Okt. 1926 nicht mit dem Reichsrecht vereinbar ist (Bek. v. 18. Dez. 1928, RGBl. I 414).

[6]) Dabei kann die Tatsache unberücksichtigt bleiben, daß bis zur Errichtung des Reichsverwaltungsgerichts der StGH. nicht nur mit Mitgliedern des Reichsgerichts besetzt ist, sondern nach Maßgabe des § 31 des StGHG. auch mit einem Rat des preußischen OVG., des bayerischen Verwaltungsgerichtshofes und des sächsischen OVG.

[7]) RGes. v. 1. April 1926 (RGBl. I 190), 23. Juli 1927 (RGBl. I 125).

[8]) Sie wird anderwärts, in den „Annalen des Deutschen Reichs" erfolgen.

Personenverbände als Staatsglieder betrifft (Gierke, Deutsches Privatrecht Bd. 1 § 4 Nr. I). Zu den letzteren gehören auch die Vorschriften über die gesetzliche Währung, durch welche den einzelnen Staatsgliedern von der Staatsgewalt anbefohlen werde, welche Zahlungsmittel anzunehmen sie verpflichtet sind. Mittelbar werden dadurch gewiß auch die rechtlichen Beziehungen der einzelnen Staatsangehörigen untereinander betroffen, so die Art, wie sie ihre Verpflichtungen im Verhältnis zueinander zu regeln haben (vgl. u. a. § 244 BGB.). Gegeben werden aber die Währungsvorschriften als Gebote an die Staatsglieder im allgemeinen staatlichen Interesse zur Regelung und Aufrechterhaltung einer gesunden Volkswirtschaft. Damit stimmt es überein, daß in Art. 4 der RV. v. 16. April 1871 bei der Bestimmung der Aufsichts- und Gesetzgebungsbefugnisse des Reichs die Ordnung des Münzwesens und die Festsetzung der Grundsätze über die Ausgabe von Papiergeld besonders unter Nr. 3 aufgeführt war, also getrennt von dem unter Nr. 13 behandelten Obligationen-, Handels- und Wechselrecht, später dem gesamten bürgerlichen Rechte; ebenso in der jetzigen RV. einerseits Art. 6 Nr. 5 (Münzwesen) und Art. 7 Nr. 14 (Ausgabe von Papiergeld), andererseits Art. 7 Nr. 1 (bürgerliches Recht)." Es genügt hier, auf die jüngste Literatur über diesen Gegenstand zu verweisen[9]).

3. Zur Frage der Legitimität der Staatsgewalt

Dieses grundsätzlich sehr bedeutsame, für die Zeit nach der Staatsumwälzung von 1918 unmittelbar praktische Problem klingt begreiflicherweise in der Rechtsprechung häufig an. Die Wissenschaft vertritt heute wohl unbestritten die Meinung, daß Legitimität kein Merkmal der Staatsgewalt, d. h. es rechtlich belanglos ist, ob die neue Staatsgewalt vom Standpunkte des bisherigen Rechtes aus legitim ist oder nicht. Sie braucht nicht notwendig auf dem Wege des Rechts entstanden zu sein, anders gewandt: zur Rechtsverwirklichung ist die die tatsächliche Macht besitzende Staatsgewalt befugt. Freilich genügt nicht die „vollzogene Tatsache" der Macht allein, sondern der Machtübende muß in der Lage sein, sich in der Staatsgewalt zu behaupten[10]). Eine E. des RG. v. 14. Nov. 1921 (DJZ. 27 [1922], 60) bezieht sich auf den Kapp-Putsch. Den staatsrechtlich maßgebenden Punkt enthält der Satz: „Die Kapp-Regierung hat sich nicht bis zur verfassungsmäßigen Macht und Anerkennung durchsetzen können." Im übrigen handelt es sich um eine sehr materielle Angelegenheit. Am 15. März 1920 wurde das Auto des Klägers in Berlin durch Schutzleute angehalten und nach der Reichskanzlei geleitet. Dort stellte der Beklagte „als Polizeioffizier der Reichskanzlei" eine Bescheinigung aus, daß der Wagen für die Zwecke der Reichskanzlei vom 15. März 1920 . . . beschlagnahmt sei. Zugleich gab er Fahrtanweisungen für den Wagen für den 15. März und befahl, daß der Wagen zwar nachts in den Gewahrsam des Klägers zurückzukehren, aber an jedem Morgen bei der Reichskanzlei

---

[9]) Stier-Somlo, Deutsches Reichs- und Landesstaatsrecht I (1924) S. 1—34 und G. A. Walz, Vom Wesen des öffentlichen Rechts (1928), hierzu A. Merkl, ZÖffR. VIII Heft 2 (1929) S. 301ff. In bezug auf den Gegenstand der obigen E. ist noch hinzuzufügen, daß 68 256 (v. 11. Juli 1924) von einem allgemeinen Rechtsbegriffe des Geldes ausgeht. Danach ist Geld jedes vom Staat oder von einer durch ihn dazu ermächtigten Stelle als Wertträger beglaubigte, zum Umlauf und öffentlichen Verkehr bestimmte Zahlungsmittel ohne Rücksicht auf eine Annahmepflicht. Geld im Sinne dieses Begriffes wird dann als Gegenstand des Münzverbrechens und Münzvergehens des StGB. betrachtet. Daß dem Reiche das „Geldhoheitsrecht" zusteht, wird durch Bezugnahme auf Art. 7 Nr. 14 RV. festgestellt.

[10]) Stier-Somlo a. a. O. S. 213—223 mit Schrifttum.

vorzufahren habe, um Näheres über seine Verwendung zu erfahren. Demgemäß ist nach Behauptung des Klägers der Wagen auch am 16. und 17. benutzt worden. Kläger verlangt Schadensersatz für Abnutzung und Beschädigung des Wagens. LG. wies ab, OLG. erklärte den Anspruch wegen der Benutzung vom 15. dem Grunde nach für berechtigt, wies dagegen hinsichtlich des 16. und 17. die Berufung zurück, weil Kläger den Wagen an diesen Tagen nicht wieder zur Reichskanzlei hätte fahren lassen sollen. RG. wies die Revision des Beklagten zurück, hob aber zugunsten des Klägers auf. Der Beklagte sei nicht befugt und verpflichtet gewesen, den Anweisungen der Anhänger Kapps nachzukommen. Die von der Kapp-Regierung veranlaßten Maßnahmen könnten nicht als Akt und Ausfluß gesetzmäßiger Polizeigewalt anerkannt werden.

In dieses Gebiet gehören dann auch die Fragen über die Haftung des Staates für Verschulden des Arbeiter- und Soldatenrats. So wurde z. B. nach dem Tatbestande des Urt. des RG. v. 4. April 1922 (DJZ. 27 [1922], 383) im Dezember 1918 ein Bekleidungslager, aus dem den entlassenen Soldaten Anzüge verabfolgt werden sollten, geplündert. Einer der dabei abgefeuerten Schüsse tötete den Ehemann der Klägerin. Sie verlangt Schadensersatz vom Deutschen Reich und vom Staate Preußen und begründet den Anspruch auf Verschulden der Hilfspolizei, des Arbeiter- und Soldatenrats, des Polizeipräsidenten und des stellvertretenden Generalkommandos. Das hier Wesentliche ist: Die Arbeiter- und Soldatenräte seien verantwortliche Träger der Staatsgewalt und deshalb Beamte gewesen. Selbst wenn man annehmen wollte, daß die auf Aufrichtung einer Räterepublik und die Diktatur des Proletariats gerichteten Bestrebungen einer Anzahl von Arbeiter- und Soldatenräten durch die von ihnen tatsächlich geübte Gewalt für eine gewisse Zeit den Anspruch auf rechtliche Anerkennung erlangt hatten, so sei mit dem Wesen einer Republik, in der das Volk der rechtliche Träger der Staatsgewalt ist, die völlige Unverantwortlichkeit der mit der tatsächlichen Ausübung der Staatsgewalt beauftragten Person unvereinbar. In diese Ideengänge gehört auch, was das Urt. v. 21. Dez. 1921 (gegen von Jagow und Genossen) **56** 259, 265ff. über die Unternehmer des Hochverrats im Ringen mit der verfassungsmäßigen Staatsgewalt um den Besitz der öffentlichen Macht zu sagen hat. Wann darf der Machtwechsel als vollzogen angesehen werden? Der Haupteinwand der Angeklagten ging dahin, sie seien dem Kapp-Lüttwitzschen Unternehmen erst nach Abschluß der militärischen Handlung beigetreten, zu einem Zeitpunkt, wo sich Kapp und von Lüttwitz bereits im unbestrittenen tatsächlichen Besitz der vollen Staatsgewalt befunden hätten. Die bisherige Reichsregierung habe am 13. März 1920 nicht mehr bestanden, so daß ein gegen sie gerichtetes strafbares Unternehmen der gewaltsamen Verfassungsänderung von da ab nicht mehr habe begangen werden können. Einer der Angeklagten hat sich so ausgedrückt: er habe nicht mitgewirkt zum Sturz der Regierung, sondern habe sich erst nach vollzogenem Machtwechsel den neuen Gewalthabern zur Verfügung gestellt. Das RG. erklärt das jedoch als tatsächlich nicht richtig und darum allein schon verbiete sich ein Vergleich mit der Staatsumwälzung vom 9. Nov. 1918, die zur Begründung der deutschen Republik geführt hat. Während die nach dem Sturze der Monarchen in Deutschland aufgerichtete sozialistische Volksregierung sich bereits nach Verlauf weniger Tage überall im Reich mit Erfolg durchgesetzt hatte und daher auch staatsrechtlich als rechtmäßige Regierungsgewalt anzuerkennen war (RGSt. **53** 65; RGZ. **100** 25), ist es den Urhebern des Staatsstreichs vom 13. März 1920 niemals gelungen, die zur Ausübung der Regierung im Reich erforderliche öffentliche Gewalt auch nur für die Dauer eines Tages an sich zu bringen. Auf die weiteren Einzelheiten kommt es hier nicht an: Wesentlich ist nur, daß das RG. sich auch hierzu der herrschenden Auffassung von der Legitimität der im Besitz gebliebenen Staatsgewalt anschließt.

4. Zur Lehre von den Rechtsquellen

Der Art. 4 RV.: „Die allgemein anerkannten Regeln des Völkerrechts gelten als bindende Bestandteile des Reichsrechts“ hat das RG. mehrfach beschäftigt. In dem Urt. v. 18. März 1926 (**60** 203) handelt es sich um einen Auslieferungsfall aus Ungarn. Begründet es die Revision, wenn das die Tat eines Ausgelieferten aburteilende Schwurgericht sie abweichend von dem ausliefernden Staat als politisch angesehen hat? Bei der Prüfung dieser Frage war davon auszugehen, daß allerdings der Umfang der Auslieferungsbewilligung den Umfang der gegen den Angeklagten zulässigen Strafverfolgung bestimmt und daß ein gegen diesen Grundsatz begangener Verstoß als die Verletzung einer Rechtsnorm anzusehen sein würde, auf welche die Revision gestützt werden könnte. Zwar enthält das Reichsrecht unmittelbar einen Rechtssatz des bezeichneten Inhalts nicht, er muß aber als ein allgemein anerkannter Grundsatz des heutigen Völkerrechts angesprochen werden, dessen allgemeine Regeln in dem vorliegenden Fall der Sachbeurteilung zugrunde zu legen sind, da ein Auslieferungsvertrag mit Ungarn, dessen Bestimmungen sonst in erster Linie zu beachten sein würden, nicht besteht. Mag auch nach den heutigen Anschauungen die Bestrafung wenigstens schwererer Verbrecher als gemeinsame Aufgabe aller Kulturstaaten erscheinen, so steht es doch, solange nicht besondere hierüber abgeschlossene Verträge oder andere, diesen völkerrechtlich gleich zu bewertende Tatsachen das Gegenteil ergeben, in dem freien Ermessen eines jeden Staates, ob und inwieweit er sich in Anerkennung jener Anschauungen im Einzelfall zur Auslieferung eines bestimmten Verbrechers an einen anderen Staat bereitfinden lassen will. Der die Auslieferung nachsuchende Staat muß sich also an die Schranken halten, innerhalb deren der ersuchte Staat die begehrte Auslieferung zu gewähren für angezeigt erachtet. Dieser zunächst rein völkerrechtliche Grundsatz gilt, weil er als solcher allgemein anerkannt ist, gemäß Art. 4 RV. zugleich als bindender Bestandteil des deutschen Reichsrechts, so daß seine Verletzung einen Gegenstand zulässiger Revisionsbeschwerde abgeben würde. Dieser Auffassung des RG. ist nichts beizufügen, vorausgesetzt, daß seine Annahme, die im Urteil nicht im einzelnen nachgewiesen wurde, richtig ist, daß es sich hier in der Tat um einen allgemein anerkannten Völkerrechtssatz handelt.

Schon in dem Urt. v. 12. Dez. 1905 (RGZ. **62** 165) hatte der Gerichtshof den Grundsatz ausgesprochen, daß ein ausländischer Staat auch aus rein privatrechtlichen Ansprüchen vor den inländischen Gerichten in der Regel nicht belangt werden könne. Diesen trotz entgegenstehender Erkenntnisse einiger „auswärtiger“ Gerichte im wesentlichen aus der damals herrschenden Praxis hergeleiteten völkerrechtlichen Grundsatz erachtet das RG. „jedenfalls für jene Zeit“ als zutreffend. Es prüft aber in der E. v. 10. Dez. 1921 (**103** 274), ob hierin inzwischen durch neu hervorgetretene Umstände, etwa durch den Weltkrieg und seine Vor- und Nachwirkungen nichts geändert ist und verneint diese Frage. Es führt zwei Gründe an. Erstens in der Praxis habe eine allgemeine oder irgendwie vorherrschende Anerkennung die Ansicht[11])

---

[11]) HansRZ. 1921 S. 458; Löning, Die Gerichtsbarkeit über fremde Staaten und Souveräne in der Festgabe für Fitting S. 52ff.

nicht gefunden, daß ein ausländischer Staat, der im Inland ein ausgedehntes gewerbliches Unternehmen eingerichtet hat und betreibt, sich damit für Rechtsstreitigkeiten aus diesem Gewerbe- oder Handelsbetrieb oder mit den ihm gehörigen (beweglichen) Vermögensstücken, die er in das Inland verbracht, auch den inländischen Gerichten unterwerfe. Zu diesem Punkte soll hier nur angedeutet werden, daß das RG. zwar darin recht hat, daß jene Ansicht noch nicht durchgedrungen ist. Sie bedarf aber m. E. erneuter eingehender Untersuchung. Angesichts der internationalen Kartellierung und Vertrustung ganzer Industrien, bei der Verschuldung Deutschlands an das Ausland ist es natürlich nicht ausgeschlossen, daß ein ausländischer Staat in irgendeiner zulässigen Rechtsform an die Stelle seiner eigenen bisher im Inland Geschäfte, Handels- und gewerbliche Unternehmungen betreibenden Staatsangehörigen mit deren Zustimmung tritt und dann, im Gegensatz zu den letzteren, für die ordentliche Gerichtsbarkeit in Deutschland nicht erreichbar ist, zu gelegentlichen oder gar systematischen, möglicherweise auf politischen Motiven beruhenden Mißbräuchen jener völkerrechtlichen Unangreifbarkeit sich entschließt, während seine Staatsangehörigen natürlich die Klage (und Zwangsvollstreckungsmaßregeln gewisser Art) über sich ergehen lassen müßten. Zweitens, so sagt das RG., sei in Schrifttum und Rechtsprechung wiederholt „Kauffahrteischiffen" schlechthin die Exterritorialität in fremdländischen Häfen aberkannt worden. Der Gerichtshof meint, dies sei im Hinblick auf eine Zeit geschehen, wo eine ausschließliche Verwendung von Staatsschiffen, d. h. im Eigentum eines souveränen Staats stehenden Seeschiffen zu Privatzwecken, insbesondere im Reedereigeschäft, in nennenswertem Umfange nicht bekannt war. Es könne daher aus jenen Meinungsverschiedenheiten nichts Entscheidendes dafür entnommen werden, daß völkerrechtlich nur solche fremdländische Staatsschiffe von der inländischen Gerichtsbarkeit befreit seien, welche ganz oder teilweise im öffentlichen Dienste stehen. Auch hier ist es zwar richtig, daß jener Satz völkerrechtlich nichts von seiner Anerkennung eingebüßt hat. Ob es aber noch eine allgemeine Anerkennung ist, dürfte m. E. bezweifelt werden. Das RG. führt selber aus, daß in dem internationalen Übereinkommen vom 23. Sept. 1910 „zur einheitlichen Feststellung von Regeln über den Zusammenstoß von Schiffen" (RGBl. 1913 S. 49) in Art. 11 und „zur einheitlichen Feststellung von Regeln über die Hilfeleistung und Bergung in Seenot" (RGBl. 1913 S. 66) in Art. 14 insofern zwischen Staatsschiffen, die ausschließlich für einen öffentlichen Dienst bestimmt sind, und Staatsschiffen, bei denen dies nicht zutrifft, ein Unterschied gemacht wurde, als der dort vorgesehene Vorbehalt nur auf die ersteren bezogen ist. Aber dies betreffe nur das den wesentlichen Gegenstand jener Übereinkommen bildende materielle Privatrecht und lasse keinen hier in Betracht kommenden Rückschluß zu auf die Entwicklung des Völkerrechts nach der im vorliegenden Falle maßgeblichen, das prozeßrechtliche Gebiet betreffenden Richtung hin. Ich kann dem nicht zustimmen. Prozeßrechtlich ist das Gebiet nur insofern, als es sich um die Frage der Zulässigkeit der Klageerhebung vor den ordentlichen Gerichten gegenüber einem ausländischen Staat handelt. Aber das ist nicht das Wesentliche. Denn diese „Klagefreiheit" ist nur die Folgerung aus der Souveränitätslehre, die jedenfalls staatsrechtlicher und völkerrechtlicher Natur ist. Ebenso liegt es mit der zweiten von dem RG. geltend gemachten Erwägung. Sie bezieht sich auf die von der International Law Association beschlossene und vom 3. Sept. 1921 datierten „Hague Rules" und die ihnen beigefügten „Resolutions". Die „Hague Rules" berühren nur einen Ausschnitt des materiellen Privatrechts. Wenn daher in Nr. 3 der „Resolutions" als Meinung der

International Law Association angeführt wird, daß die „Hague Rules“ auch auf Schiffe anwendbar seien, die im Eigentum einer Regierung stehen oder von ihr gechartert sind, ausgenommen solche Schiffe, die ausschließlich im Flotten- und Heeresdienst verwendet werden, so sei daraus für die hier interessierende Immunitätsfrage etwas Wesentliches nicht zu folgern. Es sei hier die Gegenmeinung gestattet, daß eine Abstellung auf die Tatsache, daß es sich um materielles Privatrecht handle, ebensowenig wie der Hinweis auf das „prozeßrechtliche Gebiet“ den Kernpunkt trifft. Er liegt in beiden Fällen in der Souveränitätsfrage. Schließlich ist die Stellung des RG. aber auch nicht bedingungslos streng. Es läßt sich freilich nicht verkennen, so sagt der Gerichtshof schließlich hierzu, daß die besonders im Schrifttum hervorgetretenen Bemühungen, die grundsätzlich völkerrechtliche Immunität von Privatzwecken dienendem Staatseigentum zu beseitigen oder doch einzuschränken, besonders auf dem Gebiet des internationalen Seerechts in maßgeblichen Kreisen mehr oder minder Anklang finden. Eine Wandlung ist also anerkanntermaßen auf dem Wege und damit die Möglichkeit, daß man hier nicht mehr von „allgemein anerkanntem“ Völkerrecht reden darf. Das RG. entschließt sich aber zu dem immerhin bei Lage der Angelegenheit im Augenblick durchaus vertretbaren Satze: Die Entwicklung in der Praxis des internationalen Verkehrs ist noch nicht derartig allgemein in die Erscheinung getreten, daß daraus eine rechtswirksame Änderung des jene Immunität anerkennenden völkerrechtlichen Grundsatzes entnommen werden könnte.

Gibt es eine allgemein anerkannte Regel des Völkerrechts dahingehend, daß die Mitglieder internationaler Gerichtshöfe unabsetzbar sind? Das RG. verneint mit vollem Recht diese Frage in dem Urt. v. 9. Juni 1925 (111 118). Es hatte über die Rechtsstellung der von Deutschland anerkannten Mitglieder der nach dem Versailler Vertrag errichteten gemischten Schiedsgerichtshöfe zu urteilen. Die Gründe des RG. sind folgende: Die Unabsetzbarkeit jener Mitglieder internationaler Gerichtshöfe bedürfe völkerrechtlich der besonderen vertraglichen Festlegung. An ihr fehlt es für die durch Art. 304 des Versailler Vertrages eingesetzten gemischten Schiedsgerichtshöfe. § 1 der Anlage zu diesem Artikel bestimmt, nach welchem Verfahren ein ausgeschiedenes Mitglied eines gemischten Schiedsgerichtshofes zu ersetzen ist. Die Fälle, in denen ein solches Ausscheiden erfolgen kann, haben durch die Worte „wird es (ein Mitglied des Gerichtshofes) aus irgendeinem Grunde an der Ausübung seines Amtes behindert“ möglichst umfassend bezeichnet werden sollen. Es stehe nichts im Wege, darunter auch den Fall der Abberufung des Mitgliedes durch seine Regierung zu begreifen. Jedenfalls ist dem angeführten § 1 nicht zu entnehmen, daß solche Abberufung ausgeschlossen sein sollte. So hat denn auch Frankreich durch Art. 3 des Dekrets v. 17. Jan. 1920 (Journal officiel S. 946) bestimmt, daß die Mitglieder der gemischten Schiedsgerichtshöfe auf Vorschlag des Ministers der auswärtigen Angelegenheiten durch Dekret (des Präsidenten der Republik) ernannt werden und daß sie auf demselben Wege ihres Amtes enthoben werden können. Der Kläger sucht diese Bestimmung damit zu erklären, daß Frankreich die Unabsetzbarkeit der Richter nicht kenne. Das ist unrichtig. Auch nach französischem Recht sind die Richter grundsätzlich unabsetzbar. Ohne Bedeutung sei, betont das RG., für den vorliegenden Fall die Vorschrift in Teil VI, Titel 1 Art. 563 § 2 des deutsch-polnischen Abkommens über Oberschlesien v. 15. Mai 1922 (RGBl. II S. 238, 511). Die Mitglieder des in diesem Abkommen vorgesehenen Schiedsgerichts können nur aus denselben Gründen, in denselben Formen und durch dieselben Stellen ihres Amtes enthoben werden, wie die Richter eines Gerichts zweiter Instanz (in Deutschland des Oberlandesgerichts). Es handelt sich bei diesem Schiedsgericht aber überhaupt nicht um einen gemischten Schiedsgerichtshof im Sinne des Versailler Vertrages, so daß sich schon aus diesem Grunde die Anwendung der gedachten Bestimmung auf die Mitglieder der gemischten Schiedsgerichtshöfe verbietet. Völlig verfehlt ist die Behauptung des Klägers, die Vorschrift im Abkommen über Oberschlesien sei das bis jetzt fehlende Ausführungsgesetz zu § 1 der Anlage zu Art. 304 des Versailler Vertrages. Ebenso wie diese Beweisgründe, so ist auch der nächste zutreffend, es beweise die Tatsache, daß Deutschland als Richter für die gemischten Schiedsgerichtshöfe bisher nur Personen bestimmt hat, die die Befähigung zum Richteramte haben, für ihre Unabsetzbarkeit nichts. Die Annahme freilich, die Unabsetzbarkeit bedürfe völkerrechtlich der besonderen vertraglichen Feststellung, scheint mir nicht unbedingt zutreffend zu sein. Einmal könnte sich in Zukunft völkerrechtliche Gewohnheit entwickeln. Sodann wird die Ernennung vom einzelnen Staat, der an den gemischten Schiedsgerichtshöfen beteiligt ist, vorgenommen, so daß es unwahrscheinlich sein dürfte, hier habe etwas anderes als ein staatsrechtliches Moment festgestellt werden sollen. Vom praktischen Standpunkte des Staates aus ist die Unabsetzbarkeit unerwünscht, da er ein Interesse daran haben kann, den Richter, der nicht in seinem Sinne wirkt, abzuberufen.

Während in zwei an sich bedeutsamen weiteren Entscheidungen der Art. 4 nur nebenbei gestreift wird[12]), enthält die Zwischenentscheidung des StGH. v. 17./18. Juni 1927 in der verfassungsrechtlichen Streitsache des Landes Württemberg und des Landes Preußen gegen die Länder Baden und Württemberg betr. die Donauversinkung (**116** 18*ff., 30*, 31*) weittragende grundsätzlich hierhergehörige Erwägungen. Die Entscheidung erklärt die Länder Baden und Württemberg für verpflichtet, die Vermehrung der natürlichen, durch genau bezeichnete Zustände verursachten Versinkung des Donauwassers zu beseitigen. Die Entscheidung kann nach dem StGH. weder dem Reichsrecht noch

[12]) Es handelt sich um folgende Fälle: Es entstand die Frage, ob die Vorschriften revisibel sind, die die in Art. 109 des Versailler Vertrages vorgesehene Internationale Kommission während der Zeit der Besetzung Nordschleswigs erlassen hat. Die Frage wurde verneint, weil die Vorschriften nicht reichsrechtliche sind. Weder aus den einzelnen Bestimmungen dieses Artikels noch aus seinem Gesamtinhalte und seiner Stellung im System des genannten Vertrages ist ein anderer Schluß herzuleiten, ebensowenig aus den deutschen Ausführungsbestimmungen oder aus den allgemein anerkannten Regeln des Völkerrechts (Urt. v. 25. Sept. 1925, **111** 295).

In der Klagesache, in der das RG. die Rechtsgültigkeit des preußischen AdelsG. v. 23. Juni 1920 und der ZwangsauflösungsVO. v. 19. Okt. 1920 bejaht (StGH. v. 10. Mai 1924, **111** 1*ff.) hat die Ortsgruppe des vormals unmittelbaren Reichsadels als Klägerin u. a. geltend gemacht: Die Familien der Antragsteller gehörten zu dem ehemals unmittelbaren Reichsadel, dem in Art. 14 der Deutschen Bundesakte v. 8. Juni 1815 die Aufrechterhaltung der bestehenden Familienverträge und die Befugnis zugesichert sei, über seine Güter und Familienverhältnisse verbindliche Verfügungen zu treffen. Diese Rechte seien auch durch völkerrechtliche Verträge und verfassungsrechtliche Bestimmungen geschützt. Die Landesgesetzgebung könne sie nicht einseitig aufheben. Gleichwohl seien die genannten Rechte durch das preußische Adelsgesetz und durch die preußische ZwangsauflösungsVO. den Antragstellern entzogen worden. Die Entziehung sei erfolgt ohne Zustimmung der Berechtigten, ohne jede Entschädigung und ohne Mitwirkung der Rechte, welche die völkerrechtliche Garantie für die Ausführung des Art. 14 übernommen hätten. Dieser Artikel enthalte verschiedene Klassen von Rechten, absolute und relative. Die relativen Rechte würden nach Vorschrift der Landesgesetze ausgeübt; dagegen könnten die absoluten Rechte durch Landesgesetz nicht beschränkt werden. Zu den absoluten Rechten habe die Autonomie gehört, geschützt durch internationale und nationale Garantien. Zu den nationalen Garantien zählt die Klage auch Art. 4 RV. Der StGH. hat sich hierauf nicht eingelassen. Eine allgemein anerkannte Regel des Völkerrechts, wonach der einzelne Staatsbürger eines Gemeinwesens berechtigt wäre, einer fremden Regierung gesetzwidrige Zustände, von denen er weiß, daß diese im Interesse des Wohles seines Heimatlandes geheimzuhalten sind, mitzuteilen, gibt es nicht. Dieser zutreffende Satz stammt aus der E. d. RG. v. 14. März 1928, **62** 66.

dem Landesrecht entnommen werden, es komme nur noch zwischenstaatliches, d. h. Völkerrecht in Frage. Seine Anwendbarkeit im Verhältnis der deutschen Länder zueinander sei anzuerkennen, wenngleich in beschränktem Maße. Diese höchst zweifelhafte Behauptung wird vom RG. damit begründet, daß, soweit sich die Länder als selbständige Staaten betätigen können, auf den Gebieten also, die ihrer Gesetzgebungsgewalt unterliegen, sich ihre Rechtsbeziehungen zueinander nach Völkerrecht regeln, d. h. nach den in Art. 4 RV. genannten allgemein anerkannten Regeln des Völkerrechts, die als bindende Bestandteile des deutschen Reichsrechts gelten. Bei Schaffung von Art. 4 mag man zunächst nur an die Beziehungen des Deutschen Reichs zu außerdeutschen Staaten gedacht haben. Seiner Anwendung auf das gegenseitige Verhältnis der deutschen Länder stehe aber weder sein Wortlaut noch seine Stellung im Rahmen der RV. entgegen. Eine sehr kühne Analogieanwendung, der ich für meinen Teil widerspreche, weil es in dem Verhältnis zu deutschen Ländern untereinander ein Völkerrecht nicht geben kann. Auch die höchst beschränkten Befugnisse der Länder nach Art. 78 II RV. haben keine Beziehung der Länder untereinander, sondern der Länder zum Auslande offengelassen.

In diesen Rahmen gehört auch Art. 178 II RV. Bestimmungen des StGB. über Hochverrat haben nicht deshalb vollständig ihre Wirksamkeit verloren, weil sie ursprünglich zum Schutz der auf monarchischer Grundlage beruhenden Verfassung des Reiches und der Bundesstaaten erlassen worden sind. Sie sind nur insoweit beseitigt, als mit dem Wegfall der Träger der früheren Reichs- und Staatsgewalten infolge der Umwälzung der ihnen und gewissen mit der monarchischen Verfassungsgrundlage zusammenhängenden Einrichtungen gewährte Rechtsschutz entfällt. Soweit sie mit der neuen RV. nicht in Widerspruch stehen, sind sie nach jenem Artikel in Kraft geblieben. Auch für das StGB. ist natürlich die neue Verfassung mit den von ihr geschaffenen Einrichtungen an die Stelle der früheren getreten (Art. 179 I; Urt. v. 12. Okt. 1921, **56** 173f.). Davon wird eine richtige Anwendung gemacht bei der Prüfung, ob die Wuchergerichtsverordnung auf gesetzmäßigem Wege erlassen worden ist. Wenn zu Art. 179 I hinzugefügt wird, „insbesondere treten an die Stelle der Nationalversammlung der Reichstag, an die Stelle des Staatenausschusses der Reichsrat, an die Stelle des auf Grund des Gesetzes über die vorläufige Reichsgewalt gewählten Reichspräsidenten der auf Grund dieser Verfassung gewählte Reichspräsident“, so muß dies bei Berücksichtigung des Rechtszustandes, dem sich der Gesetzgeber der RV. 1919 gegenüber befand, dahin gedeutet werden, daß hiervon insbesondere auch ein Gesetz von so grundlegender Bedeutung wie das GesetzgebungsvereinfachungsG. von 1919 umfaßt werde, also aufrechterhalten bleibe (Urt. v. 1. Febr. 1921, **55** 246ff.). Auch nach dem Erlaß der RV. sind außer der WuchergerVO. noch zahlreiche VO. auf Grund jenes Gesetzes ergangen. Diese anhaltende gleichmäßige Übung erweist, daß sämtliche zur Mitwirkung bei der Gesetzgebung verfassungsmäßig berufenen Stellen eine Ermächtigung der Reichsregierung als mit Art. 68ff. RV. im Einklang stehend angesehen haben.

5. Die Staatseigenschaft der Länder

Die letzterwähnte E. des StGH. anerkennt sie ausdrücklich. Sie hebt (**116** 29*) hervor: In erster Linie regeln sich die gegenseitigen Rechtsbeziehungen der deutschen Staaten nach der RV. und den auf ihrer Grundlage erlassenen Reichsgesetzen. Diese Regelung ist aber unvollständig. In ihr sind Lücken gelassen, teils unabsichtlich, teils jedoch auch absichtlich. Denn die Weimarer Verfassung hat, so sehr sie auch in der Vereinheitlichung Deutschlands über die Verfassung von 1871 hinausgegangen ist, davon abgesehen, die Staatsgewalt vollständig in die Hände des Reichs zu legen. Die historische Stellung der Länder als selbständiger Staaten ist, wenn auch unter starken Beschränkungen bis heute bestehen geblieben. Formell kommt das zum Ausdruck in Art. 5 RV., der besagt, daß die Staatsgewalt in Landesangelegenheiten durch die Organe der Länder auf Grund der Landesverfassungen ausgeübt wird. Sachlich tritt die Fortdauer der Staatlichkeit der Länder darin in die Erscheinung, daß grundsätzlich die Gesetzgebungsgewalt bei ihnen liegt. Die RV. Art. 6ff. hat sich darauf beschränkt, der Gesetzgebung des Reichs bestimmt bezeichnete — freilich sehr umfassende und wichtige — Gebiete zu überweisen. Außerhalb der nur im Wege eines verfassungsändernden Reichsgesetzes zu erweiternden Grenzen der Reichsgesetzgebung sind die selbständigen Rechtsordnungen der Länder unberührt geblieben. Daß die Länder in dem daraus sich ergebenden Umfange Staaten im Rechtssinne geblieben sind, beweist schließlich noch die Bestimmung im Art. 78 II RV. Die Länder können in Angelegenheiten, deren Regelung der Landesgesetzgebung nicht zusteht, mit auswärtigen Staaten Verträge schließen, die dann allerdings der Zustimmung des Reichs bedürfen.

„Auch den Ländern sind zahlreiche Aufgaben geblieben, die das Reich sich nicht zuerkannt hat", stellt das RG. als StGH. in der E. v. 15. Okt. 1927, 118 9* fest. Es beruft sich auf Art. 1—19, was natürlich nicht die irrtümliche Meinung aufkommen lassen darf, als ob in diesen Artikeln nur Rechte der Länder gestaltet worden wären. Doch klingt die Lehre an, daß die Länder Staatscharakter haben.

Endlich sei in diesem Zusammenhang noch auf die E. des StGH. v. 5. Juni 1926, 113 1* in der verfassungsrechtlichen Streitigkeit zwischen den Freistaaten Mecklenburg-Strelitz und Mecklenburg-Schwerin hingewiesen. Da der letztere Staat auch um Feststellung bat, daß der Staat Mecklenburg-Strelitz ihm angefallen ist, seitdem rechtlich einen Teil desselben bildet und daß Mecklenburg-Strelitz verfassungsmäßig nur auf dem im Art. 18 der RV. vorgesehenen Wege wieder ein selbständiges deutsches Land werden kann, entschied der StGH. dahin: „Mecklenburg-Strelitz ist ‚Land' kraft Reichsverfassung."

6. Staatsgewalt und Souveränität

Es ist eigenartig, in welch überraschenden Zusammenhang Art. 1 II RV. („Die Staatsgewalt geht vom Volke aus") gebracht werden kann. Bei der Entscheidung der Frage, ob die Teilnahme am Landfriedensbruch nach § 125 StGB. Billigung der Gewalttätigkeiten voraussetzt (welche Frage verneint wird) und wie es mit den Pressevertretern und Parteiführern als möglichen Teilnehmern steht, führt das RG. im Urt. v. 14. Febr. 1921 (55 249) aus: Die Möglichkeit, daß auch Pressevertreter und politische Parteiführer wegen Landfriedensbruch verurteilt werden, ist zuzugeben, vorausgesetzt, daß sie sich der im Rechtssinn zusammengerotteten Menschenmenge mit dem Bewußtsein anschließen, als Teil in ihr zu verbleiben und dadurch die Menge und die Gefahr zu vergrößern; die Erhöhung dieser Gefahr will der zum Schutze der öffentlichen Ordnung dienende § 125 StGB. verhüten, und es haben deshalb auch die genannten Personengruppen ihre Betätigung so einzurichten, daß sie mit der öffentlichen Ordnung in Einklang bleiben, daß gegebenenfalls ihre auf Aufrechterhaltung der Ordnung gerichtete Absicht zum Ausdruck kommt und nicht umgekehrt ihre Anwesenheit in der Menge als Anschluß an sie erscheint und gefahrvergrößernd wirkt. Dasselbe gilt von den übrigen Staatsbürgern bei etwaiger Betätigung eines angeblichen Aufsichtsrechts über „die in ihrem Auftrag die Staatsgewalt ausübenden Organe". Aus Art. 1 RV. ist keine Änderung des § 125 StGB. herzuleiten. Wahrlich, so konnte Volkssouveränität nicht gemeint sein, daß sie den Landfriedensbruch in irgendeiner Weise gestattete!

Zur Entscheidung stand ferner die Frage, wann ein auf gewaltsame Errichtung der Räterepublik abzielendes hochverräterisches Unternehmen als vollendet anzusehen war (Urt. v. 12. Okt. 1921, 56 174). Eine gewaltsame Änderung der Verfassung, wie sie § 81 I Nr. 2 StGB. mit Strafe bedroht, liegt dann vor, wenn sich das Unternehmen gegen wesentliche Grundlagen der Verfassung richtet. Das Deutsche Reich, so führt es das RG. aus, ist eine Republik, die sich auf dem Grundsatze der Gleichberechtigung aller Volksgenossen aufbaut. „Die Staatsgewalt geht vom Volke aus" (Art. 1 II). Alle Staatsangehörigen eines gewissen Alters haben Anteil an der Staatsgewalt und können ihre Rechte durch Beteiligung an den Wahlen und an den Volksentscheiden ausüben. Demgegenüber würde die Einführung der sog. Räterepublik eine wesentliche Änderung bedeuten. Die Räterepublik, wie sie sich in Rußland ausgebildet hat und von den kommunistischen Parteien in Deutschland angestrebt wird, beruht auf der Diktatur des Proletariats. Das Wesen des Rätesystems besteht darin, daß die Massenorganisation der Arbeiterklassen die Stütze und Grundlage der Staatsgewalt bildet; an die Stelle der Herrschaft des ganzen Volkes soll die einer einzelnen Volksklasse treten. Das Proletariat allein besitzt in der Räterepublik das volle Staatsbürgerrecht. In dem entschiedenen Falle war das Unternehmen auf die Einführung einer solchen Räterepublik in ganz Deutschland gerichtet. Im Zusammenwirken mit einer gleichzeitigen Bewegung an vielen anderen Orten sollte die öffentliche Gewalt ergriffen und dann überall die Herrschaft der von der Arbeiterklasse zu bildenden Räte errichtet werden. Das Ziel sollte, da der verfassungsmäßige Weg aussichtslos war, im Wege der Gewalt erreicht werden. Zur Anwendung von Gewalt ist es denn auch in weitem Maße gekommen. Öffentliche Gebäude (Rathaus, Post, Reichsbank) sind von Bewaffneten besetzt, die Polizei gewaltsam entwaffnet worden. Die zur Weiterführung des Unternehmens erforderlich erscheinenden Betriebsmittel (Geld, Kraftwagen) hat man sich durch Gewalt zu verschaffen gewußt. Dadurch, daß in dieser Weise Gewalt angewendet wurde, nicht bloß, um Polizei und Stadtverwaltung eines Ortes lahmzulegen, sondern um, eingegliedert in ein weite Teile Deutschlands umfassendes Gesamtunternehmen, die rechtmäßige Staatsgewalt zu beseitigen, wurde das Verbrechen des Hochverrats vollendet. Das Vorhaben der gewaltsamen Änderung der Staatsordnung sollte hierdurch unmittelbar zur Ausführung gebracht werden. Hier ist treffsicher der Unterschied zwischen dem heute verfassungsrechtlich bestehenden demokratischen Staate und dem Rätestaate gekennzeichnet und auch beifallswürdig Beginn und Vollendung des Hochverrats festgestellt.

Von dem Grundsatz der verfassungsmäßigen Volkssouveränität geht auch das Urt. v. 21. Dez. 1921 (56 259ff.), das den Kapp-Putsch (von Lüttwitz, Kapp, von Jagow) betrifft, aus. Unternehmen des Hochverrats durch Sturz der verfassungsmäßigen Regierung und Aufrichtung einer militärischen Diktatur, ist das Stichwort. Es wird gefragt: Schließt es den Begriff der gewaltsamen Verfassungsänderung aus, wenn die Diktatur nur vorübergehend, zur

Erreichung bestimmter anderer Zwecke aufrechterhalten werden sollte? Auch hier spielt die Frage hinein, ob § 81 I Nr. 2 (Hochverrat) StGB. nach Wegfall der monarchischen Staatsform in Geltung geblieben ist, und dies wird bejaht. Voraussetzung für die Anwendung des (auch hier unter den Schutz des Art. 178 II RV. gestellten) Gesetzes ist freilich, daß der Vorsatz des Täters auf eine Änderung der Verfassung ging, im Gegensatz zu einer bloßen Verfassungswidrigkeit. Das RG. nimmt das erstere an. Die Nationalversammlung und die preußische Landesversammlung sollten aufgelöst werden. Darauf, daß die unbeschränkte Regierungsgewalt Kapps später einmal verschwinden und einer anderen Regierungsform Platz machen sollte, kam es nicht an. Noch heute ist die Feststellung von unmittelbarem Interesse: Was die Staatsstreichler mit ihrem Vorgehen in Wirklichkeit bezweckten, das zeigen unverhüllt briefliche Bekenntnisse Kapps und Sch.s; das wird auch offenbar in den amtlichen Erlassen Kapps v. 14. März 1920 an die Regierungen der Bundesstaaten, worin als die vornehmste Aufgabe der neuen Regierung bezeichnet wird: die Wiederherstellung und der Ausbau des Reiches auf der Grundlage bundesstaatlicher Verfassung unter völliger Wiederherstellung der Freiheit und Souveränität der Bundesstaaten, wie sie kraft der alten Reichsverfassung bestand ... und die Ordnung der Finanzen unter Anerkennung der Steuerhoheit der Bundesstaaten, also in einem der wichtigsten Punkte, in der Ausgestaltung des bundesstaatlichen Verhältnisses der Länder zur Reichsgewalt, vollständige Abkehr von der Weimarer Verfassung und Rückkehr zu den Grundsätzen der Bismarckschen Verfassung (a. a. O. S. 264).

Bei dem Urt. v. 9. Febr. 1922 (**56** 380, 383) stand § 193 StGB., berechtigte Wahrung öffentlicher Interessen, im Vordergrunde. Welche Bedeutung hat das staatsrechtliche Verhältnis der einzelnen Volksgenossen des republikanischen Staates zu den Staatsbeamten für die Anwendbarkeit des § 193? Das RG. geht von Art. 1 RV. aus (übrigens mit der Feststellung, daß ebenso wie nach § 24 der Verf. von Mecklenburg-Schwerin die Staatsgewalt vom Volke ausgeht) und betont, daß das Volk in seiner Gesamtheit, nicht aber jedes einzelne Mitglied des Volkes, Träger der Staatsgewalt ist. Das Volk übt, wie es in der letzterwähnten Verfassung ausdrücklich heißt, die Staatsgewalt unmittelbar durch Wahlen und Abstimmungen, mittelbar durch die in der Verfassung bestimmten Organe aus. Dasselbe ist auch aus der RV., insbesondere Art. 5 zu entnehmen. Der einzelne Staatsbürger hat also einen Anteil an der Ausübung der Staatsgewalt nur insofern, als ihm in der Verfassung ein Wahl- oder Abstimmungsrecht gegeben ist; im übrigen wird die Staatsgewalt durch die verfassungsmäßigen Organe gehandhabt. Dem einzelnen Volksgenossen ist keine Befugnis zu Eingriffen in die Staatsverwaltung und kein Aufsichtsrecht über die Beamten gewährt. Verfehlt sei die Ansicht, daß der einzelne Staatsbürger als Mitinhaber der Staatsgewalt zu den Angestellten und Beamten des Staates im Verhältnis eines Arbeitgebers stehe. Die Staatsbeamten sind Diener der Gesamtheit (Art. 130 RV.) und stehen als solche in keinem Abhängigkeitsverhältnis zu den einzelnen Staatsbürgern. Damit entfällt die Schlußfolgerung, das einzelne Mitglied des Volkes habe an dem Verhalten der Beamten eigenes persönliches Interesse, das er durch öffentliche Besprechung wahrnehmen könne, auch wenn er dabei die Ehre anderer verletze. Das in der Volkssouveränität liegende negative Moment hat dieses Urteil gut herausgearbeitet.

In dem Urt. v. 30. Okt. 1922, **56** 419, 422, ist die Frage bejaht worden, ob die VO. des Reichspräsidenten, betr. Verbot der Arbeitsniederlegung durch

Beamte der Reichsbahn v. 1. Febr. 1922 (RGBl. S. 187) rechtsgültig ist und damit im Zusammenhange, ob für Reichsbeamte sog. Streikfreiheit besteht.

Hier kommt nur in Frage die Feststellung, daß die Beamten, Diener der Gesamtheit und deshalb ihr untergeordnet, dem Willen des Volkes als Träger der Staatsgewalt, wie er durch die verfassungsmäßigen Organe zum Ausdruck kommt (Art. 1 u. 5 RV.) nicht entgegenhandeln dürfen, indem sie durch Verweigerung ihrer Dienste die Erfüllung der Staatsaufgaben hindern. Eine weitere Betrachtung gehört in die Lehre vom Streikrecht der Beamten, die hier nicht zu verfolgen ist.

Endlich sei noch hingewiesen auf das Urt. v. 6. Juli 1922 (**57** 126f.), das die Frage bejaht, ob Kreisausschußmitglieder (nach der Kreisordnung für die Provinz Hannover v. 6. Mai 1884) Beamte im Sinne des § 359 StGB. sind. Es genügt hier nur der Hinweis darauf, daß das Reichsgericht es ablehnt, die Wahl der Kreisausschußmitglieder in begrifflichen Gegensatz zur Anstellung von Beamten bringen zu lassen. Habe schon früher die Wahl zum Ehrenamte die Berufung in eine Beamtenstelle vermittelt, so könne das im jetzigen Freistaate, wo Träger der Staatsgewalt die Gesamtheit des Volkes sei, rechtsgrundsätzlich vollends nicht beanstandet werden

7. Gebietsrecht

Das RG. hatte zum Begriff „Küstengewässer" und zu der Vollendung des Vergehens der unerlaubten Einfuhr nach § 2 der EinfuhrVO. von 1917/1920 durch das Einbringen von Waren in die Küstengewässer zu entscheiden (Urt. v. 11. Juli 1921, **56** 135). Es wurde zweifelhaft, welche Bedeutung der Einfuhr „über die Grenzen des Deutschen Reiches" im § 1 a. a. O. beizulegen ist. Die Revision meinte, daß die staatsrechtliche Grenze im Sinne des Art. 2 RV. entscheidend sei und deshalb die sog. Dreimeilenzone nicht in Betracht komme. Demgegenüber hebt das RG. hervor, daß aus der Erklärung in Art. 2: „Das Reichsgebiet besteht aus den Gebieten der deutschen Länder" nur zu entnehmen ist, der Umfang des Reiches falle zusammen mit den Grenzen der einzelnen deutschen Staaten. Damit aber werde nicht bestimmt, daß nur das feste Land als Reichsgebiet zu gelten hat und nicht auch die das Land bespülenden Küstengewässer der Staatshoheit unterliegen, also im staats- und völkerrechtlichen Sinne Reichsgebiet sind. Es ist bestritten, ob zu dem Gebiet eines Staates auch die Küstengewässer gehören, d. h. der Saum des offenen Meeres längs der Küste, der vom Ufer aus durch Geschütze beherrscht werden kann und der vielfach auf drei, neuerdings auf sechs Seemeilen bemessen wird[13]). Die Frage wird als überwiegend bejaht, doch wird, wie das RG. zutreffend hervorhebt, von namhafter Seite auch der Standpunkt vertreten, daß die Küstengewässer nicht Teile des Staatsgebietes sind, daß den Uferstaaten vielmehr nur die Ausübung gewisser Hoheitsrechte über diese Gewässer ausschließlich zusteht. Andere Reichsgesetze (z. B. TelG. § 3b, SpionenG. 1914 § 7) sprechen von „Hoheitsgewässern". Daß die Ausübung der Staatsgewalt in den Küstengewässern keine so umfassende ist wie auf dem festen Lande und nach gewissen Richtungen durch die Beziehungen des internationalen Verkehrs auf dem offenen Meere beschränkt wird, erkennen auch Schriftsteller

[13]) Vgl. auch meinen Artikel „Küstenmeer" in Stier-Somlo-Elster, Handwörterbuch der Rechtswissenschaften Bd. 3 S. 842—846 (1928) mit Schrifttum.

an, nach deren Ansicht die Küstengewässer zum Staatsgebiet zählen. Die Reichsgesetzgebung hat die Verhältnisse der Küstengewässer in gewissen Beziehungen geregelt[14]). Doch erscheint es zweifelhaft, ob sich hieraus mit Sicherheit eine Entscheidung der erwähnten Streitfrage entnehmen läßt[15]).

8. Reichsangelegenheiten und Landesangelegenheiten

Zu Art. 5 RV. bemerkt der StGH.[16]), daß die Verwaltung durch eigene Behörden nach der RV., insbesondere im Hinblick auf jenen Artikel allerdings als das Normale anzusehen ist, aber es sei nicht anzuerkennen, daß sie ausnahmslos für alle Fälle geboten ist. Eine solche Rechtswirkung dem Art. 5 beizulegen, geht m. E. jedoch nicht an. Wenn es heißt, daß die Staatsgewalt in Reichsangelegenheiten durch die Organe des Reiches auf Grund der RV., in Landesangelegenheiten durch Organe der Länder auf Grund der Landesverfassungen ausgeübt wird, so ist darin sowohl ein Beweis für den wesentlich repräsentativen Charakter der deutschen Demokratie, die hauptsächlich durch ihre Organe wirkt, zu finden. Darüber hinaus kann hierin auch eine grundsätzliche Stellungnahme für das Verhältnis des Reichs zu den Ländern gefunden werden, dahin, daß die Selbständigkeit der Landesangelegenheiten auf

---

[14]) Das Urteil verweist auf § 296a StGB., betr. Verbot für die Ausländer, in „deutschen Küstengewässern" unbefugt zu fischen; auf den Internationalen Vertrag v. 6. Mai 1882, betr. die polizeiliche Regelung der Fischerei in der Nordsee außerhalb der Küstengewässer (RGBl. 1884 S. 25), wo in Art. 2 die sog. Seemeilenzone anerkannt ist; auf G., betr. die Ausführung des Internationalen Vertrages v. 16. Nov. 1887/14. Febr. 1893 zur Unterdrückung des Branntweinhandels unter den Nordseefischern v. 4. März 1894 (RGBl. S. 151) § 2. Bei dieser Sachlage sieht der Gerichtshof leider von einer bestimmten Stellungnahme zu der Frage ab, ob völkerrechtlich und staatsrechtlich die Grenzen des Deutschen Reiches dort, wo seine Küsten von dem offenen Meere bespült werden, nicht durch die Küste selbst, sondern durch die gedachte Grenzlinie in den Küstengewässern gebildet werden. Denn, so sagt er, für die Anwendung der EinfuhrVO. von 1917/20 sind die Küstengewässer nicht mit zum Reichsgebiet zu rechnen, vielmehr entscheiden insoweit die besonderen Vorschriften über die Zollgrenze, wie sie im wesentlichen in Übereinstimmung mit § 16 VZG. durch Art. 82 II RV. getroffen worden sind. Danach decke sich im allgemeinen die Zollgrenze mit der Reichsgrenze, nach der See zu aber bildet das Gestade des Festlandes und der zum Reichsgebiet gehörigen Inseln die Zollgrenze, soweit nicht durch besonderes Gesetz oder besondere Verordnung Abweichungen bestimmt sind. Damit ist festgestellt, daß für den Zoll- und Handelsverkehr die Küstengewässer außerhalb der Zollgrenze liegen, also nicht als Teile des Inlandes anzusehen sind. Sie gelten ebenso wie die sog. Zollausschüsse (§ 16 I VZG.; Art. 82 IV RV.) insoweit als Zollausland. Einfuhrverbote und -beschränkungen umfassen im allgemeinen nur dann nicht die von der Zollgrenze ausgenommenen Teile des Reichsgebiets, wenn sie auf das Zollgebiet beschränkt sind. Sind sie ohne besondere Beschränkung für das Reichsgebiet erlassen, wie dies namentlich bei den aus gesundheitspolizeilichen Gründen angeordneten Einfuhrverboten der Fall zu sein pflegt, so fällt auch die Einfuhr in die von der Zollgrenze ausgenommenen Teile des Reichsgebiets unter das Verbot; für die Beschränkung auf das Zollgebiet spricht keine Vermutung. Die Küstengewässer, die nach Art. 82 RV. ebenso wie die Zollausschüsse von dem Zollgebiet ausgenommen sind, haben die rechtliche Natur eines Zollausschusses, d. h. sie sind, wenn sie überhaupt im staats- und völkerrechtlichen Sinne zum Reichsgebiet zu rechnen sind, Teile des Reichsgebiets, die nicht zum Zollgebiet gehören. Dem ist im Sinne des Zollrechts beizustimmen. Die Frage jedoch, ob das Küstengewässer Reichsgebiet im Sinne des Art. 2 der RV. ist, bleibt unentschieden.

[15]) Nur hingewiesen sei auf die E. des StGH. in der Streitigkeit des Landes Lübeck gegen das Land Mecklenburg-Schwerin, betr. die Feststellung der Hoheitsrechte in der Lübecker Bucht vom 6. und 7. Juli 1928 (122 1*ff.). Hier handelte es sich lediglich um eine Streitigkeit nicht privatrechtlicher Art im Sinne des § 19 RV., § 16 Nr. 3 des StGHG. vom 9. Juli 1921. Art. 18 RV. kam nicht in Frage, weil es sich nicht um Gebietsveränderung, sondern nur um einen Grenzstreit und um Feststellung des Staatsgebietes handelte.

[16]) In der verfassungsrechtlichen Streitigkeit zwischen dem Deutschen Reich und den Ländern Preußen, Bayern, Sachsen, Baden und Hessen wegen Bildung reichseigener Behörden zur Verwaltung der Wasserstraßen vom 12. Dez. 1925 (**112** 33*, 43*). Die Entscheidung ist auch in anderem Zusammenhange außerordentlich interessant.

Grund der Landesverfassungen, unter denen nur Staatsverfassungen gemeint sein können, anerkannt wird, wenn man auch nicht so weit gehen darf, nur eine Staatsgewalt anzunehmen, vielmehr die Reichsstaatsgewalt von der Landesstaatsgewalt zu unterscheiden ist. Aber wie dem auch sei: Es trifft nicht zu, daß in Art. 5 die Verwaltung durch Eigenbehörden gemeint sei; dem steht Art. 14 RV. entgegen, der es als Regel bezeichnet, daß die Reichsgesetze durch die Landesbehörden ausgeführt werden, Landesverwaltung daher als das Primäre gilt.

9. Gesetzgebungsrecht

Das Reich hat nach Art. 6 Nr. 4 RV. die ausschließliche Gesetzgebung über die Wehrverfassung. In dem Urt. v. 5. Okt. 1921 (56 161) handelte es sich u. a. um die Frage, ob zur Gültigkeit einer Anordnung oder Verfügung des Reichspräsidenten nach Art. 50 RV. die Gegenzeichnung eines der möglicherweise in Betracht kommenden mehreren zuständigen Reichsminister genügt. Das RG. bejaht die Frage. Dem Sinn und Zwecke der Vorschrift werde allein die Auslegung gerecht, die für die Gültigkeit der Anordnungen und Verfügungen des Reichspräsidenten die Gegenzeichnung eines der mehreren zuständigen Reichsminister, der damit dem Reichstage gegenüber die Verantwortung übernimmt, genügen läßt und nicht die Gegenzeichnung aller übrigen möglicherweise beteiligten Reichsminister verlangt. Anordnungen des Reichspräsidenten auf Grund des Art. 48 II (um eine solche handelte es sich hier) werden schon im allgemeinen in den Bereich der Zuständigkeit des Reichswehrministers fallen. Im gegebenen Falle wurden durch die Verordnung Strafvorschriften zum Schutze der militärischen Disziplin und zur Verhinderung der Bildung militärischer Verbände neben der staatlichen Wehrmacht erlassen; das gehört, sagt der Gerichtshof unter Berufung auf Art. 6 (auch Art. 79 und 133 II), unbedenklich auch zur Zuständigkeit des Reichswehrministers.

Die grundsätzliche Frage, wie weit das richterliche Prüfungsrecht gegenüber landesrechtlichen Normen im Verhältnis zum reichsrechtlichen und gegenüber Rechtsverordnungen im Verhältnis zu Gesetzen reicht, ist in dem Urt. v. 15. Dez. 1921 (56 177, 180ff.) gerade in Verbindung mit den hier in Frage stehenden Art. 6—12 RV. behandelt. Dieser Zusammenhang mag die Hervorhebung dieses auch zu anderen Verfassungsartikeln, z. B. 102, gehörigen Gegenstandes an dieser Stelle rechtfertigen. Der Richter, erklärt das RG., ist berechtigt und verpflichtet, die landesrechtlichen Normen jeder Art — einschließlich solcher der Landesverfassungen und verfassungsändernder Gesetze — daraufhin zu prüfen, ob sie nicht in der Form oder sachlich gegen ein Reichsgesetz, gegen eine Rechtsverordnung des Reiches oder gegen Reichsgewohnheitsrecht verstoßen und daß er ihnen, wenn dies zutrifft, die Anwendung versagen muß[17]). Bei dieser Prüfung sei zu unterscheiden zwischen Gegenständen, die ausschließlich (Art. 6 RV.) und solchen, die zugleich (Art. 7—11) zur Gesetzgebungsbefugnis des Reichs gehören. Während bei Gegenständen der ersteren Art eine rechtschaffende Tätigkeit der Länder — von einer reichsgesetzlichen Übertragung abgesehen — schlechthin ausgeschlossen ist, behalten die Länder in bezug auf Gegenstände der letzteren Art das Recht der Gesetzgebung, solange und soweit das Reich von seinem Gesetzgebungsrecht keinen Gebrauch macht (Art. 12 I). Sobald aber das Reich einen dieser Gegenstände in erkennbarer Weise erschöpfend regeln wollte und geregelt hat, ist für Rechtsnormen, die von Organen der Länder ausgehen, nur insoweit

[17]) Der Gerichtshof beruft sich auf RGZ. **48** 205, **64** 197; RGSt. **34** 121, 130, **35** 277, **36** 417, 421.

Raum, als das Reichsrecht in bezug auf einzelne Punkte eine Ermächtigung oder einen Vorbehalt zugunsten der rechtschaffenden Faktoren der Länder enthält; beim Fehlen einer Ermächtigung oder eines Vorbehalts sind dann auch solche landesrechtliche Normen unzulässig, die das Reichsrecht lediglich erläutern, ausführen oder ergänzen. Die richterliche Prüfung habe daher bei Gegenständen, bezüglich deren die Gesetzgebungsbefugnis dem Reiche neben den Ländern zusteht, mit der Untersuchung zu beginnen, ob sich die Reichsgesetzgebung des Gegenstandes bereits bemächtigt hat und gegebenenfalls, ob der Gegenstand erschöpfend geregelt worden ist (RGZ. 64 201 und dortiges Schrifttum). Ist der Gegenstand reichsgesetzlich überhaupt noch nicht oder nicht erschöpfend geregelt oder enthält die an sich erschöpfende Regelung in bezug auf einen einzelnen Punkt einen Vorbehalt zugunsten der Landesgesetzgebung, dann sind die in Geltung gebliebenen oder neu erlassenen Vorschriften der Länder nicht nur förmlich, sondern auch sachlich selbständiges Landesrecht und hinsichtlich ihrer sachlichen und förmlichen Rechtmäßigkeit, insbesondere Verfassungsmäßigkeit, nach Landesrecht zu beurteilen. Soweit aber eine reichsgesetzliche Ermächtigung in Frage kommt, wurzelt die Kraft der auf Grund der Ermächtigung erlassenen landesrechtlichen Normen im Reichsgesetz; sie sind sachlich Bestandteile des Reichsrechts und hinsichtlich ihrer Rechtmäßigkeit in erster Reihe nach Reichsrecht zu beurteilen. Diese auf der Grundlage des herrschenden Schrifttums, insbesondere führender Staatsrechtslehrer, erfolgten Ausführungen sind vortrefflich und auch wegen der Übereinstimmung mit Theorie und Praxis erfreulich. Das Schwergewicht liegt natürlich auf der Voraussetzung, daß das Reich einen der Gegenstände der konkurrierenden Gesetzgebung in erkennbarer Weise erschöpfend regeln wollte und geregelt hat. Es wäre von Interesse, gelegentlich die Auffassung des RG. zu erfahren über zweifelhafte Fälle, bei denen dieselbe Rechtsmaterie teilweise von der Reichs-, teilweise von der Landesgesetzgebung erfaßt worden ist oder von dieser erfaßt werden soll.

Aus der Unterordnung der richterlichen und verwaltenden Gewalt (Funktion) unter die gesetzgebende und aus der Unabhängigkeit der richterlichen von der verwaltenden Gewalt (Funktion) folgert der Gerichtshof weiter, daß der Richter berechtigt und verpflichtet ist, die von Organen der Verwaltung erlassenen Rechtsverordnungen vor ihrer Anwendung auf ihre förmliche und sachliche Rechtmäßigkeit zu prüfen. Die Prüfung erstreckt sich auf die Frage, ob für die Rechtsnorm der Verordnungsweg zulässig ist, ob insbesondere die nach dem Reichs- oder Landesstaatsrecht erforderliche gesetzliche Ermächtigung vorliegt, ob sie von der sachlich und örtlich zuständigen Behörde in der vorgeschriebenen Form erlassen und ordnungsmäßig bekanntgemacht worden ist und ob sie nicht ihrem Inhalte nach mit einer auf den gleichen Gegenstand bezüglichen übergeordneten Norm im Widerspruche steht. Auch diese Auffassung stimmt mit der wissenschaftlichen Lehre der Gegenwart vollkommen überein.

Im Anschluß an das Recht des Reiches zur konkurrierenden Gesetzgebung nach Art. 7 Nr. 12 stellt der StGH.[18]) folgende zwei Meinungen auf:

a) Bis zum Erlasse eines Reichsenteignungsgesetzes gemäß Art. 7 Nr. 12 hat sich das Enteignungsverfahren auch in Reichseisenbahnsachen nach dem Landesenteignungsgesetz zu richten[19]).

[18]) In der verfassungsrechtlichen Streitigkeit zwischen dem Reichsverkehrsministerium und der preußischen Regierung vom 30. Juni 1923 **107** 6*, 7*, 14*.

[19]) Siehe auch StGH. in Sachen des Deutschen Reichs gegen das Land Thüringen v. 21. Nov. 1925, **112** 16*.

b) Enteignungsbefugnis ist etwas anderes als Enteignungsrecht. Sie ist weder das objektive Enteignungsrecht, dessen Regelung dem Reiche durch Art. 7 Nr. 12 RV. vorbehalten ist, noch das subjektive Enteignungsrecht, das dem Reich gemäß Art. 94 RV. an dritte Unternehmer zu Eisenbahnzwecken verliehen werden kann. Sie ist auch nicht etwa nur die Befugnis, sich selbst oder anderen bestimmte subjektive Enteignungsrechte als Unterlage für Ansprüche gegen die Länder, in deren Gebiet die Enteignungsobjekte liegen, zu erteilen; hiergegen spricht schon die verschiedenartige Ausdrucksweise in den Art. 90 u. 94. Enteignungsbefugnis ist vielmehr schon dem Wortsinn nach die Befugnis, zu enteignen, d. h. hier die rechtliche Macht des Reiches, für seine Eisenbahnzwecke gewisse dafür erforderliche Gegenstände dem widerstrebenden Eigentümer wegzunehmen und das Eigentum auf sich übertragen zu lassen. Die Befugnis greift also an sich über die bisherigen Zuständigkeiten der Landesbehörden hinweg bis in die Privatrechtssphäre des einzelnen Eigentümers hinein.

Das sind sehr feine und beifallswürdige Bemerkungen, wenn es auch nicht ganz ohne Bedenken ist, Enteignungsbefugnis und subjektives Enteignungsrecht in verschiedenem Sinne zu gebrauchen.

In der verfassungsrechtlichen Streitigkeit zwischen dem Reichsverkehrsministerium und der preußischen Regierung über die Zuständigkeit bei Entscheidungen über Beschwerden infolge Enteignungen für Zwecke der Reichseisenbahnen in Preußen hat der StGH. am 30. Juni 1923 (107 14*ff.) u. a. entschieden, daß § 17 des ReichshaushaltsG. v. 26. März 1921 und die späteren entsprechenden reichsgesetzlichen Bestimmungen[20]) rechtsgültig sind. Bei dieser Gelegenheit sind einige staatsrechtlich bedeutsame Aussprüche getan worden. Nach der gegenwärtigen wie nach der früheren RV. ist der Gesetzgeber, sagt der StGH., bei dem Erlaß von Bestimmungen, die innerhalb seiner legislativen Befugnisse liegen, nicht an eine bestimmte Gesetzesform gebunden; insbesondere kann er Gesetze allgemeineren Charakters mit den jährlichen Haushaltsgesetzen verbinden. Dies sei im alten Reich wiederholt geschehen und als zulässig anerkannt worden; es könne im neuen Reich, wo die Stellung des Gesetzgebers eine noch stärkere ist, nicht verfassungswidrig sein. Habe daher die Bestimmung des § 17 des HaushaltsG. von 1921 und seiner Nachfolger wirklich nur auf dem Art. 7 Nr. 12 RV., der dem Reiche die Gesetzgebung in Enteignungssachen vorbehält, beruht, so wäre sie gültig; das Reich habe die vorbehaltene Materie auch gelegentlich in Einzelpunkten regeln können und habe sie nicht durch ein Sondergesetz zu erschöpfen brauchen. Hinzugefügt wird, es stehe nicht zur Erörterung, ob ein solches Vorgehen legislatorisch zu empfehlen sei. In Wirklichkeit sei jene Bestimmung aber nichts weiter als eine Ausführungsbestimmung zu den Artikeln der RV. über Reichseisenbahnen und Reichswasserstraßen. Sie war als solche erforderlich und gibt dem Reiche keine Zuständigkeit, die es nicht schon kraft der Verfassung besaß[21]). Da der StGH. die angeführte Vorschrift nur als eine Ausführungsbestimmung be-

---

[20]) G. v. 30. März 1922 § 7, v. 9. Juni 1922 § 14, v. 22. März 1923 § 8 und v. 4. Juni 1923 § 14.

[21]) Der § 17 des G. v. 26. März 1921, betr. die Feststellung des Reichshaushaltsplanes für das Rechnungsjahr 1921, lautete: „Für Zwecke, für die im Reichshaushaltsplane der Verwaltungen der Reichseisenbahnen und der Reichswasserstraßen für 1921 Mittel vorgesehen sind, stellt der Reichspräsident die Zulässigkeit der Enteignung fest. Die endgültige Entscheidung über die Art der Durchführung und den Umfang der Enteignung, soweit sie nicht in einem Verwaltungsstreitverfahren ergeht, sowie über die Zulässigkeit der Inanspruchnahme von Grundstücken zur Ausführung von Vorarbeiten trifft der Reichsverkehrsminister. Im übrigen gelten die Landesenteignungsgesetze.

zeichnet, sei von einer Kritik hier abgesehen. Nur muß festgestellt werden, daß der Satz „Der Gesetzgeber kann Gesetze allgemeineren Inhalts mit den jährlichen Haushaltsgesetzen verbinden", für sich genommen aber mißverständlich ist. Es ist auf Art. 85 III Satz 2 RV. hinzuweisen, wonach Vorschriften im ReichshaushaltsG. unzulässig sind, die über das Rechnungsjahr hinausreichen oder sich nicht auf die Einnahmen und Ausgaben des Reichs oder ihre Verwaltung beziehen. Es ist allgemein herrschende Rechtsauffassung, daß in diesem Satze der Unterschied von materiellem und formellem Gesetz in die Erscheinung tritt. Das ReichshaushaltsG. darf nicht Vorschriften enthalten, die eine Abänderung bestehender Gesetze oder gesetzlicher Einrichtungen in sich schließen und die sonst mit dem Budgetrecht nichts zu tun haben. Ein gegen jenen Abs. 3 Satz 2 verstoßendes HaushaltsG. ist verfassungswidrig. Der Reichspräsident müßte ihm gegebenenfalls die Ausfertigung verweigern; er wäre ferner berechtigt und verpflichtet, wegen des Verstoßes den Volksentscheid anzuordnen[22]).

Aus Anlaß der Entscheidung der Frage, ob ein Anspruch gegen die Reichsbank besteht auf Zahlung des Geldwerts der Banknoten mit Vorkriegsdatum oder auf Aufwertung der durch den Besitz solcher Noten begründeten Forderung[23]), wird auch die Behauptung zurückgewiesen, daß das BankG. v. 30. Aug. 1924 aus verschiedenen Gründen ungültig sei. Das RG. bezeichnet es zugleich als nicht richtig, daß das Reich durch das Bankgesetz sein Gesetzgebungsrecht über die Ausgabe von Papiergeld und über das Bankwesen sowie sein Aufsichtsrecht über diese Gegenstände aufgegeben hätte, daß auf diese Weise gegen Art. 7 Nr. 14 (und Art. 15 RV.) verstoßen worden wäre[24]).

Art. 9 Nr. 2 RV. gibt dem Reich, soweit ein Bedürfnis für den Erlaß einheitlicher Vorschriften vorhanden ist, die Gesetzgebung über den Schutz der öffentlichen Ordnung und Sicherheit. Auf diese Bestimmung bezog sich das Urt. v. 15. Febr. 1921, DJZ. **26** 561. Ein Arbeiter- und Soldatenrat beschlagnahmte ein Auto der Klägerin und nahm es in Benutzung. Dabei verbrannte das Auto. Klägerin forderte Schadensersatz u. a. vom Reichsfiskus. Diesem gegenüber wurde der Anspruch in allen Instanzen abgewiesen. Der Arbeiter- und Soldatenrat sei für Reichsangelegenheiten weder eingerichtet noch tätig gewesen, noch habe er bei der Beschlagnahme irgendwelche Beziehungen zu Reichsstellen oder Reichszwecken erstrebt oder gehabt. Das Auto sei behufs schneller Verbindung mit mehreren Bergwerken zur Rettung der Schächte vor etwaigem Versaufen beschlagnahmt, also zu rein polizeilichen Zwecken. Die Anordnung und Durchführung polizeilicher Maßnahmen sei vor und nach In-

---

[22]) So Anschütz, Verfassung des Deutschen Reiches, Erläuterung 6 u. 7 zu § 85.

[23]) Urt. v. 20. Mai 1926, **114** 27, 33.

[24]) Durch § 9 II des BankG. v. 30. Aug. 1924 (RGBl. II 235) ist bestimmt, daß die Rechtsverhältnisse der Beamten der Reichsbank durch ein vom Direktorium zu erlassendes besonderes Beamtenstatut geregelt werden. Nach § 9 III hat das Statut den Beamten die Rechte der Reichsbeamten zu wahren und sind Abweichungen vom Reichsbeamtenrecht nur insoweit zulässig, als es zur Aufrechterhaltung eines geordneten und leistungsfähigen Bankbetriebes notwendig ist. Durch die Vorschrift des Abs. 2 hat das Reich seine Befugnis, die Rechtsverhältnisse der Reichsbankbeamten im Wege der Gesetzgebung zu ordnen (Art. 7 Nr. 14 RV.), auf das Bankdirektorium übertragen. Auf dieses ging damit die Gesetzgebungsgewalt für das bezeichnete Gebiet auch insoweit über, als es sich um die Regelung der Rechte und Pflichten der Reichsbankbeamten zum Zwecke der Herabsetzung der Personalausgaben handelte. Insbesondere war das Direktorium kraft des ihm eingeräumten Verordnungsrechts befugt, zu diesem Zwecke die Versetzung von Bankbeamten in den einstweiligen Ruhestand unter Bewilligung des den Reichsbeamten im gleichen Falle zustehenden Wartegeldes anzuordnen (Urt. v. 17. Jan. 1928, **119** 429).

krafttreten der RV. (Art. 9) unbeschadet der Frage etwaiger Hilfsaktionen des Reiches, Sache des einzelnen Staates[25]).

In den berühmten Urt. v. 14. März 1922 (**104** 58, 66), die die Rechtsgültigkeit des preußischen AltersgrenzenG. v. 5. Dez. 1920, die bejaht wird, behandelten, war zunächst festgestellt worden, daß nach Art. 12 RV. das Beamtenrecht der landesrechtlichen Regelung, von dem Rechte der Reichsbeamten abgesehen, unterliegt, solange und soweit das Reich von seinem Gesetzgebungsrechte, das sich nach Art. 10 Nr. 3 auf die Aufstellung von Grundsätzen für das Recht der Beamten aller öffentlichen Körperschaften erstreckt, keinen Gebrauch macht. Der Kläger hat das Altersgrenzengesetz für ungültig erachtet, weil nach Art. 104 RV. Altersgrenzen nur durch Reichsgesetz eingeführt werden könnten. Diese Ansicht verwirft das RG. Wenn es im Art. 104 III Satz 3 heißt: „Die Gesetzgebung kann Altersgrenzen festsetzen, bei deren Erreichung Richter in den Ruhestand treten", so könne das nur dahin verstanden werden, daß nicht etwa nur die Reichsgesetzgebung, sondern auch die Landesgesetzgebung, soweit sie überhaupt zur Regelung des Beamtenrechts zuständig ist, zur Festsetzung von Altersgrenzen befugt ist. Vom Art. 10 Nr. 3 macht jener vorerwähnte Satz keine Ausnahme. Die Wahl des Ausdruckes „Gesetzgebung" an Stelle des von dem Vertreter des preußischen Justizministeriums bei der Beratung des Verfassungsausschusses vorgeschlagenen Wortes „Landesgesetzgebung" spricht keineswegs für den Ausschluß der landesgesetzlichen Zuständigkeit; sie ist wohl sicher erfolgt, um die Folgerung auszuschließen, als ob für die richterlichen Reichsbeamten, deren Rechtsverhältnisse der landesgesetzlichen Regelung nicht unterliegen, Altersgrenzen nicht zulässig seien, während für die Richter des RG. selbstverständlich keine Ausnahme gelten sollte und gelten kann. Interessant ist hier die Heranziehung des Art. 10 Nr. 3 RV., während die grundsätzliche Entscheidung sehr wesentlichen Bedenken ausgesetzt ist, die in der Literatur reichlich zum Ausdrucke gekommen sind[26]). Denselben Art. 10 Nr. 3 berührt auch das Urt. v. 30. Okt. 1925 (**112** 335, 337). Die Frage, ob die Reichsversicherungsanstalt für Angestellte bei Amtspflichtverletzungen ihrer Beamten nach den Grundsätzen des Gesetzes über die Haftung des Reichs für seine Beamten v. 22. Mai 1910 haftbar ist, wird bejaht. Die angeblich schädigende Handlung, auf die sich die Klägerin berief, war vor Erlaß der RV. begangen, so daß deren Art. 131 keine Anwendung finden konnte. Nach ihm würde die Entscheidung nicht zweifelhaft sein. „Denn er belastet mit der Verantwortung für ihre Beamten nicht bloß das Reich und die Länder, sondern er erstreckt sich auf die Beamten aller öffentlichen Körperschaften (vgl. Art. 10 Nr. 3). Zu den Körperschaften zählen auch die Anstalten des öffentlichen Rechts, so daß die Beklagte nach heutigem Recht für die in Ausübung öffentlicher Gewalt begangenen Amtspflichtverletzungen ihrer Beamten einstehen muß." Diese Gleichstellung von öffentlichen Körperschaften und Anstalten ist zweifellos recht bedenklich und ohne jede Begründung angenommen worden.

Ist das durch das sächsische G. über den Verkehr mit Grundstücken v. 20. Nov. 1920 eingeführte gesetzliche Vorkaufsrecht als eine Beschränkung

[25]) Vgl. das in anderem Zusammenhang herangezogene Urt. v. 14. Nov. 1921, DJZ. **27** 60 und die v. 15. Dez. 1921, **56** 177, 188, wo die Befugnis des Reichspräsidenten und der Landesregierungen, den Ausnahmezustand zu erklären und gewisse Maßnahmen zu treffen, bezeichnet wird als eine „teilweise Erfassung des in Art. 9 Nr. 2 erwähnten Gebiets".

[26]) Vgl. Triepel, Das preußische Gesetz über die Einführung einer Altersgrenze v. 15. Dez. 1920 (GS. S. 621), ArchÖffR. **40** 349ff.; Wach, Rechtsgutachten betr. AltersgrenzenG., daselbst **43** 245; gegen das obenerwähnte Urt. Triepel, DJZ. 1922 S. 333; v. Feilitsch, LZ. 1922 S. 389.

des Eigentums im Sinne des Art. 109 EGBGB. zu erachten und deshalb rechtswirksam? Bei Gelegenheit der Entscheidung dieser Frage (Urt. v. 17. Okt. 1923, **107** 261, 264) wird auch Art. 10 Nr. 4 gestreift, wonach das Reich im Wege der Gesetzgebung Grundsätze aufstellen kann für das Bodenrecht, die Bodenverteilung, das Ansiedlungs- und Heimstättenwesen, die Bindung des Grundbesitzes, das Wohnungswesen und die Bevölkerungsverteilung. Durch die auf Grund dieser Vorschrift bisher erlassenen reichsgesetzlichen Vorschriften, nämlich das ReichssiedlungsG. v. 11. Aug. 1919 und das ReichsheimstättenG. v. 10. Mai 1922, sowie durch die Bek. über den Verkehr mit landwirtschaftlichen Grundstücken v. 15. März 1918 ist das Bodenrecht nicht erschöpfend geregelt; das sächsische G. v. 20. Nov. 1920 läßt diese reichsgesetzlichen Vorschriften unberührt. Der Einführung des gesetzlichen Vorkaufsrechts durch Landesgesetz steht § 1 des FreizügigkeitsG. v. 1. Nov. 1867 und Art. 111 RV. nicht entgegen, wonach allen Reichsangehörigen das Recht gewährleistet ist, an einem beliebigen Orte des Reichs Grundstücke zu erwerben und Einschränkungen dieses Rechts eines Reichsgesetzes bedürfen. Allerdings ergebe sich aus einem das Grundeigentum belastenden gesetzlichen Vorkaufsrecht mittelbar eine Erwerbsbeschränkung insofern, als derjenige, der ein mit dem Vorkaufsrecht belastetes Grundstück vom Grundstückseigentümer kauft, durch Ausübung des Vorkaufsrechts verhindert wird, das Eigentum an dem Grundstück zu erwerben. Jedoch bezwecken jene Vorschriften nur, alle Reichsangehörigen in Beziehung auf die Niederlassungs- und Grunderwerbsfreiheit einander gleichzustellen und zu verhüten, daß dieses Recht ohne Erlaß eines besonderen Reichsgesetzes aus Gründen, die nur in der Person des einzelnen liegen, beeinträchtigt werde; sie schließen aber nicht aus, daß allgemeine, alle Reichsangehörigen gleichmäßig treffende Erwerbsbeschränkungen im Verkehr mit Grundstücken aus Gründen, die mit dem Staatswohl in Zusammenhang stehen, insbesondere, wie vorliegend, zum Zwecke volkswirtschaftlich angemessener Verteilung und Ausnutzung des Grund und Bodens, also zu rein sachlichem Zwecke, durch Landesgesetz eingeführt werden (RGZ. **73** 20, **84** 105). Für die Frage der Rechtswirksamkeit des Vorkaufsrechts ist auch Art. 155 RV. von keiner Bedeutung, da hier nur für das Verhältnis der Staatsgewalt zum Grundeigentum allgemeine Richtlinien gegeben werden. Gleiches gelte von den Art. 151, 152, welche die Freiheit des Wirtschaftslebens und die Vertragsfreiheit betreffen. Man sieht hierbei, wie das RG. in erfreulichster Weise gerade wichtigste Bestimmungen der RV. zur Entscheidung einer nicht unmittelbar auf diese bezogenen Angelegenheit erörtert. Für Art. 10 Nr. 4 liegt der Schwerpunkt m. E. darin, daß die Grundsatzgesetzgebung in bezug auf das Bodenrecht zwar natürlich nicht bedeutet, daß die bisher erlassenen einschlägigen Gesetze das Bodenrecht erschöpfend regeln, daß es aber nahegelegen hätte, die Grenzen dieser Grundsatzgesetzgebung einigermaßen abzustecken. Wenn das fragliche sächsische Gesetz gegen keinen auf Grund des Art. 10 Nr. 4 ausgeprägten Grundsatz verstößt, so ist es selbstverständlich im Verhältnis zu dieser Verfassungsvorschrift zulässig. Das Urteil war insofern zweifellos richtig. Weniger leuchtet aber ein die Auslegung des Art. 111; denn wenn in der Einführung des gesetzlichen Vorkaufsrechts durch Landesgesetz eine Beschränkung irgendwelcher Art liegt, jenes sächsische Gesetz aber eine mittelbare Erwerbsbeschränkung mit sich führt, so ist Art. 111 doch wohl verletzt. Daß dagegen ein Verstoß gegen die Art. 155, 151, 152 RV. nicht vorliegt, ist bedenkenfrei.

Zutreffend ist auch, daß Art. 143 II RV.: „Die Lehrerbildung ist nach den Grundsätzen, die für die höhere Bildung allgemein gelten, für das Reich einheitlich zu regeln" in organischer Verbindung zu § 10 Nr. 2 steht, wonach das

Reich im Wege der Gesetzgebung Grundsätze für das Schulwesen aufstellen kann. Die spätere Bestimmung verwandelt diese Kannvorschrift in eine Sollvorschrift, soweit die Lehrerbildung in Frage steht, und gibt ferner Anweisungen darüber, wie die grundsätzliche Regelung des Reichs zu diesem Punkt inhaltlich beschaffen sein soll. Sie ergänzt und erweitert den Art. 10. Dann ist aber auch Art. 12 I Satz 1 anzuwenden, nach dem die Länder das Recht der Gesetzgebung behalten, solange und soweit das Reich von seinem Gesetzgebungsrecht keinen Gebrauch macht. Dieses den Ländern zunächst verbleibende Recht zu eigener Gesetzgebung hat nicht bloß formelle Bedeutung. Es umfaßt vielmehr grundsätzlich die Befugnis, materiell den Gesetzesinhalt zu bestimmen, solange nicht die Reichsgesetzgebung die ihr von der RV. gestellten Aufgaben erfüllt hat. Also war auch ein Mecklenburg-Schwerinsches G. über die Neuordnung der Volksschullehrerbildung v. 27. Juni 1925 mit der RV. vereinbar (Beschl. v. 19. Mai 1926, **114** 16, 19).

Die Frage, ob bestimmte Vorschriften[27]) gültig sind, soweit sie die weiblichen Beamten und Lehrer, die nach ihrer Zurruhesetzung geheiratet haben, unter Sonderrecht stellen, behandelt das Urt. v. 7. Juli 1927 (**118** 9—12). Das RG. bejaht die Frage. Hierbei wird Art. 10 Nr. 3 RV. berührt mit der Angabe, daß die preußische Regierung im Gegensatz zur Reichsregierung die Ansicht vertritt, daß Art. 14 der Reichspersonalabbau-VO. nur eine Richtlinie für die Landesgesetzgebung darstellt. Hingegen meint der Gerichtshof, daß der letzterwähnte Artikel, auch soweit er die weiblichen Beamten und Lehrer der Länder und Gemeinden betrifft, Vorschriften mit unmittelbarer und sofortiger Geltung aufstellt und sich nicht mit leitenden Rechtssätzen an die Gesetzgebung der Länder wendet. Hätte er keine unmittelbar verbindliche Kraft, so würde er von vornherein zu Bedeutungslosigkeit verurteilt sein. Das RG. stellt zunächst den unzweifelhaft weittragenden Satz auf, daß das Reich über die Rechtsstellung des Personenkreises der weiblichen Beamten und Lehrer durch die Art. 128 II („Alle Ausnahmebestimmungen gegen weibliche Beamte werden beseitigt") und 143 III („Die Lehrer an öffentlichen Schulen haben die Rechte und Pflichten der Staatsbeamten") Vorschriften erlassen habe, welche, wie der erkennende Senat schon entschieden hat (RG. **102** 145), für die Behörden und die Bevölkerung der Länder ohne weiteres bindend sind. Es fügt aber den weittragenden Satz hinzu, damit habe sich das Reich auf dem bezeichneten Gebiete von vornherein eine Zuständigkeit beigelegt, die es berechtigt, auch die von ihm für erforderlich erachtete Sonderstellung der weiblichen Beamten und Lehrer beim Personalabbau mit unmittelbarer Wirkung zu regeln. Diesen Satz halte ich nicht für zutreffend. 128 II ist ein Grundrecht für weibliche Beamte, das auch nicht durch ein einfaches Reichsgesetz beseitigt werden kann. Ein Widerspruch zu diesem Grundrecht kann nicht damit gerechtfertigt werden, das Reich habe sich auf dem hier fraglichen Gebiete ein Zuständigkeitsrecht beigelegt, denn die Gewährung jenes Grundrechtes ist etwas ganz anderes als die Beilegung der Zuständigkeit. Was aber den Art. 143 III betrifft, so sagt er nichts weiter aus, als daß die Lehrer alle Rechte und Pflichten der Staatsbeamten haben. Zu diesen Rechten gehört aber für die weiblichen Lehrer auch der Art. 128 II. Der Gerichtshof meint, die seiner Auffassung gegenteilige Annahme wäre damit unverträglich, daß innerhalb der ein organisches Ganzes bildenden RV. die Grenzen der Gesetzgebungsgewalt bei der Regelung der in Frage stehenden Materie nur aus

[27]) Gemeint sind § 18 I Satz 2 der preußischen PersonalabbauVO. v. 8. Febr. 1924 (GS. S. 73) und § 5 II des preußischen Personalabbau-AbwicklungsG. v. 25. März 1926 (GS. S. 105).

Art. 10 Nr. 3 in Verbindung mit Art. 128 II bestimmt werden können. Die Grenzen der Gesetzgebungsgewalt können aber auch gerade in jenem Grundrechte gefunden werden, das jene für die verheirateten Lehrerinnen ungünstige Bestimmung der Personalabbauverordnung hätte ausschließen müssen.

10. Reichsrecht bricht Landrecht

Vorangestellt sei die grundsätzliche Erwägung[28]), Art. 13 I ziehe aus der Natur des Reichs als Staatenverbindung die Folgerung, daß die gesetzgebende Gewalt des Reiches und der der Länder und daher auch die Rechtsnormen, die von den rechtschaffenden Faktoren des Reichs ausgehen (die Reichsgesetze, die Rechtsverordnungen des Reiches und das Reichsgewohnheitsrecht) den Rechtsnormen, die von den rechtschaffenden Faktoren der Länder ausgehen (den Landesgesetzen, den Rechtsverordnungen der Länder und dem Landesgewohnheitsrecht) übergeordnet sind, und bringt zum Ausdruck, daß Rechtsnormen der Länder, denen eine reichsrechtliche Norm entgegensteht, der verbindlichen Kraft gegenüber den Untertanen, also auch gegenüber dem Richter, entbehren, daß sie schlechthin nichtig sind.

Sodann sind eine Reihe von Sonderfeststellungen wertvoll. Es handelte sich um § 3 der VO. über den Waffenbesitz v. 13. Jan. 1919 (RGBl. S. 31, 122). Ihre Anwendbarkeit sei zu Unrecht verneint worden, wie dies das bayerische Oberste Landesgericht in seinem Urt. v. 4. Dez. 1923 (Sammlung **23** 86) angenommen hat. Der fraglichen Vorschrift jener Verordnung lag ein allgemeines reichsrechtliches Verbot des Waffengesetzes zugrunde, das durch die Fristsetzung der Landesregierungen bedingt und durch reichs- oder landesrechtliche Ausnahmen beschränkbar war. Solange eine Landesregierung eine Ablieferungsfrist nicht gesetzt hatte, war zwar in ihrem Gebiet eine Bestrafung nach § 3 nicht möglich, weil das Tatbestandsmerkmal „nach Ablauf der Ablieferungsfrist[29])" nicht erfüllt werden konnte. War aber eine Frist gesetzt und verstrichen, dann konnte das hierdurch zur Wirksamkeit gelangte allgemeine reichsrechtliche Verbot des Waffenbesitzes nicht mehr dadurch außer Wirksamkeit gesetzt werden, daß eine Landesregierung die von ihr erlassenen Ausnahmebestimmungen ganz oder teilweise aufhob. Eine solche Aufhebung konnte denknotwendig nur die Wirkung haben, daß die bis dahin etwa vorhandenen Beschränkungen des allgemeinen Verbots ganz oder teilweise wegfielen, das Verbot also durch weniger zahlreiche Ausnahmen durchbrochen wurde. Unter den Ausnahmen von der Ablieferungspflicht seien Ausnahmen vom Verbot des Waffenbesitzes zu verstehen. Sie können auch nach dem Ablauf der Ablieferungsfrist mit Wirkung für die Zukunft verfügt werden; immer muß es sich aber hierbei um Ausnahmen von dem allgemeinen reichsrechtlichen Verbot handeln. Eine landesrechtliche Maßnahme, die einer grundsätzlichen Freigabe des Waffenbesitzes gleichkäme, würde gegen Art. 13 RV. verstoßen und wäre somit ungültig[30]). Die durch Art. 48 IV RV. gedruckten Diktaturmaßnahmen einer Landesregierung müßten durch solche des Reichspräsidenten nach dem Grundsatze „Reichsrecht bricht Landesrecht" (Art. 13 I RV.) ohne weiteres ihre Rechtswirksamkeit verlieren, wenn sie landesrechtliche Normen wären. Das RG. spricht in dem

[28]) Urt. v. 15. Dez. 1921 (56 177, 179f.).

[29]) In Bayern bedürfe, wie das Oberste Landesgericht ausgesprochen hat, die Inbesitznahme von Waffen nach Ablauf der Ablieferungsfrist vom 10. Juli 1919 auf Grund der Waffenverordnung keinerlei Erlaubnis und sei deshalb nicht unbefugt und nicht strafbar.

[30]) Vgl. das neue G. über Schußwaffen und Munition v. 12. April 1928 (RGBl. I 143).

Urt. v. 7. April 1925 (59 192) aus, daß dies nicht der Fall ist, da sie nicht dem Gebiete des Landesrechts angehören, vielmehr von Landesbehörden ausgehendes, räumlich begrenztes Reichsrecht seien. Unbedenklich scheint mir diese Auffassung nicht, denn die Landesregierungen handeln, wenn sie von ihrer reichsverfassungsmäßigen Diktaturgewalt Gebrauch machen, nicht als Organe des Reiches. Sind doch Befugnisse auch der Staatsangehörigen nicht danach zu unterscheiden, ob sie auf der Grundlage des Reichsrechts oder des Landesrechts entstanden sind; dieser Ursprung begründet keinen Unterschied. Auch daß die RV. den Ländern eine Diktaturgewalt in dem Rahmen des Art. 48 IV gibt, bedeutet nicht, daß sie dadurch nicht Landesrecht schüfen.

Der geltenden Rechtslehre entspricht es, wenn festgestellt wird, Art. 13 II erfordert als Voraussetzung der Anrufung der Entscheidung des obersten Gerichtshofes das Bestehen von „Zweifeln oder Meinungsverschiedenheiten darüber, ob eine landesrechtliche Vorschrift mit dem Reichsrecht vereinbar ist". Er setzt demnach (abweichend von dem Art. 19 RV.) nicht voraus, daß Meinungsverschiedenheiten zwischen einer Reichs- und einer Landesbehörde bestehen, und läßt auch schon bei bloßen Zweifeln, nicht nur bei Meinungsverschiedenheiten, die Anrufung des zuständigen obersten Gerichtshofes zu. Der Wortlaut ist (wie sich aus den genauer angegebenen Verhandlungen des Verfassungsausschusses ergibt) gerade deshalb gewählt worden, um auch Fälle zu decken, in denen Meinungsverschiedenheiten zwischen der Reichs- und einer Landesregierung nicht bestehen, es sollte genügen, daß die zuständige Reichs- oder Landeszentralbehörde es mit Rücksicht auf irgendwie hervorgetretene Meinungsverschiedenheiten oder Zweifel für angezeigt halte, die Rechtsfrage zur Entscheidung des obersten Gerichtshofes zu bringen (Beschl. v. 20. Febr. 1923, **106** 34f.). Besteht der praktische Zweck jener Vorschrift darin, durch die Entscheidung des obersten Gerichtshofes die Zweifel und Meinungsverschiedenheiten darüber aus dem Wege zu räumen, ob eine landesrechtliche Vorschrift neben dem Reichsrecht überhaupt anwendbar ist oder in einem gewissen Sinne gehandhabt werden darf, so wird er unter Umständen[31]) nur erreicht, wenn nach der zugunsten des Landesrechts ausgefallenen Prüfung seines Inhalts auf seine Verträglichkeit mit dem Reichsrecht auch die Art und Weise des Gebrauchs, der von der landesrechtlichen Norm gemacht wird, einer Untersuchung in der gleichen Richtung unterzogen wird[32]). Ferner noch die Frage: Muß das Verfahren nach Art. 13 II RV. stattfinden? Die Antwort ist einfach: Die zuständige Reichs- oder Landeszentralbehörde kann die Entscheidung des obersten Gerichtshofes des Reichs anrufen, aber keine von jenen Behörden ist dazu gezwungen. Wird trotz aufgetauchter Zweifel oder Meinungsverschiedenheiten das Anrufen des Reichsgerichts unterlassen, so sind daraus keinerlei Schlüsse zu ziehen und das um so weniger, als der Antrag auf höchstrichterliche Entscheidung eine Maßnahme von hervorragend politischer Bedeutung ist und deshalb auch von politischen Erwägungen veranlaßt wird. So zutreffend Urt. v. 4. Dez. 1923, **107** 369[33]).

---

[31]) Es handelte sich in dem Beschl. v. 27. Nov. 1923 (**107** 287) um die Frage, ob die Vorschriften des sächsischen G. über eine Altersgrenze und die Pensionsdienstzeit der Beamten und Lehrer v. 29. Mai 1923 in ihrer Anwendung auf die ordentlichen Mitglieder des Landeskonsistoriums, insbesondere auf den Präsidenten dieser Behörde, mit Art. 137 III Satz 2 RV. vereinbar sind.

[32]) Die Anwendung des Altersgrenzengesetzes auf die ordentlichen Mitglieder des Konsistoriums stellte sich hierbei als ein offensichtlicher Eingriff in die der Kirche für ihren Machtbereich nach der Verfassung zustehende Ämterfreiheit dar.

[33]) Auf Grund des Art. 13 II RV. in Verbindung mit dem AusfG. v. 8. April 1920 ist auch die Entscheidung des RG. angerufen und beantragt worden auszusprechen, daß Art. 14 u. 16 der Württembergischen AusfVO. zur ReichsfürsorgeVO. v. 31. März 1924 dem Reichsrecht wider-

11. Reichs- und Landesverwaltung

Den Art. 14 RV. berührt eine schon in anderem Zusammenhange[34]) behandelte E. v. 7. April 1925 (59 194f.). Es handelt sich um die m. E. unzutreffende Auffassung des RG., daß die landesrechtliche Anordnung auf Grund des Art. 48 IV RV. eine Reichsverordnung sei. Die Beschwerdeführer haben u. a. die ihrer Verurteilung zugrunde gelegte Strafdrohung des bayerischen Generalstaatskommissars auch deshalb als für sie nicht verbindlich bezeichnet, weil dessen „Anordnung" v. 11. Nov. 1923 nicht gesetzmäßig bekanntgemacht worden sei. Sie machten geltend, die Anordnung hätte als Rechtsverordnung einer bayerischen Behörde gemäß § 75 der bayerischen Verfassungsurkunde im bayerischen Gesetz- und Verordnungsblatt veröffentlicht werden müssen. Diesen Einwand hält das RG. für unbegründet. Jene Anordnung des Generalstaatskommissars sei ebensowenig wie die VO. des bayerischen Gesamtministeriums v. 26. Sept. 1923 eine bayerische Rechtsverordnung im Sinne des § 75 der bayerischen Verfassungsurkunde gewesen, vielmehr habe es sich in beiden Fällen um reichsgesetzliche Satzungen mit räumlich beschränktem Geltungsbereich gehandelt. Denn nicht anders als die bayerische Landesregierung habe auch der mit der Durchführung des von ihr verhängten reichsrechtlichen „Ausnahmezustandes" betraute Generalkommissar, wenn er an ihrer Stelle kraft der allein aus Art. 48 RV. herzuleitenden Diktaturgewalt Rechtsverordnungen erließ, trotz seiner Eigenschaft eines bayerischen Landesbeamten ebenfalls nur als Organ des Reiches tätig werden können. Seine Anordnung v. 11. Nov. 1923 sei deshalb gleichfalls eine Verordnung des Reichs gewesen. Hiergegen, sagt das RG., läßt sich nicht einwenden, bei dieser Auffassung müßten auch alle sonstigen auf reichsgesetzlicher Grundlage ergehenden Rechtsverordnungen der Landesregierungen, insbesondere alle Ausführungsverordnungen der Länder zu Reichsgesetzen (Art. 14 RV.) als Verordnungen des Reichs angesprochen werden; denn hierbei handeln die Landesbehörden nicht als erst durch die Reichsverfassung ins Leben gerufene Reichsorgane, sondern lediglich zur Erfüllung von Staatsaufgaben, die den Ländern kraft eines ursprünglich eigenen, reichsverfassungsmäßig bloß anerkannten Rechts obliegen. Dies ist m. E. durchaus unzutreffend. Die Landesregierung ist auch dann kein Reichsorgan, wenn sie auf Grund des Art. 48 IV handelt, sondern sie ist und bleibt ein Landesorgan, das von der ihm an der bezeichneten Gesetzesstelle gegebenen Zuständigkeit Gebrauch macht. Die Landesregierungen, die in Art. 14 grundsätzlich zur Ausführung der Reichsgesetze be-

---

spricht. Das bayerische Staatsministerium des Innern hat den gleichen Antrag bezüglich der Art. 1 u. 3 der Vorläufigen AusfVO. v. 27. März 1924 gestellt. Die Fragen sind bejaht worden. Beschl. v. 23. Nov. 1927 (**119** 33). Ebenso wurde nach Art. 13 verfahren bei der Prüfung der Frage, unter welchen Voraussetzungen die Polizei befugt ist, Privatwohnungen zur Unterbringung von Obdachlosen zu beschlagnahmen (Urt. v. 28. Febr. 1928, **120** 222). Gestreift wurde jener Artikel auch in der berühmten Klage von Jagow wider den preußischen Staat, indem es sich darum handelte, ob ein preußischer Beamter durch seine Verurteilung zu Festungshaft von länger als einjähriger Dauer wegen Beihilfe zum Hochverrat auch dann ohne weiteres sein Amt verliert, wenn im Strafurteil nicht auf Verlust der bekleideten öffentlichen Ämter erkannt worden ist (Urt. v. 23. März 1928, **120** 328). Ebenso bei der Entscheidung der Frage, ob die Vorschriften des Art. 12 u. 13 des württembergischen G. über die Dienstverhältnisse der Minister v. 26. März 1927, soweit sie dem Gesetze rückwirkende Kraft beilegen, mit der RV. vereinbar sind (Beschl. v. 5. Dez. 1927, **120** 374). Übrigens kann das RG. auf Grund von Art. 13 II auch dann angerufen werden, wenn die landesrechtliche Vorschrift, über deren Vereinbarkeit mit dem Reichsrecht es entscheiden soll, schon den Gegenstand eines Rechtsstreits bildet. RGZ. 23. Nov. 1928, **122** 306ff.

[34]) Vgl. oben S. 223.

stimmt sind, sind gewiß keine erst durch die Reichsverfassung ins Leben gerufenen Reichsorgane, sondern Staatsorgane; aber es ist nicht richtig, daß diese Staatsaufgaben den Ländern obliegen kraft ihres ursprünglich eigenen Rechts. Die ganze Struktur der Reichsverfassung mit ihrer stark unitarischen Tendenz hätte es an und für sich möglich gemacht, auf eine Regelung herauszukommen, die die Ausführung der Reichsgesetze besonderen Reichsbehörden allein übertrug, falls die Schaffung solcher allgemein in Aussicht genommen worden wäre, wie dies ja bezüglich der Finanzverwaltung und gewisser Teile der Sozialverwaltung später praktisch wurde. Wenn Art. 14 den Ländern jene Ausführungsbefugnis gibt, so schafft er erst dieses Recht und anerkennt nicht bloß ein ursprünglich eigenes Recht.

In demselben Urteil (a. a. O. S. 192) wird auch auf Art. 15 RV. zum Beweise jenes von mir abgelehnten Grundsatzes Bezug genommen. Daß die Landesregierung, die auf Grund des Art. 48 IV tätig wird, Reichsgewalt ausübt, gehe auch aus der Art der Regelung ihrer Überwachung durch die Reichsorgane hervor. Diese geschieht nicht in der Form des Art. 15 RV., wonach die Reichsaufsicht über die Tätigkeit, welche die Landesregierungen in reichsrechtlich geregelten Angelegenheiten als ihre eigene entfalten, durch die Reichsregierung ausgeübt wird, sondern — von der Rechtskontrolle durch die Gerichte abgesehen — stehe eine Kontrolle über ihre Diktaturmaßnahmen allein dem Reichspräsidenten und dem Reichstag zu. Hieraus folge, daß die Landesregierungen, wenn sie von ihrer reichsverfassungsmäßigen Diktaturgewalt Gebrauch machen, obschon sie dadurch nicht Reichsbehörden werden, sondern Landesbehörden bleiben — doch immerhin als Organe des Reichs anzusehen sind. Diese Meinung geht auch in ihrer Beziehung auf Art. 15 fehl. Die Reichsregierung übt nach diesem Artikel die Aufsicht in den Angelegenheiten aus, in denen dem Reiche das Recht der Gesetzgebung zusteht. Ohne diese Bestimmung würde, da die Reichsgesetze grundsätzlich durch die Landesbehörden ausgeführt werden, in jedem Lande dasselbe Reichsgesetz in einer jeweils verschiedenen Weise ausgeführt werden können. Der Sinn des Art. 15 ist also in dem Erfordernis der Gleichmäßigkeit der durch die Landesbehörden erfolgenden Ausführung der Reichsgesetze begründet. Nicht um die Ausführung von Reichsgesetzen, sondern um eine Verwaltungsmaßnahme handelt es sich aber im Art. 48 IV. Es sind also hier ganz verschiedene Staatsfunktionen vom Gesetzgeber ins Auge gefaßt, und selbst wenn man jene Gesetzesausführung ebenfalls als Verwaltung ansieht, kann der Unterschied zwischen der in ihr liegenden und derjenigen Verwaltungsübung, welche im Art. 48 IV geregelt ist, unmöglich übersehen werden. Es läßt sich daher nicht, wie das RG. das tut, aus der Tatsache allein, daß die Maßnahmen gemäß Art. 48 IV auf Verlangen des Reichspräsidenten oder des Reichstags außer Kraft zu setzen sind, folgern, daß diese Maßnahmen nicht von Organen der Länder ausgehen. Eine Reichsaufsicht in den Formen des Art. 15 würde im Falle des Art. 48 IV sachlich und formell gänzlich fehl am Orte gewesen sein.

12. Reichsaufsicht

Eine Ideenverbindung zwischen Art. 15 III und Art. 19 findet sich in der schon in anderem Zusammenhange herangezogenen Zwischenentscheidung des StGH. in der verfassungsrechtlichen Streitsache des Landes Württemberg und des Landes Preußen gegen das Land Baden, betr. die Donauversinkung (116 27*f.). Nach jener erstgenannten Vorschrift ist es Sache des Reichs, die Beseitigung von Mängeln zu veranlassen, die bei der Ausführung der Reichsgesetze durch die Länder hervorgetreten sind. Bei Meinungsverschiedenheiten kann sowohl die Reichsregierung als die Landesregierung (d. h. die Landesregierung, der die Reichsregierung mangelhafte Erfüllung von Reichsgesetzen vorwirft) den StGH. anrufen. Die Regierung eines anderen Landes ist dagegen hierzu nicht befugt. Diese Folgerung ist zweifellos richtig und wertvoll, anderweit meines Wissens noch nicht gezogen. Art. 19 RV. gibt, wie der StGH. meint, nicht jedem Lande das Recht, sich an ihn zu wenden, wenn nach seiner Auffassung ein anderes Land Reichsgesetze nicht befolgt. Das würde, so sagt er, zu einer unerträglichen, mit der verfassungsmäßigen Gleichstellung der deutschen Länder unvereinbaren gegenseitigen Beaufsichtigung führen. Nur das Reich übt die Aufsicht in den Angelegenheiten aus, in denen ihm das Recht der Gesetzgebung zusteht (Art. 15 I RV.). Glaubt ein Land dadurch geschädigt zu werden, daß ein anderes Land einem Reichsgesetze zuwiderhandelt, so muß es sich an das Reich wenden, damit dieses gegebenenfalls Abhilfe schaffe.

Der in vielen Beziehungen hochwichtige Art. 17 RV. wird in einer überraschenden Verbindung erwogen, indem nämlich ausgesprochen wird, ein Verfassungsstreit zwischen Landesregierung und Landesvertretung wegen Bruchs der Landesverfassung, wie er früher in Hannover und anderen Ländern vorgekommen ist, wird durch Art. 17 verhindert oder wenigstens sehr erschwert. Denn dieser Artikel schreibt vor, daß jedes Land eine freistaatliche Verfassung mit einer Volksvertretung haben muß, die nach einem bestimmten näherbezeichneten Wahlsystem zu wählen ist, und daß jede Landesregierung des Vertrauens der Volksvertretung bedarf. Bei Zuwiderhandlungen gegen Art. 17 müsse jede Landesregierung mit der Gefahr rechnen, daß die Reichsregierung auf Grund des Art. 48 I RV. (Reichsexekution) einschreitet. Möglich bleibe aber trotz des Art. 17 der gemeinsame Verfassungsbruch einer Landesregierung und der Mehrheit einer Volksvertretung, und zwar in doppelter Richtung: Entweder wird die Verfassung geändert, ohne daß die erschwerenden Vorschriften über Verfassungsänderungen beachtet werden, oder die Verfassung wird nicht geändert, tatsächlich aber hinsichtlich einzelner Bestimmungen, z. B. hinsichtder Dauer der Landesvertretung, außer Kraft gesetzt, damit die Mehrheit der Landesvertretung und die von ihr berufene Regierung möglichst lange im Besitz der politischen Macht bleiben. In solchen Fällen kommt Art. 19 in Betracht. Könnte er keine Abhilfe bringen, so müßte für die Minderheit der Landesvertretung und für die große Masse der Wähler derselbe Zustand der Rechtlosigkeit fortbestehen, dessen Beseitigung durch Schaffung eines Bundesgerichts oder StGH. schon seit den Zeiten des Deutschen Bundes erstrebt wurde. Man muß dem StGH. für diese Aufklärung dankbar sein[35]).

In dem Verfassungsstreite der Deutschnationalen Volkspartei des Preußischen Landtags gegen die Regierung des Landes Preußen und den Preußischen Landtag hat der StGH. am 21. Nov. 1925 (**112** 7*) die bekannte Wirkung des Art. 17 I auf die Landesverfassungen an einem interessanten Beispiele gezeigt. Es handelte sich um die Behauptung, daß, weil Art. 13 der preußischen Verfassung die Wahlzeit auf 4 Jahre festsetze und Art. 74 bestimme, daß die Grundsätze für die Wahlen zur Volksvertretung auch für die Wahlen zu den Provinzial-, Kreis- und Gemeindevertretungen zu gelten hätten, eine Verlängerung der Wahlzeiten gegen die Verfassung verstoße. Diese Ansicht hat das RG. mit Recht als unzutreffend zurückgewiesen. Die „Grundsätze für

---

[35]) E. in Sachen der Landtagsfraktion des Landeswahlverbandes Braunschweig wider das Staatsministerium Braunschweig v. 12. Juli 1921 (**102** 422).

die Wahlen zur Volksvertretung", die Art. 74 preußische Verfassung anzeigt, sind die in Art. 17 I RV. mit Bindung für die Verfassungen der Länder aufgestellten und gehen dahin, daß die Volksvertretung in allgemeiner, gleicher, unmittelbarer und geheimer Wahl von allen reichsdeutschen Männern und Frauen nach den Grundsätzen der Verhältniswahl gewählt werden muß. Diese Vorschriften, die Art. 17 II RV. selbst als Grundsätze bezeichnet, gelten auch für die Gemeindewahlen, d. h. für die Wahlen der Ortsgemeinden im Gegensatz zu den kommunalen Verbänden, wie Kreise und Provinzen. Diese Grundsätze hat die preußische Verfassung in Art. 4 und, was die Verhältniswahl angeht, in Art. 9 übernommen. Die Wahlzeiten sind durch sie nicht festgelegt, und dementsprechend hat sie die RV. — nach Wiederholung der grundsätzlichen Bestimmungen in Art. 22 — in Art. 23 lediglich für den Reichstag auf 4 Jahre festgesetzt. Dem hat sich die preußische Verfassung in Art. 9 für den Landtag und nur für ihn, ohne in dieser Hinsicht gebunden zu sein, angeschlossen. Eine Verankerung der Wahlzeiten anderer Körperschaften ist danach grundsätzlich weder in der RV. noch in der preußischen Verfassung erfolgt, ihre Bemessung ist den zu erlassenden besonderen Gesetzen überlassen geblieben. Eine Verlängerung der Wahlzeiten der Provinziallandtage und Kreistage durch Notverordnung enthielt also keine Verletzung der preußischen Verfassung. Dem ist in vollem Umfange beizutreten.

Daß die Durchführung der durch Art. 17 eingeführten Verhältniswahl ohne das Vorhandensein von Parteien nicht möglich ist, dient dem StGH. als erwünschter Ausgangspunkt für die Feststellung der Parteifähigkeit im Verfahren einer verfassungsrechtlichen Streitsache[36]). Die Verfassungsmäßigkeit der streitigen VO. v. 5. Mai 1927 war nicht schon deshalb zu bejahen, weil sie die Gleichheit der abgegebenen Wahlstimmen unberührt gelassen hat, vielmehr kommt es darauf an, ob nach ihr das zur Wahlberechtigung gehörige Recht, Wahlvorschläge zu machen, von allen Wählern in gleicher Weise ausgeübt werden kann. Und zwar muß der Begriff der Gleichheit bei Anwendung des Art. 17 RV. formal gefaßt werden. Für irgendwelche Bewertungen läßt diese Vorschrift keinen Raum. Es ist deshalb nicht angängig, aussichtslose Wahlvorschläge oder solche Wahlvorschläge, auf die wahrscheinlich nur ein oder nur wenige Abgeordnetensitze entfallen werden, und denen deshalb für die Tätigkeit des Parlaments geringere Bedeutung zukommen mag, anderen Bedingungen zu unterwerfen als die aussichtsreicheren und für das politische Leben wichtigeren Wahlvorschläge der großen Parteien. Auch aus dem Wesen der Verhältniswahl ist die Zulässigkeit von ungleichen Voraussetzungen für die Einreichung der Wahlvorschläge nicht herzuleiten. Seinen Erfordernissen kann auch bei ihrer völligen Gleichheit genügt werden[37]). In jener mehrerwähnten VO. v. 5. Mai 1927 ergibt § 8 II des LandtagswahlG. von Mecklenburg-Strelitz folgende Fassung: „Die Wahlvorschläge müssen mit einer Partei- oder Gruppenbezeichnung versehen und im ersten Wahlkreise von mindestens 1000, im zweiten von mindestens 200 im Wahlkreise zur Ausübung der Wahl berechtigten Personen unterzeichnet sein. Bei Wahlvorschlägen derjenigen Parteien oder Gruppen, die in dem zweiten oder in den folgenden ordentlichen Landtagen mindestens einmal durch einen Abgeord-

[36]) Es handelt sich um den Fall des Landesverbandes Mecklenburg-Strelitz der Aufwertungs- und Volksrechtspartei gegen das Land Mecklenburg-Strelitz betr. Feststellung der Ungültigkeit der beschlossenen Wahlbeschränkungen durch VO. v. 5. Mai 1927, E. v. 17. Dez. 1927 (**118** 22 ff.*). Mit Art. 17 I Satz 2 steht jene Verordnung in mehrfacher Richtung nicht im Einklange (a. a. O. 33*).

[37]) S. 34* a. a. O.

neten vertreten waren, genügt die Unterschrift von 20 Wahlberechtigten. Für jeden Wahlvorschlag dieser Parteien oder Gruppen, die im zweiten oder in den folgenden ordentlichen Landtagen noch nicht vertreten waren, ist vor der Zulassung des Wahlvorschlages beim Wahlleiter für den ersten Wahlkreis ein Betrag von 2000 RM., für den zweiten Wahlkreis ein Betrag von 1000 RM. zu hinterlegen, der der Staatskasse verfällt, wenn auf den Wahlvorschlag kein Abgeordneter gewählt wird. Die Wahlvorschläge dürfen nicht mehr Namen enthalten, als Abgeordnete im Wahlkreise zu wählen sind. Von jedem vorgeschlagenen Bewerber ist eine Erklärung über seine Zustimmung zur Aufnahme in den Wahlvorschlag anzuschließen." Der StGH. hat die ersten drei Sätze dieses Landtagswahlgesetzes als gegen die RV. verstoßend bezeichnet.

13. Verfassungsstreitigkeiten

In der verfassungsrechtlichen Streitsache des Landes Sachsen gegen das Deutsche Reich wegen Feststellung der Verpflichtung zur Aufbesserung der Bezüge von Altversorgungsberechtigten auf Grund der sächsischen VO. v. 15. Okt. 1926 hat der StGH. am 3. Dez. 1927 (**120** 1*ff.) insbesondere zu der Frage Stellung genommen, ob dem StGH. nur die Entscheidung von Rechtsstreitigkeiten überwiesen ist. Über die Meinungsverschiedenheit, die zwischen dem Lande Sachsen und dem Reich wegen des Übergangs des Pensionsetats der Zoll- und Steuerverwaltung besteht, ist nach Art. 19 der StGH. dann zu entscheiden berufen, wenn es sich dabei um eine Streitigkeit nicht privatrechtlicher Natur handelt. Das Reich bestreitet die Zuständigkeit des StGH., richtiger die Zulässigkeit eines Verfahrens vor ihm, ohne zureichenden Grund. Darin sei ihm allerdings beizupflichten, daß dem StGH. nur Rechtsstreitigkeiten zur Entscheidung unterbreitet werden können. Bei Prüfung der Frage, ob sich der einzelne Streitfall als eine Rechtsstreitigkeit darstellt, sei aber von dem Vorbringen des Antragstellers auszugehen. Sachsen behauptet, daß ihm auf Grund eines Übereinkommens v. 30. Aug. 1919 ein öffentlich-rechtlicher Anspruch gegen das Reich zustehe. Damit ist eine Streitigkeit öffentlich-rechtlicher Art gegeben; privatrechtlichen Inhalt hat das Abkommen unzweifelhaft nicht. Trifft die Behauptung des Reiches zu, daß das Übereinkommen keine gegenseitigen Rechtsansprüche, sondern nur politische Bindungen gezeigt habe, so ändert das an der Natur des Streitfalles selbst nichts. Daraus würde sich nur ergeben, daß der von Sachsen erhobene Anspruch nicht besteht. Seine Klage müßte dann als unbegründet abgewiesen werden. Der gegen die Zulässigkeit des Verfahrens vor dem StGH. erhobene Einwand ist also in Wirklichkeit ein Sacheinwand, der bei der Prüfung des Antrags Sachsen auf seine Begründetheit zu erörtern ist. Ebenso steht es mit dem anderen Einwande, der dahin geht, daß bei der Besprechung v. 30. Aug. 1919 das Reich zwar mit der auf es übergehenden Zoll- und Steuerverwaltung auch den Pensionsetat übernommen habe, daß die Ausführung dieser Übernahme im einzelnen aber ausdrücklich besonderer Vereinbarung vorbehalten worden sei. Besonderer Vereinbarung bedürfe daher noch der seit jeher streitige Umfang des Übergangs des Pensionsetats auf das Reich; die fehlende Vereinbarung hierüber könne der StGH. nicht durch seinen Spruch ersetzen. Letzteres erkennt der Gerichtshof als richtig an. Der StGH. dürfe nicht seinen Willen an die Stelle des fehlenden Vertragswillens der Parteien setzen. Das Land Sachsen behauptet aber, ein solcher Vertragswille für den Streitpunkt sei schon dem Abkommen zu entnehmen, daß sich der Vorbehalt weiterer Vereinbarungen gar nicht auf den Umfang beziehe, in dem die Pensionslast vom

Reich getragen werden solle. Es legt den Vertrag v. 30. Aug. 1919 dahin aus, daß das Reich sich verpflichtet habe, die Altpensionäre im jeweiligen Länderumfange zu versorgen. Dieser Behauptung gegenüber stellt sich der Einwand des Reiches, der Umfang seiner Pflicht zur Ruhegehaltszahlung sei besonderer Vereinbarung vorbehalten, als ein Bestreiten des gegnerischen Anspruches dar. Ist der Vertrag nicht so auszulegen, wie Sachsen meint, sondern enthält er die vom Reich behauptete Lücke, dann muß die Klage ebenfalls als unbegründet abgewiesen werden. Es handelt sich also auch insoweit um eine sachliche Meinungsverschiedenheit zwischen den Parteien, deren Entscheidung dem StGH. obliegt. Dieser bejaht daher seine Zuständigkeit. Im übrigen ist die Frage, von der hier ausgegangen worden ist, keineswegs unbestritten. Gewiß handelt es sich im Art. 19 RV. immer um eine Rechtsstreitigkeit. Aber es schließt dies nicht, wie meist behauptet wird, aus, daß der StGH. auch über politische Streitigkeiten (also auch über Fragen der Zweckmäßigkeit) urteilt, nämlich dann, wenn die Streitfrage eine rechtliche und politische zugleich ist, was häufig zutrifft[38]).

In derselben Entscheidung wird dann ein außerordentlich bedeutsamer Satz ohne jede nähere Erörterung ausgesprochen, daß zu einer den Parteiwillen nötigenfalls ergänzenden Auslegung zwischenstaatlicher Abmachungen der StGH. berechtigt ist. Sie falle in den Bereich der ihm durch Art. 19 übertragenen Aufgaben. Eine besondere Übertragung dieser Aufgabe ist aber aus jener Vorschrift wohl nicht zu entnehmen. Immerhin kann man wie jedem Gerichtshof so auch dem StGH. dieses Auslegungsrecht nicht wohl bestreiten.

Der StGH. hat mehrfach ausgesprochen, daß den Gegenstand einer Streitigkeit innerhalb eines Landes auch Vorschriften der RV. bilden können, nämlich solche, die auf die Landesverfassung oder auf landesverfassungsrechtliche Normen einwirken und insoweit eine Ergänzung der Landesverfassung bilden. Zu ihnen gehören die Artikel der RV., die das Wahlrecht innerhalb der Länder grundsätzlich regeln[39]). Es wird aber weiterhin[40]) ausgesprochen, Art. 19 soll es ermöglichen, daß Verfassungsstreitigkeiten innerhalb eines Landes in einem gerichtlichen Verfahren ausgetragen werden. Er stellt dafür den Ländern den StGH. zur Verfügung, überläßt es ihnen aber, diesen durch ein anderes Gericht zu ersetzen. Den Umfang des für Verfassungsstreitigkeiten eines Landes zu gewährenden Rechtsschutzes bestimmt jedoch die RV. abschließend. Sie verlangt, daß für Verfassungsstreitigkeiten dieser Art stets ein zu ihrer Entscheidung berufenes Gericht vorhanden sein muß. Das ist der StGH., sofern das Land kein anderes Gericht mit der Aufgabe betraut hat. Die Zulässigkeit einer Klage wegen Verfassungsverletzung richtet sich also nach Reichsrecht (sie ist bei Verfassungsstreitigkeiten innerhalb eines Landes sachlich unbeschränkt), die Zuständigkeit dagegen nach Landesrecht, soweit dieses eine Vorschrift darüber gibt.

Der StGH. ist in der Lage, auch wenn kein entsprechender Antrag gestellt wird, von sich aus über eine präjudizielle Frage, die zwischen den Parteien streitig und spruchreif ist, vorab zu entscheiden, da es sich dabei nur um eine Verfahrensmaßregel handelt, deren Zweckmäßigkeit seinem freien Ermessen unterliegt. In der E. v. 9. Juni 1928[41]), in der dieser Rechtsgrundsatz aus-

---

[38]) Stier-Somlo, Reichs- und Landesstaatsrecht I S. 400, 402.

[39]) **118** 4* u. 28*.

[40]) In der verfassungsrechtlichen Streitsache des Gaues Mecklenburg-Lübeck der Nationalsozialistischen Deutschen Arbeiterpartei gegen das Land Mecklenburg-Schwerin in der E. v. 12. Mai 1928 (**120** 19*—22*).

[41]) Streitsache des Landes Bremen gegen die Länder Preußen, Thüringen, Braunschweig wegen Feststellung betr. die Verunreinigung des Weserwassers (**121** 1*—8*).

gesprochen wird, wird auch der weitere, schon früher geltend gemachte betont, daß die Zuständigkeit des StGH. sich nach der Art des geltend gemachten Anspruches richtet und daß in dieser Hinsicht nicht entscheidend ist, welcher Anspruch im Rechte begründet ist, sondern welcher Anspruch vom Antragsteller geltend gemacht wird. Endlich wird hier auch ein Grundsatz, dem oben S. 209 bereits eine kritische Würdigung zuteil geworden ist, mit aller Bestimmtheit wiederholt. Der StGH. sagt, daß sich die rechtliche Zulässigkeit eines zwischenstaatlichen Anspruches innerhalb deutscher Länder nicht bestreiten lasse. Schon in seiner E. v. 29. Juni 1925 (**112** 28*) sei darauf hingewiesen, daß Gesichtspunkte völkerrechtlicher Natur bei Streitfragen zwischen Ländern insoweit zu berücksichtigen sind, als nicht die Normen der Reichsverfassung durchgreifen. Die Berücksichtigung derartiger Gesichtspunkte hat sodann der E. des StGH. v. 18. Juni 1927 in der Sache der Donauversinkung (**115** 18*, 29*ff.) maßgebend zugrunde gelegen. Es ist dort angeführt, daß die Anwendbarkeit völkerrechtlicher Normen im Verhältnis der deutschen Länder zueinander anzuerkennen sei, wenngleich in beschränktem Maße. Zwar hätten sich die gegenseitigen Rechtsbeziehungen der deutschen Länder in erster Reihe nach der RV. zu regeln. Jedoch sei diese Regelung unvollständig. Soweit in ihr Lücken gelassen seien, habe man die historische Stellung der Länder als selbständiger Staaten bestehen lassen wollen; auf den Gebieten also, die ihrer Gesetzgebungsgewalt unterlägen, regelten sich ihre Rechtsbeziehungen zueinander nach den in Art. 4 RV. genannten allgemeinen Regeln des Völkerrechts, die als bindende Bestandteile des deutschen Reichsrechts gälten. Ich habe diese Auffassung bereits abgelehnt.

Zum Begriffe der Verfassungsstreitigkeiten hat schon der vorläufige StGH.[42]) in dem Verfassungsstreit zwischen der Landtagsfraktion des Landeswahlverbandes und dem Staatsministerium in Braunschweig die von dem Berichterstatter des Verfassungsausschusses der Nationalversammlung, Abg. Professor Dr. Kahl, vertretene Ansicht gebilligt, daß es alle diejenigen Streitigkeiten sind, welche die Auslegung oder Anwendung der Landesverfassung betreffen. Aus dieser Begriffsbestimmung hat der vorläufige StGH. die Folgerung abgeleitet, daß der in Art. 19 RV. vorgesehene Antrag nicht bloß von der Landesregierung und von dem Landtag als Gesamtkörperschaft gestellt werden kann, sondern daß unter besonderen Umständen auch Teile des Landtages — Angehörige einer Landtagsfraktion bzw. einzelner Landtagsmitglieder — einen solchen Antrag stellen dürfen. In dem vorliegenden Falle handelte es sich um einen Streit zwischen Landtag und Landtagsfraktion in der Auslegung und Anwendung des Art. 8 der württembergischen Verfassung. Da diese Vorschrift einem bestimmten Teile der Landtagsmitglieder ausdrücklich die Befugnis beilegt, die Einsetzung eines Untersuchungsausschusses zu verlangen, liegt auch ein besonderer Fall im Sinne der E. v. 12. Juni 1921 (RG. **102** 415, 422) vor. Die Antragsteller behaupten, daß die verfassungsmäßigen Rechte dieser Minderheit durch Landtagsbeschluß verletzt seien. Der StGH. schließt daher in **104** 425, daß sie für befugt erachtet werden müssen — jedenfalls soweit sie der angeblich verletzten Minderheit angehören —, den StGH. zum Schutze der ihnen von der Landesverfassung eingeräumten Rechte anzurufen. Es handelt sich also hier auch um den Begriff des „streitenden Teiles", d. h. um die Parteien einer Verfassungsstreitigkeit, eine Frage, die

[42]) In Sachen der Fraktion der Bürgerpartei und des Bauernbundes im Württembergischen Landtag wider erstens den Württembergischen Landtag, vertreten durch seinen Präsidenten, zweitens den Freistaat Württemberg, vertreten durch seinen Staatspräsidenten v. 12. Jan. 1922 (**104** 425).

neuerdings mehrfache wissenschaftliche Erörterung gefunden hat[43]). Auf jeden Fall ist eine „Weitherzigkeit" des StGH. festzustellen; aus der „gesetzlich anerkannten engen Beziehung der Parteien zum Verhältniswahlverfahren und aus dem großen Interesse, das sie berechtigterweise an ihm haben, muß die Folgerung gezogen werden, daß sich die politischen Parteien in Verfassungsstreitigkeiten, die das Wahlrecht zum Gegenstande haben, mit Anträgen an den StGH. wenden dürfen" (RG. **118** 22* ff., ebenso in dem am 7. Juli 1928 verhandelten und entschiedenen sächsischen Wahlrechtsfall der Sächsischen Unabhängigen Sozialdemokratischen Partei gegen das Land Sachsen RG. **121** 8*).

In einer die Aufwertung von Staatsleistungen an die Kirchen betreffenden verfassungsrechtlichen Streitsache der evangelisch-lutherischen Landeskirche des Landes Sachsen gegen das Land Sachsen (Art. 173 RV.) versucht das RG. eine weitere fruchtbare Auslegung des Art. 19 (E. v. 15. Okt. 1927, **118** 1* ff.). Fallen unter diese Vorschrift, so sagt der Gerichtshof, nur solche Streitigkeiten, die sich ausschließlich auf Normen einer Landesverfassung beziehen[44]), so erklärt sich der StGH. in dem letztbezeichneten Falle unzuständig. Indessen würde eine derartige Auslegung, so sagt er, zunächst nicht seiner Bedeutung gerecht werden, da er als Hüter der RV. in erster Linie zu ihrer Auslegung berufen ist[45]). Es würde aber jede negative Auslegung mit dem Wortlaut des Art. 19 nicht im Einklang stehen. Da dieser schlechthin von Verfassungsstreitigkeiten ohne Einschränkung spricht, so muß man darunter sowohl Streitigkeiten verstehen, die in der Landesverfassung, als auch solche, die in der Reichsverfassung wurzeln. Denn beides sind Verfassungsstreitigkeiten. Es sei auch nicht etwa anzunehmen, daß durch den Zusatz „innerhalb eines Landes" die Streitigkeiten auf solche beschränkt werden sollten, die auf der nur innerhalb eines Landes geltenden Verfassung, also der Landesverfassung, beruhen. Der gedachte Zusatz enthalte vielmehr nur eine örtliche Abgrenzung dahin, daß die Zuständigkeit des StGH. für solche Verfassungsstreitigkeiten begründet werden sollte, die „innerhalb eines Landes", d. h. zwischen Stellen eines Landes entstehen. Dagegen folge wieder aus dem Begriffe „Streitigkeiten", daß darunter nicht bloße Meinungsverschiedenheiten über die Auslegung der Verfassung (Reichs- oder Landesverfassung), sondern nur solche zu begreifen sind, die bei der Anwendung reichs- oder landesrechtlicher Verfassungsvorschriften durch die eine Landesstelle die Belange der anderen berühren. Da auch die Anwendung von reichsrechtlichen Verfassungsvorschriften durch eine Landesstelle immer nur auf Grund der die Zuständigkeit dieser Landesstelle begründenden Landesverfassung oder anderer landesverfassungsrechtlicher Vorschriften erfolgt, so können tatsächlich nur solche Normen der RV. unter den Art. 19 fallen, die auf die Landesverfassung oder auf landesverfassungsrechtliche Normen einwirken und insoweit eine Ergänzung der Landesverfassung bilden. Im vorliegenden Falle handelte es sich insofern, als der in seiner Auslegung streitige Art. 173 in der RV. enthalten ist, um eine Streitigkeit über die RV. Die Vorschrift stellt aber weiter eine Begrenzung der Landesverfassung dar, da sie

---

[43]) W. Jellinek, Der Staatsgerichtshof für das Deutsche Reich und die Splitterparteien, ArchÖffR. N. F. 15 (1928) S. 99 ff., 107 f.; C. Schmitt, Verfassungslehre 1928 S. 115 ff.; Eiswaldt, Die Staatsgerichtshöfe in den deutschen Ländern und Art. 19 der RV., Kieler Diss. 1927 S. 21 ff.; Alfred Philipp, Die Parteifähigkeit vor dem StGH. bei Verfassungsstreitigkeiten innerhalb eines deutschen Landes, Hamburger Diss. 1928, auch Münster i. W., Helios Verlag G. m. b. H.

[44]) Wie sie z. B. den Gegenstand der RGZ. **102** 415 u. 425, **104** 423, **107** 17*, **111** 1*, **112** 1* abgedruckten Entscheidungen des StGH. bildeten.

[45]) Er beruft sich hierbei auf Art. 59 RV. und auf die §§ 16, 17 des StGHG. v. 9. Juli 1921.

die Länder zu Staatsleistungen zwingt, welche diese entsprechend ihrer Landesverfassung und durch die landesverfassungsmäßigen Organe vorzunehmen haben. Der StGH. führt dann im einzelnen aus, daß auch seine früheren Entscheidungen mit dieser Stellungnahme nicht in Widerspruch stehen und kommt zu dem Schlusse, daß die evangelisch-lutherische Landeskirche, die eine Körperschaft des öffentlichen Rechts darstellt und durch das Landeskonsistorium vertreten wird, eine zur Anrufung des StGH. befugte Landesstelle ist. —

Hier müssen wir abbrechen. Ich erkenne in der bisherigen Rechtsprechung des RG. als StGH. auch bei der starken Ausdehnung des Rechtes der Parteien keine Gefahr, daß „die Grenze zwischen Verwaltungs- und Verfassungsgerichtsbarkeit verwischt" werden könnte. Wir sollten jedenfalls froh darüber sein, daß wir einen Gerichtshof haben, „der als Hüter der Reichsverfassung in erster Linie zu ihrer Auslegung berufen ist".

In diesem Beitrage ist nur der erste, wenn auch wichtige Reichsverfassungsabschnitt mit der Judikatur des RG. in Beziehung gesetzt worden. Eine fast unübersehbare Fülle von wertvollstem, das Verfassungsrecht fördernden und die Verfassungsmäßigkeit klarstellenden Material liegt als noch ungehobener Schatz in den Urteilen und Beschlüssen verborgen, die sich auf eine sehr erhebliche Zahl von Artikeln der RV. beziehen. Ihnen muß an anderer Stelle eine dankbare Würdigung zuteil werden.

Abgeschlossen: März 1929.

Reichsverfassungsänderung

von Professor Dr. Erwin Jacobi, Leipzig

Inhalt

Das Jahr 1929, in dem die 50-Jahrfeier der Reichsjustizgesetzgebung und des Reichsgerichts stattfindet, ist das 10. Jahr seit dem Erlaß der Weimarer Verfassung. Staatsverfassungen unterliegen gemeinhin einem rascheren Wandel als Justizgesetze. Auch bei der Weimarer Verfassung gewinnt es den Anschein, als ob sie schon mit dem 10. Jahr ihres Bestehens in ein Stadium bedeutsamer Änderungen eintreten wolle. Dabei handelt es sich nicht so sehr um die Bestrebungen der grundsätzlichen Oppositionsparteien, an die Stelle der Republik die Monarchie, an die Stelle der bürgerlich rechtsstaatlichen Demokratie die Diktatur des Proletariats oder eine faschistische Diktatur zu setzen, als um die weniger radikalen, aber vielleicht aussichtsreicheren Bewegungen, die unter dem Namen der Reichsreform auftreten und auf eine Änderung des Reichstagswahlrechts, auf Änderungen in der Form der parlamentarischen Gesetzgebung, auf Beseitigung oder Abschwächung der parlamentarischen Regierung gerichtet sind oder die über Verwaltungs- und Justizreform, über die Verreichlichung der Justiz und die Umwandlung des Reichsrats das Ziel des Einheitsstaates verfolgen; man denke an die Leitsätze des vom Reichsminister a. D. Dr. Luther geführten Bundes zur Erneuerung des Reiches, in denen das Grundproblem des deutschen Staates, Reich und Preußen, auf dem Umweg über ein Reichsland einer Lösung entgegengeführt werden soll.

Gerade diese auf breiterer Grundlage auftretenden Bestrebungen nach Änderung der Reichsverfassung sind dadurch gekennzeichnet, daß sie ihr Ziel — wie gern betont wird — „auf verfassungsmäßigem Wege" erreichen wollen. Dabei wird an den durch die Reichsverfassung selbst in Art. 76 vorgesehenen Weg der Verfassungsänderung gedacht, der auf einen qualifizierten Reichstagsbeschluß oder auf einen Volksentscheid mit Zustimmung der Mehrheit der Stimmberechtigten hinauskommt.

Freilich wird bei so grundlegenden Fragen, wie sie im vorstehenden angedeutet sind, die Entscheidung stets außerhalb des verfassungsgesetzlich geregelten Verfahrens der Verfassungsänderung durch die politischen Kräfte rein tatsächlich fallen und ein verfassungsänderndes Gesetz nach Art. 76 RV. höchstens deklaratorisch die eingetretene Änderung der politischen Grundentscheidung legalisieren[1]). Es sind aber auch, abgesehen von den großen Plänen zur Reichsreform, in den zehn Jahren des Bestehens der Weimarer Verfassung bereits ein halbes Hundert „verfassungsändernde Gesetze" erlassen worden, und zur Zeit schweben wieder verschiedene Gesetze im Verfahren des Art. 76, so daß es schon dadurch gerechtfertigt erscheint, die verfassungsmäßige Reichsverfassungsänderung einer Untersuchung zu unterziehen. Das Ziel, das dabei verfolgt wird, ist die Entwicklung einiger Gedanken für das geltende Recht der Reichsverfassungsänderung, die bei den bisherigen zum Teil stark gesetzgebungspolitisch eingestellten Behandlungen der Reichsverfassungsänderung noch nicht oder nicht in vollem Umfang beachtet zu sein scheinen. Eine Darstellung der Erfordernisse verfassungsändernder Reichsgesetzgebung ist dabei als Grundlage nicht zu entbehren, aber, um nicht Bekanntes zu wiederholen, so knapp wie möglich zu halten.

---

[1]) Vgl. hierzu die bedeutsamen Ausführungen von Carl Schmitt, Verfassungslehre 1. Abschn., der Änderung der verfassunggebenden Gewalt, Änderung der positiven Verfassung im Sinne der politischen Gesamtentscheidung und bloße Änderung des Verfassungsgesetzes unterscheidet und nur für die letztere das verfassungsgesetzliche Verfahren der Verfassungsänderung als maßgebend anerkennt.

§ 1. Die Vorschriften der Reichsverfassung für Reichsverfassungsänderungen

I. Art. 76 der Weimarer Verfassung ist die in modernen Verfassungen übliche Bestimmung über Verfassungsänderung. Sie entspricht dem Art. 78 der Reichsverfassung von 1871 (RV. 1871), wonach Verfassungsänderungen im Wege der Gesetzgebung, also durch übereinstimmende Mehrheitsbeschlüsse von Bundesrat und Reichstag, erfolgen konnten, jedoch mit der zweifachen Erschwerung, daß die Verfassungsänderung im Bundesrat nicht 14 Stimmen gegen sich haben durfte und daß diejenigen Vorschriften der Reichsverfassung, durch welche bestimmte Rechte einzelner Bundesstaaten in deren Verhältnis zur Gesamtheit festgestellt waren, nur mit Zustimmung des berechtigten Bundesstaates abgeändert werden konnten[2]).

II. Auch nach Art. 76 der Weimarer Verfassung kann die Verfassung „im Wege der Gesetzgebung" geändert werden. Der Gang der Gesetzgebung hat aber in der Weimarer Verfassung eine kompliziertere Regelung erfahren als in der Reichsverfassung von 1871, und das muß sich selbstverständlich bei der Verfassungsänderung geltend machen. Mit dem zweiten Satz des Art. 76 beginnt die Aufzählung der besonderen Erschwerungen der Verfassungsänderung, die vielgestaltig sind und nicht wie in der Reichsverfassung von 1871 lediglich in der Richtung des Föderalismus liegen. Bei ihrer Darstellung erscheint es zweckmäßig, in der von Carl Schmitt, Volksentscheid und Volksbegehren, Leipzig 1927, vorgeschlagenen Weise zwischen dem ordentlichen Gesetzgebungsverfahren und dem außerordentlichen oder Volksgesetzgebungsverfahren zu unterscheiden.

1. Beim ordentlichen Gesetzgebungsverfahren kommt die Vorlage von der Reichsregierung oder aus der Mitte des Reichstages[3]), möglicherweise auch vom Reichsrat oder vom Reichswirtschaftsrat des Art. 165 RV.[4]); der Reichstag beschließt das Gesetz; gegen diesen Gesetzesbeschluß haben Reichspräsident, Reichsrat und unter bestimmten Voraussetzungen ein Zwanzigstel der Stimmberechtigten (Referendumsinitiative) ein Einspruchsrecht, das möglicherweise zur Volksabstimmung über Bestätigung oder Verwerfung des Reichstagsbeschlusses usw. (Volksentscheid) führt. Für den Fall einer Verfassungsänderung wird dieser ordentliche Gang der Gesetzgebung durch Art. 76 RV. in dreifacher Beziehung erschwert: Der Gesetzesbeschluß des Reichstags kommt bei Verfassungsänderungen nur zustande, wenn zwei Drittel der gesetzlichen Mitgliederzahl anwesend sind und wenigstens zwei Drittel der Anwesenden zustimmen (Art. 76 Abs. 1 Satz 2)[5]). Dieses Erfordernis gilt für die Schlußab-

---

[2]) Daß in Konsequenz der letzteren Bestimmung bei Änderungen im Bestand der deutschen Einzelstaaten Einstimmigkeit im Bundesrat zu verlangen war, ist von Erwin Jacobi, Der Rechtsbestand der deutschen Bundesstaaten, Leipzig 1917, auszuführen gesucht.

[3]) D. h. von einzelnen, nach ReichstagsGeschO. § 49 mindestens 15 Reichstagsmitgliedern; vgl. Triepel, ArchÖffR. 39, 478.

[4]) Dem vorläufigen Reichswirtschaftsrat der VO. v. 4. Mai 1920 kommt dieses Initiativrecht nicht zu; vgl. darüber Erwin Jacobi, Grundlehren des Arbeitsrechts S. 86f.

[5]) Wegen der geschäftsmäßigen Behandlung solcher Beschlüsse auf Verfassungsänderung im Reichstag vgl. ReichstagsGeschO. § 98 Abs. 2 und dazu Breiholdt, ArchÖffR. N. F. 10, 314; Löwenstein, ebenda 13, 249.

Wegen der Fragen, wer als anwesend mitzuzählen und ob das Erfordernis der Anwesenheit von zwei Dritteln der gesetzlichen Mitgliederzahl echte Beschlußfähigkeitsvoraussetzung ist, vgl. ReichstagsGeschO. § 100 und dazu Poetzsch, DJZ. 1923 Sp. 679; Anschütz, RV. 3. Aufl. zu Art. 76 Anm. 3; Loening, Parlamentarische Rechtsfragen bei Verfassungsänderungen HansRZ. 1922 Sp. 843ff.; gegen Loening überzeugend Morstein Marx, HansRZ. 1923 Sp. 390ff.

Aus dem Erfordernis der doppelt qualifizierten Mehrheit bei Verfassungsänderungen darf nicht der Schluß gezogen werden, daß das Verlangen des Drittels des Reichstags auf Aussetzung stimmung am Ende der 3. Lesung sowie für den auf Einspruch des Reichsrats erforderlichen zweiten Beschluß des Reichstags (Art. 74 Abs. 3 RV.), der in Gestalt einer nochmaligen Schlußabstimmung erfolgt[6]). Die zweite Erschwerung besteht darin, daß auch Beschlüsse des Reichsrats auf Abänderung der Verfassung einer Mehrheit von zwei Dritteln der abgegebenen Stimmen bedürfen (Art. 76 Abs. 1 Satz 3 RV., §§ 20, 29 RRatsGeschO.); das betrifft die Beschlüsse, durch die der Reichsrat der Einbringung einer verfassungsändernden Gesetzesvorlage der Reichsregierung zustimmt (Art. 69 Satz 1 RV.), ferner verfassungsändernde Gesetzesvorlagen aus eigener Initiative des Reichsrats (Art. 69 Abs. 2 RV.), weiter aber auch Beschlüsse, durch die der Reichsrat ablehnt, gegen eine vom Reichstag beschlossene Verfassungsänderung Einspruch zu erheben[7]), da die ausdrückliche Ablehnung des Einspruchs gleichfalls einen Beschluß auf Abänderung der Verfassung bedeutet (Art. 74 Abs. 1 RV.; § 28 Abs. 1 RRatsGeschO.; vgl. auch besonders § 51 Abs. 1, § 54 Abs. 2 unter I 1 Abs. 2 GGO. II, wo offensichtlich die Auffassung zugrunde gelegt ist, daß die Ablehnung des Einspruchs eine Zustimmung zu dem Gesetzesbeschluß des Reichstags bedeutet). Daraus ergibt sich aber, daß zur Erhebung des Einspruchs gegenüber verfassungsändernden Gesetzesbeschlüssen des Reichstags es genügt, wenn sich im Reichsrat mehr als ein Drittel der abgegebenen Stimmen für den Einspruch entscheidet[8]). Die dritte Erschwerung bei der Ver-

---

der Verkündung nach Art. 72 und damit die Referendumsinitiative nach Art. 73 Abs. 2 RV. bei verfassungsändernden Gesetzen auf mathematische Grenzfälle beschränkt und deshalb unpraktisch sei, gleichgültig, ob man mit der von Poetzsch, DJZ. 30 (1925) Sp. 1324, JahrbÖffR. 13, 222, RV. 3. Aufl. S. 315 Anm. 4, Kaisenberg, Volksentscheid und Volksbegehren S. 15 vertretenen, vom Reichstag selbst gebilligten Auffassung des Art. 72 RV. das „Drittel des Reichstags" auf die anwesenden Mitglieder des Reichstags bezieht oder ob man mit Triepel, ArchÖffR. 39, 507, Giese zu Art. 72 Anm. 1 und Anschütz zu Art. 72 Anm. 2 auf ein Drittel der gesetzlichen Mitgliederzahl abstellt. Denn das Verlangen nach Aussetzung der Verkündung braucht nicht in derselben Sitzung gestellt zu werden, in der der Gesetzesbeschluß erfolgt; es kann aus taktischen Gründen von der Mehrheit beschlossen werden, die hinter dem Gesetzesbeschluß steht; vgl. die am 18. März 1926 beschlossene Aussetzung der Verkündung des Gesetzes zur Vereinfachung des Militärstrafrechts, Poetzsch, RV. 3. Aufl. S. 316 Anm. 8 unter 4.

Die von Thoma, Recht und Praxis des Referendums im Deutschen Reich und seinen Ländern, ZÖffR. 1928 S. 489ff., bes. S. 493 für die Art. 72 i. V. m. 73 Abs. 2 in Anspruch genommene Bedeutung eines Schutzes der Minderheit für den Fall, daß der Reichstag ein verfassungsänderndes Gesetz durch einfache Mehrheit beschließen will, wird allerdings sehr abgeschwächt durch die Möglichkeit der Dringlicherklärung und besonders durch Art. 75 RV., wonach bei der Parole der Stimmenthaltung die Minderheit für den Volksentscheid mehr als die Hälfte der Stimmberechtigten aufbringen müßte, um das Gesetz niederzustimmen.

[6]) Während der Reichsrat unter Berufung auf §§ 36, 52 ReichstagsGeschO. für die zweite Beschlußfassung des Reichstags eine dreimalige Lesung verlangt, falls der Reichsrat nicht einem abgekürzten Verfahren zustimmt (Niederschrift der Vollsitzung des Reichsrats v. 27. Aug. 1925 § 556), hält der Reichstag in ständiger Praxis daran fest, daß eine ohne drei Lesungen vorgenommene nochmalige Schlußabstimmung genügt (einstimmiger Beschluß des GeschOAusschusses v. 10. Dez. 1925, Reichstagsdrucks. Nr. 1696). Doch wird der Reichstag „in der Regel, wenn er nicht sofort die vom Reichsrat gewünschten Änderungen vornimmt, die Angelegenheit einem Ausschuß überweisen", um vielleicht doch eine Einigung mit dem Reichsrat zu erzielen, Gemeinsame Geschäftsordnung der Reichsministerien, besonderer Teil (= GGO. II) § 52 Abs. 4. Eine dreimalige Lesung wird selbstverständlich unbedingt notwendig, wenn der Reichstag bei der nochmaligen Beschlußfassung Änderungen vornimmt, denen der Reichsrat nicht zustimmt; denn dann „ist das Gesetz als neues Gesetz aus der Mitte des Reichstags zu behandeln" (GGO. II § 52 Abs. 7). Vgl. zum vorstehenden Poetzsch-Heffter, DJZ. 30 Sp. 1543; RV. 3. Aufl. S. 329 Anm. 8b; Anders, DJZ. 30 Sp. 1647; v. Craushaar, ArchÖffR. N. F. 10 S. 375, 398.

[7]) Die Form dieser Beschlüsse kann sein: „Der Reichsrat nimmt Kenntnis, ohne Einspruch zu erheben"; „Der Reichsrat verzichtet auf das Einspruchsrecht"; „Der Reichsrat erteilt dem Gesetz die Zustimmung". Auch die Dringlicherklärung des Gesetzes gemäß Art. 52 Satz 2 RV. bedeutet einen Verzicht auf das Einspruchsrecht und bedarf der Zweidrittelmehrheit; vgl. Triepel, ArchÖffR. 39, 513; Poetzsch-Heffter, RV. 3. Aufl. Anm. 3 zu Art. 74.

[8]) Diese Auffassung wird in der Literatur ganz überwiegend vertreten, vgl. Anschütz, RV.

fassungsänderung im ordentlichen Gesetzgebungsverfahren bringt Art. 76 Abs. 2 RV. Während es sonst bei Einspruch des Reichsrats gegen ein vom Reichstag beschlossenes Gesetz, falls keine Einigung zwischen Reichstag und Reichsrat zu erzielen ist, der Entscheidung des Reichspräsidenten unterliegt, ob ein Volksentscheid stattfinden soll oder nicht, kann bei Verfassungsänderungen der Reichsrat den Volksentscheid verlangen, wobei wieder bereits eine ein Drittel der abgegebenen Stimmen übersteigende Minderheit genügt, um einen derartigen Beschluß herbeizuführen.

2. Beim außerordentlichen Gesetzgebungsverfahren geht der Gesetzesvorschlag gemäß Art. 73 Abs. 3 RV. von einem Zehntel der Stimmberechtigten aus. Der begehrte Entwurf wird dem Reichstag zur Beschlußfassung vorgelegt, um zu klären, ob eine Überleitung in das ordentliche Gesetzgebungsverfahren möglich ist. Wenn der Reichstag das vom Volk begehrte Gesetz unverändert annimmt, ist der Versuch der Überleitung ins ordentliche Gesetzgebungsverfahren geglückt; es schließt sich nunmehr an den Reichstagsbeschluß die Möglichkeit der Einspruchseinlegung und das sonstige oben behandelte ordentliche Gesetzgebungsverfahren an. Lehnt der Reichstag da-

---

3. u. 4. Aufl. S. 230 Anm. 4; Giese, RV. 7. Aufl. S. 227 Anm. 4; Jellinek, Revolution und Reichsverfassung S. 108; Verfassung und Verwaltung des Reichs und der Länder 2. Aufl., S. 101; Hatschek, Deutsches und Preußisches Staatsrecht 1, 74; Triepel, ArchÖffR. 39, 545; Kaisenberg, Pr.VerwBl. 43, 365. Die Gegenmeinung, daß auch bei verfassungsändernden Gesetzen zur Einlegung des Einspruchs eine Mehrheit der im Reichsrat abgegebenen Stimmen erforderlich sei (Preuß, Art. 18 RV., S. 32; Poetzsch, RV. 3. Aufl. S. 333 Anm. 4; Wittmayer, Die Weimarer Reichsverfassung S. 398f.), stützt sich auf die Entstehungsgeschichte des Art. 76, die Anlaß zu Zweifeln gibt.

In der 16. Sitzung des Verfassungsausschusses v. 27. März 1919 (S. 7f.) haben sowohl Beyerle wie Preuß die im Text vertretene Meinung entwickelt, daß aus dem Erfordernis der Zweidrittelmehrheit für die Zustimmung zur Verfassungsänderung die Möglichkeit einer Einspruchseinlegung schon durch eine Minderheit von mehr als einem Drittel der abgegebenen Stimmen folge. In der 17. Sitzung des Verfassungsausschusses v. 28. März 1919 wurde aber dann ein Antrag Beyerle (Nr. 63) angenommen, wonach in der Verfassung ausdrücklich festgestellt werden sollte, daß es zum Einspruch gegen ein verfassungsänderndes Gesetz genüge, wenn mehr als ein Drittel der im Reichsrat abgegebenen Stimmen sich dafür ausspreche. In der 39. Sitzung des Verfassungsausschusses v. 6. Juni 1919, in der man die Zusammenstellung der ursprünglich verstreuten Bestimmungen über Verfassungsänderungen in einem Artikel beschloß, nahm man in diesen Artikel auch jene Spezialbestimmung über die Einspruchserhebung auf Beschluß der Minderheit auf mit einer geringfügigen, wahrscheinlich gar nicht beabsichtigten Änderung, daß zur Erhebung des Einspruchs der Widerspruch eines Drittels der im Reichsrat abgegebenen Stimmen (statt bisher „mehr als ein Drittel") genügen solle. Dieser Rechtssatz passierte auch noch die zweite Lesung des Verfassungsausschusses und wurde erst durch die Redaktionskommission gestrichen. Die Erwägungen, aus denen dies geschehen ist, sind bei dem Dunkel, das über den Verhandlungen der Redaktionskommission ruht, nicht mehr festzustellen. Zuverlässig kann man aber annehmen, daß die Redaktionskommission eine sachliche Änderung nicht vornehmen wollte. Sie hat sich also wahrscheinlich auf den ursprünglich im Verfassungsausschuß von Beyerle und Preuß vertretenen Standpunkt gestellt, daß der Inhalt des gestrichenen Rechtssatzes eine selbstverständliche Konsequenz des Zweidrittelerfordernisses für Beschlüsse auf Verfassungsänderungen sei (so auch Schumann, Die Redaktionskommission des Verfassungsausschusses, Berlin 1927 S. 54f.). Demgemäß wird man aber aus der Streichung jener ausdrücklichen Bestimmung keine Gegenschlüsse ziehen dürfen. Wenn Poetzsch a. a. O. zur Begründung seiner Auffassung außerdem noch anführt, das Unterlassen des Einspruchs könne ohne jeden Beschluß erfolgen und deshalb im System der Verfassung nicht wie ein Beschluß auf Abänderung der Verfassung bewertet werden, so ist auch das nicht durchschlagend. Es handelt sich hier nicht um ein bloßes Unterlassen des Einspruchs, sondern um eine Ablehnung eines Antrags auf Erhebung des Einspruchs; wer gegen die Erhebung des Einspruchs stimmt, stimmt für die Verfassungsänderung.

Die Frage wiederholt sich bei der Beschlußfassung des Reichsrats darüber, ob der Volksentscheid nach Art. 76 Abs. 2 verlangt werden soll. Auch hier bedeutet die Ablehnung des Antrags, den Volksentscheid zu verlangen, die Bejahung der Verfassungsänderung; demgemäß genügt eine Minderheit von mehr als einem Drittel der abgegebenen Stimmen, um den Antrag durchzubringen.

gegen das vom Volk begehrte Gesetz ab oder beschließt er ein von dem begehrten abweichendes Gesetz, so nimmt das außerordentliche Gesetzgebungsverfahren seinen Fortgang zum Volksentscheid. Dieser findet, falls der Reichstag ein abweichendes Gesetz beschlossen hat, über das vom Volk begehrte und das vom Reichstag beschlossene abweichende Gesetz statt; hat dagegen der Reichstag nur das begehrte Gesetz abgelehnt, ohne selbst ein abweichendes Gesetz zu beschließen, so wird über das begehrte Gesetz allein abgestimmt (Art. 73 Abs. 3 RV.; §§ 1, 3 Gesetz über den Volksentscheid v. 27. Juni 1921)[9].

Handelt es sich nun bei dem außerordentlichen Gesetzgebungsverfahren um eine Verfassungsänderung, so sind zwei Erschwerungen der Beschlußfassung zu beachten. Das Begehren selbst unterliegt bei verfassungsändernden Gesetzen denselben Regeln wie bei einfachen Gesetzen. Dagegen ist der eingeschobene Beschluß des Reichstags, sofern er positiv ausfällt, ein „Beschluß auf Abänderung der Verfassung", kommt also nach Art. 76 Abs. 1 Satz 2 nur zustande, wenn zwei Drittel der gesetzlichen Mitgliederzahl anwesend sind und wenigstens zwei Drittel der Anwesenden zustimmen; diese Erschwerung greift Platz, mag der Reichstag das begehrte verfassungsändernde Gesetz unverändert annehmen oder ein abweichendes verfassungsänderndes Gesetz beschließen[10]. Die eigentliche Erschwerung des außerordentlichen Gesetzgebungsverfahrens bei Verfassungsänderungen bringt aber Art. 76 Abs. 1

[9]) Liepmann, ZÖffR. 1927 S. 613 vertritt die Auffassung, daß der Reichstag, falls er das begehrte Gesetz nicht unverändert annimmt, immer ein abweichendes Gesetz beschließen müsse, das dann alternativ mit dem begehrten Gesetz zum Volksentscheid gestellt werde. Davon ist weder in der Verfassung noch in dem Volksentscheidsgesetz etwas gesagt. § 3 Volksentscheidsgesetz: „Gegenstand des Volksentscheids ist . . . das begehrte und ein vom Reichstag beschlossenes abweichendes Gesetz" bedeutet nicht, daß der Reichstag ein abweichendes Gesetz beschließen muß, sondern nur daß, wenn ein vom Reichstag beschlossenes Gesetz vorliegt, dieses Gegenstand des Volksentscheids ist. Eine Rechtspflicht zum Beschluß eines solchen abweichenden Gesetzes ist undenkbar, weil es sehr wohl möglich ist, daß sich überhaupt keine Mehrheit für einen positiven Beschluß des Reichstags über einen bestimmten Gegenstand findet

[10]) Von mancher Seite wird die Ansicht vertreten, der abweichende Beschluß eines verfassungsändernden Gesetzes durch den Reichstag gegenüber einem begehrten verfassungsändernden Gesetz sei kein „Beschluß auf Änderung der Verfassung", weil er, um Gesetz zu werden, vom Volksentscheid bestätigt werden müsse; es handle sich nur um eine „Entschließung" des Reichstags zu einem Gesetzentwurf, die qualifizierte Mehrheit des Art. 76 Abs. 1 Satz 2 sei also dafür nicht zu erfordern, sondern es genüge die einfache Mehrheit; vgl. Krüger, Volksentscheid und Wahlfreiheit, Berliner Tageblatt 1926 Nr. 306 und dazu Lucas, JurRdsch. v. 25. Juni 1926; Kahl, Kölnische Zeitung v. 19. Juni 1926; Külz, Frankfurter Zeitung 1926 Nr. 619; eingehender Liepmann, ZÖffR. 1927 S. 613ff. Die Reichsregierung steht jedoch mit Recht auf dem entgegengesetzten Standpunkt. Der Gesetzesbeschluß des Reichstags wird auch beim ordentlichen Gesetzgebungsverfahren, sowie ein zulässiger Einspruch eingelegt wird, zum Vorbeschluß, der möglicherweise erst der Bestätigung durch eine Volksabstimmung bedarf, um Gesetz zu werden. Trotzdem wird bei verfassungsändernden Gesetzen hier unbedenklich ein Beschluß des Reichstags „auf Verfassungsänderung" angenommen. Unter dieser Formel ist nicht ein Beschluß zu verstehen, der die Verfassungsänderung unmittelbar herbeiführt, sondern nur ein Beschluß, der auf Verfassungsänderung gerichtet ist. Das zeigt am besten der dem Art. 76 Abs. 1 Satz 2 folgende Satz: „Auch Beschlüsse des Reichsrats auf Abänderung der Verfassung bedürfen einer Mehrheit von zwei Dritteln der abgegebenen Stimmen." Ein Beschluß des Reichsrats ist niemals in der Lage, die Verfassungsänderung unmittelbar herbeizuführen.

Ist für den abweichenden Gesetzesbeschluß des Reichstags bei Verfassungsänderungen zwar die einfache Mehrheit, nicht aber die qualifizierte Mehrheit des Art. 76 Abs. 1 Satz 2 erreicht, so ist der abweichende Gesetzesbeschluß nicht zustande gekommen, und es findet dann der Volksentscheid nur über das vom Volk begehrte Gesetz statt. Verspricht man sich eine Mehrheit der Stimmberechtigten für den nur von der einfachen Mehrheit des Reichstags gebilligten abweichenden Gesetzentwurf, so kann man diesen in anderer Weise in das Volksentscheidsverfahren einbeziehen, indem man ihn zum Gegenstand eines besonderen Volksbegehrens macht. Das Volksentscheidsgesetz behandelt in § 3 Abs. 2 ausdrücklich den Fall einer Mehrheit von Volksbegehren über denselben Gegenstand und verfügt hier, daß sämtliche begehrten Gesetzentwürfe dem Volksentscheid zu unterbreiten sind.

Satz 4 (Volksentscheidsgesetz § 21 Abs. 3) für den Fall, daß der Reichstag das begehrte Gesetz nicht unverändert angenommen hat und es nun zum Volksentscheid kommt. Soll durch diesen Volksentscheid auf Volksbegehren eine Verfassungsänderung beschlossen werden, so ist die Zustimmung der Mehrheit der Stimmberechtigten erforderlich, während bei einfachen Gesetzen durch Art. 75 RV. nur die Beteiligung der Mehrheit der Stimmberechtigten verlangt wird, und auch diese nur, um einen Reichstagsbeschluß außer Kraft zu setzen. Praktisch allerdings wirkt sich dieser Unterschied zwischen einfachen und verfassungsändernden Gesetzen im Volksgesetzgebungsverfahren nicht stark aus; denn auch bei einfachen Gesetzen pflegen die Gegner des begehrten Gesetzentwurfs die Parole des Fernbleibens von der Abstimmung auszugeben, und damit nähert sich das Erfordernis der Teilnahme der Mehrheit der Stimmberechtigten dem Erfordernis der Zustimmung der Mehrheit der Stimmberechtigten an[11]).

III. Eine Verfassungsänderung ohne die Erschwerungen des Art. 76 durch einfaches Reichsgesetz kommt in zwei Fällen in Frage. Einmal bei sog. Ausführungsgesetzen zur Reichsverfassung, wenn die Verfassung selbst nur eine allgemeine Regelung gibt, wegen der Einzelheiten aber auf ein zu erlassendes Reichsgesetz verweist („das Nähere bestimmt ein Reichsgesetz"; „nach näherer Vorschrift eines Reichsgesetzes"). Die spezielle Regelung in dem Ausführungsgesetz wird dann mit Notwendigkeit gewisse Beschränkungen, einengende Erläuterungen oder was sonst zur Klärung von Zweifeln notwendig ist, enthalten und damit Veränderungen an dem zunächst durch die allgemeine Regelung der Verfassung bestimmten Rechtszustand herbeiführen. Solche Verfassungsänderungen können hier im Wege des einfachen Gesetzes erfolgen, weil die Verfassung selbst auf ein einfaches Reichsgesetz verweist[12]).

---

[11]) Art. 75 RV. findet auch bei verfassungsändernden Gesetzen im Volksgesetzgebungsverfahren Anwendung. Wenn bei Beteiligung von weniger als der Hälfte der Stimmberechtigten die Mehrheit für das von dem Zehntel der Stimmberechtigten begehrte und gegen das vom Reichstag beschlossene abweichende Gesetz stimmt, ist das vom Reichstag mit verfassungsändernder Mehrheit beschlossene Gesetz zu verkünden. Gegen diese Anwendung des Art. 75 entscheidet sich allerdings Thoma, ZÖffR. 1928 S. 492 und die in der vorigen Anmerkung erwähnte, von Liepmann u. a. vertretene Lehre. Für die letztere ist der Beschluß eines abweichenden Gesetzes durch den Reichstag kein Gesetzesbeschluß des Reichstags, sondern nur eine Entschließung; infolgedessen wird durch den Volksentscheid, falls er gegen den Reichstag ausfällt, kein Beschluß des Reichstags außer Kraft gesetzt; es ist also bei jeder beliebigen Beteiligung die Mehrheit der Abstimmenden in der Lage, gegen den Reichstag zu entscheiden. In dem eingangs gesetzten Falle würde also für diese Lehre weder das von dem Zehntel der Stimmberechtigten begehrte noch das vom Reichstag beschlossene abweichende Gesetz zu verkünden sein.

[12]) Der berühmteste Anwendungsfall von Ausführungsgesetzen dieser Art ist der des Art. 48 Abs. 5, bei dem die allgemeine Regelung sofort in Kraft getreten (RGSt. 55, 115), das Ausführungsgesetz bis heute nicht ergangen ist. Das Ausführungsgesetz könnte natürlich nur Einschränkungen gegenüber den weiten Ermächtigungen des Art. 48 Abs. 2 u. 4 bringen und müßte manche Streitfrage entscheiden, die man sich anzufassen scheut.

Die staatsrechtliche Bedeutung eines ausdrücklichen Verweises der Reichsverfassung auf nähere Regelung durch ein Reichsgesetz ist besonders deutlich hervorgetreten bei dem Gesetz zur Ausführung des Art. 13 RV. v. 8. April 1920 und dem Gesetz über den Staatsgerichtshof v. 9. Juli 1921. Beide sind als einfache Gesetze ergangen; weil aber Art. 13 die Klausel „nach näherer Bestimmung eines Reichsgesetzes" enthält, konnten in dem Gesetz v. 8. April 1920 Zweifel, die sich aus der allgemeinen Formulierung der Verfassung ergeben hatten, durch positive Vorschrift geklärt werden; dagegen war es im Staatsgerichtshofsgesetz nicht möglich, die vielen offenen Fragen hinsichtlich der Zuständigkeitsbestimmungen des Art. 19 RV. zu entscheiden, weil Art. 19 keinen Vorbehalt einer näheren Regelung durch einfaches Gesetz aufweist.

Auch beim Volksentscheid und Volksbegehren ist durch Art. 73 Abs. 5 RV. nur die Regelung des Verfahrens einem besonderen Gesetze überwiesen; infolgedessen können andere Fragen des Volksentscheidsrechts nicht in der Form des einfachen Gesetzes entschieden werden.

Sonstige Verweise auf Ausführungsgesetze finden sich im ersten Hauptteil der Verfassung

Unter Berufung auf eine im vorrevolutionären Reichsstaatsrecht entwickelte Lehre wird weiter behauptet, ein Friedensvertrag bedürfe nach Art. 45 Abs. 2 RV. nur der für einfache Gesetze erforderlichen Mehrheit, auch wenn er Abweichungen von der Verfassung enthalte; die wenig überzeugende Begründung kommt auf den Gedanken hinaus, daß eine Minderheit nicht in der Lage sein dürfe, die Mehrheit zur Fortsetzung eines Krieges zu zwingen[13]).

§ 2. Verfassungsänderung durch Reichstagsbeschluß und Verfassungsänderung durch Volksentscheid

I. Der im vorstehenden wiedergegebene Inhalt des Art. 76 RV. erweckt den Anschein, als ob für das Verfahren der Reichsverfassungsänderung die Verfassungsänderung durch Reichstagsbeschluß und die Verfassungsänderung durch Volksentscheid vollständig gleichgeordnet seien, wie es Carl Schmitt[14]) für das Verhältnis von Volksgesetz und Reichsgesetz im allgemeinen formuliert: „Das Volk hat nach Art. 73 nur verfassungsgesetzliche und keine höheren Befugnisse als der Reichstag. Es ist diesem auch nicht übergeordnet. Ein im Wege des Volksentscheids nach Art. 73 RV. zustande ge-

---

bei Art. 22 Satz 3, Art. 41 Abs. 3, Art. 59 Satz 3, Art. 108, Art. 79 Satz 2. Der Grund für die Verweisung kann sehr verschiedenartig sein.

Es ist übrigens bezeichnend, daß bei der Verfassungsberatung der Gedanke vertreten worden ist, daß die Nationalversammlung kraft des ihr vom Volke erteilten Auftrages auch noch die Ausführungsgesetze beschließen müsse, auf die in der Reichsverfassung verwiesen werde. Damit rechtfertigte man es, daß die Nationalversammlung ohne zeitliche Begrenzung als Reichstag im Sinne der Weimarer Verfassung übernommen wurde (Art. 180 Satz 1 RV.).

[13]) Walter Jellinek, Verfassung und Verwaltung in Teubners Handbuch der Staats- und Wirtschaftskunde 2. Aufl. S. 102; Vossische Zeitung v. 11. Sept. 1924 Beilage Nr. 37, wo dieser Ausweg für den Fall empfohlen wird, daß das Locarnoabkommen nicht die Zweidrittelmehrheit im Reichstag finden sollte.

Die Lehre von der Sonderbehandlung der Verfassungsänderungen in Friedensverträgen ist von mir schon für das vorrevolutionäre Reichsstaatsrecht bekämpft worden, vgl. Erwin Jacobi, Der Rechtsbestand der deutschen Bundesstaaten, Leipzig 1917 S. 25, 63ff.; ich halte sie auch für das geltende Staatsrecht nicht für zutreffend. Ein näheres Eingehen verbietet sich in diesem Rahmen, da zu den Lehren über das Verhältnis von staatlichem und Völkerrecht Stellung genommen werden müßte. Es sei nur vom Boden der Ausführungen Walter Jellineks darauf hingewiesen, daß die Volksmehrheit, die den Frieden schließen will, ihn jedenfalls durch Volksentscheid auf Volksbegehren herbeiführen könnte, auch wenn im Reichstag die Zweidrittelmehrheit nicht zu erreichen wäre.

Im übrigen dürfte sich die Frage des Art. 45 Abs. 2 RV. für das Londoner Protokoll schon damit erledigen, daß Art. 45 Abs. 2 auf Vereinbarungen zur Ausführung eines Friedensvertrages nicht anwendbar ist.

[14]) Carl Schmitt, Verfassungslehre S. 98; übereinstimmend Fetzer, Das Referendum im deutschen Staatsrecht S. 22f.; Anschütz, RV. zu Art. 73 Anm. 4; Hatschek, Außerpreußisches Staatsrecht 1926 S. 159. Lucas, JurRdsch. 2, 489f. erklärt sogar, Reichstags- und Volksgesetzgebung seien nicht nur grundsätzlich gleichberechtigt, sondern der Reichstag stelle, da für ihn die Schranken der Volksgesetzgebung keine Geltung hätten, ein übergeordnetes Gesetzgebungsorgan dar; dabei wird an Art. 73 Abs. 4 RV. gedacht, aber die Frage nach dem Anwendungsgebiet des Volksentscheids mit der Frage nach der Intensität der Rechtswirkung innerhalb des Anwendungsgebietes verwechselt.

Auffallend sind auch die auf das bayrische Verfassungsrecht bezüglichen Ausführungen von Nawiasky, Bayrisches Staatsrecht S. 298; er bezeichnet es zwar als Verhöhnung des Volkswillens, wenn ein Volksgesetz vom Parlament sofort aufgehoben werde, erklärt aber eine solche Verhöhnung als rechtlich zulässig; geringschätzige Behandlung des Volkswillens sei ein beherrschender Grundsatz der bayrischen Demokratie.

In der Richtung der im folgenden vertretenen, der herrschenden Lehre entgegengesetzten Rechtsauffassung liegen die Ausführungen von Venator, ArchÖffR. N. F. 43 S. 87, 98, wonach die Mitwirkung des Volkes „stets etwas Besonderes darstellt, die letzte endgültige und irrevisible Entscheidung in seiner Hand liegt", und von Gerhard Hempel, Probleme der direkten Volksgesetzgebung im deutschen Staatsrecht, Leipz. Jur. Diss. 1927 S. 17f., 22.

kommenes Gesetz kann durch ein Gesetz, welches durch einfachen Mehrheitsbeschluß des Reichstags zustande kommt, aufgehoben werden."

Der Reichstag wäre demnach auch in der Lage, ein vom Volk beschlossenes verfassungsänderndes Gesetz sofort wieder durch verfassungsändernden Gesetzesbeschluß aufzuheben, wie es gelegentlich des geplanten Fürstenenteignungsgesetzes von 1925/26 von mancher Seite tatsächlich schon erwogen worden ist. Staatssekretär Mügel hat damals erklärt, der Reichstag würde gezwungen sein, das durch Volksentscheid beschlossene undurchführbare Gesetz wieder aufzuheben (DJZ. 1926 Sp. 694f.), und auch der Reichstagsabgeordnete Wunderlich hat sich auf diesen Standpunkt gestellt mit der — bei der Eigenart des Fürstenenteignungsgesetzes als bloßer Verfassungsdurchbrechung folgerichtigen — Behauptung, daß sogar die einfache Mehrheit des Reichstags genüge, um das auf Volksbegehren durch Volksentscheid beschlossene verfassungsändernde Fürstenenteignungsgesetz wieder zu beseitigen (DJZ. 1926 Sp. 705); allerdings bemerkt Wunderlich dazu, daß er diese Lösung politisch für höchst bedenklich ansehe.

II. Die Entstehungsgeschichte der Weimarer Verfassung läßt keinen Zweifel, daß man bei der Ausgestaltung der Reichsdemokratie zunächst von der Idee der parlamentarisch-repräsentativen Demokratie ausgegangen ist, wonach das Parlament als Vertretung des souveränen Volkes normalerweise bei der Gesetzgebung, auch bei der Verfassungsgesetzgebung entscheidet. Ebenso klar kommt aber zum Ausdruck, daß eine „Parlamentssouveränität" wie in Frankreich, wo es weder Volksbegehren noch Volksentscheid gibt und der Brauch es verbietet, die einmal gewählte Kammer aufzulösen, nicht aufgerichtet werden sollte. Gegenüber den namentlich von der USP. getragenen Bestrebungen auf Allgewalt des Parlaments[15]) wird immer wieder betont, daß die Souveränität nicht beim Parlament, sondern beim Volke liegen solle[16]). Um das zu erreichen, gestaltet man insbesondere bei der Gesetzgebung Reichspräsident, Reichsrat und die sog. Elemente der unmittelbaren Demokratie, Volksbegehren und Volksentscheid, als Gegengewichte gegen den Reichstag aus. Das so entstandene Gesamtbild ist der Beurteilung des Verhält-

[15]) Kritisch ist vor allem der in der 25. Sitzung des Verfassungsausschusses v. 8. April 1919 von dem Abgeordneten Cohn gestellte Antrag, der Reichstag solle „als der Mittelpunkt in der Organisation des Volkes", als „die souveräne Vertretung des Volkes", „die Oberaufsicht über die Verwaltung und Rechtsprechung" (später geändert in „Rechtspflege") haben. Der Antragsteller bemerkt dazu (S. 2), sein Antrag spreche das Prinzip aus: „Alle Macht fließt aus dem Parlament." In dieser Formulierung kommt der Gegensatz zu Art. 1 Abs. 2 RV. scharf zum Ausdruck. Preuß (a. a. O. S. 2) erwidert sofort: „Die ganze Struktur des Antrags geht dahin, an Stelle des Parlamentarismus eine willkürliche Konventherrschaft zu setzen."

[16]) „Wir wünschen keine parlamentarische Allgewalt. Wir wünschen aber die Allmacht des Volkes" (Bader, VerfAussch. 23. Sitzung v. 5. April 1919 S. 15). „Gewiß ist politisch der Reichstag das führende Organ, aber er ist nicht das souveräne Organ" (Preuß, VerfAussch. 24. Sitzung v. 7. April 1919 S. 10). „Wir wünschen nur, daß der Volkswille in ausreichendem Maße zur Geltung kommt und sich jederzeit geltend machen kann." „Ich bin ein Feind einer absolut unbeschränkten Parlamentsmehrheit" (Ablaß, VerfAussch. 22. Sitzung v. 4. April 1919 S. 14; 23. Sitzung v. 5. April 1919 S. 15; 25. Sitzung v. 8. April 1919; 39. Sitzung v. 6. Juni 1919 S. 16). Der Abgeordnete v. Delbrück warnt davor, an Stelle einer demokratischen Republik eine Parlamentsherrschaft zu konstruieren (VerfAussch. 39. Sitzung v. 6. Juni 1919 S. 16). Endlich wird bei der zweiten Lesung der Verfassung in der Nationalversammlung vom Berichterstatter (Katzenstein, 45. Sitzung S. 1263 B, 1266 A) die Stellung des Reichstags folgendermaßen gekennzeichnet: „Auch hier ist der Grundsatz anerkannt worden, daß einer Körperschaft kein allumfassendes, überwiegendes Recht gegeben werden soll. Wir haben Parlamentarismus, aber kein System der unbeschränkten Parlamentsherrschaft." „Der Reichstag ist als das höchste Organ unseres politischen Lebens anerkannt . . . aber über ihm steht das Volk selbst, das durch die Volksgesetzgebung seinen Willen souverän über den Willen des Reichstags geltend machen kann."

nisses zwischen den repräsentativen und den unmittelbar demokratischen Elementen der Verfassung zugrunde zu legen.

III. Da ist nun festzustellen, daß im Gesamtbau der Weimarer Verfassung eine im Reichsgebiet veranstaltete Abstimmung der Stimmberechtigten als unmittelbare Äußerung des souveränen Volkswillens gewertet wird.

1. Daß für die Weimarer Verfassung das deutsche Volk das Subjekt der verfassunggebenden Gewalt ist, wird im Vorspruch der Reichsverfassung[17]) wie in der sog. Publikationsklausel des Art. 181[18]) unzweideutig ausgesprochen. Damit stimmt Art. 1 Abs. 2 RV. überein: „Die Staatsgewalt geht vom Volke aus." Die textlichen Wandlungen, die dieser Rechtssatz im Verhältnis zu seiner ersten Fassung: „Alle Staatsgewalt liegt beim deutschen Volke" erfahren hat, sind für die demokratische Seite seines Inhalts, für die Festlegung des deutschen Volkes als Subjekt der Reichsgewalt nicht wesentlich. Sie betreffen nur das unitarische Prinzip, das in der ursprünglichen Fassung gleichzeitig mit dem demokratischen zum Ausdruck gebracht werden sollte und dann auf Verlangen der Länder durch eine neutrale Formulierung ausgeschaltet worden ist[19]). Für das demokratische Grundprinzip käme höchstens die erst durch die Redaktionskommission des Verfassungsausschusses bewirkte Abänderung von „liegt beim Volke" in „geht vom Volke aus" (Vorbild Belgien) in Frage. Es ist neuerdings von Liermann, Das deutsche Volk als Rechtsbegriff 1927, der Nachweis versucht worden, daß diese Textänderung eine sachliche Änderung bedeute. Das deutsche Volk sei nicht mehr Träger oder Subjekt der Staatsgewalt, sondern nur noch ihre Quelle, von ihr erhielten zwar alle Staatsorgane ihre Berechtigung, das Volk selbst aber übe keine Staatsgewalt mehr aus; das Volk werde nur noch als staatsschöpferische Urkraft in der Verfassung anerkannt; die Weimarer Verfassung sei nicht demokratisch, sondern demozentrisch. Eine solche Bedeutung kann dem Wechsel des Ausdrucks in Art. 1 Abs. 2 nicht beigemessen werden. Die Formeln „geht aus" und „liegt bei" werden als zwei Bilder für denselben Gedanken gebraucht. Das wird namentlich auch bei den Beratungen der Landesverfassungen deutlich, wo man verschiedentlich — beispielsweise in Bayern und Sachsen — zwischen beiden Ausdrücken geschwankt hat, aber niemals von der Vorstellung ausgegangen ist, daß damit eine sachliche Verschiedenheit gegeben sei. Wenn die Staatsgewalt vom Volke ausgeht, so setzt das voraus, daß sie beim Volke liegt. Die erste Formulierung ist mehr dynamisch, die zweite mehr statisch. Zugrunde liegt das Bild des Quells, der die Ströme speist, ohne deswegen selbst sein Wasser aufzugeben[20]). Es soll damit nur die Instanz bezeichnet werden, die im Sinne der Verfassung als oberste, letztentscheidende für die staatliche Ordnung zu denken ist[21]).

[17]) Die unter der Bismarckschen Verfassung herrschende Lehre, daß der Vorspruch nur eine Geschichtserzählung ohne rechtliche Bedeutung sei, wird zwar auch im Verfassungsausschuß von hervorragender Seite vertreten (40. Sitzung v. 16. Juni 1919 S. 3; Preuß, „Irgendwelche rechtlichen Konsequenzen lassen sich aus der Präambel in der Fassung des Entwurfs nicht ziehen"; Kahl, „. . . unter keinen Umständen irgendwelche Gesetzeskraft . . . nur deklaratorischen Wert und Zweck"). Von der neueren Entwicklung der Staatsrechtswissenschaft wird aber diese Auffassung mit Recht abgelehnt; vgl. statt anderer Wittmayer, Weimarer Verfassung S. 39ff; Liermann, Das deutsche Volk als Rechtsbegriff S. 175; Smend, Verfassungslehre S. 107f.

[18]) So bezeichnet von Preuß, VerfAussch. 40. Sitzung v. 16. Juni 1919 S. 4.

[19]) Vgl. statt anderer Anschütz, Reichsverfassung 3. u. 4. Aufl. Anm. 2 zu Art. 1 gegen Poetzsch-Heffter, Reichsverfassung 3. Aufl. S. 85.

[20]) Auf demselben Standpunkt, daß der Wechsel des Ausdrucks in Art. 1 Abs. 2 keine sachliche Bedeutung habe, stehen Anschütz, Reichsverfassung S. 38; Giese, Reichsverfassung S. 50; Schumacher, Die Redaktionskommission S. 42.

[21]) Nur in diesem Sinne sind jene Bilder zu verwenden. Im übrigen ist Smend, Verfassungslehre S. 86, zuzugeben, daß jeder „Emanatismus", der die staatliche Gewalt in einem Träger vereint und von diesem zur Ausübung ausgehen läßt, ein verräumlichendes Denken bedeutet.

Für das Reich bestätigt also Art. 1 Abs. 2 nur den schon in dem Vorspruch und in Art. 181 zum Ausdruck kommenden Gedanken, daß das deutsche Volk Subjekt der verfassunggebenden Gewalt im Reich ist, ein Gedanke, der sich auch durch die ganzen Verfassungsberatungen hindurchzieht und der immer wieder ausgesprochen wird: Das deutsche Volk hat sich die Verfassung gegeben und bleibt Herr der Verfassung; es hat die oberste, letzte, souveräne Entscheidung[22].

Wenn die Weimarer Verfassung das deutsche Volk als das Subjekt der verfassunggebenden Gewalt bezeichnet, so ist damit zunächst an das Volk als geschichtliche Größe gedacht, an „das in geschichtlicher Gemeinschaft geistig verbundene Ganze, welches in der gerade jetzt lebenden Generation nur seine gegenwärtige Erscheinung findet" (Gerber, Grundzüge eines Systems des deutschen Staatsrechts, Beilage II S. 220) oder, wie es neuerdings formuliert worden ist, an „die beseelte, generationenverbindende Volksgemeinschaft" (Liermann, Das deutsche Volk als Rechtsbegriff S. 39). Nicht gemeint ist irgendeine Summe von Menschen, etwa die Bevölkerung oder die Einwohnerschaft als die Summe der zu einer bestimmten Zeit auf dem Reichsgebiet wohnenden Menschen (diese erscheint in Art. 18, 61 RV.), ebensowenig die Summe der zu bestimmter Zeit vorhandenen Reichsangehörigen oder Stimmberechtigten, die Staatsbürgerschaft oder Aktivbürgerschaft. Die Präambel der Reichsverfassung zeigt das ganz deutlich, indem sie das „Volk" als von einem Willen „beseelt" bezeichnet.

Wenn es sich aber nun darum handelt, den Willen dieses Volkes zu erfassen, um von ihm die staatliche Ordnung abzuleiten, so muß die Weimarer wie jede demokratische Verfassung eine Veräußerlichung eintreten lassen. Zwar hat das deutsche Volk als beseelte Volksgemeinschaft einen realen Gemeinwillen, der sich in der öffentlichen Meinung, in zustimmenden und ablehnenden Akklamationen, wenn auch nicht immer objektiv erkennbar, äußert. Soll aber dieser Gemeinwille des Volkes zum Herrscher über die Vielheit der Einzelnen erhoben werden, so ist das nur in der Weise denkbar, daß der von bestimmten Menschen geäußerte Wille als Volkswille anerkannt wird.

2. Die Weimarer Verfassung geht nun davon aus, daß der souveräne Volkswille unmittelbar erfaßt wird, wenn allen Stimmberechtigten — nicht nur einem Teil wie bei der den „Willen der Bevölkerung" feststellenden Abstimmung des Art. 18 RV. — Gelegenheit gegeben ist, durch Abgabe ihrer Stimme in geheimer Einzelabstimmung ihren Willen sei es bei einer Wahl, sei es bei einer Sachabstimmung mit der Rechtswirkung zu äußern, daß die abgegebene Stimme bei der Feststellung des Ergebnisses berücksichtigt werden muß. Diese Auffassung kommt bei den Verfassungsberatungen zum klaren Ausdruck: „Die Staatsgewalt wird in doppelter Beziehung vom Volk unmittelbar

---

[22]) Im VerfAussch., 3. Sitzung v. 6. März 1919 S. 3, erklärt Preuß, daß nach seiner Auffassung, die von der Reichsregierung geteilt werde, „das deutsche Volk in seiner Gesamtheit Träger der Reichssouveränität ist"; vgl. ferner Ablaß, VerfAussch. 2. Sitzung v. 5. März 1919: „Durch die Revolution hat das deutsche Volk das Reich auf die Souveränität des ganzen deutschen Volkes gegründet"; derselbe bei der zweiten Lesung der Verfassung in der Nationalversammlung, 46. Sitzung S. 1309 B: „Das Volk allein ist souverän. Es übt selbstherrlich seine Macht aus und niemand darf ihm in den Arm fallen"; Katzenstein bei der dritten Lesung der Verfassung in der Nationalversammlung 69. Sitzung v. 29. Juli 1919 S. 2075 D: „. . . daß wir den Willen des Volkes zur Herrschaft bringen sollen"; Spahn, ebenda S. 2078 A: „Das deutsche Volk ist die letzte Instanz, die entscheidet über seine ganze staatliche Organisation"; S. 2078 C: „Souveränität des Volkes über seine ganze Regierungsorganisation"; David als Reichsminister des Innern bei der 3. Lesung der Verfassung in der Nationalversammlung 71. Sitzung v. 31. Juli 1919 S. 2194 C: „Der Wille des Volkes ist fortan das oberste Gesetz."

ausgeübt: erstens bei Wahlen, zweitens bei Abstimmungen, insbesondere beim Referendum" (Kahl, VerfAussch., Sitzung v. 6. März 1919 S. 5).

a) Es ist bezeichnend und keineswegs ein Zufall, daß die Stimmberechtigung für alle in der Verfassung vorgesehenen Volksabstimmungen einheitlich geregelt ist, mag es sich um die Wahl des Reichstags oder die Wahl des Reichspräsidenten, um die Volksabstimmung über Absetzung des Reichspräsidenten oder um den Volksentscheid bei der Gesetzgebung in allen fünf Fällen der Art. 73 Abs. 1—3, Art. 74 Abs. 3, Art. 76 Abs. 2 der RV. handeln. Die Verfassung selbst schreibt das nicht ausdrücklich vor, es ist aber in den maßgebenden Gesetzen für die Stimmberechtigung immer wieder auf das Reichstagswahlrecht zurückgegriffen worden[23]). In den Beratungen wird betont, daß die Übereinstimmung „schon aus technischen Gründen" wegen der Benutzung derselben Wählerlisten oder Wahlkarteien notwendig sei[24]); gerade das „schon" beweist aber, daß dahinter noch eine andere, weit tiefere Notwendigkeit steht: die Erfassung des souveränen Volkswillens muß einheitlich erfolgen; es kann nicht einmal ein engerer, ein anderes Mal ein weiterer Kreis von Stimmberechtigten entscheiden.

Um möglichste Gewähr zu geben, daß mit der Abstimmung der Stimmberechtigten wirklich der Volkswille erfaßt wird, wird der Kreis der Stimmberechtigten tunlichst weit gezogen, das Stimmrecht an wenig Voraussetzungen gebunden. Das gibt dann vor anderem Veranlassung, daß bei den Verfassungsberatungen die Verfassung gern als die freieste Verfassung der Welt, die deutsche Demokratie als „die demokratischste Demokratie" bezeichnet wird[25]). Für das Stimmrecht wird nur Reichsangehörigkeit und Vollendung des 20. Lebensjahres, für die Ausübung des Stimmrechts die Eintragung in eine Stimmliste oder der Besitz eines Stimmscheins und damit Wohnsitz oder gewöhnlicher Aufenthalt im Reichsgebiet (mit der Ausdehnung des § 11 Abs. 2 RWG.) verlangt. Im übrigen sind Männer wie Frauen stimmberechtigt; eine Karenzzeit ist weder mit Bezug auf Reichsangehörigkeit noch mit Bezug auf Wohnsitz oder gewöhnlichen Aufenthalt vorgesehen. Ausschluß vom Stimmrecht, Ruhen des Stimmrechts und Behinderung in der Ausübung des Stimmrechts sind so knapp wie möglich bemessen; so ist beispielsweise den Personen, die sich aus politischen Gründen in Schutzhaft befinden, die Ausübung des Stimmrechts ausdrücklich sichergestellt (vgl. hierzu RStO. § 4 Abs. 1—3).

Aus demselben Grunde, aus dem der Kreis der Stimmberechtigten möglichst weit gezogen ist, muß auch gewünscht werden, daß möglichst jeder Stimm-

---

[23]) ReichswahlG. in der Fassung v. 26. März 1924; G. über die Wahl des Reichspräsidenten in der Fassung v. 6. März 1924; G. über den Volksentscheid v. 27. Juni 1921. Zu allen drei Gesetzen ist eine einheitliche Ausführungsverordnung in Gestalt der Verordnung über Reichswahlen und -abstimmungen (Reichsstimmordnung) v. 14. März 1924 ergangen, deren § 2 die bezeichnende Überschrift trägt: „Stimmrecht bei Reichstagswahlen, Reichspräsidentenwahlen und Volksentscheiden".

Nach Art. 41 Abs. 3 des Regierungsentwurfs der Verfassung sollte das Reichswahlgesetz auch die Wahl des Reichspräsidenten und die Volksabstimmungen regeln. Davon hat man später abgesehen. Als aber im Verfassungsausschuß Bedenken laut wurden, daß aus dem Wortlaut der Verfassungsbestimmungen über die Wahl des Reichspräsidenten vielleicht auf eine weitere Wählerschicht als beim Reichstag geschlossen werden könne, hat der Vorsitzende des Verfassungsausschusses dem durch folgende Erklärungen vorgebaut: „Wir wollen ausdrücklich feststellen, daß nach dem Artikel dieselben Wähler den Reichspräsidenten wählen sollen, die den Reichstag wählen" (39. Sitzung v. 6. Juni 1919 S. 13).

[24]) Beispielsweise 38. Sitzung des VerfAussch. v. 5. Juni 1919 S. 39 (Abg. Quarck).

[25]) Der Präsident der Nationalversammlung spricht in seiner feierlichen Erklärung unmittelbar nach Annahme der Verfassung (71. Sitzung v. 31. Juli 1919 S. 2195 D) von der „aus allgemeinsten und freiesten Wahlen hervorgegangenen Volksvertretung".

berechtigte sich an der Abstimmung beteiligt. Die Teilnahme an den Volksabstimmungen, seien es Wahlen oder Sachabstimmungen, ist Bürgerpflicht. Sie erhält ihre Sanktion nicht durch Ordnungsstrafen, sondern viel wirksamer dadurch, daß der Nichtabstimmende „sich selbst entrechtet", d. h. daß er die Entscheidung anderer für sich gelten lassen muß[26]). Die Volkabstimmung wird als Äußerung des Volkswillens bewertet, gleichgültig, wie viele Stimmberechtigte von der Abstimmungsmöglichkeit Gebrauch gemacht haben. Bei den Sachabstimmungen kann der größeren oder geringeren Beteiligung ein Einfluß auf das Ergebnis eingeräumt werden, insofern der Wille der Nichtabstimmenden je nach der Abstimmungsbeteiligung verschieden gedeutet und bewertet wird (s. unten S. 248). Ein ähnlicher Einfluß der Abstimmungsbeteiligung auf das Abstimmungsergebnis ist bei Wahlen von Staatsorganen nicht denkbar. Das Verhältniswahlrecht sichert zwar der Minderheit der Abstimmenden eine verhältnismäßige Berücksichtigung. Die Nichtabstimmenden dagegen bleiben hier wie bei der Einerwahl von einem Einfluß auf das Wahlergebnis ausgeschlossen; für sie ist nur die Abstimmung der anderen maßgebend. Höchstens die Zahl der Gewählten kann beim automatischen System von der Wahlbeteiligung abhängen.

b) Bei jedem Einzelfall der Volksabstimmung kommt in der Verfassung selbst und bei den Verfassungsberatungen zum Ausdruck, daß darin eine unmittelbare Äußerung des souveränen Volkswillens erblickt wird.

Schon die Verfassunggebende Nationalversammlung, gewählt von den Stimmberechtigten, wird als vom deutschen Volke gewählt angesehen, wie das die Weimarer Verfassung in ihrem Art. 181 ausdrücklich feststellt[27]).

Bei dem von den Stimmberechtigten mit mehr oder weniger starker Wahlbeteiligung gewählten Reichstag spricht die Verfassung von den „Abgeordneten des deutschen Volkes" (Art. 20), „Vertretern des ganzen Volkes" (Art. 21); im Verfassungsausschuß wird die Reichstagswahl als „Ausdruck der Stellungnahme des Volkes" bewertet[28]); „hinter dem Reichstag steht der vom ganzen Volke erteilte Auftrag[29])".

Besonders kennzeichnend ist die Stellungnahme der Verfassung zur Wahl des Reichspräsidenten. Obgleich hier nicht nur die Wahlbeteiligung gleichgültig, sondern, da es sich um Einerwahl handelt, auch eine Berücksichtigung der Minderheit bei der Feststellung des Ergebnisses ausgeschlossen ist, vielmehr im ersten Wahlgang die absolute, im zweiten die relative Mehrheit entscheidet, so daß hinter dem Gewählten möglicherweise nur eine Minderheit der Stimmberechtigten, ja vielleicht sogar nur eine Minderheit der Abstimmenden steht, erklärt die Verfassung in Art. 41: „Der Reichspräsident wird vom ganzen deutschen Volke gewählt." Diesen Ausdruck erläutert Preuß (VerfAussch.

---

[26]) In diesem Sinne erklärt Preuß bei der Erörterung der Wahlpflicht im VerfAussch. (22. Sitzung v. 4. April 1919 S. 33): „Wer durch eine Ordnungsstrafe auf sein höchstes Bürgerrecht und seine höchste Bürgerpflicht aufmerksam gemacht werden muß, soll wegbleiben und sich damit selbst entrechten."

[27]) Bei der Verfassungsberatung bezeichnen sich die Mitglieder der Nationalversammlung immer wieder als „die Erwählten des deutschen Volkes" (vgl. z. B. Koch-Cassel, VerfAussch. 40. Sitzung v. 16. Juni 1919 S. 5); und Kahl schlägt ebenda S. 3 als Vorspruch der Verfassung vor: „Das deutsche Volk hat durch die von ihm gewählte Nationalversammlung die Verfassung beschlossen."

[28]) Das Verlangen nach kürzeren Wahlperioden des Reichstags wird damit begründet, daß man öfters diesen Ausdruck der Stellungnahme des Volkes erhalten wolle (Cohn, VerfAussch. 23. Sitzung v. 5. April 1919 S. 3).

[29]) Abg. Waldstein bei der 3. Beratung der Verfassung in der Nationalversammlung 71. Sitzung v. 31. Juli 1919 S. 2157 B.

39. Sitzung v. 6. Juni 1919 S. 13) dahin, daß der Reichspräsident „unmittelbar vom deutschen Volke gewählt" werde, im Gegensatz zu einer Wahl durch den Reichstag. Als im Verfassungsausschuß der Antrag gestellt wird, die Mitglieder der ehemals regierenden Familien von der Wählbarkeit zum Reichspräsidenten auszuschließen, führt Haußmann als Vorsitzender des Verfassungsausschusses (25. Sitzung v. 28. April 1919) aus, da der Reichspräsident durch das ganze Volk gewählt werde und dieses Volk souverän sei, dürfe die Verfassung nicht das Volk in seiner Wahl bevormunden, und wiederholt das als Berichterstatter bei der zweiten Lesung der Verfassung in der Nationalversammlung (63. Sitzung v. 22. Juli 1919 S. 1820D): aus dem Grundgedanken der Souveränität des Volkes sei eine der Konsequenzen, daß es auch frei sein müsse in der Wahl dessen, den es wählen wolle, und selbst wenn es einen Fürsten wählen wollte, dürfe ihm das von der Verfassung nicht verboten werden. Bei derselben Gelegenheit erklärt Kahl (ebenda S. 1328C): „Einer der ersten Artikel sagt, die Staatsgewalt ruht beim deutschen Volke. Nun wohl, dann kann man nicht das deutsche Volk beschränken in dem doch wohl wichtigsten Rechte, das es auszuüben hat, in der Wahl des Reichspräsidenten." Es ist bei der Verfassungsberatung nicht ohne Anstand geblieben, daß die Entscheidung einer Minderheit als Entscheidung des deutschen Volkes bei der Wahl des Reichspräsidenten auftreten könne; schon der Entwurf Preuß (Art. 21) hatte für die Wahl des Reichspräsidenten, um die Stichwahl zu vermeiden, auf die relative Mehrheit abgestellt, „aber dagegen wurde der Einwand geltend gemacht, daß es doch kaum anginge, als Erwählten des deutschen Volkes einen Mann an die Spitze zu stellen, der nur eine Minderheit von Stimmen im deutschen Volke auf sich vereinigt habe" (Preuß, VerfAussch. 22. Sitzung v. 4. April 1919). Schließlich einigte man sich aber doch auf die relative Mehrheit wenigstens beim zweiten Wahlgang. In der Tat würde ja auch eine Stichwahl nicht davor schützen können, daß bei geringer Wahlbeteiligung sich nur eine Minderheit der Stimmberechtigten für den Reichspräsidenten erklärt.

Nicht anders als bei der Wahl liegt es bei der Absetzung des Reichspräsidenten „durch Volksabstimmung" nach Art. 43 Abs. 2 RV. Auch hier werden die Stimmberechtigten zur Entscheidung aufgerufen. Eine Mindestgrenze für die Abstimmungsbeteiligung ist nicht vorgesehen. Es wird einfach auf die Mehrheit der Abstimmenden abgestellt (§ 2 des G. über den Volksentscheid v. 27. Juni 1921). Diese muß zwar, da wie bei jedem Sachentscheid des Volkes nur über Ja oder Nein abgestimmt wird, eine absolute Mehrheit sein, kann aber bei geringer Abstimmungsbeteiligung doch nur eine kleine Minderheit der Stimmberechtigten darstellen. Allerdings ist hier, wo es sich um eine hochpolitische Frage handelt und wo nach Art. 43 Abs. 2 RV. ein qualifizierter Mehrheitsbeschluß des Reichstags vorausgegangen sein muß, eine starke Abstimmungsbeteiligung zu erwarten. Bleibt sie aber aus, so entscheidet gleichwohl die Mehrheit der Abstimmenden. Dabei ist zu beachten, daß diese Entscheidung, wenn sie die Absetzung des Reichspräsidenten ablehnt, die Auflösung des Reichstags zur Folge hat; es kann hier also eine Minderheit der Stimmberechtigten möglicherweise die Reichstagsauflösung herbeiführen. Die beim Volksentscheid eingreifende Bestimmung des Art. 75 RV., wonach der Beschluß des Reichstags maßgebend bleibt, wenn sich weniger als die Hälfte der Stimmberechtigten an der Abstimmung beteiligt, darf bei der Absetzung des Reichspräsidenten nicht zur Anwendung gebracht werden, da Art. 75 nicht allgemein von Volksabstimmungen, sondern speziell von Volksentscheiden spricht (übereinstimmend § 21 Abs. 2 VolksentscheidsG.). Gleichwohl ist auch der so neugewählte Reichspräsident gemäß Art. 41 RV. „vom ganzen deutschen Volke" gewählt; die Volksabstimmung entscheidet darüber, ob der Reichspräsident oder der Reichstag das Vertrauen des souveränen Volkes genießt (Prot. des Verfassungsausschusses S. 292).

Der Volksentscheid endlich wird in allen fünf verfassungsmäßig vorgesehenen Fällen (Art. 73 Abs. 1—3, Art. 74 Abs. 3, Art. 76 Abs. 2 RV.) während der ganzen Verfassungsberatung als eine unmittelbare Entscheidung des souveränen Volkes verstanden. Das im Regierungsentwurf der Reichsverfassung vorgesehene Anwendungsgebiet des Volksentscheids ist durch den Gedanken getragen, „daß bei Gegensätzen zwischen obersten Organen des Reichs das Volk entscheiden soll". „Im Regierungsentwurf der Verfassung ist konsequent das Prinzip durchgeführt, das Referendum nur da, aber auch überall da stattfinden zu lassen, wo ein Konflikt zwischen den obersten Reichsorganen zu entscheiden ist" (Preuß, VerfAussch. 17. Sitzung v. 28. März 1919 S. 3, 6). Der Volksentscheid auf Volksbegehren, von Preuß als in einem Großstaat „wahrscheinlich unpraktisch" abgelehnt, wird im Verfassungsausschuß in der ausgesprochenen Absicht aufgegriffen, daß der souveräne Volkswille sich unabhängig von den Reichsorganen und gegen die Reichorgane solle durchsetzen können: „Die Souveränität des Volkes muß, wenn eine Volksvertretung sich einem staatlichen Bedürfnisse, das in den Massen vorhanden ist, verschließt, in der Richtung zur Geltung kommen, daß auch ohne die Volksvertretung ein Gesetz geschaffen werden kann" (Katzenstein, bei der zweiten Beratung der Verfassung in der Nationalversammlung, 49. Sitzung v. 7. Juli 1919 S. 1353ff.). Es soll bei großen und wichtigen Fragen des allgemeinen Interesses „eine Volksabstimmung unter Umständen den wirklichen Willen des Volkes feststellen" (Koch-Cassel, VerfAussch. 28. Sitzung vom 11. April 1919 S. 7)[30]). So kann schließlich der Vorsitzende des Verfassungsausschusses als Berichterstatter bei der 2. Lesung der Verfassung in der Nationalversammlung (44. Sitzung vom 2. Juli 1919 S. 1203B) mit Bezug auf alle Fälle des Volksentscheids erklären: „Das Volk selbst tritt als Gesetzgeber auf, und die Gesetzgebung wird ausgeübt nicht durch die Volksvertretung, sondern von dem Souverän, von dem die Staatsgewalt ausgeht." Im selben Sinne äußert sich Spahn bei der 3. Lesung der Verfassung in der Nationalversammlung (69. Sitzung v. 29. Juli 1919 S. 2078A): „Das deutsche Volk ist die letzte Instanz, die entscheidet über seine ganze staatliche Organisation, denn ihm steht in zweifelhaften Fällen der Volksentscheid zu, der die letzte endgültige Entscheidung trifft, wenn er angerufen wird, sei es aus dem Volke, sei es von dem Präsidenten, sei es vom Reichstag selbst"; mit der Anrufung aus dem Volke ist das Volksbegehren nach Art. 73 Abs. 3 RV., mit der Anrufung durch den Reichspräsidenten sind die Fälle des Art. 73 Abs. 1, Art. 74 Abs. 3

[30]) Insofern erschöpft auch die Auffassung Carl Schmitts, Verfassungslehre S. 241, daß beim Volksbegehren „Volk" als unorganisierte Masse im „Gegensatz zu jeder staatlichen Behörde und Magistratur" zu verstehen sei, wie mir scheinen will, nicht das Wesen der Sache. Der Grundgedanke beim Volksbegehren des Zehntels (Art. 73 Abs. 3) oder Zwanzigstels (Art. 73 Abs. 2) der Stimmberechtigten ist der, daß das Volk als Souverän ein Gesetz verlangt oder ablehnt. Nur wird das in zwei Etappen festgestellt. Die erste Etappe, in der geprüft wird, ob ein Zehntel oder Zwanzigstel der Stimmberechtigten hinter dem Begehren steht, dient nur der Entlastung von dem umständlichen Verfahren in aussichtslosen Fällen. Zeigt sich, daß nicht einmal dieser Bruchteil der Stimmberechtigten sich für die Angelegenheit einsetzt, so wird das Volk nicht weiter mit den Anträgen behelligt. Außerdem hat bei dem Volksbegehren des Art. 73 Abs. 3, wenn das Zehntel der Stimmberechtigten für das begehrte Gesetz eintritt, der Reichstag noch Gelegenheit, das Gesetz unverändert anzunehmen und damit das Verfahren zu vereinfachen (s. oben S. 237). Dem Verfahren als Ganzem liegt aber die Vorstellung zugrunde, daß das souveräne Volk unmittelbar ein Gesetz verlangt oder einen vom Reichstag gefaßten Beschluß nicht Gesetz werden lassen will.

und Art. 76 Abs. 2 RV., mit der Anrufung durch den Reichstag selbst ist die Referendumsinitiative des Art. 72 in Verbindung mit Art. 73 Abs. 2 RV. gedeckt. Schließlich sei noch auf die Ausführungen hingewiesen, die der Reichsinnenminister David unmittelbar nach der Annahme der Verfassung durch die Nationalversammlung (71. Sitzung v. 31. Juli 1919 S. 2195A) macht. Er begründet den Satz: „Der Wille des Volkes ist fortan das oberste Gesetz" mit dem Hinweis auf die „übergreifende Gewalt, die dem sich direkt betätigenden Volkswillen beigelegt wird".

c) Die Besonderheit des Volksentscheids gegenüber allen übrigen Fällen der Volksabstimmung liegt nur darin, daß hier versucht wird, das Ergebnis des Volksentscheids immer auf den Willen der Mehrheit der Stimmberechtigten zu gründen. Es soll, wie in den Verfassungsberatungen klar zum Ausdruck kommt, vermieden werden, daß bei geringer Abstimmungsbeteiligung die Entscheidung einer kleinen Minderheit der Stimmberechtigten als Entscheid des souveränen Volkes auftritt. Zu diesem Zwecke gibt man dem Willen der Nichtabstimmenden eine feste Deutung, was sich wieder dadurch ermöglicht, daß in allen Fällen des Volksentscheids ein Reichstagsbeschluß über den Gegenstand des Volksentscheids vorausgeht. Das ist der Sinn des Art. 75 RV., wonach durch Volksentscheid ein Beschluß des Reichstags nur dann außer Kraft gesetzt werden kann, wenn sich die Mehrheit der Stimmberechtigten an der Abstimmung beteiligt. Es wird damit die Annahme gemacht, daß bei geringerer Abstimmungsbeteiligung die von der Abstimmung ferngebliebenen 50 oder mehr Prozent der Stimmberechtigten kein Interesse daran haben, die Entscheidung des Reichstages zu ändern, daß sie es vielmehr bei dem Beschluß des Reichstags bewenden lassen wollen. Bei einer Abstimmungsbeteiligung von nicht mehr als 50% der Stimmberechtigten genügt also die Mehrheit der Abstimmenden nur, um den Beschluß des Reichstags zu bestätigen, nicht aber, um ihn außer Kraft zu setzen. Selbst wenn im mathematischen Grenzfall volle 50% der Stimmberechtigten an der Abstimmung teilnehmen, und diese Abstimmenden sämtlich gegen den Reichstagsbeschluß votieren, ist anzunehmen, daß die nicht an der Abstimmung teilnehmenden anderen 50% der Stimmberechtigten an dem Reichstagsbeschluß festhalten wollen; wenn bei solcher Stimmengleichheit der Reichstagsbeschluß als bestätigt gilt, so entspricht das nur der für den Volksentscheid ganz allgemein aufgestellten Regel: „Bei Gleichheit der Stimmen für die Bejahung und die Verneinung einer Frage gilt die Frage als verneint" (§ 21 Abs. 4 VolksentscheidsG.). Damit ergibt sich gleichzeitig, daß in allen Fällen, in denen es zur Volksabstimmung gekommen ist, die Auffassung zugrunde gelegt werden muß, daß nunmehr das souveräne Volk entschieden hat. Das ist selbstverständlich, wenn das Volk den Reichstagsbeschluß verwirft, was eine Teilnahme von mehr als der Hälfte der Stimmberechtigten und eine Entscheidung der Mehrheit der Abstimmenden gegen den Reichstagsbeschluß voraussetzt; es gilt aber auch für die Fälle, wo die Volksabstimmung den Reichstagsbeschluß bestätigt. Das letztere kann in drei verschiedenen Formen erfolgen: Bei Teilnahme der Mehrheit der Stimmberechtigten an der Abstimmung votiert die Mehrheit der Abstimmenden für den Reichstagsbeschluß; bei Teilnahme von nur 50% der Stimmberechtigten oder weniger an der Abstimmung votiert die Mehrheit der Abstimmenden für den Reichstagsbeschluß; bei Teilnahme von 50% der Stimmberechtigten oder weniger an der Abstimmung votiert die Mehrheit der Abstimmenden gegen den Reichstagsbeschluß. Auch im letzteren Falle liegt eine den Reichstagsbeschluß bestätigende Entscheidung des souveränen Volkes vor, denn es liegt die Annahme zugrunde, daß bei der Abstimmungsbeteiligung von nicht mehr als der Hälfte der Stimmberechtigten die Nichtstimmenden den Reichstagsbeschluß aufrechterhalten wollen; auch in dem letzten Falle wird der entscheidende Beschluß vom Volk gefaßt[31]).

Freilich ist durch die Regelung des Art. 75 nicht verhindert, daß gegebenenfalls praktisch eine Minderheit von weniger als 30% der Stimmberechtigten (hinter denen aber die Gesamtheit der Nichtabstimmenden als stehend zu denken ist) einen Reichstagsbeschluß außer Kraft setzt. Denn sowie mehr als die Hälfte der Stimmberechtigten an der Abstimmung teilnimmt, ist die Mehrheit der Abstimmenden, auch wenn sie nur eine knappe Mehrheit ist, für das Ergebnis des Volksentscheids maßgebend, mag die Mehrheit der Abstimmenden für oder gegen den Reichstagsbeschluß votieren. Setzt man den Fall, daß nur wenige Stimmen mehr als die Hälfte der Stimmberechtigten an der Abstimmung teilgenommen haben, so genügen wenige Stimmen mehr als 25% der Stimmberechtigten, um einen Reichstagsbeschluß außer Kraft zu setzen. Man hätte den Gedanken, daß die nicht an der Abstimmung Teilnehmenden den Reichstagsbeschluß bestehen lassen wollen, folgerichtig durchführen und zur Außerkraftsetzung des Reichstagsbeschlusses verlangen sollen, daß sich die Mehrheit der Stimmberechtigten gegen den Reichstag entscheidet. Das ist auch anfänglich geplant gewesen, dann aber dem Irrtum zum Opfer gefallen, daß eine solche Bestimmung das Volksbegehren „illusorisch" mache[32]). Im praktischen Ergebnis kommt die

---

[31]) Poetzsch-Heffter, Reichsverfassung, 3. Aufl., S. 330 Anm. 1 zu Art. 75, stellt ebenso Außerkraftsetzung und Bestätigung eines Reichstagsbeschlusses durch Volksentscheid einander gegenüber. Eine Bestätigung durch Volksentscheid liegt auch vor, wenn bei einer Abstimmungsbeteiligung von nur 50 oder weniger Prozent der Stimmberechtigten die Mehrheit der Abstimmenden gegen den Reichstagsbeschluß entscheidet; denn man muß nach Art. 75 RV. annehmen, daß die Nichtabstimmenden, die mindestens 50% der Stimmberechtigten ausmachen, für den Reichstagsbeschluß sind. Die Publikationsformel (GGO. II § 31 letzter Absatz) eines so beschlossenen Gesetzes müßte zum Ausdruck bringen, daß der Gesetzesbeschluß des Reichstags durch Volksentscheid bestätigt ist. Sie könnte bei Teilnahme von 50 oder weniger Prozent der Stimmberechtigten, gleichgültig ob die Mehrheit der Abstimmenden für oder gegen den Reichstagsbeschluß votiert, lauten: „Der Reichstag hat das folgende Gesetz beschlossen, das, nachdem der gemäß Art. . . . angeordnete Volksentscheid den Reichstagsbeschluß bestätigt hat, hiermit verkündet wird." Will man die Verschiedenheit der beiden Tatbestände zum Ausdruck bringen, so könnte man im zweiten Falle auch folgendermaßen formulieren: „Der Reichstag hat das folgende Gesetz beschlossen, das, nachdem der gemäß Art. . . . angeordnete Volksentscheid den Reichstagsbeschluß nicht außer Kraft gesetzt hat, hiermit verkündet wird." Nur wird damit verdunkelt, daß die Nichtaußerkraftsetzung eines Reichstagsbeschlusses durch Volksentscheid die Bestätigung dieses Reichstagsbeschlusses durch das Volk bedeutet, daß also die maßgebende Entscheidung auch in diesem Falle durch die Volksabstimmung gefallen ist.

Die Theorie sieht in diesen Fällen der „Bestätigung" eines Reichstagsbeschlusses durch Volksentscheid überwiegend den Reichstagsbeschluß als das Entscheidende an; vgl. statt anderer Triepel, ArchÖffR. 39, 500.

[32]) Im Verfassungsausschuß ist die Mehrheitsfrage beim Volksentscheid nur im Hinblick auf das damals noch befürwortete obligatorische Verfassungsreferendum erörtert worden. Der Abg. Keil schlägt in der 26. Sitzung v. 9. April 1919 (S. 19) vor, daß bei Verfassungsänderungen, um Zufallsmehrheiten bei vielleicht schwacher Stimmbeteiligung zu vermeiden, eine Mehrheit von zwei Drittel der Abstimmenden entscheiden soll. Erst bei der 3. Lesung der Verfassung in der Nationalversammlung geht man genauer auf das Verhältnis zwischen parlamentarischer Gesetzgebung und Volksentscheid und damit auch auf die Mehrheitsfrage ein (vgl. besonders die Ausführungen des Abg. Waldstein, 70. Sitzung der Nationalversammlung v. 30. Juli 1919 S. 2121 B, sowie die im folgenden zitierten Ausführungen). Der Abg. Koch-Cassel (S. 2114 C) begründet namens der Demokratischen Partei den Antrag, dem Volksentscheid auf Grund eines Volksbegehrens die Kraft, eine Gesetzesänderung herbeizuführen, nur dann zu gewähren, wenn die Mehrheit der Stimmberechtigten zugestimmt hat: „Würde man die Einschränkung nicht machen, so würde das zur Folge haben können, daß zwar Reichstag und Reichsrat mit großer Mehrheit einen Gesetzentwurf für unrichtig halten und ihn ablehnen, daß er aber im Wege des Volksentscheids angenommen wird, vielleicht bei einer Beteiligung von 20 oder 25% der sämtlichen Volksgenossen. Das geht unmöglich an, das könnte dazu führen, daß ein Gesetz zustande kommt, dem die Mehrheit des Volkes durchaus nicht zustimmt und an dessen Abstimmung teilzunehmen sich viele vielleicht nur deshalb nicht entschlossen haben, weil sie die Abstimmung von vornherein als für den Gesetz-

Bestimmung des Art. 75 RV. so, wie sie jetzt gilt, ohnedies annähernd darauf hinaus, daß die Mehrheit der Stimmberechtigten sich gegen den Reichstag erklären muß, um den Reichstagsbeschluß zu entkräften und beispielsweise einem begehrten Gesetzentwurf zum Siege zu verhelfen. Denn es liegt nahe, daß die Parteien, die sich auf die Seite des Reichstags stellen, die Parole der Abstimmungsenthaltung ausgeben (s. oben S. 239 mit Anm. 11). Dann müssen diejenigen, die gegen den Reichstagsbeschluß und für das begehrte Gesetz sind, die zur Außerkraftsetzung des Reichstagsbeschlusses erforderliche Mehrheit der Stimmberechtigten allein aufbringen, mit anderen Worten, es muß mehr als die Hälfte der Stimmberechtigten gegen den Reichstagsbeschluß und für das begehrte Gesetz stimmen[33]). So ist es schon bei dem ersten praktischen Fall,

---

entwurf aussichtslos ansehen . . ., so daß auf diese Weise mit einer kleinen Minderheit ein neues Gesetz beschlossen würde, entgegen dem Willen der Mehrheit des Volkes und entgegen dem Willen, den der Reichstag mit großer Mehrheit festgestellt hat. Wir sind der Meinung, daß, wo es sich um einen Volksentscheid auf Grund eines Volksbegehrens handelt . . . eine einschränkende Bestimmung erlassen werden muß derart, daß ein Gesetz zur zustande kommt, wenn tatsächlich die Mehrheit der Stimmberechtigten es der Mühe wert hält zu bekunden, daß sie hinter dem Volksentscheid steht.''

Während in diesem Antrag also für die Fälle des Volksentscheids auf Volksbegehren, aber auch nur für diese, das Zustandekommen des begehrten Gesetzes von der Zustimmung der Mehrheit der Stimmberechtigten abhängig gemacht wird, tritt die Sozialdemokratische Partei dafür ein, daß auf die Teilnahme der Mehrheit der Stimmberechtigten an der Abstimmung abgestellt werden soll, dafür aber in allen Fällen des Volksentscheids, nicht nur bei Volksentscheid auf Volksbegehren. Der Abg. Keil (S. 2114 D) erkennt an, daß die Volksentscheide mit verhältnismäßig schwacher Beteiligung nicht das wünschenswerte Gewicht in den Augen der Bevölkerung haben und daß infolgedessen eine vorbeugende Bestimmung nötig sei. „Aber die Bestimmung darf nicht dahin gehen, daß die Mehrheit der Stimmberechtigten für die gestellte Frage stimmen muß, sondern daß ein bestimmter Prozentsatz der Stimmberechtigten an der Abstimmung teilnehmen muß . . . Verlangt man, . . . daß beim Volksbegehren die Mehrheit der Stimmberechtigten in jedem Falle zustimmen muß, so heißt das, das Volksbegehren überhaupt . . . illusorisch machen. Denn . . . die Beteiligung an den Volksabstimmungen wird nicht immer eine große, in der Regel eine verhältnismäßig schwache sein.“ In diesem Zusammenhang wird auch der Gedanke erwogen, bei Verfassungsänderungen auf Volksbegehren durch Volksentscheid eine besondere Erschwerung in der Gestalt vorzusehen, daß hier zwei Drittel der Stimmberechtigten an der Abstimmung teilnehmen müssen.

Schließlich einigt man sich auf die jetzt geltende Regelung, wonach beim Volksentscheid in allen Fällen die Beteiligung der Mehrheit der Stimmberechtigten an der Abstimmung verlangt wird, um einen Reichstagsbeschluß außer Kraft zu setzen, und wonach zu einer Verfassungsänderung auf Volksbegehren durch Volksentscheid die Zustimmung der Mehrheit der Stimmberechtigten erforderlich ist. Der Abg. Waldstein (S. 2157 B) erläutert das Ergebnis dahin, daß es der Entscheidung des Reichstags gegenüber nicht möglich sei, „dem Volksentscheide Kraft zu gewähren auch dann, wenn vielleicht an dem Volksentscheid nur eine ganz kleine Minorität des Volkes sich beteiligt hat. Denn hinter dem Reichstag steht der vom ganzen Volke erteilte Auftrag . . . Daraus ergibt sich . . . die Forderung, daß, wenn durch Volksentscheid der Wille des Reichstags außer Kraft gesetzt werden soll, wenigstens eine starke Beteiligung beim Volksentscheide stattfindet, die wir auf mindestens die Hälfte des Volkes bemessen haben. Anders liegt der Fall, wenn es sich um eine Verfassungsänderung handelt . . . Es sind zwei Fälle zu unterscheiden. Tritt eine Verfassungsänderung nicht auf Volksbegehren, sondern durch den Reichstag ein und wird hinterdrein gegen diesen Beschluß des Reichstags, welcher mit Zweidrittelmehrheit gefaßt werden muß, der Volksentscheid angerufen, dann genügt es zur Außerkraftsetzung dieses Beschlusses des Reichstags, wenn die Hälfte des Volkes sich an der Abstimmung beteiligt . . . Dagegen verlangen wir für den Fall, daß auf Volksbegehren eine Verfassungsänderung eintreten soll, daß mindestens die Hälfte des Volkes, d. h. der Stimmberechtigten, der Abänderung zustimmen muß. Liegt das vor, dann wird man mit Recht sagen können, daß gegenüber dem Beschluß des Reichstags, der eine Verfassungsänderung nicht will, ein Beschluß des Volkes auf Verfassungsänderung nur dann Kraft haben darf, wenn wenigstens die Hälfte des Volkes dieser Änderung zustimmt.“

Dieser Überblick über die Entstehungsgeschichte des Art. 75 RV. macht gleichzeitig klar, daß die in letzter Stunde erfolgte Einfügung des Artikels nicht etwa den Sinn gehabt hat, Reichstagsbeschluß und Volksentscheid zu koordinieren.

[33]) Daran kann auch die von Liepmann, ZÖffR. 1927 S. 609ff. vertretene, oben S. 238 ab-

der Fürstenenteignung, gehandhabt worden. Durch die inkonsequente Regelung des Art. 75 RV. werden aber Zufallsergebnisse ermöglicht, je nachdem ob die Gegner eines begehrten Gesetzentwurfes wirklich gegen ihn stimmen oder — was für den von ihnen angestrebten Erfolg das Richtige ist — von der Abstimmung fernbleiben. Denn es ist möglich, daß ein vom Volk begehrter Gesetzentwurf, der bei Stimmenthaltung aller Gegner scheitern würde, zur Annahme gelangt, weil eine kleine Gruppe von Gegnern, statt der Abstimmung fernzubleiben, mit Nein gestimmt hat[34]). Der Fehler liegt darin, daß der Wille der Nichtabstimmenden nicht unbedingt im Sinne einer Bejahung des Reichstagsbeschlusses bewertet wird, sondern nur für den Fall, daß sich nicht mehr als die Hälfte der Stimmberechtigten an der Abstimmung beteiligt. Überschreitet dagegen die Abstimmungsbeteiligung die Hälfte der Stimmberechtigten, so wird der Wille der Nichtabstimmenden dahin gedeutet, daß sie hinter die Mehrheit der Abstimmenden treten. Das ist keine überzeugende Lösung. Denn es wird dem Nichtabstimmenden damit der Wille unterstellt, daß er, falls nicht die Mehrheit der Stimmberechtigten an der Abstimmung teilnimmt, mit dem Reichstag gehen, falls aber die Mehrheit der Stimmberechtigten an der Abstimmung teilnimmt, sich der Mehrheit der Abstimmenden anschließen will, mag diese nun für oder gegen den Reichstag sein. Eine derartige Eventualstimmgebung dürfte in keinem Falle dem wirklichen Willen der Nichtabstimmenden entsprechen.

Die bessere Regelung findet sich in der oben S. 239 behandelten Sonderbestimmung des Art. 76 Satz 4 für den Fall der Verfassungsänderung auf Volksbegehren durch Volksentscheid[35]), nach der nicht nur die Teilnahme der Mehrheit der Stimmberechtigten an der Abstimmung verlangt wird, um den abweichenden Reichstagsbeschluß außer Kraft zu setzen und das Volksbegehren durchzudrücken, sondern die bejahende Abstimmung der Mehrheit der Stimmberechtigten unbedingt erforderlich ist. Andernfalls kommt die Verfassungsänderung auf Volksbegehren durch Volksentscheid nicht zustande, sondern je nachdem eine vom Reichstag beschlossene abweichende[36]) oder überhaupt keine Verfassungsänderung. Der Wille der an der Abstimmung nicht teilnehmenden Stimmberechtigten wird also unbedingt als Bestätigung des Reichstagsbeschlusses gewertet. Dabei ist besonders aufschlußreich die Behandlung, die in der Nationalversammlung der gelegentlich angerührte Gedanke findet, daß man für Verfassungsänderungen auf Volksbegehren durch Volksentscheid eine Abstimmungsbeteiligung von zwei Dritteln der Stimmberechtigten (s. oben Anm. 32) oder eine Mehrheit von zwei Dritteln der Abstimmenden verlangen solle. Beides wird abgelehnt, und zwar offensichtlich aus Erwägungen, wie sie Koch-Cassel bei der zweiten Beratung der Verfassung in der Nationalversammlung (47. Sitzung v. 7. Juli 1919 S. 1346 C) anstellt: „Das würde doch wohl dem Grundgedanken der Demokratie widersprechen. Es geht nicht gut an, daß,

---

gelehnte Meinung nichts ändern, daß nach § 3 Abs. 1 VolksentscheidsG. beim Volksbegehren der Reichstag immer ein abweichendes Gesetz beschließen und zur alternativen Abstimmung stellen müsse.

[34]) Legt man die Zahl von 41 Millionen Stimmberechtigten zugrunde, so müßten mehr als 20,5 Millionen Stimmberechtigte sich an einem Volksentscheid beteiligen, um den Erfordernissen des Art. 75 RV. zu genügen. Stimmen 20 Millionen mit Ja, 1 Million mit Nein, so kommt das begehrte Gesetz durch. Das Gesetz würde fallen, wenn die eine Million statt mit Nein zu stimmen, einfach von der Abstimmung fernbliebe.

[35]) Über die Entstehungsgeschichte dieser Vorschrift im Zusammenhang mit der des Art. 75 RV. vgl. oben Anm. 32.

[36]) Wegen der Anwendbarkeit des Art. 75 auch auf diese Fälle des Volksentscheids s. oben Anm. 11.

wenn das Volk einmal gefragt ist, eine Willensäußerung des Volkes, die es vielleicht mit Dreifünftelmehrheit faßt, unbeachtet bleibt." In der Tat wäre es bei dem Erfordernis einer Abstimmungsbeteiligung von zwei Dritteln der Stimmberechtigten möglich, daß die Mehrheit der Stimmberechtigten sich für die Verfassungsänderung ausspricht und doch — bei geringerer Abstimmungsbeteiligung als zwei Dritteln der Stimmberechtigten — die Verfassungsänderung als gescheitert angesehen werden müßte. Dasselbe könnte bei dem Erfordernis der Zweidrittelmehrheit im Falle einer 75% der Stimmberechtigten übersteigenden Abstimmungsbeteiligung eintreten; haben beispielsweise 90% der Stimmberechtigten an der Abstimmung teilgenommen, so müßten bei dem Erfordernis einer Zweidrittelmehrheit der Abstimmenden 60% der Stimmberechtigten für die Verfassungsänderung stimmen, so daß eine Verfassungsänderung, für die 59% der Stimmberechtigten ihre Stimme abgegeben hätten, als nicht zustande gekommen zu behandeln wäre. In beiden Fällen würde also möglicherweise eine Minderheit der Stimmberechtigten ihren Willen gegen die Mehrheit der Stimmberechtigten durchsetzen, und das wird als undemokratisch angesehen. Mit der Mehrheit der Stimmberechtigten entscheidet das souveräne Volk. In diesem Sinne ist es zu verstehen, wenn bei der Verfassungsberatung die Demokratie als Mehrheitsregiment erläutert und ausgeführt wird: „Das ist das eigentliche Wesen der Demokratie: die Mehrheit soll herrschen, sie soll sich nicht beugen unter den Willen einer . . . Minderheit[37])."

Nach alledem kann jedenfalls mit Bestimmtheit festgestellt werden, daß der Volksentscheid wie jede Volksabstimmung in der Weimarer Verfassung als eine unmittelbare Entscheidung des souveränen Volkes verstanden wird.

IV. Von der unmittelbaren Äußerung des souveränen Volkswillens durch Volksabstimmung, insbesondere Volksentscheid, wird in der Weimarer Verfassung die mittelbare Willensäußerung durch die Reichsorgane, insbesondere den Reichstag, deutlich geschieden.

1. Das beweist der vielfach mißverstandene Art. 5 RV. Dieser Rechtssatz schloß sich im Regierungsentwurf der Verfassung unmittelbar an die Bestimmung des heutigen Art. 1 Abs. 2 RV. an und gab mit ihm zusammen folgendes Bild: „Die Staatsgewalt geht vom Volk aus (Art. 1 Abs. 2). Sie wird in Reichsangelegenheiten durch die Organe des Reichs auf Grund der Reichsverfassung, in Landesangelegenheiten durch die Organe der Länder auf Grund der Landesverfassungen ausgeübt" (Art. 5). Man darf Art. 5 nicht so verstehen wollen, als ob die Verfassung damit festlege, daß die Staatsgewalt im Reich immer durch

[37]) Katzenstein, 3. Lesung der Verfassung in der Nationalversammlung 69. Sitzung v. 29. Juli 1919 S. 2075 D, 2076 A.

Der Gegensatz wird deutlich bei einem Blick auf Art. 18 RV., wo der Wille der Bevölkerung mit Bezug auf Änderung des Gebiets oder Neubildung von Ländern festzustellen ist. Hier hatte man ursprünglich für eine positive Entschließung die Zustimmung von drei Fünftel der Stimmberechtigten verlangt. In der 3. Lesung der Verfassung begnügte man sich mit drei Fünftel der abgegebenen Stimmen; „damit aber eine Gebietsänderung nur erfolge, wenn die Mehrheit der gesamten Bevölkerung sich für eine Gebietsänderung entscheidet, haben wir dazugesetzt: mindestens muß aber die Stimmenmehrheit der Wahlberechtigten erreicht sein" (Abg. Neitzke, 71. Sitzung der Nationalversammlung v. 31. Juli 1919 S. 2142 B). Bei der Feststellung des Willens der Bevölkerung mit Bezug auf Gebietsveränderungen ist also die Zustimmung der Mehrheit der Stimmberechtigten das Minimum, das nur genügt, wenn die zustimmende Mehrheit der Stimmberechtigten zugleich drei Fünftel der abgegebenen Stimmen ausmacht. Bei stärkerer Abstimmungsbeteiligung muß mehr als die Hälfte der Stimmberechtigten zustimmen, um die Gebietsveränderung durchzuführen. Beispielsweise bei einer Abstimmungsbeteiligung von 95 % der Stimmberechtigten müssen mindestens 57 % der Stimmberechtigten für die Gebietsveränderung votieren; sie gilt als abgelehnt, wenn etwa nur 55 % der Stimmberechtigten die Gebietsveränderung bejahen.

Reichsorgane ausgeübt würde, daß also der Volksentscheid jedenfalls als Ausübung der Staatsgewalt durch die Reichsorgane zu werten wäre. Vielmehr ist zu beachten, daß Art. 5 von der Ausübung der Staatsgewalt in Reichsangelegenheiten durch die Organe des Reichs auf Grund der Reichsverfassung spricht und damit die Ausübung der Staatsgewalt durch Reichsorgane nur anerkennt, soweit die Reichsverfassung dafür eine Grundlage gibt. Diese Bedeutung der Worte „auf Grund der Reichsverfassung" ist bei der Verfassungsberatung klar herausgestellt worden. Allerdings hatte der Regierungsentwurf eine vom heutigen Art. 5 abweichende Fassung: Die Staatsgewalt „wird in Reichsangelegenheiten durch die auf Grund der Reichsverfassung bestehenden Organe ausgeübt, in den Landesangelegenheiten durch die Organe der deutschen Gliedstaaten nach Maßgabe ihrer Landesverfassungen". Gleichwohl sind die dazu ergangenen Erörterungen auch für die Auslegung des jetzt geltenden Textes verwertbar. Im Verfassungsausschuß (3. Sitzung v. 6. März 1919) wird von Kahl (S. 2, 29) zunächst darauf hingewiesen, daß „doch unter Umständen Reichsangelegenheiten durch Organe der Länder ausgeübt würden". Dieses Bedenken wird von Preuß (S. 3) durch den Hinweis darauf zerstreut, daß der Artikel ja von den „auf Grund der Reichsverfassung" zuständigen Organen spreche; dadurch werde nicht ausgeschlossen, daß auch in Reichsangelegenheiten Landesbehörden tätig werden könnten. Dann wendet sich aber Kahl auch ausdrücklich den Volksabstimmungen zu, indem er (S. 5) darauf hinweist, daß das Volk seine Staatsgewalt keineswegs ausschließlich durch die Staatsorgane ausübe, sondern auch unmittelbar bei Wahlen und Abstimmungen, insbesondere beim Referendum; er gibt der Meinung Ausdruck, daß das der Vollständigkeit halber im Art. 5 mit erwähnt werden müsse. Wenn der Verfassungsausschuß gleichwohl bei der ursprünglichen Fassung bestehen bleibt, so rechtfertigt sich das dadurch, daß der Zusatz „auf Grund der Reichsverfassung" jede ausschließende Deutung der „Ausübung der Reichsgewalt durch Reichsorgane" unmöglich macht und sowohl für die Ausübung der Reichsgewalt durch Landesorgane wie für Volksabstimmungen im Sinne von unmittelbaren Entscheidungen des souveränen Volkes Raum bleibt. Deshalb wird auch nicht der Anregung Beyerles (S. 3) nachgegangen, ganz allgemein zu sagen: „Die Ausübung der Staatsgewalt richtet sich nach der Verfassung." Vielmehr beschränken sich die Textänderungen des Verfassungsausschusses zu Art. 5 auf Äußerlichkeiten wie die Ersetzung des Wortes Gliedstaaten durch das Wort Länder. Die Redaktionskommission hat dann den jetzt geltenden Wortlaut hergestellt, ohne dabei sachliche Änderungen vorzunehmen[38]).

Bei der zweiten Lesung der Reichsverfassung in der Nationalversammlung (44. Sitzung v. 2. Juli 1919 S. 1205 B, C) wird die Bedeutung des Art. 1 dahin erläutert: „In Reich und Ländern ist nach dem Sinn des Art. 1 das Volk im Besitz der Staatsgewalt. Die Ausübung in beiden ist grundsätzlich durch den Art. 5 festgelegt." Das berüchtigte Wort „grundsätzlich" soll hier offenbar sagen, daß das Schema des Art. 5 nur Platz greift, soweit Reichsverfassung und Landesverfassungen nicht etwas anderes vorsehen. Dieser Sinn des Art. 5 RV. wird zu klarem Ausdruck gebracht von Poetzsch-Heffter, Reichsverfassung 3. Aufl. S. 97, wenn er die Grundsätze des Art. 5 Anwendung finden läßt, „soweit die Reichsverfassung und in Übereinstimmung mit ihr die ... Landesverfassungen hierzu in einzelnen Bestimmungen den Grund legen" und hinzufügt: „Die Staatsgewalt kann auch unmittelbar vom Volk ausgeübt werden."

Die Reichsorgane sind also nach Art. 5 zur Reichswillensbildung nur be-

---

[38]) Schumacher, Redaktionskommission S. 43f.

rufen, soweit die Reichsverfassung sie zuständig macht, was allerdings in der überwiegenden Mehrzahl der Fälle geschehen ist. Daneben bleibt aber als etwas anderes die Ausübung der Staatsgewalt in Reichsangelegenheiten durch Landesorgane und — was uns hier angeht — die unmittelbare Entscheidung des souveränen Volkes in Volksabstimmungen möglich.

2. Der in der Verfassung selbst bestehende Gegensatz zwischen den Volksabstimmungen als den unmittelbaren Äußerungen des souveränen Volkswillens und den mittelbaren Äußerungen des Volkswillens durch die Reichsorgane wird durch die in der Theorie vorherrschende Behandlung des abstimmenden Volkes als Staatsorgan verdunkelt. Während in den Verfassungsberatungen bei keinem Fall der Volksabstimmung vom Volk als Organ gesprochen, sondern die Volksabstimmung immer als unmittelbare Äußerung des Souveräns behandelt wird, betont die Theorie, sowie sie sich der Weimarer Verfassung bemächtigt, daß auch das abstimmende Volk in Wahrheit nur ein Staatsorgan sei: „Auch das Volk ist ein Organ des Reichs, es übt die ihm anvertraute Reichsgewalt nur als Organ des Reichs aus[39])"; „soweit das Volk selbst die Staatsgewalt ausübt, ist das Volk im Reich und in den Ländern oberstes Staatsorgan und hier als solches zu behandeln"[40]).

Es soll hier nicht untersucht werden, ob das bei Wahlen und Sachabstimmungen entscheidende „Volk" als pouvoir constitué wirklich ein Staatsorgan ist[41]). Es soll nur davor gewarnt werden, auf Grund der Einordnung des abstimmenden Volkes in die Staatsorgane eine Gleichstellung der Volksabstimmung mit der staatlichen Willensbildung durch Reichsorgane wie den Reichstag vorzunehmen und dann die Bedeutung beider nur quantitativ nach ihrem Anwendungsgebiet abzumessen. Das entspricht, wie zur Genüge ausgeführt worden ist, nicht dem Sinn der Verfassung. Das Ergebnis einer solchen falschen Betrachtungsweise kann nur eine völlige Zurückdrängung der Bedeutung des Volksentscheids sein, wie sie sich etwa in den Ausführungen Liermanns[42]) findet: Bei der Ausübung der Staatsgewalt erscheine neben den übrigen Staatsorganen auch die Gesamtheit der Stimmberechtigten als Staatsorgan; dieses Volk als Staatsorgan sei ein Organ neben anderen Organen, ja sogar in vielen Beziehungen hinter den anderen Staatsorganen zurücktretend; sein Einfluß sei äußerst gering, das Übergewicht liege beim Parlament; seine Haupttätigkeit sei die eines organschaffenden Organs.

Wenn man das abstimmende Volk theoretisch als Staatsorgan einordnet, so muß man sich der Verschiedenheit bewußt bleiben, die die Verfassung zwischen den Volksabstimmungen und der Ausübung der Staatsgewalt durch die Reichsorgane im Sinne von Art. 5 RV. macht; man muß dann zwischen Normalstaatsorganen und dem abstimmenden Volk als dem außerordentlichen Staatsorgan unterscheiden[43]) oder in anderer Weise die von der Verfassung gewollte

---

[39]) Walter Jellinek, Verfassung und Verwaltung S. 43.

[40]) Stier-Somlo, Staatsrecht 1, 524ff.

[41]) Schon die vorrevolutionäre Staatslehre Georg Jellineks (Allgem. Staatslehre S. 544ff.) betont, daß das abstimmende Volk Staatsorgan sei, und zwar im Jellinekschen System der Staatsorgane ein primäres, unmittelbares, einfaches, normales Staatsorgan, meist allerdings nur Kreationsorgan.

Ich glaube, daß sich auch bei den Volksabstimmungen der Begriff der gemeinschaftsverbundenen Personenvielheit als fruchtbarer erweisen würde als der nichtssagend gewordene Begriff des Organs; vgl. dazu Erwin Jacobi, Grundlehren des Arbeitsrechts S. 296. Es handelt sich um eine Vielheit von Einzelpersonen, die mit politischen Befugnissen ausgestattet und zum Zwecke der gemeinschaftlichen Ausübung dieser Befugnisse rechtlich zusammengefaßt sind. Ähnlich Liermann, Das deutsche Volk als Rechtsbegriff S. 156.

[42]) Liermann, Das deutsche Volk als Rechtsbegriff S. 141ff., 155, 166ff.

[43]) Wie das etwa Carl Schmitt, Volksbegehren und Volksentscheid S. 32ff., 47 tut, freilich

Verschiedenheit zum Ausdruck bringen. Für unsere Untersuchung sollen unter Reichsorganen nur die dauernd formierten Stellen wie Reichstag, Reichspräsident, Reichsregierung, Reichsrat usw. verstanden werden, nicht die bei den Volksabstimmungen von Fall zu Fall zusammentretenden gemeinschaftsverbundenen Personenvielheiten[44]).

V. Mit dem Vorstehenden ist schon das Verhältnis berührt, in dem die Volksabstimmung als unmittelbare Äußerung des souveränen Volkswillens im Sinne der Verfassung zu dem durch die Organe mittelbar geäußerten Volkswillen steht. Wenn auch, quantitativ betrachtet, die Willensbildung durch die Reichsorgane bei weitem überwiegt gegenüber den Volksabstimmungen, insbesondere Volksentscheid, so kann doch, soweit der Volksentscheid in Frage kommt, dieser nur als ein dem Willen der Organe übergeordneter Wille angesehen werden. Im Sinne der Verfassung steht die Entscheidung durch Abstimmung der Stimmberechtigten dem Souverän näher als die Entscheidung durch den Reichstag oder ein sonstiges Reichsorgan.

Das zeigt sich schon darin, daß Reichstag und Reichspräsident — als diejenigen Reichsorgane, auf die, abgesehen vom Reichsrat[45]), alle übrigen Reichsorgane zurückgehen[46]) — von der Volksabstimmung abhängig sind, des Vertrauens des „Volkes" bedürfen. Reichstag wie Reichspräsident werden vom Volke gewählt, müssen sich periodisch zur Neuwahl stellen und können beide vorzeitig durch Volksabstimmung abberufen werden, wenn sie nicht mehr das Vertrauen des Volkes genießen, der Reichspräsident auf Antrag des Reichstags nach Art. 43 Abs. 2 RV., § 2 VolksentschG., der Reichstag durch Auflösung seitens des Reichspräsidenten mit anschließender Neuwahl oder durch die Volksabstimmung, die die Absetzung des Reichspräsidenten nach Art. 43 Abs. 2 ablehnt und damit offenbar macht, daß der Reichstag das Vertrauen des Volkes nicht mehr genießt.

Noch deutlicher kommt die Überordnung des durch die Volksabstimmung geäußerten Willens über den durch die Reichsorgane geäußerten Willen darin zum Ausdruck, daß bei Konflikten zwischen Reichsorganen die Volksabstimmung entscheidet. Da sämtliche Reichsorgane unmittelbar oder mittelbar vom Vertrauen des Volkes abhängig sind, ist an sich zu erwarten, daß eine Verständigung zwischen ihnen regelmäßig möglich sein wird; das ist auch das im Interesse des Staatslebens unbedingt anzustrebende Ziel. Da die demokratischen Instanzen im Rechtsstaat aber auch die Aufgabe der gegenseitigen Kontrolle haben, muß mit Konflikten, die eine Entscheidung notwendig machen, gerechnet werden. Die Verfassung überträgt die Entscheidung in den verschiedensten Kombinationen der Volksabstimmung.

Bei Konflikten zwischen Reichstag und Reichspräsident im Gesetzgebungsverfahren kann der Reichspräsident durch Einspruch gegen den Gesetzesbeschluß nach Art. 73 Abs. 1 RV., sonst durch Auflösung des Reichstags nach

---

mit einer nicht gerechtfertigten Ausnahme für den Fall des Volksentscheids auf Volksbegehren; hierzu oben S. 247 Anm. 30.

[44]) Siehe oben Anm. 41.

[45]) Auf den Reichsrat soll nicht näher eingegangen werden, da hier infolge des föderalistischen Momentes die Sache etwas komplizierter liegt. Auch beim Reichsrat sorgt aber die Reichsverfassung durch die Bestimmungen in Art. 63 und Art. 17 dafür, daß seine Mitglieder auf Volksabstimmungen zurückgehen.

[46]) Das gilt auch von der Reichsregierung, deren rechtliche Selbständigkeit und damit von allen Reichsbeamten verschiedene Stellung sich nur aus ihrer gleichzeitigen Abhängigkeit von Reichspräsident und Reichstag ergibt; vgl. hierzu Ablaß, VerfAussch. 22. Sitzung v. 4. April 1919 S. 21; Preuß, VerfAussch., 38. Sitzung v. 5. Juni 1919 S. 34.

Art. 25 RV.[47]) die Volksabstimmung herbeiführen; umgekehrt kann auch der Reichstag durch die Stellung des Absetzungsantrages nach Art. 43 Abs. 2 RV. das Volk anrufen.

Bei Konflikten zwischen Reichstag und Reichsrat im Gesetzgebungsverfahren kann der Reichspräsident nach Art. 74 Abs. 2, bei verfassungsändernden Gesetzen auch der Reichsrat selbst nach Art. 76 Abs. 2 den Volksentscheid herbeiführen.

So ist es nur eine Bestätigung des der ganzen Verfassung zugrunde liegenden Gedankens, wenn bei den Verfassungsberatungen gelegentlich mit klaren Worten ausgesprochen wird, daß das Volk „durch die Volksgesetzgebung seinen Willen souverän über den Willen des Reichstags geltend machen kann"[48]).

VI. Ist im Sinne der Weimarer Verfassung die staatliche Willensäußerung durch die Volksabstimmung der Willensäußerung durch die Reichsorgane, insbesondere durch den Reichstag, übergeordnet, so wird man mit gebotener Vorsicht folgende Konsequenzen ziehen dürfen:

1. Ein Gesetz, für das sich die Volksabstimmung ausgesprochen hat, sei es, daß der Volksentscheid das Gesetz gegen den Reichstag beschlossen, sei es, daß er das vom Reichstag beschlossene Gesetz bestätigt hat (vgl. oben S. 248f. mit Anm. 31), kann nur auf der Grundlage einer neuen Volksabstimmung aufgehoben oder geändert werden. Die neue Volksabstimmung braucht nicht in Gestalt eines neuen Volksentscheids aufzutreten; es genügt auch eine inzwischen erfolgte Neuwahl des Reichstags, da diese im Sinne der Verfassung als unmittelbare Stellungnahme des souveränen Volkes zu werten ist (s. oben S. 245). Ein neugewählter Reichstag ist also in der Lage, ein durch Volksentscheid beschlossenes oder bestätigtes Gesetz aufzuheben oder zu ändern, nicht aber der zur Zeit des Volksentscheids bestehende Reichstag. Das letztere wird auch durch Art. 75 RV. bestätigt, der für die Aufhebung eines Reichstagsbeschlusses durch Volksentscheid besondere Erschwerungen einführt; wenn diese Erfordernisse im einzelnen Falle erfüllt sind und nunmehr der Beschluß des Reichstags durch Volksentscheid außer Kraft gesetzt wird, kann derselbe Reichstag nicht wohl in der Lage sein, das durch Volksentscheid beschlossene Gesetz wieder durch seinen Gesetzesbeschluß aufzuheben oder zu ändern.

In § 8 der Bremischen Verfassung ist der hier im Wege der Konsequenz entwickelte Rechtssatz ausdrücklich festgelegt: „Ein durch Volksentscheid gefaßter Beschluß kann durch die sonst für die Frage zuständigen Stellen erst geändert werden, nachdem inzwischen die Bürgerschaft neugewählt ist." Auch in einzelnen Gliedstaatsverfassungen der Union (Kalifornien, Washington, Nevada) sind ausdrückliche Bestimmungen vorhanden, wonach entweder der vom Volk gefaßte Beschluß nur wieder vom Volk geändert werden kann oder für das Parlament wenigstens eine Sperrfrist von zwei oder drei Jahren besteht[49]). In einer Verfassung, die wie die Weimarer Verfassung den Volks-

---

[47]) Bezeichnend sind hierzu die Ausführungen von Preuß, VerfAussch., 23. Sitzung v. 5. April 1919 S. 12, wonach durch die Auflösung „Berufung an die Wähler eingelegt wird; das Urteil der Wähler ist endgültig; in derselben Sache soll keine neue Berufung eingelegt werden können"; vgl. auch Ablaß, VerfAussch., 22. Sitzung v. 4. April 1919 S. 18.

[48]) Abg. Katzenstein, Nationalversammlung, 2. Lesung 45. Sitzung S. 1266 A.

[49]) In einigen westlichen Unionstaaten ist allerdings anerkannt, daß das Parlament Volksbeschlüsse ändern darf. Da handelt es sich aber um Beschlüsse, für die kein Minimum der Beteiligung verlangt wird und bei denen infolgedessen oft 5 % der Wählerschaft über ganz lokale, rein technische Angelegenheiten entscheiden. Hier hat die Abstimmung nicht mehr die Bedeutung, daß der Souverän unmittelbar entscheidet. Vgl. Hasbach, Die neuere Verfassungsentwicklung in den Vereinigten Staaten, ZfPol. 7, 71 ff.

In der Schweiz ist die Frage, ob ein Volksbeschluß durch die Volksvertretung aufgehoben entscheid als unmittelbare Willensäußerung des Souveräns dem Parlamentsbeschluß überordnet, kann auch ohne ausdrückliche Bestimmung Entsprechendes angenommen werden.

Der Vorrang des Volksentscheids gilt für einfache wie für verfassungsändernde Gesetze. Auch bei Verfassungsänderungen nach Art. 76 RV. ist der Reichstag ohne vorherige Neuwahl nicht in der Lage, ein vom Volk beschlossenes oder bestätigtes verfassungsänderndes Gesetz aufzuheben oder zu ändern. Die von Mügel und Wunderlich (s. oben S. 241) gelegentlich des Fürstenenteignungsgesetzes vertretene Rechtsauffassung, daß bei positivem Ergebnis des Volksentscheids das vom Volk beschlossene Gesetz durch den zur Zeit des Volksentscheids bestehenden Reichstag sofort wieder aufgehoben werden könne, erweist sich als unrichtig; es ist durchaus zutreffend, wenn Metzges (LZ. 1926 S. 719f.) erklärt, daß ein solches Vorgehen dem verfassungsmäßigen Grundsatz der Volkssouveränität widerspreche. Mit der Struktur der Weimarer Verfassung ist es jedenfalls nicht vereinbar.

Was für den positiven Volksbeschluß gilt, wird man auch für den negativen Volksentscheid anerkennen müssen, obgleich auch hier die Verfassung nichts ausdrücklich bestimmt[50]). Wenn eine Volksabstimmung ein Gesetz abgelehnt hat, sei es gegen den Beschluß des Reichstags, sei es gegen ein gestelltes Volksbegehren, so kann das abgelehnte Gesetz nicht von dem zur Zeit des Volksentscheids bestehenden Reichstag angenommen werden. Auch das gilt wieder für einfache wie für verfassungsändernde Gesetze.

Umgekehrt steht dagegen kein Beschluß des Reichstags einem Volksentscheid entgegen. Ein vom Reichstag beschlossenes und vom Reichspräsidenten verkündetes Gesetz kann durch Volksentscheid auf Volksbegehren sofort wieder aufgehoben werden. Das gilt auch für die Gesetze, die zwecks Ausschaltung der Referendumsinitiative von Reichstag und Reichsrat für dringlich erklärt worden sind[51]).

2. Aus der Überordnung des Volksentscheids über den Reichstagsbeschluß wird man aber weiter noch ableiten dürfen, daß der Reichstag auch im Wege der Verfassungsänderung des Art. 76 nicht in der Lage ist, die Elemente der unmittelbaren Demokratie in der Weimarer Verfassung einzuschränken, sondern daß es dazu eines Volksentscheids bedarf. Die Frage ist gelegentlich des sog. Abdrosselungsgesetzes praktisch geworden. Der dem Reichstag zur Beschlußfassung vorgelegte „Entwurf eines zweiten Gesetzes über den Volksentscheid" von 1926 wollte Volksbegehren und Referendumsinitiative für Aufwertungsgesetze und für das Abdrosselungsgesetz selbst ausschließen[52]). Dem

werden kann, bisher nicht ernsthaft aufgeworfen worden. Die Verneinung erscheint als selbstverständlich, auch soweit das Referendum nicht obligatorisch ist.

[50]) Die Frist in § 29 VolksentscheidsG. greift nicht ein. Die ausdrückliche Bestimmung in § 8 der Bremischen Verfassung deckt auch den Fall des negativen Volksentscheids.

[51]) Bei der Verfassungsberatung ist das ausdrücklich festgestellt worden; vgl. Nationalversammlung 2. Beratung v. 7. Juli 1919, Sten. Ber. S. 1355 A u. D.

[52]) Der Entwurf eines zweiten Gesetzes über den Volksentscheid (Reichstagsdrucks. Nr. 2263) lautet:

„Art. 1. Das Gesetz über den Volksentscheid v. 27. Juli 1921 (RGBl. S. 197) erhält in § 1 Abs. 2 folgenden neuen Satz 2: Als Gesetze im Sinne dieser Vorschrift gelten auch Gesetze, die die Folgen der Geldentwertung regeln.

Art. 2. Auf die Regelung der Auseinandersetzung der Länder mit den ehemals regierenden Fürstenhäusern findet dieses Gesetz keine Anwendung.

Art. 3. Über ein Gesetz zur Änderung oder Aufhebung dieses Gesetzes kann nur der Reichspräsident einen Volksentscheid veranlassen."

Der vorstehende Art. 1 enthält trotz der bloßen Abstellung auf das Volksentscheidsgesetz eine Änderung des Art. 73 Abs. 4 RV. Art. 3 bedeutet eine Durchbrechung des Art. 73 Abs. 3 RV. Hierüber unten § 4.

ist vor allem von Triepel (DJZ. 1926 Sp. 845) entschieden widersprochen worden. Er bezeichnet es als einen rechtlich nicht zulässigen Mißbrauch des Art. 76, als einen Bruch der Verfassung, „wenn ein einzelnes Organ der gesetzgebenden Gewalt ein anderes, das ihm von der Verfassung als Gegenspieler zur Seite gestellt ist, beiseite schiebt, wenn auch formal in der für Verfassungsänderungen vorgeschriebenen Form". Triepel begegnet sich hier mit Gedankengängen, wie sie Bilfinger (ArchÖffR. N. F. 11, 181) entwickelt, daß Verfassungsänderungen unzulässig seien, durch die das Gleichgewicht des Normensystems der Reichsverfassung mit all ihren Verbindungen, gegenseitig sich bedingenden Abhängigkeiten, Hemmungen und Ausgleichungen zerstört werden würde. Diese Lehren erhalten in der uns angehenden Richtung eine festere Fundierung, wenn man aus der Überordnung des Volksentscheids über den Reichstagsbeschluß die gebotene Konsequenz zieht, daß der Reichstagsbeschluß auch mit den Qualifikationen des Art. 76 RV. den Bereich des Volksentscheids nicht einengen kann, während umgekehrt der Volksentscheid in der Lage bleibt, die verfassungsmäßigen Reichstagsbefugnisse einzuschränken.

Mit der Anerkennung dieser Konsequenz erledigen sich auch alle Schwierigkeiten, die sich für die Dogmatik der Weimarer Verfassung aus dem scheinbaren Nebeneinander von Reichstag und Reichsvolk in Art. 76 ergeben. Diese Schwierigkeiten treten am deutlichsten bei Walter Jellinek hervor. Er stellt zunächst fest, daß für das geltende deutsche Verfassungsrecht die „höchste Gewalt nicht wirklich beim Volke ruht, da die Verfassung geändert und alle verfassungsmäßigen Volksrechte beseitigt werden können, ohne daß sich das Volk dagegen wehren kann" (Walter Jellinek, Kieler Zeitung v. 27. Juni 1919 Nr. 294; ferner: Revolution und Reichsverfassung, JahrbÖffR. IX, 85; Handb. d. Politik 3. Aufl., 3, 14). Dann folgt die positive Wendung, daß wir im Deutschen Reiche in Wirklichkeit eine Parlamentssouveränität haben, unter Hinweis darauf, daß alle Volksrechte gegenüber einem Reichstagsbeschluß versagen, wenn weder Reichspräsident noch Reichsrat einen Einspruch erheben und die Referendumsinitiative der Minderheit durch eine Dringlichkeitserklärung seitens des Reichstags und des Reichsrats mit anschließender Verkündung durch den Reichspräsidenten ausgeschaltet wird (Walter Jellinek, Verfassung und Verwaltung 2. Aufl. S. 15). Hier macht sich aber wieder eine Korrektur notwendig, weil es ja nach Art. 76 RV. andererseits unbezweifelbar möglich ist, daß ein Volksentscheid auf Volksbegehren die verfassungsmäßigen Reichstagsrechte beseitigt: „Wie der Reichstag durch verfassungsänderndes Gesetz das Volk entthronen kann, kann umgekehrt auch das Volk durch Volksbegehren und Volksentscheid den Reichstag seiner verfassungsmäßigen Befugnisse entkleiden." So bleibt schließlich nichts anderes als die Annahme übrig, „daß im Deutschen Reich weder eine reine Volks- noch eine reine Parlamentssouveränität besteht, sondern eine eigentümliche Art wechselseitiger Souveränität zwischen Reichsvolk und normalem Verfassungsgesetzgeber insbesondere Reichstag". „Allerdings ist das Volk dem Reichstag gegenüber im Nachteil, nicht so sehr wegen der Abhängigkeit des Volksbegehrens von einer Zulassungsentscheidung des Reichsministers des Innern, der bei der Erfüllung der Voraussetzungen gar nichts anderes tun kann als das Volksbegehren zuzulassen, als wegen der Schwerfälligkeit des Verfahrens bei der unmittelbaren Volksgesetzgebung. Beim Wettrennen der beiden ‚Souveräne' muß immer der Reichstag als erster durch das Ziel gehen." Aber andererseits fragt es sich wieder, ob der Reichstag es wagen wird, „den Kampf mit dem Volke aufzunehmen". (Walter Jellinek, Verfassung und Verwaltung S. 46.)

Dieses Ergebnis, daß es zwei „Souveräne“ im Reich gibt, zwischen denen möglicherweise Wettrennen und Kämpfe stattfinden, wird niemanden befriedigen[53]). Es kommt nicht mehr in Frage, wenn man mit der Überordnung des Volksentscheids über den Reichstagsbeschluß auch innerhalb des Art. 76 in der hier angedeuteten Weise Ernst macht.

3. Die praktische Durchführung der im vorstehenden abgeleiteten Rechtssätze liegt für das geltende Recht beim Reichspräsidenten. Er muß einem Gesetzesbeschluß des Reichstags, der mit der Überordnung des Volksentscheids über den Reichstag nicht vereinbar ist (s. die Ausführungen unter 1 und 2), die Verkündung verweigern, auch wenn der Reichstagsbeschluß den Erfordernissen des Art. 76 RV. genügt. Handelt es sich um ein Volksbegehren, dessen Entwurf vom Reichstag unverändert angenommen ist, das aber einem vorher ergangenen Volksentscheid widerspricht, so muß in diesem Falle das Volksbegehren trotz der unveränderten Annahme im Reichstag zum Volksentscheid gebracht werden. Denn noch nicht das gestellte Begehren, sondern erst der auf das Begehren ergehende Volksentscheid bringt den Willen des Souveräns im Sinne der Verfassung zum Ausdruck.

Die damit dem Reichspräsidenten zugewiesenen Funktionen liegen durchaus im Sinne der Verfassung. Der Reichspräsident wird bei den Verfassungsberatungen immer wieder als der „Hüter der Volksrechte“, als das Kontrollorgan bezeichnet, das gegenüber dem Reichstag die Rechte des souveränen Volkes zu wahren habe[54]).

Versagt das in den Gang der Gesetzgebung selbst eingeschobene Kontrollorgan, so bleibt als letztes Mittel die richterliche Nachprüfung des Reichsgesetzes auf seine Verfassungsmäßigkeit.

§ 3. Verfassungsänderung ohne Änderung des Wortlauts der Verfassung

I. Die Verfassungsänderung im Sinne von Art. 76 RV. wird nicht so verstanden, daß damit ausschließlich die Änderung des Wortlauts der Verfassung gemeint sei, obwohl eine solche Auslegung, die viele und schwierige Streitfragen aus der Welt schaffen würde, an sich durchaus denkbar wäre[55]). Die gemeine Meinung geht aber dahin, daß angesichts der weiten Auslegung, die der Begriff der Verfassungsänderung in Art. 78 RV. 1871 durch Wissenschaft und Praxis gefunden hat, die Weimarer Verfassung den Willen zum Ausschluß aller Verfassungsänderungen ohne Änderung des Wortslauts der Verfassung ausdrücklich hätte zum Ausdruck bringen müssen. Solche ausdrückliche Bestimmung findet sich beispielsweise in § 38 Abs. 2 der Verfassung von Lübeck: „Gesetze, die nicht die Änderung des Wortlauts der Verfassung unmittelbar zum Gegenstand haben, sind, soweit sie mit der Verfassung in Widerspruch stehen, unwirksam“, oder in der Verfassung der Tschechoslowakei, wo das Einführungsgesetz bestimmt, daß Gesetze, die der Verfassungsurkunde widersprechen, ungültig seien und daß diese Urkunde nur durch solche Gesetze abgeändert oder ergänzt werden könne, die als Verfassungsgesetze bezeichnet sind. In der Reichsverfassung findet sich eine derartige Bestimmung nicht, folg-

---

[53]) Wenn Walter Jellinek selbst sich damit abfindet, so erklärt sich das nur daraus, daß er im Grunde weder Volks- noch Parlamentssouveränität anerkennt, sondern der aus der konstitutionellen Monarchie überkommenen Lehre von der Staatssouveränität folgt, die das Problem der Souveränität umgeht.

[54]) Abg. Koch-Cassel, VerfAussch. 28. Sitzung v. 11. April 1919 S. 9; Ablaß, Nat.-Vers. 2. Les. 46. Sitz. S. 1309 B; Quarck, ebenda S. 1311 C. Carl Schmitt, ArchÖffR. N. F. 16, 116ff.

[55]) So auch Triepel, Verhandlungen des 33. Deutschen Juristentages (33. DJT.) S. 47.

lich kann Art. 76 nicht auf Änderungen des Verfassungstextes beschränkt werden.

Das Verhältnis der Verfassungsänderung zur Änderung des Wortlautes der Verfassung (Änderung der Verfassungsurkunde) im geltenden Reichsstaatsrecht ist schon vielfach behandelt worden. Insbesondere hat der 33. Deutsche Juristentag in Heidelberg 1924 auf Grund der Referate von Graf Dohna und Triepel Leitsätze angenommen, in denen mit Bezug auf alle Gesetze, deren Inhalt mit dem Inhalt der Verfassungsurkunde in Widerspruch steht, für die Zukunft gefordert wird, daß der Erlaß solcher Gesetze ohne vorherige oder gleichzeitige Änderung der Verfassungsurkunde verboten werde. Für das geltende Recht erkennt aber der Juristentag die rechtliche Möglichkeit solcher verfassungsändernden Gesetze, welche ohne gleichzeitige Abänderung der Verfassungsurkunde ergehen, an, er verlangt nur, daß sie, „sei es im Text, sei es in der Verkündungsformel, zum Ausdruck bringen, daß die der Verfassung zuwiderlaufenden Gesetze nach Maßgabe des Art. 76 beschlossen worden sind[56])".

Die als geltendes Recht anerkannte Möglichkeit einer Verfassungsänderung ohne Änderung des Wortlauts der Verfassung führt zu der bekannten Scheidung von formell und bloß materiell verfassungsändernden Gesetzen, wobei mit den letzteren diejenigen Gesetze gemeint sind, deren Inhalt mit dem Inhalt der Verfassungsurkunde im Widerspruch steht, ohne daß der Wortlaut der Verfassungsurkunde geändert würde. Für bloß materiell verfassungsändernde Gesetze muß nach herrschender Lehre beim Erlaß die Form der Verfassungsänderung gewahrt sein, während ihre Änderung oder Aufhebung ohne Beachtung dieser Form im Wege der einfachen Gesetzgebung erfolgen kann. Das letztere ist allerdings nicht unbestritten, da von mancher Seite auch die erschwerte Abänderbarkeit aller unter den Garantien des Art. 76 erlassenen Gesetze schlechthin behauptet wird[57]). Neuerdings mehrt sich aber die Erkenntnis, daß unter den sog. bloß materiell verfassungsändernden Gesetzen zu verschiedenartige Erscheinungen zusammengefaßt sind, als daß ihre einheitliche Behandlung möglich wäre[58]). Dasselbe gilt von der häufig aufgestellten Kategorie der „stillschweigenden Verfassungsänderungen"[59]), die sich in der Hauptsache mit den bloß materiell verfassungsändernden Gesetzen deckt. Eine wissenschaftliche Behandlung wird gut tun, die verschiedenen Erscheinungen, die hier in Frage kommen, einzeln herauszuarbeiten und einzeln zu untersuchen, wobei nicht nur die Frage der Form des Erlasses, der Aufhebung oder Abänderung, sondern in erster Linie die Frage der rechtlichen Zulässigkeit zu stellen ist.

II. In dem unscharf umschriebenen Komplex, daß ein im Widerspruch zur Reichsverfassung stehendes oder der Reichsverfassung nicht entsprechendes Gesetz ohne Änderung des Wortlauts der Reichsverfassung ergeht, erscheinen Tatbestände zuammengefaßt, die wesentliche Verschiedenheiten teils in formaler, teils in inhaltlicher Beziehung aufweisen.

1. In formaler Beziehung lassen sich die folgenden drei Typen unterscheiden:

a) Der Inhalt eines beschlossenen Gesetzes steht im Widerspruch zur Verfassung; der Widerspruch ist im Gesetzgebungsverfahren nicht bemerkt worden; wie sich aber feststellen läßt, ist im Reichstag bei der Schlußabstimmung

---

56) 33. DJT. S. 67f.

57) Vgl. beispielsweise Stier-Somlo, Staatsrecht 1, 665; Piloty, DJZ. 1923 Sp. 513.

58) Vgl. statt anderer Graf Dohna, 33. DJT. S. 33, 39f.; Poetzsch-Heffter, Reichsverfassung 3. Aufl. S. 332.

59) Hierzu Triepel, 33. DJT. S. 47.

das Gesetz mit einer den Erfordernissen des Art. 76 entsprechenden Mehrheit angenommen worden. Man kann diesen Tatbestand als „zufällige Verfassungsänderung" kennzeichnen, ohne damit Stellung zu der Frage zu nehmen, ob etwas Derartiges rechtlich anzuerkennen ist oder nicht (hierüber unten IV).

b) Der Inhalt eines Gesetzes steht in Widerspruch zur Verfassung; der Widerspruch ist im Gesetzgebungsverfahren erkannt und die erschwerten Formen des Art. 76 sind deshalb beachtet worden; das Gesetz selbst bringt aber nicht zum Ausdruck, daß es unter den Garantien des Art. 76 ergangen ist. Man kann hier von „nicht kenntlich gemachter Verfassungsänderung" sprechen (über sie unten V).

c) Der Inhalt des Gesetzes steht in Widerspruch zur Verfassung; der Widerspruch ist im Gesetzgebungsverfahren erkannt und die Erfüllung der Erfordernisse des Art. 76 im Gesetz (Publikationsklausel) zum Ausdruck gebracht worden; das Gesetz ändert aber nicht den Wortlaut der Verfassung. Das ist der Fall der „kenntlich gemachten Verfassungsänderung ohne Änderung des Wortlauts der Verfassung" (unten VI).

2. Neben diese formalen Unterscheidungen und sie durchkreuzend tritt eine Verschiedenheit mit Bezug auf den Inhalt der in Widerspruch zur Verfassung stehenden Gesetze, die an sich auch bei Änderungen des Wortlauts der Verfassung festzustellen ist, praktische Bedeutung aber gerade bei den Verfassungsänderungen ohne Änderung des Wortlauts erlangt.

a) Das im Widerspruch zur Verfassung stehende Gesetz kann einen Rechtssatz der Verfassungsurkunde ganz oder teilweise aufheben oder rechtssatzmäßig, d. h. in einer abstrakten, nicht auf den konkreten Fall abgestellten Weise ändern, wozu auch die authentische Interpretation und die sog. deklarative Änderung von Rechtssätzen der Verfassungsurkunde gehört. Hier soll von „rechtssatzmäßiger Verfassungsänderung" gesprochen werden (unten § 4 I u. II).

b) Dem steht der Tatbestand gegenüber, daß das der Verfassung widersprechende Gesetz für konkrete Fälle eine dem Verfassungsrechtssatz widersprechende Ordnung gibt, während es im übrigen die Fortgeltung des Rechtssatzes der Verfassungsurkunde unberührt läßt. Dafür wird der Ausdruck „Verfassungsdurchbrechung"[60]) verwendet (hierüber unten § 4 III).

III. Im folgenden werden zunächst nur die das Verhältnis zur Verfassungsurkunde unmittelbar betreffenden Tatbestände der zufälligen Verfassungsänderung, der nicht kenntlich gemachten Verfassungsänderung und der kenntlich gemachten Verfassungsänderung ohne Änderung des Wortlauts der Verfassung untersucht. Wo sich eine ausdrückliche Verfassungsbestimmung wie die oben wiedergegebene von Lübeck findet, sind alle drei Tatbestände rechtlich ausgeschlossen; daraus darf aber beim Fehlen einer entsprechenden ausdrücklichen Bestimmung nicht der Gegenschluß auf ihre Zulässigkeit gezogen werden. Vielmehr verlangt jeder Typus seine besondere Würdigung.

Ehe jedoch in diese Einzeluntersuchung eingetreten werden kann, sind einige Geschäftsordnungsbestimmungen zu erwähnen, die für die hier behandelten Fragen wichtig werden.

1. Die Gemeinsame Geschäftsordnung der Reichsministerien, Besonderer

---

[60]) Den Begriff der „Verfassungsdurchbrechung" habe ich auf der Jenaer Tagung der Vereinigung Deutscher Staatsrechtslehrer dogmatisch zu entwickeln versucht; vgl. Veröff. der Vereinigung Heft 1 S. 109, 118; ferner Triepel, 33. DJT. S. 55ff.; Graf Dohna, ebenda S. 35; Preuß, DJZ. 1924 Sp. 653; Bilfinger, ArchÖffR. N. F. 11, 173ff.; Liepmann, ZÖffR. 1927 S. 614 Anm. 1 und vor allem Carl Schmitt, Verfassungslehre S. 99f., 106ff.

Teil (GGO. II), schreibt in § 31 eine besondere Eingangsformel für verfassungsändernde Gesetze vor:

«Enthält das Gesetz eine Verfassungsänderung, so soll in der Eingangsformel ausgedrückt werden, daß die besonderen Vorschriften für verfassungsändernde Beschlüsse beachtet sind, etwa durch den Zusatz:

„nachdem festgestellt ist, daß die Erfordernisse verfassungsändernder Gesetzgebung für die §§ .... erfüllt sind".

Das Reichsministerium des Innern ist vorher zu hören. Hinter dem Worte „nachdem" kann „zur Vermeidung von Zweifeln" eingefügt werden, wenn zweifelhaft ist, ob eine Verfassungsänderung vorliegt.»

Außerdem bestimmt sie in § 44 Abs. 2 für die Vorlage des Gesetzentwurfs an den Reichstag:

«Ist das vorzulegende Gesetz verfassungsändernd, so ist dies in dem Begleitschreiben auszusprechen und anzugeben, ob der Reichsrat der Verfassungsänderung mit der vorgeschriebenen Stimmenzahl zugestimmt hat. Sind Reichsrat und Reichsregierung verschiedener Ansicht darüber, ob das Gesetz verfassungsändernd sei, so ist auch dies mitzuteilen.»

Bei diesen Vorschriften, die sich nicht auf alle Entwürfe verfassungsändernder Gesetze, sondern nur auf die Entwürfe der Reichsregierung beziehen, handelt es sich nicht um Rechtssätze, sondern um Dienstinstruktionen, da die Gemeinsame Geschäftsordnung der Reichsministerien — wie schon der Mangel jeder amtlichen Publikation beweist — keine Rechtsverordnung, sondern lediglich eine Verwaltungsvorschrift darstellt (vgl. auch Loewenstein, ArchÖffR. N. F., 13, 237 Anm. 4). Ein Verstoß gegen sie bedeutet also keine Rechtsverletzung und macht das betreffende Gesetz nicht verfassungswidrig. Die angegebenen Eingangsformeln finden praktisch regelmäßig Anwendung[61]), jedoch mit der Abweichung, daß der Hinweis auf die einzelnen der Verfassung widersprechenden Paragraphen des Gesetzes meist unterbleibt, da ja die Schlußabstimmung über das Gesetz als Ganzes maßgebend ist und diese den Erfordernissen des Art. 76 genügen muß (s. oben S. 235f. mit Anm. 6). Die besondere Klausel: „zur Vermeidung von Zweifeln" kommt selbstverständlich nur in Frage bei Verfassungsänderungen ohne Änderung des Wortlauts der Verfassung und wird praktisch vor allem bei Verfassungsdurchbrechungen, aber gelegentlich auch bei rechtssatzmäßigen Verfassungsänderungen verwendet[62]).

2. Die Geschäftsordnung für den Reichstag v. 12. Dez. 1922 bestimmt in § 98 Abs. 2:

«Bei Beschlüssen des Reichstags auf Abänderung der Verfassung hat der Präsident durch ausdrückliche Erklärung festzustellen, daß zwei Drittel der Mitglieder anwesend sind und wenigstens zwei Drittel der Anwesenden zustimmen.»

---

[61]) Die besonderen Publikationsformeln bei verfassungsändernden Gesetzen erscheinen schon vor dem Erlaß der GGO. II, die ersten Male in der Fassung: „Der Reichstag hat das folgende Gesetz mit verfassungsändernder Mehrheit beschlossen, das mit Zustimmung des Reichsrats hiermit verkündet wird"; vgl. Gesetz zur Regelung von Angelegenheiten der sozialen Versicherung und des Arbeitsrechts bei der Durchführung des Vertrags von Versailles v. 20. Juli 1922 und Gesetz über die Versorgung der infolge des Ultimatums vom 5. Mai 1921 entlassenen Soldaten (Ultimatumsversorgungsgesetz) v. 27. Juli 1922, RGBl. 1922 II S. 678, 683. Seit der GGO. II (genehmigt durch Beschluß der Reichsregierung v. 1. Mai 1924, in Kraft getreten am 1. Aug. 1924) werden deren Publikationsformeln regelmäßig angewendet. Das ReichspostfinanzG. v. 18. März 1924, das Art. 88 Abs. 3 u. 4 RV. außer Kraft setzt, ist selbstverständlich mit verfassungsändernder Mehrheit ergangen; die Publikationsklausel ist aber noch die eines einfachen Gesetzes.

[62]) Gegen die Zulässigkeit einer solchen Verfassungsänderung „zur Vermeidung von Zweifeln" Preuß, DJZ. 1924 Sp. 653.

Die Frage nach der Rechtsnatur der Reichstagsgeschäftsordnung soll hier nicht aufgerollt, sondern ohne nähere Begründung der Standpunkt eingenommen werden, daß mit Ausnahme der Bestimmung über die Beschlußfähigkeitsgrenze in § 98 Abs. 1 die Geschäftsordnung des Reichstags nur statutarische Vorschriften enthält, durch die das Kollegium seine Tätigkeit geregelt wissen will und bei denen eine rechtsatzmäßige Bindung erst eintritt, wenn sich auf ihrer Grundlage ein Gewohnheitsrecht entwickelt hat[63]). Auch die hier in Frage kommende Bestimmung des § 98 Abs. 2 kann noch nicht als Rechtssatz angesehen werden; ihre Verletzung bedeutet keine Rechtsverletzung.

IV. Auf der so gewonnenen Grundlage ist zunächst einmal festzustellen, daß die zufällige Verfassungsänderung als unbewußte und ungewollte Verfassungsänderung auch ohne ausdrückliches Verbot in der Verfassung keine Anerkennung finden kann. Es ist doch wohl richtig, rechtlich einen besonderen Willen zur Verfassungsänderung zu verlangen. Beim Reichstag liegt im Falle der zufälligen Verfassungsänderung ein „Beschluß auf Änderung der Verfassung" nicht vor. „Wäre der Reichstag darauf gestoßen worden, daß es sich um eine Verfassungsänderung handele, so hätte er möglicherweise anders entschieden oder es wäre die qualifizierte Mehrheit nicht erreicht worden"[64]). Auch bei der einfachen Gesetzgebung darf ein Beschluß des Reichstags als Gesetz nur verkündet werden, wenn er als Gesetzesbeschluß gefaßt ist.

V. Die nicht kenntlich gemachte Verfassungsänderung, in der vorrevolutionären Reichspraxis widerspruchslos anerkannt und fast ausnahmslos angewendet[65]), wird seit der Weimarer Verfassung von Praxis und Wissenschaft bekämpft. Immerhin ist die Kenntlichmachung der Verfassungsänderung nicht verfassungsmäßig — wie beispielsweise in Art. 44 der Österreichischen Verfassung — oder auch nur rechtsatzmäßig vorgeschrieben, sondern lediglich durch die Bestimmungen der GGO. II, die nicht einmal alle Gesetzentwürfe betreffen und deren Verletzung keine Rechtsverletzung darstellt. Zum Gewohnheitsrecht dürfte sich das Erfordernis der Kenntlichmachung der Verfassungsgesetze noch nicht verdichtet haben, wenngleich eine derartige Entwicklung durchaus im Bereich des Möglichen liegt. Vorläufig kann die nicht kenntlich gemachte Verfassungsänderung im geltenden Recht nicht als verfassungswidrig behandelt werden[66]). Sie ist als rechtsbeständig anzusehen; zur Aufhebung oder Änderung eines solchen Gesetzes genügt, da es mangels Änderung des Wortlauts der Verfassung nicht Verfassungbestandteil geworden ist, die Form des einfachen Gesetzes.

VI. Mit dem Vorstehenden ist schon entschieden, daß auf dem Boden der geltenden Reichsverfassung kenntlich gemachte Verfassungsände-

---

[63]) Vgl. Reichstagsverhandlungen I. Wahlperiode 382. Sitzung v. 15. Aug. 1923 S. 11981; II. Wahlperiode, 2. Sitzung v. 28. Mai 1924 S. 13f.; 12. Sitzung v. 26. Juni 1924 S. 313.

[64]) So Triepel, 33. DJT. S. 57, der sich selbst aber für Anerkennung der zufälligen Verfassungsänderung entscheidet: „Selbst wenn sich nun später mit Gewißheit feststellen läßt, daß man in der Übereilung etwas beschlossen hat, was bei sorgfältiger Überlegung nicht zum Gesetz geworden wäre, so ist das Gesetz doch unzweifelhaft gültig, vorausgesetzt, daß die Form des Art. 76 tatsächlich gewahrt worden ist." Triepel schlägt infolgedessen a. a. O. S. 59 für die Zukunft vor, daß der Text oder die Verkündungsformel einen Hinweis auf das Vorliegen einer Verfassungsänderung enthalten soll. Damit ist eine Verfassungsvorschrift gemeint, die diesen Hinweis für rechtlich notwendig erklärt, so daß ohne ihn keine gültige Verfassungsänderung möglich ist. Ein solcher Verfassungsrechtssatz würde natürlich alle Zweifel hinsichtlich der zufälligen Verfassungsänderung ausschließen. Hierzu RStaatsGH. v. 19. 1. 1929, RGZ. 123, Anh. S. 10*.

[65]) Eine Ausnahme macht das Reichsgesetz v. 21. Juli 1870 mit dem besonderen, in der Fassung allerdings nichtssagenden Hinweis der Publikationsformel: „nach erfolgter verfassungsmäßiger Zustimmung des Bundesrats und Reichsrats".

[66]) Übereinstimmend Triepel, 33. DJT. S. 59.

rungen ohne Änderung des Wortlauts der Verfassung als rechtlich zulässig angesehen werden müssen. Die Verfassung verbietet nirgends eine Verfassungsänderung ohne Änderung des Wortlauts der Verfassung, und ein solches ausdrückliches Verbot müßte nach den oben S. 259 gemachten Ausführungen verlangt werden. Da auch die Gesetze dieser Art mangels Änderung des Wortlauts der Verfassung nicht Bestandteil der Verfassungsurkunde werden, genügt zu ihrer Aufhebung oder Änderung ein einfaches Gesetz, vorausgesetzt, daß die Änderung nicht einen neuen Widerspruch zum Inhalt der Verfassungsurkunde enthält. Durch das verfassungsändernde Gesetz ist der widersprechende Rechtssatz der Verfassung nach dem Grundsatz von der lex posterior, soweit der Widerspruch reicht, aufgehoben. Wird nun an dem so geschaffenen Rechtszustand etwas geändert, ohne daß ein Widerspruch zum verbleibenden Teil der Verfassung eintritt, so bedarf die Änderung nicht der Garantien der Verfassungsänderung. Im Falle der Aufhebung des Gesetzes, das die Verfassung ohne Änderung des Wortlauts ändert, wird allerdings infolge Wegfalls der derogierenden lex posterior der ursprüngliche Verfassungsinhalt wieder hergestellt. Das vollzieht sich aber gewissermaßen automatisch und rechtfertigt nicht das Erfordernis der Verfassungsänderung für die Aufhebung der lex posterior[67]).

§ 4. Rechtssatzmäßige Verfassungsänderung und Verfassungsdurchbrechung

I. Daß ein Rechtssatz der Verfassung rechtssatzmäßig, d. h. in einer nach allgemeinen Merkmalen, nicht auf den konkreten Fall bestimmten Weise geändert wird, erfolgt selbstverständlich am besten unter Änderung des Wortlauts der Verfassung, indem das betr. Gesetz verfügt, daß der bisherige Rechtssatz der Verfassung ganz oder teilweise aufgehoben oder daß an seine Stelle ein anderer Rechtssatz gesetzt oder daß ein neuer Rechtssatz hinzugefügt wird[68]). Erlaß, Änderung und Aufhebung eines solchen Gesetzes stehen dann unter den Garantien des Art. 76 RV.

Es ist aber mangels entgegenstehender Vorschriften auch möglich, daß ein unter den Garantien des Art. 76 erlassenes Gesetz sich damit begnügt, als lex posterior den Rechtssatz der Verfassungsurkunde aufzuheben oder zu ändern, ohne daß eine entsprechende Änderung des Wortlauts verfügt wird (s. oben S. 259). Der Grund kann verschiedenartig sein; vielleicht rechnet man nur mit einer kurzen Dauer der Änderung und baldiger Wiederherstellung der ursprünglichen Rechtslage oder die Formulierung der Verfassungsänderung in der Verfassungsurkunde bereitet Schwierigkeiten u. a. m.[69]). Eine solche

---

[67]) Übereinstimmend Graf Dohna, 33. DJT. S. 39.

[68]) Während die RV. von 1871 bis zur Revolution nur sieben derartige Verfassungsänderungen mit Änderung des Wortlauts der Verfassung erfahren hat, sind für die Weimarer Verfassung schon jetzt acht Gesetze festzustellen, die den Wortlaut der Verfassung ändern. Von diesen betreffen allerdings vier die Übergangsbestimmungen, nämlich G. zur Änderung des Art. 168 RV. v. 6. Aug. 1920, G. zur Ergänzung des Art. 178 RV. v. 6. Aug. 1920, G., betr. Oberschlesien, v. 27. Nov. 1920, G. zur Änderung des Art. 180 RV. v. 27. Okt. 1922. Die vier anderen Gesetze bringen Änderungen des eigentlichen Verfassungstextes, nämlich G. über die Vertretung der Länder im Reichsrat v. 24. März 1921 (Änderung von Art. 61 RV.); G. zur Änderung des Art. 35 RV. v. 15. Dez. 1923; ReichspostfinanzG. v. 18. März 1924 (Aufhebung von Art. 88 Abs. 3 u. 4); G. zur Ergänzung der RV. v. 22. Mai 1926 (Einschiebung des Art. 40a).

[69]) Bisherige Anwendungsfälle solcher rechtssatzmäßiger Verfassungsänderungen ohne Änderung des Wortlauts der Verfassung sind unter der Weimarer Verfassung beispielsweise:

1. RG. über die Befriedung der Gebäude des Reichstags und der Landtage v. 8. Mai 1920,

rechtssatzmäßige Verfassungsänderung ohne Änderung des Verfassungswortlauts muß mangels entgegenstehender Bestimmungen für das Reich als zulässig angesehen werden[70]). Der Erlaß der lex posterior steht unter den Garantien des Art. 76, während sie selbst im Wege der einfachen Gesetzgebung aufgehoben und geändert werden kann (s. oben S. 264).

II. Einer besonderen Untersuchung bedarf in diesem Zusammenhang die authentische Interpretation und die sog. deklarative Änderung eines Rechtssatzes der Reichsverfassung.

1. Der Gedanke einer authentischen Interpretation der Reichsverfassung hat beim Entwurf des Abdrosselungsgesetzes (s. oben S. 257 Anm. 52) eine Rolle gespielt, bei dem die Reichsregierung den Standpunkt vertreten hat, daß der Ausschluß der Aufwertungsgesetze vom Volksbegehren nur eine authentische Interpretation des Art. 73 Abs. 4 RV. sei und infolgedessen keine Verfassungsänderung bedeute, wenn auch schließlich „zur Vermeidung von Zweifeln" der Entwurf als verfassungsänderndes Gesetz formuliert worden ist. Ebenso ist

---

enthaltend eine rechtssatzmäßige Einschränkung des Grundrechts der Versammlungsfreiheit, die sich auch in den Art. 123 RV. einfügen ließe.

2. RG. über den Volksentscheid (vgl. Reichstagsdrucks. I. Wahlperiode Nr. 1823 S. 10); hier erstreckt § 3 Abs. 1 den Volksentscheid auf ein vom Reichstag beschlossenes abweichendes Gesetz und gibt ihm damit eine Bestätigungsfunktion, die er ursprünglich nach Art. 73 Abs. 3 nicht hat; § 3 Abs. 2 ordnet in Abänderung des Art. 73 Abs. 2 an, daß ein Volksentscheid unter Umständen stattfinden muß, obgleich ein begehrtes Gesetz unverändert vom Reichstag angenommen ist (beim Vorliegen mehrerer Volksbegehren über denselben Gegenstand); die Bestimmungen des § 26 über das Zulassungs- und Eintragungsverfahren sind ebenfalls rechtssatzmäßige Änderungen des Art. 73 Abs. 3, die aber auf der Grundlage des Verweises in Art. 73 Abs. 5 auch in der Form des einfachen Gesetzes möglich wären, s. oben S. 239.

3. RG. über den Staatsgerichtshof v. 9. Juli 1921, dessen § 13 das Begnadigungsrecht des Reichspräsidenten nach Art. 49 RV. rechtssatzmäßig einschränkt; eine Änderung des Wortlauts der Verfassung wäre hier unschwer möglich.

4. G. zum Schutze der Republik v. 21. Juli 1922; rechtssatzmäßige Einschränkung der Grundrechte der Vereins-, Versammlungs- und Preßfreiheit.

5. ReichsbahnG. v. 14. Aug. 1924 mit seinen Änderungen der Verfassungsrechtsätze in Art. 89 u. 92 (Reichstagsdrucks. Nr. 452 S. 19 unten rechts).

6. Die Reichsregierung hat eine rechtssatzmäßige Verfassungsänderung auch als vorliegend erachtet bei dem Gesetz über die Aufhebung der Militärgerichtsbarkeit v. 17. Aug. 1920; nach einer im Reichstag geäußerten Auffassung sollte die in Art. 106 selbst vorgesehene Ausnahme einen bestimmten einschränkenden Sinn haben, der von dem G. v. 17. Aug. 1920 nicht beachtet wird; da aber die Beschränkung der Ausnahme in Art. 106 nicht genügend zum Ausdruck gekommen ist, enthält das G. v. 17. Aug. 1920 in Wahrheit keine Verfassungsänderung; vgl. statt anderer Anschütz, RV. zu. Art. 106 Anm. 4.

7. Alle Reichsgesetze, die ein der Verfassung unbekanntes, die Gesetzgebung als den verfassungsmäßigen Weg der Aufstellung von Rechtssätzen ausschaltendes allgemeines Verordnungsrecht schaffen; vgl. Erwin Jacobi, ArchÖffR. 39 S. 273ff.; Triepel, ebenda S. 468ff.; Bilfinger, ArchÖffR. N. F. 11, 184. Hierhin gehören

a) G. über die vereinfachte Form der Gesetzgebung für die Zwecke der Übergangswirtschaft v. 3. Aug. 1920,

b) G. über den Erlaß von Verordnungen für die Zwecke der Übergangswirtschaft v. 6. Febr. 1921,

c) ErmächtigungsG. v. 13. Okt. 1923, dieses mit der rechtssatzmäßigen Ermächtigung, von den Grundrechten der Reichsverfassung abzuweichen,

d) ErmächtigungsG. v. 18. Dez. 1923,

e) als einfaches Gesetz ist ergangen NotG. v. 24. Febr. 1923, dessen Art. VI einzelne Verordnungsermächtigungen für verschiedene Sachgebiete enthält; sie sind aber so allgemein gefaßt, daß nach Poetzsch, JÖffR. 13, 235 ein verfassungsänderndes Gesetz notwendig gewesen wäre.

8. Von Entwürfen ist vor allem der Entwurf des Abdrosselungsgesetzes (s. oben Anm. 52) zu nennen, dessen Art. 1 eine rechtssatzmäßige Änderung des Art. 73 Abs. 4 RV. bedeutet hätte. Die Reichsregierung hat allerdings den Standpunkt vertreten, daß es sich hier nur um eine authentische Interpretation handle, die im Wege des einfachen Gesetzes möglich sei.

[70]) Anders Graf Dohna, 33. DJT. S. 36; gegen ihn überzeugend Triepel, ebenda S. 51f., auch ArchÖffR. 39, 543.

die Frage der authentischen Interpretation der Reichsverfassung gegenüber dem Entwurf eines Gesetzes über die Prüfung der Verfassungsmäßigkeit von Vorschriften des Reichsrechts im Schrifttum aufgeworfen worden[71]).

2. Den Begriff der deklarativen im Gegensatz zur konstitutiven Verfassungsänderung hat man im Zusammenhang mit der Neuregelung der Biersteuerentschädigung entwickelt. Die im Jahre 1919 noch vor der Weimarer Verfassung erlassenen Gesetze über den Eintritt Bayerns, Badens und Württembergs in die Biersteuergemeinschaft hatten diesen Ländern Biersteuerentschädigungen zugebilligt und bestimmt, daß Änderungen nur unter den Voraussetzungen erfolgen dürften, die nach der Reichsverfassung für Verfassungsänderungen gelten (s. unten S. 275). Infolge der Inflation mußten nun die festgesetzten Geldbeträge der Geldentwertung angepaßt werden, und dabei wurde die Meinung vertreten, daß es sich um eine bloße Deklaration, keine wirkliche Änderung der Rechtslage handle; es werde nur klargestellt, was unter den veränderten Verhältnissen den in den betreffenden Gesetzen niedergelegten Beträgen entspreche, eine Rechtsänderung liege nicht vor. Infolge dieser Rechtsauffassung sind die Neuregelungen der Biersteuerentschädigung tatsächlich im Wege der einfachen Gesetzgebung ergangen, was im Schrifttum teils gebilligt, teils abgelehnt worden ist[72]), die Anerkennung des Staatsgerichtshofs aber nicht gefunden hat[73]).

3. Die authentische Interpretation und die deklarative Änderung von Rechtssätzen der Verfassungsurkunde sind sich in ihrem Wesen sehr ähnlich. Bei der authentischen Interpretation handelt es sich darum, für einen mehrdeutigen Rechtssatz der Verfassung die vom Verfassunggeber gewollte Auslegung eindeutig festzulegen. Bei der deklarativen Änderung wird ein durch besondere tatsächliche Umstände sinnveränderter Rechtssatz in seinem ursprünglichen Sinne klargestellt. In beiden Fällen liegt also der Tatbestand vor, daß die bisher zweifelhafte Auslegung eines Rechtssatzes der Verfassung eindeutig festgelegt wird. Die vorher noch mögliche verschiedenartige Beurteilung der Rechtslage ist nunmehr rechtssatzmäßig gebunden. Das ist aber nichts anderes als eine rechtssatzmäßige Änderung des betreffenden Rechtssatzes der Verfassungsurkunde, und das dafür unter I Entwickelte hat auch hier zu gelten. Authentische Interpretation wie deklarative Änderung der Reichsverfassung sind rechtlich möglich, bedürfen aber der Garantien der Verfassungsänderungen nach Art. 76 RV. In der Verfassung von Baden wird die Erläuterung der Verfassung ausdrücklich den erschwerten Bestimmungen über Verfassungsänderungen unterstellt: „Zur gültigen Beschlußfassung über Gesetze, durch welche die Verfassung oder ein Gesetz, das den für Verfassungsänderungen geltenden Vorschriften unterstellt ist, ergänzt, erläutert oder abgeändert wird, ist die Zustimmung von mindestens zwei Dritteln bei Anwesenheit von drei Vierteln des Landtags erforderlich" (§ 39 Abs. 2, vgl. dazu § 23 Abs. 1 der Badischen Verfassung). Im Reich muß

---

[71]) Vgl. dazu J. Mayer, BayVerwBl. 75, 5ff.; Thoma, Grundrechte und Polizeigewalt, Festgabe für das PrOVG. S. 223.

[72]) Zustimmend vor allem Karl Löwenstein, Die Rechtsgültigkeit der gesetzlichen Neuregelung der Biersteuerentschädigung, zugleich ein Beitrag zur Lehre vom Verfassungsgesetz, ArchÖffR. N. F. 13 S. 234, 240ff. mit der besonders bedenklichen Formulierung, daß die bloß deklarative Verfassungsänderung formell Verfassungsänderung sei, materiell nicht, während nach dem oben S. 260 erläuternden Sprachgebrauch unter formell verfassungsändernden Gesetzen gerade Änderungen des Wortlauts der Verfassung verstanden werden, für die unbedingt die Garantien des Art. 76 RV. verlangt werden müßten. Im Ergebnis anscheinend mit Löwenstein übereinstimmend Anschütz, vgl. ArchÖffR. a. a. O. S. 240 Anm. 10.

[73]) RGZ. 122, Anh. S. 17* ff., bes. S. 40* f.

aber dasselbe auch ohne ausdrückliche Bestimmung gelten, da die authentische Interpretation und die deklarative Änderung von Verfassungsrechtssätzen nichts anderes als rechtssatzmäßige Verfassungsänderungen bedeuten[74]). Beide können unter Änderung des Wortlauts der Verfassung, nach geltendem Reichsrecht aber auch ohne solche durch lex posterior erfolgen, für deren Aufhebung und Änderung dann das oben S. 264 Ausgeführte gilt.

III. Den Gegensatz der rechtssatzmäßigen Verfassungsänderung bildet die Verfassungsdurchbrechung (s. oben S. 261), die praktisch in ununterbrochener Übung ist und bei weitem den größten Prozentsatz der nach Art. 76 RV. erlassenen Gesetze stellt. Ihr Wesen wird nicht scharf genug erfaßt, wenn man sie bloß als Ausnahme von der verfassungsmäßigen Regelung kennzeichnet[75]), denn es gibt auch rechtssatzmäßige Ausnahmen, deren Einordnung in die rechtssatzmäßigen Verfassungsänderungen erfolgen muß. Bei der Verfassungsdurchbrechung handelt es sich, wie oben S. 261 dargetan, darum, daß der Verfassungsrechtssatz als Regel unangetastet bleibt und daß nur für einen konkreten Fall eine Ausnahme verfügt, eine Ordnung gegeben wird, die der Verfassungsregel widerspricht[76]).

1. Sofern diese Abweichung für den konkreten Fall in den Wortlaut der Verfassung aufgenommen wird, wie bei dem Reichsgesetz betr. Oberschlesien vom 27. Nov. 1920 (Art. 167 Abs. 2 u. 3 RV.), ist der Widerspruch zur Verfassung behoben. Das den Wortlaut der Verfassung ändernde Gesetz ist als Reichsverfassungsänderung unter den Garantien des Art. 76 RV. zulässig; seine Änderung oder Aufhebung steht ebenfalls unter der Regel des Art. 76[77]).

Die eigentliche seit der Weimarer Verfassung bereits in mehr als einem Viertelhundert von Fällen praktisch gewordene Verfassungsdurchbrechung erfolgt aber ohne Änderung des Wortlauts der Verfassung einfach in der Weise, daß das der Verfassungsregel widersprechende konkrete Gesetz in den Formen des Art. 76 RV. beschlossen wird.

Hierhin gehören die zahlreichen Fälle, in denen die verfassungsrechtlich festgelegte Gesetzgebungskompetenz des Reichs durch ein konkretes Gesetz überschritten wird[78]). Das betreffende unter den Garantien des

---

[74]) Ebenso der Staatsgerichtshof a. a. O.

[75]) So Graf Dohna, 33. DJT. S. 35.

[76]) Vgl. hierzu Triepel, 33. DJT. S. 50f.

[77]) Vgl. auch Preuß, DJZ. 1924 Sp. 650; Bilfinger, ArchÖffR. N. F. 11, 174.

[78]) Zweigert, VerfAussch. 8. Sitzung v. 17. März 1919 S. 9, spricht hier von „über die verfassungsmäßige Kompetenz hinausgehenden Spezialgesetzen ohne Änderung des Wortlauts der Verfassung".

Wichtigere Anwendungsfälle solcher Kompetenzüberschreitungen im konkreten Fall sind unter der Weimarer Verfassung:

1. G. betr. die vorläufige Förderung des Wohnungsbaues v. 12. Febr. 1921; Überschreitung der Grundsatzkompetenz in Art. 10 Ziff. 4 RV.

2. G. über die Erhebung einer Abgabe zur Förderung des Wohnungsbaues v. 26. Juni 1921. § 1 des Gesetzes verpflichtet die Länder, von den Nutzungsberechtigten der am 1. Juli 1918 fertiggestellten Gebäude eine Abgabe zu erheben. Die Reichsregierung stützt die Kompetenz des Reichs auf Art. 8 RV. und hält einfaches Gesetz für genügend; der Reichsrat behauptet Überschreitung der Grundsatzkompetenz in Art. 10 u. 11 RV.; der Reichstag erläßt das Gesetz „zur „Vermeidung von Zweifeln" in den Formen der Verfassungsänderung.

3. ReichskriminalpolizeiG. v. 21. Juli 1922, nicht in Kraft gesetzt; es nimmt für das Reich die sonst fehlende Zuständigkeit in Anspruch, in die Organisation der Landespolizeiverwaltung einzugreifen.

4. Entwurf eines Gesetzes über die Feier- und Gedenktage, vorgelegt am 20. April 1923 (Reichstagsdrucks. Nr. 5746); gegen ihn wird geltend gemacht, daß das Reich keine Kompetenz habe, den Ländern die Festsetzung von Feiertagen nichtreligiöser Art zu verbieten, also müsse das Gesetz

Art. 76 erlassene Gesetz will nicht etwa die rechtssatzmäßige Kompetenzverteilung zwischen Reich und Ländern in Art. 6—12 RV.[79]) für die Zukunft ändern; nur für den konkreten Fall dieses einen Gesetzes soll das Reich zur Gesetzgebung zuständig sein. Für jedes andere Gesetz über dieselbe Materie soll die rechtssatzmäßige Kompetenzverteilung in Art. 6—12 unverändert maßgebend bleiben.

Ein zweiter Typus von Verfassungsdurchbrechungen ohne Änderung des Wortlautes der Verfassung begegnet in Gestalt der Durchbrechung von Grundrechten. Hier steht der Erlaß des betreffenden konkreten Gesetzes im Widerspruch zu einem Rechtssatz der Grundrechte, der keinen Vorbehalt des Gesetzes enthält, also eine unbedingte verfassungsmäßige Gewährleistung gibt. Das konkrete Gesetz will den Rechtssatz der Grundrechtsartikel nicht rechtssatzmäßig ändern, sondern dieser Rechtssatz soll für die Zukunft unverändert in Geltung bleiben; nur das konkrete Gesetz soll in Widerspruch zu ihm ergehen — am häufigsten praktisch geworden gegenüber der verfassungsmäßigen Gewährleistung der wohlerworbenen Rechte der Beamten in Art. 129 Abs. 1 Satz 3 RV.[80]).

---

unter den Garantien des Art. 76 ergehen; die Reichsregierung beruft sich demgegenüber auf Art. 9 Ziff. 2 und Art. 139 RV.

5. G. über die Aufnahme von Auslandskrediten durch Gemeinden und Gemeindeverbände v. 21. März 1925; Kompetenzerweiterung für diesen konkreten Fall eines Eingriffs in die Kommunalhoheit der Länder.

6. G. über Straffreiheit v. 14. Juli 1928; es ergeht „zur Vermeidung von Zweifeln" unter den Garantien der Verfassungsänderung, weil der Straferlaß auch bei Strafen vorgeschrieben wird, die von Gerichten der Länder verhängt sind und es zweifelhaft erscheint, ob das durch Art. 7 Ziff. 3 oder durch Art. 14 RV. gedeckt ist; außerdem kommt noch Widerspruch zu Art. 109 und Art. 105 RV. in Frage (vgl. § 2 des G.).

7. Entwurf eines Gebäudeentschuldungssteuergesetzes, RT. IV. Wahlperiode 1928/29 Nr. 568 und zu Nr. 568 der Drucks.; Überschreitung der Grundsatzkompetenz des Art. 11 RV.; vgl. Drucks. zu Nr. 568 S. 175.

8. In verschiedenen Fällen sind Bedenken mangelnder Gesetzgebungskompetenz des Reichs erhoben worden, die Gesetze aber schließlich als einfache Gesetze ergangen, beispielsweise:

a) Reichsabgabenordnung; streitig die Kompetenz nach Art. 14 RV.,

b) Landessteuergesetz v. 30. März 1920; streitig die Kompetenz nach Art. 8, 11 RV.

c) Besoldungssperrgesetz v. 12. Dez. 1920; streitig die Kompetenz nach Art. 10 Z. 3 RV.,

d) G. über die Regelung der Mietzinsbildung (Reichsmietengesetz) v. 24. März 1922; streitig die Kompetenz nach Art. 10 Ziff. 4.

e) KraftfahrzeugsteuerG. v. 8. April 1922; streitig die Kompetenz nach Art. 11.

Vgl. hierzu Poetzsch, JÖffR. 13, 232 ff.

[79]) Bredt, ZStaatsW. 82, 55, Geist der deutschen Reichsverfassung S. 134 verwirft den ganzen Kompetenzkatalog als eine bloß formelle und unnötige Erschwerung der Reichsgesetzgebung. Vorläufig muß aber mit ihm gerechnet werden, und seine praktische Bedeutung zeigt sich gerade in den vielfachen Kämpfen um seine Durchbrechung.

[80]) Praktische Anwendungsfälle der Durchbrechung von Grundrechten der Weimarer Verfassung sind beispielsweise:

1. G. v. 10. März 1922 über vorübergehende Rechtspflegemaßnahmen im Hinblick auf das Saargebiet; Durchbrechung von Art. 112 Abs. 3 RV. durch § 3 des G.

2. G. über die Aussetzung der Rechtsstreitigkeiten über die Auseinandersetzung mit den ehemals regierenden Fürstenhäusern v. 13. Febr. 1926 — sog. Sperrgesetz bei der Fürstenenteignung — Durchbrechung von Art. 105 Satz 2; von den vier Verlängerungsgesetzen ist das G. über die Aussetzung von Verfahren v. 3. April 1926 als einfaches Gesetz ergangen, die übrigen sind „zur Vermeidung von Zweifeln" unter den Garantien der Verfassungsänderung erlassen.

3. Entwurf des Fürstenenteignungsgesetzes; Durchbrechung des Art. 153 RV.

4. Durchbrechung der Gewährleistung der wohlerworbenen Rechte der Beamten und Soldaten in Art. 129 Abs. 1 Satz 3 RV. durch folgende Gesetze:

a) G. über die Pflichten der Beamten zum Schutze der Republik v. 21. Juli 1922.

b) G. über die Versorgung der infolge der Annahme des Ultimatums der Verbandsstaaten v. 5. Mai 1921 entlassenen Soldaten (Ultimatumsversorgung) v. 27. Juli 1922.

c) Entwurf eines Pensionskürzungsgesetzes (Reichstagsdrucks. 1922 Nr. 3127), vom Reichstag nur mit einfacher Mehrheit angenommen und infolgedessen nicht verkündet.

Sonstige Verfassungsdurchbrechungen finden sich teils gegenüber den Bestimmungen, die den Aufbau der Reichsorgane regeln[81]), teils gegenüber den Bestimmungen über das Gesetzgebungsverfahren[82]). Dazu kommen noch die sog. Gesetze mit Verfassungskraft, über die später besonders gehandelt wird.

2. Durch ausdrückliche Verfassungsbestimmungen wie in der Verfassung von Lübeck oder in der Verfassung der Tschechoslowakei (s. oben S. 259) können derartige Verfassungsdurchbrechungen ohne Änderung des Wortlauts der Verfassung selbstverständlich verboten werden. Im Reich fehlt es an einer solchen Bestimmung, und infolgedessen werden hier Verfassungsdurchbrechungen ohne Änderung des Wortlauts der Verfassung ganz überwiegend als zulässig angesehen, falls nur das durchbrechende Gesetz die Garantien des Art. 76 erfüllt; für die Änderung oder Aufhebung des durchbrechenden Gesetzes wird folgerichtig einfaches Reichsgesetz als genügend erachtet[83]).

Die Praxis solcher Verfassungsdurchbrechungen ist aus der Zeit der Reichsverfassung von 1871 übernommen, wo sie ganz regelmäßig und widerspruchslos geübt worden ist. Anfangs hat allerdings auch damals die Staatsrechtswissenschaft speziell für Kompetenzüberschreitungen im konkreten Fall die Verfassungsdurchbrechung abgelehnt und verlangt, daß erst die rechtssatzmäßige Änderung der Kompetenzverteilung durch verfassungsänderndes Gesetz erfolgen müsse und auf dieser Grundlage dann das geplante konkrete Gesetz als einfaches Gesetz erlassen werde[84]). Schon bald aber hat sich die Gegenlehre durchgesetzt, daß es zwar nicht „korrekt" und „juristisch angemessen", aber rechtlich doch unangreifbar sei, wenn nur das konkrete Gesetz

d) Entwurf eines G. über Verwendung von Wartegeldempfängern 1922, Drucks. Nr. 3649.

e) Entwurf eines G. über den Übertritt von Beamten in den Reichsdienst aus Anlaß der Steuervereinheitlichung, Reichstagsdrucks. IV. Wahlperiode 1928/29 Nr. 568, vgl. bes. Drucks. zu Nr. 568 S. 269.

Dazu kommen noch die Fälle, wo unter dem Anschein, keine wohlerworbenen Rechte entstehen zu lassen, die Durchbrechung des Art. 129 Abs. 1 Satz 3 formal vermieden wird, z. B. ReichsbesoldungsG. v. 16. Dez. 1927 § 39.

[81]) Wichtige Anwendungsfälle:

1. § 38 Abs. 3 ReichswahlG. v. 27. April 1920, wonach in Widerspruch zu Art. 22 und 180 RV. für gewisse Bezirke die Abgeordneten der Nationalversammlung bis zu der in diesen Bezirken aufgeschobenen Neuwahl als Mitglieder des Reichstags gelten sollen.

2. G. betr. die Tätigkeit eines Reichstagsausschusses bei Durchführung des landwirtschaftlichen Notprogramms v. 31. März 1928; Durchbrechung des Art. 25 RV. durch Anerkennung eines konkreten Zwischenausschusses nach Auflösung des Reichstags.

[82]) Wichtige Anwendungsfälle:

1. Das G. zur Fortführung der Strafrechtsreform v. 31. März 1928, wonach es für den Entwurf des Strafgesetzbuchs trotz erfolgter Reichstagsauflösung keiner erneuten Einbringung beim Reichstag und damit keiner erneuten Beratung im Reichsrat bedarf; Durchbrechung von Art. 68 RV.

2. Entwurf eines Abdrosselungsgesetzes (s. oben S. 257 Anm. 52), insoweit in Art. 3 des Entwurfs für dieses Gesetz speziell das Volksbegehren ausgeschlossen werden soll: Durchbrechung von Art. 73 Abs. 2 u. 3 RV.

[83]) Vgl. statt anderer Walter Jellinek, Verfassung und Verwaltung S. 102; Poetzsch-Heffter, RV. 3. Aufl S. 332; Graf Dohna, 33. DJT. S. 34; Bilfinger, ArchÖffR. N. F. 11 S. 174, 190; Carl Schmitt, Verfassungslehre S. 100.

Wegen der Aufhebung oder Abänderung verfassungsdurchbrechender Gesetze werden auch andere Meinungen vertreten, s. oben S. 260 Anm. 57 und besonders Poetzsch, JÖffR. 13, 228; Grau, ArchÖffR. 49, 237. Auf diese Spezialfrage braucht nicht näher eingegangen zu werden, da die Verfassungsdurchbrechung im ganzen abgelehnt wird.

Die Gegner der herrschenden Lehre von der Zulässigkeit der Verfassungsdurchbrechung werden unten S. 273 f. besonders behandelt.

[84]) So Hiersemenzel, Beseler, Zachariä, Georg Meyer, v. Roenne; vgl. Triepel, 33. DJT. S. 54.

unter den Garantien der Verfassungsänderung erlassen werde, denn nichts verbiete, auf die Verfassungsurkunde den Satz von der lex posterior anzuwenden[85]).

Gegenüber dieser Anerkennung der Verfassungsdurchbrechung unter der Reichsverfassung von 1871 muß aber die Verschiedenheit der damaligen und der heutigen Verfassungssituation unterstrichen werden. Der Kern der Reichsverfassung von 1871 war die Abgrenzung des Verhältnisses von Reich und Bundesstaaten, weshalb ja auch die Verfassungsänderung ihre einzige Erschwerung in dem geheim verhandelnden Bundesrat hatte (s. oben S. 235). Mit der Zustimmung des Bundesrats zu einer Verfassungsänderung hatten die Hauptinteressierten an der ganzen Verfassung, nämlich die Länder, ihr Einverständnis gegeben. Für die Öffentlichkeit war die Erschwerung der Verfassungsänderung nicht wesentlich[86]). Dem entsprach auch die fast unbestrittene Ablehnung jeder richterlichen Nachprüfung. Die Weimarer Verfassung enthält im Gegensatz zur Reichsverfassung von 1871 Grundrechte, die die Rechtsstellung des einzelnen Bürgers betreffen; hier ist die Öffentlichkeit unmittelbar an der Verfassungsänderung interessiert; die Erschwerung liegt bei dem öffentlich verhandelnden Reichstag, eine Nachprüfung wird von der Rechtsprechung und der überwiegenden Lehre anerkannt. Infolgedessen geht es nicht an, die Praxis der Bismarckschen Verfassung unbesehen auch unter der Weimarer Verfassung als rechtlich zulässig zu übernehmen[87]), sondern es bedarf auf dem neuen Rechtsboden einer erneuten sorgfältigen Prüfung.

Zur Rechtfertigung der Verfassungsdurchbrechung unter der Weimarer Verfassung genügt jedenfalls nicht der Hinweis, daß in der Weimarer Verfassung keine dem § 39 Abs. 2 der Lübecker Verfassung entsprechende Verbotsbestimmung enthalten sei. Es kommt darauf an, ob die Weimarer Verfassung Verfassungsdurchbrechungen gestattet. Dafür läßt sich aber in der Verfassung keine genügende Grundlage aufweisen[88]). Hinter der herrschenden Praxis der Verfassungsdurchbrechungen und der sie anerkennenden Lehre steht offenbar folgender Gedanke: Wenn für das betreffende konkrete Gesetz die verfassungsändernde Mehrheit vorhanden sei, so bedeute es nur einen formalistischen Umweg, wollte man erst den Rechtssatz der Verfassung unter den Garantien des Art. 76 rechtssatzmäßig ändern und dann das konkrete Gesetz als einfaches Gesetz erlassen. Hier wird aber verkannt, daß es nicht nur rechtlich, sondern auch tatsächlich etwas absolut Verschiedenes ist, ob nur ein einem Verfassungsrechtssatz widersprechendes konkretes Gesetz unter den Garantien der Verfassungsänderung ergeht oder ob der betreffende Verfassungsrechtssatz selbst rechtssatzmäßig geändert wird. Das letztere hat eine ganz andere Tragweite. Wenn eine verfassungsändernde Mehrheit für das konkrete Gesetz zu haben ist, so steht sie deswegen nicht notwendig auch für die rechtssatzmäßige Änderung des Verfassungsgrundsatzes zur Verfügung. Man denke etwa an eine Durchbrechung der Beamtengarantien des Art. 129 Abs. 1 Satz 3 RV. durch ein konkretes

---

[85]) So Bähr, Haenel, Seydel, Zorn, Arndt und vor allem Georg Jellinek und Laband; vgl. Triepel a. a. O.; Zweigert, VerfAussch. 8. Sitzung v. 17. März 1919 S. 9.

[86]) Vgl. Triepel a. a. O. S. 56.

[87]) Siehe die Zitate oben Anm. 83.

[88]) Die Schlußreihe von Graf Dohna, 33. DJT. S. 34, daß bei Abweichungen von Verfassungsrechtssätzen im konkreten Falle eine Änderung des Wortlauts der Verfassung unmöglich, also das Erfordernis einer gleichzeitigen Änderung der Verfassungsurkunde unhaltbar, folglich die Verfassungsdurchbrechung durch das konkrete Gesetz rechtmäßig sei, ist höchst bedenklich. Gegen sie schon Triepel, ebenda S. 51f.

Gesetz und an die Änderung oder Aufhebung der Garantie selbst. Bei der Verfassungsdurchbrechung ist eine rechtssatzmäßige Änderung des Verfassungsrechtssatzes gerade nicht gewollt, sondern der Verfassungsrechtssatz soll gewissermaßen für einen Augenblick aufgehoben werden, in diesem Augenblick soll das im Widerspruch zu ihm stehende Gesetz ergehen, und nun soll sofort wieder der alte Verfassungsrechtssatz in Geltung treten[89]). Damit enthüllt sich aber die Verfassungsdurchbrechung als ein Ausnahmegesetz in dem bedenklichen Sinne, in dem man von Ausnahmegerichten spricht, als ein Widerspruch zur Unverbrüchlichkeit des Verfassungsrechts, zur Gleichheit vor dem Gesetze, zur Rechtsidee.

Dazu gibt Art. 76 RV. keine Ermächtigung[90]). Wenn es hier heißt, daß die Verfassung im Wege der Gesetzgebung geändert werden kann, so kann darunter außer der Änderung des Wortlautes der Verfassung noch die rechtssatzmäßige Verfassungsänderung ohne Änderung des Verfassungswortlautes verstanden werden, nicht aber der Erlaß eines im Widerspruch zur Verfassung stehenden Gesetzes ohne rechtssatzmäßige Änderung des Verfassungsrechtssatzes.

Die vorstehend entwickelte Rechtsauffassung tritt bei den Verfassungsberatungen mit Bezug auf die Kompetenzüberschreitung im konkreten Fall in voller Klarheit zutage. Im Verfassungsausschuß wird ausdrücklich festgestellt, daß — entgegen der vorrevolutionären Rechtspraxis bei Kompetenzüberschreitungen durch ein konkretes Gesetz — jeweils vorher erst der Katalog der Verfassung über die Gesetzgebungskompetenz des Reichs zu ändern sei[91]). Diese Ausführungen können unbedenklich auf die Verfassungsdurchbrechung überhaupt erstreckt werden.

An verschiedenen Stellen wird auch in der Verfassung selbst deutlich, daß sie mit Verfassungsdurchbrechungen im Wege des Art. 76 nicht rechnet. Wenn Art. 18 Abs. 1 Satz 2 RV. für die Änderungen des Gebietes von Ländern und die Neubildung von Ländern innerhalb des Reichs ein „verfassungsänderndes Reichsgesetz" verlangt, so wäre eine solche ausdrückliche Bestimmung unverständlich, wenn unter den Garantien des Art. 76 ohnehin jedes Gesetz beliebigen und verfassungswidrigen Inhalts erlassen werden könnte[92]).

---

[89]) Eine bezeichnende Parallele ist der Vorschlag Walter Jellineks bei der Fürstenenteignung, den Art. 153 RV. erst einmal auf Grund von Art. 48 Abs. 3 RV. zu suspendieren und dann das Fürstenenteignungsgesetz als einfaches Gesetz zu erlassen.

[90]) Das betont auch Preuß, DJZ. 1924 Sp. 653.

[91]) Im VerfAussch. 1. Lesung 8. Sitzung v. 17. März 1919 macht Zweigert S. 9 auf die Ausführungen von Koch-Cassel (S. 4) aufmerksam, daß im Falle einer Kompetenzerweiterung stets eine ausdrückliche Änderung des Wortlauts der Verfassung erforderlich sei, daß der Katalog der Verfassung „stets auf dem laufenden erhalten werden solle". Dieses Verfahren sei sicher das korrekte, entspreche aber nicht der bisherigen Praxis. Daraufhin stellt Haußmann als Vorsitzender des Verfassungsausschusses (S. 9) ausdrücklich fest, daß der Verfassungstext jeweils zu ändern sei, und Koch-Cassel betont S. 10 nochmals das Erfordernis der Textänderung; die Garantie für die Einzelstaaten liege gerade darin, daß das Reich jedesmal, wenn es ein Arbeitsgebiet in Anspruch nehmen wolle, das den Ländern gehört, sich klarmachen müsse, ob und inwiefern es seine Zuständigkeit erweitern wolle.

[92]) Natürlich könnte das Erfordernis des verfassungsändernden Gesetzes auch die Bedeutung haben, daß dort, wo an sich ein einfaches Gesetz genügen würde, durch positive Bestimmung der Reichsverfassung ein Gesetz unter den Garantien des Art. 76 verlangt wird. Das ist aber bei Art. 18 RV., wie gegen Triepel, 33. DJT. S. 48 festgestellt werden muß, nicht der Fall. Ohne Art. 18 hätte das Reich keine Zuständigkeit, in den Bestand der Länder einzugreifen, es müßte sich diese Zuständigkeit erst durch eine Verfassungsänderung beilegen. Art. 18 RV. gestattet nun ohne rechtssatzmäßige Kompetenzerweiterung den Eingriff durch ein den Vorschriften des Art. 76 entsprechendes Gesetz im konkreten Fall. Preuß, VerfAussch. 10. Sitzung v. 19. März 1919 S. 4 bemerkt dazu: „Man hat gesagt, wenn für das Eingreifen des Reichs ein verfassungsänderndes Reichsgesetz zu fordern wäre, so brauche dies in dem Art. 18 (damals 15) nicht aus-

Nach Art. 59 RV., auf den schon Schmitt, Veröffentlichungen der Vereinigung der Staatsrechtslehrer I S. 97f. hinweist, genügt die für Verfassungsänderungen vorgeschriebene Mehrheit des Reichstags nur zur Erhebung der Ministeranklage vor dem Staatsgerichtshof; bei Anerkennung der Verfassungsdurchbrechung könnte dieselbe Mehrheit im Wege eines Gesetzes nach Art. 76 auch gleich die Absetzung aussprechen. Von den Grundrechten der Reichsverfassung enthält eine große Zahl den ausdrücklichen Vorbehalt des Gesetzes; wo die Verfassung den Vorbehalt des Gesetzes nicht ausspricht, muß angenommen werden, daß sie das betreffende Grundrecht unbedingt gewährleisten will; bei Anerkennung der Verfassungsdurchbrechung kommt aber die Rechtslage auf dasselbe heraus, als ob die betreffenden Grundrechtsartikel den Vorbehalt des verfassungsändernden Gesetzes enthielten[93]). Die Gewährleistung ist gering, wenn jede verfassungsändernde Mehrheit des Reichstags etwas Abweichendes verfügen kann. Eine wirkliche verfassungsmäßige Gewährleistung liegt erst vor, wenn der Bürger die Sicherheit hat, daß erst eine Änderung des Wortlauts der Verfassung oder eine rechtssatzmäßige Änderung des Grundrechtsartikels erfolgen muß, ehe ein Eingriff stattfinden darf[94]).

Die ganze Lehre von den Verfassungsdurchbrechungen kommt schließlich darauf hinaus, daß die Verfassung für die qualifizierte Mehrheit des Reichstags keine Bedeutung hat[95]).

3. Kann man nach alledem mit Entschiedenheit feststellen, daß die Weimarer Verfassung keine genügende Grundlage für die Anerkennung der Ver-

---

drücklich bestimmt zu werden . . ., aber gleichgültig ist die Erwähnung eines verfassungsändernden Reichsgesetzes doch nicht. Denn es ist etwas anderes, ob das Reich erst die Verfassung ändern muß, um seine Kompetenz für die Ordnung der Gebietsfragen zu begründen, oder ob dies in der Verfassung festgelegt ist und nur gesagt wird, daß das Reichsgesetz, das diese Gebietsveränderungen vornimmt, in der Form der Verfassungsänderung ergehen muß . . .".

Anders liegt die Sache bei Art. 82 Abs. 4 Satz 2 RV., wo das verlangte verfassungsändernde Gesetz in der Tat nur als Erschwerung gegenüber dem sonst zulässigen einfachen Reichsgesetz verstanden werden kann.

[93]) Thoma, Grundrechte und Polizeigewalt, Festgabe für das PrOVG. S. 183 spricht von „reichsverfassungskräftigen Grundrechten 1. Grades"; „sie sind nach herrschender Ansicht . . . nicht anders antastbar als durch ein verfassungsänderndes Reichsgesetz".

[94]) Sinzheimer, VerfAussch. 18. Sitzung v. 31. Aug. 1919 S. 20: „Die juristische Bedeutung besteht . . . darin, daß bestimmte wichtige Lebenssphären besonders geschützt werden, und zwar durch die Verfassung geschützt werden derart, daß zur Abänderung der darüber erlassenen Bestimmungen ein verfassungsänderndes Gesetz notwendig ist"; von der Verfassungsdurchbrechung ist nicht die Rede. Gegen die Relativierung des Grundrechtsschutzes auf den Vorbehalt der sog. doppelten Zweidrittelmehrheit im Reichstag wendet sich mit Entschiedenheit auch Bredt, ZStaatsW. 82, 456.

[95]) Übereinstimmend Bredt a. a. O. S. 441. Sehr bezeichnend ist auch die Auswirkung der Lehre von der Zulässigkeit der Verfassungsdurchbrechung auf die Verfassungsänderung im Wege des Volksbegehrens und Volksentscheids, deren Behandlung wegen geringerer praktischer Bedeutung im Text absichtlich zurückgestellt worden ist. Lucas, JurRdsch. 2, 489f. wirft die Frage auf, ob beim Volksbegehren nach Art. 73 Abs. 3 RV. statt eines ausgearbeiteten Gesetzentwurfs eine bloße „Anregung" zugrunde gelegt werden könne, indem gleichzeitig in der Eingangsformel darauf hingewiesen werde, daß die Erfordernisse verfassungsändernder Gesetzgebung erfüllt seien, oder ob mit derselben Klausel das Volksbegehren von einem Vierzigstel der Stimmberechtigten oder ein Volksbegehren über Besoldungsfragen gestellt werden könne. Lucas vermag sich nur so zu helfen, daß er erklärt, die unmittelbare Volksgesetzgebung könne zwar die Verfassung ändern, jedoch mit Ausnahme der im Art. 73 für die Volksgesetzgebung selbst gezogenen Schranken. Die Beseitigung dieser Schranken stelle eine staatsrechtliche Unmöglichkeit dar.

Die Ablehnung der Verfassungsdurchbrechung als solcher ergibt auch hier die befriedigendere Lösung: Das Volk kann durch Volksentscheid auf Volksbegehren die Rechtssätze des Art. 73 ändern, aber nur, indem der Wortlaut der Verfassung geändert oder eine rechtssatzmäßige Verfassungsänderung durch lex posterior beschlossen wird. Ein in Widerspruch zu den Rechtssätzen des Art. 73 stehendes konkretes Gesetz kann auch durch Volksentscheid mit den Garantien des Art. 76 nicht rechtsgültig erlassen werden.

fassungsdurchbrechung aufweist, so muß abschließend die Frage einer etwa bestehenden gewohnheitsrechtlichen Grundlage behandelt werden. Hier ist im Anschluß an die Ausführungen oben S. 269f. zunächst zu betonen, daß die Praxis der Verfassungsdurchbrechung unter der Reichsverfassung von 1871, während deren Geltung eine richterliche Nachprüfung von Reichsgesetzen überhaupt nicht in Frage kam[96]), als Grundlage eines Gewohnheitsrechts unter der Herrschaft der auf ganz anderen Prinzipien aufbauenden Weimarer Verfassung ausscheiden muß. Die unter der Weimarer Verfassung selbst geübte Praxis der Verfassungsdurchbrechung ist aber trotz der beträchtlichen Zahl von Anwendungsfällen (s. oben S. 267 ff,) doch wohl noch nicht von genügender Dauer, um darauf ein Gewohnheitsrecht gründen zu können, um so weniger, als auch unter der Weimarer Verfassung anfangs noch die überkommene Rechtsauffassung vom Ausschluß der richterlichen Nachprüfung vorherrschend war. Vor allem aber ist darauf hinzuweisen, daß unter der Weimarer Verfassung die Praxis der Verfassungsdurchbrechung nicht unbestritten geblieben, sondern immer wieder von bedeutsamen Stimmen als unrechtmäßig verworfen worden ist. Auf die politischen Nachteile, welche die Durchlöcherung der Verfassung durch gelegentliche Spezialgesetze zur Folge haben muß, ist schon unter der Reichsverfassung von 1871, beispielsweise von Laband, hingewiesen worden. Unter der Weimarer Verfassung erklärt Carl Schmitt (Veröffentlichungen der Vereinigung der Deutschen Staatsrechtslehrer Heft 1 S. 98), es führe zu einer ungeheuerlichen Verwirrung, die den Rechtsstaat ebenso auflösen müsse wie ein Mißbrauch des Art. 48 RV., wenn der in Art. 76 vorgesehene Weg der Verfassungsänderung für Maßnahmen benutzt werde, welche die Verfassung durchbrechen, ohne sie zu ändern. Während aber Carl Schmitt (Verfassungslehre S. 100, 108), trotzdem noch die Kategorie der „verfassungsachtenden Verfassungsdurchbrechung“ bildet und solche unter den Garantien des Art. 76 erfolgende Verfassungsdurchbrechungen, wenn auch nicht als korrekt, so doch als rechtsgültig anerkennt, geht im Anschluß an ihn Triepel (Verhandlungen des 33. Deutschen Juristentages S. 48ff., 52f.) einen Schritt weiter. Er mißbilligt in schärfsten Worten die heimlichen Umgehungen und Durchlöcherungen der Verfassungsgrundsätze, namentlich der Grundrechte, durch die in Wahrheit die Regel aufhört, eine Regel zu sein, ohne daß dies in der Verfassungsurkunde selbst zum Ausdruck kommt; er weist darauf hin, daß auf diese Weise der Glaube an die Unverbrüchlichkeit der Verfassung verlorengehe, und stellt dem Brauch, der ohne Änderung des Verfassungstextes in den Formen der Verfassungsänderung neue Rechtssätze schafft — unsere rechtssatzmäßige Verfassungsänderung — den Mißbrauch gegenüber, der die Form des verfassungsändernden Gesetzes benutzt, um eine verfassungswidrige „Maßnahme“ zu treffen. Dieser Mißbrauch wird als rechtswidrig gekennzeichnet; die Beispiele, die für ihn angeführt werden — Selbstauflösung des Reichstags für einen einzelnen Fall, Absetzung des Reichspräsidenten gegen Art. 43 durch Reichstagsbeschluß, Ausschließung des Volksentscheids gegen ein bestimmtes Reichstagsgesetz —, sind alles typische Verfassungsdurchbrechungen in unserem Sinne, so daß es gerechtfertigt erscheint, in jenen Ausführungen Triepels die Ablehnung der Verfassungsdurchbrechung überhaupt als nach geltendem Recht unzulässig zu erblicken. Schwere Bedenken gegen die Verfassungsdurchbrechung äußert auch Bredt (ZStaatsW. 82 S. 439f., 454f.). Ganz eindeutig spricht sich endlich Preuß

96) Meyer-Anschütz, Staatsrecht 7. Aufl. S. 745.

(DJZ. 1924 Sp. 653) gegen die rechtliche Anerkennung der Verfassungsdurchbrechungen im geltenden Reichsstaatsrecht aus. Er erklärt, daß jedes im Widerspruch zur Verfassung stehende Gesetz ohne Änderung des Textes der Verfassungsurkunde nichtig sei. Das geht insofern zu weit, als, wie oben S. 259 ausgeführt, nach geltendem Recht eine rechtssatzmäßige Verfassungsänderung ohne Änderung der Verfassungsurkunde nicht als unrechtmäßig angesehen werden kann. Preuß hebt aber den Tatbestand unserer Verfassungsdurchbrechungen noch ausdrücklich hervor, und in diesem Punkte sind seine Ausführungen nur zu billigen.

4. Den gegen die rechtliche Anerkennung der Verfassungsdurchbrechung gerichteten Äußerungen soll auch die vorliegende Abhandlung beitreten und damit verhindern helfen, daß ein die Verfassungsdurchbrechung anerkennendes Gewohnheitsrecht entsteht. Die Verfassungsdurchbrechung ist geeignet, die Verfassung selbst zu untergraben. Durch sie wird, wie Triepel (33. DJT. S. 56) ausführt, „ein Unternehmen, das anderwärts eine gewaltige das ganze Volk aufrührende Staatsaktion bedeutet, zu einer unbedeutenden Kleinigkeit degradiert". In der Union wie in der Schweizer Eidgenossenschaft wird, wenn ein den geltenden Verfassungsvorschriften widersprechendes Gesetz erlassen werden soll, immer erst der Wortlaut der Verfassung geändert, ehe das Gesetz ergeht. Auch im Reich sollte es möglich sein, statt die Verfassung illegal zu durchbrechen, entweder ausdrücklich den Wortlaut der Verfassung zu ändern oder wenigstens eine rechtssatzmäßige Verfassungsänderung vorauszuschicken und auf dieser Grundlage das betreffende Gesetz — dann als einfaches Gesetz — zu erlassen. Wenn man demgegenüber auf die dringenden praktischen Bedürfnisse hinweist, so ist zu beachten, daß für „Maßnahmen"[97]) zur Wiederherstellung der bedrohten öffentlichen Sicherheit und Ordnung in der Verfassung der Weg des Art. 48 Abs. 2 vorgezeichnet und der Weg der Verfassungsänderung nicht gegeben ist. Soweit es sich aber nicht um Maßnahmen im technischen Sinne handelt, wird es im Interesse der Festigung der Verfassungsgrundlage besser sein, wenn auch die verfassungsändernde Mehrheit des Reichstags sich dessen bewußt bleibt, daß sie die Rechtssätze der Verfassung zwar ändern, aber nicht für den Einzelfall durchbrechen kann.

Sollte man ernsthaft glauben, ohne Verfassungsdurchbrechungen nicht auskommen zu können, so muß man den einzig korrekten Weg gehen und die Verfassungsdurchbrechung zum verfassungsmäßigen Rechtsinstitut erheben, indem man etwa im Wege der Verfassungsänderung in Art. 76 RV. eine ausdrückliche Bestimmung einfügt, daß der Verfassung zuwiderlaufende Gesetze unter den Garantien des Art. 76 erlassen werden können. Dann wird aber auch klar vor Augen treten, daß damit die Verfassung ihren Sinn verliert.

Solange die Reichsverfassung eine derartige Bestimmung nicht enthält, sind Verfassungsdurchbrechungen in dem oben S. 261 entwickelten Sinne unzulässig, auch wenn sie als Gesetze unter den Garantien des Art. 76 ergehen. Die praktische Durchführung dieses Rechtssatzes liegt wieder beim Reichspräsidenten, der ein solches „Gesetz" nicht verkünden darf, und bei den zur Nachprüfung der Verfassungsmäßigkeit berufenen Gerichten, insbesondere dem Reichsgericht, dem damit eine verantwortungsvolle Aufgabe erwächst.

Unser Ergebnis gilt für die Reichsverfassung in ihrem gegenwärtigen Be-

---

[97]) Vgl. über diesen Begriff jetzt Carl Schmitt, Verfassungslehre S. 107, 111.

stande. Es bedarf dazu keiner ausdrücklichen Bestimmung im Sinne von Art. 39 Abs. 2 der Lübecker Verfassung (s. oben S. 259). Aber selbstverständlich würde eine solche ausdrückliche Bestimmung allem Streit um die Verfassungsdurchbrechung ein Ende machen, und insofern wäre sie für das Reich nur zu wünschen. Das Ziel der vorliegenden Untersuchung ist aber der Nachweis, daß auch ohne solche ausdrückliche Bestimmung die herrschende Praxis der Verfassungsdurchbrechung ungesetzlich ist.

§ 5. Gesetze mit Verfassungskraft

Durch die Stellungnahme zur Verfassungsdurchbrechung entscheidet sich auch die rechtliche Beurteilung der Gesetze mit Verfassungskraft, unter denen solche Gesetze verstanden werden sollen, die ohne Änderung des Wortlauts der Verfassung und ohne rechtssatzmäßige Verfassungsänderung ihre Abänderung an die erschwerten Formen der Verfassungsänderung knüpfen[98]).

I. Praktische Anwendungsfälle finden sich im nachrevolutionären Recht nur zwei. Von diesen liegt einer vor dem Inkrafttreten der Weimarer Verfassung, steht also unter besonderen rechtlichen Bedingungen. Es handelt sich um § 6 des G. v. 27. März 1919 über den Eintritt des Freistaates Württemberg in die Biersteuergemeinschaft und § 8 des G. v. 24. Juni 1919 über den Eintritt der Freistaaten Bayern und Baden in die Biersteuergemeinschaft. Der übereinstimmende Wortlaut beider Paragraphen lautet: „Änderungen dieses Gesetzes können nur unter den Voraussetzungen erfolgen, die nach der Reichsverfassung für Verfassungsänderungen vorgesehen sind." Wie bereits oben S. 266 erwähnt, sind die tatsächlich vorgenommenen Änderungen später als einfache Gesetze ergangen unter Berufung darauf, daß es sich nur um eine deklarative, nicht um eine konstitutive Änderung handle und daß die Garantie der Verfassungsänderung nur zugunsten der süddeutschen Staaten eingefügt sei, die aber durch die Änderungsgesetze bessergestellt würden[99]).

Nach dem Inkrafttreten der Weimarer Verfassung liegt § 46 des G. über die Reichsfinanzverwaltung v. 10. Sept. 1919. Er sieht vor, daß den Ländern ein bestimmter Anteil an der Reichseinkommensteuer zugewiesen wird und bestimmt in Abs. 4, um diese Zuweisung mit einer besonders starken Garantie zu versehen, daß eine Änderung der Vorschriften nur unter den Voraussetzungen erfolgen kann, die nach der Reichsverfassung für Verfassungsänderungen vorgesehen sind. Diese Bestimmung ist durch § 444 RAbgO. ausdrücklich aufrechterhalten worden.

Häufig werden auch zwei Bestimmungen des Reichspostfinanzgesetzes und des Reichsbahngesetzes zu den Gesetzen mit Verfassungskraft gezählt, die aber in Wahrheit nicht hierhin gehören. Das ReichspostfinanzG. vom 18. März 1924 bestimmt in § 13 Abs. 2: „Maßnahmen auf dem Gebiete des Reichspost- und Telegraphenwesens zugunsten einzelner Länder über die in jetzt geltenden Verträgen gewährten Rechte hinaus, die von dem Grundsatze der gleichmäßigen Behandlung aller Länder des Reichs abweichen, bedürfen der Zustimmung des Reichsrats und des Reichstags in der in Art. 76 Abs. 1 Satz 2 u. 3 der RV. vorgeschriebenen Form." Ähnlich erklärt § 3 Abs. 2 Satz 2 des ReichsbahnG. v. 13. Aug. 1924: „Zur Verfügung

[98]) Die Terminologie schließt sich an Walter Jellinek, Revolution und Reichsverfassung, JÖffR. 1920 S. 108 an. Von anderer Seite wird der weniger deutliche Ausdruck „Verfassungsgesetz" (im Gegensatz zu verfassungsänderndem Gesetz) gebraucht; vgl. z. B. Löwenstein, ArchÖffR. N. F. 13, 250.

[99]) Vgl. dazu oben S. 266 und das Urteil des Staatsgerichtshofs RGZ. 122 Anh. S. 17*ff.

über diese Stammaktien ist die Zustimmung des Reichsrats und des Reichstags mit der in Art. 76 Satz 2 u. 3 der RV. vorgesehenen Zweidrittelmehrheit erforderlich." In beiden Fällen wird zu bestimmten Maßnahmen der Verwaltung die Zustimmung des Reichstags und des Reichsrats mit den in Art. 76 verlangten Mehrheiten erfordert. Das ist etwas anderes als der Erlaß eines Gesetzes. Die Änderung der zitierten Paragraphen selbst kann auf dem Wege der einfachen Gesetzgebung erfolgen, es werden dazu nirgends die verfassungsändernden Garantien verlangt. Wenn das Reichspostfinanzgesetz und das Reichsbahngesetz selbst in den Formen des Art. 76 ergangen sind, so ist das nicht wegen der eben angeführten Paragraphen, sondern deswegen geschehen, weil die Gesetze im übrigen eine Verfassungsänderung mit Textänderung (s. oben S. 264 Anm. 68) oder eine rechtssatzmäßige Verfassungsänderung ohne Textänderung (s. oben S. 265 Anm. 69) enthalten[100]).

II. Bisher ist in der Literatur überwiegend erörtert worden, ob solche Gesetze mit Verfassungskraft als einfache Gesetze ergehen können oder die Form des Art. 76 verlangen, was praktisch namentlich für § 444 RAbgO. bedeutsam ist[101]). Daß ein unter den Garantien des Art. 76 RV. ergehendes Reichsgesetz sich Verfassungskraft beilegen kann, wird als selbstverständlich vorausgesetzt[102]). Nach den in unserer Untersuchung gewonnenen Ergebnissen ist die Rechtslage folgende:

Selbstverständlich kann unter den Garantien des Art. 76 RV. der Rechtssatz des Art. 32 RV. dahin geändert werden, daß für bestimmte Arten von Gesetzen eine erhöhte Mehrheit erforderlich ist. Eine solche Änderung des Art. 32 kann unter Änderung des Wortlautes der Verfassung oder auch ohne solche als rechtssatzmäßige Verfassungsänderung durch lex posterior erfolgen. Rechtlich zulässig wenn auch praktisch nicht sehr wahrscheinlich wäre es auch, wenn durch Änderung des Wortlauts der Verfassung im Wege des Art. 76 für ein konkretes Gesetz die erschwerte Abänderbarkeit festgelegt würde. Endlich wäre es noch rechtlich möglich, daß durch Änderung des Art. 76 eine allgemeine Verfassungsbestimmung gegeben würde, wonach im Wege

---

[100]) Vgl. auch Löwenstein, ArchÖffR. N. F. 13, 249: „Der Erlaß des Reichspostfinanzgesetzes und des Reichsbahngesetzes im ganzen als verfassungsändernde Gesetze bedeutet also nicht, daß die oben erwähnten Paragraphen (§ 13 Abs. 2, § 3 Abs. 3 Satz 2) als einfache Verfassungsgesetze im Sinne einer loi constitutionelle rigide anzusehen sind."

[101]) Die überwiegende Meinung, vertreten durch Erich Kaufmann, JW. 1919 S. 903; Triepel, ArchÖffR. 39, 464; Löwenstein, ebenda, N. F. 15, 254; Poetzsch, JÖffR. 13, 231, entscheidet sich für die Anwendbarkeit des Art. 76 RV.; daraus folgt die Ungültigkeit von § 444 RAbgO., ausdrücklich festgestellt von Triepel und Kaufmann a. a. O., während Walter Jellinek, Revolution und Reichsverfassung S. 108f. die Rechtswirksamkeit kraft der Publikation des Gesetzes als unüberprüfbar feststehend bezeichnet.

Mit der Form der einfachen Gesetzgebung wollen sich begnügen Arndt, JW. 1921 S. 498; Hatschek, Deutsches und preußisches Staatsrecht 2, 19; Stier-Somlo, Staatsrecht 1, 666.

Löwenstein a. a. O. untersucht den besonderen Fall der Gesetze über den Eintritt der süddeutschen Staaten in die Biersteuergemeinschaft, die noch vor der Reichsverfassung erlassen sind; vgl. dazu das Urteil des Staatsgerichtshofes RGZ. 122 Anh. S. 38*.

Die vorrevolutionäre deutsche Staatsrechtstheorie hat Gesetze mit Verfassungskraft als zulässig angesehen; vgl. Laband, Staatsrecht des Deutschen Reichs 5. Aufl. 2. Bd. 1911 S. 72; Dyroff, Ann. DR. 1889 S. 900. Die vorrevolutionäre Praxis hat jedoch davon keinen Gebrauch gemacht, was sich aus der Besonderheit der für Verfassungsänderungen geltenden Vorschriften in der RV. von 1871 erklärt; vgl. dazu Löwenstein a. a. O. S. 245.

[102]) Vgl. zu den in Anm. 101 Genannten noch Graf Dohna, 33. DJT. S. 38; Nawiasky, Bayr. Verfassungsrecht 1923 S. 356, Handwörterbuch der Rechtswiss. Art. Bayern I S. 536; Thoma, Grundrechte und Polizeigewalt, Festgabe für das PrOVG. S. 188.

[103]) Nur die Ausführungen von Triepel (s. oben S. 273) kommen im Ergebnis auf eine Ablehnung von Gesetzen mit Verfassungskraft hinaus, und ausgesprochenermaßen wird ihre Zulässigkeit abgelehnt von Preuß, DJZ. 1924 Sp. 654.

der einfachen oder der verfassungsändernden Gesetzgebung Gesetze mit Verfassungskraft erlassen werden könnten[103]). Wenn dagegen ein konkretes Gesetz selbst seine Aufhebung oder Änderung an die Zustimmung der für Verfassungsänderungen vorgesehenen Mehrheit binden will, ohne daß der Wortlaut der Verfassung geändert wird, so liegt eine Verfassungsdurchbrechung vor, die nach unseren Ausführungen in § 4 weder als einfaches noch als verfassungsänderndes Gesetz zulässig ist.

Auch für diese Konsequenz der Ablehnung der Verfassungsdurchbrechung hat sich Preuß (DJZ. 1924 Sp. 654) ausdrücklich ausgesprochen: „Es ist verfassungswidrig, wenn ein einfaches, inhaltlich die Verfassung nicht änderndes Gesetz seine Abänderung an die besonderen Formen bindet, die von der Verfassung nur für verfassungsändernde Gesetze vorgeschrieben werden. Der Gesetzgeber kann zwar durch verfassungsänderndes Gesetz die Normen der Verfassung über das Zustandekommen der Gesetze ändern, aber er kann nicht ohne Abänderung dieser Normen sie im Einzelfall durchbrechen, indem er für bestimmte Gesetze die Bedingungen ihres Zustandekommens erleichtert oder erschwert."

Die Entscheidung über die beiden in dieser Abhandlung behandelten Hauptpunkte, den verfassungsmäßigen Vorrang des Volksentscheids vor dem Reichstagsbeschluß und die Unzulässigkeit der Verfassungsdurchbrechung ohne Änderung des Wortlauts der Verfassung, liegt wie beim Reichspräsidenten[104]) so auch beim Reichsgericht kraft des von ihm in Anspruch genommenen richterlichen Prüfungsrechts gegenüber Reichsgesetzen. Das Prüfungsrecht bedeutet gleichzeitig eine Prüfungspflicht. Es geht um nicht mehr und nicht weniger als um die Frage, ob die Reichsverfassung auch für die verfassungsändernde Mehrheit des Reichstags gilt.

Abgeschlossen: März 1929.

---

[103]) Löwenstein, ArchÖffR. 13, 247 glaubt in einer der geltenden Landesverfassungen eine ausdrückliche Anerkennung von Gesetzen mit Verfassungskraft feststellen zu können. Es handelt sich um die oben S. 266 erwähnte Bestimmung in § 48 Abs. 3 der Badischen Verfassung: „Zur gültigen Beschlußfassung über Gesetze, durch welche die Verfassung oder ein Gesetz, das den für Verfassungsänderungen geltenden Vorschriften unterstellt ist, ergänzt, erläutert oder abgeändert wird, ist die Zustimmung von mindestens zwei Drittel bei Anwesenheit von drei Viertel der Mitglieder des Landtags erforderlich." Der hervorgehobene Passus wird aber m. E. richtiger auf die in der Verfassung selbst den Vorschriften über Verfassungsänderung unterstellten Gesetze bezogen, vgl. z. B. § 5 der Badischen Verfassung: „Veränderungen im Bestande des Staatsgebiets unterliegen den für Verfassungsänderungen vorgesehenen Vorschriften".

[104]) Der Reichspräsident darf den verfassungswidrigen Gesetzesbeschluß des Reichstags nicht verkünden; die von Anschütz, RV. Anm. 7 zu Art. 85, in anderem Zusammenhange erwogene Anordnung des Volksentscheids gegen den verfassungswidrigen Reichstagsbeschluß ist schon mit Rücksicht auf Art. 75 RV. nicht zulässig.

Die kirchenrechtliche Judikatur des Reichsgerichts

von Professor D. Dr. Alfred Schultze, Leipzig

Die durch die Staatsumwälzung und die Reichsverfassung vom 11. Aug. 1919 geschaffene Neueinstellung zum Problem „Staat und Kirche" hat der kirchenrechtlichen Rechtsprechung des Reichsgerichts, der wir die des Staatsgerichtshofes für das Deutsche Reich beigesellen können, einen starken Auftrieb gegeben. Der ausgesprochene Kompromißcharakter, die Unfertigkeit und innere Unausgeglichenheit der Regelung in den Art. 137, 138, 173 RVerf. stellen den höchsten Gerichtshof andauernd vor schwere Aufgaben von einschneidender Bedeutung für das Rechtsleben. Seine bisherige klärende und schöpferische Tätigkeit auf diesem Gebiete zu würdigen, verlohnt schon jetzt und soll in der folgenden Skizze versucht werden. Doch soll sich damit eine Würdigung der vor jenem Wandel liegenden vierzig Jahre kirchenrechtlicher Reichsgerichtsjudikatur in rascher Überschau verbinden, vornehmlich insofern darin Rechtsgedanken sich durchgesetzt haben, die auch für unsere Zeit fruchtbar sind.

I.

Die überwiegende Zahl der Entscheidungen dieser ersten Periode befaßt sich mit dem Kirchenpatronat. Sie bewegen sich wegen der Schranken, die der Revision gesetzt sind, zu allermeist auf dem Boden des Preußischen Allgemeinen Landrechts und des gemeinen Rechts und betreffen verständlicherweise zum größten Teil die Baulast. Für die letztere hat jetzt innerhalb der Bereiche der sieben preußischen evangelischen Landeskirchen die Rechtsprechung des Reichsgerichts zwar ihr Ende gefunden, da das preußische Staatsgesetz, betreffend die Kirchenverfassungen der evangelischen Landeskirchen v. 8. April 1924 in Art. 17 I—III die Streitigkeiten darüber[1]) nunmehr ganz dem Verwaltungsstreitverfahren überwiesen hat (RGZ. 110, 160ff.). Trotzdem behält der materielle Inhalt der früheren Entscheidungen auch für die Zukunft in jenen Bereichen seinen Wert. Denn nach Art. 19 desselben Gesetzes bleiben die bisherigen staatlichen Vorschriften über die Baulast[1a]) des Patrons, also auch die des Preußischen Allgemeinen Landrechts, unberührt. Auch für die katholische Kirche ist ihre Fortgeltung durch den Vorbehalt im Codex juris canonici can. 1186[2]) gegenüber dessen eigenen Bestimmungen über die Baulast sichergestellt.

Im Anschluß an das kirchenrechtliche Schrifttum wird in den Entschei-

---

[1]) Nur die Streitigkeiten über die Patronatbaulast, nicht auch solche über das Bestehen des Patronats als Ganzen „mit seinem Inbegriff von Rechten und Pflichten". Für letztere bleibt der Rechtsweg offen (RGZ. 111, 162).

[1a]) Insoweit, als Art. 19 darüber hinaus auch für die lastenfreien Patronate die staatlichen Vorschriften als solche aufrechterhält, wird seine Gültigkeit wegen des Widerspruchs mit Art. 83 der preußischen Staatsverfassung vom 30. Nov. 1920 von Ulrich Stutz in Zeitschr. der Savigny-Stiftung für Rechtsgeschichte Bd. 45, Kanon. Abt., S. 631 Anm. 1 und von Johannes Heckel ebenda Bd. 46, Kanon. Abt., S. 322f. mit Recht bestritten.

[2]) „. . . firma obligatione quae ad aliquem spectet ex constituto legis civilis."

dungen durchweg das Patronatrecht als ein Individualrecht kirchlich öffentlich-rechtlicher Natur bestimmt[3]). Was seinen Inhalt und Umfang anlangt, wird alles Gewicht darauf gelegt, daß es sich auf die einzelne Kirche als gottesdienstliche Einrichtung, als kirchliche Anstalt im Rechtssinne, nicht auch auf den ihr zugehörigen Seelsorgebezirk, den Pfarrsprengel, bezieht, daß es also nicht territorialer Natur ist. Wichtige Folgerungen werden daraus gezogen. Vor allem: wenn wachsende Bevölkerung im alten Sprengel das Entstehen einer zweiten Kirche erfordert, so erwächst daraus dem Patron nicht auch für diese ein Präsentationsrecht, womit das kanonische Recht bei richtiger Auslegung des umstrittenen Satzes in c. 3 X 3, 48 im Einklang steht (RGZ. 15, 168ff.), und ebenso keine Baulast (43, 332ff.). Wohl aber muß seine Baulast mit den steigenden Bedürfnissen der eigenen Patronatkirche Schritt halten, unter Umständen auch Erweiterungs- und Neubauten begreifen, wie die Beitragspflicht zu einem Wohnhaus für einen nötig gewordenen zweiten Geistlichen (RGZ. 45, 208ff.) oder für den neu angestellten Geistlichen an einer dem Patronat unterliegenden Filialkirche, die, bisher von der Mutterkirche aus versorgt, nunmehr durch divisio beneficii mit einem selbständigen geistlichen Amt ausgestattet werden muß (65, 146ff.). So wenigstens auf dem Boden des preuß. ALR., während nach der Auffassung des Reichsgerichts im gemeinen katholischen Kirchenrecht die Verpflichtung des Pfarrers, seinerseits seine Hilfskapläne zu unterhalten, der Erstreckung der Baupflicht des Patrons auf die Wohnungsbeschaffung für diese Hilfskapläne, für die er ja auch kein Präsentationsrecht hat, im Wege steht (100, 271ff.). Die Baulast des Patrons erstreckt sich auf das dem Gottesdienst gewidmete Zubehör des Kirchengebäudes, wozu die Umwährung des Kirchplatzes mit einer Mauer nicht gehört (31, 243ff.). Sie erstreckt sich nur auf dasjenige Zubehör, dessen Widmung bereits der Zeit der Stiftung angehörte, nicht auch auf den späteren Zuwachs an Pertinenzstücken, wie eine neu der Kirche eingefügte Orgel oder eine neue Heizungsanlage (90, 346ff.). Anders nur, wenn die Einfügung mit dem Willen des Patrons geschieht und dadurch von ihm auf seine Baulast übernommen wird (ebenda S. 348f.) Denn die Patronatlast, auch die des Realpatronats, ist einer inhaltlichen Erweiterung durch Vertrag, der dann als ein öffentlichrechtlicher Akt anzusprechen ist, zugänglich (65, 3f.).

2.

Ein stattliches Kontingent stellen die Entscheidungen, die sich mit den Ansprüchen auf Unterhaltung und geistliche Versorgung inkorporierter Pfarrkirchen gegen den Staat als Rechtsnachfolger säkularisierter Klöster, der ehemaligen Inkorporationsherren, beschäftigen. Das Reichsgericht hat in demselben Maß und Umfang, in dem vor der Säkularisation nach Kirchenrecht das Kloster in bezug auf die einverleibte Pfarrkirche verpflichtet war, eine nunmehrige Last des Staatsfiskus zugunsten dieser Kirche selbst als Anstalt oder der zur Pfarrgemeine zusammengeschlossenen Pfarreingesessenen angenommen (vgl. die in RGZ. 96, 37 angezogenen Urteile). Meines Erachtens mit vollem Recht auf Grund der Wirkung, die eine Rechtsnachfolge in das Gesamtvermögen einer gleichzeitig damit erloschenen juristischen Person hat[4]). Der

[3]) Dabei wird die zweiseitige Natur betont, die das Patronatrechtsverhältnis nach Preußischem Allgemeinem Landrecht (§§ 568ff., 584ff. II 11) hat, so daß für die Ersitzung nicht bloß Besitzhandlungen des Patrons gegenüber der Kirchengemeinde, sondern auch solche der Kirchengemeinde gegenüber dem Patron während der vierundvierzigjährigen Ersitzungsfrist nachgewiesen werden müssen (RGZ. 4, 289f.; 111, 165).

[4]) Vgl. auch Ernst Rudolf Huber, Die Garantie der kirchlichen Vermögensrechte in der Weimarer Verfassung, Tübingen 1927, S. 66ff.

vielumstrittene § 35 des Reichsdeputationshauptschlusses, aus dem allerdings die Neubegründung einer Rechtsverpflichtung des Staates zur Dotierung des vordem eigenen klösterlichen Gottesdienstes, Unterrichts und gemeinnützigen Dienstes sich nicht ableiten läßt, kann dabei als Rechtsgrund ganz außer Betracht bleiben. Wohl aber erblickt das Reichsgericht noch einen solchen besonderen Rechtsgrund für das damalige preußische Staatsgebiet in der Kabinettsorder v. 25. Sept. 1834. Die übereinstimmende Rechtsprechung des II. und des IV. Zivilsenats[5]) hat für diese aus ihrer Vorgeschichte, ihrem Inhalt und der Art ihres Erlasses trotz des Fehlens einer Veröffentlichung in den amtlichen Publikationsblättern den Gesetzescharakter im materiellen Sinne wie auch ihre formelle Gesetzeskraft erschlossen und daraufhin unter den dort gegebenen Voraussetzungen und in den dort gezogenen Schranken im Rechtsweg verfolgbare Ansprüche gegen den Staat zuerkannt. Daraus aber ist neuerdings nicht bloß eine literarische Kontroverse[6]), sondern auch durch die Stellungnahme des preußischen Gerichtshofs zur Entscheidung der Kompetenzkonflikte (JW. 1924 S. 73, 2081 Nr. 4, 2083 Nr. 5), der die Kabinettsorder für eine bloße Verwaltungsinstruktion erklärt und überhaupt die Zulässigkeit des Rechtswegs in diesen Fällen verneint, ein eigenartiger und, da jedes der beiden Gerichte seinen Standpunkt festgehalten hat (RGZ. 111, 211ff.; JW. 1926 S. 2492ff.), ungelöster Konflikt entstanden. Die praktische Folge davon ist einleuchtend: Erhebt der preußische Staat als beklagte Prozeßpartei den Kompetenzkonflikt, so ist der Fall damit der reichsgerichtlichen Rechtsprechung entzogen. Das gilt, was betont werden muß, nicht bloß für das Preußen in dem Umfange, den es bei Erlaß der Kabinettsorder von 1834 hatte, sondern für den ganzen Umfang des heutigen preußischen Staatsgebiets, da eben der Gerichtshof für Kompetenzkonflikte schließlich dazu gelangt ist, die Unzulässigkeit des Rechtswegs schon mit der regelmäßig öffentlich-rechtlichen Natur der aus Inkorporation abgeleiteten Verbindlichkeiten zu begründen. Schließe auch, was ja unbestreitbar ist, der Begriff „bürgerliche Rechtsstreitigkeiten" im Sinne des § 13 GVG. Streitigkeiten über solche Ansprüche nicht aus, welche nach heutiger Auffassung auf dem öffentlichen Rechte beruhen, so hätte doch, damit eine Gruppe solcher Ansprüche unter den Begriff falle, „dies nur durch einen Akt der Gesetzgebung ausdrücklich bestimmt werden können"; das auch dann, wenn die zur Zeit des Erlasses des Gerichtsverfassungsgesetzes herrschend gewesene Auffassung für diese Gruppe den ordentlichen Rechtsweg zugelassen habe und dem die Rechtsprechung bisher gefolgt sei; das sei dann eben zu Unrecht geschehen und vertrage auch jetzt noch (1923) die Korrektur. Warum aber — möchten wir zur Verteidigung des Standpunktes des Reichsgerichts sagen — „nur ausdrücklich durch einen Akt der Gesetzgebung" bestimmbar? Warum nicht auch durch ständigen[7]), vom preußischen Obertribunal, vom Reichsgericht, von den preußischen Unterinstanzen eingehaltenen Gerichts-

---

[5]) Vgl. die in RGZ. 111, 216f. angeführten Entscheidungen und die vollständigere Zusammenstellung bei Triepel, Das Reichsgericht und die preußische Kabinettsorder usw. in ArchÖffR. N. F. 5 S. 210, auch bei Artur Breitfeld, Die vermögensrechtliche Auseinandersetzung zwischen Kirche und Staat in Preußen auf Grundlage der Reichsverfassung (Abhandlungen aus dem Staats- und Verwaltungsrecht, herausgeg. von Brie, Fleischmann, Giese, Heft 41), 1929, S. 321.

[6]) Für das Reichsgericht: u. a. besonders eingehend Otto Fischer, Gültigkeit und Geltungsbereich der preuß. Kabinettsorder v. 25. Sept. 1834 usw. (Sonderdruck aus ArchKathKR. Bd. 103), Mainz 1924. Gegen das Reichsgericht: Triepel a. a. O. S. 206ff.; Breitfeld S. 322ff.; Huber a. a. O. S. 75f. u. a.

[7]) Siehe RGZ. 111, 214 und die dort angeführten Vorerkenntnisse, auch noch WarnRspr. 1925 S. 45.

gebrauch alias Gewohnheitsrecht?[8]) An der entsprechenden Rechtsüberzeugung kann es ja bei der Notwendigkeit, die Zulässigkeit des Rechtsweges von Amts wegen zu prüfen, bei den Gerichten und demzufolge bei den Parteien nicht gefehlt haben. Und diese Rechtsüberzeugung hatte für das Gebiet des Preußischen Allgemeinen Landrechts im Hinblick auf die Streitigkeiten über die Patronatbaulast, für deren Erledigung trotz ihres öffentlichrechtlichen Charakters unstreitig (s. oben S. 279, auch RGZ. 105, 3), und zwar im Grunde doch auch erst vermöge ausdehnender Auslegung des § 577 II 11 ALR., der Rechtsweg offenstand, auch ihre innere Rechtfertigung. Denn, was bei Verpflichtung aus Patronat galt, war um so mehr bei Verpflichtung aus Inkorporation am Platze, da diese noch stärker und dauernder als jene den eigenkirchlichen Grundgedanken bewahrt hat: hier als Belastung des inkorporierten und damit in das Eigentum des Klosters gelangten Vermögens oder, bei Vermischung zu ungetrennter Masse, des gesamten Klostervermögens mit der Widmung für die Zwecke der Pfarrkirche[9]). Umgekehrt wäre vielmehr ein Gesetz abzuwarten, das die Streitigkeiten zwischen den katholischen Kirchen oder Kirchengemeinden und dem preußischen Staat über die Verpflichtungen aus Inkorporation in ähnlicher Weise ins Verwaltungsstreitverfahren verweisen könnte, wie es der obenerwähnte Art. 17 des preußischen Staatsgesetzes v. 8. April 1924 mit den Streitigkeiten über die öffentlich-rechtliche Baulast jeder Art im Bereiche der evangelischen Landeskirchen getan hat[10]). Da ein Gesetz jenes Inhaltes bisher nicht ergangen ist, wird man daher die Stellungnahme des Gerichtshofs für Kompetenzkonflikte nicht billigen können. Aber tatsächlich ist dadurch für die Zukunft der Zivilrechtsschutz in den fraglichen Fällen abgeschnitten und das Reichsgericht durch ein Landesgericht aus dem Sattel gehoben — ein unerfreuliches Ergebnis unserer zwischen Reich und Ländern gespaltenen Gerichtsorganisation[11]). Es ist dadurch auch der reichsgerichtlichen Beurteilung der Kabinettsorder von 1834 die Gelegenheit genommen, sich weiterhin bei den ordentlichen Gerichten auszuwirken, obwohl sie meines Erachtens den Vorzug verdient. Denn ich sehe in der Tat in der Order den Gesetzeswillen des absolut regierenden Königs, allgemein verbindliche Grundsätze aufzustellen, zum Ausdruck gebracht wie auch die Order nach den Verhältnissen des damaligen Staatskirchentums — das

---

[8]) Mit dem einen kurzerhand ablehnenden Satze des Gerichtshofs für Kompetenzkonfl. in JW. 1926 a. a. O. sind die wohl durchdachten Ausführungen von Gerhard Lassar, Der Erstattungsanspruch im Verwaltungs- und Finanzrecht (Öffentlich-rechtliche Abhandlungen, herausgeg. von Triepel, E. Kaufmann, Smend, Heft 2), 1921, S. 66ff., 80ff., der hier den § 13 GVG. zwar nicht mit dem Reichsgericht unmittelbar, aber analog angewendet wissen will und die Bezeichnung „Zivilprozeßsache kraft Überlieferung" vorschlägt, wirklich nicht abgetan.

[9]) Während das Eigenkirchenrecht sich im Patronat in ein ius spirituali annexum verwandelte, blieb es im Rahmen der Inkorporation das nunmehr „isolierte, systematisch ausgebaute und mit besonderem Namen versehene Eigenkirchenrecht, das in dieser Gestalt, wenn auch seit den Säkularisationen des 18. und des beginnenden 19. Jahrhunderts diesseits der Alpen zur Seltenheit geworden, unter uns noch fortlebt". So Ulrich Stutz, Art. „Eigenkirche, Eigenkloster" im Erg.-Bd. I zur 3. Aufl. von Hauck-Herzog, Realenzyklopädie für protest. Theologie und Kirche, Sonderdruck S. 12; derselbe in Holtzendorff-Kohler, Enzyklopädie der Rechtswissenschaft, 7. Aufl. Bd. 5 S. 334. Der sachenrechtliche Charakter wurde also bei der Inkorporation festgehalten. Im Hinblick darauf durfte sogar hier das Reichsgericht noch mit Recht von einem „privatrechtlichen, im Wege Rechtens verfolgbaren Anspruch der Kirchengemeinde gegen den Staat" sprechen (RGZ. 96, 36; 101, 12; JW. 1922 S. 1579 Sp. 2; vgl. auch Urt. des II. ZS. v. 27. Jan. 1922, II 6/1921 in Sachen St. Hubertus-Gemeinde contra preuß. Fiskus, S. 7).

[10]) Oben S. 278 und RGZ. 111, 213.

[11]) Darauf hat Otto Fischer mit Recht energisch hingewiesen (JW. 1924 S. 76 Fußnote; 1926 S. 2493f. Fußnote). So, wie er es in seinen Vorschlägen für künftige Gesetzgebung möchte, wird man den Konflikt freilich nicht überbrücken wollen. Man könnte hier eben nur tiefer ansetzen: bei einer Vereinheitlichung der Gerichtsbarkeit. Vgl. übrigens RGZ. 44, 4ff. und 377ff.

ist das Entscheidende! — in ausreichender Weise kundgemacht[12]). Ob nun die preußischen Verwaltungsgerichte mit diesen Streitigkeiten werden befaßt werden? Man darf gespannt sein, wie sie sich dazu verhalten und wie sie entsprechendenfalls die Kabinettsorder beurteilen werden.

Jene Rechtsprechung des Reichsgerichts behält aber durch ihre, dem Inhalt der Kabinettsorder gegebene Auslegung nach anderer Richtung ihre Bedeutung. Die Order bestimmt,

> „daß die zu gewährenden Entschädigungen nicht über den Ertrag des eingezogenen Kloster- p. Vermögens und über die früheren Verpflichtungen der Klostergeistlichen ausgedehnt werden dürfen."

Sie will also gegen eine übermäßige Ausdehnung der Verpflichtungen des Staates Schranken errichten. Das OLG. Köln hatte unter den „früheren Verpflichtungen der Klostergeistlichen" deshalb nur „die auf Rechtspflicht beruhenden tatsächlichen Leistungen des Klosters zur Zeit der Säkularisation" verstanden. Das Erkenntnis des RG. II. ZS. v. 18. Nov. 1919 (RGZ. 97, 170ff.) mißbilligt das mit Recht. Es versteht darunter vielmehr „den Inbegriff dessen, was den Klostergeistlichen auf Grund des durch die Inkorporation geschaffenen Rechtsverhältnisses der Pfarrkirche gegenüber zu leisten oblag". War also — so sagt es weiterhin — „schon das Kloster rechtlich verpflichtet, für eine in den Zeitverhältnissen liegende Steigerung der kirchlichen Bedürfnisse aufzukommen und den einzelnen Seelsorgegeistlichen und etwaigen anderen Angestellten der einverleibten Kirche das jeweils zum Unterhalte Erforderliche zu gewähren, so liegt, eben wegen der Bezugnahme der Kabinettsorder auf die früheren Verpflichtungen der Klostergeistlichen, die gleiche Verpflichtung jetzt dem Fiskus ob." Ein späteres Erkenntnis des II. ZS. v. 27. Jan. 1922 in derselben Streitsache[13]) verfolgt dies weiter und erklärt den Staat zur Anpassung seiner Leistungen an die veränderten Zeit- und Geldverhältnisse auch in Gestalt der Teuerungszulagen der Kriegs- und Nachkriegszeit für verpflichtet. Mit dieser Auslegung des Satzes der Kabinettsorder hat nun das Reichsgericht bereits mittelbar auch für die Auslegung der „bisherigen auf Gesetz, Vertrag oder besonderen Rechtstiteln beruhenden Staatsleistungen" in Art. 173 RVerf. vorgearbeitet. Hier hat das, was einer Rechtsvorschrift entnommen wurde, die gerade gegen eine übermäßige Ausdehnung der Verpflichtungen des Staates gerichtet ist, erst recht zu gelten. Die Fassung „bisherige Leistungen" statt „frühere Verpflichtungen" steht dem nicht im Wege. Wörtlich genommen kann sie ja überhaupt nicht werden. Was nach Art. 173 „bestehen bleibt", kann natürlich nicht das bisher Geleistete sein, sondern nur die Leistungspflicht in ihrem bisherigen Umfange, also in dem Umfange, wie sie am Stichtag — hier am Tage des Inkrafttretens der Reichsverfassung — bestand, d. h. mit ebenderselben Pflicht zur Bedarfsdeckung in Anpassung an die jeweiligen Verhältnisse, wie sie vor dem Stichtag gegeben war.

3.

Eine weitere Gruppe von Entscheidungen führt uns in das Stadium beginnender oder bereits in steigendem Maße fortgeschrittener Verselbständigung

---

[12]) Daß der König in der Order den Ministern die Anberaumung eines Präklusivtermins widerrät, „die eine Menge unbegründeter Prätensionen zur Folge haben würde", rechtfertigt gewiß nicht den vom preuß. Gerichtshof noch in seiner letzten Entscheidung wiederholten Schluß daraus auf Geheimhaltungsabsicht. Es wäre eher ein weiteres Indiz für den Gesetzeswillen des Königs, die sich im Rahmen der Order haltenden „Prätensionen" der beteiligten Kirchen oder Gemeinden als „begründet", also als verfolgbare Ansprüche zu erklären.

[13]) II 6/1921 (nicht gedruckt), siehe oben Anm. 9.

der Kirche gegenüber dem Staat. Es galt, aus dem in diesem Stadium jeweilig und keineswegs überall in gleichem Grade erreichten Stande der Entwicklung die Folgerungen für das Rechtsleben in den Kirchengemeinden und in der Kirche als Ganzem zu ziehen — eine Aufgabe, die, wie immer, wenn man es mit Zwischengliedern und Übergängen zu tun hat, nicht so glatt zu lösen war.

Für das kirchliche Bestattungswesen wird vom Reichsgericht die Autonomie der Kirchengemeinden gegenüber der Gewerbefreiheit sichergestellt. Ihren Mitgliedern kann die Kirchengemeinde durch autonome Satzung die Benutzung ihrer eigenen, kirchlichen Bestattungseinrichtungen vorschreiben; sie kann insoweit die Ausübung eines privaten Bestattungsgewerbes ausschließen. Da sie ihrerseits kirchliche Zwecke damit verfolgt, auch die von ihr erhobene Gebühr nicht geschäftlicher Entgelt, sondern Abgabe kraft Kirchenmitgliedschaft ist, so liegt darin kein dem freien Wettbewerb unterliegender Gewerbebetrieb. Dies sogar dann, wenn der Friedhof der politischen Stadtgemeinde gehört. Denn es handelt sich um eine autonome Ordnung lediglich des Verhältnisses zwischen Korporation und Mitgliedern (RGZ. 23, 22ff.). Ein Gegenstück ist das Recht des Mitgliedes gegen die Korporation auf ein „ehrliches" Begräbnis auf deren Friedhof; es ist ein aus dem allgemeinen Korporationsrecht abzuleitendes „Individualrecht", das, soweit nicht anders regelnde Gesetze eingreifen, im ordentlichen Rechtsweg verfolgbar ist (12, 280ff.; 106, 188ff.). Dem steht die öffentlich-rechtliche Natur der Kirchengemeinde — jedenfalls im Geltungsbereiche des Preußischen Allgemeinen Landrechts (12, 284ff.) — nicht im Wege. Analogieschlüsse von den politischen Gemeinden her verbieten sich wegen der Wesensverschiedenheit des Verhältnisses zum Staate, während die unbestrittene Anerkennung sogar dinglicher Sondernutzungsrechte in Gestalt der Rechte an Erb- und Familienbegräbnisstätten (RG. GruchotsBeitr. 57, 1046) gerade in die Richtung des Zivilrechtsschutzes weist. Nur erfährt der Inhalt aller dieser Rechte durch die kirchlichen autonomen Satzungen (Friedhofsordnung) oder durch allgemeine kirchlich-öffentlich-rechtliche Gesichtspunkte seine sinngemäße Begrenzung (106, 191ff.), und man wird diese tiefer einschneiden lassen, als es unter der Herrschaft des hier ohnedies und auch wegen Art. 133 EGBGB. nicht unmittelbar anwendbaren § 35 BGB. bei den „Sonderrechten" im Rahmen der privatrechtlichen Vereine möglich ist. Auf derselben Linie bewegt sich die Rechtsprechung des Reichsgerichts in Ansehung des Rechts an Kirchenstühlen (RGZ. 7, 136ff.; 16, 159ff.; 24, 174ff.; 118, 22ff.). Auch hier wird, und zwar für das gemeine Recht nicht anders als für das preußische Landrecht, ein im Rechtsweg gegen die Kirchengemeinde verfolgbares Recht angenommen, dessen Inhalt durch die kirchenpolizeilichen Befugnisse der Kirchenbehörden, deren Zuständigkeit sich nach der inneren Verfassung der Kirche bestimmt[14]), eingeschränkt wird. Geht es daher selbst durch Umbau (16, 161) oder durch Abbrennen (24, 175) des alten Kirchengebäudes nicht an sich unter, so können es doch diese Umstände, eben weil die Zivilrechtspflege außerstande ist, auf eine neue Kirchenstuhlordnung für die umgebaute oder neu aufgebaute Kirche als einen Verwaltungsakt Einfluß zu üben, auf einen Entschädigungsanspruch herabdrücken. Und dieselbe Folge kann schon ein im Interesse der Gottesdienstordnung verfügter Fortfall der bisherigen Benutzungsweise, ohne daß darin eine Enteignung in dem technischen Sinne des Art. 153 Abs. 2 RVerf. liegt, nach sich ziehen (118, 24 u. 26). Natürlich schließt in diesen Dingen der Rechtsweg eine kirchliche Gerichtsbarkeit

---

[14]) Vgl. für die katholische Kirche Codex jur. canonici can. 1263 §§ 2, 3 und dazu RGZ. 118, 26.

ohne bürgerliche Wirkung (§ 15 Abs. 3 GVG.) nicht aus. Art. 137 Abs. 3 RVerf. gewährleistet ja auch dies nunmehr für das ganze Reich. Der Bischof von Paderborn glaubte, von seinem in einem Prozeß um Kirchenstuhlrechte angegangenen Gericht die „odia exinde exsurgentia" fernhalten zu können, indem er sich auf ein hundertjähriges, partikuläres, kirchliches Gewohnheitsrecht im Sinne des Cod. j. c. can. 5 berief, das über solche Prozesse den durch das Preußische Allgemeine Landrecht dazu berufenen staatlichen Richter entscheiden lasse. Die S. Congregatio Concilii in Rom hat aber am 11. Dez. 1920 (Acta Apostolicae Sedis XIII — 1921 — p. 262 sqq.) dahin entschieden, daß die bloße Tatsache der überhundertjährigen Geltung des Allgemeinen Landrechts noch nicht zum Nachweis einer entsprechenden kirchlichen centenaria consuetudo genüge, daß deshalb das ius commune des can. 1553 § 1 nr. 1 et § 2 C. j. c. zur Anwendung komme, wonach in erster Linie, weil es sich um eine res spirituali annexa handle, die ausschließliche, in zweiter Linie aber, falls man nämlich eine causa mixti fori annehme, eine konkurrierende Zuständigkeit des kirchlichen Forums, wobei Prävention den Ausschlag gebe, begründet sei, daß folglich der Bischof dem rechtmäßig vor seinem Gericht Klagenden nach can. 1608 ibid. sein „ministerium" nicht verweigern dürfe.

Dem Wandel von der staatlichen Bevormundung der Religionsgesellschaften nach den Vorschriften des Preußischen Allgemeinen Landrechts zur Freiheit ihres ius in sacra, wie sie Art. 15 der preußischen Verfassungsurkunde v. 31. Jan. 1850 in der bekannten schrankenlosen Wortfassung einräumte, hat RGZ. 26, 277ff. in Ansehung der Ausschließung von Mitgliedern Folge gegeben. Die Entscheidung betraf eine Baptistengemeinde, nämlich eine Religionsgesellschaft, welche nach damaligem Recht (§ 20 II 11 ALR.) vom Staat zwar genehmigt, nicht aber den ausdrücklich aufgenommenen und deshalb privilegierten Kirchengesellschaften gleichgestellt war, sondern nur die Rechte einer sog. geduldeten Gesellschaft hatte. Für eine solche Religionsgesellschaft ganz ebenso wie für eine privilegierte Kirchengesellschaft hatte nun § 56 a. a. O. bestimmt, daß im Falle eines Streites über die Rechtmäßigkeit der Ausschließung die Entscheidung dem Staate gebühre, wobei die Frage, ob sie im Verwaltungswege oder im Rechtswege erwirkt werden müßte, kontrovers geblieben war. Das Reichsgericht nimmt an, daß der Art. 15 der Verfassungsurkunde, wonach jede Religionsgesellschaft ihre Angelegenheiten selbständig ordne und verwalte, jene Bestimmung beseitigt habe, und zwar endgültig, obwohl der Art. 15 selbst später — aber aus anderen, die Frage des Mitgliederausschlusses nicht berührenden Gründen — aufgehoben worden sei. Es sieht diese Auslegung des Art. 15 in der Vorgeschichte des preußischen Gesetzes über die Grenzen des Rechts zum Gebrauche kirchlicher Straf- und Zuchtmittel v. 13. Mai 1873 bestätigt und äußerstenfalls in § 1 Abs. 1 des letzteren Gesetzes selbst die Beseitigung jener landesrechtlichen Vorschrift ausgesprochen. Es folgert aus dieser Rechtslage, daß gegenüber dem ein Mitglied ausschließenden Akt der Religionsgesellschaft wie jedes Eingreifen einer staatlichen Verwaltungsbehörde so jede Nachprüfung durch den staatlichen Richter entfalle, der Rechtsweg also unzulässig sei. Nach RGZ. 62, 252ff. ist dieses Ergebnis nicht bloß auf die „geistlichen Gesellschaften" im Sinne des § 939 II 11 ALR., das sind die vom Staate aufgenommenen Stifter, Klöster und Orden, weil sie § 949 ebenda hinsichtlich ihres Verhältnisses zum Staate den Kirchengesellschaften für die Regel gleichstellt, sondern sogar auf die katholisch-kirchlichen Bruderschaften (fraternitates, sodalitates), obwohl hier eine ähnliche gesetzliche Gleichstellung fehlt, schon allein wegen der von ihnen verfolgten religiösen Zwecke zu übertragen. Das Reichsgericht läßt auch sie bei ihren Entschließungen über die Entziehung der Mitgliedschaft oder einer bis dahin im Verein innegehabten Stellung (als „Fahnenoffizier") von jeder staatlichen Aufsicht und richterlichen Nachprüfung befreit sein.

Alldem möchte man wohl zustimmen. Aber es wirft sich die Frage auf — und deswegen wurde auf diese Rechtsprechung hier näher eingegangen —, wie es sich mit den gleichen Tatbeständen unter der Herrschaft der neuen Reichsverfassung verhält. Zwar ist bei den Religionskörperschaften des öffentlichen Rechts die volle Selbständigkeit in der Handhabung des Ausschließungsrechts und die Freiheit von jedweder richterlichen Nachprüfung in dieser Hinsicht nunmehr überall im Reiche kraft Reichsrechts, kraft des Art. 137 Abs. 3 Satz 1 RVerf.[15]) gegeben. Wie aber bei den Religionsgesellschaften des Privatrechts? Sind sie in Gemäßheit des Art. 137 Abs. 4 RVerf. eingetragene Vereine geworden, so bestimmt sich ihr inneres Vereinsrecht — sie können auch eine dogmatisch-charismatische Organisation haben, die dem rechtsfreien Gebiete angehört — ausschließlich nach dem deutschen bürgerlichen Recht mit seinem System der Normativbestimmungen. Dann „müssen" sie eine Satzung haben (§ 59 Abs. 2 Nr. 1 und § 57 BGB.), und diese „soll" (§ 58 Nr. 1 BGB.) über den Eintritt und Austritt der Mitglieder und kann natürlich auch über die Ausschließung von Mitgliedern Bestimmungen treffen. Hat sie das getan, so ist die Satzungsmäßigkeit einer Ausschließung jedenfalls nach ihren formellen Voraussetzungen[16]) im Rechtswege nachprüfbar. Ja es kann, wie RGZ. 80, 191 zutreffend ausführt, dieses „richterliche Gehör" nicht einmal durch die Satzung wirksam ausgeschaltet werden. Artet die Handhabung des Ausschließungsrechts in die Verübung reiner Willkür und offenbarer Unbilligkeit gegen einzelne Mitglieder aus, so ist dem Gericht sogar sachliche Nachprüfung einzuräumen und wird man die Voraussetzungen dafür wohl noch weiter lockern dürfen[17]), als es bisher durch das Reichsgericht (73, 187ff.; 107, 388: „Lebensfrage für die Mitglieder") geschehen ist. Dem kann der Abs. 3 Satz 1 des Art. 137 RVerf. nicht entgegengesetzt werden. Zwar nicht deswegen, weil er die Wendung enthält: „innerhalb der Schranken des für alle geltenden Gesetzes", die nach ganz anderer Richtung geht, worauf unten S. 287f. noch zurückzukommen ist. Vielmehr deswegen, weil der für jene Gruppe von Religionsgesellschaften maßgebende Abs. 4 selbst auf die „allgemeinen Vorschriften des bürgerlichen Rechts" verweist, diese also dadurch ihrerseits dem Abs. 3 Satz 1 gegenüber für jene Gruppe zu einer Art Lex specialis werden. Wählt eine Religionsgesellschaft in Gemäßheit des Abs. 4 die Rechtsform des privaten rechtsfähigen Vereins, so wird sie durch eine entsprechende Fassung der Satzung sich für die Ausschließung von Mitgliedern möglichst freie Hand schaffen können, aber an die Grenzen, die nun einmal der Vereinsherrschaft im allgemeinen bürgerlichen Recht gezogen sind, sich binden lassen müssen. Will sie das nicht, so muß sie eben die Rechtsform der Körperschaft öffentlichen Rechts wählen, die ihr Art. 137 Abs. 5 Satz 2 zur Verfügung stellt. Wählt sie endlich keine von beiden, so bleibt sie ein privater nicht rechtsfähiger Verein (RGZ. 97, 123f.)[18]). Dann ist nach §§ 54, 737, 723 Abs. 1 BGB.

---

[15]) Daß es sich darin um einen abweichendes Landesrecht sofort beseitigenden Rechtssatz handelt, hat das Reichsgericht bei anderer Gelegenheit (103, 94) — im Einklang mit seiner früheren Auslegung des Art. 15 der preuß. Verfassung von 1850 (26, 281) — ausgesprochen.

[16]) Sachliche Nachprüfung des Ausschließungsgrundes läßt bekanntlich das Reichsgericht in ständiger Rechtsprechung regelmäßig nicht zu. Über die Bedenken dagegen vgl. meinen Aufsatz „Organschaftsrechte als Sonderrechte" JheringsJ. 75, 462[18] und die dort Zitierten.

[17]) Zur Begründung vgl. meine Ausführung a. a. O. S. 463 und das dort angezogene Schrifttum.

[18]) Betrifft eine nicht als juristische Person anerkannte Ordensniederlassung.

die Ausschließung zulässig, wenn in der Person des Auszuschließenden ein wichtiger Grund vorliegt (vgl. 73, 190). Die Satzung, hier = Gesellschaftsvertrag, kann jedoch das Ausschließungsrecht auch freier gestalten, da § 737 und nach dieser Richtung auch § 723 Abs. 1 (vgl. Abs. 3) nicht zwingend sind[19]). Richterliche Nachprüfung aber wird mindestens in demselben Umfange[20]), wie bei privaten rechtsfähigen Religionsgesellschaften, offenstehen.

Das Ergebnis kann im Vergleich mit dem früheren Rechtszustand sonderbar erscheinen, erklärt sich aber aus der andersartigen gesetzestechnischen Struktur des Art. 137 RVerf. Er läßt zunächst den Grundgedanken, den Gedanken der Trennung von Staat und Kirche, sich auswirken, indem er die Religionsgesellschaften unter das allgemeine bürgerliche Recht stellt, und läßt dann erst in Abs. 5 als etwas Besonderes die Religionskorporationen des öffentlichen Rechts heraustreten[21]), verfährt also anders, gerade umgekehrt, als man es bisher, von dem Typus der großen Kirchen ausgehend, gewohnt war.

4.

Nicht ohne Bedeutung für die spätere Zeit ist schon die Entscheidung in RGZ. 87, 244, die auf Grund früherer Vorschriften die Zuständigkeit der Konsistorien der evangelischen altpreußischen Landeskirche für die Vertretung des Staates in Prozessen über das landesherrliche Patronatrecht verneint und dieses Ergebnis mit der durch die preußische Gesetzgebung der siebziger Jahre des vorigen Jahrhunderts durchgeführten Scheidung zwischen der Staats- und der Kirchenverwaltung im Einklang sieht. Die Konsistorien seien gemäß Art. 21 des preußischen Staatsgesetzes, betr. die evangelische Kirchenverfassung v. 3. Juni 1876, der sie für „Organe der Kirchenregierung" erklärt, nicht mehr Staats-, sondern Kirchenbehörden. Der nach dem Inkrafttreten der Reichsverfassung vom Reichsgericht als oberstem Gerichtshof im Sinne des Art. 13 Abs. 2 RVerf. erlassene Beschluß in RGZ. 107, 288 weist für das sächsische evangelisch-lutherische Landeskonsistorium in die gleiche Richtung, wenn er dessen ordentliche Mitglieder auf Grund des sog. Konsistorialgesetzes v. 15. April 1873 nicht als Staatsbeamte, sondern als Kirchenbeamte erklärt, ganz unabhängig davon, daß sie aus der Staatskasse besoldet werden. Daran ändert auch nichts der Umstand, daß sie nach dem seinerzeit durch Staatsgesetz genehmigten § 3 dieses Kirchengesetzes die Rechte und Pflichten der Staatsdiener haben und die sächsische Zivilstaatsdienergesetzgebung auf sie „sinngemäße"[22]) Anwendung findet. Das bedeutet nur Gleichstellung mit den Staatsbeamten für sie in ihrem Verhältnis zur Kirche. Und es wird daraus vom Reichsgericht mit Recht geschlossen, daß es nicht Sache des Staates ist, seinerseits auf Grund eines neuen staatlichen Altersgrenzengesetzes Mitglieder des Landeskonsistoriums als im Ruhestand befindlich zu erklären, daß vielmehr darin ein Eingriff in die Ämterhoheit der Kirche liegt, der nach dem sofortiges

---

[19]) Bei einer Religionsgesellschaft muß das Recht auf eine Vermögensabfindung aus §§ 738ff. BGB. auch ohne ausdrückliche Satzungsbestimmung als wegbedungen gelten. Darüber Otto Gierke, Vereine ohne Rechtsfähigkeit, 2. Aufl., S. 23f.

[20]) In ihrer Zulassung darüber hinauszugehen, könnte man mit der Begründung ablehnen, daß auch in diesem Punkte die Annäherung des inneren Vereinsrechtes an das des rechtsfähigen Vereins gerechtfertigt ist.

[21]) Es ist das bei der alles andere weit überragenden Bedeutung dieser Gruppe die Hauptursache für die innere Unausgeglichenheit des Art. 137.

[22]) Zusatz des RG. a. a. O. S. 289.

Recht schaffenden Art. 137 Abs. 3 Satz 2 RVerf. unzulässig ist[23]). Wohl aber sind die Behörden der Religionskörperschaften des öffentlichen Rechts „öffentliche Behörden" (RGZ. 106, 148), auch die ständigen Selbstverwaltungsbehörden ihrer Gemeinden, so der altpreußische evangelische Gemeindekirchenrat schon auf Grund der früheren Kirchengemeinde- und Synodalordnung v. 10. Sept. 1873, erst recht auf Grund der Verfassungsurkunde für die evangelische Kirche der altpreußischen Union v. 29. Sept. 1922 Art. 10ff., so daß seine Mitglieder „öffentliche Beamte" sind (59, 331f.)[24]).

5.

Inwieweit und in welcher Art finden auf das Berufsbeamtentum dieser öffentlichen Religionskorporationen, insbesondere das der großen Kirchen, einschließlich der Geistlichen, die normativen Sätze der Reichsverfassung über das Beamtenrecht Anwendung? Diese Frage hat das Reichsgericht in zwei Entscheidungen des III. ZS. v. 18. Mai 1926 (III 71/26, abgedruckt im Allg. Kirchenblatt für das evangelische Deutschland 1927 S. 8ff., und III 648/25) und in der Entscheidung des IV. ZS. v. 5. Juli 1926 (RGZ. 114, 220ff.) übereinstimmend beantwortet. Es hat sich dabei zu Anschütz und Giese (Kommentar zur RVerf., zu Art. 129 Erl. 1) in Gegensatz gestellt und ist demnächst von Günther Holstein (ArchÖffR. N. F. 13 S. 153ff.) in ausführlichen, tiefdringenden Darlegungen bekämpft worden. Die Frage ist nicht bloß von praktischer Tragweite, sondern führt auch mittenhinein in die innere Problematik des Art. 137 RVerf.

Nach der Meinung des Reichsgerichts sind auf die Geistlichen Satz 3 u. 4 des Art. 129 Abs. 1 RVerf. unmittelbar anwendbar. Danach steht auch ihren vermögensrechtlichen Ansprüchen der Rechtsweg offen und sind auch ihre wohlerworbenen Rechte unverletzlich. Daraus wird gefolgert (RGZ. a. a. O.), daß der Inhaber einer geistlichen Pfründe gegen seine Landeskirche klagen kann, wenn sie ihn im Bezug der Pfründeneinkünfte durch eine spätere kirchengesetzliche Regelung zugunsten bestimmter kirchlicher Zwecke über das zur Zeit seiner Anstellung zulässige Maß hinaus verkürzt. Unmittelbar anwendbar aber seien jene Sätze der Reichsverfassung deswegen, weil bei den Religionskörperschaften des öffentlichen Rechts die Träger des geistlichen Amtes auch Beamte im Sinne des öffentlichen Rechts oder öffentliche Beamte seien, alle öffentlichen deutschen Beamten, nicht bloß die Staatsbeamten, sondern auch die im Dienste einer öffentlichen Körperschaft stehenden, von jenen Sätzen des Art. 129 RVerf. erfaßt würden und weil die von der anderen Seite entgegengehaltene Autonomie der Religionsgesellschaften nach Art. 137 Abs. 3 Satz 1 ausdrücklich nur „innerhalb der Schranken des für alle geltenden Gesetzes" eingeräumt sei.

Dem letzteren Argument möchte ich kein Gewicht beilegen, aus den Gründen, die zuletzt Holstein (a. a. O. S. 172ff.) entwickelt hat. Art. 137 Abs. 3 Satz 1 stammt bekanntlich aus den Frankfurter Grundrechten (V § 17 = Reichsverfassung von 1849 § 147). Er hatte dort den Zusatz: „bleibt aber den allgemeinen Staatsgesetzen unterworfen". Dieser Zusatz ist jetzt in die

---

[23]) Den zuständigen Organen der Kirche muß es überlassen bleiben, nach den in der Kirche obwaltenden Verhältnissen die Gleichstellung mit den Staatsbeamten nicht so weit zu erstrecken. Die Staatskasse wurde in dem vorliegenden Falle dadurch ja keineswegs belastet. — Ob freilich für den Austrag der Sache das Reichsgericht als Gerichtshof im Sinne des Art. 13 Abs. 2 RVerf. oder nicht vielmehr der Staatsgerichtshof — Art. 15 Ab. 3?, Art. 19? — zuständig war, mag hier dahingestellt bleiben. Die Ausführung a. a. O. S. 290 hat etwas Gezwungenes.

[24]) RGZ. 58, 248 ließ dies noch unentschieden.

Wendung „innerhalb der Schranken des für alle geltenden Gesetzes" geändert. Sie hat keinen praktisch erheblichen Bedeutungswandel gebracht, will vielmehr nach wie vor nichts als die allgemeine Rechtshoheit des Staates wahren gegenüber der von katholischer Seite vertretenen Koordinationstheorie mit ihrer absoluten Gleichstellung der Kirche mit dem Staate. In diesem Sinne ist die Fassung, „Gesetz" in der Einzahl als Abstraktum, gut gewählt. Sie „hat es nur mit der prinzipiellen Stellung des staatlichen Rechts, nicht aber mit den einzelnen möglichen Formen von dessen Betätigung zu tun [25])" und schließt deshalb auch die Möglichkeit nicht aus, daß „die Hoheitsstellung des Staates sich auch in der Setzung besonderer, die Beziehungen zu einzelnen Religionsgesellschaften und die Aufsicht über sie qualifiziert regelnden Rechtsnormen betätigt" (Holstein).

Schlägt also dieser Grund nicht durch, so können sich doch für die Religionskörperschaften des öffentlichen Rechts gerade aus dieser ihrer Eigenschaft Schranken ergeben, die auf allgemeinen Vorschriften des öffentlichen Rechts des Staates beruhen. Hier erweist sich der Abs. 5 des Art. 137 RVerf. gegenüber dem Abs. 3 in ähnlicher Weise wirksam, wie es der Abs. 4 bei den privaten rechtsfähigen Religionsvereinen in bezug auf die allgemeinen Vorschriften des bürgerlichen Rechts ist [26]). Müssen sich diese trotz des ihnen nicht anders als jenen durch Abs. 3 gegebenen Selbstbestimmungsrechtes im Verhältnis zu ihren besoldeten „Beamten", selbst wenn sie ein „geistliches Amt" haben, die Anwendung der §§ 611ff. BGB. gefallen lassen, so darf ebenso bei jenen die Autonomie und Ämterhoheit an und für sich kein Hindernis sein, die staatlichen Vorschriften über das Recht der öffentlichen Beamten gegen sie wirken zu lassen, also auch die hierunter fallenden normativen Sätze der Reichsverfassung. Nur muß bei jeder einzelnen dieser Vorschriften geprüft werden, ob nicht etwa ihre Anwendung hier entweder nach ihrem eigenen Sinn und Zweck oder im Hinblick auf Sonderart [27]) und Selbständigkeit der Kirche ausgeschlossen ist. Einer solchen differenzierenden Betrachtungsweise steht auch das Reichsgericht (RGZ. a. a. O. S. 225) nicht fern.

Und auch Holstein (S. 177ff., 181ff.) gelangt schließlich zu einem ähnlichen Ergebnis, indem er die einzelnen beamtenrechtlichen Sätze der Reichsverfassung der Reihe nach durchgeht. Aber er gelangt dazu auf einem meines Erachtens höchst unsicheren Umwege. Er lehnt nämlich die unmittelbare Anwendung der beamtenrechtlichen Vorschriften der Reichsverfassung auf die Diener der Kirche, und zwar nicht bloß auf die Geistlichen, sondern auch (so ausdrücklich S. 178) auf die Verwaltungsbeamten, im Einklang mit Anschütz und Giese überhaupt ab: wegen des Art. 137 Abs. 3 und der Wesensverschiedenheit des kirchlichen Beamtenbegriffs von dem „nur auf Beamte des Reichs, des Staates und der dem Staat organschaftlich eingegliederten Selbstverwaltungsverbände" zugeschnittenen Beamtenbegriff der Reichsverfassung. Er hält deshalb nur eine Anwendung durch Analogie für möglich und redet

[25]) Ich kann daher auch im Einklang mit Holstein (S. 176) die Entscheidung des Reichsschiedsgerichts v. 9. Sept. 1924 (Allg. Kirchenbl. f. d. evang. Deutschland 1924 S. 193ff., vgl. auch RGZ. 114, 224) insoweit nicht billigen, als sie zugunsten der Unanwendbarkeit des Reichs-Besoldungssperrgesetzes auf die Kirchenbeamten gerade daraus einen Schluß zieht, daß Art. 137 Abs. 3 in Satz 2 die fragliche Wendung nicht wiederholt. Die Unterordnung unter die Rechtshoheit des Staates im besagten Sinne gilt natürlich auch hier. Das hindert jedoch nicht, anzunehmen, daß vom Besoldungssperrgesetz aus, d. h. von diesem konkreten Gesetz aus, das kirchliche Recht der Ämterverleihung, wie es jener Satz 2 versteht, nicht beeinflußt werden darf. Das führt die Entscheidung richtig aus. Ihr ist mithin im Ergebnis zuzustimmen.

[26]) Oben S. 285.

[27]) Auch auf die Sonderart der betreffenden Kirche. Man denke auch an eine kleinere Kirche (Sekte) mit öffentlich-rechtlicher Persönlichkeit.

dieser Art der Anwendung dann für eine von ihm getroffene Auslese aus jenen Vorschriften das Wort. Ja er spricht (S. 196, 203f.) in bezug auf einige aus dieser Reihe — die Eröffnung des Rechtswegs für vermögensrechtliche Ansprüche der Beamten nach Art. 129 Abs. 1 Satz 4, die Haftung der Körperschaft für ein in Ausübung öffentlicher Gewalt schädigendes Handeln ihrer Beamten nach Art. 131 — von „zwingender Analogie". Dieser Umweg ist aus zwei Gründen besonders unsicher. Verneint man die allgemeine Rechtsähnlichkeit der Verhältnisse hier und dort und ist das für Holstein der Hauptgrund und Ausgangspunkt für die Ablehnung der unmittelbaren Anwendung jener Vorschriften insgesamt, so müßte das doch wohl auch ein Hemmnis dafür sein, im Speziellen, bei einzelnen unter ihnen, die Analogie walten zu lassen. Und zweitens: Wenn man eine solche spezielle Art ihrer analogen Anwendung auch innerhalb des autonomen Rechts der einzelnen Kirchen sich möchte auswirken lassen, kann man von dem Ausgangspunkt Holsteins aus ohne Inkonsequenz hinter diese Analogie den staatlichen Zwang des Reichsrechtes setzen? Würden die staatlichen Gerichte sich bewegen lassen, dies gerade gegenüber der kirchlichen Autonomie im Sinne des Art. 137 Abs. 3 mitzumachen? Ich zweifle daran. Ja ich zweifle sogar, daß sie unter solchen Umständen der „zwingenden Analogie" folgen und den Rechtsweg im Sinne des Art. 129 Abs. 1 Satz 4 RVerf. offenhalten würden.

Sicherer scheint es mir, von dem weiteren, auch die Kirchenbeamten einschließlich der Geistlichen begreifenden Beamtenbegriff des Reichsgerichts und deshalb mit ihm von einer unmittelbaren Anwendung der fraglichen Reichsrechtsnormen auszugehen. Und es erscheint mir dies auch erlaubt, wenn man unter den oben gedachten Gesichtspunkten die davon auszunehmenden Vorschriften ausliest. Insofern behält die verdienstliche, differenzierende Untersuchung Holsteins ihren dauernden Wert und bedeutet sie einen Fortschritt gegenüber der alles ausschaltenden Ansicht von Anschütz und Giese. Nur ist dann von solchem Ausgangspunkt aus im Vergleich mit Holstein sozusagen die Beweislast umzudrehen. Das wichtigste ist auch mir im Interesse des kirchlichen Berufsbeamtentums der Rechtsweg unter Reichsverfassungsschutz, nunmehr, wie es auch das Reichsgericht will, auf Grund unmittelbarer Anwendung des Art. 129 Abs. 1 Satz 4 RVerf. Ich möchte, ohne hier auf die übrigen Vorschriften[28]) einzugehen, dasselbe, wiederum mit dem Reichsgericht, für Art. 129 Abs. 1 Satz 3 — Unverletzlichkeit der wohlerworbenen Rechte — gelten lassen, während Holstein (S. 197f.) im Hinblick auf einen möglichen Notstand der Kirche, der es wünschenswert machen könnte, den Grundsatz einmal zu durchbrechen, wie der Staat dies durch ein verfassungsänderndes Reichsgesetz vermag, die „Analogie" versagen will. Mir scheint dies hinter der Gefahr, die in dem Fehlen eines jeden staatlichen Schutzes der iura quaesita für diese Beamtengruppe[29]) läge, zurückstehen zu müssen und

[28]) Im Gegensatz zu Holstein (S. 188) habe ich gegen die Anwendung der Sätze 1 u. 2 des Art. 129 Abs. 1 — Anstellung auf Lebenszeit, Ruhegehalt und Hinterbliebenenversorgung — keine Bedenken, da die Kirche an einer ihrer jeweiligen Lage sich anpassenden Regelung nicht gehindert ist. Denn „Gesetz" ist hier jede Rechtsnorm, auch die autonome Satzung, das Kirchengesetz, die kirchliche consuetudo. Holstein selbst (S. 194ff.) bejaht gerade mit Rücksicht auf eine solche Möglichkeit mit Recht die Anwendbarkeit des Abs. 2 des Art. 129.

[29]) Man erwäge, daß zu der hier in Betracht kommenden Gruppe von Körperschaften des öffentlichen Rechts wegen Art. 137 V 2 und VII RVerf. auch solche gehören, die in sich weniger Garantien bieten könnten als die großen Kirchen mit ihrer Tradition. Daß die fraglichen Rechte als von vornherein limitierbare erworben sein können und dann nur in den dieser Limitierbarkeit gesetzten Grenzen den Schutz der iura quaesita genießen, hat Holstein (S. 198) zutreffend hervorgehoben. Es wird an sich auch vom Reichsgericht (a. a. O. S. 226, 228) nicht verkannt.

jedenfalls die Ausnahme, die von dem hier vertretenen Standpunkte aus („Beweislast"!) in der Ausschaltung dieser Vorschrift läge, nicht zu rechtfertigen.

6.

Ein eigentümliches Problem gaben der höchstrichterlichen Rechtsprechung gesetzgeberische Akte einzelner Länder auf, welche in der Zeit zwischen der Staatsumwälzung und dem Inkrafttreten der Reichsverfassung fertiggestellt, dieser letzteren gegenüber das Prävenire spielen sollten. So in dem Falle, in dem das Land Braunschweig durch ein Staatsgesetz v. 20. Juni 1919 das aktive Wahlrecht und die Wahlart für eine verfassunggebende Landessynode geordnet hatte. Diese war dann nach dem 14. August 1919 auf Grund eines anders als in jenem Staatsgesetz geregelten aktiven Wahlrechts gewählt worden. Die Organe des Landes verweigerten ihr die Anerkennung als rechtmäßige Vertretung der Landeskirche. Das Reichsgericht (VII. ZS.) als gemäß Art. 13 Abs. 2 RVerf., §§ 1, 2 des Reichsgesetzes v. 8. April 1920 berufener Gerichtshof erklärte (RGZ. 103, 91ff.) jene Sätze des Staatsgesetzes als mit Art. 137 Abs. 3 Satz 1 RVerf. unvereinbar und daher nach Art. 13 Abs. 1 „gebrochen", d. h. beseitigt, weil sie erst „unter der Herrschaft der Reichsverfassung ausgeführt werden sollten", weil sie einen „Zustand" schufen, der „unter ihrer (der Reichsverfassung) Herrschaft nicht fortdauern dürfe". Das Problem spezialisierte sich in zwei Entscheidungen in Ansehung des sächsischen Volksschulübergangsgesetzes v. 22. Juli 1919. Die eine, ein Beschluß des in gleicher Eigenschaft berufenen IV. ZS. v. 4. Nov. 1920 (abgedruckt im ArchÖffR. 40, 98ff.), erklärte die §§ 2 Abs. 2 und 18 Abs. 2 Satz 2 u. 3 dieses Gesetzes, die den Religionsunterricht in der allgemeinen Volksschule abschafften und die Durchführung dieser Bestimmung v. 1. April 1920 ab anordneten, bis dahin aber die Regelung des Religionsunterrichts dem Verordnungsweg überließen, als mit Art. 146, 149, 174 RVerf. im Widerspruch stehend, also als aufgehoben. Das wird damit begründet, daß „nur die beim Inkrafttreten der Reichsverfassung bestehende Rechtslage, nicht die für einen späteren Zeitpunkt angeordnete Änderung derselben im Art. 174 Satz 1 RVerf. . . . als maßgebend erklärt" sei[30]). Die andere Entscheidung, ein Urteil des III. ZS. vom 12. Juni 1922 (RGZ. 105, 24ff.), trotz ihres nicht kirchenrechtlichen Inhaltes gleichfalls für unser im Bereiche der Rechtsquellenlehre liegendes Problem von Interesse, sah in den Vorschriften jenes Gesetzes, welche die früheren sächsischen Schuldirektoren in die Stellung bloßer sog. „Schulleiter", und auch das nur auf die Dauer von drei Jahren, versetzten, zwar eine Maßregel, die eine Beeinträchtigung ihrer wohlerworbenen Rechte und die Versetzung in ein Amt von geringerem Range enthielt und deshalb unter der Herrschaft der Reichsverfassung einen Verstoß gegen Art. 129 Abs. 1 Satz 3 und Abs. 2 RVerf. bedeutet hätte. Sie lehnte es aber deswegen ab, jene Vorschriften gemäß Art. 13 Abs. 1 RVerf. für unwirksam zu erklären, weil das Landesgesetz nach seinem § 18 Abs. 2 sofort mit seiner Verkündung, am 25. Juli 1919, in Kraft getreten, mithin auch in diesem Zeitpunkt, also vor dem Inkrafttreten der Reichsverfassung, die durch jene landesgesetzlichen Vorschriften bewirkte Minderung in der Rechtsstellung der fraglichen Beamten bereits fertig vollzogen war. Gegenüber einer in solcher Weise bereits vollendeten Ausführung eines Landesgesetzes die Wirkung eines Reichsgesetzes, wenn dieses selbst keine entsprechende Bestimmung enthalte, „sinngemäß" rückwärts zu erstrecken, sei außerhalb der

[30]) Zustimmend Lassar in ArchÖffR. 40, 111f.

Macht des Richters, selbst da, wo etwa auf seiten des Landesgesetzgebers „die, im Einzelfall schwer erweisliche, positive Absicht" vorgelegen habe, „einem kommenden Reichsgesetz entgegenzuarbeiten, dessen Wirkungen durch eiligst erlassene Landesgesetze zu vereiteln".

7.

Weitere Entscheidungen übertrugen ebendieselben Gedanken auf die Auslegung der Art. 138 Abs. 1, 173 RVerf., nämlich auf die Bestimmung der „Staatsleistungen an die Religionsgesellschaften", die abzulösen sind und bis dahin „bestehen bleiben", und damit auf das letzte hier zu besprechende[31]), große Gebiet der höchstrichterlichen Rechtsprechung, das es mit der finanziellen Auseinandersetzung zwischen Staat und Kirche und mit der in bezug darauf geltenden Rechtslage der Zwischenzeit zu tun hat. In diesem Zusammenhange handelt es sich um die Worte „die bisherigen . . . Staatsleistungen" in Art. 173. Auf welchen Zeitpunkt geht das Wort „bisherig", auf die Zeit der Staatsumwälzung vom November 1918 oder erst auf den Tag des Inkrafttretens der Reichsverfassung, den 14. August 1919? Entscheidet man sich für das letztere, so würde eine Verpflichtung des Staates zu einer Leistung an eine Religionsgesellschaft, die erst in der Zeit zwischen diesen beiden Ereignissen in landesrechtlich gültiger Weise aufgehoben worden ist, dennoch für die Ablösung nicht mehr in Betracht kommen und nicht im Sinne des Art. 173 „bestehen bleiben" können. Das ist der Standpunkt des Reichsgerichts. Schon der Schiedsspruch des IV. ZS. v. 17. Febr. 1926 (RGZ. 113, 349ff.), auf dessen umfangreiche und allgemeinwichtige Begründung wir noch öfters zurückkommen werden, enthält in dieser beiläufig den hypothetischen Satz, daß die auf Staatsgesetz beruhende Mitgliedschaft der sächsischen Amtshauptleute, also der staatlichen Verwaltungsbeamten, in den sächsischen Kircheninspektionen „hätte vor dem Inkrafttreten der neuen Reichsverfassung durch Staatsgesetz mit der Wirkung aufgehoben werden können, daß die in der Mitwirkung der Amtshauptleute liegenden Staatsleistungen an die evangelisch-lutherische Landeskirche fortgefallen wären" (a. a. O. S. 402)[32]). Das Urteil desselben Zivilsenats v. 13. April 1927 (RGZ. 117, 27ff.) hat dann in einer braunschweigischen Sache die Frage ex professo behandelt und entschieden, daß die in einem Landesgesetz v. 20. Juni 1919 ausgesprochene Aufhebung der früheren Verpflichtung des Staates, die Kosten der Landessynode zu tragen, unter der Herrschaft der Reichsverfassung wirksam geblieben sei und daß deshalb jene Verpflichtung nicht unter die „bisherigen Staatsleistungen" falle, deren „Bestehenbleiben" der Art. 173 sicherstelle. Man betonte dabei ausdrücklich die volle Übereinstimmung mit allen vorangegangenen Entscheidungen, wie sie oben wiedergegeben sind.

Man versteht die Geneigtheit, diese Lösung des Problems anzufechten. Man vergegenwärtige sich nur, daß es ja dann den Ländern möglich gewesen wäre, noch rasch, sozusagen vor Toresschluß, durch Staatsgesetz sich aller auf Gesetz beruhenden finanziellen Verpflichtungen gegen die Kirchen zu entledigen, etwa in der Weise, wie es Frankreich durch Art. 2 des Trennungsgesetzes v. 9. Dez. 1905 getan hat. Trotzdem muß man dem Reichsgericht recht geben. Vom Standpunkt der Reichsverfassung gesehen, kann „bisherig", auch bei einer, wie es sich von selbst versteht, „nicht an dem buchstäblichen Sinne des Ausdrucks haftenden", sondern „den wirklichen Willen" des Gesetzes „erforschen-

[31]) Vgl. schon oben S. 282.

[32]) Siehe auch ebenda S. 350 die Deutung des Art. 173: „Die bei Inkrafttreten der Reichsverfassung auf Gesetz, Vertrag oder besonderen Rechtstiteln beruhenden Staatsleistungen.'

den" Auslegung, auf keinen anderen Stichtag als den Tag ihres Inkrafttretens gedeutet werden[33]). Bis zu diesem Tage hatten die Länder noch die volle, durch Reichsrecht nicht eingeengte Gesetzgebungskompetenz auf dem fraglichen Gebiete. Was also ein Landesgesetz vorher kraft dieser Kompetenz beseitigte, war damit rechtsgültig beseitigt und blieb beseitigt auch dann, wenn später dieses Landesgesetz seinerseits wieder aufgehoben wurde. Um es wieder aufleben zu lassen, hätte dies nicht genügt, sondern es hätte eines neuen gesetzgeberischen Konstitutivaktes, einer Restitutio in integrum bedurft. War es der Reichsgesetzgeber, auf den es dabei ankam, so hätte folglich dieser durch Reichsgesetz nicht bloß jenes Landesgesetz wieder aufheben, sondern auch den den alten Rechtszustand wieder neu herbeiführenden oder wiederherstellenden Konstitutivakt in Landesrecht schaffender Weise vornehmen müssen. Daß dieses immerhin recht Ungewöhnliche mit einem Schlage und ohne weiteres bewirkt werden sollte, ist aus dem einzigen Wort „bisherig" nicht als ausreichend erklärter Wille des Reichsgesetzgebers zu erschließen[34]). Daher können auch die Gerichte das Wort nicht in diesem Sinne auslegen. Es ist ihnen aber auch versagt, ein solches, eine Leistungspflicht des Staates aufhebendes Landesgesetz trotz formell gültigen Zustandekommens als von Anfang an nichtig um deswillen zu erklären, weil es mit dem Geist des werdenden Reichsrechts im Widerspruch gestanden habe und im voraus dessen Wirkung habe vereiteln wollen, also contra bonam fidem erlassen worden sei[35]). Das vertrüge sich nicht, wie das Reichsgericht zutreffend bemerkt, mit dem Verhältnis der richterlichen zur gesetzgebenden Gewalt.

Es hat sich denn auch der Staatsgerichtshof für das Deutsche Reich in einer Entsch. v. 15. Okt. 1927 (StGH. 4/26, Allg. Kirchenblatt für das evangelische Deutschland 1927 S. 253ff., RGZ. 118 Anh. 1ff.) auf den gleichen Standpunkt gestellt (ebenda S. 260, 267), aber den Gedanken noch in einer besonderen Richtung, hier jedoch im ausgesprochenen Gegensatz zu einer Entscheidung[36]) des RG. III. ZS. v. 18. Febr. 1927 (III 140/26), weiterentwickelt. Hat nämlich das Landesgesetz, auf dem vor dem Inkrafttreten der Reichsverfassung als dem Stichtag die Staatsleistung beruhte, diese zeitlich begrenzt oder einer Bedingung unterworfen, die auf ein vom Belieben des Staates unabhängiges Ereignis abgestellt ist, so bleibt die Leistungspflicht nach dem Stichtag nur in dieser ihrer Begrenzung oder Bedingtheit bestehen. Dagegen würde, so meint der Staatsgerichtshof, ein Vorbehalt in jenem Landesgesetz für den Staat, später einmal nach seinem Belieben die Leistungspflicht ändern oder aufheben zu können, sich nicht auf die Zeit nach dem Stichtag übertragen, vielmehr die Leistungspflicht durch Art. 173 in demjenigen Stande, den sie am Stichtage hatte, festgemacht sein. Der Staat könne sich also nachher nicht mehr auf den Vorbehalt berufen, von dem er vorher keinen Gebrauch gemacht habe. Dies ist gewiß durch Wortsinn und Zweck des Art. 173 gerechtfertigt. Die Rechtslage der Kirche soll vom Stichtage ab nicht mehr durch einen einseitigen Akt des Staates verschlechtert werden können. Eine Schwierigkeit ergibt sich freilich für den Fall, daß Kirchendiener auf Staatsgesetz beruhende unmittelbare

---

[33]) Ebenso Huber a. a. O. S. 99 (ohne tieferes Eingehen auf das hier vorliegende Problem).

[34]) Die Worte „bleiben bestehen" sind mindestens dafür neutral. RGZ. 117, 30 deutet sie sogar im gegenteiligen Sinne.

[35]) Nicht ein derartiges gesetzgeberisches Verfahren, nur ein tatsächliches vollständiges oder teilweises Einstellen der auf Landesgesetz beruhenden Staatsleistungen kann vielleicht Kahl im Sinne gehabt haben, wenn er bei Begründung des Antrags auf Einfügung des heute in Art. 173 stehenden Satzes im Plenum der Nationalversammlung (Verhandlungen Bd. 328, 1649 A; s. auch RGZ. 117, 31) bemerkte: „Das ist contra bonam fidem, gegen das Gesetz".

[36]) In ihrem maßgebenden Teil vom Staatsgerichtshof wiedergegeben a. a. O. S. 267.

Ansprüche gegen den Staat haben, die unter die „wohlerworbenen Rechte der Beamten" fallen, die nach Art. 129 Abs. 1 Satz 3 RVerf. geschützt sind. Von diesen Beamtenrechten gilt im allgemeinen, daß, wenn sie vor dem Inkrafttreten der Reichsverfassung kraft Gesetzes oder Anstellungsbedingung limitierbar waren, sie nur in und mit dieser Limitierbarkeit „wohlerworben" sind, also auch nachher durch den Dienstherrn limitiert werden können[37]). Trifft dies nun auch auf jene Kirchendiener im Verhältnis zum Staat zu? Wir werden es verneinen müssen. Auch diese Staatsleistungen an die Kirchendiener sind „Staatsleistungen an die Religionsgesellschaft" im Sinne der Art. 138 u. 173 (darüber sogleich), welche abzulösen sind und vom Stichtag an bis auf weiteres bestehen bleiben, also nach dem oben Gesagten festgemacht sind. Der Staat kann sie nicht mehr limitieren. Nicht er, sondern die Kirche ist Dienstherr. Sie ist auch die auf Grund des Art. 173 Begünstigte. Aber mittelbar, als Reflex des Art. 173, ist nun auch der Fortfall der Limitierbarkeit eine Eigenschaft der Rechte jener Kirchendiener gegen den Staat geworden. Es ist der Fehler in der oben angeführten Entscheidung des III. ZS., daß sie dieses Verhältnis des Art. 173 zu Art. 129 Abs. 1 Satz 3 verkannt, daß sie die Leistungspflicht des Staates nach der ersteren Vorschrift mit dem Beamtenschutz der letzteren Vorschrift auch in dieser Hinsicht auf eine Linie gestellt hat. Der Staatsgerichtshof hat das mit Recht korrigiert.

8.

Wenden wir uns jetzt der weiteren Rechtsprechung zu Art. 138, 173 zu, so ist zunächst vom Reichsgericht klargestellt, daß durch diese Artikel nicht bloß Rechte gegen den Staat, die der Religionsgesellschaft als Ganzem zustehen, sondern auch solche ihrer rechtsfähigen Unterverbände, vornehmlich der Kirchengemeinden, und der ihr eingegliederten rechtsfähigen Institute, Anstalten[38]), ja auch ihrer einzelnen Kirchenbeamten einschließlich der Geistlichen geschützt sind (IV. ZS. in RGZ. 111, 145f.; III. ZS. in Allg. Kirchenblatt für das evang. Deutschland 1927 S. 11 und ebenda S. 266f.). Auf der Pflichtseite aber muß immer der Staat stehen, und es muß sich immer um „Staatsleistungen" handeln. So will RGZ. 111, 134ff., 146 — ein Beschluß des gemäß Art. 13 Abs. 2 RVerf. berufenen IV. ZS. — zwar die Freiheit des Grundbesitzes der Kirchen, Pfarren und Pfarrwitwentümer der braunschweigischen Landeskirche von der staatlichen Grundsteuer, nicht aber seine Freiheit von der Grundsteuer der Städte, Gemeinden und Kreise gegen eine später, d. h. nach dem Inkrafttreten der Reichsverfassung, durch Staatsgesetz ausgesprochene Aufhebung durch Art. 173 geschützt wissen. Denn „die Art. 138, 173 regeln nur das vermögensrechtliche Verhältnis zwischen Kirche und Staat, nicht zwischen Kirche und Gemeinde und sonstigen Kommunalverbänden". Das ist richtig[39]). Nicht aber wird man dem erwähnten Schiedsspruch desselben Senats v. 17. Febr. 1926 (RGZ. 113, 349ff., 397ff.) zustimmen können, wenn er in gleicher Weise innerhalb der „bisherigen", von den weltlichen Behörden geleisteten Mitarbeit in den sächsischen Kircheninspektionen zwischen der „Koinspektion" der Amts-

[37]) Siehe oben Anm. 29.

[38]) Dazu treten auch selbständige kirchliche Stiftungen und Fonds. Siehe Hans Liermann, Staat und evangelisch-protestantische Landeskirche in Baden während und nach der Staatsumwälzung von 1918 (Veröffentl. des Vereins für Kirchengeschichte in der evang. Landeskirche Badens, Heft 2), 1929, S. 67.

[39]) So auch Huber a. a. O. S. 62. Er erwägt aber nicht die im folgenden besprochene Möglichkeit.

hauptleute und derjenigen der Stadträte unterscheidet und bei deren Aufhebung nur die erstere, nicht aber die letztere für ablösungspflichtig erklärt. Denn der Stadtrat führte die Koinspektion, teils (in den größeren Städten) allein, teils neben dem Amtshauptmann, kraft Auftrags des Staates, der durch staatliche Gesetze und Rechtsverordnungen sanktioniert war. Das setzen die eingehenden Mitteilungen über den Gang der Entwicklung, welche die Begründung des Schiedsspruchs (a. a. O. S. 382ff.) gibt, deutlich ins Licht. Der Stadtrat besorgte dabei nicht als Stadtgemeindeorgan gemeindliche Geschäfte, sondern er erfüllte dabei als Stadtobrigkeit ihm vom Staat „übertragene“ Aufgaben. Er erfüllte damit, genau wie der Amtshauptmann, — inhaltlich war ihre Zuständigkeit ganz die gleiche — Aufgaben, die der Staat seit der Abdankung des reinen Staatskirchentums in Sachsen zwar nicht mehr als seine eigenen, sondern als solche der Kirche betrachtete, für die er aber der Kirche seine Mithilfe gewährte, indem er in die Kirchenbehörde, denn das war nunmehr die Kircheninspektion[40]), den Amtshauptmann und den Stadtrat einfügte. Es war also nicht die Stadtgemeinde, sondern der Staat, der sich zur Erfüllung einer Rechtspflicht, die er auf sich genommen hatte, des Stadtrats bediente, und es war seine Leistung, die er durch den Stadtrat ausführen ließ. Dieser war, zivilistisch gesprochen (§ 278 BGB. !), sein Erfüllungsgehilfe. Es ist folglich nicht richtig, was die Begründung des Schiedsspruchs (a. a. O. S. 397) bemerkt: „es handle sich dabei um einen Zusammenhang zwischen Stadtgemeinden und Kirche und . . . nicht um eine Leistung des Staates, sondern um eine solche der Stadtgemeinden“, und es liegt ganz anders als in dem obenerwähnten, die kommunale Grundsteuer, also ein vermögensrechtliches Verhältnis zwischen Gemeinde und Kirche betreffenden Falle. Diese Unterscheidung der maßgeblichen Gesichtspunkte wird auch in anderen Fällen, in denen kommunale Beamte, z. B. Lehrer, der Kirche bis zum Stichtag Dienste, z. B. Organisten-, Kantoren-, Küsterdienste leisteten, wichtig sein.

Von großer Mannigfaltigkeit sind ihrem Gegenstande nach die „Leistungen“, die nach Art. 138, 173 RVerf. in Betracht kommen. Außer den natürlich stark im Vordergrunde stehenden Geldleistungen zu den verschiedensten kirchlichen Zwecken gehören dazu Naturalleistungen aller möglichen Art, wie Lieferung von Holz aus den Staatsforsten, von Abendmahlwein und -brot, Bauleistungen für den Kirchenbau, Darbietung von staatlichen Dienstgebäuden oder Diensträumen für die kirchliche Verwaltung. Mit zwei Arten von Leistungen hat sich die bisherige höchstrichterliche Rechtsprechung besonders beschäftigt. Das sind erstens die Arbeitsleistungen weltlicher Behörden, die der Staat für kirchliche Arbeit zur Verfügung stellt. Inwiefern diese bereits vor dem Inkrafttreten der Reichsverfassung unter dem damals schon in den deutschen Einzelstaaten in der Regel verwirklichten System stärkerer Verselbständigung der Kirche nicht als Beschränkung der kirchlichen Selbstverwaltung, sondern als Unterstützung der Kirche, und zwar auch als eine ihr eigene Aufwendungen ersparende, geldwerte Unterstützung zu betrachten waren und deshalb jetzt ablösungspflichtige „Leistungen an die Religionsgesellschaft“ sind, das hat der mehrerwähnte, die weltliche Koinspektion in Sachsen behandelnde Schiedsspruch (a. a. O. S. 398ff.) in eingehenden Ausführungen von grundsätzlicher Bedeutung dargelegt. Das zweite betrifft die „Leistungen“ negativen Inhalts. Die gegenwärtige deutsche Rechtssprache erlaubt es, unter einer „Leistung“ auch ein Unterlassen zu verstehen; das beweist § 241 Satz 2 BGB. Mithin kann ein Unterlassen (z. B. der Erhebung von Abgaben) auf seiten des

[40]) Darüber zutreffend der Schiedsspruch a. a. O. S. 392ff.

Staates, das auf einem von ihm der Kirche durch Rechtsnorm (Lex specialis) erteilten Privileg beruht, dann, wenn darin — was regelmäßig der Fall sein wird — eine geldwerte Unterstützung der Kirche zu sehen ist, als „Staatsleistung an eine Religionsgesellschaft" im Sinne der Art. 138, 173 RVerf. gelten. Dann aber ergibt sich folgendes. Während der Staat sonst ein Privileg jederzeit durch einen die Rechtsnorm außer Kraft setzenden, also gesetzgeberischen Akt[41]) widerrufen, und zwar, wenn er will, ohne Entschädigung widerrufen kann, wird hier die im Unterlassen liegende Staatsleistung nach Art. 138 Abs. 1 vom Stichtage an ablösungspflichtig, d. h. es kann das Privileg nun in aller Zukunft nicht mehr ohne Entschädigung widerrufen werden. Und ferner: Es ist hier der Staat vom Stichtage an durch Art. 173 zunächst überhaupt an einem Widerruf, also auch an einseitiger Aufhebung gegen Entschädigung gehindert. Es gilt dasselbe, was oben S. 292 im Anschluß an den Staatsgerichtshof über das Unwirksamwerden des Gesetzesvorbehalts, von dem der Staat bis zum Stichtage keinen Gebrauch gemacht hat, gesagt worden ist. In der bereits erwähnten, ein braunschweigisches Steuerfreiheitsprivileg betreffenden Entscheidung (RGZ. 111, 137ff.) hat der IV. ZS. diese Grundsätze in wesentlich gleicher Gedankenfolge niedergelegt.

Große Schwierigkeiten wird andauernd das letzte der in Art. 138, 173 für die ablösungspflichtigen Staatsleistungen aufgestellten Merkmale bereiten: dasjenige, das den Rechtsgrund der Staatsleistungen betrifft. Die Frage ist brennend gerade für die Hauptposten der Unterstützung, welche die Einzelstaaten früher der evangelischen Kirche zu gewähren pflegten, für die Unterhaltung der Kirchenregimentsbehörden und für die Zuschüsse zur Besoldung der Geistlichen. Von den beiden ausdrücklich in Art. 138, 173 aufgeführten Rechtsgründen fehlt hier das Gesetz öfters, und ein förmlicher Vertrag, wie ihn heute die braunschweigische evangelisch-lutherische Landeskirche im Vertrag v. 8. Aug. 1923 und die beiden bayerischen evangelischen Kirchen in den sog. Protestantenverträgen v. 15. Nov. 1924 besitzen[42]), war vor dem Inkrafttreten der Reichsverfassung eine äußerste Seltenheit; ein solcher ist mir nur aus Oldenburg[43]) bekannt. Es bleibt häufig nur die Tatsache der regelmäßig sich wiederholenden Einstellung dieser Posten im Staatshaushaltplan. Daß diese für sich allein noch nicht einen Rechtsanspruch gegen den Staat begründet, ist bekannt. Reichsgericht und Staatsgerichtshof haben das auch im Rahmen unserer Fragen hervorgehoben (RGZ. 113, 351; Allg. Kirchenblatt für das evang. Deutschland 1927 S. 260 und die dort zitierten Vorerkenntnisse). Aber es kann hinter dieser Tatsache ein Rechtsgrund für eine Verpflichtung des Staates stehen. Es gilt, im Einzelfall zu untersuchen, ob wirklich ein solcher vorhanden ist und, bejahendenfalls, wie er juristisch zu bestimmen ist. In dieser Richtung hat nun der mehrerwähnte Schiedsspruch des IV. ZS. v. 17. Febr. 1926 in seinem ersten, die Beiträge des sächsischen Staates zur Besoldung der Geistlichen der Landeskirche behandelnden Teil

---

[41]) So das kanonische Recht (Hinschius, Kirchenrecht III S. 818ff., auch Cod. jur. c. can. 70, 71 mit 60 § 2) und die Privilegienlehre des weltlichen Rechts (Otto Gierke, Deutsches Privatrecht I S. 306f.; Rudolf Stammler, Privilegien und Vorrechte 1903 S. 36).

[42]) Über diese drei Verträge Huber a. a. O. S. 101f., 104ff. Über den braunschweigischen Vertrag (abgedruckt im Allg. Kirchenbl. f. d. evang. Deutschland 1923 S. 240ff. und von Giese im JahrbÖffR. 13, 344ff.) auch Koellreutter im ArchÖffR. N. F. 15, 27f.

[43]) Über das dortige mit Bauschsummen in paritätischer Proportion für die katholische und die evangelische Kirche arbeitende Abkommen von 1870/73 verbreitet sich ein von mir entworfenes Gutachten der Leipziger Juristenfakultät vom 5. Mai 1923 (ungedruckt, aber in Abschriften bei manchen kirchlichen Zentralstellen zugänglich). Vgl. dazu Huber a. a. O. S. 88ff.

(RGZ. 113, 350 ff.)[44]) über den Einzelfall hinausreichende Richtlinien gegeben und damit eine wertvolle Grundlage für die weitere Klärung der einschlagenden Rechtsfragen geschaffen.

Daß in Art. 138, 173 RVerf. „Gesetz“, wie nach Art. 2 EGBGB., „jede Rechtsnorm“ begreift, ist nicht anzuzweifeln. Folglich fällt auch Gewohnheitsrecht, universales des betreffenden Landes oder partikuläres oder lokal oder korporativ begrenztes („Observanz“), darunter. Freilich war es in der hier in Frage kommenden Zeit nicht überall als ebenbürtige Rechtsquelle anerkannt[45]). Wo ihm aber, wie in Sachsen nach sächsischem BGB. § 28, die Geltung für das bürgerliche Recht entzogen war, stand dies seiner Geltung für das öffentliche Recht noch nicht im Wege[46]). Was gehört sodann in die Sammelgruppe der „besonderen Rechtstitel“ in Art. 138, 173? Gewiß subjektive Rechtstitel, d. h. subjektive Rechte begründende Titel. So vornehmlich die Unvordenklichkeit insofern, als sie den Nachweis eines begründenden Titels ersetzt. Kennt auch das bürgerliche Reichsrecht sie nicht, so ist sie doch für öffentlich-rechtliche Verhältnisse nicht von Reichs wegen abgeschafft. Also kommt es auf das Landesrecht an. Im Gebiete des Preußischen Allgemeinen Landrechts, das ja auch das öffentliche Recht umfaßt, fehlt sie[47]). Anderswo ist sie im öffentlichen Recht anwendbar, auch da, wo sie, wie im französisch-rechtlichen Gebiet oder in Sachsen[48]), im früheren bürgerlichen Recht beseitigt war. Erst recht im gemeinrechtlichen Gebiet, wo sie, unterstützt gerade durch das kanonische Recht, auch im bürgerlichen Recht in Anwendung stand[49]). Darf man auch das „Herkommen“ in der Sammelgruppe unterbringen? Ein Antrag in der Nationalversammlung wollte es bekanntlich ausdrücklich in die nachmaligen Art. 138, 173 einfügen. Wurde der Antrag auch abgelehnt, so wurde doch bei der Beratung, besonders von den Abgeordneten Kahl und Naumann, die Ansicht vertreten, daß man es schon in den „besonderen Rechtstiteln“ mitbegriffen sehen könne[50]). Und das läßt sich rechtfertigen und ist auch von dem Schiedsspruch (a. a. O. S. 352) als richtig anerkannt, insofern man in dem „Herkommen“ eine Übung sieht, die „nur ein bestimmtes dauerndes Rechtsverhältnis zwischen bestimmten Personen zum Gegenstand hat“ und durch die in ihr liegende „gegenseitige Anerkennung eine vertragsmäßige Abmachung ersetzt“. Denn ein solches Herkommen — immer vorausgesetzt, daß es überhaupt vom Landesrecht zugelassen wird —, der Unvordenklichkeit in der Wirkung verwandt, ohne an deren besondere Erfordernisse gebunden zu sein, bewegt sich in der Tat im Bereiche der Bildung subjektiven Rechts. Aber der Inhalt der Beratung jenes Antrages in der Nationalversammlung hat auch Veranlassung zu einer Ansicht[51]) gegeben, die zugleich das „Herkommen“ in einer anderen Bedeutung unter die „besonderen Rechtstitel“ der Art. 138, 173 einbeziehen will, nämlich als einen Ersatz eines Gewohnheitsrechtssatzes, wo ein solcher nicht in aller

[44]) Er hat dabei auch ein von mir entworfenes Gutachten der Leipziger Juristenfakultät vom 22. Juli 1922 (ungedruckt, aber in zahlreichen Abschriften verbreitet) herangezogen.

[45]) Nach Preußischem Allgemeinen Landrecht nicht als gemeines, wohl aber praeter legem als partikuläres oder als Observanz, was im Bereiche unserer Fragen in Betracht kommen könnte; vgl. Dernburg, Lehrbuch des preußischen Privatrechts I § 21.

[46]) Grützmann, Lehrbuch des königlich sächsischen Privatrechts I S. 19, so auch der Schiedsspruch a. a. O. S. 352.

[47]) Dernburg a. a. O. I § 179.

[48]) Otto Gierke, Deutsches Privatrecht I S. 314[30].

[49]) Gierke a. a. O. S. 314; Windscheid, Pandekten I § 113.

[50]) Protokoll des Verfassungsausschusses, 41. Sitzung v. 17. Juni 1919 S. 40ff., Verhandlungen Bd. 328 S. 1648D, 1649D, 1654D, 1664A; Bd. 329 S. 2160B und D.

[51]) Sie wird besonders von Hans Liermann a. a. O. S. 65 vertreten.

Form nachweisbar sei oder deswegen nicht habe zur Geltung gelangen können, weil in dem betreffenden Rechtsgebiet das Gewohnheitsrecht nicht als Rechtsquelle anerkannt gewesen sei. Diese Art von „Herkommen" soll sich folglich im Bereiche der Bildung objektiven Rechtes bewegen, also eine Ergänzung zu „Gesetz" = Rechtsnorm, nicht zu „Vertrag" in den Art. 138, 173 sein. Allein das wäre im Kern die Schaffung eines neuen Begriffsinhaltes[52]) von Reichsrechts wegen und hätte die Geteiltheit der Meinungen in der Nationalversammlung wie die nicht eben durch begriffliche Klarheit ausgezeichnete Art, in der sie Ausdruck fanden, vor allem die Tatsache gegen sich, daß aus der Ablehnung des Antrages[53]) doch der Wille des Reichsgesetzgebers erhellt, gerade nicht eine neue Kategorie von Rechtstiteln hier zu schaffen. Das meint auch der Schiedsspruch (a. a. O.).

Dadurch ist allerdings die Auslegung der Art. 138, 173 in den fraglichen Fällen ganz auf die Stellungnahme des Landesrechtes zu Gewohnheitsrecht, Unvordenklichkeit und Herkommen als Rechtsquellen oder Rechtstiteln angewiesen, und zwar auf diejenige, wie sie während der Dauer der tatsächlichen Übung war. Dazu tritt der Wandel, der sich während dieser Zeit im 19. Jahrhundert in der Rechtsstellung der evangelischen Kirche zum Staat vollzogen hat. Erst dieser Wandel schuf in der Regel eine Ausgliederung der Kirche aus dem Staat in Gestalt einer neuen Rechtsperson des öffentlichen Rechts. Bis dahin war ein bestimmtes Rechtsverhältnis zwischen Staat und Kirche als zwei bestimmten Personen nicht möglich, mithin auch nicht die Bildung von Unvordenklichkeit und Herkommen als Quellen subjektiven Rechts. Bis dahin konnte es sich vielmehr nur um die Bildung objektiven Rechts und, wo keine gesetzliche Regelung, wohl aber eine tatsächliche Übung gegeben war, durch Hinzutritt der Rechtsüberzeugung um die Bildung von Gewohnheitsrecht handeln. Diese aber war in demselben Maß und Umfang möglich, in dem ein Staats*gesetz* dem Staate eine Rechtspflicht, ohne ihr verfolgbare Ansprüche bestimmter Personen gegenüberzustellen, auferlegen konnte und kann. Das ist der entscheidende Punkt in den Darlegungen des Schiedsspruchs (S. 356—359, 365). Die Begünstigten, sozusagen: die auf der Empfängerseite stehenden Adressaten des von ihm angenommenen Gewohnheitsrechtssatzes über die Aushilfepflicht des sächsischen Staates für die Besoldungen der Geistlichen sind nach der Meinung des Reichsgerichts von alters her die Kirchgemeinden gewesen, denen diese Aushilfe zur eigenen Entlastung diente. Auf deren Rechtssubjektivität aber kommt es ja dann natürlich auch nicht an. Man könnte ebensogut die dadurch in ihrer Existenz und für ihren Beruf gesicherten Geistlichen und schließlich die von ihnen geistlich betreuten Kirchenglieder als diejenigen betrachten, denen jener Gewohnheitsrechtssatz zugute kam. Die weitere Voraussetzung eines solchen mußte freilich erst in der Überzeugung und dem Willen des Staates, mit seinen Aushilfeleistungen eine Rechtspflicht zu erfüllen, gegeben sein. In dieser Hinsicht untersucht denn auch der Schiedsspruch (S. 360ff., 370ff.) mit großer Sorgfalt[54]) die einzelnen

[52]) Siehe auch den Kontrast mit den Begriffsbestimmungen in der früheren Rechtsprechung des Reichsgerichts (RGZ. 11, 212ff.; 102, 12; WarnRspr. 1925 Nr. 31).

[53]) Huber a. a. O. S. 63, 93 scheint wegen dieser Ablehnung des Antrags nicht bloß das „Herkommen" in solchem Sinne, sondern auch zu Unrecht das vom Schiedsspruch in Art. 138, 173 RVerf. einbezogene „Herkommen" im Sinne eines subjektiven Rechtstitels auszuschalten.

[54]) Unter Eingehen auf das Gegenvorbringen des Staates in dem Streitverfahren und auch auf die Zweifel des angeführten Fakultätsgutachtens, das daraufhin die opinio juris verneinte und die Rechtspflicht des Staates auf den „besonderen Rechtstitel" der noch aus dem Staatskirchentum stammenden früheren Rechtsgemeinschaft der Kirche mit dem Staat gründen wollte.

Vorgänge aus der Vorgeschichte und bei der Einstellung der Posten in die jeweiligen Staatshaushaltpläne, um am Ende zur Bejahung der Frage zu gelangen. Ich möchte dem jetzt zustimmen, ja ich würde es schon für ausreichend halten, daß der Staat, wie auch der Schiedsspruch mehrmals betont, mit alledem nur Staatsnotwendigkeiten Genüge leistete, die aus dem insoweit noch ungelösten Staatskirchentum von selbst folgten. Man kann in der Tat mit Hans Liermann[55]) geradezu von einer bei solcher Lage gegebenen Vermutung zugunsten einer opinio juris des Staates sprechen. Es müßte, damit letztere zu verneinen wäre, schon erhellen, daß der Staat bei seinen damaligen Leistungen bewußt über das von ihm als notwendig erkannte Maß hinausging. Ein für die Beweiswürdigung wichtiger Punkt auf dem vom Schiedsspruch eingeschlagenen Wege!

Dasselbe hat für die Unterhaltung der damaligen staatlichen Kirchenregimentsbehörden zu gelten, wo sie nicht durch Staatsgesetz geordnet war. Auch hier mußte, was durch Gesetz geschah, ebenso durch Gewohnheitsrecht, wo dieses ebenbürtige Rechtsquelle war, geschehen können. Der Parallelismus zwischen den beiden schlägt auch hier durch. Wie Gesetz, konnte Gewohnheitsrecht, bis es formgerecht aufgehoben war, den Staat an die Aufrechterhaltung der den gesamtkirchlichen Bedürfnissen dienenden staatlichen Behördenorganisation und der ihrer Unterhaltung dienenden Leistungen pflichtmäßig binden. Auf der Empfängerseite waren die Adressaten, ohne verfolgbare Ansprüche zu haben, wiederum die Kirchengemeinden oder die einzelnen Glieder der Gesamtkirche. Der Grad der Staatsnotwendigkeit war bei dieser zentralen Aufgabe[56]) sicher kein geringerer als bei der sich lokal auswirkenden Besoldung der Geistlichen.

All dies änderte sich auch nicht, als eine Gesamtkirche (Landeskirche) aus dem Staat insoweit ausgegliedert wurde, daß sie ihm als selbständig organisierte Rechtsperson gegenübertrat. Der Staat setzte — wohl überall — jene Leistungen in ununterbrochener Übung fort, und es ist nicht zu erkennen, daß dabei seine Überzeugung oder sein Wille jetzt auf etwas anderes ging als darauf, wie früher, etwas Notwendiges zu tun, eine Rechtspflicht zu erfüllen. Liermann[57]) regt freilich die Frage an und bejaht sie (zunächst für Baden), ob nicht vielmehr an die Stelle der „im objektiven Recht gegebenen allgemeinen Fürsorgepflicht des Staates auf einmal ein subjektives Recht, ein Anspruch der nunmehr selbständig gewordenen Landeskirche" getreten sei. Dann wäre daraus ein „Herkommen" im hier vertretenen technischen Sinne als Quelle subjektiven Rechtes geworden. Der Schiedsspruch dagegen, der zwar jenen Übergang zur Landeskirche mit Rechtspersönlichkeit scharf ins Auge faßt (S. 356f.), läßt gleichwohl (S. 359, auch 379) über ihn hinweg das „zugunsten bedürftiger Kirchgemeinden im allgemeinen entstandene Gewohnheitsrecht" ununterbrochen und unbeeinflußt fortdauern. Freilich, ohne dabei die Frage selbst zu berühren, aber im Ergebnis gewiß mit Recht! Denn damals lag es dem Staat sicherlich fern, die neue Rechtsperson mit einem subjektiven Recht auf vertragsähnlicher Grundlage, wie sie das „Herkommen"

[55]) A. a. O. S. 65 und daselbst Anm. 1; unrichtig nur die Ableitung aus einem „Herkommen" in dem oben S. 296f. abgelehnten Sinne (vgl. oben Anm. 51).

[56]) Huber a. a. O. S. 91f., 105 meint: es gehöre gerade diese Leistung „in erster Linie" zu den „gewohnheitsrechtlichen Leistungen der deutschen Staaten an die evangelischen Landeskirchen"; sie sei „ein historisches Faktum, das durch dauernde Übung auf Grund der Überzeugung rechtlicher Notwendigkeit zur Rechtsnorm übersteigert worden sei". Ihm stimmt Koellreutter a. a. O. S. 20f. für Thüringen vollkommen zu.

[57]) A. a. O. S. 75f. Also nach ihm Wandel des „Herkommens" von der einen zur anderen Bedeutung.

in unserem Sinne geboten hätte, also mit einem irgendwie verfolgbaren Recht, auszustatten. Ein solches entstand erst am 14. Aug. 1919 durch den Reichsgesetzgeber in Gestalt eines Rechtes auf Ablösung und unter „Festmachung" der bisherigen gewohnheitsrechtlichen Rechtslage. Das durch die tatsächliche Übung erzeugte oder immer wieder bestätigte Gewohnheitsrecht, die dadurch begründete objektive Rechtspflicht des Staates konnte aber bis dahin über jenen Wandel des 19. Jahrhunderts hinaus fortdauern, weil die dadurch Begünstigten, die Empfänger-Adressaten die nämlichen Kirchengemeinden und Kirchenglieder waren, die es vorher gewesen waren. Man kommt also bei dieser Annahme nicht in Konflikt mit dem Wesen des Gewohnheitsrechtes, wie es die reichsgerichtliche Rechtsprechung (RGZ. 102, 13f., auch WarnRspr. 1925 S. 46) bestimmt, wonach „die Übung sich über den engen Kreis eines Rechtsverhältnisses und zweier Beteiligten hinaus erstrecken muß". Ja diese ganze Erwägung könnte ausscheiden, wenn man — anders als das Reichsgericht — mit Regelsberger und Otto Gierke[58]), denen ich folgen möchte, zugibt, daß auch ein Individualrechtssatz, ein Privileg, also eine ein einzelnes Verhältnis regelnde Norm, wie durch Gesetz, so durch Gewohnheitsrecht entstehen kann. Dann kann man, soweit dieses auch das betreffende Landesrecht zuläßt, ebensogut unterstellen, daß von jenem Wandel des Verhältnisses zwischen Kirche und Staat an die ausgegliederte rechtsfähige Landeskirche es war, die zwar gewiß nicht ein subjektives, verfolgbares Recht erhielt, zu deren Gunsten aber als der nunmehr alleinigen Empfänger-Adressatin, als der „privilegierten" Korporation, die üblich gewordenen Staatsleistungen gemacht wurden.

Aus alledem erhellt die auch in der Literatur (Huber, Koellreutter, Liermann) bereits spürbare Bereicherung, die der Schiedsspruch des Reichsgerichts v. 17. Febr. 1926 dem schwierigen und praktisch so überaus wichtigen Problem des Rechtsgrundes der Staatsleistungen im Sinne der Art. 138, 173 RVerf. gebracht hat. Ich erkenne auch an, daß der „besondere Rechtstitel" der „Rechtsgemeinschaft", den ich[59]) im Anschluß an Johannes Niedner[60]) für den Fall des Versagens des Rechtstitels des Gewohnheitsrechtes aus dem früheren Staatskirchentum und der durch dieses bedingten Finanzgemeinschaft zwischen Staat und Kirche herleiten zu können glaubte, dem dagegen vom Schiedsspruch (S. 380) und von Koellreutter[61]) entgegengehaltenen Bedenken — der bloße staatskirchliche Zusammenhang, die frühere Verwaltungsgemeinschaft kein ausreichender „Rechtstitel" im Sinne der Reichsverfassung! — kaum standhält, sich auch gegenüber dem vom Schiedsspruch weit gesteckten Rahmen des Gewohnheitsrechts in der Regel erübrigen dürfte.

Zum Schlusse möchte ich noch auf die sehr beachtenswerten Richtlinien hinweisen, die das oben S. 292 bereits in anderer Hinsicht verwertete Erkenntnis des Staatsgerichtshofes v. 15. Okt. 1927[62]) für die Bemessung des Um-

---

[58]) Regelsberger, Pandekten I S. 123; Otto Gierke, Deutsches Privatrecht I S. 172, 305; auch die dort zitierte gemeinrechtliche Judikatur. Ebenso Cod. juris canonici can. 63.

[59]) In dem oben Anm. 44 berührten Fakultätsgutachten.

[60]) Siehe das Zitat im Schiedsspruch a. a. O. S. 379.

[61]) A. a. O. S. 23, während er von Emil Büchler, Der Staatszuschuß an die evangelische Landeskirche in Hessen und die Rechtsgrundlagen der ihn bildenden Einzelleistungen (Beiträge zur hessischen Kirchengeschichte, Ergänzungsband 8, 276ff.), 1926, S. 354, aufgenommen worden ist.

[62]) Allg. Kirchenbl. f. d. ev. Dtsch. 1927 S. 253ff., RGZ. 118 Anh. 1ff. Weittragend ist auch die Art, wie der Staatsgerichtshof seine Zuständigkeit für dieses Streitverfahren herleitet aus einer Auslegung der Worte „Verfassungsstreitigkeiten innerhalb eines Landes" in Art. 19 RVerf., die im

fangs der durch Art. 138 Abs. 1 und 173 RVerf. garantierten Staatsleistungen aufgestellt hat. Es unterscheidet je nach Inhalt und Zweck der Leistungen, wie sie am Stichtag (beim Inkrafttreten der Reichsverfassung) gegeben waren, zwischen denjenigen, die der Bedarfsdeckung dienten, deshalb in Maß und Umfang dem jeweiligen Bedarf sich anzupassen hatten, also veränderlich waren und, wenn sie auf Geld gingen, in ihrem Betrage jeweilig durch die Haushaltsgesetze bestimmt wurden, und denjenigen, die in dauernd fortgesetzter Zahlung bestimmter, von vornherein fixierter Geldbeträge bestanden. Jene, die Bedarfsleistungen, sind nach dem Stichtag auf Grund der gleichbleibenden Verpflichtung in demselben veränderlichen Maß und Umfang weiter zu erbringen. Sie haben sich jeweilig dem speziellen steigenden (oder sinkenden) sachlichen Bedarf, also auch innerkirchlichen Notwendigkeiten und den allgemeinen Wertverhältnissen anzupassen. Es gilt in dieser Hinsicht für Art. 173 RVerf. die gleiche Auslegung, wie sie nach dem oben S. 282 Gesagten die preußische Kabinettsorder v. 25. Sept. 1834 in der reichsgerichtlichen Rechtsprechung gefunden hatte[63]). Diese, die fixen Geldleistungen, sind mit ihren Beträgen der Vorkriegszeit aufzuwerten. Diese Aufwertung ist freie Aufwertung, die ihre Grundlage von Reichsrechts wegen allein in dem Art. 173 RVerf. („bisherigen") hat (a. a. O. S. 261). Als reichsrechtlicher, die Länder bindender Grundsatz wird daraus vom Staatsgerichtshof (S. 262f.) auch mit Recht hergeleitet, daß „die Aufwertung nach dem auch das öffentliche Recht beherrschenden Grundsatz von Treu und Glauben zu erfolgen habe". Dabei seien „die gesamten Umstände des Falles sowohl auf seiten des Landes wie der Religionsgesellschaft zu berücksichtigen". „Die Aufwertung habe einen billigen Ausgleich zwischen den Interessen des Staates und der Religionsgesellschaften zu schaffen[64]). Für ihre Höhe sei auf seiten der Religionsgesellschaften neben ihrer Vermögenslage in erster Linie die Art der Staatsleistungen und der mit ihnen verfolgte Spezialzweck maßgebend, auf seiten des Staates seine finanzielle Lage mit Rücksicht auf seine gesamten Verpflichtungen".

So kann die Skizze, die hier versucht wurde, im Hinweis auf eine Vermittlung und Versöhnung zwischen den beiden Mächten anstrebende Entscheidung auslaufen. Überraschend ist der in dieser Skizze ihrer Anlage gemäß nicht einmal erschöpfte Umfang und die Vielseitigkeit der von unseren höchsten Reichsgerichtshöfen auf kirchenrechtlichem Gebiete entfalteten Tätigkeit. Mühsam ist besonders auf der letzten, zehnjährigen Strecke der Weg, auf dem sich diese Rechtsprechung durch das Wirrsal der innerhalb der neuen Reichsverfassung auf engem Raum zusammengedrängten Kompromisse, wo nicht bloß das Problem „Staat und Kirche", sondern auch in einer für das deutsche Kirchenrecht neuartigen Weise das Problem „Reich und Länder" die Schwierigkeiten häuft, durchschlagen mußte. Auch die sich aufdrängende Notwen-

Gegensatze zu Anschütz u. a. auch Streitigkeiten über die Anwendung von Normen der Reichsverfassung, sofern sie „auf die Landesverfassung oder landesverfassungsrechtliche Normen einwirken", miteinbeziehen will. Darauf soll aber, weil es keine kirchenrechtliche Frage ist, hier nicht eingegangen werden.

[63]) Dies vertreten auch die beiden oben Anm. 43 u. 44 erwähnten Gutachten der Leipziger Juristenfakultät von 1922 und 1923.

[64]) In dieser Richtung liegen auch schon die vom Staatsgerichtshof (S. 263) wörtlich wiederholten Ausführungen des Reichsgerichts (III. ZS.) in dem schon oben S. 287 zitierten Urt. v. 18. Mai 1926 (III 648/25).

digkeit, unter den einschlagenden, sich nicht selten eigentümlich kreuzenden Vorschriften die richtige Bestimmung von Lex generalis und Lex specialis zu finden, stellt gerade auf unserem Gebiet eine dornenvolle Aufgabe. Dafür ist rechtsschöpferischer Initiative ein lohnendes Betätigungsfeld gegeben. Wir dürfen mit dem Urteil nicht zurückhalten, daß das Reichsgericht dieser Schwierigkeiten Herr zu werden wußte und daß wir für eine bedeutende, auch die Wissenschaft in hohem Grade fördernde Leistung zu danken haben.

Abgeschlossen: März 1929, mit späteren Zusätzen.

I.

Namenregister zu den Bänden I—VI

A

B

C

D

I

J

K

L

Z

II.

Sachregister zu den Bänden I—VI

G

H

I

J

K

O

Q

R

S

V

W

Z